空间信息处理与应用丛书
“211 工程”资助

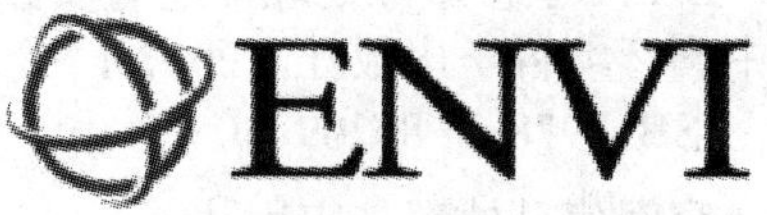

ENVI 遥感影像处理专题与实践

赵文吉　段福州
刘晓萌　徐智勇
编译

中国环境科学出版社 · 北京

图书在版编目(CIP)数据

ENVI 遥感影像处理专题与实践 / 赵文吉等编译. —北京：中国环境科学出版社，2007.4

ISBN 978-7-80209-305-8

（空间信息处理与应用丛书）

I. E… II. 赵… III. 遥感图像—图像处理
IV. TP75

中国版本图书馆 CIP 数据核字（2006）第 046724 号

责任编辑 沈 建 杨 洁
责任校对 扣志红
封面设计 龙文视觉

出版发行 中国环境科学出版社
（100062 北京崇文区广渠门内大街 16 号）
网 址：http://www.cesp.cn
联系电话：010-67112765（总编室）
发行热线：010-67125803

印 刷 北京市联华印刷厂
经 销 各地新华书店
版 次 2007 年 4 月第一版
印 次 2007 年 4 月第一次印刷
开 本 787×1092 1/16
印 张 26.25
字 数 600 千字
定 价 58.00 元（3 张光盘+书）

前 言

空间信息处理与应用课程是空间信息科学相关专业的核心课程。空间信息科学是在卫星遥感、全球定位系统、地理信息系统、数字传输网络等一系列现代信息技术高度集成，以及信息科学与空间系统科学交叉的基础之上所形成的综合性科学体系。数据获取、数据处理和信息应用是空间信息科学需要解决的三大核心问题。当前，高校中与空间信息科学相关的专业都将空间信息处理与应用技术作为重要授课内容，通过主要遥感图像处理分析、地理信息系统等软件的课堂教学，加深学生对空间信息技术理论的认识与理解。在教学过程中以理论引导应用，以实践巩固理论，将软件操作作为课程的主要内容，逐步培养学生分析问题、解决问题的能力。

但是，到目前为止，我国还没有一套合适的空间信息处理与应用软件配套教材来指导高校空间信息处理与应用课程的课堂教学与实习。为此，我们组织一批具有多年教学经验的高校教师，并联合国内主要空间信息处理与应用软件生产商以及国外著名相关软件代理部门的技术人员，共同编写了这套《空间信息处理与应用》软件教程丛书。

本丛书以教授应用技能为主，但由于实际问题异常复杂，加之目前国内外遥感与地理信息系统软件较多。因此，我们根据近年地理信息系统本科与研究生专业课堂教学情况，综合考虑教师与学生的反馈意见，首批选择三个软件作为教材丛书编写对象：遥感图像处理软件（PCI），遥感图像处理软件（ENVI），以及国产著名地图制图出版软件山海易绘（EzMap）。

本书《ENVI 遥感影像处理专题与实践》，也是《ENVI 遥感影像处理教程》的延续教材。

ENVI（The Environment for Visualizing Images）遥感影像处理软件是美国 ITT VIS 公司（http://www.ittvis.com/index.asp）的旗帜产品。它基于交互式数据语言 IDL 开发的一套功能强大的遥感影像处理系统，可以轻松读取、显示、分析各种类型遥感数据，并提供了从影像预处理、信息提取到与地理信息系统整合过程中需要的各种工具。ENVI 卓越的波谱分析工具能够快速准确地从遥感影像中提取出用户所需要的各种目标信息，凭借其自动高效的信息提取和目标识别能力，ENVI 已连续多年获得美国地理情报局（原 NIMA）遥感软件测评第一。

本书在多年实际工作经验基础上，以解决生产作业中可能遇到的问题为教学目标，通过专题形式对遥感影像处理过程中的主要操作步骤在 ENVI 中的实现方法进行描述，并通过配套的数据光盘（3 张），以多种遥感数据源为例，详细地介绍了所用遥感数据源的特点、每专题要实现的主要目标、算法背景、参考文献以及参数分析选择等内容。全书共分 34 个专题，涵盖了 ENVI 入门和基本操作介绍、全色影像和矢量叠合、多光谱影像分类、决策树分类、几何校正和配准、各种影像的正射校正、影像镶嵌、光学数据与雷达数据的融合、矢量叠合和 GIS 分析、地图制图、高光谱数据分析及其在地质学、考古学、植被分析和海洋学中的应用、MASTER 影像数据处理、各种 SAR 数据分析、地形工具、三维浏览以及使用 IDL 扩展 ENVI 功能等方面的内容。通过本教材的学习，读者还可了解 IDL 二次开发方面的应用实例。

本书由首都师范大学资源环境与旅游学院、首都师范大学三维信息获取与应用教育部重点实验室与美国 ITT VIS 公司中国地区独家代理商和增值服务商——航天星图科技（北京）有限公司合作编写。全书由赵文吉主持编译和通稿校对，专题一至专题十三由段福州编译，专题十四至专题二十五由刘晓萌编译，专题二十六至专题三十四由徐智勇编译。

本书可作为普通高校本科生教学与实习教材，同时可为空间信息技术应用研究工作者提供有关 ENVI 软件的第一手参考资料。

编　者

2007 年 1 月

目　录

ENVI 基础

1.1 ENVI 综述

ENVI 是一个完善的数字影像处理系统，它具有全面分析卫星和航空遥感影像的能力。它能在各种计算机操作平台上提供强大新颖的友好界面，显示和分析任意数据、尺寸和类型的影像。

由于采用了基于文件和基于波段的技术，ENVI 能够处理整个影像文件或单一的某个波段。当打开一个输入文件后，可以使用所有的系统函数对波段进行操作。而当打开多个输入文件时，还可以从不同文件中选择波段一同进行处理。此外，ENVI 自带了多种波谱处理工具，包括波谱提取、波谱库以及分析高光谱数据集的能力，这些高光谱数据集涵盖了 AVIRIS、GERIS、GEOSCAN 和 HyMap 等数据。除了 ENVI 先进的高光谱处理工具之外，它还提供了专门分析 SIR-C、AIRSAR 以及 TOPSAR 等雷达数据的工具。

ENVI 完全是在 IDL（Interactive Data Language）环境下开发的。IDL 是一个强大的基于数组结构的编程语言，它提供了完整的数据处理和数据显示功能，而且能很方便地使用 GUI 工具箱来设计界面。ENVI 分为完全版 ENVI 和运行版 ENVI RT（runtime ENVI），两者的区别在于 ENVI RT 不能提供给用户开发 IDL 的环境。如果使用的是 ENVI RT，那么在本书中将不能使用用户自定义函数。

1.2 关于本书

本书包括了多个手把手的专题辅导，以帮助用户熟悉 ENVI 的各项特点和功能。每个专题辅导都安排恰当，明确地指导用户完成相应的任务。

在每个专题辅导中，各个任务都被分几个步骤来完成，每个步骤都会以黑体标出。所有的步骤都会以一个圆形的小黑点（“●”）开始。下面列出了几种默认格式来帮助用户在不同步骤中识别各个操作。

- 下拉菜单的标题会以**黑体**表示。在菜单之间用→（箭头）顺序依次连接。比如，选择 **File → Open Image File**。
- 对话框的名字会以**黑体**表示。
- 按钮菜单以及在这些菜单中的选项以**黑体**表示。
- 文本框的标题、圆形单选按钮、增量框标题以及其他按钮也以**黑体**表示。
- 文件名和路径以“`courier`”字体表示。比如，打开文件 `cuptm_rf.img`。

在每个专题辅导之前，都有一个详细的介绍，来描述这个专题辅导的内容及目的，并简要地说明用户将使用的某个操作功能的历史发展及应用过程。此外，还会包括完成这个专题辅导所需要的文件名。

最后，在每个专题辅导的结尾处，都会列出参考文献，以便进一步地了解该专题。

1.3 专题辅导数据文件

本书的专题辅导数据都包含在三张光盘的子目录 envidata 下。因为使用的数据比较大，大于 1GB，所以你可以直接使用光盘将数据加载到 ENVI 中，而不用将数据文件拷贝到你的硬盘里。如果你将这些文件拷贝到硬盘中，运行时的速度会更快一些。在每一个专题辅导的开始部分，都会介绍一下具体要被使用的文件。

在专题辅导中，我们会使用术语专题辅导数据文件夹来指代具体的专题辅导数据的存放位置。根据操作系统的不同，你可以选择把这些数据拷贝到硬盘上（数据都在《ENVI 遥感影像处理专题与实践》三张光盘的 envidata 目录下），或建立一个连接指向 ENVI 的光盘（在某些 UNIX 系统下）或硬盘上的某个位置。

◆ 在 UNIX 操作系统下加载光驱

为了获取 ENVI 的专题辅导数据，你必须在计算机上连接一个光驱或通过网络获取。

当你将光盘插入光驱时，有些操作系统平台会自动地加载光驱。在大多数情况下，光驱被加载为：

/cdrom/envidata1、/cdrom/envidata2 或/cdrom/envidata3

下面的列表中列出了大多数的操作系统平台的加载命令。你可以查阅操作系统书，来获取加载光驱的方法说明。

【注意】将 CDROM-Dev 替换为你的系统中光驱的实际名字。将加载命令在同一行命令提示符下敲出。在大多数操作系统下，你必须有 root 的权限来加载光驱。

操作平台	光驱加载命令	典型的光驱名字
Compaq Tru64 UNIX	/usr/sbin/mount -t cdfs -r -o rrip CDROM-Dev /cdrom	/dev/rz4c
HP-UX	mount -r -F cdfs CDROM-Dev /cdrom	/dev/dsk/c1t2d0
IBM AIX	mount -r -v cdrfs CDROM-Dev/cdrom	/dev/cd0
Linux	mount -o ro -t iso9660 CDROM-Dev /mnt/cdrom	/dev/cdrom
SGI IRIX	（自动的加载为/CDROM）	
SUN Solaris	（由卷标管理器自动的加载为 /cdrom/envidata1 或者 /cdrom/envidata2）	

【注意】建议将光驱加载到目录/cdrom 下。如果你将光驱加载到了别的目录下，请将本专题辅导中出现/cdrom 的位置替换为那个目录的名字。当然并非所有的 UNIX 操作系统都会以相同的方式来读取光驱。

1.4 专题概述

本专题的目的是为了给第一次使用 ENVI 的用户提供一个了解 ENVI 并熟悉其基本操作的机会。下列各项操作将简要地介绍 ENVI 的图形界面和它的基本功能。在进行操作之前，请确保已正确安装 ENVI。可以通过互联网，根据下载的规程细则获取 ENVI 软件。

♦ **本专题中使用的文件**

光盘：《ENVI 遥感影像处理专题与实践》附带光盘 #2
路径：`envidata/can_tm`

文件名	描述
can_tmr.img	Boulder，CO，TM 数据
can_tmr.hdr	can_tmr.img 的头文件
can_lst.evf	EVF 文件列表
can_v1.evf	ENVI 矢量文件 1
can_v2.evf	ENVI 矢量文件 2
can_v3.evf	ENVI 矢量文件 3
can_v4.evf	ENVI 矢量文件 4

【注意】关于在 UNIX 下如何加载光盘的使用说明，请参见《ENVI 遥感影像处理实用教程》“在 UNIX 操作系统下加载光驱”。

1.5 ENVI 入门

♦ **启动 ENVI**

在启动前，请确认已正确安装了 ENVI。

在 **UNIX** 下启动 **ENVI**：

- 要在 Unix 下启动 ENVI，在 UNIX 命令行输入“`envi`”。
- 要在 Unix 下启动 ENVI RT，在 UNIX 命令行输入“`envi_rt`”。

在 **Macintosh** 系统下启动 **ENVI**：

（1）进入 **OroborOSX** 的安装目录。

（2）双击 **OroborOSX** 的图标，它将启动 Xdarwin，并在一个 **OS X** 的窗口下，出现一个 **Unix X-**窗口的命令行。

（3）根据需要启动 ENVI 或 ENVI RT：

- 对于 ENVI，在 OroborOSX 的命令提示符下直接输入 `envi`。
- 对于 ENVI RT，在 OroborOSX 的命令提示符下直接输入 `envi_rt`。

在 **Windows 2000**，**Windows XP** 系统启动 **ENVI**（或 **ENVI RT**）：

- 从 Windows 任务栏选择：开始 → 程序 → ENVI 4.1 → ENVI。

◆ **加载一幅灰阶影像**

打开一幅多光谱的 TM 数据，它是美国西部的科罗拉多州（Colorado，USA）Canon 地区的影像。

打开一个影像文件

要打开一个影像文件：

（1）选择 **File → Open Image File**。将出现一个 **Enter Input Data File** 对话框。

（2）进入 can_tm 这个子目录，这个子目录在 envidata 目录下（该目录包括了其他专题所需要的文件）。然后从列表中选择 can_tmr.img 这个文件，再点击 **Open**。可用波段列表对话框（**Available Bands List**）将出现在屏幕上，这个列表允许你选择合适的波段来显示或处理。

【注意】你可以选择显示一幅灰阶或一幅 RGB 彩色影像。

（3）在可用波段列表中，通过在相应的波段名字上单击鼠标左键，选择 TM 的波段 4。你所选择的波段名将在被选择的波段名（Selected Band）文本控件中显示出来。

（4）单击 **Gray Scale** 的单选按钮，然后在可用波段列表中单击 **Load Band**，这样影像就会在一个新的显示窗口中显示出来。波段 4 将会以灰阶影像的形式显示出来。

熟悉影像的显示方式

当一幅影像被装载后，ENVI 的影像显示窗口将出现在屏幕上。显示窗口组包括主影像窗口（Image window）、滚动窗口（Scroll window）和缩放窗口（Zoom window）。这三个窗口被紧密地连在一起，在一个窗口中的改变会同时在其他窗口中反映出来。

【提示】若要选择屏幕上合适的影像窗口排列组合形式，只需在任意影像的窗口中单击鼠标右键，然后在弹出的快捷菜单中选择 **Display Window Style** 的子菜单来选择特定的一个排列组合方式。

通过用鼠标左键按住窗口的拐角边缘拖曳，就能够调整所有影像窗口的大小。

（1）将主影像窗口的大小调整到足够大，滚动窗口将消失。

（2）此时再将主影像窗口调整到比整个影像范围小时，滚动窗口又会再出现。

（3）然后，试着改变缩放窗口的大小，会发现主影像窗口中显示范围轮廓的矩形方框也会随之改变大小。

ENVI 显示窗口组的基本特性将会在随后的几个部分分别介绍。

影像显示的快捷菜单

三个显示窗口都有各自的快捷菜单，可以进行常规的显示设置和使用交互式的功能。

- 想在任意一个显示窗口中获取快捷菜单，只需在相应的窗口中单击鼠标右键（图 1-1 为主影像窗口的快捷菜单）。

滚动窗口（**Scroll Window**）

滚动窗口显示了一个经重采样后分辨率降低了的完整范围的影像。重采样的比例系数将显示在窗口顶部标题栏中的圆括号内。突出显示的一个滚动控制矩形方框（缺省条件下是红色的）将绘出在主影像窗口中显示部分的全分辨率影像。

- 要在主影像窗口中显示影像的其他部分，需将鼠标移动到滚动的矩形方框内，然后按住鼠标的左键，再移动鼠标到想去的区域，最后松开鼠标。当被鼠标点击的按钮松开时，主影像窗口会自动地更新。
- 也可以在滚动窗口中移动鼠标完成上述的定位操作，只需在滚动窗口中按住鼠标的左键，然后移动到想要去的区域即可。在这个过程中，如果按住鼠标左键不放，拖曳鼠标，主影像窗口会随着鼠标的移动而更新影像（更新的速度依赖于你的计算机的配置情况）。
- 最后，你可以通过键盘上的箭头按钮在滚动窗口中重新定位。为了增加滚动的速度，你可以在按住箭头按钮的同时再按住 **Shift** 键。

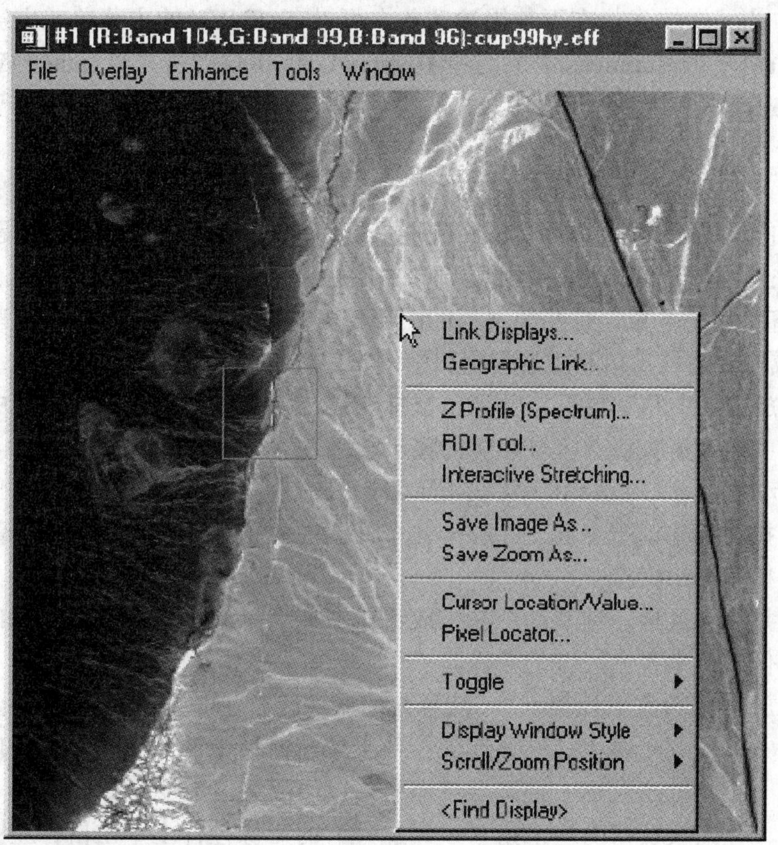

图 1-1 主影像窗口的快捷菜单

主影像窗口（**Image Window**）

主影像窗口将以实际的分辨率（未经重采样）来显示影像的某一部分。缩放控制矩形方框（主影像窗口中的有颜色的矩形框）来指示缩放窗口中显示的区域。

- 为了重新定位缩放窗口中被放大了的区域，可以先将鼠标移动到缩放控制矩形框内，然后按住鼠标左键不放，移动鼠标。当松开鼠标左键时，缩放窗口就会自动地更新影像。

- 采用别的方法，通过在缩放窗口中拖曳鼠标左键来移动被放大了的影像，可以重新定位主影像窗口中的要显示的部分。在这个过程中，如果单击鼠标左键并拖曳其运动，缩放窗口中的影像会随着鼠标的移动而即时更新。
- 此外，也可以移动缩放窗口中的十字丝状指示器来完成定位过程。只需单击缩放窗口，并使用键盘上的箭头按钮来定位。要移动几个像素的位置时，必须在每次按住箭头按钮的同时也按下 **Shift** 键。
- 主影像窗口也可以有选择性地使用滚动条，相对滚动窗口而言，它提供了一种可供替代的方法来移动影像，以使得相应的某一部分的影像显示在主影像窗口中。若需在主影像中添加滚动条，可以在影像窗口中单击鼠标右键，在弹出的快捷菜单中选择 **Toggle → Display Scroll Bars**。

【提示】为了在缺省状态下使用滚动条，可以在 ENVI 的主菜单或主影像窗口的菜单中，选择 **File → Preferences**，然后选择 **Display Defaults** 标签，并将 **Image Window Scroll Bars** 设置成 **Yes** 即可。

缩放窗口（**Zoom Window**）

缩放窗口可以放大显示影像的某一部分，放大的倍数将在窗口顶部标题栏中的方括号内显示出来；缩放的区域将在主影像窗口中突出表示的方框（缩放控制框）显示出来。

在缩放窗口的左下角，有几个很小的图形控件（默认颜色为红色）。这些控件将调节缩放的倍数或控制缩放窗口和主影像窗口中的十字丝的显示。

- 在缩放窗口中移动鼠标，并单击鼠标左键，将会以所点击的像素为中心，在缩放窗口中重新放大所选区域影像的显示。
- 要移动缩放窗口中的十字丝状指示器，只需单击缩放窗口，就可以使用键盘上的箭头按钮来移动十字丝。在移动几个像素的位置时，要在每次按下箭头按钮的同时也按下 **Shift** 键。
- 单击并按住鼠标左键不动，在缩放窗口中拖动鼠标，将会使缩放窗口漫游显示出主影像窗口中各个区域的影像。
- 在缩放窗口的左下角“－”（减号）的影像控件上单击鼠标左键，会使缩放窗口的放大倍数逐一减少；在该影像控件上单击鼠标中键，会使缩放窗口的放大倍数减少一倍；单击鼠标右键，会使缩放窗口的放大倍数变为默认值。
- 同理，在缩放窗口的左下角“+”（加号）的影像控件上单击鼠标左键，会使缩放窗口的放大倍数逐一增加；在该影像控件上单击鼠标中键，会使缩放窗口的放大倍数增加一倍；单击鼠标右键，会使缩放窗口的放大倍数变为默认值。
- 在缩放窗口的左下角用鼠标左键单击最右边的影像控件（第三个），会激发出缩放窗口中的十字丝；在该影像控件上单击鼠标中键，会激发出主影像窗口中的十字丝；单击鼠标右键，会打开或关闭显示在主影像窗口上的缩放控制框；在该影像控件上双击鼠标右键，会激发主影像窗口上滚动条的开或关。

【注意】在 Microsoft Windows 操作系统下使用双键鼠标，可以通过同时按下 **Ctrl** 键和鼠标左键的方式来模拟三键鼠标的中键功能。

- 缩放窗口同样有可选择性地使用滚动条，相对移动缩放窗口而言，它提供了一种可供替代的方法来移动要显示的区域影像。若需在缩放窗口上添加滚动条，可以在缩放窗口中单击鼠标右键，在弹出的快捷菜单中选择 **Toggle → Zoom Scroll Bars**。

【提示】为了在缺省状态下使用滚动条，可以在 ENVI 的主菜单或主影像窗口的菜单中，选择 **File → Preferences**，然后选择 **Display Defaults** 标签；并将 **Zoom Window Scroll Bars** 设置成 **Yes** 即可。

显示菜单栏（Display Menu Bar）

主影像窗口上端的菜单栏，可以使你很方便地使用 ENVI 的各项功能，并直接运用到被显示的影像上。你也可以跟使用其他 ENVI 的菜单一样，选择相应的选项设置。

◆ 使用对比度拉伸

在缺省状态下，ENVI 用 2% 的线性拉伸来显示所有影像。

（1）为了对影像使用不同的对比度拉伸，可以在主影像窗口的菜单中选择 **Enhance**，它将显示 6 种默认的拉伸选项，并分别对应每一个显示窗口（Image，Zoom，Scroll）。

（2）在列表中选择一项（比如：选择 **Enhance → [Image]Equalization**），它将会对主影像窗口中的影像进行直方图均衡化处理，并同时更新滚动窗口和缩放窗口中的影像。相应的，也可以使用交互式拉伸来进行对比度拉伸，通过选择主影像窗口菜单中的 **Enhance → Interactive Stretching**。同理，可以尝试使用几种不同的拉伸方法来进行对比度拉伸。

◆ 使用颜色映射表

在缺省状态下，ENVI 用灰阶颜色表来显示所有影像。

（1）为了使用预先定义的颜色表来显示影像，可以从主影像窗口的菜单中选择 **Tools → Color Mapping → ENVI Color Tables**，将出现 **ENVI Color Tables** 对话框。

（2）在对话框列表的底部选择一个颜色表，它将改变三个显示窗口颜色的映射值。

【注意】在 **ENVI Color Tables** 对话框中，选择 **Options → Auto Apply On**，颜色表会在缺省状态下自动地应用到你的影像中。你可以通过选择 **Options → Auto Apply Off**，关闭自动应用。在这种情况下，当你想应用颜色表并观察其结果时，必须每次都选择 **Options → Apply**。

（3）在 **ENVI Color Tables** 对话框中，选择 **Options → Reset Color Table**，颜色表将会转变为缺省状态下的灰阶颜色表。

（4）选择 **File → Cancel**，关闭 **ENVI Color Tables** 对话框。

◆ 动画循环显示所有的波段（animation）

你可以在一个影像窗口中，按顺序地显示所有的波段，并创建一个动画（animation）。

（1）在主影像窗口菜单中选择 **Tools → Animation**，然后在出现的 **Animation Input Parameters** 对话框中点击 **OK**。

TM 传感器的六个波段都将加载到一个动画窗口中。一旦所有的波段都加载成功，影像将按顺序显示，从而产生一个电影的效果。

（2）可以通过使用动画窗口底部的动画控制器（向后循环、向前循环、前后循环和暂停按钮）来控制动画的显示，也可以调整 **Speed** 增量框中的数值来改变波段显示的速度。

（3）从动画显示菜单中选择 **File → Cancel**，关闭动画显示。

◆ **散点图和感兴趣区**

散点图能快速地同时比较两个波段的值。ENVI 的散点图还能够快速地进行两个波段的分类。

（1）使用散点图来分析和显示影像的波段 1 和波段 4 的像素值分布，可以选择 **Tools → 2-D Scatter Plots**，将出现 **Scatter Plot Band Choice** 对话框。

（2）在 **Choose Band X** 中选择波段 1，在 **Choose Band Y** 中选择波段 4，点击 **OK**，生成散点图。

（3）将鼠标光标移动到主影像窗口中，按住鼠标的左键不放，并在窗口中移动鼠标（确保不是在缩放控制框中点击鼠标左键）。

当移动鼠标时，可以注意到有不同的像素在散点图中被突出显示出来。这些跳跃的像素（*dancing pixels*）表示了以鼠标光标为中心，10×10 像素的区域范围内，像素对应在散点图上的位置。

（4）在 **Scatter Plot** 显示中定义感兴趣区，可以在散点图窗口中单击鼠标左键，选择生成多边形的顶点，然后单击鼠标右键，闭合多边形。

当该区域被闭合后，与散点图中所选择的区域范围相对应的像素，将会突出显示在主影像窗口和缩放窗口中。

（5）要定义第二种类，可以从散点图窗口菜单中选择 Class 菜单，并选择第二种颜色，再重复以上步骤。

（6）在散点图菜单中，选择 **Options → Export All**，将导出所有的感兴趣区，并出现 **ROI Tool** 对话框，也可以在主影像窗口菜单中选择 **Overlay → Region of Interest**，**ROI Tool** 对话框将会出现在屏幕上。

在缺省状态下，导入到 **ROI Tool** 对话框中的感兴趣区的名字会以 Scatter Plot Export 开头，然后在后面加上区域的颜色和所包含的点的个数。

（7）在 **ROI Tool** 对话框的菜单中选择 **File → Cancel**，将会关闭这个对话框。在使用 ENVI 的过程中，定义的感兴趣区都将保存在内存中。在散点图窗口中，可以通过选择 **File → Cancel** 来关闭散点图。

◆ **显示一幅彩色合成影像**

ENVI 允许同时显示多幅灰阶或 RGB 彩色影像。

（1）要显示 Canon 地区的彩色合成影像，可以单击可用波段列表（**Available Bands List**）。如果你在以前的操作过程中关闭了可用波段列表，可以通过在 ENVI 的主菜单中选择 **Window → Available Bands List** 来重新显示可用波段列表对话框。

（2）单击可用波段列表中的 **RGB Color** 单选按钮，则会在对话框的中部出现红、绿、蓝三个字段。

（3）通过在对话框上部的波段列表中单击波段名，并依次选取波段 7、波段 4、波段 1，波段的名字会自动地加入红、绿、蓝三个字段。

（4）单击 **Load RGB**，将会在影像窗口中显示出彩色合成影像。

◆ 影像分类

ENVI 提供了两种分类的方法——非监督法分类和几种监督法分类。下面的例子是使用监督分类中的一种方法来进行影像分类。

（1）从 ENVI 的主菜单中选择 **Classification → Supervised → Parallelepiped**，当出现 **Classification Input File** 对话框时，选择 `can_tmr.img` 这个影像文件，然后点击 **OK**。

（2）当出现 **Parallelepiped Parameters** 对话框后，在对话框左上部的 **Select Classes from Regions** 列表中，单击感兴趣区上的名字来选择你创建的感兴趣区。

（3）在对话框的右上角处选择 **Memory**，将结果保存到内存中。

（4）单击 **Parallelepiped Parameters** 对话框中部偏右的箭头切换按钮，选择不生成规则影像（Rule Image），然后再点击 **OK**。

分类函数将计算波段间的统计信息，并在屏幕上出现一个状态条，用来显示操作的进程。最后一个名为 `Parallel（CAN_TMR.IMG）`的分类影像将加载在可用波段列表中。

（5）要把一个分类的结果显示在一个新的显示组中，可以在可用波段列表对话框的按钮 **Display #1** 的下拉菜单中选择 **New Display**。然后单击 **Gray Scale** 的单选按钮，来选择以灰阶方式显示影像，单击选择平行六面体（**Parallelepiped**）的分类结果影像，并单击 **Load Band** 按钮。一个新的显示分类结果的显示组就会出现在屏幕上。

◆ 动态链接影像

要将两幅影像链接动态显示，可以直接通过在一幅影像上叠合另一幅影像来进行比较分析的方式来实现。

（1）从任意一幅影像的主影像窗口中，选择 **Tools → Link → Link Displays**。**Link Displays** 对话框将出现在屏幕上，点击 **OK**，可以基于原点将两幅影像链接起来。

（2）在任意一幅影像的主影像窗口中，将鼠标光标移动到缩放控制框之外，然后按住鼠标左键，并移动鼠标。另一幅影像的一部分将在主影像窗口中显示出来。

（3）能够改变显示叠合区域的大小，只需按住鼠标中键，并拖曳至一个合适的区域即可。

（4）要关闭两个影像的显示，可以从每个主影像窗口中选择 **File → Cancel**。

◆ 矢量叠合和处理

ENVI 提供了一整套矢量可视化和分析的工具，包括 ArcView Shape 文件的输入、矢量编辑和矢量查询。

（1）在可用波段列表中，单击 TM 的波段 4，选择 **Gray Scale** 的单选按钮，然后单击 Load Band 来重新显示灰阶影像。

（2）要打开一个矢量文件，可以从 ENVI 的主菜单中选择 **File → Open Vector File → ENVI Vector File**；进入 can_tm 目录，并选择包含该地区的矢量文件 can_lst.evf（相应的，单独打开每一个.evf 文件）；可用矢量列表（**Available Vectors List**）对话框就会出现在屏幕上，并列出了与 can_tmr.img 影像相对应的矢量。

（3）单击每一个矢量层的名字，并在可用矢量列表对话框的底部查看相应的矢量层的信息。

（4）在对话框的底部单击 **Select All Layers**，来选择所有列出的矢量层。点击 **Load Selected** 按钮，当出现 **Load Vector Layer** 对话框后，再点击 **Display #1**，矢量将全部显示在第一个影像的显示窗口中；并且将全部在**#1 Vector Parameters** 对话框中列出。

（5）在 **Display #1 Vector Parameters** 对话框中点击 Apply，将矢量层加载到影像中，然后在 **Vector Parameters** 对话框中，选择 **Options → Vector Information**，打开一个矢量信息查看的窗口。

（6）在主影像窗口中，单击鼠标左键，按住鼠标不放并拖动，将跟踪当前选择的矢量层，并显示该矢量的基本信息。在 **Vector Parameters** 对话框中，单击另一个矢量层，并在主影像窗口中跟踪这个不同的矢量层。

（7）在 **Vector Parameters** 对话框中，点击 **Edit Layers** 按钮，可以修改矢量层的显示方式。根据需要修改矢量层的参数，并点击 **OK**。在**#1 Vector Parameters** 对话框中，点击 **Apply** 来显示修改后的矢量层。

◆ 结束 ENVI 程序

在 ENVI 主菜单中选择 **File → Exit**（在 UNIX 操作系统下是 **Quit**），在弹出的 **Terminate this ENVI Session** 对话框中选择 **Yes**，并点击 **OK**，退出 ENVI 程序。如果使用的是 ENVI RT，退出 ENVI 后会返回操作系统。

专题一 ENVI 简介

1.1 专题概述

本专题旨在介绍 ENVI 的基本信息，并为初次使用该软件的用户提供了一些建议。本专题专门为初次使用 ENVI 的用户而设计，目的在于介绍 ENVI 的基本概念及其主要特性。在这里，我们假定您已经熟悉了影像处理的基本概念。

◆ 本专题中使用的文件

光盘：《ENVI 遥感影像处理专题与实践》附带光盘 #2

路径：envidata/can_tm

文件	描述
can_tmr.img	Canon，CO TM 影像数据
can_tmr.hdr	ENVI 相应的头文件

1.2 ENVI 的使用

ENVI 采用了图形用户界面（GUI），仅通过点击鼠标就能访问影像处理的功能模块，还可以使用三键鼠标对菜单和函数进行选择。

【注意】在 Windows 环境下使用双键鼠标操作 ENVI，可按 **Ctrl** 键加鼠标左键来模拟三键鼠标的中间键；如果在 Macintosh 环境下使用单键鼠标操作 ENVI，那么可以按 **Option** 键加鼠标键来模拟鼠标右键；按 **Command** 键加鼠标键来模拟鼠标中键。

启动 ENVI 后，其主菜单将会以菜单栏的方式出现在屏幕上。在 ENVI 主菜单的任意一个菜单项上单击鼠标左键就会出现子菜单选项，而每一个选项中可能还含有子菜单，包含更多的选项。通常点击这些子菜单会打开一个对话框，这些对话框需要你输入与你所选的 ENVI 功能模块相对应的影像信息，或者设置相应的参数。

◆ ENVI 文件格式

ENVI 使用的是通用栅格数据格式，包含一个简单的二进制文件（a simple flat binary）和一个相关的 ASCII（文本）的头文件。该文件格式允许 ENVI 使用几乎所有的影像文件，包括那些包含自身嵌入头信息的影像文件。

通用栅格数据都会存储为二进制的字节流，通常它将以 BSQ（按波段顺序）、BIP（波段按像元交叉)、BIL(波段按行交叉)的方式进行存储。

- BSQ 是最简单的存储格式，它先将影像同一波段的数据逐行存储下来，再以相同的方式存储下一波段的数据。如果要获取影像单个波谱波段的空间点（x，y）的信息，那么采用 BSQ 方式存储是最佳的选择。
- BIP 格式提供了最佳的波谱处理能力。以 BIP 格式存储的影像，按顺序存储第一个像素的所有波段，接着是第二个像素的所有波段，然后是第三个像素的所有波段，依次类推，直到所有像素都存完为止。这种格式为影像数据波谱维的存取提供了最佳的性能。
- BIL 是介于空间处理和波谱处理之间的一种存储格式，也是大多数 ENVI 处理操作中所推荐使用的文件格式。以 BIL 格式存储的影像，先存储第一个波段的第一行，接着是第二个波段的第一行，然后是第三个波段的第一行，直到所有波段都存储完为止。

ENVI 支持各种数据类型，它包括：字节型、整型、无符号整型、长整型、无符号长整型、浮点型、双精度浮点型、复数型、双精度复数型、64 位整型，以及无符号 64 位整型。

与影像数据分开的文本头文件为 ENVI 提供了影像的维数、任意可能嵌入的头信息、数据格式，及其他一些相关的信息。头文件通常是在 ENVI 第一次读取到一个数据文件时创建的（有时需要你自己输入）。在 ENVI 的菜单栏中选择 **File → Edit ENVI Header**，可以查看和编辑头文件，或者在可用波段列表中点击鼠标右键，选择 **Edit Header** 来完成同样的处理。你也可以在 ENVI 之外使用文本编辑器，产生一个 ENVI 的头文件。

ENVI 窗口和显示

使用 ENVI 时，屏幕上会出现一些不同的窗口和对话框。通过这些窗口和对话框可以操作和分析影像，最重要的是，这些影像显示窗口可任你随意移动或局部放大。ENVI 的默认设置是三个显示窗口（主影像窗口、缩放窗口和滚动窗口），但是你也可以使用任意一个窗口的快捷菜单，或者 ENVI 的参数设置选项来改变窗口的组合。这组窗口就被称为显示组（Display Group，图 1-2）。默认的显示窗口由下面几个窗口组成：

- 主影像窗口（**Main Image Window**）——在这个窗口中，整幅影像或影像的某部分会以全分辨率（屏幕上一个像素就是影像中一个像素）显示出来。
- 滚动窗口（**Scroll Window**）——如果主影像窗口中没有将整幅影像全部显示出来，那么就会显示滚动窗口。滚动窗口中显示的是经重采样缩小尺寸后的整幅影像。在该窗口中可以选择影像中的某一部分显示于主影像窗口中。滚动窗口中带颜色的矩形框表示主影像窗口中显示影像在完整影像中的空间位置。根据滚动窗口标题栏中的数值可以得到滚动窗口中显示的影像被缩放的倍数。
- 缩放窗口（**Zoom Window**）——该窗口显示的是一幅放大了的影像，该影像对应于主影像窗口所选一部分影像。主影像中带颜色的矩形框，指出了缩放窗口中影像所处的空间位置。根据滚动窗口标题栏的数值，我们就可以知道影像被放大的倍数。

在任意时刻都可以打开多个显示窗口。ENVI 中有各种类型的窗口，这些窗口包括散点图绘制窗口、波谱剖面廓线窗口、波谱曲线绘制窗口以及矢量窗口。

图 1-2 ENVI 显示窗口组：主影像窗口、滚动窗口和缩放窗口

ENVI 主菜单

ENVI 主菜单位于显示窗口的顶部。默认状态下，它显示于主影像窗口的顶部，并提供交互式的影像显示与分析功能（图 1-3）。如果所选的显示组中不包括主影像窗口，那么菜单将会出现在滚动窗口或者缩放窗口的顶部。同 ENVI 中其他的菜单一样，从该菜单中可以任意选择某个菜单项。

此外，在任意一个显示窗口中点击鼠标右键就会弹出一个快捷菜单。通过这个菜单可以访问显示函数，也可以改变显示的设置。

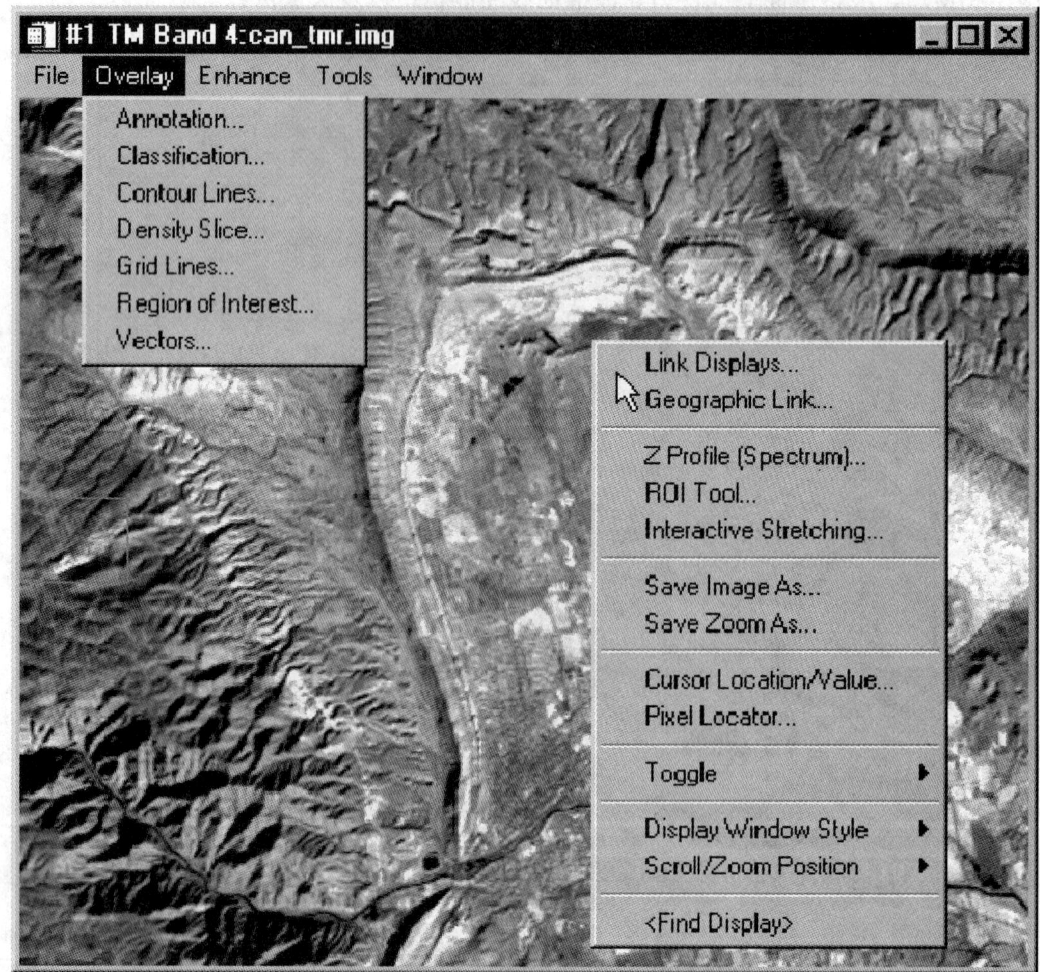

图 1-3 主影像窗口中的 Overlay 菜单和快捷菜单

◆ 可用波段列表

ENVI 可以访问影像文件，或者这些文件中的单个波段。可用波段列表（**Available Bands List**）是一个特殊的 ENVI 对话框，它包括了所有被打开文件中可用的影像波段，以及与此相关的地图信息列表（图 1-4）。

使用可用波段列表可以把彩色和灰阶影像加载到一个显示窗口中。可以直接打开一个新的显示窗口，或点击对话框底部的 **Display #N** 按钮，并从中选择显示窗口号，打开相应的显示窗口。然后点击 **Gray Scale** 或者 **RGB** 单选按钮，再从列表中点击波段名，选择所需的波段，加载显示该影像。

【提示】如果载入的是单波段影像，可以直接在波段上双击来完成。

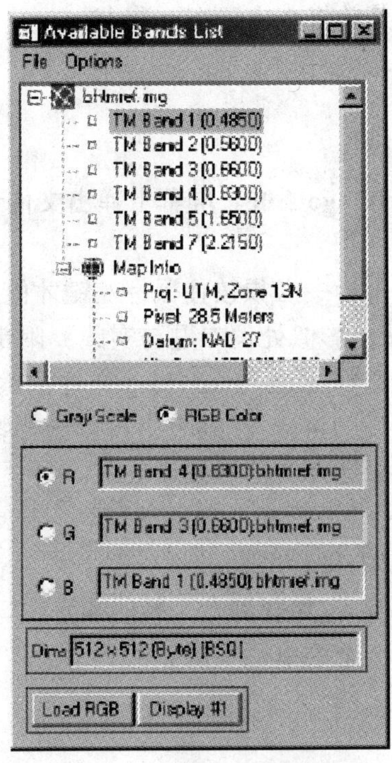

图 1-4　可用波段列表对话框

可用波段列表顶部的 **File** 菜单提供了打开、关闭文件，显示文件信息和退出可用波段列表的功能。**Options** 菜单提供三项功能：查找接近特定波长的波段，显示当前所打开的波段，以及将一幅已打开的影像的所有波段名折叠显示。将所有的波段名折叠为单个影像名或将各波段展开并分别显示于列表中，也可以通过点击可用波段列表对话框中文件名左边的“＋”（加号）或“－”（减号）来完成。

可用波段列表（Available Bands List）快捷菜单

在可用波段列表中点击鼠标右键，会弹出一个包含不同功能的快捷菜单。根据当前在可用波段列表中所选定的（高亮突出显示的）项目，快捷菜单可能会不同。例如，右击文件名下方的 **Map Info** 图标，显示的是获取文件头中的地图信息的快捷菜单，而直接右击文件名，显示的则是打开影像或者关闭文件的快捷菜单。

1.3　ENVI 基本功能

本专题将使你逐步熟悉 ENVI 的基本功能。

◆ 启动 ENVI

启动前，请确认已正确安装 ENVI。

- 要在 UNIX 或 Macintosh OS X 中启动 ENVI，请在 UNIX 命令行中输入 `envi`。
- 要在 Windows 系统中启动 ENVI，请双击 ENVI 的图标。

成功打开 ENVI 后，其主菜单将会出现在屏幕上。

◆ 打开影像文件

要打开一个影像文件：

（1）选择 **File → Open Image File**。屏幕上弹出文件选择对话框 **Enter Input Data File**。

【注意】在某些操作系统平台中必须按住鼠标左键才能显示主菜单中的子菜单项。

（2）选择进入《ENVI 遥感影像处理专题与实践》附带光盘 #2 `envidata` 目录中的 `can_tm` 子目录，从列表中选择 `can_tmr.img` 文件，然后点击 **OK**。

随即弹出可用波段列表（图 1-4）。在列表中可以选择特定的光谱波段显示影像或者对其进行处理。此时就可以选择打开灰阶影像或 RGB 彩色影像了。

（3）使用鼠标左键点击对话框顶部所列的波段名，选中某个影像波段。所选的波段会在标有 **Selected Band** 的区域中显示出来。

（4）点击 **Load Band**，将影像加载到一个新的显示窗口中。

【注意】主影像窗口拥有一个菜单栏（图 1-3）。

◆ 熟悉显示窗口

影像加载成功后，ENVI 影像显示窗口就会出现在屏幕上。该显示窗口由主影像窗口、滚动窗口和缩放窗口组成（图 1-2）。这三个显示窗口相互关联，改变其中任意窗口都会对另外两个窗口产生影响。为了进一步了解它们之间的相互关系，试按下列步骤进行操作：

拖动缩放指示矩形框

- 注意主影像窗口中部的红色小矩形框。这个矩形框中所指示出的影像区域就是缩放窗口中所显示的影像区域。在该矩形框内按住鼠标左键，并拖动该框，可将其移动到主影像窗口中的任意位置。当松开鼠标左键时，缩放窗口将会自动更新为指示矩形框所对应的新区域中的影像。
- 通过在主影像中移动十字形光标，并在相应位置点击鼠标左键，可以重新放置缩放指示矩形框的位置。缩放窗口中将以所选的位置为中心，放大显示影像区。
- 通过使用键盘上的箭头键来移动缩放指示矩形框。点击缩放窗口或点击主影像窗口中缩放指示矩形框，然后按下键盘上的箭头键来移动被缩放的区域，每按一下移动一个像素。每次按 **Shift** 键加箭头键，可以在选定的方向上移动几个像素。
- 最后，如果在缩放指示矩形框外面按住鼠标左键，并拖动该框移到一个新的位置，在这个过程中，缩放窗口会随着指示矩形框的移动而更新影像。

使用快捷菜单

三个显示窗口都有各自的快捷菜单，可以进行基本的显示设置或者交互式功能处理。

- 如果要在任意一个窗口中打开快捷菜单，可以通过点击鼠标右键来完成。

放大、缩小或者漫游影像

- 在缩放窗口内移动光标，点击鼠标左键将以所选像素为中心重新放置放大了的影像区域。
- 单击并按住鼠标左键不动，在缩放窗口中拖动鼠标，缩放窗口会漫游显示出主影像窗口中各个区域的影像。
- 在"－"（减号）影像控件上单击鼠标左键，会使放大倍数减少 1。在该影像控件上单击鼠标中键，放大倍数会减少一倍。
- 在"＋"（加号）影像控件上点击鼠标左键，将会使放大倍数增加 1。在该影像控件上单击鼠标中键，放大倍数会增加一倍。
- 如果将缩放系数重新设置为 1，可以在缩放窗口中点击鼠标右键，并在弹出的快捷菜单上选择 **Set Zoom Factor to 1**。
- 在缩放窗口的左下角用鼠标左键单击最右边的那个影像控件，会触发缩放窗口中的十字形光标出现或者关闭。在该影像控件上单击鼠标中键，会触发主影像窗口中的十字形光标出现或者关闭。而用鼠标右键单击时，会打开或关闭主影像窗口上的缩放指示矩形框。
- 在最右边影像控件上双击鼠标左键，可以在缩放窗口的重采样方式之间进行切换。

滚动影像

滚动窗口中的红色矩形框指出了当前在主影像窗口中显示的影像是整幅影像中的哪一部分。

- 你可以在滚动指示矩形框中，点击鼠标左键并拖动该框，移动所选的区域。当松开鼠标左键时，主影像窗口和缩放窗口中的影像都会被更新。
- 你也可以在想要放置的位置上，通过点击鼠标左键来重新放置滚动指示矩形框（就像上面移动缩放指示矩形框所用的方法一样）。
- 如果你点击并按住鼠标左键不放，拖曳鼠标，那么主影像窗口会随着鼠标的移动而更新影像（更新的速度依赖于你的计算机的配置情况）。
- 最后，通过点击滚动窗口，并按下键盘上的箭头键，可以移动、滚动指示矩形框。为了滚动的速度更快一些，你可以在按住箭头按钮的同时再按住 **Shift** 键。

调整窗口大小

你可以像在其他应用中调整窗口大小一样，拖动窗口的任意一个角来调整显示窗口的大小。但是必须注意，不能将主影像窗口调整的比影像还大。当主影像窗口调整到足够显示整幅影像的时候，滚动窗口就变得多余了，它将从屏幕上自动消失。当主影像重新调整到比整幅影像小时，滚动窗口又会出现在屏幕上。

滚动条

主影像窗口和缩放窗口都有可供选择的滚动条，它提供了另一种可替代的方法来移动影像。

- 要在任意一个窗口中加入或取消滚动条，可以在该窗口中点击鼠标右键，并选择 **Toggle → Display Scroll Bars** 或者 **Toggle → Zoom Scroll Bars**。
- 要设置默认状态下，任意一个窗口是否自动地带有滚动条，可以在 ENVI 主菜单上，选择 **File → Preferences**，并点击 **Display Defaults** 标签，然后使用箭头切换按钮来改变相应的设置。

改变显示组显示方式

你可以改变显示窗口的组合及其位置。

- 要改变当前显示窗口的组合，可以在任意显示窗口中，点击鼠标右键，并在 **Display Window Style** 子菜单中选择某种组合方式。
- 要改变显示类型的默认设置，可以在 ENVI 主菜单中选择 **File→Preferences**，并点击 **Display Default** 标签，然后在 **Display Window Style** 菜单中选择合适的窗口组合类型。
- 要改变当前所显示的滚动窗口和缩放窗口的位置，可以在任意窗口中，点击鼠标右键，并在 **Scroll/Zoom Position** 子菜单中来进行选择。
- 要改变滚动窗口和缩放窗口的默认位置，可以在 ENVI 主菜单中选择 **File→ Preferences**，并点击 **Display Default** 标签，然后在 **Scroll/Zoom Position** 和 **Zoom Position** 菜单中进行选择。

【注意】当没有显示主影像窗口时，显示菜单栏就会在缩放窗口中出现。

◆ 鼠标键的使用方法

ENVI 有许多交互式的功能，对于每个不同功能，鼠标键的组合和作用都不同。**Mouse Button Descriptions** 对话框将告诉你在每个图形窗口中鼠标键的功能。

- 要打开 **Mouse Button Descriptions** 对话框，可以从主影像窗口菜单栏或者从 ENVI 主菜单栏中选择 **Window → Mouse Button Descriptions**。

现在，只要你的鼠标光标出现在 ENVI 显示窗口或者图形窗口中，鼠标键的功能就会出现在对话框中。MB1 代表鼠标左键，MB2 代表鼠标中键，MB3 代表鼠标右键。

显示光标位置

- 要显示鼠标光标的位置和值，可以从主影像窗口菜单栏或者从 ENVI 主菜单栏中选择 **Window → Cursor Location/Value**，或者在主影像窗口中点击鼠标右键，从弹出的快捷菜单中选择 **Cursor Location/Value**。

接着屏幕上出现的 **Cursor Location / Value** 对话框将显示出光标在主影像窗口、滚动窗口或者缩放窗口中的位置（图 1-5）。该对话框还显示了十字形光标所对应的那个像素的屏幕值（颜色）和实际数据值。

- 要关闭这个对话框，可以在 **Cursor Location / Value** 对话框顶部的菜单中，选择 **File → Cancel**。
- 一旦 **Cursor Location / Value** 对话框打开后，要隐藏或者显示该对话框，可以在主影像窗口中双击鼠标左键。

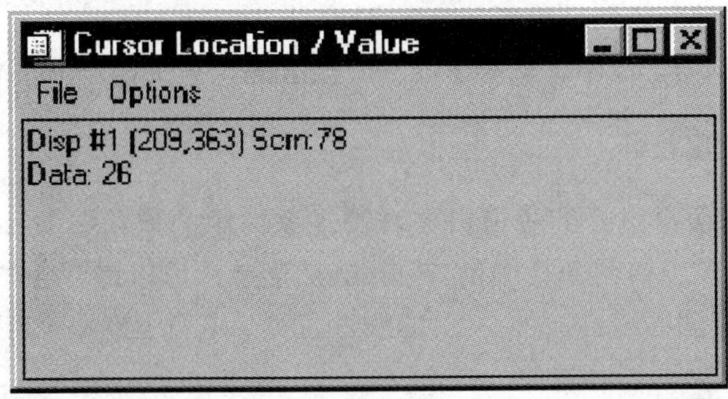

图 1-5 Cursor Location/Value 对话框，显示了所选像素的屏幕值和数据值

◆ **显示影像剖面廓线**

可以交互式地选择和显示 *X* 轴（水平）、*Y* 轴（竖直）和 *Z* 轴（波谱）的剖面廓线图。这些剖面廓线图显示了穿过影像的横线（*X*），纵线（*Y*）或者波谱波段（Z）的数据值。

（1）从主影像显示窗口菜单栏中，选择 **Tools → Profiles → *X* Profile**，将会打开一个绘制窗口，该窗口将根据影像中所选择的行，绘制出一幅数据值与列号（sample number）之间的关系曲线图（图 1-6）。

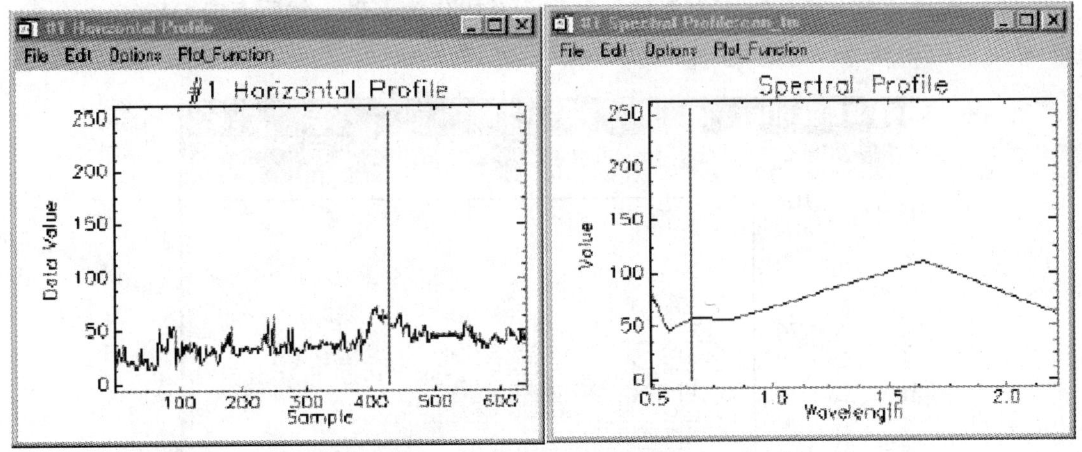

图 1-6 水平（*X* 轴）剖面廓线（左图）和光谱（*Z*）剖面廓线（右图）的绘制图

（2）重复上述过程，选择 ***Y* Profile**，绘制出一幅数据值与行号（line number）之间的关系曲线图。选择 **Z Profile**，绘制出相应的波谱剖面廓线图（图 1-6）。

【提示】也可以通过任意影像窗口中的快捷菜单来打开 Z 轴波谱剖面廓线图。

（3）选择 **Window→Mouse Button Descriptions**，可以查看鼠标键在剖面廓线显示窗口中按键功能的描述。

（4）放置好这三个剖面廓线图窗口，以便能同时看到它们。

一个红色的十字形光标将从主影像窗口的顶部扩展延伸到底部，并还将延伸到主影像窗口的两端。这条红线指出了垂直或者水平剖面廓线所对应的行或者列的位置。

（5）在影像上移动十字形光标（就像移动缩放指示矩形框一样），查看这三幅影像剖面廓线图在新的位置上是怎样更新显示数据的。

（6）从每个绘制图窗口中，选择 **File → Cancel**，来关闭绘制图窗口。

◆ **进行快速对比度拉伸**

你可以使用主影像窗口、缩放窗口或者滚动窗口中的默认参数和数据来进行快速对比度拉伸。选择主影像窗口菜单栏中的 **Enhance** 菜单，可以进行各种各样的对比度拉伸（线性拉伸、0～255 间的线性拉伸、2%的线性拉伸、高斯拉伸、均衡化拉伸，以及平方根拉伸）。

（1）使用主影像窗口、缩放窗口或者滚动窗口中的影像作为拉伸数据源，尝试进行各种类型的拉伸变换。

（2）比较在窗口显示组中线性拉伸、高斯拉伸、均衡拉伸以及平方根拉伸后的效果。

◆ **显示交互式的散点图**

ENVI 可以绘制出两个所选影像波段的数值关系图，即分别选定这两个波段为 *X*、*Y* 轴，在平面坐标上绘制两者的散点图。

（1）在主影像窗口菜单栏中，选择 **Tools → 2D Scatter Plots**，**Scatter Plot Band Choice** 对话框就会接着出现在屏幕上，在该对话框中选择要进行比较的两个影像波段。

（2）选择其中一个波段作为 *X* 轴，另一个波段作为 *Y* 轴，然后点击 **OK**。

这里可能需要等待几秒钟，因为 ENVI 需要把数据值提取出来，并绘制成散点图。

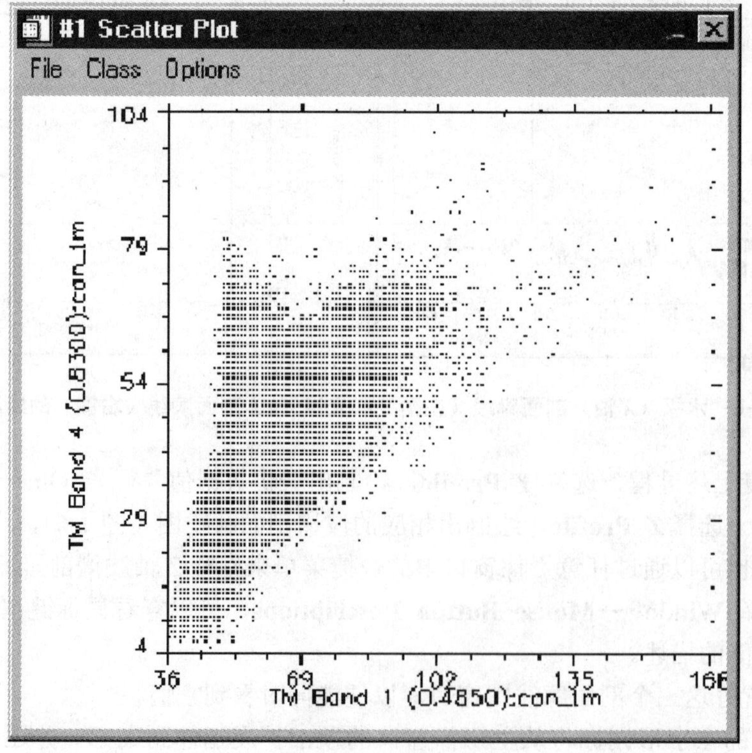

图 1-7 一个交互式的散点图，对波段 1 和波段 2 的值进行比较

（3）一旦打开了散点图绘制窗口（图 1-7），就可以将鼠标光标放在主影像窗口中任意位置，并可以按住鼠标左键来拖动光标。此时，十字形光标周围 10×10 范围内的像素在散点图中所对应的点将会用红色突出显示出来。

【提示】选择 **Window → Mouse Button Descriptions** 来显示不同的鼠标键在 **Scatter Plot** 显示窗口中的功能。

（4）在主影像窗口上移动鼠标光标，观察所产生的跳跃像素（dancing pixels）效果。

（5）可以使用散点图来高亮突出显示主影像窗口中含有相应波谱值的像素。将鼠标光标放在散点图窗口上，点击并拖动鼠标中键。

一个 10×10 的红色矩形框随即出现在散点图中。当在 **Scatter Plot** 显示窗口中拖动鼠标光标来移动该 10×10 的像素区域时，该矩形框对应的像素就会在主影像窗口中被高亮突出显示出来，看起来就像是在跳跃（dance）。

（6）在散点图菜单栏中，选择 **File → Cancel** 来关闭 **Scatter Plot** 窗口。

◆ **加载一幅彩色影像**

（1）如果屏幕上没有显示可用波段列表对话框，那么在 ENVI 主菜单栏中，选择 **Window → Available Bands List**，打开该对话框（图 1-4）。

【注意】如果没有打开影像，那么在 ENVI 主菜单中，选择 **File → Open Image File**，然后选择一个要打开的影像。接着该影像的波段就将加载到可用波段列表中。

（2）点击 RGB 单选按钮，然后在另一个显示窗口中，加载一幅彩色影像。

（3）通过点击列表中的波段名，从列表中为每种颜色（红、绿、蓝）选择一个波段。当点击列表中的波段名时，指定的 **R**、**G**、**B** 单选按钮会自动地向前选择。

（4）当三种颜色都有波段与其对应时，点击 **Display #1** 下拉式菜单按钮，并从中选择 **New Display**。

（5）点击 **Load RGB** 按钮，就可以将一幅彩色影像加载到一个新的显示窗口中。

◆ **链接两个显示窗口**

将两个显示窗口链接在一起进行比较。当把两个显示窗口链接在一起后，在一个显示窗口中（滚动、缩放等）所进行的任意操作，都会在与其相链接的显示窗口中产生相同的响应。要将两个显示窗口链接在一起，可以按下面的步骤进行：

（1）从主影像显示窗口菜单中，选择 **Tools → Link → Link Displays**，或者在影像中点击鼠标右键，并在弹出的快捷菜单中，选择 **Link Displays**。**Link Displays** 对话框就会打开。

（2）在 **Link Displays** 对话框中，点击 **OK**，建立链接。

（3）现在，尝试在其中一个显示窗口中进行滚动或者缩放操作，观察另一个显示窗口相应的反应。

动态叠加

ENVI 的多重动态叠加显示功能允许你将一幅或多幅影像的某一部分动态地叠加到与之相连的影像中去。当链接了两个显示窗口后，动态叠加功能就自动地打开了，并可以在主影像窗口或缩放窗口中表现出来。

（1）要进行叠加显示，可以点击鼠标左键。这时，可以看到两个显示窗口完全地相互叠加显示在一起了。

（2）要创建一个较小的叠加区域，可以将鼠标光标放在主影像窗口（或缩放窗口）中任意位置，然后按住鼠标中键并拖动鼠标。松开鼠标后，一个较小的叠加区域就设置好了，链接影像的一小部分将会被叠加显示到当前影像窗口中。

（3）现在，点击鼠标左键，并在影像中拖动这个小的叠加区域，观察叠加显示的效果。

（4）可以在任意时候，点击并拖动鼠标中键来改变叠加区域的大小，直到满足你所需大小为止。

◆ **选择感兴趣区**

ENVI 允许在影像中定义感兴趣区（ROIs）。感兴趣区主要被用于提取分类的统计信息、生成掩膜以及其他一些操作。

（1）从主影像显示窗口菜单中选择 **Overlay → Region of Interest**，或者在影像中点击鼠标右键，在弹出的快捷菜单中选择 **ROI Tool**。接着与该主影像显示窗口相对应的 **ROI Tool** 对话框就会出现在屏幕上（图 1-8）。

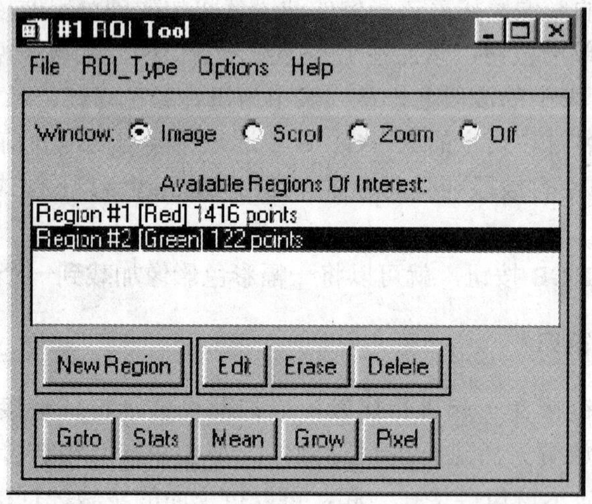

图 1-8 已经定义好两个感兴趣区的 ROI Tool 对话框

（2）绘制代表感兴趣区的多边形。

- 在主影像窗口中点击鼠标左键，建立感兴趣区多边形的第一个顶点。
- 再次点击鼠标左键，按顺序选择更多的边线点，点击鼠标右键来闭合该多边形。鼠标中键可以用来删除最新定义的点，或者（如果你已经闭合了该多边形）删除整个多边形。再一次点击鼠标右键，固定多边形的位置。
- 通过选择 **ROI Tool** 对话框顶部相应的单选按钮，感兴趣区也可以在缩放窗口和滚动窗口中被定义。

当完成一个感兴趣区域的定义后，该区域将会在 **Available Regions of Interest** 列表中显示出来，同时显示的还有感兴趣区的名称、颜色和所包含的像素数（图 1-8）。

（3）要定义一个新的感兴趣区，点击 **New Region** 按钮。

- 点击 **Edit** 按钮，可以输入感兴趣区的名字，选择感兴趣区的颜色和填充方式。

其他类型的感兴趣区

感兴趣区也可以用 **ROI_Type** 下拉菜单中的多条折线（polyline）或单个像素的集合来定义。关于感兴趣区类型的更多讨论，请参见《ENVI 遥感影像处理教程》（ENVI User's Guide）。

感兴趣区的操作处理

在任意影像中，想定义多少个感兴趣区就可以定义多少个（图 1-9）。

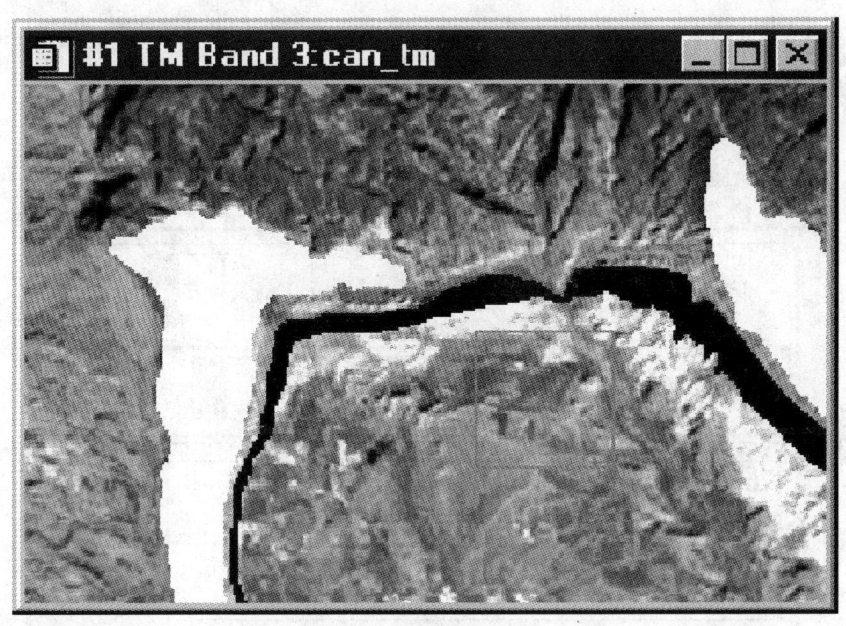

图 1-9 定义了两个感兴趣区的影像

- 一旦创建了感兴趣区，就可以在 **Available Regions of Interest** 列表中，选择感兴趣区，并点击 **Erase** 按钮，将该感兴趣区从显示窗口中擦去（只在列表中留下定义）。
- 点击 **Stats** 按钮，可以查看所选感兴趣区的统计数据。
- 点击 **Grow** 按钮，使用一个特定的阈值把感兴趣区“生长”到邻近的像素。
- 点击 **Pixel** 按钮，可以将多边形、椭圆、矩形以及折线进行“像素化”。像素化后的目标就变成了可编辑点的集合。
- 点击 **Delete** 按钮，将会把所选的感兴趣区从列表中永久性地消除。
- **ROI Tool** 对话框顶部的其他按钮和下拉菜单中的选项，可以用于计算感兴趣区的均值、保存感兴趣区的定义、载入已存的感兴趣区、显示或者删除列表中的所有感兴趣区定义。

除非已明确地删除了感兴趣区的定义，否则即使关闭了 **ROI Tool** 对话框，该定义仍保存在计算机的内存中。这意味着即使感兴趣区不显示出来，它们对于 ENVI 其他的功能仍然是有效的。

◆ **对影像进行注记**

ENVI 灵活的注记功能，允许在地图和影像中加入文本、多边形、色标条以及其他的一些符号注记。

（1）要对一幅影像进行注记，可以从主影像菜单栏中选择 **Overlay → Annotation**。接着与主影像窗口相对应的 **Annotation：Text** 对话框就会出现在屏幕上（图 1-10）。

（2）要对绘制图、3-D 表面以及相似的对象进行注记，可以从绘制图窗口的菜单栏中选择 **Options → Annotation**。

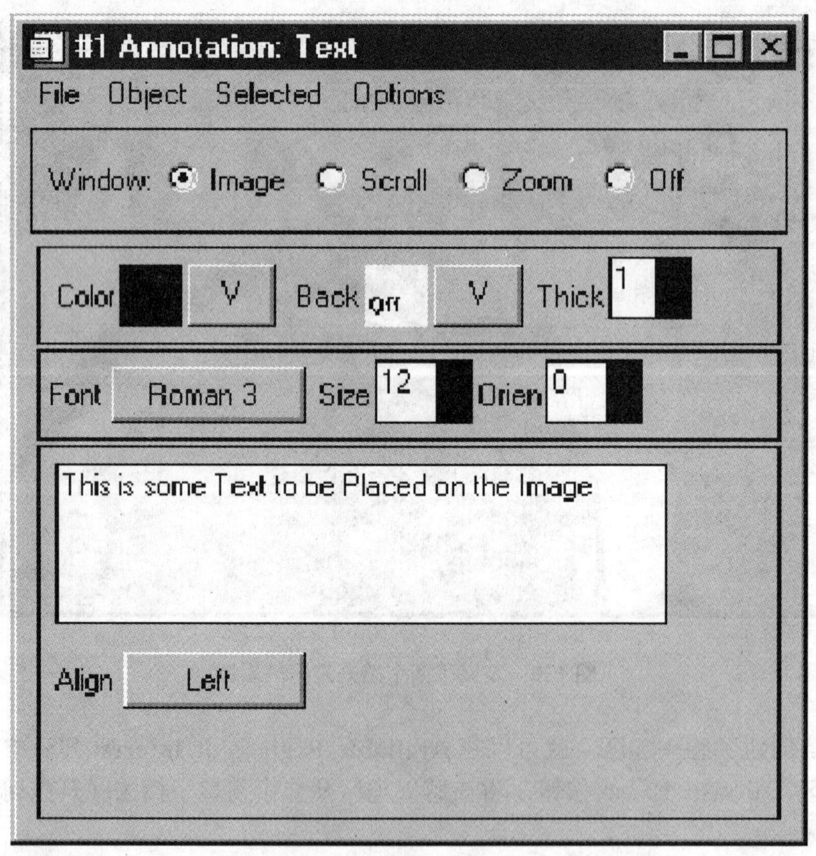

图 1-10 文本（Text）模式的 Annotation 对话框

注记类型

Annotation：Text 对话框允许选择各种类型的不同注记。这些不同的类型都可以从 **Object** 菜单进行选择，所包括的类型有：文本、符号、矩形、椭圆、多边形、折线、箭头、地图比例尺、三北方向图表（Declination Diagrams）、地图图例、颜色色标注记以及影像注记。默认状态下，**Annotation** 对话框打开后的选项是文本（Text）注记。对话框中的其他选项被用来控制文本注记的大小、颜色、位置和角度。当从 **Object** 菜单中选择不同的注记类型时，对话框中的选项也会跟着改变，以适应这种新的类型。

放置注记

尝试在主影像窗口中放置一个文本注记：

（1）在 **Annotation：Text** 对话框的文本区中，输入相应的文本。

在对话框相应的菜单和参数设置中选择文本的字体、颜色和大小，然后在主影像窗口合适的位置上，点击鼠标左键。接着，输入的文本会在所选点的位置上显示出来（图 1-11）。

【注意】选择 **Window → Mouse Button Descriptions**，描述在注记对话框中鼠标按键的各项功能。

（2）使用鼠标左键，拖动文本注记的小圆柄，在窗口中放置文本注记。

- 可以在对话框中改变相应区域的设置值，或者按住鼠标左键拖动文本或符号注记，以此来改变注记的属性和位置。

（3）完成文本注记的设置，可以点击鼠标的右键来锁定注记的位置。

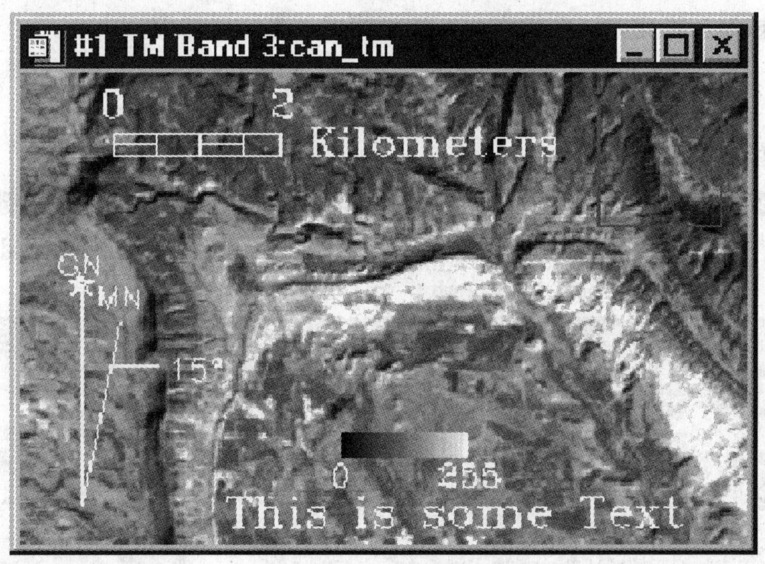

图 1-11　带注记的影像

保存和恢复注记

（1）从 **Annotation：Text** 对话框的菜单栏中，选择 **File → Save Annotation** 来保存影像注记。

（2）这将打开一个 **Output Annotation Filename** 对话框。要保存影像注记，在该对话框中指定要保存的路径以及保存的文件名，该文件名的扩展名为 .ann。

【注意】如果没有将影像注记保存到文件中，那么当关闭 **Annotation：Text** 对话框时，注记就将丢失（当没有进行保存，就关闭注记对话框时，系统会提示进行相应的保存）。

（3）在 **Annotation：Text** 对话框中，选择 **File → Restore Annotation** 就可以恢复原先保存过的注记文件。

修改先前放置好的注记

要编辑已经在影像中放置好的注记对象，可以按如下步骤进行：

（1）在 **Annotation：Text** 对话框中，选择 **Object → Selection/Edit**。

（2）用鼠标点击并拖曳出一个矩形框来包含要修改的注记对象。

（3）当小圆柄出现后，点击拖动注记及小圆柄，就像设置新的注记对象时一样，修改其相应的属性。

暂时停止使用注记功能

（1）要暂时停止注记功能，返回到正常的 ENVI 操作处理中，在 **Annotation：Text** 对话框中，选择 **Off** 单选按钮。

这就要求在不丢失注记的前提下，在显示窗口中使用滚动和缩放功能。

（2）要返回到注记功能，选择 **Annotation：Text** 对话框中相应地要进行注记的窗口所对应的单选按钮。当完成这些操作后，注记将保留在主影像窗口中。

◆ **添加网格**

尝试在影像中添加公里网（图 1-12）。

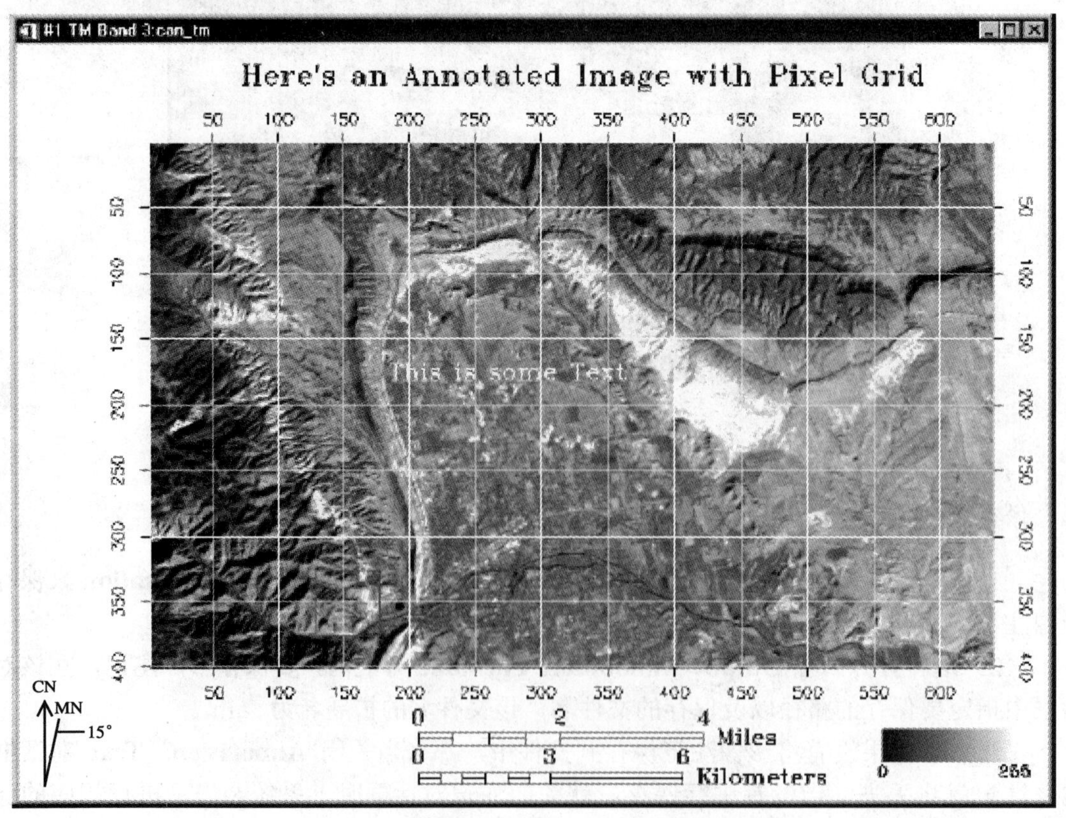

图 1-12　添加注记以及公里网的影像

（1）要在影像中叠加公里网信息，可以在主影像窗口中选择 **Overlay → Grid Lines**。这将打开 **Grid Line Parameters** 对话框。

【注意】当给影像叠加公里网时，影像的边框也会自动添加进来。

（2）在 **Grid Lines Parameters** 对话框中，选择 **Options → Edit Pixel Grid Attributes** 下拉菜单，打开 **Edit Pixel Attributes** 对话框，设置公里网的线宽、颜色和公里网间隔，来修改公里网的属性。

（3）在 **Edit Pixel Attributes** 对话框中，可以改变公里网标注、格网线、矩形边框和交叉角的颜色、宽度以及公里网间隔。完成了这些属性都设定后，点击 **Edit Pixel Attributes** 对话框中的 **OK** 按钮，将所做的更改应用到影像中。

（4）当对所加的公里网满意后，点击 **Grid Line Parameters** 对话框中的 **Apply** 按钮。

◆ 保存和输出影像

ENVI 对用户提供了几个选项，来保存或者输出经过滤波处理、添加注记以及公里网的影像。可以将这些影像保存为 ENVI 的影像文件格式，或者保存为几种通用的图形格式（包括 Postscript 格式），然后再打印或者导入到其他软件中，也可以直接输出到打印机中。

将影像保存为 ENVI 的影像格式

要保存影像为 ENVI 自身的格式（比如一个 RGB 文件），请按下面的步骤进行：

（1）从主影像窗口菜单栏中，选择 **File → Save Image As → Image File**，**Output Display to Image File** 对话框就会出现在屏幕上。

（2）选择 24 bit 彩色或者 8 bit 的灰阶输出，然后再选择其他图形选项（包括注记和公里网）以及边框设置。

如果将注记和公里网都添加到彩色影像显示中了，那么注记和公里网就会自动地列到 **graphics** 选项中，也可以选择其他注记文件应用于输出影像上。

（3）使用所需的单选按钮，将影像结果输出到 **Memory** 或者 **File** 中。

- 如果选择了输出为 **File**，那么需要输入一个要输出文件名。

【注意】如果从默认设置为 ENVI 的 **Output File Type** 按钮中，选择了其他的图形文件格式，那么选项将会有些稍微的不同。

（4）点击 **OK**，保存影像。

【注意】该操作保存的是当前影像的显示值，而不是真实的数据值。

◆ 结束 ENVI 程序

在 ENVI 主菜单中选择 **File → Exit**（在 UNIX 操作系统下是 **Quit**），在弹出的 **Terminate this ENVI Session** 对话框中选择 **Yes**，并点击 **OK**，退出 ENVI 程序。如果使用的是 ENVI RT，退出 ENVI 会返回操作系统。

专题二 全色影像和矢量叠合显示

1.1 专题概述

本专题旨在介绍如何对 ENVI 全色（SPOT）影像数据的处理进行介绍，其中将介绍影像显示、对比度增强、ENVI 的基本操作以及一些对初学者的建议。设计本专题的目的是向 ENVI 初学者介绍 ENVI 软件的基本概念，并探究其主要功能。在开始本专题内容前，我们假定您已经熟悉了基本影像处理的概念。本专题所使用的数据是 Enfidaville，Tunisia（突尼斯）地区的 SPOT 全色影像和相应的 DXF 文件。

◆ **本专题中使用的文件**

光盘：《ENVI 遥感影像处理专题与实践》附带光盘 #1
路径：`envidata/enfidavi`

文件	描述
enfidavi.bil	Enfidaville，Tunisia（突尼斯）地区的 SPOT 全色影像
enfidavi.hdr	ENVI 相应的头文件
enfidavi.dsc	GeoSpot 体描述文件
enfidavi.rep	GeoSpot 报表文件（REP/B：GEOSPOT 结构）
enfidavi.rsc	GeoSpot 栅格源描述文件
dxf.txt	DXF 编码描述文件
alti.dxf	Spot 高程 DXF 矢量文件
energy.dxf	石油和天然气管道的 DXF 矢量文件
hydro.dxf	水文地形的 DXF 矢量文件
industry.dxf	工业区的 DXF 矢量文件
physio.dxf	地形的 DXF 矢量文件
popu.dxf	城市特征（人口中心）的 DXF 矢量文件
transpor.dxf	交通网的 DXF 矢量文件
copyrite.txt	数据版权声明

1.2 全色影像和矢量叠合

◆ **启动 ENVI**

启动前，请确保已正确安装 ENVI。

- 要在 UNIX 或 Macintosh OS X 中启动 ENVI，请在 UNIX 命令行中输入 `envi`。

- 要在 Windows 系统中启动 ENVI，请双击 ENVI 的图标。

◆ 打开一个全色（SPOT）影像文件

要打开一个影像文件：

（1）在 ENVI 主菜单中，选择 **File → Open Image File**。

【注意】在某些操作系统平台中，必须按住鼠标左键才能显示出主菜单中的子菜单项。

Enter Input Data File 文件选择对话框会出现在屏幕上。

（2）在文件选择对话框中，选择进入《ENVI 遥感影像处理实践与演练》附带光*盘 #1* `envidata` 目录中的 `enfidavi` 子目录。同在其他应用操作中一样，从列表中选择 `enfidavi.bil` 文件，然后点击 **Open**（在 Windows 操作系统中）或者点击 **OK**（在 UNIX 操作系统中）。

这是一幅 Enfidaville，Tunisia（突尼斯）地区的 SPOT 全色影像，它已征得 RSI France 的使用许可，其数据版权归 CNES-SPOT Image 和 IGN France 所有。

然后可用波段列表就会出现在屏幕上。该列表允许用户选择特定的波谱波段来显示或者进行处理。用户可以从波段列表中选择加载一幅灰阶影像，或者一幅 RGB 彩色合成影像。

◆ 选择加载一个影像波段

（1）选择对话框中列出的波段，然后在所要选择的波段上点击鼠标左键。所选的波段会在标有 **Selected Band:** 的区域中显示出来。

（2）点击 **Load Band** 按钮，将影像加载到一个新的显示窗口中。

【提示】ENVI 有许多交互式的功能，对于每个不同功能，鼠标键的组合和作用都不同。**Mouse Button Descriptions** 对话框将告诉你在每个图形窗口中鼠标键的功能。

（3）要打开 **Mouse Button Descriptions** 对话框，从主影像窗口菜单栏或从 ENVI 主菜单栏中，选择 **Window → Mouse Button Descriptions**。

◆ 空间影像浏览

（1）将滚动窗口指示矩形框在滚动窗口内移动，在主影像显示窗口中，将以全分辨率显示影像的某一个部分。

另一种滚动显示全分辨率影像的方法是在主影像窗口中加入滚动条。使用缩放窗口中的小影像控件，可以很容易做到这一点。将鼠标光标放置在缩放窗口左下角最右边的影像控件上，双击鼠标右键激活主影像窗口的滚动条。

（2）要更详细地查看影像，可以在主影像显示窗中，使用鼠标左键，点击并拖动缩放指示矩形框。当缩放指示矩形框覆盖了要显示区域后，松开鼠标左键，会在缩放窗口中看到更详尽的影像。也可以在主影像显示窗口中的任意位置，点击并松开鼠标左键，来重新放置缩放指示矩形框。

（3）将缩放指示矩形框放置在主影像窗口各种不同的位置上，查看影像的数据。

♦ 进行交互式的对比度拉伸

交互式对比度拉伸将显示出影像的直方图，它允许交互地调整所显示影像的对比度，并可以进行多种类型的对比度拉伸。在默认状态下，当数据被第一次显示时，将进行 2%的线性拉伸。

- 要访问ENVI交互式的对比度拉伸功能，可以从主影像窗口菜单栏中，选择 **Enhance → Interactive Stretching**。

显示波段所对应的交互式拉伸（Interactive Stretching）对话框出现在屏幕上。这个对话框允许改变所显示影像的对比度（图 2-1）。两幅直方图显示了输入影像（左）和经过对比度拉伸后的影像（右）的彩色或灰阶范围。最初，当影像打开时，输入和输出直方图反映出了经过默认对比度拉伸后的情况。

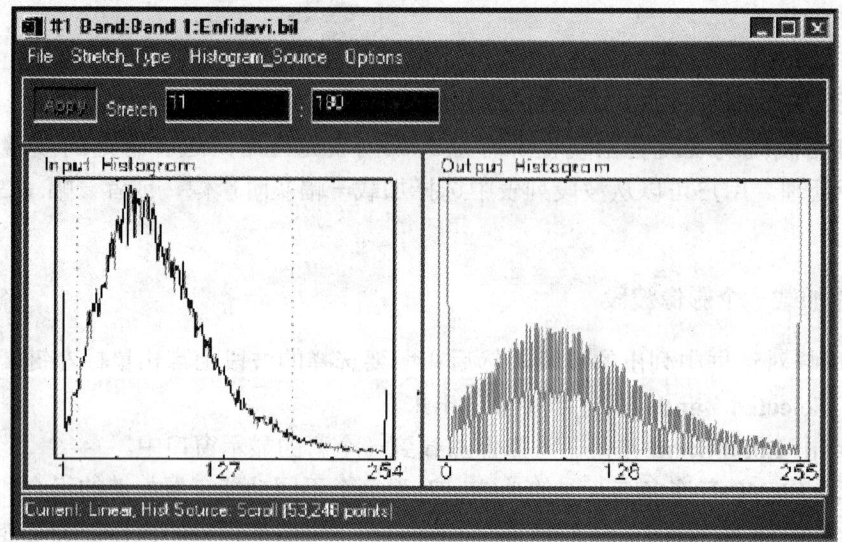

图 2-1 Interactive Stretching 对话框

- 直方图顶部的 **Stretching_Type** 下拉式菜单中，有各种对比度拉伸的选项。使用下面所描述的方法来进行不同的对比度拉伸，然后在主影像窗口中观察对比度拉伸后的结果。
- 同样，在 **Interactive Stretching** 菜单栏中，选择 **Histogram_Source → Zoom** 或者 **Histogram_Source → Scroll** 菜单项，注意查看缩放窗口和滚动窗口中直方图的差异以及对比度拉伸后的影像差异。

线性对比度拉伸

当影像加载到主影像窗口时，ENVI 会默认地使用 2%的线性对比度拉伸。

【提示】要改变默认的对比度拉伸，可以在 ENVI 主菜单中选择 **File → Preferences**。

（1）在主影像显示窗口中，选择 **Enhance → Interactive Stretching**，**Interactive Stretching** 对话框就会接着出现在屏幕上。

（2）在对话框的菜单栏中，选择 **Stretch_Type → Linear**。

【注意】 两条垂直的虚线会出现在输入的直方图中——我们可以重新放置这两条虚线的位置，并利用它们来控制对比度拉伸时的最大值和最小值。

（3）将鼠标指针放在左边那条线上，按住鼠标左键，可以将该直线从一侧拖动到另一侧。

当按住鼠标左键，拖动虚线时，将会有一些数字出现在对话框的状态栏中。不管什么时候在直方图上点击鼠标左键，状态栏上都会显示出当前的像素值、具有该值的像素个数、像素个数所占的百分比，以及小于或等于当前像素值的累积像素百分比。

（4）自动地应用该变化可能会即刻显示拉伸效果。要自动地应用变化，可以从 **Interactive Stretching** 对话框的菜单栏中，选择 **Options → Auto Apply On**。

如果希望直到完成了所有的参数设置后，再应用该变化，那么可以选择 **Options → Auto Apply Off**，然后使用对话框中的 **Apply** 按钮，手动地应用该拉伸，并观察拉伸的结果。

（5）尝试将左边的虚线移动到累积像素百分比大致接近 5%的位置。然后再将右边的虚线移到累积像素百分比接近 95%的位置。

也可以在对话框的 **Stretch** 文本框中输入相应的最大值和最小值来移动虚线。可以输入数值或者百分比。

（6）在左边的文本框中输入 4%，在右边的文本框中输入 96%，然后按下 **Enter** 键。输入的百分数就会转变为数值，接着显示窗口中的左右两条虚线也会分别更新到数值为 4%和 96%的位置。

均衡化对比度拉伸

（1）选择 **Stretch_Type → Equalization**，注意对话框中 **Output Histogram** 绘制图的变化。

（2）通过选择 **Interactive Stretching** 对话框菜单中的 **Options → Auto Apply On**，可以选择将拉伸自动地应用到影像显示窗口中。

如果希望直到完成了所有的参数设置后，再应用该变化，那么可以选择 **Options → Auto Apply Off**，然后使用对话框中的 **Apply** 按钮，手动地应用该拉伸，并观察拉伸的结果。

高斯对比度拉伸

（1）从 **Interactive Stretching** 对话框中，选择 **Stretch_Type → Gaussian**。

（2）选择 **Options → Set Gaussian Stdv**，设置标准差。

（3）**Set Gaussian Stdv** 对话框出现在屏幕上，然后可以调整标准差，当新的设置应用于影像显示窗口中后，观察拉伸的效果。

（4）通过选择 **Interactive Stretching** 对话框菜单中的 **Options → Auto Apply On**，可以选择将拉伸自动地应用到影像显示窗口中。

如果希望直到完成了所有的参数设置后，再应用该变化，那么可以选择 **Options → Auto Apply Off**，然后使用对话框中的 **Apply** 按钮，手动地应用该拉伸，并观察拉伸的结果。

（5）选择 **File → Cancel**，关闭 **Contrast Stretching** 对话框。

◆ 彩色制图

ENVI 为灰阶影像进行快速彩色分割（color slicing）处理提供了工具。

（1）从主影像窗口菜单栏中，选择 **Tools → Color Mapping → ENVI Color Tables**，**ENVI Color Tables** 对话框就会接着出现在屏幕上。

（2）通过向前向后滑动 **Stretch Bottom** 和 **Stretch Top** 滑块，对所显示的影像进行快速拉伸，然后观察拉伸后的影像。

（3）点击 **ENVI Color Tables** 对话框的 **Color Table** 列表中所列的某些彩色表名称，然后观察彩色编码后的影像。按上面的步骤，改变相应的拉伸设置。

（4）在 **ENVI Color Tables** 对话框中，选择 **Options → Reset Color Table**，返回到初始的拉伸和灰阶颜色表设置。

（5）选择 **File → Cancel**，关闭 **ENVI Color Tables** 对话框。

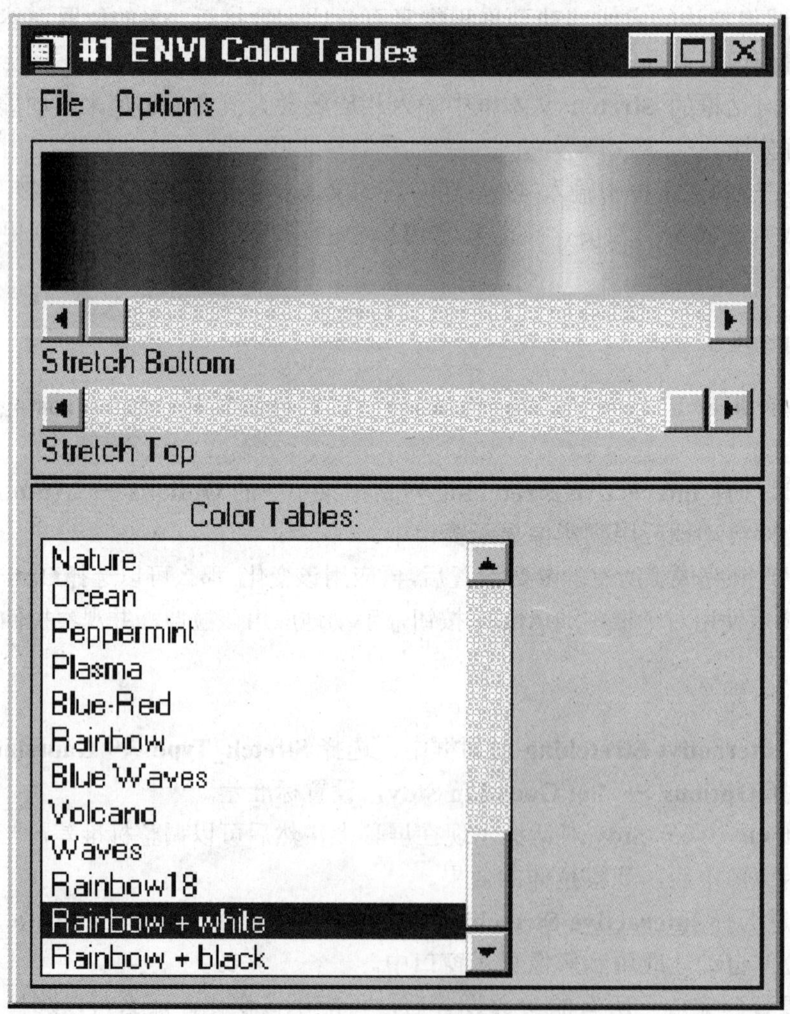

图 2-2 ENVI Color Tables 对话框

◆ 像素定位器

Pixel Locator 对话框可以提取出光标所在的位置，以及所选像素的屏幕值和数据值。

（1）在主影像显示菜单中，选择 **Tools → Pixel Locator**，打开 **Pixel Locator** 对话框。

（2）在三个影像显示窗的任意一个窗口中，移动并放置鼠标光标，观察对话框中当前像素点的位置。

（3）在默认状态下，**Pixel Locator** 对话框将以像素坐标的形式，显示像素的位置。要查看该位置的地图坐标，可以从 **Pixel Locator** 对话框的菜单栏中，选择 **Options → Map Coordinates**。

（4）使用 **Proj:/Datum**：箭头切换按钮，在真实地图坐标和经纬度地理坐标之间切换。点击 **Change Proj...**按钮来改变所选的地图投影。

（5）在对话框的菜单中，选择 **File → Cancel**，关闭 **Pixel Locator** 对话框。

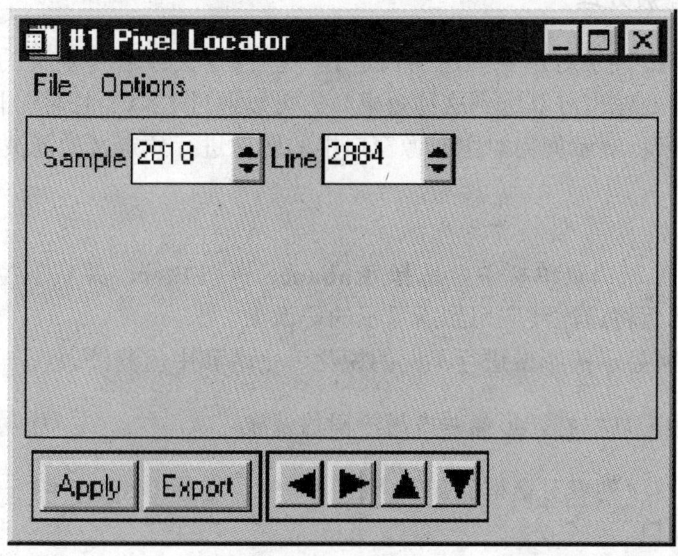

图 2-3　Pixel Locator 对话框，显示光标的位置以及所选像素点的屏幕值和数据值

◆ 显示光标位置处的地理坐标

使用 ENVI 光标位置/值（cursor location/value）功能来查看影像的数据值和地理位置。

（1）为了显示光标的位置和数据值，可以从主影像窗口菜单栏中，选择 **Tools → Cursor Location/Value**。也可以从 ENVI 主菜单中选择 **Window → Cursor Location/Value**。**Cursor Location / Value** 对话框就会接着出现在屏幕上，它将显示光标在主影像窗口、滚动窗口或缩放窗口中的位置（图 2-4）。该对话框同时还显示了十字丝光标对应的那个像素的屏幕值（RGB 彩色值）和真实数据值。

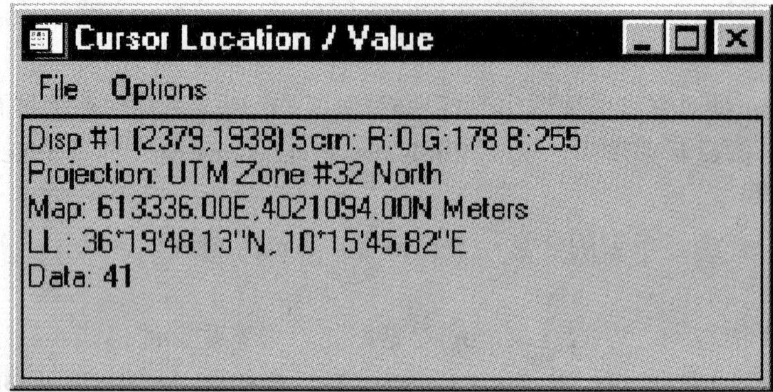

图 2-4　Cursor Location/Value 对话框，显示了所选像素的屏幕值和数据值

（2）要关闭该对话框，从对话框的下拉菜单中，选择 **File → Cancel**。

◆ **交互式的滤波处理**

ENVI 给用户提供了对影像显示窗口进行一些预定义或者自定义的滤波处理的能力（对文件进行滤波处理也可以达到这种效果，它可以通过 ENVI 主菜单中的 **Filter** 菜单来访问）。下面的例子将展示如何对主影像窗口中的影像进行预定义的滤波处理。

选择滤波

（1）从主影像窗口菜单栏中，选择 **Enhance → Filter**，并从下拉菜单中，选择所需的滤波类型，然后将该滤波应用到所显示的影像上。

（2）尝试对所显示的影像进行不同的锐化、平滑和中值滤波。

在第二个显示窗口中打开影像并应用不同的滤波

（1）从可用波段列表对话框底部的下拉菜单中，选择 **Display #1 → New Display**，打开第二个显示窗口。

（2）选择要在第二个显示窗口显示的影像波段，然后点击 **Load Band**，将影像加载到第二个显示窗口中。

（3）从 **Image #2** 的主影像显示窗口中，选择 **Enhance → Filter**，并从下拉菜单中，选择一个与 **Image #1** 不同的滤波。

使用动态链接比较影像

（1）从任意一个主影像窗口的菜单栏中，选择 **Tools → Link → Link Displays**，然后点击 **OK**，链接这两幅影像。

（2）使用鼠标中键调整动态链接叠合区域的大小，使用鼠标左键移动叠合区域进行比较。注意叠合区域是从显示窗口的左下角开始定义的。

◆ **查看 GeoSpot 地图信息**

要查看 ENVI 头文件中相应的的 GeoSpot 地图信息：

（1）在可用波段列表中，用鼠标右键点击 `enfidavi.bil` 文件名下的 **Map Info** 图标，并从快捷菜单中选择 **Edit Map Information**。接着 **Edit Map Information** 对话框就会出现在屏幕上（图 2-5）。

（2）注意，这里的数据采用的是 UTM 投影，Zone 为 32，使用了 NAD27 的基准面。

（3）在 **Edit Map Information** 对话框中，点击 **Cancel**，关闭该对话框。

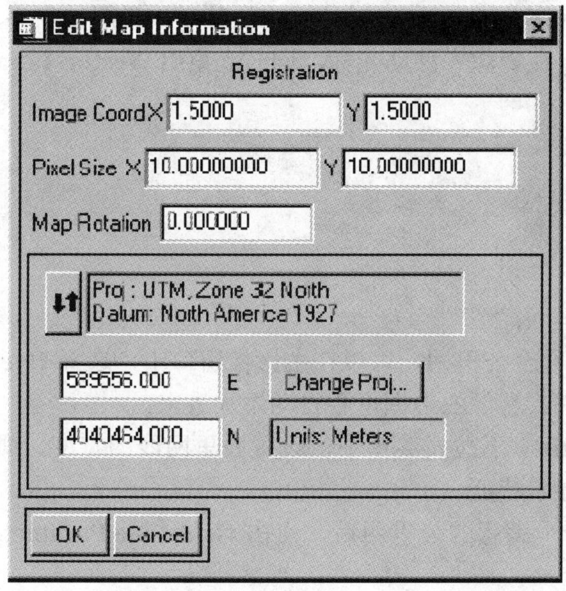

图 2-5　Edit Map Information 对话框

◆ 打开并叠合 DXF 矢量文件

（1）从 ENVI 主菜单中，选择 **File → Open Vector File → DXF**。接着一个 **Enter DXF Filenames** 标准的文件选择对话框就会出现在屏幕上。

（2）在文件选择对话框中，选择进入《ENVI 遥感影像处理专题与实践》附带光盘 #1 的 `envidata/enfidavi` 目录。如果还没有设置文件选择类型，那么就在 **File of type:** 区域中选择`*.dxf`，然后选择所有扩展名为`.dxf` 的文件。在 Windows 和 Macintosh 操作系统中，在文件选择对话框的底部点击 **Open**，在 UNIX 操作系统中点击 **OK**，打开 **Import DXF File Parameters** 对话框。

（3）当 **Import DXF File Parameters** 对话框进行到中途时，会出现一个投影选择列表。在 **Native File Projection** 列表中，点击 **UTM**。这表示导入的矢量数据采用的是该种地图投影坐标。

（4）点击 **Datum** 按钮，打开 **Select Geographic Datum** 对话框。在列表中选择 **Mexico**（**NAD27**）基准面，然后点击 **OK**。

（5）在 **Import DXF File Parameters** 对话框中，输入 **UTM Zone** 为 `32`，并点击 N 单选按钮。

（6）点击 **OK** 加载这个 DXF 矢量文件，并将它们转变为`.evf` 格式（ENVI 的矢量文件格式）。

（7）可用矢量列表（**Available Vectors List**）对话框中点击 **Select All Layers** 按钮，然后再点击 **Load Selected** 按钮，接着就会出现 **Load Vector** 对话框，该对话框列出了所有可用的显示窗口。

（8）从列表中选择 **Display #1**。**#1 Vector Parameters** 对话框就会出现在屏幕上，并且它会将已加载的矢量层的名字显示出来。

（9）点击 **#1 Vector Parameters** 对话框中的某个矢量层的名字。在主影像显示窗中，点击鼠标左键并拖动，在影像中移动光标，同时观察 **#1 Vector Parameters** 对话框中所选矢量的地图坐标。

◆ **基本地图制图**

添加公里网

在影像中添加公里网：

（1）要在影像中叠合公里网，可以在主影像窗口中，选择 **Overlay → Grid Lines**。当给影像叠合公里网时，影像的边框也会自动添加进来。

（2）可以在 **Option** 下拉式菜单中，设置公里网线的宽度、颜色，以及公里网的间隔，来调整公里网的显示特征。

（3）当加入了一个满意的公里网后，点击 **Grid Line Parameters** 对话框中的 **Apply** 按钮。

添加地图图例

ENVI 灵活的注记功能，允许在地图和影像中加入文本、多边形、色标条以及其他的一些符号注记。

（1）要对一幅影像进行注记，可以选择 **Overlay → Annotation**，**#1 Annotation：Text** 对话框就会接着出现在屏幕上。

（2）要注记与 DXF 矢量叠合相对应的地图图例，在 **#1 Annotation：Text** 对话框中，选择 **Object → Map Key**。

（3）在对话框中点击 **Edit Map Key Items** 按钮，修改地图图例的参数，**Map Key Object Definition** 对话框就会接着出现在屏幕上。

（4）使用 **Map Key Object Definition** 对话框来改变注记的名称、颜色和填充方式（对于多边形而言），然后再点击 **OK** 返回到 **#1 Annotation：Text** 对话框。

（5）在 **#1 Annotation：Text** 对话框的 **Background** 色彩按钮的下拉式菜单中，为背景选择一种颜色。

（6）点击鼠标左键在主影像窗口中放置地图图例。通过点击鼠标左键或者点击并拖动鼠标，来重新放置地图图例。点击鼠标右键在影像中锁定地图图例的位置。

保存和恢复注记

（1）从 **#1 Annotation：Text** 对话框的菜单栏中，选择 **File → Save Annotation** 来保存影像注记。

【注意】如果没有将影像注记保存到文件中，那么，当关闭 **Annotation：Text** 对话框时，注记就将会丢失（当没有进行保存，就关闭注记对话框时，系统会提示进行相应地保存）。

（2）在该对话框中，选择 **File → Restore Annotation**，就可以恢复原先保存过的注记文件。

暂时停止使用注记功能

（1）要暂时停止注记功能，返回到正常的 ENVI 操作处理中，在 **Annotation：Text** 对话框中，选择 **Off** 单选按钮。

（2）这就使得在不丢失注记的前提下，在显示窗口中使用滚动和缩放功能。

（3）要重新返回到注记功能，选择 **Annotation：Text** 对话框中相应地要进行注记的窗口所对应的单选按钮。

◆ **保存和输出影像**

ENVI 对用户提供了几个选项，来保存或者输出影像，这些影像可以经过滤波处理、添加注记以及公里网等处理。可以将处理过的影像保存为 ENVI 的影像文件格式，或者保存为几种通用的图形格式（包括 Postscript 格式）。然后再打印或者导入到其他软件中，也可以直接输出至打印机中。

将影像保存为 GEOTIFF 格式

要把处理过的影像保存为 GEOTIFF 格式：

（1）从主影像窗口菜单栏中，选择 **File → Save Image As → Image File**。**Output Display to Image File** 对话框就会接着出现在屏幕上。

（2）点击 **Output File Type** 按钮，并从下拉式菜单中，选择 **TIFF/Geo TIFF** 格式输出。

如果注记和公里网都已被添加到彩色影像中了，那么注记和公里网都会被自动地保存。

（3）如果显示的输出文件名不是所想要的，那么就在文本框中输入一个要输出文件名；否则，点击 **OK**，保存影像。

● 因为这是一幅带地理坐标的影像，所以 ENVI 会自动地将它保存为 GEOTIFF 格式。

【注意】如果从 **Output File Type** 按钮中，选择了其他的图形文件格式，那么对话框的选项将会有略微不同。

◆ **结束 ENVI 程序**

在 ENVI 主菜单中选择 **File → Exit**（在 UNIX 操作系统下是 **Quit**），在弹出的 **Terminate this ENVI Session** 对话框中选择 **Yes**，并点击 **OK**，退出 ENVI 程序。如果使用的是 **ENVI RT**，退出 ENVI 会返回操作系统。

专题三　多光谱遥感影像分类

1.1 专题概述

本专题使用美国科罗拉多州（Colorado）Canon 市的 Landsat TM 影像数据，旨在介绍如何完成常规的多光谱遥感影像分类操作处理。接着，我们会采用比较非监督法和监督法分类后的影像，并对分类后处理进行相应的讨论。这些分类后处理包括聚合（clump）处理、筛选（sieve）处理、并类（combine）处理以及精度评估。在这里，我们假定用户已经对多光谱分类技术有所了解。

◆ **本专题中使用的文件**

光盘：《ENVI 遥感影像处理专题与实践》附带光盘 #2

路径：envidata/can_tm

文件	描述
can_tmr.img	Boulder Colorado TM 反射率影像
can_tmr.hdr	ENVI 相应的头文件
can_km.img	K 均值（K-MEANS）分类影像
can_km.hdr	ENVI 相应的头文件
can_iso.img	ISODATA 分类影像
can_iso.hdr	ENVI 相应的头文件
classes.roi	监督法分类中的感兴趣区
can_pcls.img	平行六面体（Parallelepiped）分类影像
can_pcls.hdr	ENVI 相应的头文件
can_bin.img	二值编码（Binary Encoding）分类影像
can_bin.hdr	ENVI 相应的头文件
can_sam.img	波谱角填图（SAM）分类影像
can_sam.hdr	ENVI 相应的头文件
can_rul.img	波谱角填图（SAM）分类后的规则影像
can_rul.hdr	ENVI 相应的头文件
can_sv.img	筛选处理后的影像（Sieved Image）
can_sv.hdr	ENVI 相应的头文件
can_clmp.img	筛选并聚合处理后的影像（Clump of Sieved Image）
can_clmp.hdr	ENVI 相应的头文件
can_comb.img	并类处理后的影像
can_comb.hdr	ENVI 相应的头文件
can_ovr.img	叠加在灰阶影像上的分类图
can_ovr.hdr	ENVI 相应的头文件
can_v1.evf	从类#1 中生成的矢量层
can_v2.evf	从类#2 中生成的矢量层

1.2 查看 Landsat TM 彩色影像

本部分将使你熟悉多光谱影像的波谱属性，所采用的多光谱影像为美国科罗拉多州（Colorado）Canon 市的 Landsat TM 影像数据。首先，将使用彩色合成影像来识别出分类中所用的训练样区。

◆ 启动 ENVI

启动前，请确认已正确安装 ENVI。

- 要在 UNIX 或 Macintosh OS X 中启动 ENVI，请在 UNIX 命令行中输入 `envi`。
- 要在 Windows 系统中启动 ENVI，请双击 ENVI 的图标。

当程序成功地加载并执行后，ENVI 的主菜单将会出现在屏幕上。

◆ 打开并显示 Landsat TM 影像

要打开一个影像文件：

（1）从 ENVI 主菜单中，选择 **File → Open Image File**。

【注意】在某些操作系统平台中，必须按住鼠标左键才能显示出主菜单中的子菜单项。

接着，一个 **Enter Data Filenames** 文件选择对话框就会出现在屏幕上。

（2）选择进入《ENVI 遥感影像处理专题与实践》附带光盘 #2 `envidata` 目录中的 `can_tm` 子目录。同在其他应用操作中处理一样，从列表中选择 `can_tmr.img` 文件，然后点击 **OK**。

接着，可用波段列表就会出现在屏幕上。该列表允许选择特定的光谱波段，来显示或者进行处理。

【注意】可以选择加载一幅灰阶或者 RGB 彩色影像。

（3）在可用波段列表中，选择 **RGB Color** 单选按钮，然后使用鼠标左键，依次点击波段 4、波段 3 和波段 2。所选择的波段就会在对话框中部适当的文本框中显示出来。

（4）点击 **Load RGB** 按钮，把该影像加载到一个新的显示窗口中。

◆ 查看影像颜色

使用显示窗口中的彩色影像来指导分类。该影像相当于一幅假彩色合成的近红外照片。即使只使用简单的三波段影像，也可以看到影像中存在有光谱特征相似的区域。影像中的亮红色区域表明该地区近红外反射较高，通常对应为茂盛的植被，位于耕种区内或者沿着河流分布。浅暗红色区域代表了当地的植被，在这种情况下，分布在高低不平的山区地带，主要对应为针叶林。根据几个明显的地形特征和城市化的类型特点也可以从影像上识别出来城市区。

图 3-1 显示了加载这些波段后的主影像窗口。

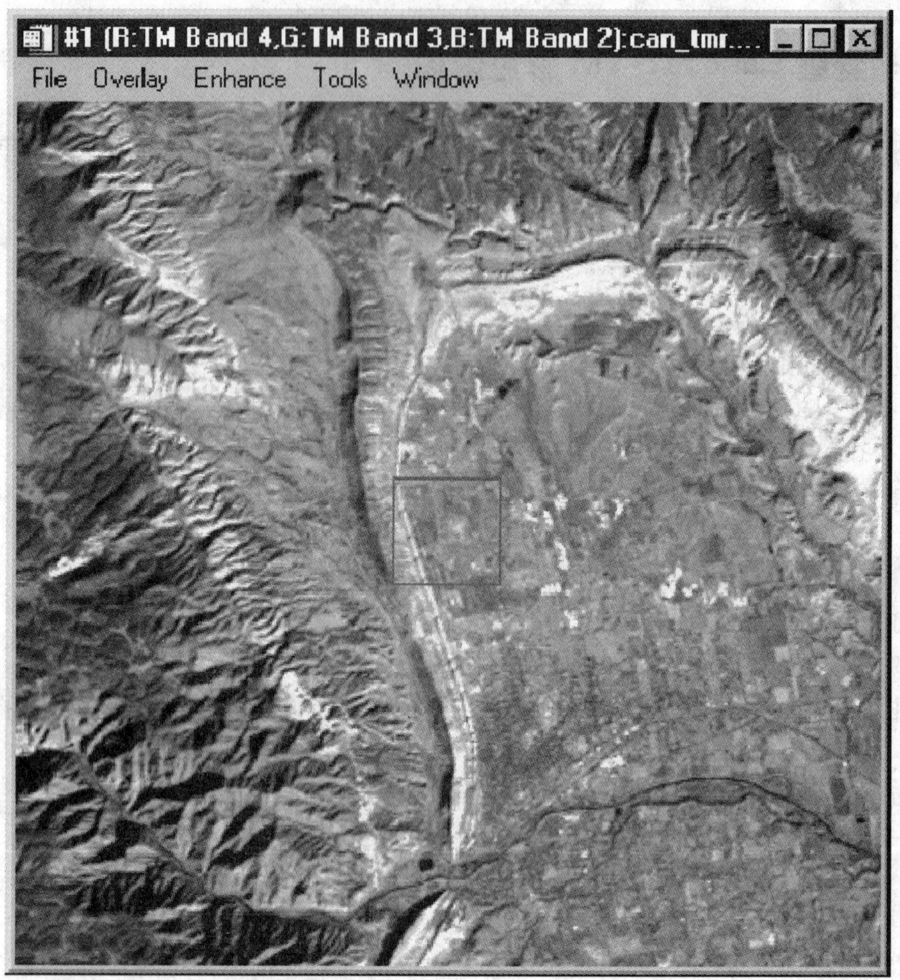

图 3-1 Canon 市的 Landsat TM 影像

◆ **光标位置/值**

使用 ENVI 的 **Cursor Location/Value** 对话框来查看显示窗口中的各波谱波段的影像值。要打开一个显示主影像窗口、滚动窗口，或者缩放窗口中光标位置信息的对话框，可以按如下几步进行：

（1）从主影像窗口菜单中，选择 **Tools → Cursor Location/Value**，或者在影像显示窗口中双击鼠标左键，触发 **Cursor Location/Value** 对话框打开或关闭。

（2）在影像上移动光标，并在对话框中查看特定位置的影像数据值。注意影像颜色和数据值之间的关系。

（3）当处理完成后，在 **Cursor Location/Value** 对话框中，选择 **Files → Cancel** 来关闭该对话框。

◆ **查看波谱曲线图**

使用 ENVI 整套的波谱剖面曲线分析工具来查看数据的波谱特性。

（1）从主影像窗口菜单栏中，选择 **Tools → Profiles → Z Profile（Spectrum）**，开始提取波谱的剖面曲线。

（2）查看先前在彩色影像中用 **Cursor/Location Value** 对话框分析过的那些区域的波谱剖面曲线（图 3-2）。注意影像颜色和波谱形状之间的关系。特别留意一下绘制图中，红、绿、蓝的三条垂直线所对应的影像波段的位置。

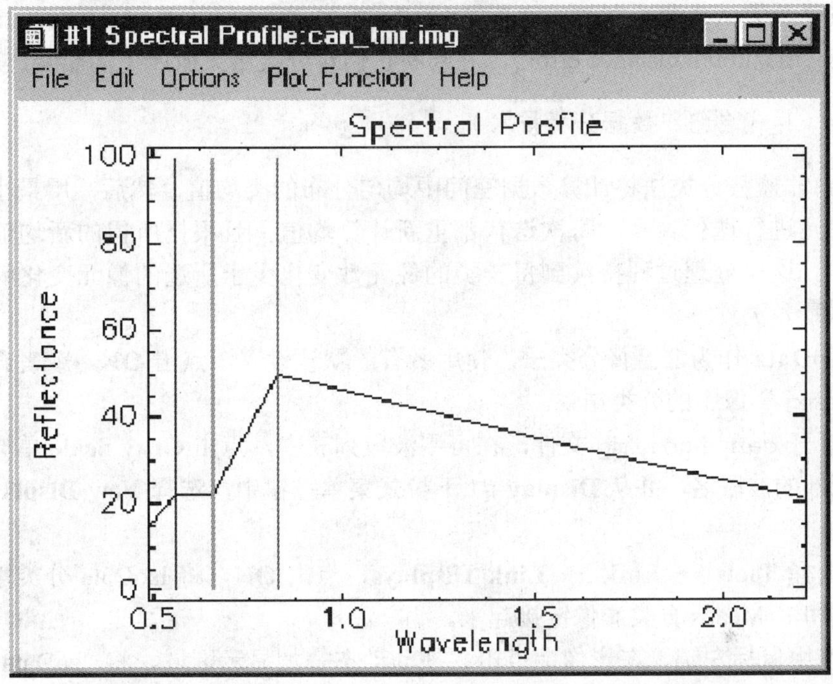

图 3-2 Canon 市的 Landsat TM 影像的某条波谱剖面曲线

（3）在 **Spectral Profile** 对话框中，选择 **File → Cancel** 来关闭该对话框。

◆ **非监督法分类**

从 ENVI 主菜单中，选择 **Classification → Unsupervised → K-Means** 或者 **IsoData** 生成 ENVI 非监督法分类后的影像，或者在 `can_tm` 目录中，直接选择打开预先分类生成的影像。

K-均值（K-Means）分类法

非监督法分类使用统计手段，把 *N* 维数据归类到它们本身具有的波谱类中。K-均值非监督分类器使用了聚类分析方法，它需要分析员在数据中选定所需的分类个数，随机地查找聚类簇的中心位置，然后迭代地重新配置它们，直到达到最优化的波谱分类。

选择 **K-Means** 作为非监督分类法，使用所有的默认设置，点击 **OK**，或者查看包含在 `can_km.img` 影像中的分类结果。

（1）打开 `can_km.img` 文件，在可用波段列表中，点击 **Gray Scale** 单选按钮，再点击列表顶部的波段名，并在 **Display** 下拉式菜单按钮中，选择 **New Display**，然后点击 **Load Band**。

（2）从主影像显示窗口菜单中，选择 **Tools → Link → Link Displays**，然后在对话框中，点击 **OK**，来链接这两幅影像。

（3）使用鼠标左键，在影像上点击并拖动动态叠加显示区域，将 K-Means 分类结果同原始的彩色合成影像进行比较。

（4）当处理完成后，选择 **Tools → Link → Unlink Display**，关闭动态链接。

如果需要，尝试改变类别数、阈值（thresholds）、标准差（standard deviations）和最大距离误差（maximum distance error），并判断它们对分类结果所产生的影响。

IsoData（迭代自组织数据分析技术）

IsoData 非监督分类法将计算数据空间中均匀分布的类均值，然后，用最小距离规则将剩余的像元进行迭代聚合。每次迭代都重新计算均值，且根据所得的新均值，对像元进行再分类。这一处理过程持续到每一类的像元数变化少于所选的像元变化阈值或者达到了迭代的最大次数。

选择 **IsoData** 作为非监督分类法，使用所有的默认设置，点击 **OK**，或者查看包含在 `can_iso.img` 影像中的分类结果。

（1）打开 `can_iso.img` 文件，在可用波段列表中，点击 **Gray Scale** 单选按钮，再点击列表顶部的波段名，并从 **Display #1** 下拉式菜单按钮中，选择 **New Display**，然后点击 **Load Band**。

（2）选择 **Tools → Link → Link Displays**，点击 **OK**，将 IsoData 分类影像同原始的彩色影像和 K-Means 分类影像链接起来。

（3）使用鼠标左键，在影像上点击并拖动动态叠加显示区域，将 IsoData 分类结果同原始的彩色合成影像进行比较。按住鼠标左键的同时，再点击鼠标右键，触发第三幅影像的动态叠加显示。将 IsoData 分类结果同 K-Means 分类结果进行比较。

（4）选择 **File → Cancel**，关闭这两幅影像的显示窗口。

如果需要，尝试改变类别数、阈值（thresholds）、标准差（standard deviations）、最大距离误差（maximum distance error）以及类像素特征值，并判断它们对分类结果所产生的影响。

◆ 监督法分类

监督法分类需要用户选择作为分类基础的训练样区。我们将使用各种监督分类法，并对它们进行比较，确定单个具体像素是否有资格作为某类的一部分。ENVI 提供了多种不同的监督分类法，其中包括了平行六面体法（Parallelepiped）、最小距离法（Minimum Distance）、马氏距离法（Mahalanobis Distance）、最大似然法（Maximum Likelihood）、波谱角法（Spectral Angle Mapper）、二值编码法（Binary Encoding）以及神经网络法（Neural Net）。分析下面处理的分类结果，或者采用每个分类法默认的分类参数，生成自己的类，然后对分类结果进行比较。

要运行监督分类法，从 ENVI 主菜单中，选择 **Classification → Supervised → [*method*]**。在这里，**[*method*]**是下拉菜单中所列的某个监督分类法（**Parallelepiped**，**Minimum Distance**，**Mahalanobis Distance**，**Maximum Likelihood**，**Spectral Angle**

Mapper，**Binary Encoding** 或者 **Neural Net**）。使用下面所描述的两种方法之一来选择训练样区，它也可以被称为是感兴趣区（ROIs）。

使用感兴趣区（ROI）工具来选择训练样区

由于感兴趣区已经在本指南的“ENVI 入门”中介绍过了，所以，我们在这里只总结一下。ENVI 能够很容易地定义感兴趣区（ROI），这些感兴趣区将被用来提取分类的统计信息、建立掩模或者进行其他的操作处理。根据本专题的目的，你可以使用预定义的感兴趣区，也可以创建自己的感兴趣区。

1）恢复预定义的感兴趣区

（1）要使用预定义的感兴趣区（ROIs），在#1 主影像窗口菜单栏中，选择 **Overlay → Region of Interest** 来打开 **#1 ROI Tool** 对话框。

（2）在 **#1 ROI Tool** 对话框中，选择 **File → Restore ROIs**。

（3）在打开的 **Enter ROI Filename** 对话框中，选择 `classes.roi` 作为输入文件，恢复预定义的感兴趣区。

2）创建自己的感兴趣区（ROIs）

（1）从主影像窗口菜单栏中，选择 **Overlay → Region of Interest**。接着对应于显示窗口的 **ROI Tool** 对话框就会出现在屏幕上。

（2）在主影像窗口中，绘制出一个多边形，该多边形就代表了新创建的感兴趣区。要完成这一步，请按下面的步骤进行。

- 在主影像窗口中，点击鼠标左键，建立感兴趣区多边形的第一个点。
- 再次点击鼠标左键，按顺序选择更多的边线点，点击鼠标右键来闭合该多边形。鼠标中键可以被用来删除最新定义的点，或者（如果你已经闭合了该多边形）删除整个多边形。再一次点击鼠标右键，固定多边形的位置。
- 通过选择 **ROI Controls** 对话框顶部相应的单选按钮，感兴趣区也可以在缩放窗口和滚动窗口中被定义。

感兴趣区定义完后，它就会在对话框的可用区域（Available Regions）列表中显示出来，同时显示的还包括感兴趣区的名字、颜色以及所包含的像素总数。定义的感兴趣区对所有的 ENVI 分类程序都有效。

（3）要定义一个新的感兴趣区，点击 **New Region** 按钮。

点击 **Edit** 按钮，在打开的 **Edit ROI Parameters** 对话框中，可以输入感兴趣区的名字，选择感兴趣区的颜色和填充方式。按上面所描述的步骤，定义新的感兴趣区。

经典的多光谱监督分类法

在大多数的遥感教科书中，对下面的几种监督分类法都进行了描述。这些方法在当今影像处理软件系统中都可用。

1）平行六面体法（Parallelepiped）

平行六面体将用一条简单的判定规则对多光谱数据进行分类。判定边界在影像数据空间中是否形成了一个 N 维的平行六面体。平行六面体的尺度是由标准差阈值所确定的，而该标准差阈值则是根据每种所选类的均值求出的。

（1）can_pcls.img 文件为预先保存过的平行六面体分类影像。查看该影像，或者使用上面所描述的 classes.roi 感兴趣区文件，生成自己的分类影像。尝试使用默认的参数设置，仅改变相对于感兴趣区均值的标准差来生成分类影像。

（2）使用影像动态链接功能，将这个分类影像同原彩色合成影像以及先前生成的非监督法分类影像进行比较。

2）最大似然分类（**Maximum Likelihood**）

最大似然分类，假定每个波段中每类的统计都呈正态分布，并将计算出给定像元属于特定类别的概率。除非选择一个概率阈值，否则所有像元都将参与分类。每一个像元都被归到概率最大的那一类里（也就是最大似然）。

（1）使用上面描述的感兴趣区文件 classes.roi 生成自己的分类影像。尝试保留其他默认参数设置，仅改变概率阈值来生成分类影像。

（2）使用影像动态链接功能，将这个分类影像同原彩色合成影像以及先前生成的非监督法分类影像和监督法分类影像进行比较。

图 3-3　平行六面体分类影像

3）最小距离法（**Minimum Distance**）

最小距离分类法使用了每个感兴趣区的均值矢量来计算每一个未知像元到每一类均值矢量的欧氏距离（Euclidean distance）。除非用户指定了标准差和距离的阈值[在这种情况下，如果有些像元不满足所选的标准，那么它们就不会被归为任意类（unclassified）]，否则所有像元都将分类到感兴趣区中最接近的那一类。

（1）使用上面描述的 classes.roi 感兴趣区文件，生成自己的分类影像。尝试保留其他默认参数设置，仅改变标准差和最大距离误差，来生成分类影像。

（2）使用影像动态链接功能，将这个分类影像同原彩色合成影像以及先前生成的非监督法分类影像和监督法分类影像进行比较。

4）马氏距离（**Mahalanobis Distance**）

马氏距离分类是一个方向灵敏的距离分类器，它分类时将使用到统计信息。它与最大似然分类有些类似，但是它假定了所有类的协方差都相等，所以它是一种较快的分类方法。除非用户指定了距离的阈值[在这种情况下，如果有些像元不满足所选的标准，那么它们就不会被归为任意类（unclassified）]，否则所有像元都将分类到感兴趣区中最接近的那一类。

（1）使用上面描述的 `classes.roi` 感兴趣区文件，生成自己的分类影像。尝试保留其他默认参数设置，仅改变最大距离误差来生成分类影像。

（2）使用影像动态链接功能，将这个分类影像同原彩色合成影像以及先前生成的非监督法分类影像和监督法分类影像进行比较。

◆ 波谱分类方法

下面所采用的方法都在《ENVI 遥感影像处理教程》（ENVI User's Guide）中进行了描述。它们是分类方法的进一步发展，特别是在高光谱数据集的使用上，同时，它们也提供了可供选择的其他方法，来对多光谱数据进行分类处理。它们提供了更好的分类结果，这些分类结果可以很容易地同矿物质的波谱特性进行比较。虽然这些分类方法可以从分类菜单中调用，（选择 **Classification → Supervised → [*method*]**，其中**[*method*]**代表了在下拉菜单中所列的分类方法之一）。但是，通常我们会在 **Endmember Collection**（端元采集）对话框中，利用影像或者波谱库的波谱曲线来进行监督法的波谱分类。

端元采集（Endmember Collection）对话框

Endmember Collection：Parallel 对话框是一个标准的采集波谱信息的工具，所采集的波谱信息可以从 ASCII 文件、感兴趣区、波谱库或者统计文件中获取，它将被用来进行监督法的分类。

（1）要打开 **Classification Input File** 对话框，可以从 ENVI 主菜单中，选择 **Spectral → Mapping Methods → Endmember Collection**。

也可以从 ENVI 主菜单中，选择 **Classification → Endmember Collection**，来打开这个对话框。

（2）在 **Classification Input File** 对话框中，点击对话框底部的 **Open File** 按钮。

（3）接着就会现一个文件选择对话框。在 **Please Select a File** 对话框中，选择要输入的文件名 `can_tmr.img`，再点击 **Open**（Windows 操作系统下）或者 **OK**（UNIX 操作系统下）。然后 `can_tmr.img` 文件就会出现在 **Classification Input File** 对话框的 **Select Input File：**区域中。

（4）点击该对话框 **Select Input File：**区域中的 `can_tmr.img` 文件，然后点击 **OK**。

（5）这就会打开 **Endmember Collection：Parallel** 对话框（图 3-4）。

在默认状态下，**Endmember Collection** 对话框打开时选用的是平行六面体（Parallelepiped）分类法。所有可用的分类方法和映射方法（mapping methods）都列在菜单 **Algorithm → [*method*]**中，可以在 **Endmember Collection** 对话框中进行选取，这里**[*method*]**代表了下列可用方法之一：当前包括了 **Parallelepiped**、**Minimum Distance**、**Manlanahobis Distance**、**Maximum Likelihood**、**Binary Encoding**，以及 **Spectral Angle Mapper（SAM）**。

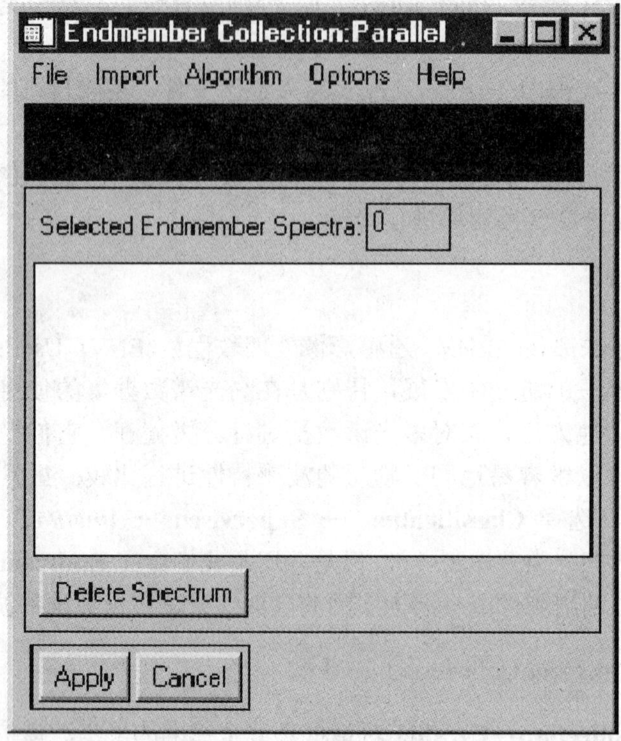

图 3-4 Endmember Collection 对话框

二值编码分类法（Binary Encoding Classification）

二值编码分类技术将根据波段值落在波谱均值的下方或者上方的情况，把数据波谱和端元波谱编码为 0 或者 1。“异或”逻辑函数被用来将每一种编码后的参考波谱同编码后的数据波谱进行比较，生成一幅分类影像。除非用户指定了最小匹配阈值[在这种情况下，如果有些像元不满足所选的标准，那么它们就不会被归为任意类（unclassified）]，否则所有像元都将分类到波段匹配最多的那一个端元类中。

（1）can_bin.img 文件为预先保存过的二值编码分类影像，它使用的最小编码阈值（minimum encoding threshold）为 75%。查看该影像，或者使用上面所描述的感兴趣区文件 classes.roi，生成自己的分类影像。要生成自己的分类影像，从菜单栏中，选择 **Algorithm → Binary Encoding**。

（2）加载预定的感兴趣区文件 classes.roi。并从 **Endmember Collection** 对话框的菜单栏中，选择 **Import → from ROI from Input File**。

（3）在出现的 **Input Regions of Interest** 对话框中，点击 **Select All Items** 按钮，再点击 **OK**。

（4）通过在 **Endmember Collections** 对话框的菜单栏中，选择 **Options → Plot Endmembers**，可以查看感兴趣区所对应的端元波谱曲线图（Endmember Spectra plots）。

（5）在 **Endmember Collections** 对话框中，点击 **Apply**。这将会打开 **Binary Encoding Parameters** 对话框。

（6）在 **Binary Encoding Parameters** 对话框的 **Output Result to** 区域，点击 **Memory** 单选按钮。

（7）点击 **Output Rule Images** 文本框对应的箭头切换按钮，将其改变为 **NO**，然后点击对话框底部的 **OK**，开始进行二值编码分类。

（8）使用影像动态链接功能，将这个分类影像同原彩色合成影像以及先前生成的非监督法分类影像和监督法分类影像进行比较。

波谱角填图分类法（Spectral Angle Mapper Classification）

波谱角填图分类法（SAM）是一个基于物理的波谱分类法，它是用 N 维角度将像元与参考波谱进行匹配。该算法将波谱看做是空间中的矢量，矢量的维数就等于波段的个数，通过计算波谱间的角度，来判断两个波谱间的相似度。

（1）can_sam.img 文件为预先保存过的波谱角填图分类影像。查看该影像，或者使用上面所描述的感兴趣区文件 classes.roi，该感兴趣区文件将会列在 **Endmember Collection** 对话框中，来生成自己的分类影像。要生成自己的分类影像，从 **Endmember Collection** 菜单栏中，选择 **Algorithm → Spectral Angle Mapper**，然后点击 **Apply**，开始进行波谱角填图分类（图 3-5）。

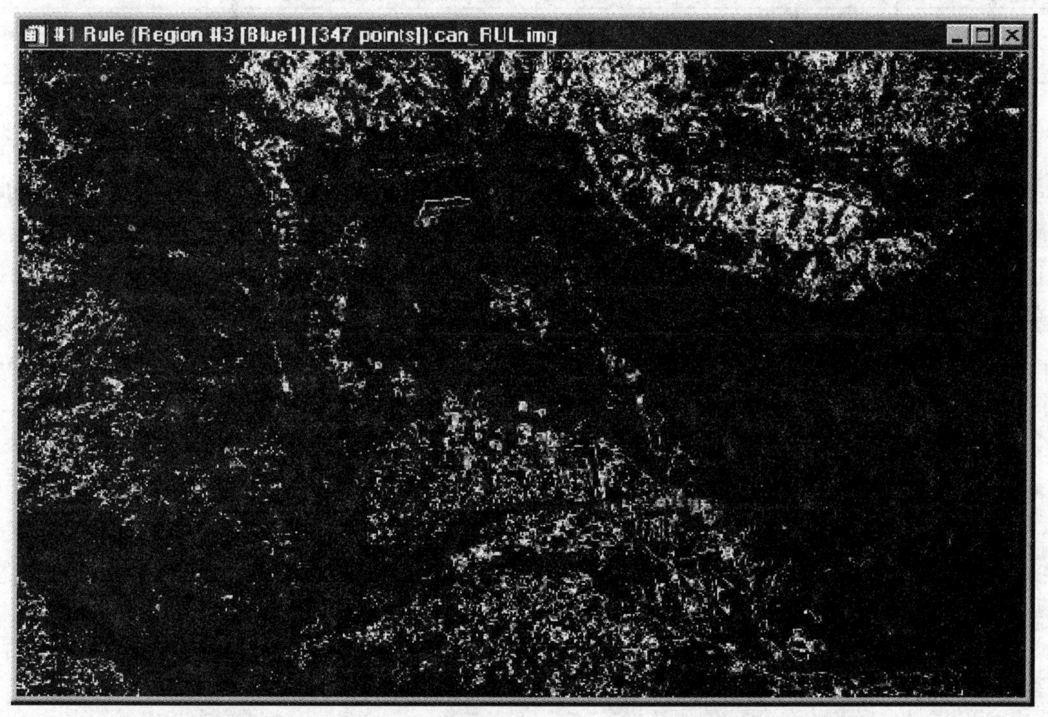

图 3-5　Canon 市的 Landsat TM 波谱角填图分类对应的规则影像。已经过拉伸处理，并用亮色显示出匹配最好的区域（小的波谱角）

（2）如果要生成自己的分类影像，那么在 **Spectral Angle Mapper Parameters** 对话框中，输入要输出的文件名 can_tmr.sam，作为生成的波谱角分类影像。同样，输入文件名 can_rul.img，作为要输出的规则影像名，然后点击对话框底部的 **OK**，开始进行波谱角填图分类。

（3）使用影像动态链接功能，将这个分类影像同原彩色合成影像以及先前生成的非监督法分类影像和监督法分类影像进行比较。

规则影像（Rule Images）

ENVI 可以生成这样一类影像，其像元值会被用来生成分类影像。这些可选择性生成的影像允许用户对分类的结果进行评估，如果需要，还可以根据指定的阈值，进行重新分类。这些灰阶规则影像，每一个都对应于分类中所用的某个感兴趣区或者某个端元波谱。

在不同分类方法所生成的规则影像中，像元值代表了不同的信息。例如：

分类方法	规则影像像元值
平行六面体（Parallelepiped）	满足平行六面体准则的波段数
最小距离（Minimum Distance）	到类中心的距离和
最大似然（Maximum Likelihood）	像元属于该类的概率
马氏距离（Mahalanobis Distance）	到类中心的距离
二值编码（Binary Encoding）	二值匹配成功的百分比
波谱角（Spectral Angle Mapper）	以弧度为单位的波谱角（越小的波谱角表明与参考波谱相匹配的越好）

（1）对于上面波谱角填图（SAM）分类的结果，可以将分类影像和规则影像（rule images）加载到单独的显示窗口中，然后用动态叠加功能进行比较。选择 **Tools → Color Mapping → ENVI Color Tables**，并拖动 **Stretch Bottom** 和 **Stretch Top** 滑块至各自相反方向的末端，来反转波谱角填图分类影像的颜色。现在，小波谱角（波谱更相似）的区域就会看起来亮一些。

（2）使用其他分类方法，生成新的分类影像和规则影像。使用动态叠加和 **Cursor Location/Value**，来确定是否有更好的阈值，以获取空间上更一致的分类。

（3）如果已经找到了更好的阈值，那么从 ENVI 主菜单中，选择 **Classification → Post Classification → Rule Classifier**。

（4）双击 `can_tmr.sam` 作为输入文件，打开 **Rule Image Classifier Tool** 对话框，输入阈值来生成一个新的分类影像。将新生成的分类影像同先前生成的分类影像进行比较。

◆ **分类后处理**

我们需要对分类后的影像进行后处理，评价其分类的精度，或者将类概括出来，并导入到地图影像和矢量 GIS 中。ENVI 提供了一系列的工具，来满足这些需要。

分类统计（Class Statistics）

这个功能允许从被用来分类的影像中，提取统计信息。这些不同的统计信息可以是基本统计信息（最小值、最大值、均值、标准差、特征值）、直方图或者是从每个所选类中计算出的平均波谱。

（1）选择 **Classification → Post Classification → Class Statistics**，来进行统计处理。选择分类影像 can_pcls.img，然后点击 **OK**。

（2）接着选择被用来分类的原始影像 can_tmr.img，点击 **OK**。

（3）使用 **Class Selection** 对话框来选择要进行统计的类。点击 **Select All Items**，然后点击 **OK**。

（4）最后，在 **Compute Statistics Parameters** 对话框中，选择要计算的统计信息，并点击 **Compute Statistics Parameters** 对话框底部的 **OK** 按钮。

然后，根据所选择的统计选项，几个绘制图（plots）和报表（reports）就会出现在屏幕上（图 3-6）。

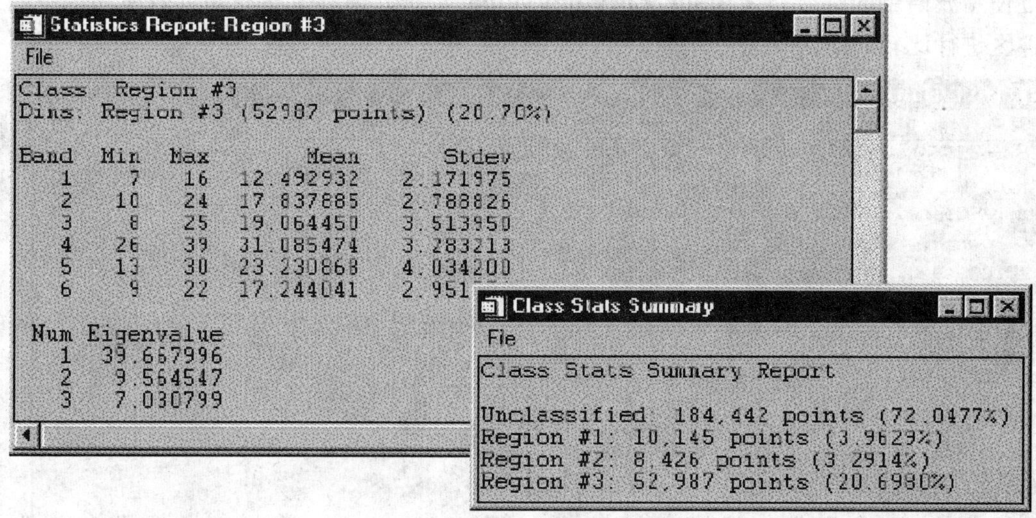

图 3-6　Canon 市的 Landsat TM 平行六面体分类影像的统计报表

混淆矩阵（Confusion Matrix）

ENVI 计算混淆矩阵的功能允许对两幅分类影像（分类影像和真实影像），或者对分类影像和感兴趣区进行比较。地面真实影像（truth image）可以是另一幅分类影像，或者是根据地面真实测量生成的影像。

（1）选择 **Classification → Post Classification → Confusion Matrix → [*method*]**，其中**[*method*]**为 **Using Ground Truth Image**，或者 **Using Ground Truth ROIs**。

（2）对于 **Using Ground Truth Image** 选项，我们将输入两个文件名 can_sam.img 和 can_pcls.img，并点击 **OK**（根据本专题的目的，我们会使用 can_pcls.img 文件，并把它作为地面真实影像），将平行六面体（Parallelepiped）分类影像和波谱角填图（SAM）分类影像进行比较。

（3）使用 **Match Classes Parameters** 对话框来把两幅影像中相应的类进行匹配，然后点击 **OK**。

（4）使用 **Output Result to** 单选按钮，将结果输出到 **Memory** 中，然后点击 **Confusion**

Matrix Parameters 对话框中的 **OK** 按钮。

（5）查看混淆矩阵（confusion matrix）和混淆影像（confusion images）。通过使用动态叠加、波谱剖面廓线，以及 **Cursor Location/Value** 来对分类影像和原始反射率影像进行比较，确定误差的来源。

（6）对于 **Using Ground Truth ROIs** 选项，我们将选择分类影像 `can_sam.img` 进行评估。

（7）将影像中的不同类同感兴趣区匹配在一起，该感兴趣区是从 `classes.roi` 文件中加载来的。然后点击 **OK**，计算混淆矩阵。

（8）点击 **Confusion Matrix Parameters** 对话框中的 **OK** 按钮。

（9）查看混淆矩阵（confusion matrix）和混淆影像（confusion images）（图 3-7）。通过使用波谱剖面廓线和 **Cursor Location/Value** 来对分类影像和原始反射率影像中的感兴趣区进行比较，确定误差的来源。

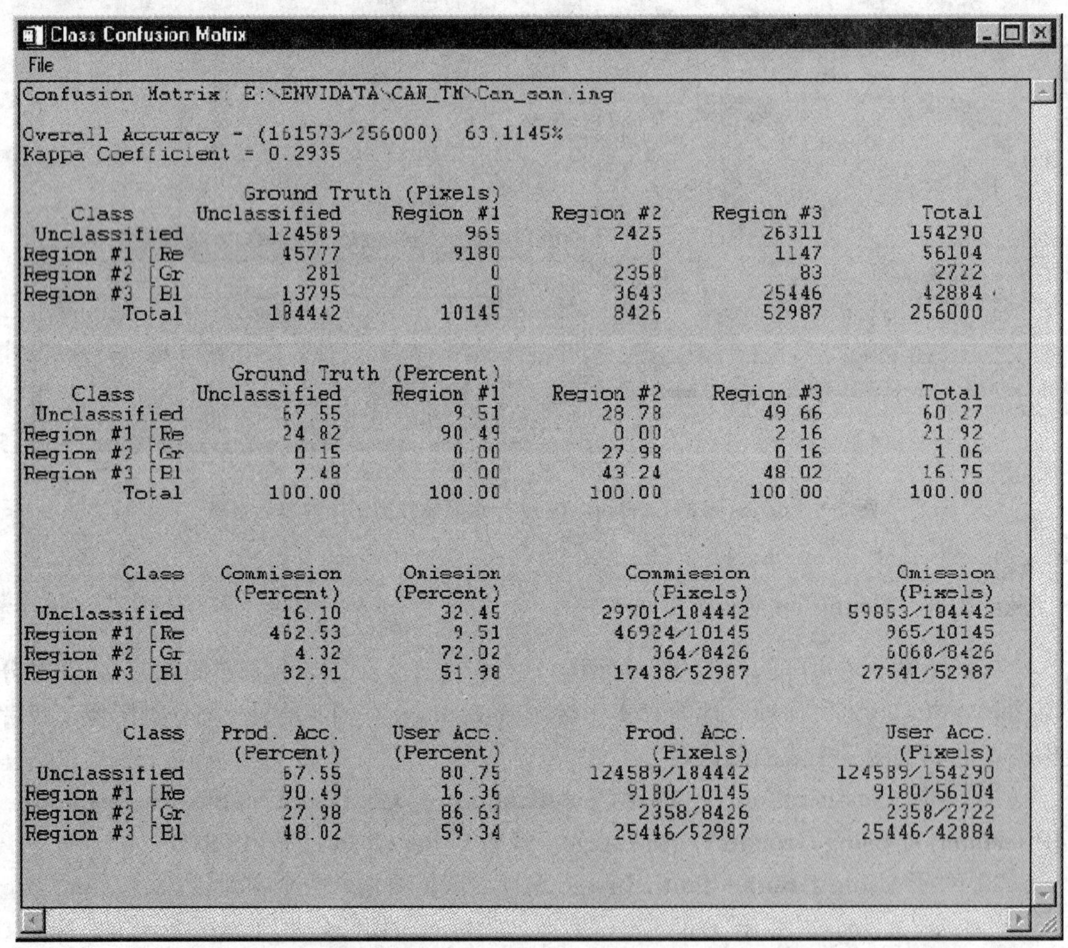

Class Confusion Matrix

File

Confusion Matrix: E:\ENVIDATA\CAN_TM\Can_sam.img

Overall Accuracy = (161573/256000) 63.1145%
Kappa Coefficient = 0.2935

Ground Truth (Pixels)

Class	Unclassified	Region #1	Region #2	Region #3	Total
Unclassified	124589	965	2425	26311	154290
Region #1 [Re	45777	9180	0	1147	56104
Region #2 [Gr	281	0	2358	83	2722
Region #3 [Bl	13795	0	3643	25446	42884
Total	184442	10145	8426	52987	256000

Ground Truth (Percent)

Class	Unclassified	Region #1	Region #2	Region #3	Total
Unclassified	67.55	9.51	28.78	49.66	60.27
Region #1 [Re	24.82	90.49	0.00	2.16	21.92
Region #2 [Gr	0.15	0.00	27.98	0.16	1.06
Region #3 [Bl	7.48	0.00	43.24	48.02	16.75
Total	100.00	100.00	100.00	100.00	100.00

Class	Commission (Percent)	Omission (Percent)	Commission (Pixels)	Omission (Pixels)
Unclassified	16.10	32.45	29701/184442	59853/184442
Region #1 [Re	462.53	9.51	46924/10145	965/10145
Region #2 [Gr	4.32	72.02	364/8426	6068/8426
Region #3 [Bl	32.91	51.98	17438/52987	27541/52987

Class	Prod. Acc. (Percent)	User Acc. (Percent)	Prod. Acc. (Pixels)	User Acc. (Pixels)
Unclassified	67.55	80.75	124589/184442	124589/154290
Region #1 [Re	90.49	16.36	9180/10145	9180/56104
Region #2 [Gr	27.98	86.63	2358/8426	2358/2722
Region #3 [Bl	48.02	59.34	25446/52987	25446/42884

图 3-7　使用另一幅分类影像作为地面真实影像生成的混淆矩阵

聚合和筛选处理（Clump and Sieve）

聚合和筛选处理提供了综合分类影像的手段。通常先对分类影像进行筛选处理，根据设定的大小阈值（像元个数），移除孤立的像元，然后再进行聚合处理，把相邻的相似类合并为一类，使得已存在的类更具有空间一致性。将预先生成的结果（筛选处理后的影像 can_sv.img 和筛选并聚合处理后的影像 can_clmp.img）同分类影像 can_pcls.img（平行六面体分类影像）进行比较，或者对自己生成的分类影像进行成团和筛选处理，然后再将它们同某个相应分类影像进行比较。

（1）要对分类影像进行筛选处理，选择 **Classification → Post Classification → Sieve Classes**，再选择某个分类影像，并输入到 **Memory** 中，然后点击 **OK**。

（2）使用输出的筛选处理后的影像，作为聚合处理的输入。选择 **Classification → Post Classification → Clump Classes**，在内存中选择先前生成的筛选处理后的影像，点击 **OK**。

（3）输出到 **Memory**，点击 **Clump Parameters** 对话框中的 **OK** 按钮。

（4）比较处理前后的这三幅影像，如果需要，反复进行处理，以生成综合性较强的分类影像。

合并类（Combine Classes）

合并类功能提供了一个可供选择的方法，将分类影像进行综合处理。相似的类能够进行合并，以生成一个或多个综合的类。

（1）查看预先生成的合并后的分类影像 can_comb.img，或者按下面的描述，对自己的分类影像进行合并处理。

（2）选择 **Classification → Post Classification → Combine Classes**。

（3）在 **Combine Classes Input File** 对话框中，选择 can_sam.img 文件，点击 **OK**。

（4）选择类 Region 3，并将它同类 Unclassified 合并到一起，点击 **Add Combination**，然后点击 **Combine Classes Parameters** 对话框中的 **OK** 按钮。选择输出到 **Memory** 中，点击 **OK**。

（5）使用影像动态链接功能，将合并处理后的影像同原始分类影像和综合处理后的影像进行比较。

修改类的颜色

当显示分类影像时，可以通过修改类的颜色，改变特定类所对应的颜色。

（1）在主影像显示窗口中，选择 **Tools → Color Mapping → Class Color Mapping**。

（2）在 **Class Color Mapping** 对话框中，点击某个类的名字，并拖动相应的颜色条，或者输入所需的颜色值，来改变类的颜色，所做的改动就会立刻应用到分类影像上。要进行永久性的改变，在对话框中，选择 **Options → Save Changes**。

叠加显示类（Overlay Classes）

叠加显示类允许用户将分类影像的关键类作为彩色层叠加到一幅灰阶或者一幅 RGB 彩色合成影像上。

（1）查看预先计算生成的分类叠置影像 can_ovr.img，或者从反射率影像 can_tmr.img 和上面生成的某个分类影像中，创建自己的分类叠置影像。

（2）从 ENVI 主菜单中，选择 **Classification → Post Classification → Overlay Classes**。

（3）从可用波段列表中，选择当前显示的影像作为创建分类叠置影像的输入。

（4）在 **Input Overlay RGB Image Input Bands** 对话框中，为每一个 RGB 波段都选择 can_tmr.img 影像的 band 3（R 波段选择 band 3，G 波段选择 band 3，B 波段同样选择 band 3）。点击 **OK**。

（5）在 **Classification Input File** 对话框中，使用 can_comb.img 作为输入的分类影像。

（6）点击 **OK**，然后在 **Class Overlay to RGB Parameters** 对话框中，选择 *Region #1* 和 *Region #2* 这两类，叠加到影像上。将结果输出到 **Memory** 中，点击 **OK**，完成叠加处理。

（7）加载分类叠置影像到一个影像显示窗口中，使用影像动态链接功能，将其同分类影像和原始反射率影像进行比较。

◆ 交互式分类影像叠加

除了上面介绍的分类影像的叠加方法之外，ENVI 也提供了一个交互式的分类影像叠加工具。这个工具允许交互式地将类叠加在显示的影像上，可以进行打开或者关闭类显示叠加，对类进行修改，获取类的统计信息，合并类以及修改类的颜色等操作。

（1）使用可用波段列表，将 can_tmr.img 影像的第 4 波段作为灰阶影像显示出来。

（2）从主影像窗口菜单栏中，选择 **Overlay → Classification**。

（3）在 **Interactive Class Tool Input File** 对话框中，选择某个可用的分类影像（如 can_sam.img 分类影像）。点击 **OK**。**Interactive Class Tool** 对话框就会接着出现在屏幕上，每一类及其相应的颜色都将在对话框中列出。

（4）点击每一个 **On** 复选框按钮，改变每个类在灰阶影像上的叠加显示情况。

（5）尝试使用 **Options** 菜单下的每一个选择，对分类影像进行评价。

（6）选择 **Edit** 菜单下的每一个选择，交互式地改变特定类所容纳的像元。

（7）在主影像窗口中，选择 **File → Save Image As → [*Device*]**（其中，[*Device*]为 **Postscript** 或者为 **Image**），将分类叠置影像输出到一个新的文件中。

（8）选择 **File → Cancel**，退出该交互式工具。

◆ 将类转换为矢量层

加载预先生成的矢量层到一幅灰阶反射率影像上，然后同栅格分类影像进行比较。也可以自己执行转换程序，将某个分类影像转换为矢量层。使用如下的步骤，加载预先生成的矢量层，该矢量层是从并类处理过的分类影像中生成的。

（1）在并类处理过的分类影像 can_clmp.img 的主影像窗口中，选择 **Overlay → Vectors**。

（2）在 **Vector Parameters** 对话框中，选择 **File → Open Vector File → ENVI Vector File**，然后选择文件 can_v1.evf 和 can_v2.evf。在可用矢量列表对话框中，选择 **Select All Layers**，点击 **Load Selected** 按钮，选择 can_dmp.img。在分类产生的多边形中获取的矢量，就会勾画出栅格分类像元的轮廓。

要将自己的分类影像转换为矢量层：

（1）选择 **Classification → Post Classification → Classification to Vector**，在 **Raster**

to Vector Input Band 对话框中，选择综合处理过的影像 can_clmp.img。

（2）选择 *Region #1* 和 *Region #2*，输入要输出的文件名为 canrtv 的文件，并点击 **OK**，开始进行矢量转换。

（3）在可用矢量列表对话框中，选择刚生成的矢量，点击对话框底部的 **Load Selected** 按钮。

（4）在 **Load Vector** 对话框中选择正确的显示窗口号，该显示窗口显示的是灰阶反射率影像。接着矢量层就会加载到这个显示窗口中。在 **Vector Parameters** 对话框中，选择 **Edit→Edit Layer Properties**，改变矢量层的颜色和填充方式，使这些矢量显示得更清楚些。

◆ 使用注记功能添加分类图例

ENVI 提供了注记工具，将分类图例（classification key）添加到影像或者地图布局上，该分类图例将会自动生成（图 3-8）。

（1）从主影像窗口菜单栏中，选择 **Overlay → Annotation**。在任意一个分类影像或者叠加了矢量层的影像上选择该项。

（2）选择 **Object → Map Key**，在影像上添加分类的图例。通过点击 **Annotation: Map Key** 对话框中的 **Edit Map Key Items** 按钮，更改所需的参数，修改图例的显示属性。

（3）在显示窗口中，点击鼠标左键并拖曳图例，在合适的位置上放置分类图例。

（4）在影像中点击鼠标右键，锁定分类图例的位置。要了解更多的关于影像注记的信息，请参见《ENVI 遥感影像处理教程》(ENVI User's Guide)。

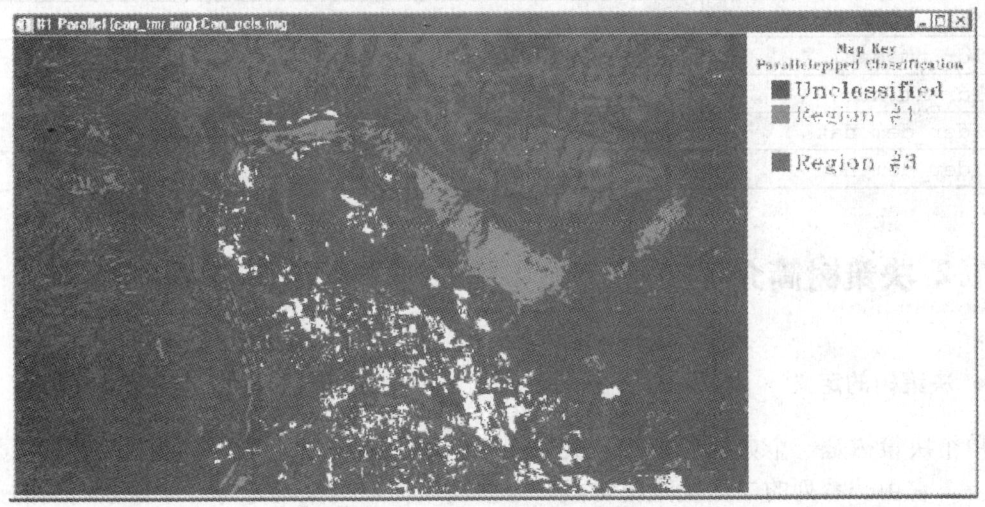

图 3-8　带分类图例的分类影像

◆ 结束 ENVI 程序

在 ENVI 主菜单中选择 **File → Exit**（在 UNIX 操作系统下是 **Quit**），在弹出的 **Terminate this ENVI Session** 对话框中选择 **Yes**，并点击 **OK**，退出 ENVI 程序。如果使用的是 **ENVI RT**，退出 ENVI 会返回操作系统。

专题四　决策树分类

1.1 专题概述

本专题旨在向用户介绍 ENVI 决策树分类器（Decision Tree classifier）的功能。我们将使用 Landsat 5 TM 影像以及从 USGS DEM 中提取的一个 DEM 数据，该 DEM 为美国科罗拉多州（Colorado）Boulder 地区的数字高程模型。运行决策树分类器，探究决策树的各种不同显示选项、删除决策树、修改使用决策树分类后影像的类别属性，以及进行其他多种操作。

本专题中使用的文件

光盘：《ENVI 遥感影像处理专题与实践》附带光盘 #1

路径：envidata/decision

文件	描述
bouldr_tm.dat	Landsat 5 TM 影像
bouldr_tm.hdr	ENVI 相应的头文件
Boulder_dem.dat	科罗拉多州（Colorado）Boulder 地区 USGS DEM 的空间子集
Boulder_dem.hdr	ENVI 相应的头文件

1.2 决策树简介

◆ 决策树的定义

单个决策树是一个典型的多级分类器，可以运用到单独一幅影像上，或者多幅叠置影像上。它由一系列的二叉决策树构成，这些决策树将用来确定每一个像素所属的正确类型。决策树能够基于数据，集中任意可用的属性特征进行搭建。例如，有一幅高程影像，以及两幅不同时间采集的多光谱影像，那么这些影像中的任意一幅都能够对同一个决策树贡献决策。决策树中没有单个的决策能够将影像完全分割为不同的类别。事实上，每一个决策只是把数据分割为两个可能的类别或者两个类别的集合。

◆ ENVI 中的决策树工具

ENVI 中的决策树工具设计被用来执行决策规则。例如，从许多优秀的统计软件中获取所需的规则，这些软件都提供了强大、灵活的决策树生成器。在遥感影像处理领域中，常用的两个算法为Salford Systems所设计的CART，以及Insightful所设计的S-PLUS。ENVI的交互式决策树分析工具所用到的决策规则就是从上述软件中获得，决策规则中所包含的逻辑关系就能够被用来创建一个决策树分类器。

◆ **决策树的输入**

在ENVI中，一幅影像，或者同一地区的影像集都能输入到决策树分类器中。如果影像带有地理坐标，那么即使这些影像所采用的地图投影方式和像素大小不同，ENVI也会在处理过程中，把它们自动叠置在一起。在ENVI中，决策树能够应用到多个数据集上。

在本专题中，我们所使用的决策树分类步骤、规则描述如下：第一步，将影像的像素分为两类：一类NDVI值大于0.3；另一类NDVI值小于或等于0.3。第二步，NDVI值高的那些像素再分为两类：一类坡度大于或等于20度；另一类坡度小于20度。第三步，坡度小的像素继续分为两类：阴坡和阳坡。而NDVI值高、坡度大于或等于20的像素就不再往下细分了。同样，NDVI值小于或等于0.3的那些像素也被分为两类：一类波段4的值小于20；另一类波段4的值大于或等于20。然而，波段4的值等于0的像素同波段4的值小于20的那些像素不是同一类的，此外，波段1的值小于波段1的均值的那些像素同NDVI小于等于0.3的那些像素也不是同一类的，因此要对这些像素进一步地细分子类。

同样，该决策树也可以使用下列的准则进行描述：

- 类1（Class 1）：NDVI值大于0.3，坡度大于或等于20度。
- 类2（Class 2）：NDVI值大于0.3，坡度小于20度，阴坡。
- 类3（Class 3）：NDVI值大于0.3，坡度小于20度，阳坡。
- 类4（Class 4）：NDVI值小于或等于0.3，波段4的值大于或等于20。
- 类5（Class 5）：NDVI值小于或等于0.3，波段4的值小于20。
- 类6（Class 6）：波段4的值等于0。
- 类7（Class 7）：波段1的值小于波段1的均值。

1.3 使用ENVI的决策树工具

◆ **启动ENVI**

启动前，请确保已正确安装ENVI。

- 要在UNIX或Macintosh OS X中启动ENVI，请在UNIX命令行中输入`envi`。
- 要在Windows系统中启动ENVI，请双击ENVI的图标。

◆ **打开并显示对决策树分类有贡献的影像**

本专题所使用的影像为Landsat 5的TM影像的一个子集，它是科罗拉多州（Colorado）Boulder地区的影像。我们已经对该影像进行了校正，使其同10 m分辨率的SPOT影像相匹配，所以，现在该影像空间分辨率也为10 m。我们也会用到USGS DEM数据的一个子集，该子集包括了 Landsat 子集所对应的区域。高程影像的像素大小同样是 30 m。所用的两幅影像采用了不同的投影方式，Landsat 影像为 State Plane，而 DEM 影像为 UTM。

（1）打开一个影像文件，从 ENVI 主菜单中，选择 **File → Open Image File**。**Enter Data Filenames** 文件选择对话框将出现在屏幕上。

（2）点击 **Open File** 按钮，选择《ENVI 遥感影像处理专题与实践》附带光盘 #1 `envidata` 目录中的 `decision` 子目录。同在其他应用操作中处理一样，从列表中选择 `bouldr_tm.dat` 文件，点击 **Open**。影像中默认的波段就会加载到一个显示窗口中，同时可用波段列表也会出现在屏幕上。

（3）从 ENVI 主菜单中，选择 **File → Open Image File**。

（4）选择《ENVI 遥感影像处理专题与实践》附带光盘 #1 `envidata` 目录中的 `decision` 子目录。同在其他应用操作中处理一样，从列表中选择 `Boulder_dem.dat` 文件，点击 **Open**。

（5）在可用波段列表中，选择 **Gray Scale** 单选按钮，然后点击 `Bouldr_dem.dat` 文件的 `Band 1`。该 DEM 文件会在可用波段列表对话框中部的 `selected band` 区域中显示出来。

（6）在可用波段列表对话框的底部，点击 **Display #1** 按钮，并选择 **New Display**。

（7）点击 **Load Band** 按钮，把该影像加载到一个新的显示窗口中。

（8）查看这些影像，它们将被输入到决策树中。在创建决策树之前，目视判读这些影像数据，对你会很有帮助。

（9）当完成这些操作后，从每个显示窗口的菜单栏中，选择 **File→Cancel** 来关闭这两个显示窗口。

◆ **输入决策树规则**

（1）选择 **Classification → Decision Tree → Build New Decision Tree**，打开决策树工具。

决策树工具打开时，就只有一个空的决策节点（decision node），在这个空的节点中输入任意的条件决策表达式，将该数据集的像素分为两组。

（2）第一个决策要基于 Landsat 影像。要定义这个决策，点击决策节点，当前这个节点被标注为 **Node**，在随后出现的 **Edit Decision Properties** 对话框中，输入下面这个表达式：

```
{ndvi} gt 0.3
```

这个决策告诉 ENVI 将像素分为两类：一类为绿色植被；另一类为非植被。NDVI 是被普遍使用的植被指数，它是从多光谱影像的红波段和近红外波段计算出来的。决策树将逐像素地计算每个像素的 NDVI 植被指数，查找所有满足值大于 0.3 的像素。NDVI 值大于 0.3 的像素应该含有部分绿色植被。

当执行决策树时，在处理过程中能计算许多变量的值。这些 ENVI 能自动计算的变量值包括坡度（slope）、坡向（aspect）、NDVI 指数、主成分（principal components）、MNF 成分、均值、标准差、最小值或最大值、穗帽变换（tasseled cap transforms），等等。要了解关于这些变量的更多信息，请参见《ENVI 遥感影像处理实用教程》（ENVI User's Guide）。

（3）在 Name 区域中输入 **NDVI > 0.3**。这个文本信息将出现在决策树图形视图的决策节点上。点击 **OK** 按钮，注意到 **Node 1** 的名字被改变。

指定要应用决策表达式的文件

在刚出现的 **Variables/Files Pairing** 对话框中，点击{ndvi}变量的名字。在随后出现的文件选择对话框中，选择 bouldr_tm.dat 影像。

这一步告诉决策树，当计算这个决策表达式时，NDVI 值将会根据 bouldr_tm.dat 影像计算出来。

【注意】由于不知道波长，ENVI 将判断在 NDVI 计算中需要哪一个波段。如果影像在所选的头文件中没有包含波长信息，那么 ENVI 就会进行提示，以确定 NDVI 计算中所需的红波段和近红外波段。

输入附加的规则

现在这只是一个简单的决策树分类器。NDVI 值大于 0.3 的像素将被分为白色类，NDVI 值小于或等于 0.3 的像素将被分为黑色类。可以输入附加的决策规则来逐步形成一个更复杂的分类器。

（1）使用鼠标右键点击 **Class 1** 的节点，然后从弹出的快捷菜单中选择 **Add Children**，来将 NDVI 值高的那类细分为子类。ENVI 自动地在 **Class 1** 下创建两个新的类。

（2）点击空白的节点，并在 **Edit Decision Parameters** 对话框中，输入下面这个决策：{slope} lt 20。这个决策将根据坡面的陡峭程度，把 NDVI 值高的像素分为两类。

（3）在这个节点的 Name 区域，输入 Slope < 20，点击 **OK**。

（4）使用鼠标右键点击绿色的端元节点，它包括了 NDVI 值高、坡度低的那类像素。从弹出的快捷菜单中，选择 **Add Child**，点击节点，并在 **Edit Decision Parameters** 对话框中，输入下列表达式：{aspect} lt 20 and {aspect} gt 340。这个决策将把 NDVI 值高、坡度小的那些像素，分为坡面北朝向的和坡面北朝向不显著的两类。

（5）在这个节点的 Name 区域，输入 North，点击 **OK**。

（6）使用鼠标右键点击黑色的端元节点，它包括了 NDVI 值低的那类像素。从弹出的快捷菜单中，选择 **Add Child**，在 **Edit Decision Parameters** 对话框中，输入下列表达式：b4 lt 20。在波段 4 中，像素值小于 20 的像素主要为水体。

（7）在这个节点的 Name 区域，输入 Low B4，点击 **OK**。

◆ **执行决策树**

将变量同文件匹配

现在已经生成了决策树，但是在它被执行前，所有决策树表达式中使用的变量必须同影像文件相匹配。

使用本书 57 页“指定要应用决策表达式的文件”中所描述的办法，将下列变量同相应的文件或波段进行匹配。

{slope} = Boulder_dem.dat

```
{aspect} = Boulder_dem.dat
b4 = bouldr_tm.dat band 4
```

执行决策树

（1）要运行决策树分类，选择 **Options → Execute**，或者在 ENVI Decision Tree 对话框的黑色背景区域，点击鼠标右键，选择 **Execute**。

（2）在 **Decision Tree Execution Parameters** 对话框中，点击 `Bouldr_tm.dat` 影像，作为基准影像。其他影像的地图投影、像素大小和范围都将被调整，以匹配该基准影像。

（3）输入要输出的分类影像文件名，点击 **OK**。

当决策树进行计算时，当前被用来分类的节点将被暂时性地赋为浅绿色。因此，就有可能看到一个节点到另一个节点的分类处理过程。当分类处理完成后，分类结果会自动地加载到一个新的显示窗口中。

查看决策树分类结果

在输出的决策树分类结果中，给定像素的颜色是由分类指定的端元节点的颜色确定的。例如，在决策树分类结果中的黄色像素就是在每个决策节点条件都是假（no）的那些像素的集合。所以，这些像素的 NDVI 值低，波段 4 的值高。这就意味着它们既不是水体也不是植被。

现在，已经执行了决策树，再来看一下决策树本身。默认的决策树并没有包括所有的应该显示出来的信息。

（1）在 **ENVI Decision Tree** 对话框的空白背景上，点击鼠标右键，从弹出的快捷菜单中，选择 **Zoom In**。现在，每个节点标签都会显示像素的个数以及所包含像素占总影像像素的百分比。

（2）在这种情况下，当决策树展开后，整个决策树可能不再适应窗口大小。使用鼠标左键，点击并拖曳窗口的一角，调整窗口的大小。

（3）将光标放置在每一个节点上，注意出现在 **ENVI Decision Tree** 对话框底部文本框中的节点信息。特别是当决策树没有展开、显示节点详细信息时，这是另一个快速获取决策树中节点相关信息的有效方法。

◆ 修改决策树

添加新的决策

当执行完决策树分类并查看分类结果后，也许会发现其他决策规则会更有效些。例如，在这个决策树中，波段 4 的值小于 20 的那些像素中，某些像素是边缘像素，它们的值为 0。因为它们的值小于 20，所以它们是以蓝绿色显示出来的。但事实上造成了它们在波段 4 的值较低的原因是与其他蓝绿色的那些像素不同的。

（1）在波段 4 的值小于 20 的那些像素的端元节点上，点击鼠标右键，并从弹出的快捷菜单中，选择 **Add Children**。点击节点，在 **Edit Decision Parameters** 对话框中，输入下列表达式：`b4 eq 0`。在 `Name` 文本框中，输入 B4＝0。

（2）在对话框背景处，点击鼠标右键，从快捷菜单中选择 **Execute**，再次执行该决策树。现在，在输出的分类结果中，边缘像素就归为另一类了，但是红紫色的边缘看起来不太习惯。

改变类的颜色和名字

（1）点击红紫色的端元节点，显示 **Edit Class Properties** 对话框。点击 V 按钮（在 UNIX 操作系统下，此按钮是个向下的箭头），来显示颜色的列表，从中选择 **Black**。在 `Name` 文本框中，输入 Border。

（2）要将改变的颜色运用到决策树分类结果中，需要再次执行决策树，边缘以黑色显示。

在决策表达式中使用波段索引

几个内置的决策树变量在决策表达式使用过程中，需要波段索引。

（1）在黄色端元节点上，点击鼠标右键，该节点包括了 NDVI 值低，但是波段 4 的值高的那一类像素。从快捷菜单中，选择 **Add Children**，点击节点，并在 **Edit Decision Parameters** 对话框中，输入下列表达式：`b1 lt {mean[1]}`。在 `Name` 文本框中，输入 Low B1。点击 **OK**。

该表达式将判断波段 1 的像素值是否小于波段 1 的均值。方括号中的“`1`”，指明在均值计算中将会使用到波段 1。在 ENVI 决策树计算过程中的某些变量，包括均值计算，都必须同整个文件联系起来，而不只是与单个波段相联系。在这种情况下，必须在方括号中指定文件中的哪个波段要参与计算。

（2）在 **Variable/File Pairings** 对话框中，点击 `b1` 变量，在随后出现的文件选择对话框中，选择 `bouldr_tm.dat` 文件的 `Band 1`，点击 **OK**。

（3）在 **Variable/File Pairings** 对话框中，点击`{mean}`变量，选择 `bouldr_tm.dat` 文件，点击 **OK**。现在，`b1` 变量和`{mean}`变量都已经同 Landsat 影像的波段 1 相匹配。

（4）要将所做的修改运用到决策树分类结果中，需要再次执行决策树。现在，波段 1 的值较低的某些黄色像素的颜色就已变为红紫色。

修剪决策树（Prune the Decision Tree）

在使用决策树的过程中，经常需要测试某个指定的子节点是否对决策树的分类结果有效。ENVI 的决策树工具提供了两种方法来移除已经添加了的子节点。使用 **Delete** 选项会从决策树中将子节点永久地移除，而使用 **Prune** 选项，则是临时性地将它们从决策树中移除，可以在需要的时候再恢复它们，而不需重新定义决策规则或节点属性。

（1）在 **Low B1** 节点上，点击鼠标右键，从弹出的快捷菜单中，选择 **Prune Children**。可以注意到，虽然还可以看到这些子节点，但是它们不再带有颜色，而且也没有连接到决策树上。这表明它们已经被修剪了，当执行决策树时，它们不会再被使用。

（2）使用鼠标右键点击 **Low B1** 节点，从快捷菜单中选择 **Restore Pruned Children**。修剪和恢复子节点允许对带有和不带有特定子节点的决策树分类结果进行比较。

◆ 将保留树存为掩模（Save Tree Survivors to a Mask）

（1）在决策树中，使用鼠标右键点击红色节点，从快捷菜单中，选择 **Save Survivors to Mask**。

这个选项将生成一个二值掩模影像。该类所包含的像素都被赋值为 1，而其他不包含在这个类中的像素都被赋值为 0。

（2）在随后出现的 **Output Survivors to Mask** 对话框中，输入保留树的输出掩模文件名，点击 **OK**。生成的掩模影像会在可用波段列表中列出。

（3）加载这个新的掩模影像到一个新的灰阶显示窗口中。可以注意到，掩模影像中的白色像素都相应地变为决策树分类影像中的红色像素。

【注意】对于决策树中的每一个节点，**save survivors to a mask** 这个选项都是可用的。所以，可以为决策树中的每个节点都生成一个掩模。

◆ 保存所生成的决策树

有时可能需要保存生成的决策树，包括所有的变量和文件之间的匹配组合。保存过的决策树可以在以后的 ENVI 操作中恢复，重新调用。

（1）在决策树的视图窗口中，选择 **File → Save Tree**。

（2）在随后出现的 **Save Decision Tree** 对话框中，输入要输出的决策树的文件名，点击 **OK**。

专题五　影像地理坐标定位和配准

1.1 专题概述

本专题旨在介绍，如何在 ENVI 中对影像进行地理校正，添加地理坐标，以及如何使用 ENVI 进行影像到影像的配准和影像到地图的校正。本专题介绍了使用 ENVI 生成影像地图的步骤，并举例演示，说明了全色影像和多光谱影像进行 HSV 融合的步骤。在开始本专题内容前，我们假定用户已经熟悉了一般影像配准和重采样的概念。完成本专题内容需要 1～2 小时。

◆ 本专题中使用的文件

光盘：《ENVI 遥感影像处理专题与实践》附带光盘 #1

路径：envidata/bldr_reg

文件	描述
	所需的文件
bldr_sp.img	Boulder SPOT 带地理坐标的影像子集
bldr_sp.hdr	ENVI 对应的头文件
bldr_sp.grd	Boulder SPOT 地理公里网参数
bldr_sp.ann	Boulder SPOT 地图注记
bldr_tm.img	Boulder TM 没有地理坐标的影像
bldr_tm.hdr	ENVI 相应的头文件
bldr_tm.pts	TM-SPOT 影像到影像配准中所用的控制点
bldrtm_m.pts	TM-Map 影像到地图配准中所用的控制点
bldr_rd.dlg	Boulder 道路数字线划图（DLG）
bldrtmsp.grd	融合后的 TM-SPOT 影像的地图公里网
bldrtmsp.ann	融合后的 TM-SPOT 影像的注记
	生成的文件
bldr_tm1.wrp	使用缩放平移和最近邻重采样法得到的影像到影像的配准结果
bldr_tm1.hdr	ENVI 相应的头文件
bldr_tm2.wrp	使用 RST 和双线性内插重采样法进行的影像到影像的配准结果
bldr_tm2.hdr	ENVI 相应的头文件
bldr_tm3.wrp	使用 RST 和三次卷积重采样法进行的影像到影像的配准结果
bldr_tm3.hdr	ENVI 相应的头文件
bldr_tm4.wrp	使用一次多项式和三次卷积重采样法进行的影像到影像的配准结果
bldr_tm4.hdr	ENVI 相应的头文件

文件	描述
bldr_tm5.wrp	使用 Delaunay 三角网和三次卷积重采样法进行的影像到影像配准结果
bldr_tm5.hdr	ENVIH 相应的头文件
bldrtm_m.img	Boulder TM 影像到地图的配准结果，使用了 RST 和三次卷积重采样法
bldrtm_m.hdr	ENVI 相应的头文件
bldrtmsp.img	Boulder TM/SPOT 使用 HSV 融合后的结果，分辨率为 10 m
bldrtmsp.hdr	ENVI 相应的头文件

1.2 ENVI 中带地理坐标的影像

ENVI 对带地理坐标的影像提供了全面地支持，它能够对许多预定义的地图投影进行处理，这些地图投影可以采用 UTM 或 State Plane 投影方式。此外，ENVI 的用户自定义地图投影功能能够创建自定义的地图投影，它允许使用 6 种基本投影类型，超过 35 种的不同椭球体以及 100 多种的基准数据集（Datum），来满足大多数地图投影的需要。

ENVI 地图投影参数存储在一个 ASCII 文本文件 map_proj.txt 中，该文本文件能够被 ENVI 地图投影工具修改，或者直接被用户编辑。这个文件中的信息会被影像相应的头文件（ENVI Header files）所使用，而且 ENVI 允许使用已知的地图投影坐标来简单地指定相关联的 Magic Pixel（地图坐标系统的起始点）。然后，选择的 ENVI 函数就能够使用该信息，在带地理坐标的数据空间中进行操作处理。

ENVI 的影像配准和几何纠正工具，允许用户将基于像素的影像定位到地理坐标上，然后对它们进行几何纠正，使其匹配基准影像的几何信息。使用全分辨率（主影像窗口）和缩放窗口来选择地面控制点（GCPs），进行影像到影像和影像到地图地配准。基准影像和未校正影像的控制点坐标都会显示出来，同时由指定的校正算法所得的误差也会显示出来。地面控制点预测功能能够使对地面控制点的选取简单化。

ENVI 将使用重采样、缩放比例和平移（这三种方法通称 RST），以及多项式函数（多项式系数可以从 1～n），或者 Delaunay 三角网的方法，来对影像进行校正。它所支持的重采样方法包括最近邻法（nearest-neighbor）、双线性内插法（bilinear interpolation）和三次卷积法（cubic convolution）。使用 ENVI 的多重动态链接显示功能对基准影像和校正后的影像进行比较，可以快速地评估配准的精度。

以下部分提供了一些 ENVI 自带的基于地理坐标的处理功能的例子。请参见《ENVI 遥感影像处理教程》（ENVI User’s Guide）来获取更多的信息。

1.3 带地理坐标的数据和影像地图

本专题的这一部分将使你熟悉 ENVI 中，对于带地理坐标的数据地处理，使用地图公里网和注记创建影像地图，并生成输出影像。

◆ 启动 ENVI

启动前，请确认已正确安装 ENVI。

- 要在 UNIX 或 Macintosh OS X 中启动 ENVI，请在 UNIX 命令行中输入 `envi`。
- 要在 Windows 系统中启动 ENVI，请双击 ENVI 的图标。

◆ 打开并显示 SPOT 数据

要打开带地理坐标的 SPOT 数据：

（1）在 ENVI 主菜单中，选择 **File → Open Image File**。

（2）当 **Enter Data Filename** 文件选择对话框出现后，选择进入 `envidata` 目录下的 `bldr_reg` 子目录，从列表中选择 `bldr_sp.img` 文件。

（3）点击 **OK**。

（4）当可用波段列表对话框出现后，点击 **Gray Scale** 单选按钮，使用鼠标左键，点击相应的波段名，从对话框顶部所列波段中选中 SPOT 波段。所选择的波段名显示在 **Selected Band**：字段区域中。

（5）点击 **Load Band** 按钮，加载这幅影像到一个新的显示窗口中。

◆ 修改 ENVI 头文件中的地图信息

（1）在可用波段列表中，使用鼠标右键点击 `bldr_sp.img` 文件名下的 **Map Info** 图标，从弹出的快捷菜单中选择 **Edit Map Information**。

Edit Map Information 对话框（图 5-1）出现在屏幕上。

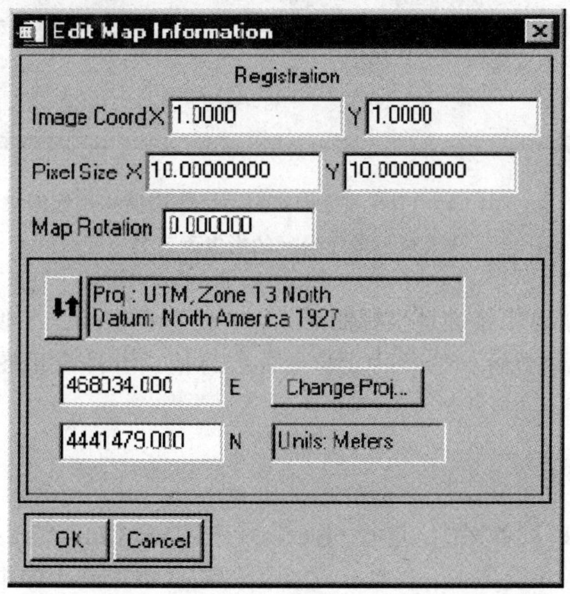

图 5-1　Edit Map Information 对话框

这个对话框列出了在 ENVI 中添加地理坐标所用的地理信息。可以调整 ENVI 使用的 Magic Pixel（作为地图坐标系统的起始点）相对应的影像坐标。因为 ENVI 可以从相应头文件信息和地图投影文件中，识别出地图投影、像元大小以及地图投影参数，所以，用它能够计算出影像中任意像元的地理坐标。既可以输入地图坐标，也可以输入地理坐标（纬度/经度）。

（2）点击 Projection/Datum 文本旁边的箭头切换按钮，显示 UTM Zone 13 North 地图投影的坐标（纬度/经度）。ENVI 在处理过程中才进行转换。

（3）点击当前的 **DMS** 或者 **DDEG** 按钮，分别在度-分-秒（Degrees-Minutes-Seconds）和十进制的度（Decimal Degrees）之间进行切换。

（4）点击 **Cancel**，退出 **Edit Map Information** 对话框。

◆ **光标位置/值**

要打开一个显示主影像窗口、滚动窗口，或者缩放窗口中光标位置信息的对话框，可以按以下两步进行：

（1）从主影像窗口菜单栏中，选择 **Tools → Cursor Location/Value**。也可以从 ENVI 主菜单和主影像窗口菜单栏中，选择 **Window → Cursor Location/Value**，打开这个对话框（图 5-2）。

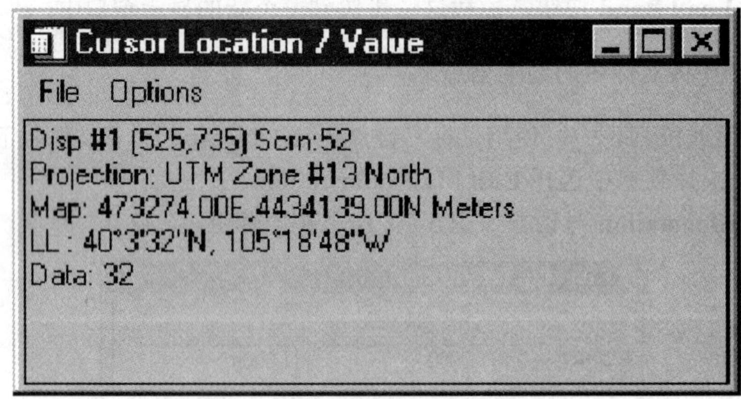

图 5-2 Cursor Location 对话框，显示了像素值和相应的地理坐标（对带地理坐标的影像而言）

可以注意到，对于这幅带地理坐标的影像，对话框同时给出了像素坐标和地理坐标。

（2）在影像中移动光标，查看特定位置的坐标值，并注意地图坐标和地理坐标之间的关系。

◆ **叠合地图公里网**

（1）从主影像窗口菜单栏中，选择 **Overlay → Grid Lines**。**#1 Grid Line Parameters** 对话框（图 5-3）出现在屏幕上，同时一个虚拟的边框添加到影像中，允许在影像外部显示地图公里网的标注。

（2）在这个新的对话框中，选择 **File → Restore Setup**。

（3）在 **Enter Grid Parameters Filename** 对话框中，选中 `bldr_sp.grd` 文件，点击 **Open**。先前保存过的公里网参数就会被加载到对话框中。

（4）在 **#1 Grid Line Parameters** 对话框的菜单栏中，选择 **Options → Edit Map Grid Attributes**，来查看地图参数。这将打开 **Edit Map Attributes** 对话框。

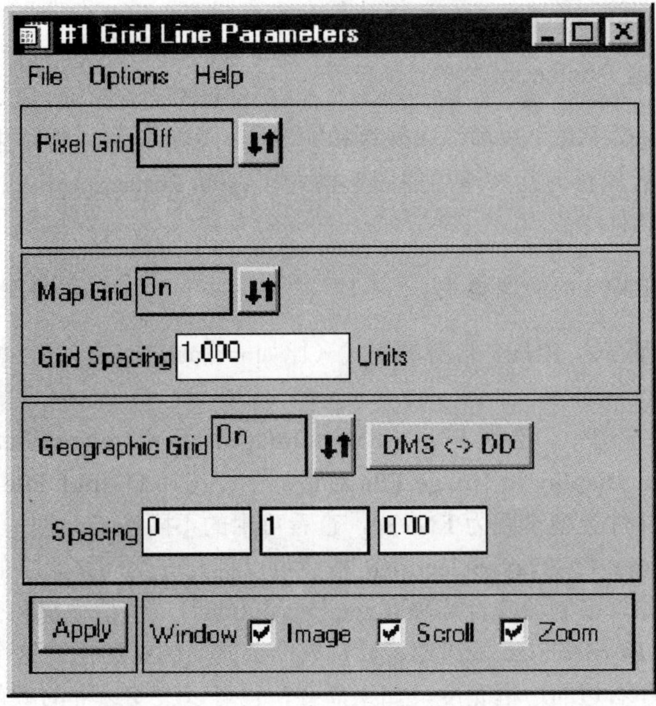

图 5-3　Grid Line Parameters 对话框

（5）在 **Edit Map Attributes** 对话框中，注意公里网的间隔以及控制线条、标签、公里网交角以及矩形框（轮廓框）相应颜色和其他特征的参数。

（6）处理完成后，点击 **Cancel**，关闭该对话框。

（7）在 **#1 Grid Line Parameters** 对话框的菜单栏中，选择 **Options → Edit Geographic Grid Attributes**，查看地理坐标。在 **Edit Grid Attributes** 对话框中，再次注意地理坐标（纬度/经度）公里网的参数。处理完成后，点击 **Cancel** 来关闭该对话框。

（8）在 **Grid Line Parameters dialog** 对话框中，点击 **Apply**，在影像中放置公里网。ENVI 允许同时放置像素、地图和地理坐标公里网。

叠合地图注记

（1）在主影像窗口中，选择 **Overlay → Annotation**。

（2）在 **#1 Annotation：Text** 对话框中，选择 **File → Restore Annotation**。打开一个标准的文件选择对话框。

（3）在 **Enter Annotation Filename** 对话框中，从文件列表中选择 `bldr_sp.ann` 文件，点击 **OK**。先前保存过的地图注记被加载到影像上。

（4）使用鼠标左键按住滚动窗口的一角，并拖动鼠标，拉大该滚动窗口。重新放置改变了大小的滚动窗口，这样就可以同时看到主影像窗口。

（5）在改变了大小的滚动窗口中，使用鼠标左键，移动主影像指示矩形框，查看主影像窗口中出现的地图要素。

（6）在 **#1 Annotation：Text** 对话框中，使用鼠标左键点击并按住 **Object** 菜单，查

看可以用来注记地图的对象。

◆ **输出到影像或 Postscript 文件**

ENVI 对用户提供了几个选项，来保存和输出地图影像。可以将结果保存为 ENVI 的影像文件格式，或者保存为几种通用的图形格式（包括 Postscript 格式）。也可以直接打印或者导入到其他软件中。

将影像保存为 ENVI 的影像格式

要将结果影像保存为 ENVI 自身的格式（比如一个 RGB 文件），按下面的步骤进行操作。

（1）在主影像窗口中，选择 **File → Save Image As → Image File**。

（2）在 **Output Display to Image File** 对话框中，选择 **Output File Type** 的下拉式按钮（在默认状态下文件类型设置为 **ENVI**），查看可用的不同格式。

Change Graphics Overlay Selections 按钮可以打开一个同样名字的对话框，这个对话框允许添加或删除许多制图叠合选项（graphics options），包括注记和公里网。

Change Image Border Size 按钮也可以打开一个同名的对话框。这个对话框允许改变顶部、底部、左边和右边的边框宽度，如果需要，也可以改变边框的颜色。

如果带注记和公里网的彩色影像已经显示在显示窗口中，那么注记和公里网都将自动地列在制图叠合选项中。同时，也可以选择其他要叠置在输出影像上的注记文件。

（3）通过选择 **Memory** 或者 **File** 单选按钮，决定是将结果保存为一个磁盘文件，还是保存到内存中。选择 **Memory**，点击 **OK**，输出影像。

（4）新生成的影像文件自动列在可用波段列表中。在可用波段列表中，点击 **Display #1** 下拉式按钮，从菜单中选择 **New Display**，打开一个新的显示窗口。

（5）选择 **RGB Color** 单选按钮，要将影像从内存中加载到显示窗口中，可以连续选择 **R**、**G** 和 **B**（带地理坐标的 SPOT 数据）波段。

（6）点击 **Load RGB** 按钮，添加注记后的影像作为一幅栅格图显示出来。

将影像保存为 Postscript 文件

要将结果影像保存为 Postscript 文件，按下面的步骤进行操作：

（1）在主影像窗口中，选择 **File → Save Image As → Postscript File**。在 **Output Display to Postscript File** 对话框（图 5-4）中，注记和公里网都将自动地列在制图选项中。一个表述输出页的图形出现在对话框顶部靠右的地方。

（2）在 ***xsize*** 和 ***ysize*** 参数文本框中，输入所需的输出影像大小。用鼠标左键点击对话框中代表输出页的图形，可以看到新影像的轮廓大小及其位置。

（3）在代表输出页的图形上点击鼠标右键，把影像放置在输出页的中部。

- 如果想要缩放输出的地图，在 **Map Scale** 文本框中输入所需的地图比例，然后在代表输出页的图形上点击鼠标左键，查看结果。

如果缩放操作使影像超过了可用页的大小，那么 ENVI 会自动地创建多页 Postscript 文件。

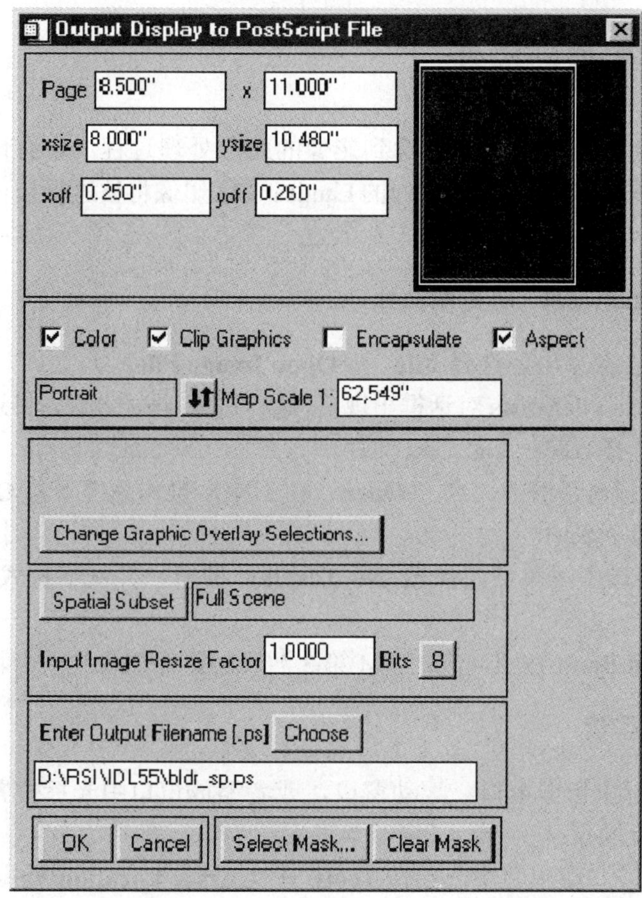

图 5-4　输出影像地图的 Output Display to Postscript 对话框

（4）如果有一个大比例的绘图仪，那么，将 **Page** 页大小改为绘图大小，缩放的影像将会输出到一个 Postscript 文件，该文件能按比例直接绘制在绘图仪上。

【注意】只有在能打印彩色输出，并且能使用操作系统标准程序来打印 Postscript 输出文件的前提下，才能创建 Postscript 文件。

（5）点击 **OK**，保存 postscript 打印设置。如果不能打印彩色输出，点击 **Cancel**，取消输出操作。

◆ **直接进行打印**

ENVI 也能够直接打印输出到你的操作系统所支持的设备上。

（1）从主影像窗口中，选择 **File → Print**，待操作系统的标准打印对话框出现后，就可以运行标准的打印程序了。

（2）一旦已经选定了操作系统标准打印对话框中的所有参数，点击 **OK**。ENVI 将打开一个 **Output Display to Printer** 对话框，允许设定额外的基本 ENVI 打印参数，这和 postscript 输出程序中所用的参数比较类似。将这些打印设置调整到所需的值，点击 **OK**，开始进行打印。

1.4 影像到影像的配准

本专题的这一部分将逐步演示影像到影像的配准处理过程。带有地理坐标的 SPOT 影像被用作基准影像，一个基于像素坐标的 Landsat TM 影像将被进行校正，以匹配该 SPOT 影像。

◆ 打开并显示 Landsat TM 影像文件

（1）从 ENVI 主菜单中，选择 **File → Open Image File**。

（2）当 Enter Data Filenames 对话框出现后，选择进入 `envidata` 目录下的 `bldr_reg` 子目录，从列表中选择 `bldr_tm.img` 文件。

（3）在文件选择对话框中，点击 **Open**（在 UNIX 操作系统下为 **OK**），把 TM 影像波段加载到可用波段列表中。

（4）在列表中选中波段 3，点击 **No Display** 按钮，并从下拉式菜单中选择 **New Display**。

（5）点击 **Load Band** 按钮，来把 TM 第 3 波段的影像加载到一个新的显示窗口中。

◆ 显示光标位置/值

要打开一个显示主影像窗口、滚动窗口，或者缩放窗口中光标位置信息的对话框，可以按以下步骤进行操作：

（1）在主影像窗口菜单栏中，选择 **Tools → Cursor Location/Value**。

（2）在主影像窗口、滚动窗口和缩放窗口的 TM 影像上，移动鼠标光标。

可以注意到，坐标是以像素单位给出的，这是因为这个影像是基于像素坐标的，它不同于上面带有地理坐标的 SPOT 影像。

（3）选择 **File → Cancel**，关闭 **Cursor Location/Value** 对话框。

◆ 开始进行影像配准并加载地面控制点

（1）在 ENVI 主菜单栏中，选择 **Map → Registration → Select GCPs: Image to Image**。

（2）在 **Image to Image Registration** 对话框中，点击并选择 **Display #1**（SPOT 影像），作为 **Base Image**。点击 **Display #2**（TM 影像），作为 **Warp Image**。

（3）点击 **OK**，启动配准程序。通过将光标放置在两幅影像的相同地物点上，来添加单独的地面控制点。

（4）在 **Ground Control Points Selection** 对话框（图 5-5）的 **Base *X*** 和 ***Y*** 文本框中，分别输入 753 和 826，将 SPOT 影像中的光标移动到相应的点上。

（5）使用同样的方法，在 **Warp *X*** 和 ***Y*** 文本框中，分别输入 331 和 433，将 TM 影像中的光标移动到相应的点上。

（6）在两个缩放窗口中，查看光标点所处位置。如果需要，在每个缩放窗口所需位置上，点击鼠标左键，调整光标点所处的位置。

【注意】在缩放窗口中支持亚像元（sub-pixel）级的定位。缩放比例越大，地面控制点定位的精度就越好。

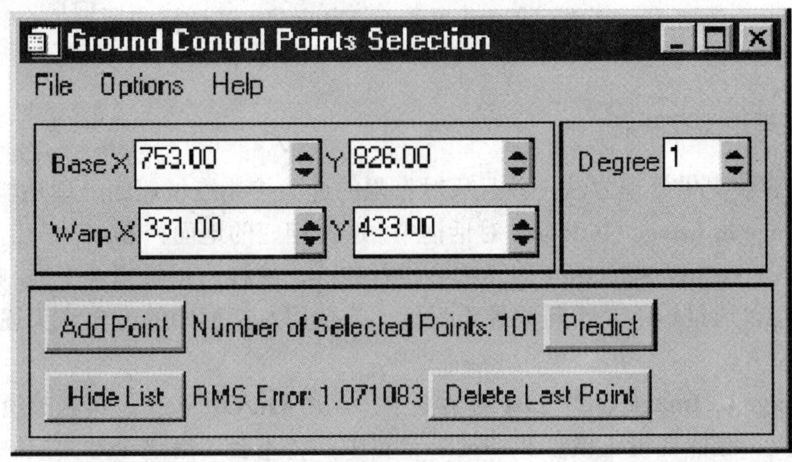

图 5-5　用来进行影像到影像配准的 Ground Control Points Selection 对话框

（7）在 **Ground Control Points Selection** 对话框中，点击 **Add Point**，把该地面控制点添加到列表中。点击 **Show List** 查看地面控制点列表。尝试选择几个地面控制点；找到选择地面控制点的感觉。

【注意】对话框中所列的实际影像点和预测点坐标。一旦已经选择了至少 4 个地面控制点以后，RMS 误差就会显示出来。

（8）在 **Ground Control Points Selection** 对话框中，选择 **Options → Clear All Points**，可以清除所有已选择的地面控制点。

（9）从 **Ground Control Points Selection** 对话框中，选择 **File → Restore GCPs from ASCII**。

（10）在 **Enter Ground Control Points Filename** 对话框中，选择文件 `bldr_tm.pts`，然后点击 **OK**，加载这个预先保存过的地面控制点坐标。

Image to Image GCP List

File Options

	Base X	Base Y	Warp X	Warp Y	Predict X	Predict Y	Error X	Error Y	RMS
#1+	930.00	1291.00	420.00	582.00	420.7518	582.6377	0.7518	0.6377	0.9858
#2+	754.00	827.00	331.00	433.00	330.9989	432.9335	-0.0011	-0.0665	0.0665
#3+	784.00	161.00	300.00	201.00	300.7910	200.9478	0.7910	-0.0522	0.7927
#4+	338.00	177.00	146.00	234.00	145.1025	233.5443	-0.8975	-0.4557	1.0065
#5+	437.00	1218.00	245.00	587.00	244.3410	587.2477	-0.6590	0.2477	0.7040
#6+	68.00	1349.00	124.00	655.00	123.8469	654.8413	-0.1531	-0.1587	0.2205
#7+	140.00	1334.00	149.00	645.00	148.0015	645.3023	-0.9985	0.3023	1.0432
#8+	609.00	453.00	258.00	313.00	257.2765	312.4753	-0.7235	-0.5247	0.8937
#9+	948.00	149.00	357.00	187.00	357.6766	186.8471	0.6766	-0.1529	0.6937
#10+	1001.00	399.00	391.00	270.00	391.4483	270.0382	0.4483	0.0382	0.4499

Goto　On/Off　Delete　Update　Hide List

图 5-6　影像到影像配准中所用的 Image to Image GCP LIst 对话框

（11）在 **Image to Image GCP List** 对话框（图 5-6）中，点击单独的地面控制点。查看两幅影像中相应地面控制点的位置、实际影像点和预测点的坐标以及 RMS 误差。调整对话框的大小，观察 **Ground Control Points Selection** 对话框中所列的合计 RMS 误差（RMS Error）。

◆ **操作处理地面控制点**

下面的内容仅提供处理方法，并且只对有限的地面控制点按钮的处理功能进行操作。

- 在 **Image to Image GCP List** 对话框中，选择相应的地面控制点，然后，在 **Ground Control Points Selection** 对话框中进行修改，这样可以编辑单个控制点的坐标位置。可以通过输入一个新的像素坐标，或使用对话框中的方向箭头逐像素地移动坐标位置。
- 在 **Image to Image GCP List** 对话框中，点击 **On/Off** 按钮，屏蔽掉所选择的地面控制点。这样在校正模型和 RMS 计算中都将不会考虑这个地面控制点坐标。这些地面控制点并没有被真正地删除，仅仅是被忽略掉了，可以使用 **On/Off** 按钮重新激活这些地面控制点。
- 在 **Image to Image GCP List** 对话框中，点击 **Delete** 按钮，可以从列表中删除一个地面控制点。
- 在两个缩放窗口中调整光标位置，然后点击 **Image to Image GCP List** 对话框中的 **Update** 按钮，更新所选的地面控制点，将其修改到当前光标的所在位置。
- **Image to Image GCP List** 对话框中的 **Predict** 按钮，允许对新的地面控制点进行预测。它以当前的校正模型为基础。

（1）将包含 SPOT 影像的那个主影像窗口的光标放置到一个新的位置上。然后点击 **Predict** 按钮，放置在 TM 影像上的光标就会根据校正模型，移动到预测的匹配点上去。

（2）通过在 TM 数据中，轻微地移动光标，能够对所提取的位置点进行交互式的精确定位。

（3）在 **Ground Control Points Selection** 对话框中，点击 **Add Point**，把这个新的控制点添加到列表中。

◆ **校正影像**

我们可以校正显示的影像波段，也可以同时校正多波段影像中的所有波段。这里，我们仅对已显示的波段进行校正。

（1）从 **Ground Control Points Selection** 对话框中，选择 **Options → Warp Displayed Band**。

（2）在 **Registration Parameters** 对话框（图 5-7）中的 **Warp Method** 按钮菜单中，选择 **RST**。在 **Resampling** 的按钮菜单中选择 **Nearest Neighbor** 重采样法。

（3）输入文件名 `bldr_tm1.wrp`，点击 OK。

（4）重复步骤 1 和步骤 2，还是使用 RST 校正法，但是，要相应地选择 **Bilinear** 和 **Cubic Convolution** 重采样法。

（5）将结果分别输出到 `bldr_tm2.wrp` 和 `bldr_tm3.wrp` 文件中。

（6）再一次重复步骤 1 和步骤 2，这一次，选择一次多项式 **Polynomial** 校正法，并使用 **Cubic Convolution** 重采样法。然后，再选择 Delaunay 三角网的 **Triangulation** 校正法，相应地使用 **Cubic Convolution** 重采样法。

（7）将结果分别输出到 `bldr_tm4.wrp` 和 `bldr_tm5.wrp` 文件中。

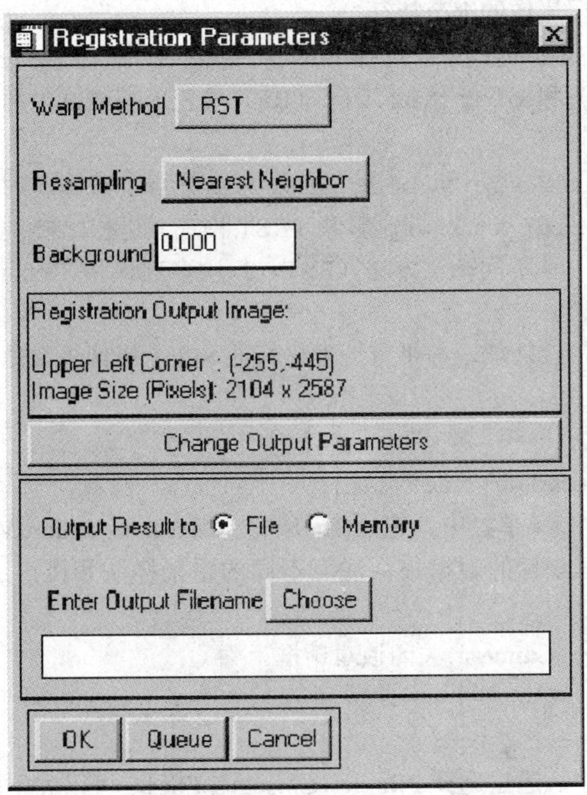

图 5-7 Registration Parameters 对话框

◆ **比较校正结果**

使用动态链接来比较校正结果：

（1）在可用波段列表中，点击原始的 TM 波段影像名 `bldr_tm.img`，然后从菜单栏中，选择 **File → Close Selected File**。

（2）在随后出现的 ENVI 警告对话框中，点击 **Yes**，关闭相应的影像文件。

（3）在可用波段列表中，选择 `BLDRTM_1.WRP` 文件。在 **Display #**下拉式按钮中选择 **New Display**，点击 **Load Band**，将该文件加载到一个新的显示窗口中。

（4）在主影像窗口中，点击鼠标右键，选择 **Tools → Link → Link Displays**。

（5）在 **Link Displays** 对话框中，点击 **OK**，把 SPOT 影像和已添加了地理坐标的 TM 影像链接起来。

（6）在主影像显示窗口中，点击鼠标左键，使用动态链接功能，对 SPOT 影像和 TM 影像进行比较。

（7）将 `bldr_tm2.wrp` 和 `bldr_tm3.wrp` 影像加载到新的显示窗口中，使用影

像动态链接功能，比较采用三种不同的重采样法（最近邻法、双线性内插法和三次卷积法）所产生的效果。

注意观察，在使用最近邻法重采样的影像中的锯齿状像素，相比使用双线性内插法重采样的影像，看起来更加平滑，使用三次卷积法重采样的影像是最好的结果，不但有平滑效果，而且保持了影像的细节特征。

（8）在相应的主影像窗口中，选择 **File** → **Cancel**，关闭 `bldr_tm1.wrp`（RST 校正，最近邻法重采样）和 `bldr_tm2.wrp`（RST 校正，双线性内插法重采样）影像的显示窗口。

（9）将 `bldr_tm4.wrp` 和 `bldr_tm5.wrp` 影像加载到新的显示窗口中，使用影像动态链接功能，同 `bldr_tm3.wrp` 影像（RST 校正）进行比较。

注意观察，采用三种不同校正方法（RST、1 次多项式和 Delaunay 三角网）对影像几何信息所产生的效果。

（10）使用动态链接功能，与带有地理坐标的 SPOT 影像进行比较。

◆ **查看地图坐标**

要打开 **Cursor Location/Value** 对话框：

（1）从主影像窗口菜单栏中，选择 **Tools** → **Cursor Location/Value**。

（2）浏览带地理坐标的数据集，注意不同的重采样法和校正法对数据值所产生的效果。

（3）选择 **File** → **Cancel**，关闭该对话框。

◆ **关闭所有文件**

在 ENVI 主菜单中，通过选择 **File** → **Close All Files**，可以关闭所有的数据文件。

1.5 影像到地图的配准

本专题的这一部分将逐步地演示影像到地图的配准处理过程。许多步骤同影像到影像的配准步骤相似，因此，这些步骤将不会被详细地讨论。从带地理坐标的 SPOT 影像中获取的地图坐标以及一个矢量的数字线划图（DLG）都将被作为基准数据，然后，对基于像素坐标的 Landsat TM 影像进行校正，以匹配相应的地图数据。

◆ **打开并显示 Landsat TM 影像文件**

（1）从 ENVI 主菜单中，选择 **File** → **Open Image File**。

（2）当 **Enter Data Filenames** 对话框出现后，选择进入 `envidata` 目录下的 `bldr_reg` 子目录，从列表中选择 `bldr_tm.img` 文件。

（3）点击 **OK**。TM 影像波段被加载到可用波段列表中，同时，一幅彩色影像被加载到一个新的显示窗口中。

（4）在可用波段列表中，点击 **Gray Scale** 按钮，选择波段 3。

（5）点击 **Load Band** 按钮，把 TM 影像的第 3 波段加载到已打开的显示窗口中。

◆ 选择影像到地图的配准并恢复控制点坐标

（1）从 ENVI 主菜单中，选择 **Map** → **Registration** → **Select GCPs: Image to Map**。

（2）如果打开了多个影像显示窗口，那么就在 **Image to Map Registration** 对话框中，点击选择包含该灰阶影像的那个显示窗口的显示号。

（3）从投影列表中选择 **UTM**，并在 **Zone** 文本框中输入 13。

（4）设置像素大小为 30 m，点击 **OK**，启动配准程序。

（5）在要校正的影像中，把光标移动到一个已知地图坐标的地面点上（可以从一幅地图，或者 ENVI 矢量文件中[见下一部分]读取所需的地图坐标），来添加单个的地面控制点。

（6）**Ground Control Points Selection** 对话框（图 5-8）中的 E（东向）和 N（北向）文本框中，手动地输入已知的地图坐标，然后点击 **Add Point** 来添加新的地面控制点。

（7）在 **Ground Control Points Selection** 对话框中，选择 **File** → **Restore GCPs from ASCII**，打开 `bldrtm_m.pts` 文件。

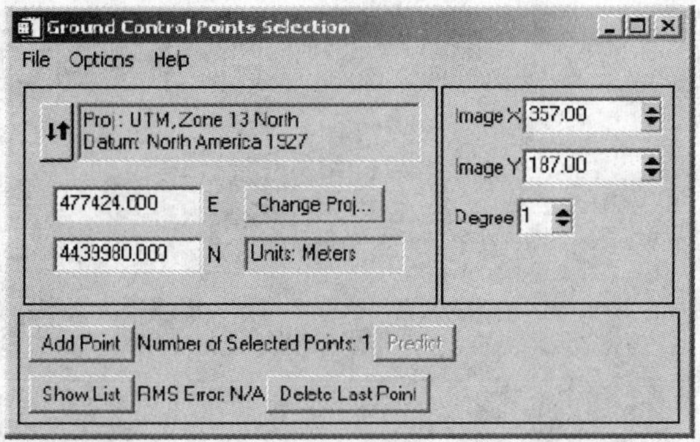

图 5-8 用来进行影像到地图配准的 Ground Control Points Selection 对话框

（8）在 **Ground Control Points Selection** 对话框中，点击 **Show List** 按钮。可以在 **Image to Map GCP List** 对话框（图 5-9）中，查看影像的地图坐标、实际影像点和预测点的坐标以及 RMS 误差。

Image to Map GCP List

File Options

	Map X	Map Y	Image X	Image Y	Predict X	Predict Y	Error X	Error Y	RMS
#1+	477244.00	4428560.00	420.00	582.00	420.4390	582.5326	0.4390	0.5326	0.6903
#2+	475484.00	4433200.00	331.00	433.00	330.8140	432.8838	-0.1860	-0.1162	0.2193
#3+	475784.00	4439860.00	300.00	201.00	300.7274	200.9545	0.7274	-0.0455	0.7288
#4+	471324.00	4439700.00	146.00	234.00	145.0289	233.5261	-0.9711	-0.4739	1.0806
#5+	472314.00	4429290.00	245.00	587.00	244.1584	587.1939	-0.8416	0.1939	0.8637
#6+	468624.00	4427980.00	124.00	655.00	123.7470	654.8215	-0.2530	-0.1785	0.3096
#7+	469344.00	4428130.00	149.00	645.00	147.8833	645.2748	-1.1167	0.2748	1.1500
#8+	477424.00	4439980.00	357.00	187.00	357.6190	186.8641	0.6190	-0.1359	0.6337
#9+	477954.00	4437480.00	391.00	270.00	391.3319	270.0292	0.3319	0.0292	0.3332
#10+	477274.00	4433690.00	390.00	405.00	390.4277	405.1020	0.4277	0.1020	0.4397
#11+	474914.00	4429880.00	332.00	551.00	331.1872	551.0486	-0.8128	0.0486	0.8143

Goto On/Off Delete Update Hide List

图 5-9 影像到地图配准中所用的 Image to Map GCP List 对话框

◆ 使用矢量显示的数字线划图（DLGs）来添加地图控制点

（1）在 ENVI 主菜单中，选择 **File → Open Vector File → USGS DLG**。

（2）在文件选择对话框中，选择 `bldr_rd.dlg` 文件。

（3）在 **Import Optional DLG File Parameters** 对话框中，选择 **Memory** 单选按钮，点击 **OK**，读入所需的数字线划图（DLG）数据。

（4）在可用矢量列表中，选择 **ROADS AND TRAILS：BOULDER，CO** 文件，点击 **Load Selected** 按钮。

（5）在 **Load Vector** 对话框中，点击 **New Vector Window**，把该矢量加载到一个新的矢量显示窗口中。

（6）在 **Vector Window #1** 窗口中，点击并拖曳鼠标左键，激活一个十字形光标，光标处的地图坐标会在 **Vector Window #1** 窗口的底部列出（图 5-10）。

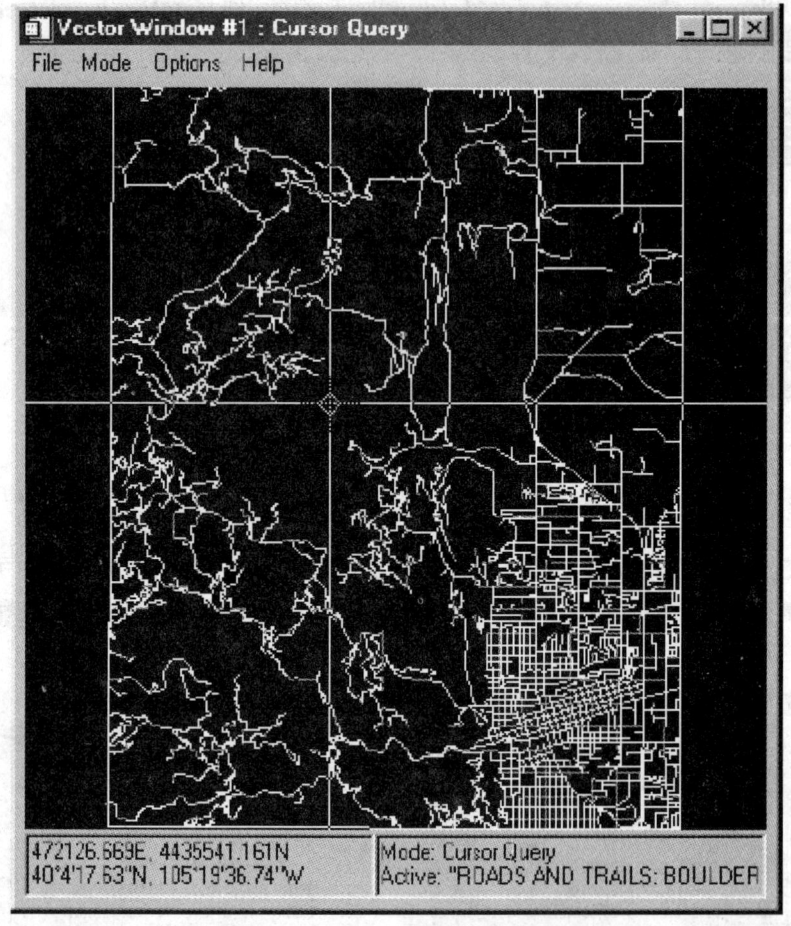

图 5-10 带十字形光标的矢量窗口，并且显示出了地图坐标

（7）在主影像显示窗口中，选择 **Tools → Pixel Locator**，并输入 402 和 418，然后点击 **Apply**，将影像光标移动到道路交叉口相应的点上去。

【注意】在缩放窗口中，同样可以获取到亚像元（sub-pixel）级的定位精度。

（8）在矢量窗口中，用鼠标左键点击并拖曳矢量光标，当十字形光标位于所需的道路交叉口时，松开鼠标左键，把矢量光标放置在道路的交叉口上，其坐标为 477 593.74，4 433 240.0（北纬 40 度 3 分 3 秒，东经 105 度 15 分 45 秒）。

（9）在矢量窗口中，点击鼠标右键，并从弹出的快捷菜单中，选择 **Export Map Location**，新的地图坐标就会出现在 **Ground Control Points Selection** 对话框中。

（10）在 **Ground Control Points Selection** 对话框中，点击 **Add Point**，添加该地图坐标/影像像素对，并观察 RMS 误差的变化。

◆ RST 和三次卷积校正

（1）在 **Ground Control Points Selection** 对话框中，选择 **Options →Warp File**。

（2）在 **Input Warp Image** 对话框中，选择文件名 `bldr_tm.img`，点击 **OK**，对 TM 的 6 个波段进行校正。

（3）在出现的 **Registration Parameters dialog** 对话框中，将 **Warp Method** 设置为 *RST*，将 **Resampling** 设置为 *Cubic Convolution*。

（4）把 **Background** 值改为 255。

（5）在 **Output File** 文本框中，输入输出文件名 `bldrtm_m.img`。

（6）点击 **OK**，开始进行影像到地图的校正。

◆ 显示结果并进行评价

使用光标位置/值（Cursor Location/Value）来对校正后的彩色影像进行评价。

（1）在可用波段列表中，点击 **RGB** 单选按钮，接着点击校正影像的波段 4、波段 3 和波段 2（作为 RGB）。

（2）从 **Display #** 下拉式菜单按钮中，选择 **New Display**。点击 **Load RGB**，加载这幅校正后的 TM 彩色影像。

可以注意到，校正影像是倾斜的，这是由于消除了 Landsat TM 轨道方向影响的原因。此时这个影像已经带有地理坐标，但注意它的空间分辨率是 30 m，而 SPOT 影像的分辨率为 10 m。

- 如果需要，将 SPOT 影像加载到一个新的显示窗口中，比较影像的几何信息和比例。

◆ 关闭所选的文件

保留 `bldrtm_m.img` 和 `bldr_sp.img` 影像，因为在下一部分会继续使用这些影像文件。

（1）在可用波段列表中，点击其他的文件名，然后选择 **File → Close Selected File**，关闭这些影像。

（2）在 **Vector Window Parameters #1** 和 **Vector Window #1** 对话框中，选择 **File → Cancel**，关闭这两个窗口。

（3）在可用波段列表中，选择 **File → Cancel**，关闭该对话框。

（4）在 **Ground Control Points Selection** 对话框中，选择 **File → Cancel**，关闭对话

框。如果需要，保存地面控制点。

1.6 对不同分辨率的带地理坐标的数据集进行 HSV 融合

本专题的这一部分将介绍融合操作，它将对两幅不同分辨率的带地理坐标的数据集进行融合处理。我们将使用配准过的 TM 彩色合成影像作为低分辨率的多光谱影像，而带地理坐标的 SPOT 影像作为高分辨率的影像。融合后的结果为增强了空间分辨率的彩色合成影像。

◆ 显示 30 m 分辨率的 TM 彩色合成影像

（1）如果已关闭了配准后的 TM 影像，那么重新打开文件 `bldrtm_m.img`。

（2）点击可用波段列表中的 **RGB** 单选按钮，将波段 4、波段 3 和波段 2（分别对应 R、G 和 B）加载到一个新的显示窗口中。

◆ 显示 10 m 分辨率的 SPOT 影像

（1）如果已关闭了 SPOT 影像，那么重新打开文件 `bldr_sp.img`。

（2）点击可用波段列表中的 **Gray Scale** 按钮，然后点击 **Display #**按钮，从下拉菜单中选择 **New Display**。点击 **Load Band** 按钮，将 SPOT 影像加载到一个新的显示窗口中。

将 SPOT 影像同 TM 影像进行比较，注意影像中相似的几何信息，以及不同的空间范围和影像比例。

◆ 进行 HSV 变换融合

（1）从 ENVI 主菜单中，选择 **Transform → Image Sharpening → HSV**。

（2）如果已经加载了彩色影像，那么就从 **Select Input RGB** 对话框中选择合适的显示窗口。否则，在 **Select Input RGB Input Bands** 对话框中，选择 TM 影像的波段 4、波段 3 和波段 2，然后点击 **OK**。

（3）这样就打开了 **High Resolution Input File** 对话框。在 **Select Input Band** 列表中选择 SPOT 影像，点击 **OK**。

（4）在 **HSV Sharpening Parameters** 对话框中，输入要输出的文件名为 `bldrtmsp.img`，点击 **OK**，一个显示处理进度的状态条出现在屏幕上。当处理完成后，新生成的影像会自动出现在可用波段列表中。

◆ 显示 10 m 分辨率的彩色影像

（1）在可用波段列表中，选择 **RGB Color** 单选按钮，然后从列出的新生成的文件中，选择 **R**、**G** 和 **B** 波段，点击 **Load RGB**，将融合后的彩色影像加载到一个新的显示窗口中。

将 HSV 融合后的彩色影像同原始 TM 彩色合成影像以及 SPOT 影像进行比较。

（2）用标准化彩色变换[Color Normalized（Brovey）Transform]，试着进行同样的处理。选择 **Transforms → Image Sharpening → Color Normalized（Brovey）**，并输入所

需的文件信息，然后点击 **OK**。

◆ 叠合地图公里网

（1）在 HSV 变换融合后的主影像显示窗口中，选择 **Overlay → Grid Lines**，在 **Grid Line Parameters** 对话框出现的同时，一个虚拟的边框也会添加到影像中，允许在影像外部显示地图公里网的标注。

（2）在 **Grid Line Parameters** 对话框中，选择 **File → Restore Setup**。在随后打开的 **Enter Grid Parameters Filename** 对话框中，选择 `bldrtmsp.grd` 文件，点击 **Open**（在 UNIX 操作系统下为 **OK**）。以前保存过的公里网参数被加载到对话框中。

（3）点击 **Apply**，在影像中放置公里网。

◆ 叠合影像注记

（1）从 HSV 变换融合后的主影像显示窗口中，选择 **Overlay → Annotation**。

（2）在相应的 **Annotation: Text** 对话框中，选择 **File → Restore Annotation**，在文件列表中选择 `bldrtmsp.ann` 文件，点击 **Open**（在 UNIX 操作系统下为 **OK**），将以前保存过的地图注记加载到影像上。

- 按住滚动窗口的一角，并拖动鼠标，拉大该滚动窗口。

◆ 输出影像地图

要保存结果影像，可以按照本书 66 页“输出到影像或 Postscript 文件”中所描述的步骤进行。

- 创建一个影像输出文件。
- 创建一个 Postscript 文件。
- 打印一个影像地图的副本（见 67 页的“直接进行打印”）。

◆ 结束 ENVI 程序

在 ENVI 主菜单中选择 **File → Exit**（在 UNIX 操作系统下为 **Quit**），在弹出的 **Terminate this ENVI Session** 对话框中，选择 **Yes**，并点击 **OK**，退出 ENVI 程序。如果使用的是 **ENVI RT**，退出 ENVI 会返回操作系统。

专题六　基于影像自带几何信息的地理坐标定位

1.1 专题概述

许多传感器获取的遥感数据，都携带了详细的数据获取时的参数信息（传感器平台的几何参数信息），根据这些信息我们就可以进行基于模型的几何纠正和地理坐标定位。本专题描述了如何用 ENVI 对自身已带有几何信息的影像进行基于模型的地理坐标定位，并将讨论这种遥感数据的具体特征，逐步地介绍配准的整个过程。在开始本专题内容前，我们假定用户已经熟悉了一般影像配准和重采样的概念。专题中将使用美国内华达州（Nevada）Cuprite 地区的 HyMap（1999）数据。

◆ **本专题中使用的文件**

光盘：《ENVI 遥感影像处理专题与实践》附带光盘 #2

路径：`envidata/cup99hym`

文件	描述
cup99hy_true.img	真彩色合成影像，Cuprite 的 HyMap 数据（1999）
cup99hy_true.hdr	ENVI 相应的头文件
cup99hy_geo_glt	几何信息查找表文件（Geometry Lookup File）
cup99hy_geo_glt.hdr	ENVI 相应的头文件
cup99hy_geo_igm	输入的几何信息文件
cup99hy_geo_igm.hdr	ENVI 相应的头文件
copyright.txt	数据版权的声明

1.2 根据影像自带的几何信息进行地理坐标定位

ENVI 对带有地理坐标的影像提供了全面的支持，它可以支持包括 UTM 和 State Plane 在内的许多已知地图投影。此外，ENVI 的用户自定义地图投影功能能够创建自定义的地图投影，它可以使用多种不同的投影类型、椭球体和基准数据集，来满足大多数地图投影类型的需要。

ENVI 地图投影参数存储在一个 ASCII 文本文件 `map_proj.txt` 中，该文本文件可以在 ENVI 地图投影工具中修改，或者直接被用户编辑。这个文件中的信息会被影像相应的头文件（ENVI Header Files）所使用，而且允许使用已知的地图投影坐标来简单地指定相关联的 Magic Pixel（地图坐标系统的起始点）。然后，选择的 ENVI 函数就能够使用该信息，在带地理坐标的数据空间中进行操作处理。新式的传感器能够同时采集影像数据和星历表数据，并允许精确地将影像定位到地理坐标上。ENVI 在存储传感器的几何信息的同时，还可以自动地用指定的地图投影/坐标来校正影像数据。

输入的几何信息文件（Input Geometry，IGM）包含了在指定地图投影下，未校正过的输入影像的每一个像素的 *X* 和 *Y* 的地图坐标。几何信息（Geometry Lookup，GLT）查找表文件包含了行（line）和列（sample）的对应信息，这样就将输出影像中的每一个像素同输入影像联系起来。如果 GLT 值是正值，那么，就会进行精确的像素匹配。如果 GLT 值是负值，则无法进行精确的像素匹配，只能使用最邻近的像素进行匹配。

ENVI 提供了三个程序来进行地理坐标的定位：

- **Map → Georeference from Input Geometry → Build GLT**，从输入的几何信息信息创建 GLT（地理信息查找表）文件。
- **Map → Georeference from Input Geometry → Georeference from GLT**，使用地理信息查找表数据进行影像地理坐标定位。
- **Map → Georeference from Input Geometry → Georeference from IGM**，使用输入的几何信息进行地理校正，并创建 GLT 文件。

用户至少获得 IGM 或者 GLT 文件，才能进行这种形式的地理校正。对于几类传感器（包括 MODIS、AVIRIS、MASTER 和 HyMap）的产品，其发售的遥感数据文件包含了影像几何信息数据文件。HyMap 是一个搭载在航空器上的商用高光谱传感器，它由 Integrated Spectronics、Sydney、Australia 所开发，由 HyVista 公司操作运营。

HyMap 提供了卓越的空间、光谱和辐射处理性能。该系统为推扫式（whiskbroom）的传感器，并使用了衍射光栅（diffraction gratings）以及 32 维的探测器阵列（1 个 Si，3 个液态氮制冷的 InSb）。影像数据由 126 个光谱通道组成，涵盖了 0.44～2.5 μm 的光谱范围，光谱分辨率约为 15 nm，信噪比（SNR）为 1000∶1，刈幅为 512 个像元。空间分辨率为 3～10 m（使用的 Cuprite 数据大概近似为 8 m 的空间分辨率）。因为仪器使用了陀螺稳定式平台（gyro-stabilized platform），所以，原始影像几何变形（在校正前）比较小，只需要进行微小的校正。

虽然使用上面的方法生成的带地理坐标的影像在表面上令人满意，而且进行了地图校正，但是，它们在实际运用中，却有以下几个缺点：第一，在影像的边缘处，存在空值（null values），这些值必须在处理中被屏蔽掉；第二，通常由于被复制等因素，影像尺寸会发生变化，因此，我们建议直接获取和处理原始格式的高光谱影像，并对终极产品进行地理校正。我们不建议对整个反射率数据（reflectance data cube）进行地理校正。

下面的部分介绍了使用 ENVI 基于模型的地理校正功能的例子。请参见《ENVI 遥感影像处理教程》（ENVI User's Guide）来获取更多的信息。

1.3 未校正的 HyMap 高光谱数据

本专题的这一部分目的，是熟悉未校正影像的几何关系和特征。

◆ 启动 ENVI

启动前，请确认已正确安装 ENVI。

- 要在 UNIX 或 Macintosh OS X 中启动 ENVI，请在 UNIX 命令行中输入 `envi`。
- 要在 Windows 系统中启动 ENVI，请双击 ENVI 的图标。

◆ 打开并显示 HyMap 数据

要打开 HyMap 数据：

（1）从 ENVI 主菜单中，选择 **File → Open Image File**。

（2）在 **Enter Data Filenames** 对话框中，选择进入《ENVI 遥感影像处理实践与演练》附带光盘#2 的 `envidata/cup99hym` 目录，从列表中选择文件 `cup99hy_true.img`，该文件是从 HyMap 反射率数据中提取出来的真彩色影像文件。

（3）点击 **Open**，将默认的影像波段加载到一个新的显示窗口中。

◆ 查看未校正的影像数据

按下列步骤，查看未校正影像数据的特征：

（1）选择下列方式之一，显示 **Cursor Location/Value** 对话框：

- 在主影像窗口菜单中，选择 **Tools → Cursor Location/Value**。
- 在 ENVI 主菜单中，或者在主影像窗口菜单中，选择 **Window → Cursor Location/Value**。
- 在主影像窗口中，双击鼠标左键。

（2）一个对话框（图 6-1）就会出现在屏幕上，它显示了在主影像窗口、滚动窗口或者缩放窗口中光标的位置信息。这个对话框也会显示十字丝光标所在像素所对应的屏幕值以及真实的数据值。

图 6-1 未校正的 Cuprite 地区的 HyMap 影像数据

（3）在影像上移动光标，查看像素的位置和值，并注意像素间的几何关系（旋转、道路曲率，等等）。

（4）要关闭该对话框，在 **Cursor Location/Value** 对话框顶部的菜单中，选择 **File → Cancel**。

◆ 查看 IGM 文件

要打开一个 HyMap 的输入几何信息数据文件（Input Geometry Data File）：

（1）在 ENVI 主菜单中，选择 **File → Open Image File**。

（2）在 **Enter Data Filenames** 对话框中，选择进入《ENVI 遥感影像处理实践与演练》附带光盘 #2 的 `envidata/cup99hym` 目录，选择输入几何信息文件 `cup99hy_geo_igm`，点击 **Open**。

（3）在可用波段列表中，选择 **Gray Scale** 单选按钮，从列表中选择 **IGM Input *X* Map**。所选择的这个波段就会显示在 **Selected Band** 区域中。

（4）在对话框底部的 **Display** 下拉式菜单中，选择 **New Display**。

（5）点击 **Load Band** 按钮，将这幅影像加载到一个新的显示窗口中。

（6）打开 **Cursor Location/Value** 对话框。在影像上移动光标，查看窗口像素的位置和数据值（地图坐标）。

（7）对 **IGM Input *Y* Map** 波段，重复上面的步骤。

◆ 使用 IGM 文件对影像进行几何纠正

（1）从 ENVI 主菜单中，选择 **Map → Georeference from Input Geometry → Georeference from IGM**。

（2）在 **Input Data File** 对话框中，点击 **Open File** 按钮。

（3）在 **Please Select a File** 对话框中，选择文件 `cup99hy.eff`，点击 **Open**。

（4）在 **Input Data File** 对话框中，选择文件 `cup99hy.eff`，点击 **Spectral Subset** 按钮。

（5）在 **File Spectral Subset** 对话框中，选择波段 109，点击 **OK**。

（6）在 **Input Data File** 对话框中，点击 **OK**。

（7）在 **Input *X* Geometry Band** 对话框中，选择 **IGM Input *X* Map** 波段，点击 **OK**。

（8）在 **Input *Y* Geometry Band** 对话框中，选择 **IGM Input *Y* Map** 波段，点击 **OK**。

（9）在 **Geometry Projection Information** 对话框中，确保输入和输出投影参数都为 *UTM*，*Zone 13*，*datum* 为 *North America 1927*，然后点击 **OK**，将产生一幅同 IGM 影像具有相同地图投影的影像（图 6-2）。

（10）在 **Build Geometry Lookup File Parameters** 对话框中，输入要输出的 GLT 文件名，背景值设为`-9999`，并输入进行地理校正后的输出文件名。点击 **OK**。

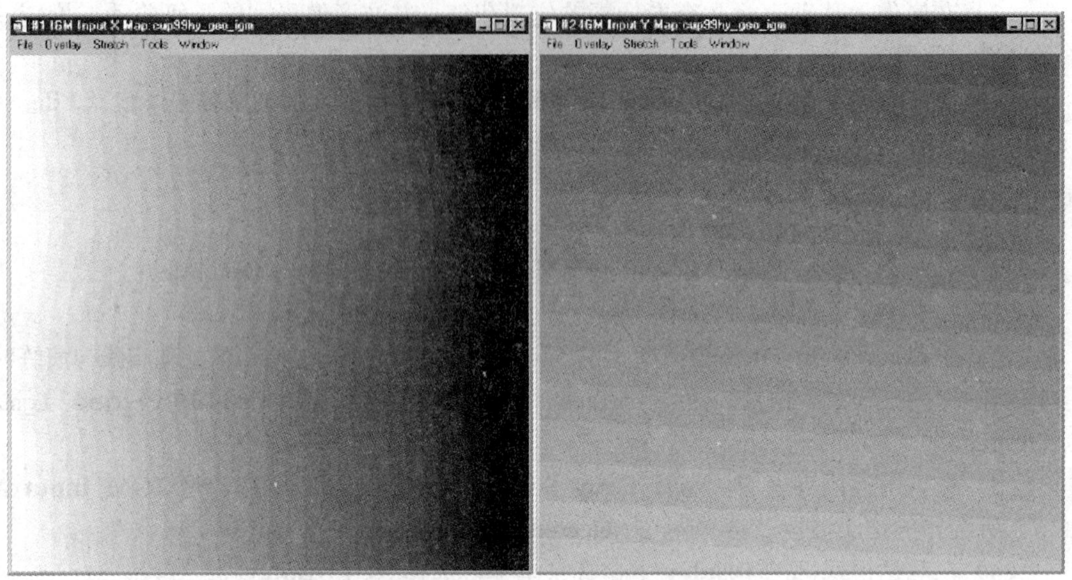

图 6-2 Cuprite HyMap IGM 影像
（左图为 IGM Input *X* Map 影像，右图为 IGM Input *Y* Map 影像）

◆ 显示并评估校正结果

使用 **Cursor Location/Value** 来对校正结果进行评估：

（1）在可用波段列表对话框中，选择 **Gray Scale** 单选按钮，然后选择 **Georef** 波段。

（2）点击 **Load Band**，把影像加载到一个新的显示窗口中。

（3）打开 **Cursor Location/Value** 对话框。在影像上移动光标，查看影像的几何信息、像素位置、地图投影以及数据值。

（4）查看结束后，关闭 IGM 显示。

◆ 查看 GLT 文件

要打开一个 HyMap 几何信息查找表文件（Geometry Lookup file）：

（1）从 ENVI 主菜单中，选择 **File → Open Image File**。

（2）在 **Enter Data Filenames** 对话框中，选择进入《ENVI 遥感影像处理专题与实践》附带光盘#2 的 `envidata/cup99hym` 目录，选择几何信息查找表文件 `cup99hy_geo_glt`，然后点击 **Open**。

（3）在可用波段列表对话框中，选择 **Gray Scale** 单选按钮，并选择 **GLT Sample Look-up** 波段。

（4）从对话框底部的 **Display** 下拉式菜单中，选择 **New Display**，然后点击 **Load Band**，把该影像加载到一个新的显示窗口中（图 6-3）。

（5）打开 **Cursor Location/Value** 对话框。在影像上移动光标，查看像素位置和数据值（输入的像素位置）。特别注意负值，这些负值表明要使用最邻近的像素进行影像匹配。

（6）对 **GLT Line Look-up** 波段，重复上面的步骤。

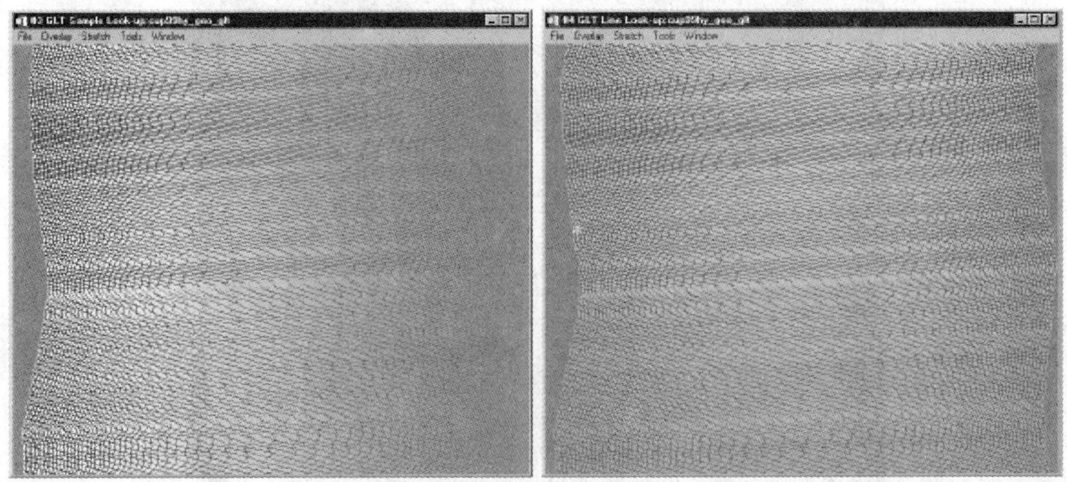

图 6-3 Cuprite HyMap GLT 影像
（左图为 GLT Sample Look-up 影像，右图为 GLT Line Look-up 影像）

◆ 使用 GLT 文件对影像进行几何纠正

（1）在 ENVI 主菜单中，选择 **Map → Georeference from Input Geometry → Georeference from GLT**。

（2）在 **Input Geometry Lookup File** 对话框中，选择文件 `cup99hy_geo_glt`，点击 **OK**。

（3）在 **Input Data File** 对话框中，选择文件 `cup99hy_geo_glt`，点击 **Spectral Subset** 按钮。

（4）在 **File Spectral Subset** 对话框中，选择波段 109，然后点击 **OK**。

（5）在 **Input Data File** 对话框中，点击 **OK**。

（6）在 **Georeference from GLT Parameters** 对话框中，输入背景值-9999，并输入进行地理校正后的输出文件名，然后点击 **OK**。

◆ 显示并评估校正结果

（1）在可用波段列表对话框中，选择 **Gray Scale** 单选按钮，然后选择 **Georef** 波段。

（2）点击 **Load Band**，把影像加载到一个新的显示窗口中。

（3）打开 **Cursor Location/Value** 对话框，在影像上移动光标，查看影像的几何信息、像素位置、地图投影以及数据值（图 6-4）。

（4）查看结束后，关闭 GLT 显示。

图 6-4 Cuprite 地理校正过的 HyMap 影像

◆ 使用地图投影创建 GLT

（1）在 ENVI 主菜单中，选择 **Map → Georeference from Input Geometry → Build GLT**。

（2）如果文件 `cup99hy_geo_igm` 没有打开，那么在 ENVI 主菜单中，选择 **File → Open Image File**，打开该文件。

（3）在 **Input X Geometry Band** 对话框中，选择 **IGM Input X Map** 波段，点击 **OK**。

（4）在 **Input Y Geometry Band** 对话框中，选择 **IGM Input Y Map** 波段，点击 **OK**。

（5）在 **Geometry Projection Information** 对话框的底部，选择 **State Plane（NAD 27）** 作为输出的地图投影。

（6）点击 **Set Zone**，选择 **Nevada West（2703）** 作为输出的区域。

（7）点击 **OK**。

（8）在 **Build Geometry Lookup File Parameters** 对话框中，输入一个要输出的 GLT 文件名，点击 **OK**，创建 **GLT** 文件。

（9）使用《ENVI 遥感影像处理教程》的“使用 GLT 文件对影像进行地理校正”中所列的步骤，对 `cup99hy.eff` 影像的波段 109 进行地理校正，并将所得结果同未校正的 UTM 影像进行比较。

（10）影像查看结束后，从 ENVI 主菜单中，选择 **Window → Close All Display Windows**，关闭所有的显示窗口。

◆ 叠合地图公里网

（1）在可用波段列表对话框中，点击相应的文件名，选择一个使用上面方法生成的带地理坐标的影像，然后点击 **Load Band**，显示这个影像。

（2）选择 **Overlay → Grid Lines**，打开 **Grid Line Parameters** 对话框。一个虚拟的边框就会添加到影像中，ENVI 允许在影像外部显示地图公里网的标注。

（3）把 **Map Grid Spacing** 改为 1000，**Geographic Grid Spacing** 改为 1 分，然后点击 **Apply**。

（4）使用 **Cursor Location/Value** 对话框，将公里网同像素坐标进行比较。

◆ 输出影像

ENVI 对用户提供了几个选项，来保存和输出地图影像。可以将结果影像保存为 ENVI 的影像文件格式，或者保存为几种通用的图形格式（包括 Postscript 格式）。然后再打印或者导入到其他软件中。

将影像保存为 ENVI 的影像格式

将结果影像保存为 ENVI 自身的格式（比如一个 RGB 文件），按下面的步骤进行。

（1）在主影像窗口中，选择 **File → Save Image As → Image File**。

（2）在 **Output Display to Image File** 对话框中，点击 **Output File Type** 下拉式菜单按钮，选择 **ENVI**。

（3）选择 **Memory** 单选按钮，点击 **OK**，输出影像。

（4）将输出影像加载到另一个显示窗口中，然后，查看作为栅格影像的带公里网注记的影像结果。

◆ 直接进行打印

ENVI 也能够直接将影像打印输出到操作系统所支持的设备上。选择 **File → Print**，然后，按照标准打印程序的提示进行操作。例如，在微软视窗平台（Microsoft Windows）下，可以从下拉菜单中选择打印机的名字，改变所需的属性，然后点击 **OK**，来打印影像。一旦选定所有的参数，点击 **OK** 后，将打开一个对话框，允许设定其他的基本 ENVI 打印参数，这和 postscript 输出程序中所用的参数（见上）类似。将这些打印设置调整到所需的值，点击 **OK**，开始进行打印。

◆ 结束 ENVI 程序

在 ENVI 主菜单中，选择 **File → Exit**（在 UNIX 操作系统下为 **Quit**），在弹出的 **Terminate this ENVI Session** 对话框中选择 **Yes**，并点击 **OK**，退出 ENVI 程序。如果使用的是 **ENVI RT**，退出 ENVI 会返回操作系统。

专题七　使用 ENVI 进行正射校正

1.1 专题概述

本专题旨在使用户了解 ENVI 正射校正的处理知识和流程。要获取更多的详细描述，请参见《ENVI 遥感影像处理教程》（ENVI User's Guide）或 ENVI 在线帮助。

◆ 本专题中使用的文件

本专题将演示 ENVI 正射校正的功能，但是由于所需数据集的大小的限制，本专题没有包括所需的数据文件，但用户可以使用自己的航空影像，或者 SPOT 1A、1B、SPOT CAP 格式的数据，按照专题辅导中所描述的步骤进行处理。

1.2 ENVI 中的正射校正

正射校正是一个对影像空间和几何畸变进行校正，从而生成平面正射影像的处理过程。将相机或卫星模型与有限的地面控制点结合起来，可以建立正确的校正公式，产生精确的、经几何纠正的、具有地图精度级的正射影像。

ENVI 的 **Orthorectification** 选项允许用一个数字高程模型（DEM）对航空相片和 SPOT 数据进行纠正。正射投影运用几何投影生成几何上的纠正图像，用于制图和测量。

【提示】由于正射校正处理过程需深入计算，比较耗时，因此，在进行正射校正前，需要确保有足够的磁盘空间来保存正射影像的结果，正射影像的结果通常可能会很大。

◆ 使用 ENVI 进行正射校正的步骤

使用 ENVI 进行正射校正需要几步来完成，不考虑采集数字影像数据的传感器和相片的类型，其处理步骤都是一样的。这些步骤包括：

（1）进行内定向（Interior Orientation，只针对航空相片而言）——内定向将建立相机参数和航空相片之间的关系。它将使用航片间的条状控制点、相机框标（fiducial mark）和相机的焦距，来进行内定向。

（2）进行外定向（Exterior Orientation）——外定向将把航片或者卫片上的地物点同实际已知的地面位置（地理坐标）和高程联系起来。通过选取地面控制点，输入相应的地理坐标，来进行外定向。这个过程同影像到影像的配准（image-to-map registration）比较相似。

（3）使用数字高程模型（DEM）进行正射校正——这一步将对航片和卫片进行真正的正射校正。校正过程中将使用定向文件、卫星位置参数，以及共线方程（collinearity equations）。共线方程是由以上两步，并协同数字高程模型（DEM）共同建立生成的。

◆ **航片正射校正的例子**

ENVI 中航片正射校正将对影像的几何畸变进行校正。这些几何畸变是由相机的几何特性、拍摄角以及使用单一相片时地形起伏造成的。正射校正将按以上所描述的三个步骤来完成。图 7-1 展示了一幅美国科罗拉多州（Colorado）Boulder 地区的原始航片。

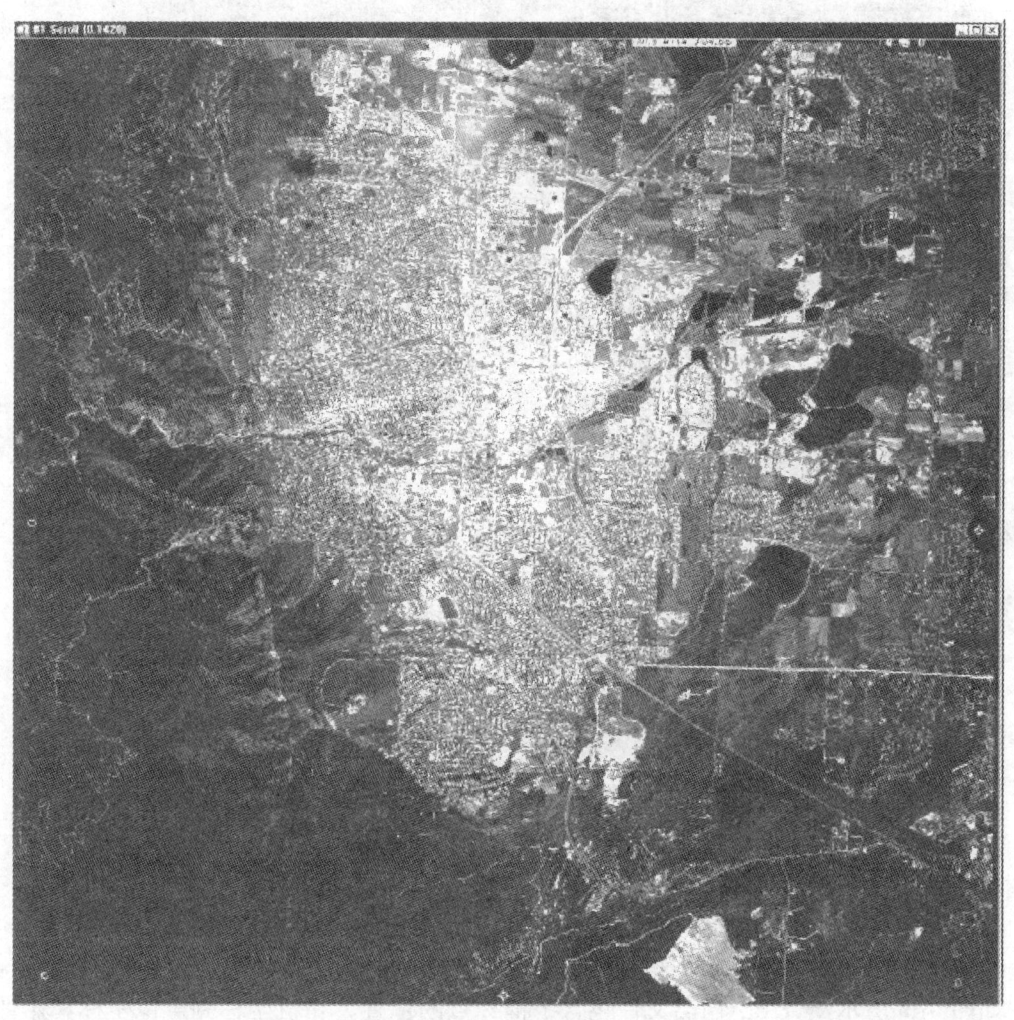

图 7-1　Boulder 地区的原始航片

构建内定向（Building the Interior Orientation）

（1）显示航片影像，并交互式地选取框标。图 7-2 描绘了一个典型的框标。

（2）选择 **Map → Orthorectification → Build Air Photo Interior Orientation**。如果多幅影像正在被显示，那么就选择包含所需航片的那个显示窗口的显示号。

（3）选择框标的位置，在缩放窗口中，使十字丝光标位于所选框标之上。在 **Ortho: Build Interior Orientation** 对话框（图 7-3）的 **Fiducial *X*** 和 **Fiducial *Y*** 文本框中，输入以

相机单位（mm）为基准的相应框标的位置（这些值可以从相机的说明书中获得）。在 **Build Interior Orientation** 对话框中，点击 **Add Point**，将这个点位加入到带状点列表中。继续选择框标，直到选够三个或更多的框标点为止。点击对话框底部的 **Show List** 按钮，查看真实的点位及误差。

【注意】一定要查看该对话框中的 RMS 误差，以确保选择了合适的框标点。

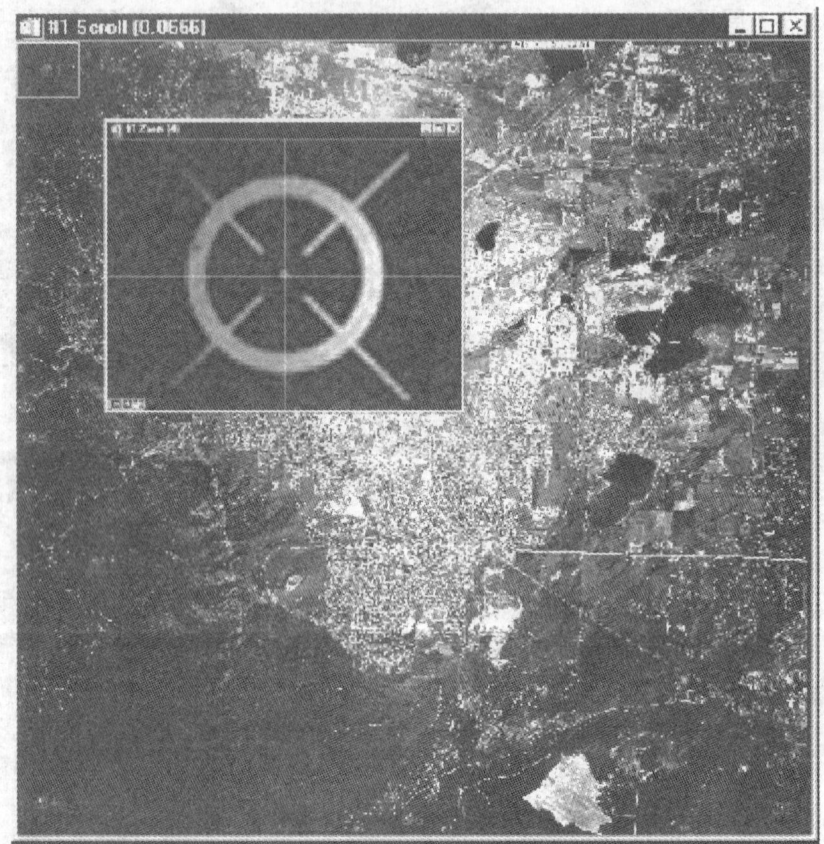

图 7-2　航片框标点的位置，缩放窗口显示了单个框标点

（4）在 **Ortho: Build Interior Orientation** 对话框中，选择 **Options → Build Interior Orientation**。输入相机的焦距，单位为 mm，并输入一个输出文件名，扩展名为`.ort`。

如图 7-3 所示，`.ort` 输出文件包含了框标点的位置、相机坐标到影像坐标和影像坐标到相机坐标的线性变化（affine transformation）的系数。下面的实例列出了经内定向计算后，`.ort` 文件所包含的内容。

```
ENVI Orthorectification Parameters File
Sensor Type = Air Photo
Focal Length= 304.67100
;;;;;;;;;;;;;;;;;;;;;;;;;;;;;;;;;;;;;;;;;;;;;;;;;;;;;;;;;;;;;;;;;;;;;;;;;;;;;;;;
;;;;;;;;;;;;
; Interior Orientation Information
; interior points = {fiducial (x, y) millimeters, image (x, y)}
```

```
Interior Points = {
-106.0230, -105.9940, 302.33, 251.44,
105.9780, 106.0140, 7315.45, 7359.55,
-106.0210, 106.0100, 7364.71, 303.57,
105.9790, -105.9940, 254.33, 7309.67,
-110.0200, 0.0100, 3834.00, 143.80,
109.9750, 0.0100, 3783.43, 7467.71,
-0.0220, 110.0040, 7473.14, 3832.43,
-0.0320, -109.9880, 146.00, 3779.57}
; Affine Transformation (Camera Coords to Image Pixels)
; a0 = 3808.86863414
; a1 = -0.22975948
; a2 = 33.30821680
; b0 = 3806.73931581
; b1 = 33.28923748
; b2 = 0.23988471
; Affine Transformation (Image Pixels to Camera Coords)
; a0 = -113.52361324
; a1 = -0.00021635
; a2 = 0.03003821
; b0 = -115.13524789
; b1 = 0.03002113
; b2 = 0.00020719
```

构建外定向（Building the Exterior Orientation）

（1）显示内定向中使用的航片，选择 **Map → Orthorectification → Build Air Photo Exterior Orientation**。如果多幅影像正在被显示，那么选择包含所需航片的那个显示窗口的显示号。

（2）选择所需的投影，如果需要，输入所在的区域号（zone number）。所选的投影将被用作正射校正处理后输出影像的投影，但它不一定同 DEM 文件的投影相同，点击 **OK**，弹出的 **Ortho: Build Exterior Orientation** 对话框同影像到影像配准中的 **Ground Control Points Selection** 对话框相似。

（3）选择地面控制点（GCP）的位置，在缩放窗口中，使十字丝光标位于航片中所选控制点之上。在相应的文本框中输入合适的地理坐标。在 **Elev** 文本框中，输入所选点的高程，然后点击 **Add Point**，把点位添加到控制点列表中。继续选择控制点，直到选够三个或更多的控制点。最后，一定要查看对话框中的 RMS 误差，以确保选择了合适的控制点。

【注意】建议尽量选择足够多的控制点，并使这些控制点均匀分布在影像中，这样会得到精度较好的结果。

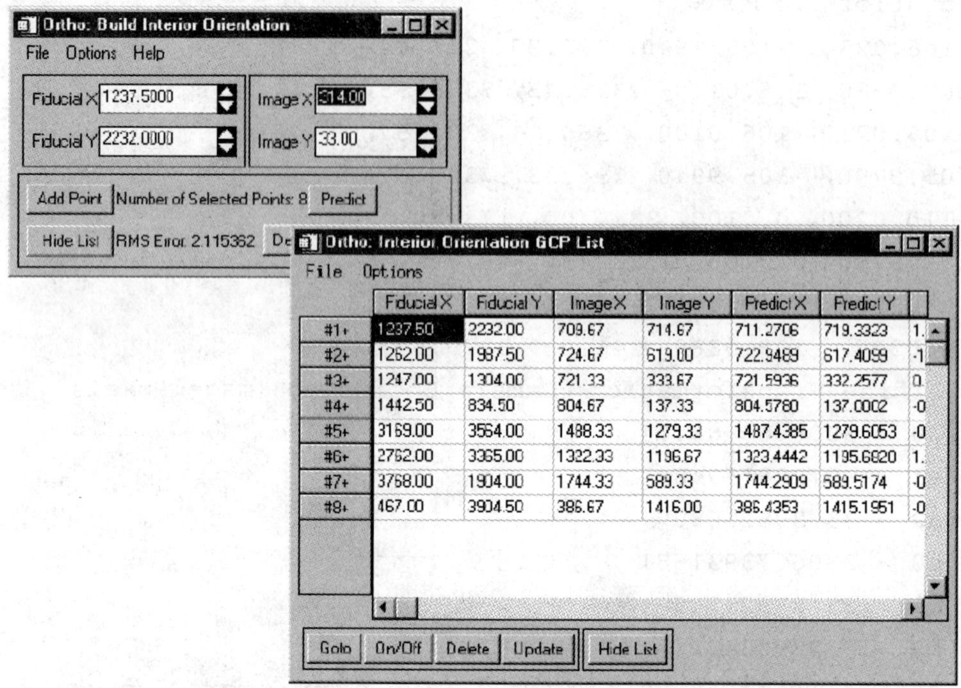

图 7-3 Ortho：Build Interior Orientation 对话框和 GCP List 对话框

（4）从 **Ortho: Build Exterior Orientation** 对话框中，选择 **Options → Build Exterior Orientation**，输入内定向所生成的.ort 参数文件。外定向中控制点将添加到所选的.ort 文件中。下面的实例列出了外定向的参数和点位。

```
;;;;;;;;;;;;;;;;;;;;;;;;;;;;;;;;;;;;;;;;;;;;;;;;;;;;;;;;;;;;;;;;;;;;;
;;;;;;;;
; Exterior Orientation Information
; projection info = {UTM, 13, North}
; exterior points = {map (x, y, z) meters, image (x, y) }
Exterior Points = {
476788.860, 4434052.500, 1702.040, 2993.00, 545.00,
475174.630, 4430823.600, 1705.600, 2037.50, 2192.50,
478404.380, 4430819.300, 1672.630, 3748.00, 2296.00,
478602.050, 4428903.900, 1635.940, 3799.00, 3314.00,
481632.990, 4430804.900, 1613.830, 5439.00, 2391.00,
480787.590, 4429184.200, 1627.220, 4965.00, 3212.00,
476789.250, 4427487.300, 1713.750, 2815.00, 3997.00,
477837.900, 4424410.800, 1750.380, 3279.00, 5646.00,
480272.650, 4422811.100, 1707.080, 4501.00, 6550.00,
483949.430, 4423904.600, 1762.360, 6487.33, 6086.33}
; PHI = 0.08065113
```

```
; OMEGA = -0.29078090
; KAPPA = -87.39367868
; Projection Center x = 478695.7071
; Projection Center y = 4428046.0844
; Projection Center z = 20962.4655
```

对航片进行正射校正

（1）选择 **Map → Orthorectification → Orthorectify Air Photo**。

（2）选择要输入航片的文件名，如果需要可以选择其子区。

（3）选择要输入的数字高程模型（DEM）的文件名。美国科罗拉多州（Colorado）Boulder 地区的航片所对应的 DEM，如图 7-4 所示。

（4）选择定向参数文件.ort，该文件由上面所描述的步骤创建生成。

（5）当 **Orthorectification Bounds** 对话框出现后，输入或者计算出包含在 DEM 文件中的近似最小值。**Orthorectification Parameters** 对话框出现在屏幕上。通常只列出最近邻重采样法。

（6）在对应的文本框中，输入 DEM 要忽略的值（丢失的值）。

（7）要设置背景值（ENVI 将用指定的 DN 值来填充倾斜影像中没有数据值的区域），可以在 **Background Value** 文本框中输入相应的 DN 值。

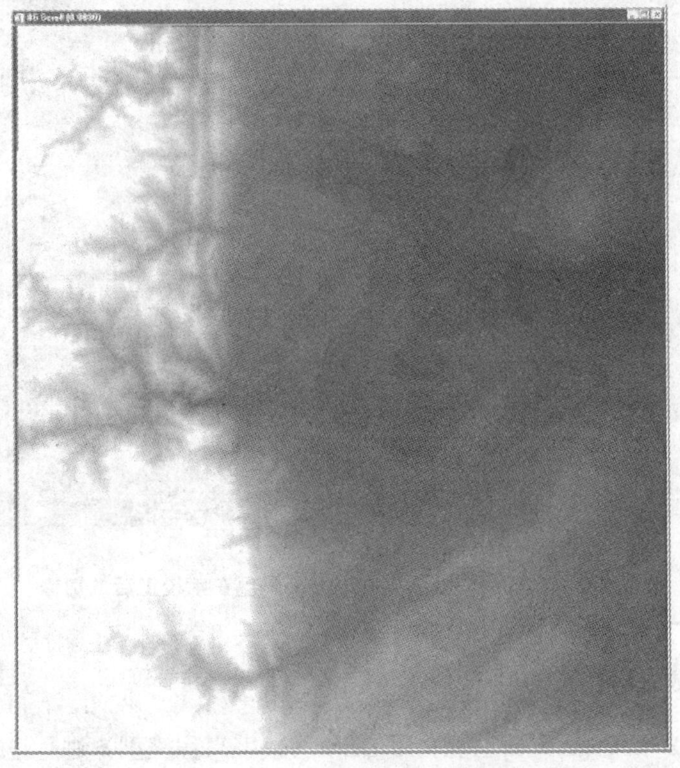

图 7-4　美国科罗拉多州 Boulder 地区的数字高程模型（DEM）

输出的正射影像的尺寸大小，将会自动地调整为包含倾斜输入影像的那个矩形框的大小。因此，输出的正射影像大小并不一定与 DEM 影像大小相同。输出影像的坐标，取决于外定向中的投影坐标。如果需要，点击 **Change Output Parameters** 按钮，输入所需的值，改变左上角的地理坐标或者经度/纬度信息，像元大小和影像大小。

Change Projection 按钮用来修改投影，只需输入左上角的坐标，我们将使用构建外定向的函数来设置输出影像的投影。

（8）选择输出到 **File** 或者 **Memory**，然后点击 **OK**，进行正射校正。对美国科罗拉多州（Colorado）Boulder 地区的航片进行正射校正的结果如图 7-5 所示。

图 7-5 美国科罗拉多州 Boulder 地区正射校正后的影像

♦ SPOT 影像正射校正的例子

SPOT 1A、1B 和 CAP 数据也能利用 DEM（数字高程模型）进行正射校正（图 7-6）。正射校正的步骤有两步：第一步，使用地面控制点来构建外定向（exterior orientation）。正射校正将使用 SPOT 导航文件（leader filename）中的卫星星历表信息，生成初始轨道和视角几何模型。使用非线性变换的方法，能够利用地面控制点（GCPs）来优化轨道模型。卫星空间姿态以及 SPOT 数据中每条扫描线的共线方程都会计算出来，并存储在.sot 文件中。第二步，使用轨道模型和 DEM 文件逐像素地对 SPOT 影像进行正射校正。

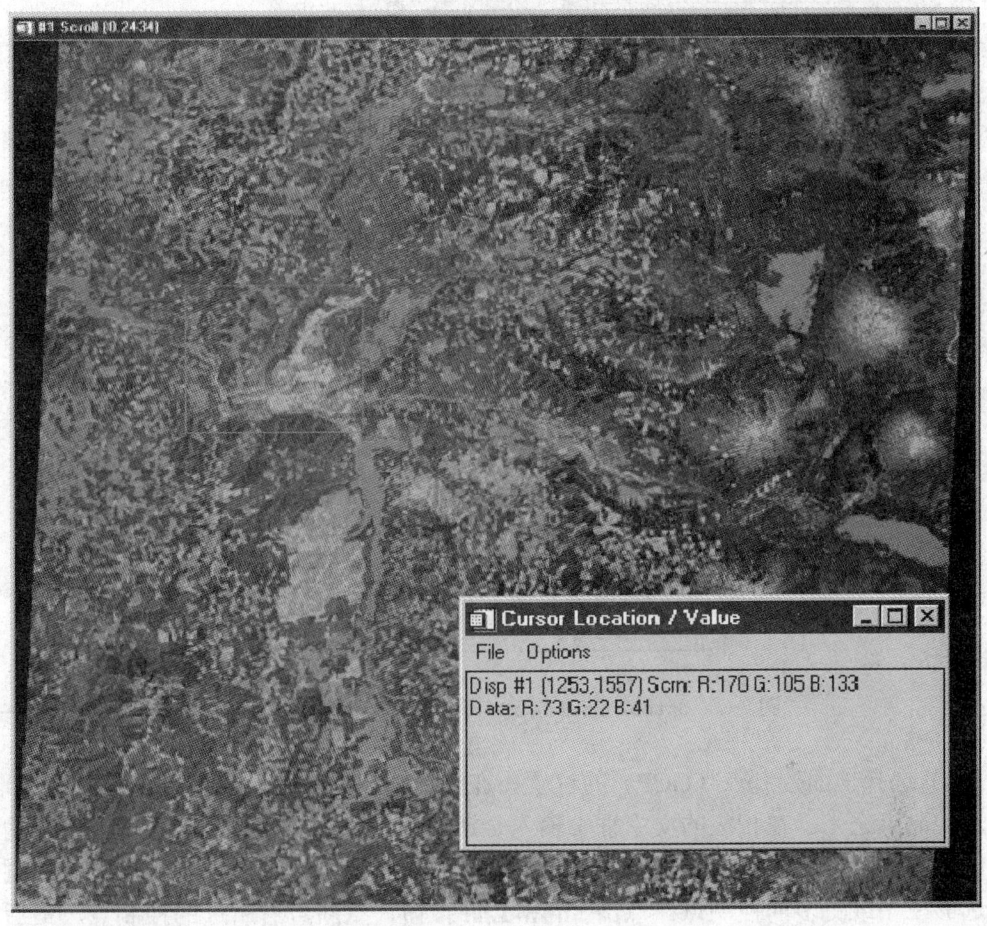

图 7-6 Oregon，SPOT XS 1B 数据（注意其为像素坐标）

构建外定向（Building the Exterior Orientation）

外定向用来优化卫星轨道参数模型，它把 SPOT 影像中的地物点同相应的地理坐标和高程联系起来。构建外定向就是先选取地面控制点，再输入相应的地理坐标，这与影像到影像的配准过程相类似。

SPOT 影像必须被显示在用来选取地面控制点的窗口中。

（1）显示 SPOT 影像。

（2）选择 **Map → Orthorectification → Build SPOT Exterior Orientation**。如果多幅影像正在被显示，那么，选择包含 SPOT 影像的显示窗口的窗口标号。

（3）选择影像所需的投影，如果需要，输入所在的区域号（zone number）。所选的投影将被用作正射校正处理后输出影像的投影，但它不一定要同 DEM 文件的投影相同，点击 **OK**，弹出的 **Ortho：Build Exterior Orientation** 对话框（图 7-7）同影像到影像配准中的 **Ground Control Points Selection** 对话框类似。

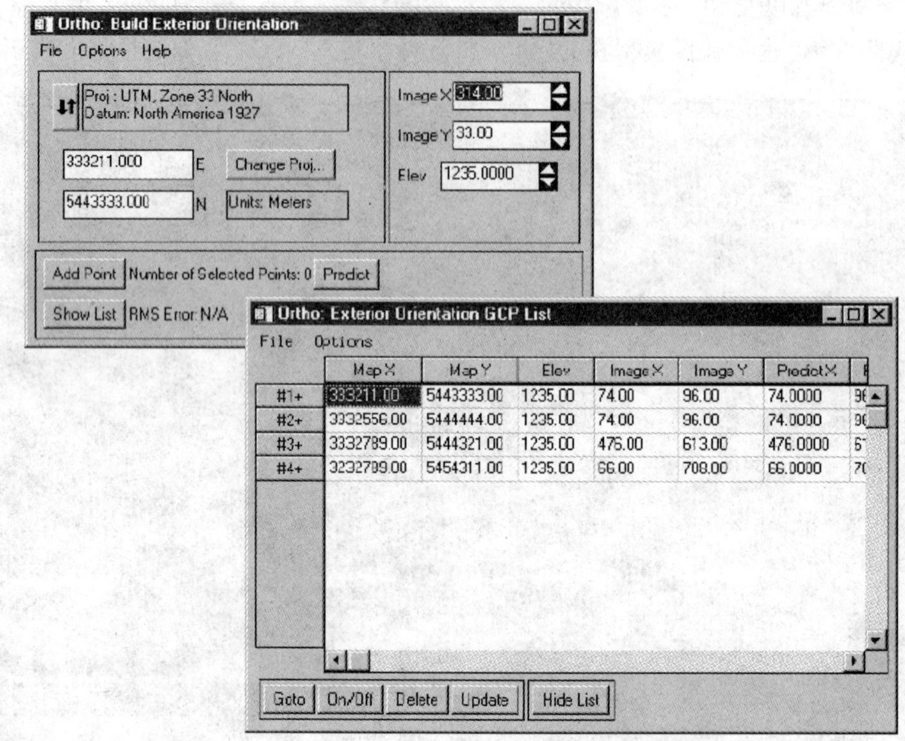

图 7-7 Ortho：Build Exterior Orientation 对话框

（4）选择地面控制点（GCP）的位置。在缩放窗口中，使十字丝光标位于 SPOT 影像所选控制点之上。在相应的文本框中输入合适的地理坐标。在 **Elev** 文本框中，输入所选点的数字高程，然后点击 **Add Point**，把点位添加到控制点列表中。继续选择控制点，直到选够三个或更多的控制点。点击 **Show List** 按钮，重新查看所选的控制点。最后，一定要查看 **Ortho：Build Exterior Orientation** 对话框中的 RMS 误差，以确保选择了合适的控制点。

【注意】 建议尽量选择足够多的控制点，并使这些控制点均匀分布在影像中，以使卫星轨道参数的反演更加稳定。虽然只使用 3 个控制点就能进行正射校正，但是，这会使卫星轨道参数的求解不稳定。

如果已经选完了所需的控制点，在 **Ortho：Build Exterior Orientation** 对话框中，选择 **Options → Build Exterior Orientation**，然后选取 SPOT 的导航文件（leader filename），一般为 `lead_xx.dat`，其中 xx 为景号（scene number）。

（5）为了达成一致，输入扩展名为 `.sot` 的输出文件名。`.sot` 文件是二进制格式的，包含了卫星姿态参数以及 SPOT 影像每条扫描线的共线方程。

对 SPOT 影像进行正射校正

这一部分将介绍使用先前生成的 `.sot` 参数文件和数字高程模型（DEM），对 SPOT 影像进行正射校正的过程。

（1）选择 **Map → Orthorectification → Orthorectify SPOT Image**。

（2）选择要输入的 SPOT 影像文件名，如果需要可以选择其任意子集。

（3）选择要输入的数字高程模型（DEM）的文件名。

（4）选择先前生成的正射参数文件（.sot）。

（5）选择 SPOT 导航文件（leader filename）。

（6）当 **Orthorectification Bounds** 对话框出现后，输入或者计算出包含在 DEM 文件中的近似最小值。如果 DEM 文件对丢失数据进行了填充，那么，将该填充值输入到 **DEM Value to Ignore** 文本框中。

（7）点击 **OK**，当 **Orthorectification Parameters** 对话框出现后，在合适的文本框中，输入 DEM 要忽略的值（丢失的值）。要设置背景值（ENVI 将用指定的 DN 值来填充倾斜影像中没有数据值的区域），可以在 **Background Value** 文本框中输入相应的 DN 值。

输出的正射影像尺寸大小将会自动地设置为包含倾斜输入影像的那个矩形框的大小。因此，输出的正射影像大小并不一定与 DEM 影像大小相同（图 7-8）。输出影像的坐标，取决于外定向中的投影坐标。如果需要，点击 **Change Output Parameters** 按钮，输入所需的值，改变左上角的地理坐标或者经度/纬度信息、像元大小和影像大小。

（8）选择输出到 **File** 或者 **Memory**，然后点击 **OK**，进行正射校正。

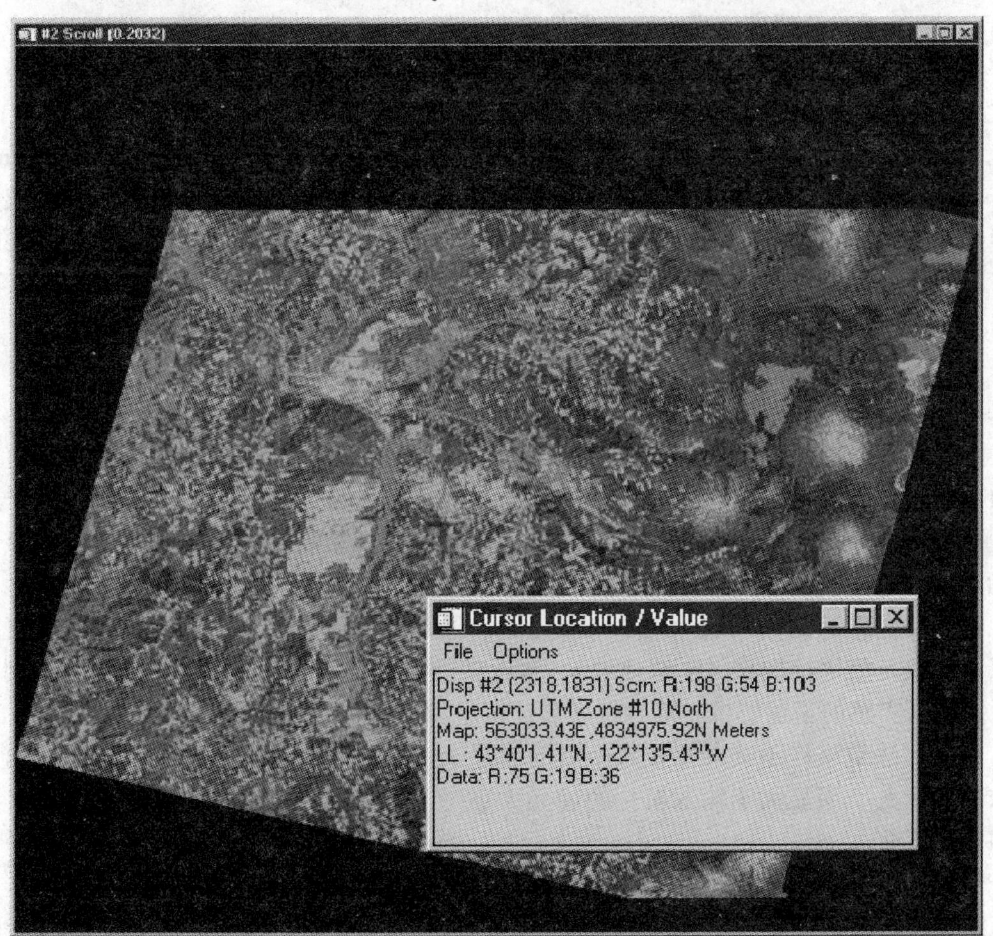

图 7-8　Oregon，SPOT XS 1B 数据

（可以注意到，它带有地理坐标，而且校正影像已经切去了部分 DEM 边缘处靠近北部的区域）

1.3 成功进行正射校正的技巧

ENVI 的正射校正程序被设计得尽可能灵活，对于用户所提供的参数信息限制较少。程序的灵活多变使得工具容易使用，但是，也可能使得用户在正射校正的处理过程出现操作错误。

空间分辨率（Spatial Resolution）

在进行正射校正之前，需要考虑影像空间分辨率的大小。正射校正的处理同 ENVI 影像配准有所不同。它有三个关键的参数：

- DEM 的像元大小
- 输入影像的像元大小
- 正射校正后输出影像的像元大小

ENVI 允许对任意像元大小的影像进行处理，但是这些参数将对输出结果有很大的影响。在理想状态下，DEM 的像元大小应该同要创建的输出正射影像大小相同（或者更小些）。如果 DEM 分辨率明显大于所需的输出分辨率，那么，所得到的正射校正影像结果将有一些明显的误差。在结果影像中，这些误差成阶梯状（或块状）分布。这种情况通常发生在像素集群的边缘处，这些位置通常会被赋予相同的DEM高程（也就是相同的DEM像元）。因此，在 ENVI 中进行正射校正之前，要使用**[Basic Tools → Resize Images（Spatial/Spectral）]**，将 DEM 重采样成所需的输出正射影像的分辨率。我们建议使用双线性插值法（bilinear interpolation）来重采样，这是因为三次卷积法（cubic convolution）有可能生成不切实际的特征；而最近邻法（nearest neighbor）会使采样后的 DEM 不够平滑。

正射校正中的重采样（Resampling During the Orthorectification）

当生成正射影像时，输出影像中每一个像元的像元值（也就是正射影像的 DN 值），都取决于航片上相应的像元，其关键是找出对应于输入航片上的哪一个像元。这个过程将使用两个模型，在给定地理坐标的航片上，追溯到那个特定的像元。然后，将该航片像元的 DN 值，赋予正射影像上的相应像元。输出正射影像中每一个像元的中心地理坐标，都将反向跟踪到输入航片的单个像元上。通常将使用重采样方法，把与像元直接相邻区域的像元值进行加权（在航片中），然后赋予到输出正射影像上。重采样会得到更光滑、更有真实感的正射影像。双线性插值使用了像元的 4 邻域，而三次卷积使用了 16 邻域。最近邻法重采样不会产生任意平滑的效果。当使用最邻近法重采样，并且输出正射影像的像元大小明显大于输入航片的像元大小时，最终得到的正射影像将不会有典型影像的空间特性。

例如，输入航片的像元大小为 1×1 m，而输出正射影像的像元大小被设置成 5×5 m。在正射影像结果中，每 5×5 m 的像元区域都取决于航片上 1×1 m 的区域。也就是说，在正射影像上相邻像元的中心位置对应到航片上，就会被 5 个像元分隔开。因此，用航片上的像元来表示正射影像上相邻的像元，将不是连续的。如果希望获得的正射影像的像元大小明显大于航片的像元大小，那么就要先对航片进行重采样，使其同所需正射影像的像元大小相同。

精确的控制点坐标（Accuracy of GCPs）

这与影像配准中所用的控制点要求不同，外定向中使用的控制点对精度有严格的要求。这些精确的控制点被用来定位航空相机的位置。如果外定向不精确，即便内定向做得再好，生成的正射影像也会有误差。特别是对分辨率为 1 m 或更高的航片进行正射校正时，控制点的选取通常要根据测量的结果，并要达到亚米级（sub-millimeter）的精度。当然，要最优的求解相机位置，需要使控制点均匀分布在影像上。少量的、分布合理的控制点比大量的、成团的控制点所得到的结果精确度会更高。一旦在外定向中输入了四个控制点坐标，那么，估计的（*x*，*y*）点位误差就会以 RMS 的形式报告出来。估计的误差将使用 RST 算法进行计算，RST 算法与正射校正算法完全不同。RMS 误差仅仅用来检查大的误差，比如在输入控制点坐标时，键入或者放置错了小数点。RMS 误差并没有考虑到控制点的高程（*Z* 值），而且在正射校正中，它不是一个对真实误差的精确估计。

最小 DEM 值（Minimum DEM Value）

构建完内定向和外定向，生成`.ort` 文件之后，就可以运行航片正射校正的程序了。此时，系统会提示输入一个最小 DEM 值。对于所有的正射校正参数，相机与地面的距离越远，正射影像就越大。在这里输入的值，用来确定正射校正后输出影像的大小（行和列）。这个值并不会影响到正射校正后影像的 DN 值。然而，输入一个精确度最小的 DEM 值，将有可能减少处理的时间，并使正射影像文件的影像大小更小。

输出像元的大小（Output Pixel Size）

输出正射影像的像元大小在默认状态下，同 DEM 像元大小相同。如果这不是所期待的像元尺寸，那么，可以在对话框中改变它的大小。只需在最近使用的那个对话框（**Orthorectification Parameters**）的中部，点击 **Change Output Parameters** 按钮。一般说来，在进行任意配准处理（正射校正、影像配准、地理投影转换，等等）时，检查 **Output Image Parameters** 窗口中的参数值，是一个好习惯。因为，快速地浏览一下这些参数，将更容易发现输入参数中可能存在的问题。

专题八 对 IKONOS 和 QuickBird 影像的正射校正

1.1 专题概述

本次专题的目的是向用户介绍 ENVI 对 IKONOS 和 QuickBird 影像进行正射校正的工具。这些工具将使用到数据提供商所提供的有理多项式系数（Rational Polynomial Coefficients，RPCs）。我们将对美国科罗拉多州（Colorado）La Jolla 地区的 IKONOS 影像进行正射校正。该幅影像已征得美国 Space Imaging 公司的使用许可。并将对正射校正后的影像和未校正的影像进行比较，分析正射校正处理的效果。

【注意】对 QuickBird 影像的正射校正处理过程与本专题中对 IKONOS 影像的正射校正处理过程相同。

◆ **本专题中使用的文件**

光盘：《ENVI 遥感影像处理专题与实践》附带光盘 #2
路径：envidata/ortho

文件	描述
CONUS_USGS.dem	USGS 对应于 IKONOS 影像的数字高程影像
Po_101515_metadata.txt	包含 IKONOS 影像信息的文本文件
Po_101515_pan_0000000_rpc.txt	包含描述相机模型中有理多项式系数的文本文件
Po_101515_pan_0000000.tfw	包含原始地理信息的 TIFF world 文件
Po_101515_pan_0000000.tif	IKONOS 影像数据的 TIFF 文件
Po_101515_pan_0000000.hdr	ENVI 相应的头文件

1.2 正射校正介绍

正射校正是对影像进行几何畸变纠正的一个过程，它将对由地形、相机几何特性以及与传感器相关的误差所造成的明显的几何畸变进行处理。输出的正射校正影像将是正射的平面真实影像。

许多用户都要对他们的影像进行正射校正。这是因为，他们的影像需要非常精确的定位精度，或者整个影像都必须采用统一精度比例。例如，进行正射校正后，就能够对影像进行测量，或者在影像中精确地定位某些特征、采集供 GIS 使用的信息，或者将影像同其他精确校正影像结合起来，进行进一步复杂的分析。

◆ ENVI 的正射校正工具

在 ENVI 4.2 版本之前，ENVI 已经能够对“米制”相机所采集的航片和 SPOT 影像（包括 SPOT5）进行正射校正。这个正射校正的过程需要使用数字高程模型（DEM）和地面控制点（GCPs）来完成，地面控制点包括了 *x*、*y* 和 *z*（高程）的值。ENVI 中的 IKONOS 和 QuickBird 影像的正射校正功能将使用 RPC 相机模型，RPC 和其他数据产品都是由 Space Imaging 和 DigitalGlobe 所提供。RPC 工具既不需要 DEM 文件（尽管使用 DEM 文件能够进行更精确的校正），也不需要地面控制点（GCPs）。

1.3 对 IKONOS 影像进行正射校正

◆ 启动 ENVI

启动前，请确认已正确安装 ENVI。

- 要在 UNIX 或 Macintosh OS X 中启动 ENVI，请在 UNIX 命令行中输入 `envi`。
- 要在 Windows 系统中启动 ENVI，请双击 ENVI 的图标。

◆ 查看正射校正中所涉及的影像

（1）要打开一个影像文件，在 ENVI 主菜单中，选择 **File → Open Image File**。

（2）在出现的 **Enter Data Filenames** 文件选择对话框中，点击 **Open File** 按钮，选择《ENVI 遥感影像处理专题与实践》附带光盘 #2 `envidata` 目录中的 `ortho` 子目录。同在其他应用操作中的处理一样，从列表中选择 `po_101515_pan_0000000.tif` 文件，然后点击 **Open**。

（3）在可用波段列表中，选中 **Gray Scale** 单选按钮，选择刚打开的 IKONOS 影像文件的第一个波段，然后，点击 **Load Band** 按钮显示该波段。

在可用波段列表中，可以注意到该影像已经含有相应的地理信息了。不过，因为影像还没有进行正射校正，所以，影像中任意指定点报告出的坐标都有可能含有显著的点位误差。

（4）从 ENVI 主菜单栏中，选择 **File → Open External File → Digital Elevation → USGS DEM**。

（5）选择进入《ENVI 遥感影像处理专题与实践》附带光盘 #2 `envidata` 目录中的 `ortho` 子目录，从列表中选中 `CONUS_USGS.dem` 文件，然后点击 **Open**。

（6）在 **USGS DEM Input Parameters** 对话框中，输入 `ortho_dem.dat` 作为输出文件名，然后点击 **OK**。

（7）在可用波段列表中，选择 **Gray Scale** 单选按钮，点击 `ortho_dem.dat` 文件下所列的 DEM 影像。

（8）在可用波段列表底部，点击 **Display #1** 按钮，并选择 **New Display**。

（9）点击 **Load Band** 按钮，把高程影像加载到一个新显示窗口中。

（10）查看这些将被用在正射校正中的影像。

这个区域高程值的范围从海平面一直到海平面以上 245 m。这个显著的地形起伏将必然给 IKONOS 影像带来几何上的误差。同时，也可以注意到，DEM 和 IKONOS 影像没有相同的地图投影，而且也没有相同的像元大小。但是，ENVI 正射校正的工具可以解决这个问题，没有必要在正射校正处理前，对两幅影像重新定义投影或者重采样。

◆ **运行正射校正程序**

（1）选择 **Map → Orthorectification → Orthorectify IKONOS**，打开正射校正工具。

（2）在文件选择对话框中，选择 `po_101515_pan_0000000.tif` 文件，点击 OK。

（3）在随后出现的 **Enter Orthorectification Parameters** 对话框中，输入下列参数值：

- **Image Resampling** 可以确定 IKONOS 影像中像元值的大小，它可以把当前影像转换到另外一个空间尺度。默认的重采样方法是 **Biliner**（双线性插值），它能够对影像进行适当的平滑处理。**Cubic Convolution**（三次卷积重采样）选项能够产生更加平滑的效果，而 **Nearest Neighbor**（最近邻法重采样）选项将不会改变初始的像素值。**Nearest Neighbor** 选项将导致一个相对的不连续效果，但是，如果想要在正射校正后的影像上进行分析，这将是唯一有效的选择。对于本次专题辅导，我们会使用默认的 **Bilinear** 选项。
- **Background value** 就是在最终影像中指定的边缘像素的像素值，一般设定值为 0。
- **Input Height** 指定了数字高程模型（DEM）或者一个固定的高程值是否使用在整个影像中。因为，我们已经有 **DEM** 数据，这是一个更精确的选项，因此，选择 DEM 选项，点击 **Select DEM**，并在随后出现的文件选择对话框中，选择先前生成的高程文件 `ortho_dem.dat`。
- **DEM Resampling** 是一种确定像元值的方法，它将在内部进行计算，并生成同 IKONOS 影像有相同方位和像素大小的高程影像。在这里，我们仍使用默认 **Bilinear** 重采样法。
- **Geoid Offset** 为大地水准面超过影像拍摄地平均海平面的高度。大多数的高程影像都提供了每个像素相应地超过平均海平面的高程信息。正射校正仍然需要每个像素相应地超过椭球体的高程信息。要将 DEM 中平均海平面高程值转换成超过椭球体的高程值，必须把大地水准面高程加到 DEM 中。在本次专题辅导中，输入−35 m 的大地水准面高程，这就意味着在该地区椭球体大致超过平均海水面 35 m。
- **Save Computed DEM** 指定了是否要输出重采样的 DEM，该 DEM 将在正射校正处理过程中计算出来，然后选择 **NO**。
- 在对话框的右边，都是与输出影像的范围和像元大小相关的参数。默认的参数值将从原始 IKONOS 影像的地理坐标信息中计算出来，这对本次专题辅导比较适合。

【注意】如果想要改变输出的正射校正影像的投影，可以点击 **Change Proj...**按钮来改变其投影。

- **Orthorectified Image Filename** 就是输出文件的名字。在这里，输入文件名 `ikonos_ortho.dat`。

（4）已经选定了所有的这些参数，点击 **OK**，开始进行正射校正处理。

正射校正处理将花费几分钟的时间。当处理完成后，经正射校正的影像就会在可用波段列表中列出。

◆ 检查正射校正后的结果

（1）在 **Display #2** 中显示正射校正后的影像，当前 **Display #2** 显示窗口显示的是高程影像。

（2）在显示窗口的菜单栏中，选择 **Tools → Link Displays → Link**，对原始 IKONOS 影像和正射校正后的影像进行比较。

（3）在其中一个显示窗口中，点击鼠标左键，来查看另一幅影像。注意其几何信息的差异，特别是在两幅影像的右上角处。这就是正射校正处理后的结果。

专题九　使用 ENVI 进行影像镶嵌

1.1 专题概述

本次专题旨在使用户了解 ENVI 影像镶嵌处理的知识。要获取更多的详细描述，请参见《ENVI 遥感影像处理教程》（ENVI User's Guide）。

◆ **本专题中使用的文件**

光盘：《ENVI 遥感影像处理专题与实践》附带光盘 #1
路径：envidata/avmosaic

文件	描述
Pixel-Based Mosaicking（基于像素的影像镶嵌）	
dv06_2.img	AVIRIS 02 景影像
dv06_2.hdr	ENVI 相应的头文件
dv06_3.img	AVIRIS 03 景影像
dv06_3.hdr	ENVI 相应的头文件
dv06a.mos	AVIRIS 拼接影像镶嵌模板文件
dv06b.mos	羽化后的 AVIRIS 影像镶嵌模板文件
dv06_fea.img	羽化后的镶嵌影像
dv06_fea.hdr	ENVI 相应的头文件
Georeferenced Mosaicking（基于地理坐标的影像镶嵌）	
lch_01w.img	直方图匹配校正后的影像
lch_01w.hdr	ENVI 相应的头文件
lch_01w.ann	切割线的注记文件
lch_02w.img	直方图匹配校正后的影像
lch_02w.hdr	ENVI 相应的头文件
lch_a.mos	带地理坐标的影像镶嵌模板文件
lch_mos1.img	带地理坐标的影像镶嵌结果
lch_mos1.hdr	ENVI 相应的头文件
Color Balancing During Mosaicking（镶嵌过程中的颜色平衡）	
mosaic1_equal.dat	Landsat 7 ETM 影像的子集，并独立地对每个波段进行了直方图均衡化处理
mosaic1_equal.hdr	ENVI 相应的头文件
mosaic_2.dat	Landsat 7 ETM 影像的子集，但没有经过拉伸处理
mosaic_2.hdr	ENVI 相应的头文件

1.2 ENVI 影像镶嵌

影像镶嵌是一门艺术，它将把多幅影像连接合并，以生成一幅单一的合成影像。ENVI 提供了交互式的方式来将没有地理坐标（no-georeferenced）的影像拼接在一起，或者自动地拼接有地理坐标的影像，并输出成有地理坐标的镶嵌影像。镶嵌程序提供了透明处理、直方图匹配，以及颜色自动平衡的功能。ENVI 的虚拟镶嵌功能还允许用户快速浏览镶嵌结果，而不需要花时间生成一个很大的结果文件。

◆ **常规术语（General Topics）**

以下部分将介绍一些关于在 ENVI 中进行镶嵌的知识，在开始专题辅导之前介绍这些相关知识是很有必要的。实际的专题练习将在本书 105 页的“基于像素的影像镶嵌例子”中开始。

启动 ENVI

启动前，请确认已正确安装 ENVI。

- 要在 UNIX 或 Macintosh OS X 中启动 ENVI，请在 UNIX 命令行中输入 `envi`。
- 要在 Windows 系统中启动 ENVI，请双击 ENVI 的图标。

羽化（Feathering）

我们常常需要将镶嵌影像的衔接线变得适当模糊，使其能很好地融入影像中。ENVI 提供了将影像间重合的边缘进行羽化的功能，我们可以指定羽化的距离，并沿着边缘或者切割线进行羽化。在镶嵌影像时，要使用羽化功能，可以先导入未羽化的底层影像，然后再导入羽化的另一幅叠合影像，羽化时可以根据需要，选择沿边缘或者切割线进行羽化。

边缘羽化（Edge Feathering）

进行边缘羽化（图 9-1）时，将使用 **Mosaic Entry Input Parameters** 对话框中的 **Edge feathering distance（pixels）**文本框所指定的距离，并沿着影像的边缘，调和影像的衔接线。边缘将使用线性阶跃过渡方式来进行调和，即按指定的距离来对影像进行均衡化处理。例如，如果指定的距离为 20 个像素，那么在边缘处，将会有 0 的顶部影像和 100%的底部影像参与混合，输出镶嵌影像。而距边缘线在指定的距离（20 个像素）时，将会使用 100%的顶部影像和 0 的底部影像，来输出镶嵌影像。在距边缘线 10 个像素的距离处，顶部和底部影像都会使用 50%来混合计算输出镶嵌影像。

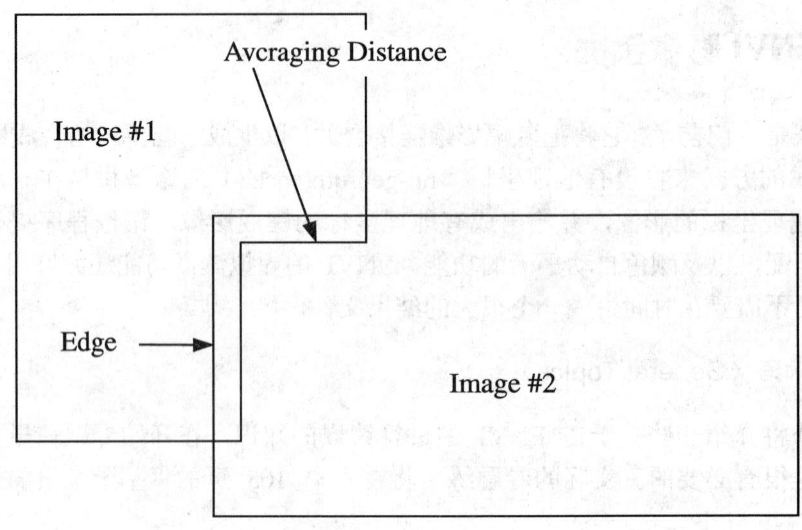

图 9-1 边缘羽化

切割线羽化（Cut-Line Feathering）

切割线羽化（图 9-2）将使用 **Cutline feathering distance（pixels）**对话框所指定的距离，以及 **Mosaic Entry Input Parameters** 对话框中 **Ann File** 中所选择的注记文件来调和影像的边界线。切割线必须使用注记工具，在拼接影像之前进行定义。注记文件必须包含一条折线（polyline）和一个符号（symbol）。折线用来定义切割线，并从影像边缘到影像边缘绘制。符号放置在影像中需要切除的区域。指定的切割线距离将用来生成线性阶跃的渐变混合，在距切割线特定距离范围内，对影像进行均衡化处理。例如，如果指定的距离为 20 个像素，那么在切割线处，将会有 100%的顶部影像和 0 的底部影像参与混合，输出镶嵌影像。而距切割线在指定的距离（20 个像素）之外时，将会使用 0 的顶部影像和 100%的底部影像来输出镶嵌影像。在距边缘线 10 个像素的距离处，顶部和底部影像都会使用 50%来混合计算输出镶嵌影像。

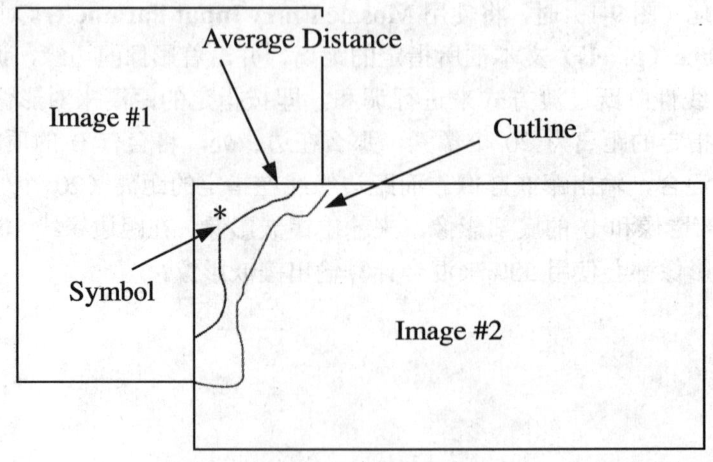

图 9-2 切割线羽化

虚拟镶嵌（Virtual Mosaics）

ENVI 允许使用镶嵌模板文件，作为一个创建“虚拟镶嵌影像”的手段。这幅虚拟镶嵌影像可以被 ENVI 显示和使用，但实际上 ENVI 并没有生成实际镶嵌的输出文件。

【注意】在 ENVI 中创建虚拟镶嵌影像时，不能使用羽化功能。

（1）要创建虚拟镶嵌影像，保存镶嵌模板文件，可以通过选择 **Image Mosaicking** 对话框中的 **File → Save Template** 来完成。这将生成一个小的文本文件来描述镶嵌中的影像布局。

（2）要使用虚拟镶嵌影像，可以从 ENVI 主菜单中选择 **File → Open Image File**，打开镶嵌模板文件。镶嵌中所用的影像都将被打开，它们的波段也会被列在可用波段列表中。显示或者处理虚拟镶嵌影像中的任一波段，ENVI 都会同实际的镶嵌输出文件一样地对待。处理后生成的新文件有镶嵌影像指定的尺寸大小，且输入影像都在镶嵌影像中指定的位置。

1.3 基于像素的影像镶嵌例子

专题的这一部分将展示如何使用 ENVI 的镶嵌工具来创建基于像素的镶嵌影像。

在 ENVI 主菜单中，选择 **Map → Mosaicking → Pixel Based**，开始进行 ENVI 基于像素的镶嵌操作。**Pixel Based Mosaic** 对话框（图 9-3）出现在屏幕上。

图 9-3　Pixel Based Mosaic 对话框

◆ **输入并放置影像**

要放置基于像素的影像：

（1）在 **Pixel Based Mosaic** 对话框中，选择 **Import → Import Files**。

（2）在 **Mosaic Input Files** 对话框中，点击 **Open File**，选择进入 avmosaic 目录，选择文件 dv06_2.img。

（3）在 **Mosaic Input Files** 对话框中，再一次点击 **Open File**，选择文件 dv06_3.img。

（4）在 **Mosaic Input Files** 对话框中，按下键盘上的 **Shift** 键，并同时点击 dv06_2.img 和 dv06_3.img 文件名，选中这两个文件，点击 **OK**。

（5）在 **Select Mosaic Size** 对话框的 ***X* Size** 中输入 614，***Y* Size** 中输入 1024，指定镶嵌影像的大小。

（6）在 **Pixel Based Mosaic** 对话框中，点击 dv06_3.img 文件名。影像当前的位置就会以像素值为单位，列在对话框底部的文本框中。

（7）在 **YO** 文本框中，输入值 513，按下键盘上的 **Enter** 键。这样 dv06_3.img 影像就会放置在 dv06_2.img 影像的下面。

【注意】也可以采用别的方式来放置影像。在对话框右边的镶嵌图中的所需影像上，点击并按住鼠标左键，拖曳所选影像到所需的位置，然后松开鼠标左键就可以放置该影像了。

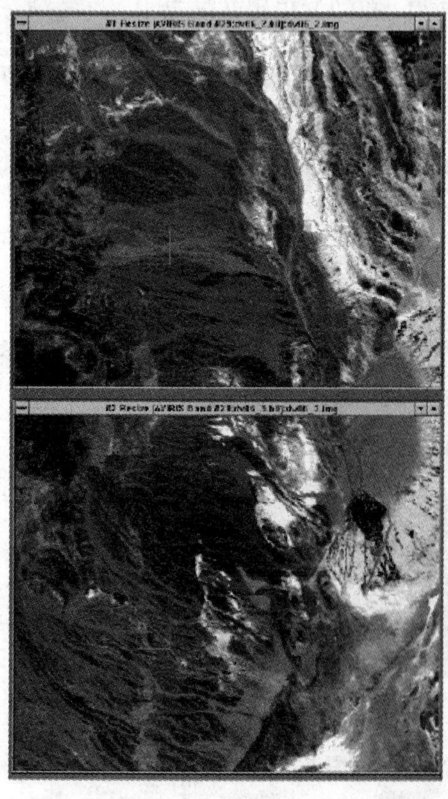

图 9-4　两幅单一波段的 AVIRIS 影像（左图）；两幅影像无缝镶嵌的结果（右图）

（8）在 **Pixel Based Mosaic** 对话框中，选择 **File → Apply**。当 **Mosaic Parameters** 对话框出现后，输入要输出的文件名 `dv06.img`，点击 **OK**，生成镶嵌影像文件（图 9-4）。

- 要生成虚拟镶嵌影像，而不是新的镶嵌影像文件，在 **Pixel Based Mosaic** 对话框中，选择 **File → Save Template**。当 **Output Mosaic Template** 对话框出现后，输入要输出的文件名 `dv06a.mos`。

（9）点击可用波段列表中的 `dv06a.mos` 波段名，然后点击 **Load Band**，显示镶嵌后的影像（图 9-4）。

这个例子的第二部分展示了在拼接的镶嵌影像中布置两幅影像位置的方法，既可以输入 **XO** 和 **YO** 的值，也可以在对话框中把影像拖曳到所需位置。这个例子还包括了边缘羽化的处理操作。

（1）在 **Pixel Based Mosaic** 对话框中，选择 **Options→Change Mosaic Size**。在 **Select Mosaic Size** 对话框的 ***X* Size** 和 ***Y* Size** 文本框中都输入值 768，点击 **OK**，改变输出镶嵌影像的大小。

（2）在 **Pixel Based Mosaic** 对话框中，用鼠标左键点击影像#2 的绿色轮廓框。将影像#2 拖动到镶嵌图的右下角。

（3）在镶嵌图中，右键点击影像#1 的红色轮廓框，选择 **Edit Entry**，打开 **Entry: filename** 对话框（图 9-5）。

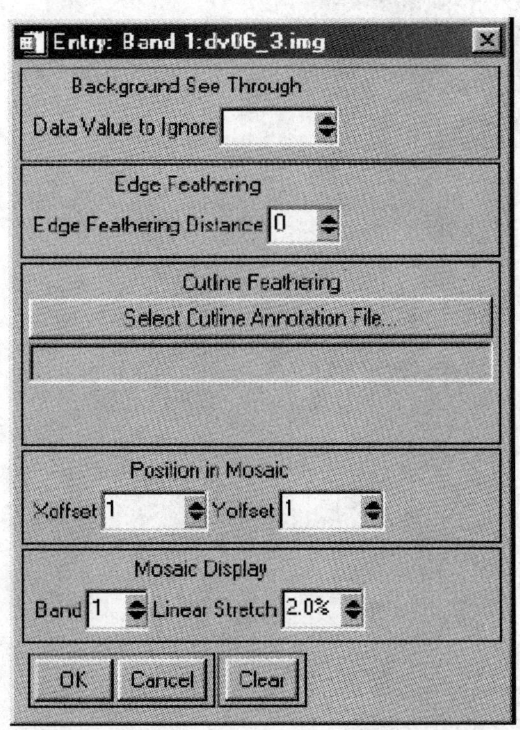

图 9-5　在 Entry 对话框中修改镶嵌影像的参数设置

（4）在 **Data Value to Ignore** 文本框中，输入值 0。在 **Feathering Distance** 文本框中，输入值 25，点击 OK。

（5）对另一幅影像，重复上面的两步操作。

（6）选择 **File → Save Template**，输入要输出的文件名 `dv06b.mos`。在可用波段列表中，点击镶嵌模板文件名，然后点击 **Load Band**，显示该镶嵌影像。当使用虚拟镶嵌时，不会进行羽化处理。

（7）现在真实地创建输出文件，同时对镶嵌影像进行羽化处理。在 **Pixel Based Mosaic** 对话框中，选择 **File → Apply**，点击 **OK**。

（8）输入要输出的文件名，设定 **Background Value** 为 255，然后点击 **OK**。将可用波段列表所列出的镶嵌影像，显示在一个新的显示窗口中。

【提示】如果在主影像窗口中看不到整个影像，可以点击并拖动主影像窗口的一角，调整窗口的大小。

（9）使用影像动态链接功能，对虚拟镶嵌影像和羽化后的真实镶嵌影像进行比较。

图 9-6 是按上面所描述的步骤，对两幅 AVIRIS 影像进行镶嵌，生成的羽化输出镶嵌影像。

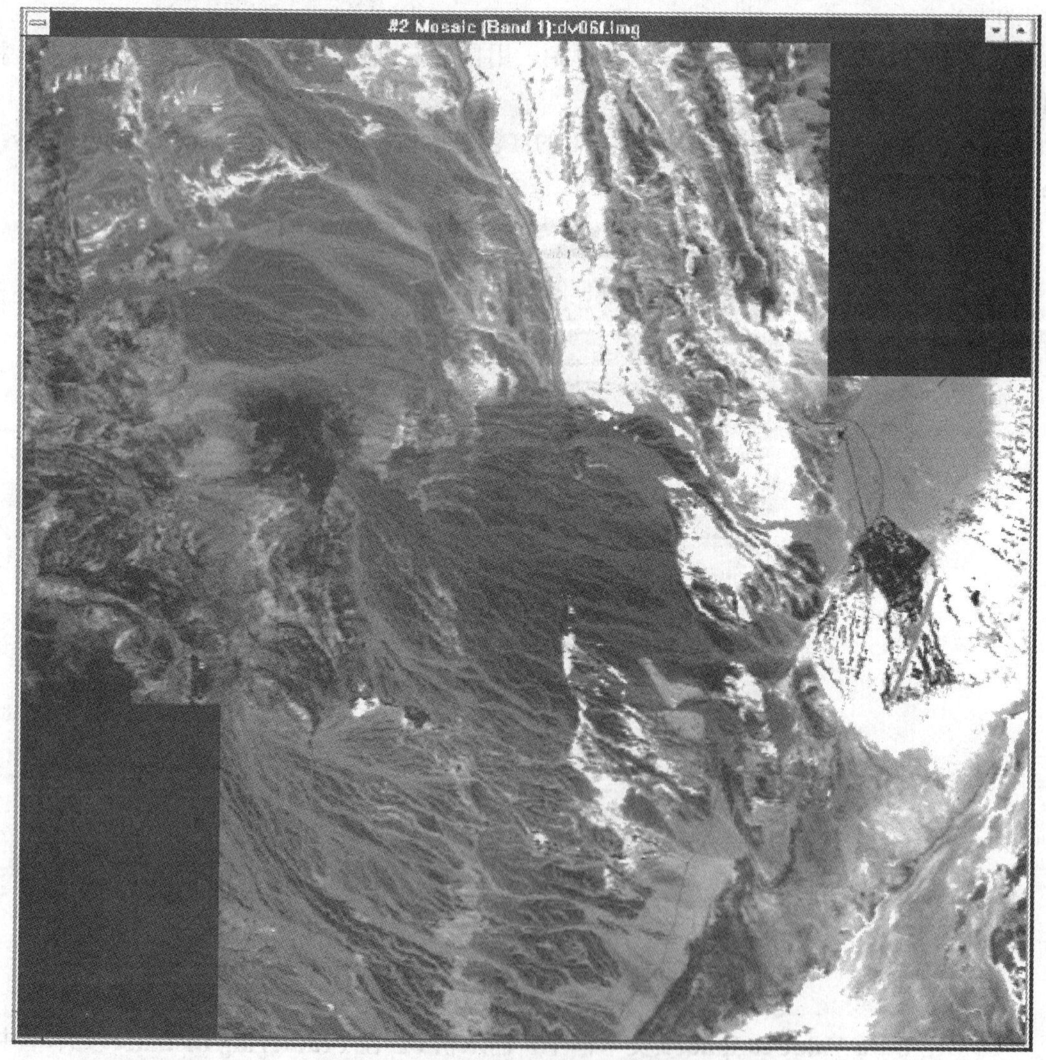

图 9-6 羽化后的最终镶嵌影像

1.4 基于地理坐标的影像镶嵌例子

将有地理坐标的影像镶嵌在一起时，常常需要进行羽化处理。专题的这一部分将展示如何使用 ENVI 的镶嵌工具，进行羽化处理，并创建基于地理坐标的镶嵌影像。

◆ 创建基于地理坐标的镶嵌影像

(1)在 ENVI 主菜单中，选择 **Map → Mosaicking → Georeferenced**，开始进行 ENVI 基于地理坐标的镶嵌操作。

(2) 在 **Map Based Mosaic** 对话框（图 9-7）中选择 **File → Restore Template**，然后选择文件 `lch_a.mos`，打开文件，恢复基于地理坐标并进行羽化镶嵌时所必需的参数。

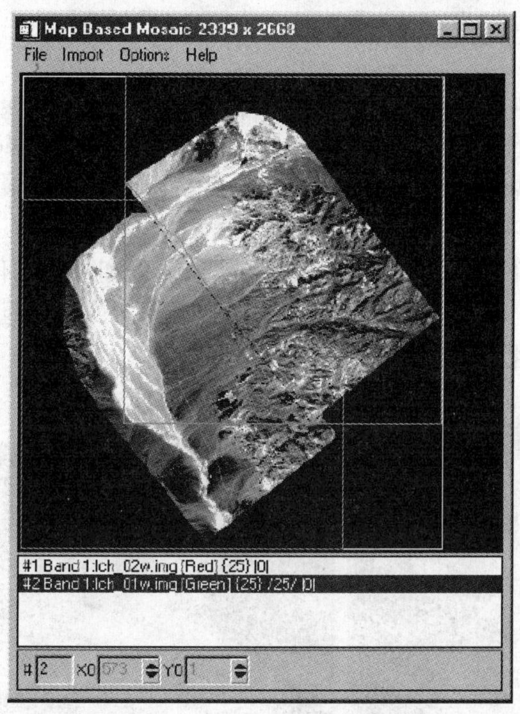

图 9-7 Map Based Mosaic 对话框

选择性地输入并放置影像

用户可以随意地手动输入带有地理坐标的影像，然后设置羽化的参数，再分别导入影像。影像将会自动地将它们放置在正确的地理坐标位置。影像的位置和大小用来确定输出镶嵌影像的大小。

◆ 查看顶部影像，切割线和虚拟未羽化的镶嵌影像

(1)在可用波段列表中，选择 `lch_01w.img` 文件，点击波段名，然后点击 **Load Band** 按钮，以灰阶的方式显示该影像。

（2）在主影像窗口中，点击鼠标右键弹出快捷菜单，选择 **Toggle → Display Scroll Bars**，开启滚动条。点击水平滚动条，滚动影像，直到显示出影像合适的部分。

（3）从主影像窗口中，选择 **Overlay → Annotation**，打开 **Annotation** 对话框。

（4）在 **Annotation** 对话框中，选择 **File → Restore Annotation**，然后选择 lch_01w.ann 文件。这将显示出一条红色的切割线（cutline），该切割线用来在镶嵌影像中混合两影像。

（5）从可用波段列表中，将 lch_02w.img 加载到一个新的显示窗口中。查看该影像上切割线的特性。

（6）从 ENVI 主菜单中，选择 **File → Open Image File**，选择 lch_a.mos 作为输入文件。从可用波段列表中，将这个镶嵌影像加载到一个新的显示窗口，仔细查看用来镶嵌的两幅影像的边缘，该边缘没有进行羽化处理。

◆ **创建输出羽化后的镶嵌影像**

（1）在 **Map Based Mosaic** 对话框中，选择 **File → Apply**。在 **Mosaic Parameters** 对话框中，输入要输出的文件名 lch_mos.img，点击 **OK**，创建羽化后的镶嵌影像。

（2）关闭包含单独的倾斜影像的两个影像显示窗口，并将镶嵌影像加载到一个新的显示窗口中。

（3）使用影像动态链接功能，对羽化后的镶嵌影像和没有羽化的镶嵌影像进行比较。

在图 9-8 中，左边的影像为倾斜的直方图匹配后的影像，并且已选定了切割线；右边的影像为使用切割线羽化后的镶嵌影像。

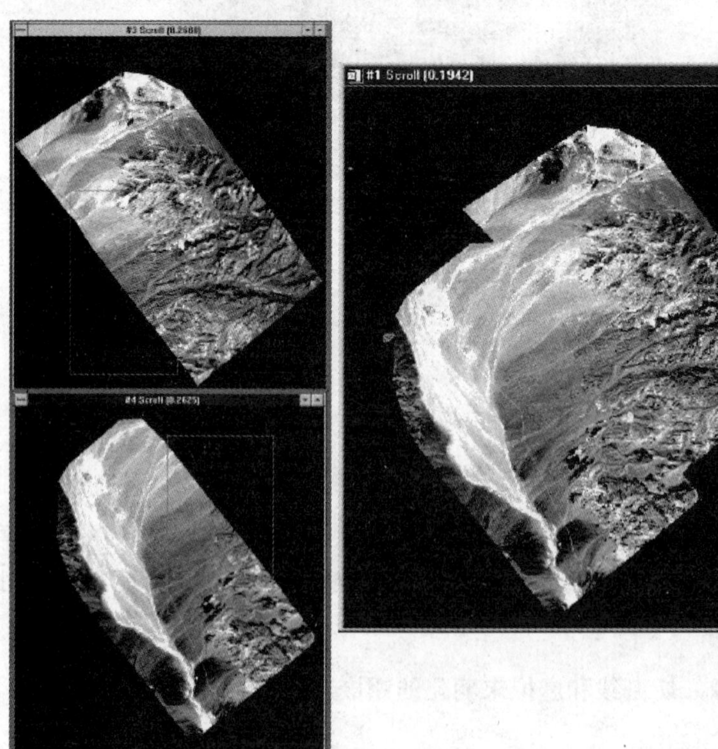

图 9-8 基于地理坐标的影像镶嵌例子

1.5 镶嵌时的色彩均衡

专题的这一部分将介绍使用自动颜色平衡，来生成一幅基于地理坐标的镶嵌影像。对于本次操作，我们将使用 Landsat 7 ETM 影像的两个有重叠区域的影像子集。其中一个子集已经进行了直方图均衡化拉伸，它的每一个波段都独立地处理过，这样两个子集相应波段的直方图都会有完全不同的形状。

◆ **创建未经色彩均衡化处理的镶嵌影像**

首先，创建生成一个没有进行颜色平衡处理的镶嵌影像。导入两幅没有羽化过的影像，这样就可以清楚地看出影像间的衔接线。

（1）在 ENVI 主菜单中，选择 **Map → Mosaicking → Georeferenced**，开始进行 ENVI 基于地理坐标的镶嵌操作。**Map Based Mosaic** 对话框出现在屏幕上。

（2）在 **Map Based Mosaic** 对话框中，选择 **Import → Import Files**。

（3）在文件选择对话框中，点击 **Open File** 按钮，进入 avmosaic 目录，选择 mosaic1_equal.dat 文件，点击 **Open**。

（4）在 **Mosaic Input Files** 对话框中，继续点击 **Open File** 按钮，选择 avmosaic 目录中的 mosaic_2.dat 文件，点击 **Open**。

（5）在 **Mosaic Input Files** 对话框中，选中 mosaic_2.dat 文件，然后按住 **Shift** 键，选择 mosaic1_equal.dat 文件，点击 **OK**。

两幅影像将被自动地放置在 **Mosaic Preview** 预览显示窗口中正确的地理坐标位置上。在预览显示窗口中，影像都按默认的 2%对比度进行独立地拉伸。

◆ **RGB 彩色镶嵌预览**

在预览显示中，也可以显示多光谱 RGB 彩色合成后的影像。

（1）在 **Map Based Mosaic** 显示窗口底部，用鼠标右键点击 mosaic1_equal.dat 文件名，选择 **Edit Entry**。

（2）在随后出现的对话框中，将 **Mosaic Display** 的箭头切换按钮改为 **RGB**。

（3）对于 **Red** 选择 1，**Green** 选择 2，**Blue** 选择 3。这将使得 ENVI 在预览镶嵌影像时，用红色电子枪来加载波段 1，绿色电子枪来加载波段 2，蓝色电子枪来加载波段 3。点击 **OK**。可以看到，此时在镶嵌影像预览中，mosaic1_equal.dat 影像将会以彩色显示出来。

（4）对要镶嵌的另一幅影像，重复上述（1）～（3）步。

对于 3 个波段的影像，默认条件下，ENVI 将自动地在镶嵌影像预览中使用 RGB 彩色显示。通常将第一个波段作为红色，第二个波段作为绿色，第三个波段作为蓝色。但是，如果影像多于三个波段，那么镶嵌影像预览中将仅仅显示波段 1 的灰阶影像。当然，如果镶嵌的输入影像只有一个波段，那么预览就会以灰阶方式显示这个波段。

◆ **输出未经色彩均衡化处理的镶嵌影像**

记住在镶嵌预览中所见的影像同最后镶嵌拼接的影像并非完全一样，这一点很重要。

在镶嵌预览中，两幅影像是独立进行拉伸显示的，而当它们镶嵌拼接成一幅影像时，将会从拼接的两幅影像中计算对比度，然后进行拉伸。

（1）在 **Map Based Mosaic** 显示窗口中，选择 **File → Apply**。

（2）在随后出现的 **Mosaic Parameters** 对话框的 **Output Filename** 中，输入要输出的文件名 mosaic_unbalanced.dat。点击 **OK**。当镶嵌完成时，拼接的结果将会加载到可用波段列表中。

（3）在 RGB 彩色显示窗口中，显示新镶嵌的影像。将波段 1 作为红色，波段 2 作为绿色，波段 3 作为蓝色。

【注意】通常两幅影像的衔接线都会很明显。

◆ **输出经色彩均衡化处理的镶嵌影像**

返回到 **Map Based Mosaic** 对话框，再次使用输出镶嵌影像。这一次，使用颜色平衡，来减小镶嵌结果中两幅影像间的对比度。

（1）在 **Map Based Mosaic** 对话框中，用鼠标右键点击 mosaic1_equal.dat 文件名，选择 **Edit Entry**。

（2）在随后出现的对话框的底部，将 **Color Balancing** 改为 Adjust。这表明将调节这幅影像的对比度，使其与另一幅影像相匹配。点击 **OK**。

（3）用鼠标右键点击 mosaic_2.dat 文件，选择 **Edit Entry**。

（4）在随后出现的对话框中，把 **Color Balancing** 改为 Fixed。这表明将不会改变这幅影像的对比度。仅调节另一幅影像的对比度，使其与这幅影像匹配。点击 **OK**。

（5）从 **Map Based Mosaic** 显示窗口中，选择 **File → Apply**。

（6）在随后出现的 **Mosaic Parameters** 对话框底部，有个 **Color Balance using** 选项。保留 stats from overlapping regions 这个选项。因为，仅仅利用重叠区域统计计算值来进行颜色平衡效果会更好。另一个选项，stats from complete files 用在镶嵌影像只有一点或者没有重叠区域的情况下。

（7）在 **Output Filename** 对话框中，输入 mosaic_balanced.dat。点击 **OK**。

镶嵌完成时，拼接的结果会加载到可用波段列表中。

（8）在 RGB 彩色显示窗口中，显示新镶嵌的影像。将波段 1 作为红色，波段 2 作为绿色，波段 3 作为蓝色。

【注意】两幅影像的衔接线将不会很明显。

◆ **结束 ENVI 程序**

在 ENVI 主菜单中选择 **File → Exit**（在 UNIX 操作系统下是 Quit），在弹出的 **Terminate this ENVI Session** 对话框中选择 **Yes**，并点击 **OK**，退出 ENVI 程序。如果使用的是 **ENVI RT**，退出 ENVI 会返回操作系统。

专题十 使用 ENVI 进行 TM 和 SPOT 数据融合

1.1 专题概述

本专题旨在向用户展示 ENVI 数据融合的能力。要了解数据融合的细节，请参见《ENVI 遥感影像处理教程》（ENVI User's Guide）或 ENVI 的在线帮助。本专题将介绍两个例子。第一个例子使用了英国 London 地区的 TM 和 SPOT 数据进行融合。TM 数据由 Eurimage/NRSC 发布，其版权归 European Space Agency 所有。SPOT 数据由 Spot Image/NRSC 发布，其版权归 CNES（1994）所有。这两个数据的使用都得到了 NRSC 的许可（1999）。第二个例子使用了法国 Brest 地区的 SPOT XS 和全色（Panchromatic）数据。

◆ **本专题中使用的文件**

光盘：《ENVI 遥感影像处理专题与实践》附带光盘 #1

路径：`envidata/lontmsp`（英国 London 的 TM and SPOT 数据）

`envidata/brestsp`（法国 Brest 的 SPOT XS 和全色数据）

文件	描述
英国 **London** 的 **TM and SPOT** 数据	
lon_spot	London SPOT 数据
lon_spot.ers	ER Mapper 的头文件
lon_tm	London Landsat TM 数据
lon_tm.ers	ER Mapper 的头文件
法国 **Brest** 的 **SPOT XS** 和全色数据	
s_0417_1.bil	Brest SPOT 全色数据
s_0417_1.hdr	ENVI 相应的头文件
s_0417_2.bil	Brest SPOT 多光谱数据
s_0417_2.hdr	ENVI 相应的头文件
copyright.txt	数据版权声明

1.2 数据融合

数据融合是将多幅影像组合到单一合成影像的处理过程。它一般使用高空间分辨率的全色影像或单一波段的雷达影像来增强多光谱影像的空间分辨率。

以下部分将带领你完成在 ENVI 中数据融合的准备工作和真正的数据融合的处理

过程。

◆ **准备工作**

为了在 ENVI 中进行数据融合，影像文件必须含有地理坐标（在这种情况下，空间重采样会自动进行），否则影像必须覆盖同一地理区域，并且有相同的像素大小、影像大小以及相同的方位。在本专题中，我们没有使用含有地理坐标的影像，因而低空间分辨率的影像必须重采样，使其和高分辨率的影像有相同的像素大小（在采样过程中将使用最近邻法采样）。

1.3 英国 London 数据融合的例子

◆ **读取并显示 ERMapper 影像**

英国 London 的 TM 和 SPOT 影像都是二进制的文件，含有 ERMapper 的头文件。它们能够自动地被 ENVI 的 ERMapper 读取程序读取。

（1）选择 **File → Open External File → IP Software → ER Mapper**，然后进入 `lontmsp` 子目录，选择 `lon_tm.ers` 文件。

（2）在可用波段列表中，单击 **RGB Color** 单选按钮，并依次选取红、绿、蓝字段所对应的波段，点击 **Load RGB** 来显示一幅彩色的 TM 影像。

（3）选择 **File → Open External File → IP Software → ER Mapper**，然后进入 `lontmsp` 子目录，选择 `lon_spot.ers` 文件。

（4）在可用波段列表中，单击 **Gray Scale** 单选按钮，选取 **Pseudo Layer** 波段，从 **Display** 的下拉菜单中选择 **New Display**，点击 **Load Band** 来显示一幅灰阶的 SPOT 影像。

◆ **调整影像大小**

（1）在可用波段列表中单击 SPOT 影像可以发现其空间尺寸为 2 820×1 569 像素，用同样的方法可以知道 TM 影像的空间尺寸为 1 007×560 像素。TM 影像的像素大小为 28 m，而 SPOT 影像的像素大小为 10 m。TM 的影像大小必须以 2.8 的倍率来调整大小，以产生与 SPOT 影像相匹配的 10 m 大小的像元（图 10-1）。

（2）选择 **Basic Tools → Resize Data（Spatial/Spectral）**，选择 `lon_tm` 并单击 **OK**。在 **Resize Data Parameters** 对话框的 **xfac** 文本框中输入 2.8，在 **yfac** 文本框中输入 2.800 9（为了使影像正确地匹配，必须输入 2.800 9 以在 y 方向上增加额外的像素值，而不是 2.8）。在本专题中，这个值的不同无关紧要，但是在实际的应用中可能会很重要。输入一个输出文件名，点击 **OK** 来调整 TM 影像的大小。

（3）显示调整过的影像，选择 **Tools → Link → Link Displays** 将调整过大小的 TM 影像和 SPOT 的全色影像链接起来，使用动态链接来分析比较这两幅影像。

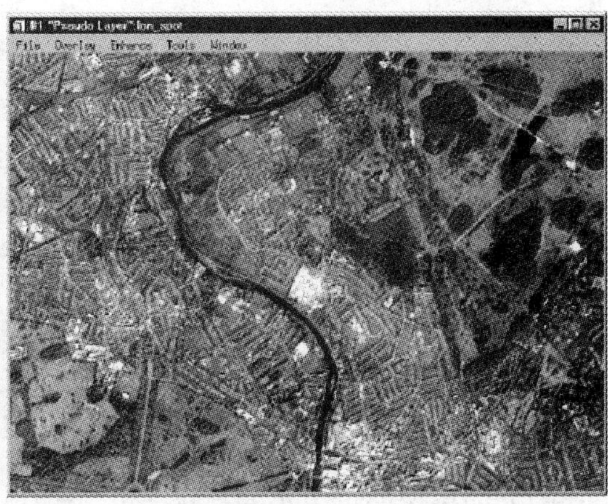

图 10-1 TM 的彩色合成影像（28 m 的空间分辨率，左图）；
SPOT 的全色影像（10 m 的空间分辨率，右图）

◆ 进行手动 HSI 数据融合

为了理解处理过程，选择进行手动数据融合。首先，TM 的彩色影像转换到色度—饱和度—数值（hue-saturation-value）彩色空间。将高分辨率的 SPOT 影像替换数值（value）波段，并将其拉伸到 0～1 之间，以满足正确的数据范围，再将从 TM 影像中获取的色度、饱和度以及从 SPOT 影像中获取的数值进行反变换，转回到红—绿—蓝彩色空间。这个过程将产生一幅输出影像，其包含了从 TM 影像中获取的颜色信息以及从 SPOT 影像中获取的空间分辨率信息。

（1）HSV 正变换

1）从 ENVI 的主菜单选择 **Transform → Color Transforms → RGB to HSV**，然后选择调整过大小的 TM 数据作为输入的 RGB 影像。输入要输出的文件名，点击 **OK** 执行变换。

2）作为灰阶影像或 RGB 彩色影像，来显示色度、饱和度和数值的影像。

（2）HSV 反变换

1）从 ENVI 主菜单选择 **Transform → Color Transforms → HSV to RGB**，选择转换过的 TM 影像的 **Hue** 和 **Saturation** 波段作为变换的 **H** 和 **S** 波段。

2）选择拉伸过的 SPOT 影像作为变换的 **V** 波段，点击 **OK**。在 **HSV to RGB Parameters** 对话框中输入要输出的文件名，点击 **OK** 进行反变换。

拉伸 SPOT 影像并替换 TM 的数值波段

1）从 ENVI 的主菜单选择 **Basic Tools → Stretch Data**，单击 `lon_spot` 文件，然后点击 **OK**。

2）在 **Data Stretching** 对话框的 **Output Data** 部分中，在 **Min** 文本框中输入 0，在 **Max** 文本框中输入 1，并输入一个输出文件名。单击 **OK**，将 SPOT 影像的数据拉伸为浮点型，范围为 0～1.0。

显示结果

（1）在可用波段列表中点击 **RGB Color** 单选按钮，并按顺序点击反变换后的 R、G、B 波段。再点击 **Load RGB** 按钮来显示一幅经过融合的 TM/SPOT 的彩色影像（图 10-2）。

（2）显示融合后的影像，选择 **Tools → Link → Link Displays** 将融合后的影像，同调整过大小的 TM 影像以及 SPOT 的全色影像链接起来。使用动态链接来分析、比较这些影像。

♦ 进行自动 HSV 变换融合

（1）在 ENVI 的主菜单选择 **Transform → Image Sharpening → HSV**。

（2）如果调整过大小的 TM 彩色影像已在显示窗口中，则可以在 **Select Input RGB** 对话框中直接选择合适的影像显示窗口。否则，就要在 **Select Input RGB Input Bands** 对话框中，选择 **Red Layer**、**Green Layer** 和 **Blue Layer** 所对应的调整过大小的 TM 影像波段，然后点击 **OK**。

（3）从 **High Resolution Input File** 对话框中选择 SPOT 影像，点击 **OK**。

（4）输入要输出的文件名 `lontmsp.img`，在 **HSV Sharpening Parameters** 对话框中点击 **OK**。

♦ 结果显示、链接和比较

（1）显示融合后的彩色影像，在可用波段列表中，选择 **RGB Color** 单选按钮，再在 R、G、B 波段中，选择融合影像中相应的波段，点击 **Load RGB**。

（2）通过在主影像窗口菜单中选择 **Tools → Link Displays → Link**，将原始 TM 彩色影像、SPOT 影像以及手动融合影像同 HSV 自动融合后的彩色影像进行比较。

选择 **Transform → Image Sharpening → Color Normalized(Brovey)**，尝试使用 Color Normalized（Brovey）Transform 进行融合变换，在输入所需的文件信息后，点击 **OK**。

图 10-2 TM 影像（30 m 空间分辨率，左图）；
TM 和 SPOT 融合后的影像（10 m 空间分辨率，右图）

1.4 法国 Brest 数据融合实例

◆ **打开并显示影像**

影像数据为 SPOT XS 和全色（PAN）影像。

（1）选择 **File → Open Image File**，进入 `brestsp` 子目录，打开 `s_0417_2.bil` 文件。这个文件是 SPOT-XS（多光谱）影像。随后该影像的三个波段出现在可用波段列表中。

（2）在可用波段列表中，单击 **RGB Color** 单选按钮，并依次选取 1、2、3 波段，点击 **Load RGB** 来显示这幅 20 m 空间分辨率的假彩色红外 SPOT-XS 影像。

（3）选择 **File → Open Image File**，打开 `s_0417_1.bil` 文件。该文件是 SPOT 的全色影像，空间分辨率为 10 m。该影像的一个波段出现在可用波段列表中。

（4）在可用波段列表中，单击 **Gray Scale** 单选按钮，并选取 SPOT 全色波段，点击 **Load Band** 来显示这幅 SPOT 全色影像。

◆ **调整影像以获取相同尺寸的像元大小**

（1）在可用波段列表中单击 SPOT 全色影像，可以发现其空间尺寸为 2 835×2 227 像素，再单击 SPOT-XS 影像，其空间尺寸为 1 418×1 114 像素。SPOT-XS 影像的像素大小为 20 m，而 SPOT 全色影像的像素大小为 10 m。SPOT-XS 的影像必须以 2.0 的倍率来调整大小，以产生与 SPOT 全色影像相匹配的 10 m 大小的像元。

（2）选择 **Basic Tools → Resize Data**（**Spatial/Spectral**），选择 SPOT-XS 影像（`s_0417_2.bil`）并单击 OK。在 **Resize Data Parameters** 对话框的 **xfac** 文本框中输入 1.999，在 **yfac** 文本框中输入 1.999。为了使影像正确地匹配，必须输入 1.999 而不是 2.0，以在 x 和 y 方向上都增加额外的像素值。在本专题中，这个值的不同无关紧要，但是在实际的应用中可能会很重要。输入一个输出文件，点击 **OK** 调整 SPOT-XS 影像的大小。

（3）显示调整过大小的影像，选择 **Tools → Link → Link Displays**，将调整过大小的 SPOT-XS 影像和 SPOT 全色影像链接起来，使用动态链接来分析比较这两幅影像（图 10-3）。

图 10-3 SPOT-XS 的彩色合成影像（20 m 的空间分辨率，左图）；SPOT 全色影像（10 m 的空间分辨率，右图）

◆ 进行自动 HSV 变换融合

（1）在 ENVI 的主菜单中选择 **Transform → Image Sharpening → HSV**。

（2）如果调整过大小的 SPOT-XS 彩色影像已显示在窗口中，则可以在 **Select Input RGB** 对话框中直接选择合适的影像显示窗口。否则，就要在 **Select Input RGB Input Bands** 对话框中，选择调整过大小的 SPOT-XS 影像的 1、2、3 波段，然后点击 **OK**。

（3）从 **High Resolution Input File** 对话框中选择 SPOT 全色影像，点击 **OK**。

（4）输入要输出的文件名 `brest_fused.img`，在 **HSV Sharpening Parameters** 对话框中点击 **OK**。

◆ 显示并比较结果

（1）显示融合后的彩色影像，在可用波段列表中，选择 **RGB Color** 单选按钮，再从融合后的影像中选择 R、G、B 波段，点击 **Load RGB**。

（2）通过在主影像窗口菜单中选择 **Tools → Link Displays → Link**，将 HSV 融合后的彩色影像同原始 SPOT-XS 彩色影像、SPOT 全色影像进行比较（图 10-4）。

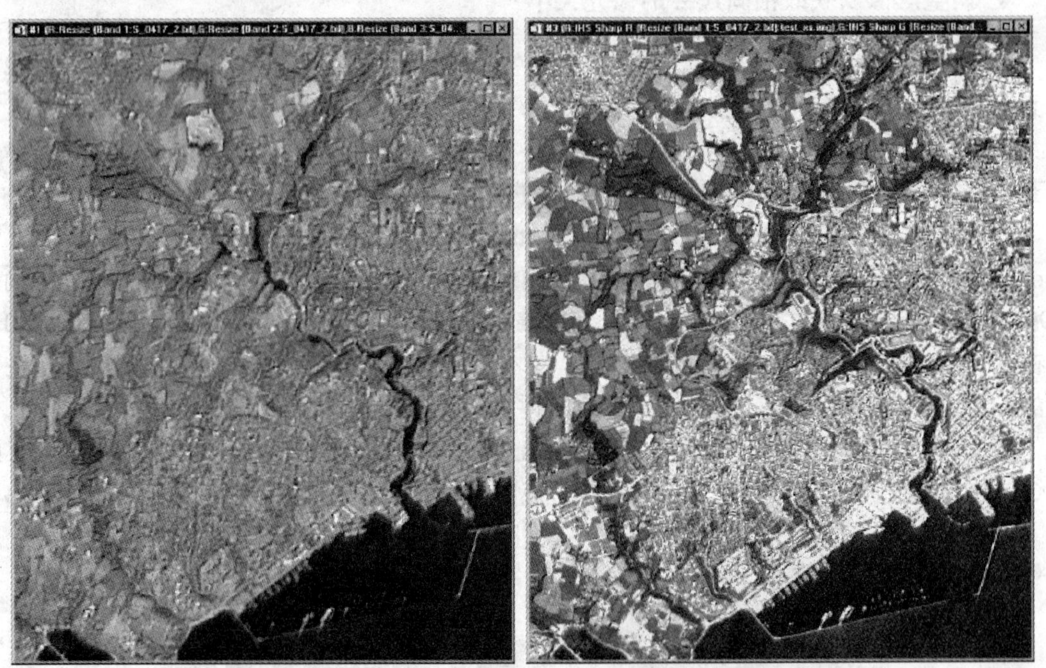

图 10-4 SPOT-XS 的影像（20 m 的空间分辨率，左图）；
SPOT-XS 和 SPOT-PAN 融合后的影像（10 m 的空间分辨率，右图）

◆ 结束 ENVI 程序

在 ENVI 主菜单中选择 **File → Exit**（在 UNIX 操作系统下是 Quit），在弹出的 **Terminate this ENVI Session** 对话框中选择 **Yes**，并点击 **OK**，退出 ENVI 程序。如果使用的是 **ENVI RT**，退出 ENVI 会返回操作系统。

专题十一　使用 ENVI 进行 TM 和 SAR 数据融合

1.1 专题概述

本专题旨在向用户展示 ENVI 数据融合的能力。在本专题中，我们将对意大利 Rome 地区的 TM 和 ERS-2 SAR 数据进行数据融合处理。并将融合后的结果同单一的 TM 和 SAR 数据进行比较，以了解数据融合的特点。要获取数据融合的详细信息，请参见《ENVI 遥感影像处理教程》（ENVI User's Guide）。在本专题中使用的 ERS 和 TM 数据影像已征得 European Space Agency（ESA）和 Eurimage 的使用许可。

◆ **本专题中使用的文件**

光盘：《ENVI 遥感影像处理专题与实践》附带光盘 #1

路径：`envidata/rometm_ers`（意大利 Rome 的 TM 和 ERS 数据）

文件	描述
rome_tm	意大利 Rome 的 TM 数据
rome_tm.hdr	ENVI 相应的头文件
romr_tm.pts	影像对影像校正中所需要的控制点文件
rome_ers2	意大利 Rome 的 ERS SAR 数据
rome_ers2.hdr	ENVI 相应的头文件

1.2 数据融合

数据融合是将多幅影像组合到单一合成影像的处理过程。一般情况下，它使用高空间分辨率的全色影像或单一波段的雷达影像来增强多光谱影像的空间分辨率。

以下部分将带领你，完成在 ENVI 中数据融合的准备工作和真正的数据融合的处理过程。

◆ **准备工作**

为了在 ENVI 中进行数据融合，影像文件必须含有地理坐标（在这种情况下，空间重采样会自动进行），否则影像必须覆盖同一地理区域，并且有相同的像素大小、影像大小以及相同的方位。在本专题中，我们没有使用含有地理坐标的影像，因而低空间分辨率的影像必须重采样，使其和高分辨率的影像有相同的像素大小（在采样过程中将使用最近邻法采样）。

1.3 意大利 Rome 数据融合的例子

意大利 Rome 数据为 TM 和 ERS 格式的影像数据。

◆ 读取并显示影像

（1）选择 **File → Open Image File**，进入 `rometm_ers` 子目录，选择打开 `rome_ers2` 文件。该文件是 ERS-2 SAR 影像数据，该影像的一个波段会随后出现在可用波段列表中。

（2）在可用波段列表中，单击 **Gray Scale** 单选按钮，并选取 ERS 波段，点击 **Load Band** 来显示这幅雷达影像。

（3）选择 **File → Open Image File**，打开 `rome_tm` 文件。该文件是 TM 的影像数据。该影像的七个波段会随后出现在可用波段列表中。

（4）从 **Display #1** 的按钮菜单中选择 **New Display**。

（5）在可用波段列表中，单击 **RGB Color** 单选按钮，并依次选取 4、3、2 波段，点击 **Load RGB** 来显示这幅 30 m 空间分辨率的假彩色 TM 红外影像。

◆ 根据 ERS 影像来配准 TM 影像

（1）选择 **Map → Registration → Select GCPs：Image-to-Image**，在出现的对话框中选定 Display #1（ERS 影像的窗口）为 **Base Image**，选定 Display #2（TM 影像的窗口）为 **Warp Image**，点击 **OK**。

（2）从 **Ground Control Points Selection** 对话框中，选择 **File → Restore GCPs from ASCII**，选定控制点坐标文件 `rome_tm.pts`，点击 **OK**。

（3）预先选择的控制点会加载到 TM 和 ERS 影像中，查看这两幅影像控制点的精度（图 11-1），在 **GCP Selection** 对话框的底部观察总的 RMS 误差，也可以在对话框的底部点击 **Show List** 按钮来查看控制点和误差。对于快速校正，这些控制点的数目已经足够了，然而也可以添加更多的控制点来提高这两幅影像的配准精度。要了解进行影像对影像配准校正的更多细节，请参见专题 5：影像配准和校正。

（4）从 **Ground Control Points Selection** 对话框中选择 **Options → Warp File**，选择 `rome_tm` 文件，点击 **OK**，来校正 TM 的七个波段，以匹配 ERS 影像。

（5）在 **Registration Parameters** 对话框的中部，点击 **Change Output Parameters** 按钮，在 **Upper Left Corner**（**XO**）文本框中输入 1，在 **Upper Left Corner**（**YO**）文本框中输入 1，在 **Number of Samples** 文本框中输入 5 134，在 **Number of Lines** 文本框中输入 5 549，点击 **OK**。

（6）在 **Registration Parameters** 对话框中输入要输出的文件名，点击 **OK**，进行影像对影像的配准校正。

图 11-1 TM 的近红外假彩色合成影像（选取波段 4、3、2 为 RGB），左图；ERS-2 SAR 影像，右图

◆ 使用 HSI 变换来进行影像融合

（1）在 ENVI 的主菜单选择 **Transform → Image Sharpening → HSV**。

（2）如果配准后的 TM 彩色影像已在显示窗口中，则可以在 **Select Input RGB** 对话框中直接选择合适的影像显示窗口。否则，就要在 **Select Input RGB Input Bands** 对话框中，选择配准后的 TM 影像的 4、3、2 波段，然后点击 **OK**。

【注意】如果从可用波段列表中选择了输入，影像数据将会转变为字节格式，因此，不能预料影像融合后的颜色。

（3）从 **High Resolution Input File** 对话框中选择 ERS-2 影像，点击 OK。

（4）输入要输出的文件名 `rome_fused.img`，在 **HSV Sharpening Parameters** 对话框中点击 **OK**。

◆ 显示并比较结果

（1）显示融合后的彩色影像，在可用波段列表中，选择 **RGB Color** 单选按钮，从融合后的影像中选择 R、G、B 波段，点击 **Load RGB**。

（2）通过在主影像窗口菜单中选择 **Tools → Link Displays → Link**，将 HSV 融合后的彩色影像同配准后的 TM 彩色影像、ERS-2 影像进行比较（图 11-2）。

（3）尝试将其他波段彩色组合同 ERS 影像进行融合，并比较结果。

◆ 结束 ENVI 程序

在 ENVI 主菜单中选择 **File → Exit**（在 UNIX 操作系统下是 **Quit**），在弹出的

Terminate this ENVI Session 对话框中选择 **Yes**，并点击 **OK**，退出 ENVI 程序。如果使用的是 **ENVI RT**，退出 ENVI 会返回操作系统。

图 11-2 Landsat 彩色红外同 ERS-2 融合后的影像

注意到改善后的纹理，能帮助区分地表的覆盖类型

专题十二 矢量叠合和 GIS 分析

1.1 专题概述

本专题旨在介绍 ENVI 矢量叠合和 GIS 分析的能力。专题中使用了 ESRI’s Maps and Data 光盘中的矢量数据、模拟的 4 m 分辨率的 Space Imaging/EOSAT 多光谱数据集以及美国加州（California）Gonzales 地区的矢量数据。这些数据已征得 ESRI 和 Space Imaging/EOSAT 的使用许可。专题的第一部分使用 ESRI 的数据来展示 ENVI 的矢量数据处理和 GIS 分析能力，其中，包括了 ArcView Shape 文件和相应的.dbf 属性文件的输入显示、查看/编辑属性数据、鼠标点击的空间查询以及数学/逻辑的查询操作。专题的第二部分使用了 Space Imaging/EOSAT 数据，来展示 ENVI 组合影像显示/矢量叠合和 GIS 分析的能力，包括鼠标跟踪查询属性信息、鼠标点击的空间查询、多功能数字化以及矢量层的编辑。此外，本专题还描述了生成新矢量层的步骤，这些矢量层是使用数学/逻辑查询操作或者 ENVI 感兴趣区（ROI）及分类影像的栅格到矢量的转换来生成的。最后，我们还将展示 ENVI 矢量到栅格的转换过程，通过矢量查询的结果来生成感兴趣区，提取影像统计信息和区域的计算结果，完成矢量到栅格的转换。在开始本专题内容前，我们假定用户已经了解了 GIS 分析的基本要领。

◆ **本专题中使用的原始资料和文件**

ESRI Data and Maps Version 1 CD-ROM

专题的第一部分所使用的实例数据来自 ESRI Data and Maps Version 1 CD-ROM，它是同 ArcView Version 3.0 一同发布的。这些数据格式包括 ArcView shape 文件、ArcGRID 文件，以及 Arc/INFO 导出文件（未经压缩过的.eoo 格式）。

Space Imaging EOSAT CarterraTM Agriculture Sampler Data

专题的第二部分所使用的采样数据集涵盖了美国 Gonzales 和 California 附近的一个农业区（the north-central portion of the Palo Escrito Peak，CA USGS 7.5 minute quadrangle）。它的数字影像是模拟数据，这些数据给当前使用数字影像的用户提供了一个了解轨道上获取的数字产品的机会。这些模拟数据集提供了各种信息的实例，这些影像集是从航空多光谱扫描仪上采集的数字影像数据中产生的。航空影像都经过了几何正射校正、辐射校正，并镶嵌拼接在一起，模拟 CARTERRA 数据产品。然而，这些模拟数据和卫星上获取的数据之间，几何和辐射特征上存在着一些差异。要了解更多的信息，请参见 si_eosat 子目录下关于 Carterra Sampler 的 readme.txt 文件。

◆ 所需的文件

光盘：《ENVI 遥感影像处理专题与实践》附带光盘 #1

《ENVI 遥感影像处理专题与实践》附带光盘 #2

路径：envidata/esri_gis（#1，对应专题的第一部分）

envidata/si_eosat（#1，对应专题的第一、二部分）

envidata/can_tm（#2，对应专题的第二部分）

文件	描述
第一部分所需的矢量文件（#1 光盘的 envidata/esri_gis 中）	
cities.shp（.shx，.dbf）	USA 城市点矢量文件
states.shp（.shx，.dbf）	USA 州多边形矢量文件
第一部分可任选的矢量文件（#1 光盘的 envidata/esri_gis 中）	
counties.shp（.shx，.dbf）	USA 县多边形矢量文件
drainage.shp（.shx，.dbf）	USA 排水网多边形矢量文件
rivers.shp（.shx，.dbf）	USA 河流线矢量文件
roads.shp（.shx，.dbf）	USA 道路线矢量文件
第二部分所需的影像文件（#1 光盘的 envidata/si_eosat 中）	
0826_ms.img	4 m 分辨率的多光谱数据影像
0826_ms.hdr	ENVI 相应的头文件
第二部分所需的影像文件（#2 光盘的 envidata/can_tm 中）	
can_tmr.img	Canon City TM 影像数据
can_tmr.hdr	ENVI 相应的头文件
can_sam.img	Canon City 波谱角（SAM）分类后的影像
can_sam.hdr	ENVI 相应的头文件
can_pcls.img	Canon City 平行六面体（Parallelepiped）分类后的影像
can_pcls.hdr	ENVI 相应的头文件
can_sv.img	对分类影像筛选处理后的影像（阈值= 5）
can_sv.hdr	ENVI 相应的头文件
can_clmp.img	筛选、聚类（5×5）处理后的影像
can_clmp.hdr	ENVI 相应的头文件
can_tm1.roi	Canon City TM 影像中的感兴趣区#1
can_tm2.roi	Canon City TM 影像中的感兴趣区#2
第二部分所需的矢量文件（#1 光盘的 envidata/si_eosat 中）	
vectors.shp（.shx，.dbf，.evf）	区域轮廓多边形
第二部分可任选的矢量文件（#1 光盘的 envidata/si_eosat 中）	
gloria.evf（.dbf）	查询结果中的多边形
lanini.evf（.dbf）	查询结果中的多边形
sharpe.evf（.dbf）	查询结果中的多边形

1.2 矢量叠合和 GIS 概念

◆ 功能概述

ENVI 提供了详尽的矢量叠合和 GIS 分析的功能，这些功能包括：

- 支持大多数的工业标准的 GIS 文件输入格式，包括 shape 文件和相应的.dbf 属性文件，Arc/Info 交换文件（.eoo，未压缩），MapInfo 矢量文件.mif 和从相应的.mid 文件中获取的属性表，Microstation DGN 矢量文件，DXF，USGS DLG 和 USGS SDTS 格式。ENVI 内部采用的二进制格式.evf 来表现矢量文件。
- 矢量和影像/矢量显示提供了一个独立的矢量绘制窗口，来显示矢量数据或由矢量组成的地图。最为重要的是，ENVI 还允许在标准 ENVI 显示中进行矢量叠合，在所有的窗口（包括缩放窗口）中进行真正的矢量化叠合。
- ENVI 内建立了世界范围内的边界线矢量层，包括低和高分辨率的行政边界、海岸线、河流，以及美国的州界线，这些都可以在矢量窗口中显示出来或叠合在影像窗口中。
- 用户可以在矢量或栅格窗口中，根据屏幕的显示进行多功能的数字化。这种多功能的数字化提供了一种通过添加点、线、面来创建新的矢量层的简单手段。
- 基于影像或矢量窗口的矢量编辑，允许用户使用标准的修改工具，充分利用 ENVI 栅格影像所提供的影像背景信息，修改矢量层中单一的多边形、折线（Polyline）和点。
- 感兴趣区、特定影像的等值线、分类影像以及其他栅格处理的结果，都能很容易地转换成矢量格式，然后再进行 GIS 分析。
- 纬度/经度和地图坐标信息都能够显示出来，并可以导出以进行影像到地图的配准。当选择一个矢量时，其属性信息能实时地显示。
- ENVI 支持对矢量和栅格显示中的矢量和属性表进行点击查询。在显示窗口中点击矢量，相应的矢量及其信息都会在属性表中高亮显示出来。同样的，在属性表中点击属性，屏幕将滚动到并高亮显示相应的矢量。
- 通过矢量属性数据的行和列，进行滚动漫游显示。修改已经存在的信息数据或者用常数替换某些属性，或者从 ASCII 文件中导入数据。添加或删除属性表中的列字段。对列字段的信息进行升序或降序排列。将属性记录导出为 ASCII 文本文件。
- 查询矢量数据库属性，获取满足特定搜索准则的信息。使用简单的数学函数或逻辑操作进行 GIS 分析，以产生新的信息和图层。与 ENVI 的处理范例相一致，结果既可以保存在内存中，也可以保存在文件中以备后续的处理。
- 控制矢量层的显示特性，修改线的类型，填充方式，颜色和符号。使用属性来调整注记和符号的大小。添加自定义的矢量符号。
- 矢量数据可以被重新定义投影，从任意一种地图投影转换到其他的地图投影。
- 矢量数据可以从矢量转化为感兴趣区，来计算区域的统计信息，并可以使用多个 ENVI 的栅格分析功能。

- 在矢量或影像窗口中使用 ENVI 标准的注记，来创建地图。设置边界宽度和背景颜色。图形颜色完全由用户配置。自动生成矢量地图层的图例，并能够插入对象，例如，矩形、椭圆、线段、箭头、符号、文本，以及嵌入影像，选择并修改存在的注记对象，保存并恢复特殊组合地图的注记模板。
- 从 ENVI 的内部`.evf`格式的文件中创建 shape 文件及相应的`.dbf`属性表和索引或 DXF 文件。使用 ENVI 强大的影像处理能力来生成新的矢量图层。在 ENVI 中，对矢量图层的修改都能轻易地导出到工业标准的 GIS 格式。
- 使用 ENVI 的直接打印功能将结果输出到打印机或制图仪。

◆ **基本概念**

ENVI 的矢量叠合和 GIS 分析功能提供了同 ENVI 栅格处理程序一样的范例处理手段。它使用了标准的文件打开，标准的对话框进行选项选择或是进行向文件或内存的输出。以下的部分将介绍一些基本的概念。

ENVI 的矢量文件（.evf）

外部的矢量文件导入 ENVI 时，会自动地转换为 ENVI 的内部矢量格式，其默认的文件扩展名为`.evf`。这将优化数据的存储，提高处理的速度。当文件第一次被导入时，通过简单的选择 **Memory**，作为输出的选项，可以直接使用外部的矢量文件，而不用创建`.evf`文件。在这种情况下，没有`.evf`文件被创建，但是当该文件下一次被使用时，就会进行转换。

Available Vectors List（可用矢量列表）

可用波段列表是用来列出并加载相似的影像波段，可用矢量列表提供了对 ENVI 中所有打开的矢量进行访问的能力。它常常会在需要时自动地出现，也可以通过在 ENVI 主菜单中选择 **Window → Available Vectors List** 来打开它。通过在列表中选择要加载的矢量，并在窗口的底部点击 **Load Selected**，可以把矢量加载在矢量或影像显示窗口。如果打开了一幅影像显示窗口，用户可以选择将矢量加载到这个影像窗口还是加载到一个新的矢量窗口。除了列出并加载矢量层外，可用矢量列表还提供了各种功能，包括打开矢量文件，启动新的矢量窗口，创建世界范围内的边界线（见下一部分）或新的矢量层，将分析结果导入到感兴趣区（栅格到矢量的转换）、shape 文件或其他辅助文件。

图 12-1 为可用矢量列表。

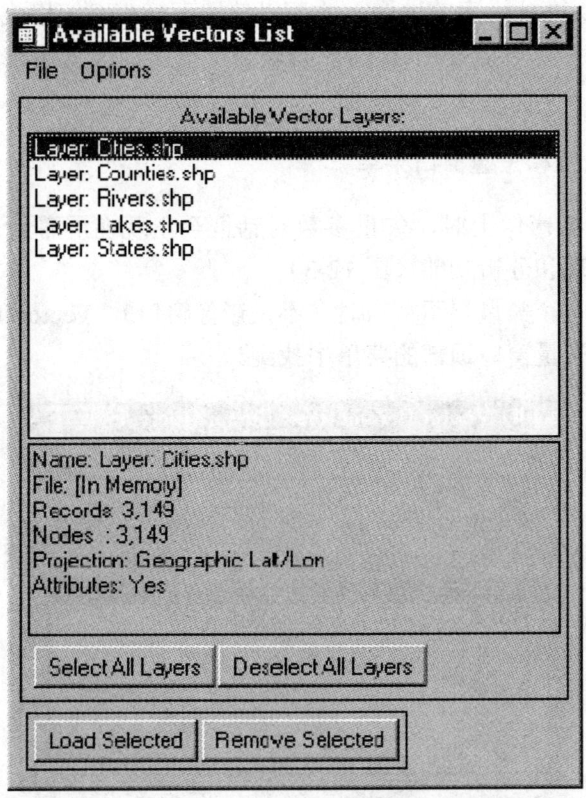

图 12-1　ENVI 的可用矢量列表

创建世界范围内的边界线

ENVI 能利用 IDL 的地图集生成 ENVI 的 `.evf` 格式的低或高分辨率的世界边界线。从可用矢量列表中选择 **Options → Create World Boundaries**，或从 ENVI 主影像菜单中选择 **Vector → Create World Boundaries** 即可。此外用户还可以创建生成行政边界、海岸线、河流，以及美国的州界线。

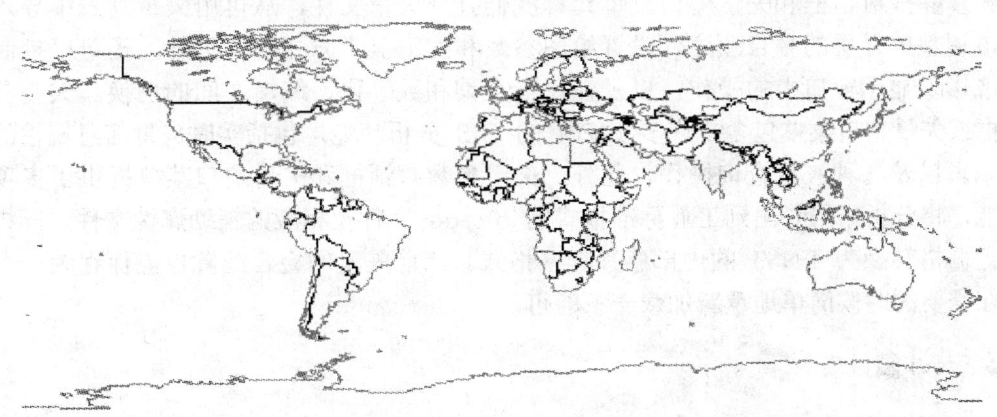

图 12-2　ENVI 世界边界线

只有安装了 IDL 高分辨率的地图，才可以使用高分辨率的格式。如果现在还没有将地图安装到操作系统中，可以使用 ENVI 的安装光盘，修改安装设置来包含该高分辨率地图集。

◆ 矢量参数对话框和矢量窗口菜单

当矢量叠合到一幅影像上时，矢量参数对话框会出现在屏幕上来控制矢量的显示方式以及相应的矢量处理和分析功能（图 12-3）。

当矢量加载到了一个矢量显示窗口时（不是影像窗口），**Vector Parameters** 对话框中的各项功能也可以在矢量窗口顶部的菜单中找到。

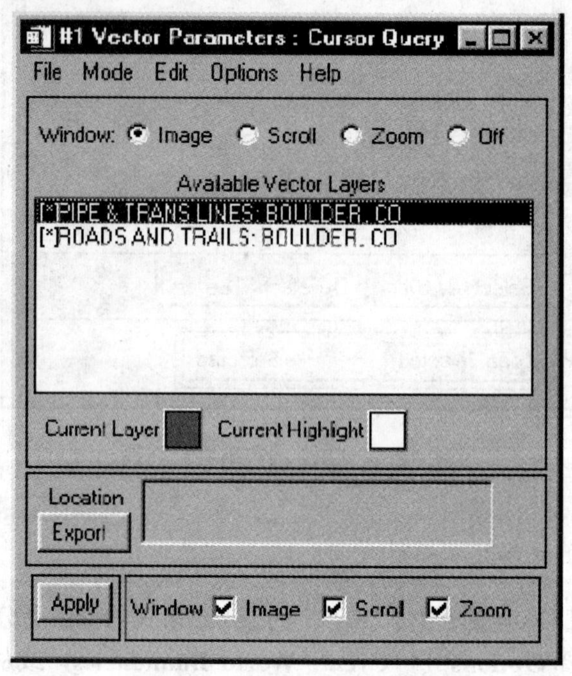

图 12-3 ENVI 矢量参数对话框

矢量参数对话框和矢量窗口菜单允许我们打开矢量文件，从可用矢量列表中导入矢量层，调整矢量层的叠合顺序，设置绘图参数和注记显示方式等。另外，还可以控制在矢量或影像显示窗口中的操作，以及在鼠标查询和数字化、编辑之间的切换。矢量参数对话框或矢量窗口菜单包含了许多 ENVI 的 GIS 分析功能，包括实时矢量信息属性的查看和编辑以及各种矢量查询操作。此外，矢量参数对话框和矢量窗口菜单提供了多项其他功能，将分析结果导出到工业标准格式的 shape 文件及相应的辅助属性文件，同样也可以把栅格转换为 ENVI 的内部感兴趣区格式。当前矢量的叠合配置也能保存为一个模板，在需要的时候简单地重新加载一下即可。

◆ ENVI 属性表

ENVI 提供了对工业标准格式，.dbf 格式中 GIS 数据的全部属性进行访问的能力。属性值将会列在一个可以编辑的表中，允许点击选择或修改（图 12-4）。

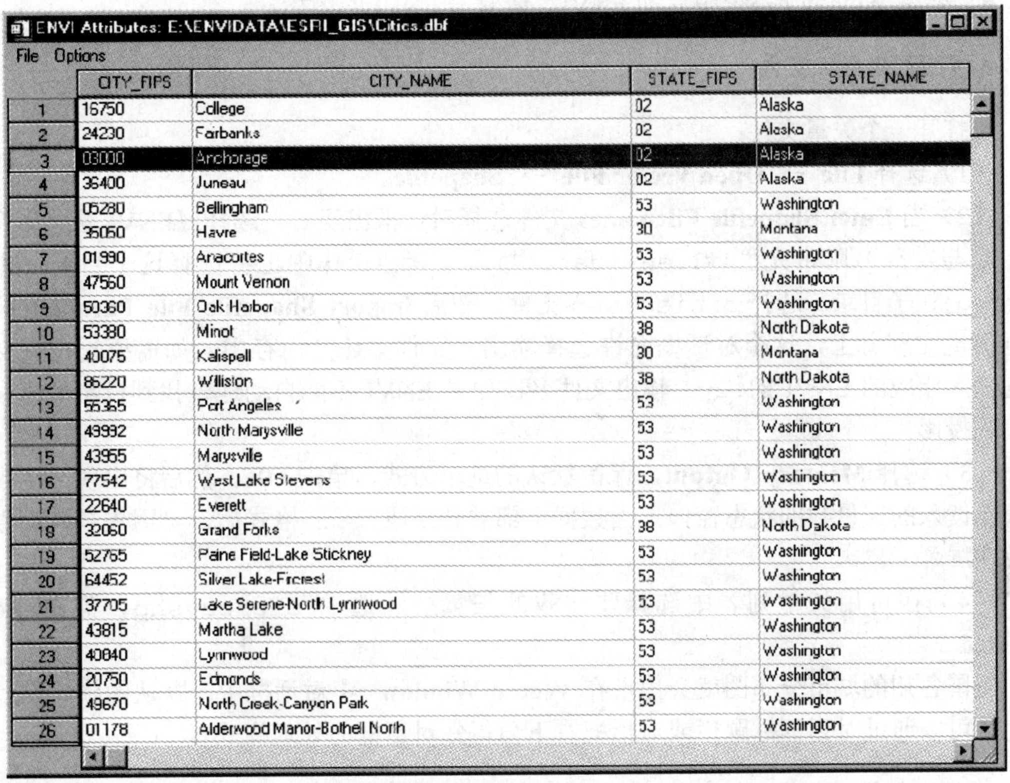

ENVI Attributes: E:\ENVIDATA\ESRI_GIS\Cities.dbf

File　Options

	CITY_FIPS	CITY_NAME	STATE_FIPS	STATE_NAME
1	16750	College	02	Alaska
2	24230	Fairbanks	02	Alaska
3	03000	Anchorage	02	Alaska
4	36400	Juneau	02	Alaska
5	05280	Bellingham	53	Washington
6	35050	Havre	30	Montana
7	01990	Anacortes	53	Washington
8	47560	Mount Vernon	53	Washington
9	50360	Oak Harbor	53	Washington
10	53380	Minot	38	North Dakota
11	40075	Kalispell	30	Montana
12	86220	Williston	38	North Dakota
13	55365	Port Angeles	53	Washington
14	43992	North Marysville	53	Washington
15	43955	Marysville	53	Washington
16	77542	West Lake Stevens	53	Washington
17	22640	Everett	53	Washington
18	32060	Grand Forks	38	North Dakota
19	52765	Paine Field-Lake Stickney	53	Washington
20	64452	Silver Lake-Fircrest	53	Washington
21	37705	Lake Serene-North Lynnwood	53	Washington
22	43815	Martha Lake	53	Washington
23	40840	Lynnwood	53	Washington
24	20750	Edmonds	53	Washington
25	49670	North Creek-Canyon Park	53	Washington
26	01178	Alderwood Manor-Bothell North	53	Washington

图 12-4　ENVI 属性表

在单元格中双击鼠标就能够进行编辑。属性表还支持用相同的值代替整列或是选择 ASCII 文件中的值来进行替换。此外，还可以添加或删除个别的列，在同一列中按单元格中的值，进行升序或降序排列。ENVI 的属性表能被输出保存为 ASCII 格式的文件或是一个.dbf 文件。

ENVI 属性表也支持点击的空间查询，以定位到影像或矢量窗口的记录上。通过点击属性表左边的标签，来选择属性表中特定栏的具体的记录。选中的相应矢量会以一种对比颜色在影像或矢量窗口中高亮显示出来。多项记录，包括不是毗邻的数据项，也可以通过在点击行标签时同时按住 Ctrl 键来进行选择。

1.3 第一部分：矢量数据处理

专题的这一部分将展示在 ENVI 中如何对单独的 GIS 矢量数据来进行处理和分析。我们将使用 ESRI Data and Maps 1 CD-ROM 的数据（在《ENVI 遥感影像处理专题与实践》附带光盘 #1 中）

♦ 启动 ENVI

在启动程序之前，请确保 ENVI 已经按安装指南中描述的步骤正确安装。

- 要在 UNIX 或 Macintosh OS X 中启动 ENVI，请在 UNIX 命令行中输入 `envi`。

- 要在 Windows 系统中启动 ENVI，请双击 ENVI 的图标。

◆ 打开 Shape 文件

要打开一个矢量文件：

（1）选择 **File → Open Vector File → Shapefile**。

（2）当 **Enter Shapefile Filenames** 文件选择对话框出现后，选择《ENVI 遥感影像处理专题与实践》附带光盘 #1 envidata 目录（其他操作中也将选择这个目录）中的 esri_gis 子目录。选择 cities.shp 文件。随后 **Import Shapefile File Parameters** 对话框出现在屏幕上，这个对话框允许选择输出到文件中还是内存中，如需要输出到文件中则输入相应的 ENVI 的.evf 输出文件名，如果 ENVI 不能自动地查找到投影信息，还需输入投影。

（3）选择 **Memory Output**，保留默认的选项方式，单击 **OK**。然后将出现一个指示最大已读入的矢量数的状态窗口。当数据全部被转换成.evf 格式后，可用矢量列表也将出现在屏幕上。

（4）在可用矢量列表中选择要加载的矢量层，选中 cities.shp，点击 **Load Selected**。

美国各州的城市分布图就会出现在 **Vector Window #1** 对话框中。默认的模式是鼠标查询。可以通过对话框标题栏或对话框右下角得知对话框的处理模式。

◆ 处理矢量点数据

（1）在 **Vector Window #1** 中按住鼠标左键不放，并拖曳鼠标指针。在对话框的左下角就会显示出相应的纬度和经度信息。

（2）放大相邻的 48 个州。将鼠标放在 Washington 州西北方向的城市附近，用鼠标中键单击并拖曳出一个能覆盖所需地区的矩形框。

释放鼠标来定义选择区域的右下角，同时对话框就会放大显示这块选择区域。可以使用多种放大缩小的方式。点击鼠标中键的同时按住 **Shift** 键，将以鼠标光标处为中心放大显示区。从点击右键弹出的快捷菜单中选择 **Previous Range**，将跳至上一次的缩放程度。选择快捷菜单中的 **Reset Range**，或是单击鼠标中键重新设置缩放，将矢量显示设为初始值。

（3）通过在 **Vector Window #1** 的下拉菜单中选择 **Edit → Edit Layer Properties** 来改变标记城市的符号。从 **Point Symbol** 按钮菜单中选择 **Flag**，点击 **OK**。

【注意】可以在 ENVI 安装目录的 menu 子目录中的 usersym.txt 文件中，定义自己的符号，并添加使用它们。

（4）也可以通过选择 **Edit → Edit Layer Properties** 来修改其他矢量显示特征，并在 **Edit Vector Layers** 对话框中改变所需的特征（颜色、符号、大小）。点击 **Preview** 查看所做过的修改。

◆ 使用 IDL 的地图集创建美国的州界线

（1）在可用矢量列表中，选择 **Options → Create World Boundaries**。

（2）在出现的 **Create Boundaries** 对话框中，点中 **USA States** 旁边的复选框（check boxes）。选择 **Memory** 单选按钮，点击 **OK** 生成美国的州界线。该矢量自动地加载在可用矢量列表中。

（3）在可用矢量列表中，选中 *USA States* [*Full Range*]，点击 **Load Selected** 按钮。在 **Load Vector** 对话框中，选择 **Vector Window #1** 来加载显示该矢量。

先前定义的城市和刚加载的州界线都会出现在矢量窗口中。在这里，州界线是由折线（polyline）构成的，它们不是真正的多边形（由数字化和存储的方式造成的）。

（4）选择 **Edit → Edit Layer Properties**。在 **Edit Vector Layers** 对话框中，选择 **USA States [Full Range]**，修改州界线的部分显示参数，包括颜色、线形以及线宽。

- 要改变显示的颜色，点击带颜色的矩形框直至你所需要的颜色，或者用鼠标右键点击该框，并从出现的菜单中选择一个颜色。

（5）修改结束后，点击 **OK**。

（6）要清除州界线，在可用矢量列表中点击选中 **USA States[Full Range]**，再点击 **Remove Selected**。

◆ 处理矢量多边形数据

（1）在 **Vector Window #1** 对话框中，选择 **File → Open Vector File → Shapefile**。

（2）在 **Enter Shapefile Filenames** 对话框中，选择 `states.shp`，点击 **Open**。

（3）在 **Import Shapefile File Parameters** 对话框中，点击 **Memory** 单选按钮，再单击 **OK** 选择默认的选项方式读入矢量数据。

（4）一个状态窗口将显示已经读入的所有矢量数，当数据转换完毕后，可用矢量列表将出现在屏幕上。这步操作把 `states.shp` 加载到可用矢量列表和现有的矢量显示窗口中。

（5）选择 **Edit → Edit Layer Properties**。在 **Edit Vector Layers** 对话框中，单击 **Layer：states.shp**，然后将其颜色改为绿色。再从 **Polygon Fill** 按钮菜单中，选择 **Line**，点击 **OK**。

◆ 获取矢量信息和属性

（1）在 **Vector Window #1** 对话框中，单选鼠标右键，在弹出的快捷菜单中选择 **Select Active Layer → Layer：cities.shp**。再选择 **Options → Vector Information** 来打开矢量信息窗口。在矢量窗口中用鼠标左键在城市标识上单击并拖曳，观察矢量信息窗口中显示的从`.dbf` 属性文件中获取的基本属性信息。

（2）在矢量信息窗口中，查看 AREANAME 属性字段，寻找你的故乡或离得最近的城市，并在 **Vector Window #1** 对话框的底部查看其纬度和经度。

◆ 查看属性并点击查询

（1）确保`cities.shp`仍然是当前活动层，选择 **Mode → Cursor Query**，并在 **Vector Window #1** 对话框中选择 **Edit → View/Edit/Query Attributes** 打开矢量层属性表。可以对所选矢量层的属性表进行完全的修改。

（2）在所选城市的最左边栏点击进行空间查询。点击后，在矢量窗口中相应的城市标识就会高亮显示出来。如果需要，用鼠标中键点击并拖曳出一个矩形框包含住这些高亮显示的城市，可以将所选城市区域放大。通过在窗口点击鼠标中键可以缩小该区域。

（3）使用鼠标左键在城市标识上点击，并观察矢量信息窗口中的属性值，可以校验是否选择了恰当的城市。

（4）向右滚动 ENVI 属性窗口直到能看到 **AREALAND** 栏为止，修改所选城市的面积值。使用鼠标左键在相应的 **AREALAND** 表格单元中双击，输入一个新的数值，并按下 **Enter** 键来改变其值。

（5）基于地图进行查询，点击一个城市的标识，可以观察到 ENVI 属性表中相应的记录项会高亮显示出来。在城市附近拖曳鼠标，从一个城市标识到另一个城市标识，注意观察 ENVI 属性表是如何滚动到所选城市的。

◆ **查询属性**

（1）确保 `cities.shp` 仍然是当前活动层，选择 **Edit → Query Attributes**。在 **Query Layer Name** 文本框中，输入要生成的矢量层的名称。例如，输入 `Where State == California`，点击 **Start** 按钮，查询条件（**Query Condition**）对话框就会出现。

（2）在出现的查询条件（**Query Condition**）对话框中点击 **AREANAME** 按钮，并在下拉菜单中选择 **ST**。再点击对话框中部列表选项中的 > 符号按钮，选择 ==。在 String Value 文本框中，输入字符串 **CA**（确信能匹配上 ST 字段），点击 **OK**。ENVI 根据查询结果，生成一个新的矢量层及其相应的 `.dbf` 文件，并将该新层在可用矢量列表中列出，同时加载到 **Vector Window #1** 中。

（3）通过使用鼠标中键，拖曳出一个包含美国加州（California）的矩形框，放大所选的矢量。

（4）在 **Vector Window #1** 对话框中，单击鼠标右键，在弹出的快捷菜单中选择 **Select Active Layer → Layer: Where State == California**。再选择 **Edit → View/Edit/Query Attributes**，打开新的 `.dbf` 属性文件。当 ENVI 属性表出现后，按先前部分描绘的步骤进行点击查询，并观察所选城市在矢量窗口和属性表中位置之间的联系。当点击属性表左边记录项标签的同时按住 **Ctrl** 键，可以从属性表中选择多个城市。

（5）在 ENVI 属性表中点击 **AREANAME** 栏的顶部来高亮显示整个属性项，选择 **Options → Sort by selecte column forward** 可以对所选栏按字母表顺序排列。向下滚动各栏，并点击 **Sacramento**，在矢量窗口中美国加州（California）的省会就会用不同的颜色高亮显示出来。

◆ **在矢量窗口中注释图例（Map Key）**

ENVI 的工具允许在矢量窗口对话框中生成一个矢量注记。这与在 ENVI 影像和绘制区进行注记所使用的工具本质上是相同的，因而在这里不再详细的叙述。下面介绍如何将一个图例加载到注记窗口中。

（1）在 **Vector Window #1** 对话框中，选择 **Options → Annotate Plot**。

（2）在 **Annotation** 对话框中，选择 **Object → Map Key** 来为矢量层自动地生成一

个图例，在 **Vector Window #1** 对话框中单击鼠标左键来放置并移动该图例。

- 要改变图例的属性特征，点击 **Annotations** 对话框中的 **Edit Map Key Items** 按钮，并在 **Map Key Object Definition** 对话框中改变相应的设置。

（3）在 **Vector Window #1** 对话框（图 12-5）中点击鼠标右键结束对图例的放置操作。所有矢量窗口中的注记将和 ENVI 显示窗口中的注记表现方式相同。要获取更多的详细描述请参见《ENVI 遥感影像处理教程》（ENVI User's Guide）中注记（Annotation）的部分。

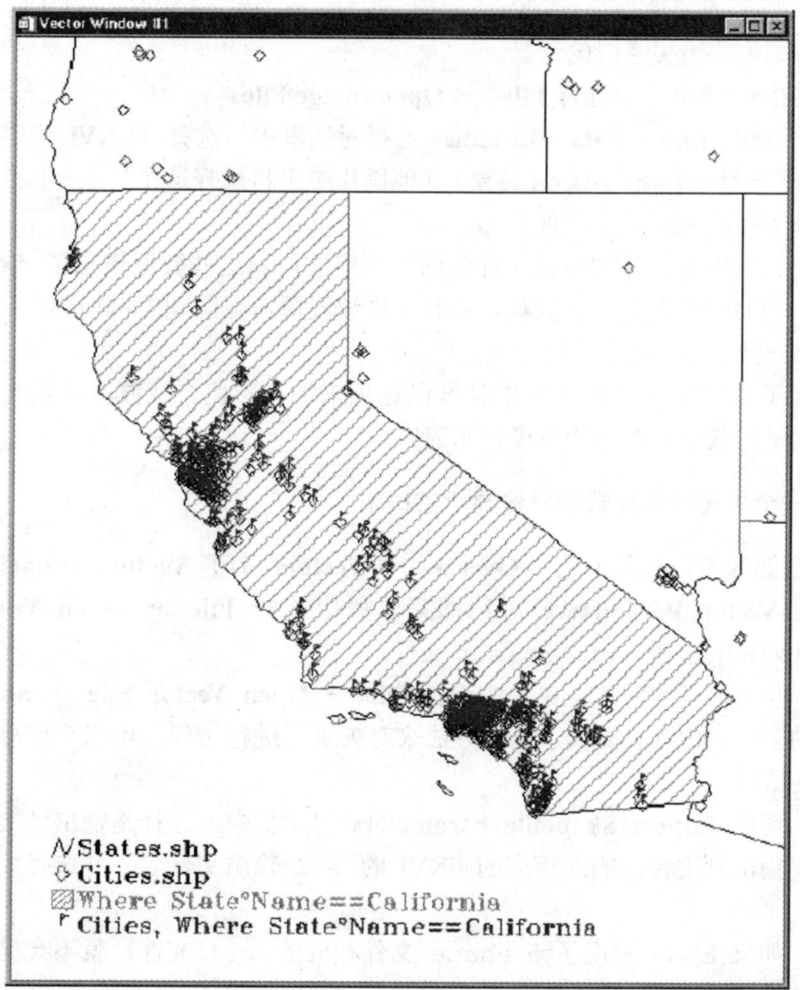

图 12-5 GIS 属性查询和注记的结果

◆ 关闭所有窗口和文件

（1）在可用矢量列表中，点击 **Select All Layers**，然后点击 **Remove Selected**，选择 **File → Cancel**，关闭可用矢量列表。

（2）在 **Vector Window #1** 对话框中选择 **File → Cancel**，关闭矢量窗口及相应的属性对话框和属性表。

到这里就结束了本专题的第一部分。

1.4 第二部分：栅格数据和矢量数据处理

本专题的这一部分将展示如何使用矢量叠合分析以及进行 GIS 数据、属性同栅格影像的组合。

◆ **加载影像数据进行影像/矢量显示**

打开一幅影像作为矢量层的背景。

（1）从 ENVI 主菜单中选择 **File → Open Image File**。

（2）在出现的 **Enter Data Filenames** 选择对话框中，选择《ENVI 遥感影像处理专题与实践》附带光盘 #1 `envidata` 目录（其他操作中也将选择这个目录）中的 `si_eosat` 子目录，选择 `0826_ms.img` 文件。

可用波段列表出现，并列出该文件的四个光谱波段。这些数据模拟了 4 m 分辨率的 Space Imaging EOSAT 多光谱数据集，并且光谱波段覆盖范围同 Landsat 的 TM 数据前四个光谱波段相一致。

由于使用了 ENVI 头文件中的默认波段选项来加载彩色合成波段，因此一个真彩色的影像将自动地加载显示在新的影像显示窗口中。

◆ **打开一个矢量层并加载到影像显示窗口中**

（1）从主影像窗口菜单中选择 **Overlay → Vectors**，打开 **Vector Parameters** 对话框。

（2）从 **Vector Parameters** 对话框菜单栏中选择 **File → Open Vector File → Shapefile**，从列表中选择 `vectors.shp` 文件。

【注意】也可以从 ENVI 主菜单中选择 **File → Open Vector File → Shapefile** 选项来完成相同的工作。ENVI 提供了几种方法来对矢量层进行访问，可以采用与应用和处理方式相一致的方法。

在随后出现的 **Import Shapefile Parameters** 对话框中，选择是输出到文件还是内存中，若是需要输出到文件，输入相应的 ENVI 的`.evf` 输出文件名，并选择数据当地的投影。

【注意】如果 ENVI 发现了该 `shape` 文件相应的`.prj` 文件，就不会提示手动地输入数据当地的投影了。

（3）在 **Import ArcView Shape File Parameters** 对话框中，点击 **State Plane（NAD 83）** 作为 **Native Projection**，然后点击 **Set Zone** 按钮，并在 **Select State Plane Zone** 对话框中选择 **（404，3351）California IV**，再选择 **Memory** 作为输出，点击 **Import Shapefile Parameters** 对话框中的 **OK** 键完成投影的选择。

一个状态窗口将显示已经读入的所有矢量数，当数据转换完毕后，矢量将自动加载到可用矢量列表对话框中，并在影像中以白色显示出来。

（4）在 **Vector Parameters** 对话框中，点击 `vectors.shp`，高亮显示该矢量层名字。

（5）点击 **Current Layer** 颜色框或者右击颜色框并从菜单选择一个更明显的颜色来

显示矢量。点击 **Apply** 更新矢量的颜色。

◆ **用光标跟踪属性**

（1）在 **Vector Parameters** 对话框中，选择 **Options** → **Vector Information**，打开 **Vector Information** 窗口。在影像窗口中，用鼠标左键点击并拖曳鼠标，观察矢量的属性信息。同样，也可以在 **Vector Parameters** 对话框中看到相应的纬度和经度信息。在 **Vector Parameters** 对话框中选择 **Scroll** 或 **Zoom** 单选按钮，使得矢量跟踪只能在相应的窗口中进行。点击 **Off** 单选按钮则返回到在主影像窗口和滚动窗口滚动，在缩放窗口缩放的一般功能。尝试在缩放窗口中用不同的缩放比例来获取更合适、更准确的矢量显示。

（2）确保在 **Vector Parameter** 对话框的 **Mode** 菜单中，选择了 **Cursor Query** 模式。

（3）在 **Vector Parameters** 对话框中选择 **Edit** → **View/Edit/Query Attributes** 打开矢量层的属性表。使用第一部分仅对矢量处理介绍中描述的方法来进行点击查询，点击属性表左边的那栏（已编号的），并在影像窗口中查看相应高亮显示的特定多边形。可以在 **Vector Parameters** 对话框中，将 **Current Highlight** 的颜色改变为在屏幕上更显眼的颜色。

◆ **灵活方便的（屏幕）数字化**

ENVI 提供了矢量编辑功能，允许将新的矢量添加到一个已存在的矢量层或是创建一个新的矢量层。这些矢量编辑功能同 ENVI 的多边形、折线、点的注记功能相似。ENVI 灵活的数字化功能允许创建新的多边形、折线、点、矩形，以及椭圆。

（1）从 **Vector Parameters** 对话框中选择 **File** → **Create New Layer** 来创建一个新的矢量层。在 **New Vector Layer Parameters** 对话框中，输入新矢量层的名字，点击 **Memory** 单选按钮，并点击 **OK**。

（2）在 **Vector Parameters** 对话框中，点击新生成的矢量层的名字，就会初始化新生成的`.dbf`文件。

（3）选择 **Mode** → **Add New Vectors**。

（4）在本专题中将创建多边形矢量，选择 **Mode** → **Polygon**。

（5）在影像显示窗口中（如果在 **Vector Parameters** 对话框中选择了 **Window** 单选按钮，则也可以在滚动窗口或缩放窗口中进行），按以下的步骤用鼠标来定义一个新的多边形区域：

- 点击鼠标左键，绘制多边形的各线段。
- 点击鼠标中键，来擦除刚绘制的线段。
- 点击鼠标右键，固定多边形的形状。再次点击鼠标右键，从弹出的快捷菜单中选择 **Accept New Polygon**，接受新建的多边形。

【注意】如果新矢量层的颜色是白色的，应该在绘制多边形之前，将颜色改变为一个新的更显眼的颜色。

（6）以影像中区域的轮廓为参考，绘制一些多边形。

（7）在 **Vector Parameters** 对话框中选择 **Edit** → **Add Attributes**，给新创建的多边形添加属性。在 **Attribute Initialization** 对话框中，在 **Name** 字段输入`Field_ID`，点击

Type 按钮菜单并选择 **Character**。在对话框的底部，点击 **Add Field** 按钮，在 **Name** 字段中输入第二个名为 `Field Area` 的属性，将 **Type** 改为 **Numeric**。点击 **OK** 创建属性表。

（8）按专题第一部分所描述的方法来修改属性表。在属性表字段中双击鼠标左键，使其可以编辑，输入一个值，并按下键盘上的 **Enter** 键。

为了知道属性表中每一行所对应的多边形区域，可以从 **Vector Parameters** 对话框中选择 **Mode → Cursor Query**，然后在每一行的标签上点击即可。

（9）在属性表顶部的菜单中选择 **File → Cancel**，关闭属性表。

◆ 编辑矢量层

（1）在 **Vector Parameters** 对话框中，点击刚创建的新矢量层，然后选择 **Mode → Edit Existing Vectors**。

（2）在主影像窗口中，点击在上一节中所生成的某个多边形，该多边形就会高亮显示出来，并且多边形的节点会标记成钻石形。当矢量被选定，就可以进行如下的修改：

- 单击鼠标右键，在弹出的快捷菜单中选择 **Delete Selected Vector**，删除整个多边形。
- 单击节点，并拖曳到新的位置来移动节点。
- 单击鼠标右键，选择 **Accept Changes** 保存修改并重新绘制多边形。
- 通过点击鼠标中键或在右击显示的快捷菜单中选择 **Clear Selection**，退出修改，不进行任意变动。
- 要在多边形中添加或删除节点，可以在右击显示的快捷菜单中按如下步骤进行选择：

要添加一个节点，右击并选择 **Add Node**，然后将该节点拖曳到一个新的位置。要删除节点，单击节点，然后从快捷菜单中选择 **Delete Node**。要改变每次添加的节点数，右击选择 **Number of Nodes to Add**。在对话框中，输入节点的数目。要删除一系列的节点，用右键点击该范围内的第一个点，然后选择 **Mark Node**。再用右键点击该范围的最后一个点，再次选择 **Mark Node**。最后，右击选择 **Delete Marked Nodes** 即可。

（3）结束这一部分，从 ENVI 主菜单中选择 **Window → Available Vectors List**，然后在显示的可用波段中选择新创建的矢量层，并点击 **Remove Selected** 来删除它们。

【注意】不要删除 `vectors.shp` 矢量层，后面还会用到。

◆ 查询操作

（1）在 **Vector Parameters** 对话框中，选择 **Mode → Cursor Query**。

（2）在 **Vector Parameters** 对话框中，点击 `vectors.shp` 矢量层的名字，选择 **Edit → View/Edit/Query Attributes** 打开属性表。

（3）查看 RANCH 属性字段，可以注意到主要有三个所有者："gloria"、"lanini" 和 "sharpe"。选择 **File → Cancel** 关闭属性表。

（4）在 **Vector Parameters** 对话框中，选择 **Edit → Query Attributes**，在 **Layer Attribute Query** 对话框中的 **Query Layer Name** 中输入 `Gloria Ranch`，并点击 **Start** 按钮。

（5）在 **Query Condition** 对话框中，单击 **AREA** 按钮从下拉菜单中选择 **RANCH**，点击 > 按钮，将条件设为 ==，并在 String Value 文本框中输入字符串 `gloria`（确信能与属性表相匹配）。选择 **Memory** 单选按钮，点击 **OK**，由查询所生成的新的矢量层将在 **Vector Parameters** 对话框中列出。

（6）在对话框中点击层的名字，并选择 **Edit → Edit Layer Properties** 菜单来改变层的参数。点击 **Polygon Fill** 按钮，从下拉菜单中选择 **Line**，点击 **OK**。所有的 Gloria Ranch 将作为一个新层突出显示出来。

（7）通过在 **Vector Parameters** 对话框中选中矢量层的名字，选择 **Edit → View / Edit / Query Attributes** 来查看该层的属性。检查查询的结果。

（8）关闭属性表，并重复查询步骤，对 `lanini` 和 `sharp` 的 ranches 进行查询，用不同的颜色和图案突出显示出来。

（9）选择 **Layer Attribute Query** 对话框中的逻辑条件运算，尝试进行其他属性的多项联合查询。

◆ 矢量转换为感兴趣区（ROI）

ENVI 在矢量分析和栅格影像处理之间提供了几个重要的交互式操作。专题的这一部分将介绍如何对矢量结果进行处理，为影像创建感兴趣区以及提取区域统计数据和多边形的面积信息。

（1）在主影像显示窗口菜单中选择 **Overlay → Region of Interest**，打开 **ROI Tool** 对话框。

（2）在 **Vector Parameters** 对话框中，点击一个矢量层的名字，把它导出为感兴趣区。

（3）在 **Vector Parameters** 对话框中，选择 **File → Export Active Layer to ROIs**。将上节用查询操作所生成的几个矢量层转成感兴趣区。这些矢量层都将在 **ROI Tool** 对话框中列出。

（4）在 **ROI Tool** 对话框中选择 **Options → Report Areas of ROIs → Meters²**，生成一个关于区域面积的报告。

（5）点击 **ROI Tool** 对话框中感兴趣区的名字，然后点击对话框底部的 **Stats** 按钮，来获取 Gloria Ranch 多边形和多光谱数据之间的影像统计信息。用同样的方法来得到其他矢量查询分析中生成的矢量层的统计信息，并比较它们的面积和统计数据。

现在这些矢量多边形都是 ENVI 的感兴趣区了，可以使用所有 ENVI 的强大栅格处理功能来分析与感兴趣区有关的影像数据。这些功能包括掩模处理、统计、对比度拉伸和监督法分类。

◆ 影像结果的地图输出

ENVI 提供了将主影像显示窗口中的栅格或者矢量叠合数据生成影像地图的工具。这些工具包括在 ENVI 影像和绘制区进行注记所使用的注记工具以及显示窗口菜单 **File → QuickMap** 中的快速制图工具。下面的描述将展示如何在主影像显示窗口中放置图例。要了解更多的信息，请参见《ENVI 遥感影像处理教程》（ENVI User's Guide）中对注记

（Annotation）的描述。

（1）可以使用 ENVI 的影像地图合成工具生成一个带有所用矢量名的图例的影像输出地图。从主影像显示窗口菜单栏中，选择 **Overlay → Annotation**。

（2）选择 **Object → Map Key**，打开 **Annotation：Map Key** 对话框。

（3）在主影像显示窗口中点击鼠标左键放置或移动注记。

（4）为了改变注记的显示特性，点击 **Edit Map Key Items** 按钮并从中选择所需的进行修改。要返回到放置注记状态，点击 **OK**。

（5）在主影像显示窗口中点击右键，确定图例放置的位置。

GIS 矢量在影像叠合的结果见图 12-6。

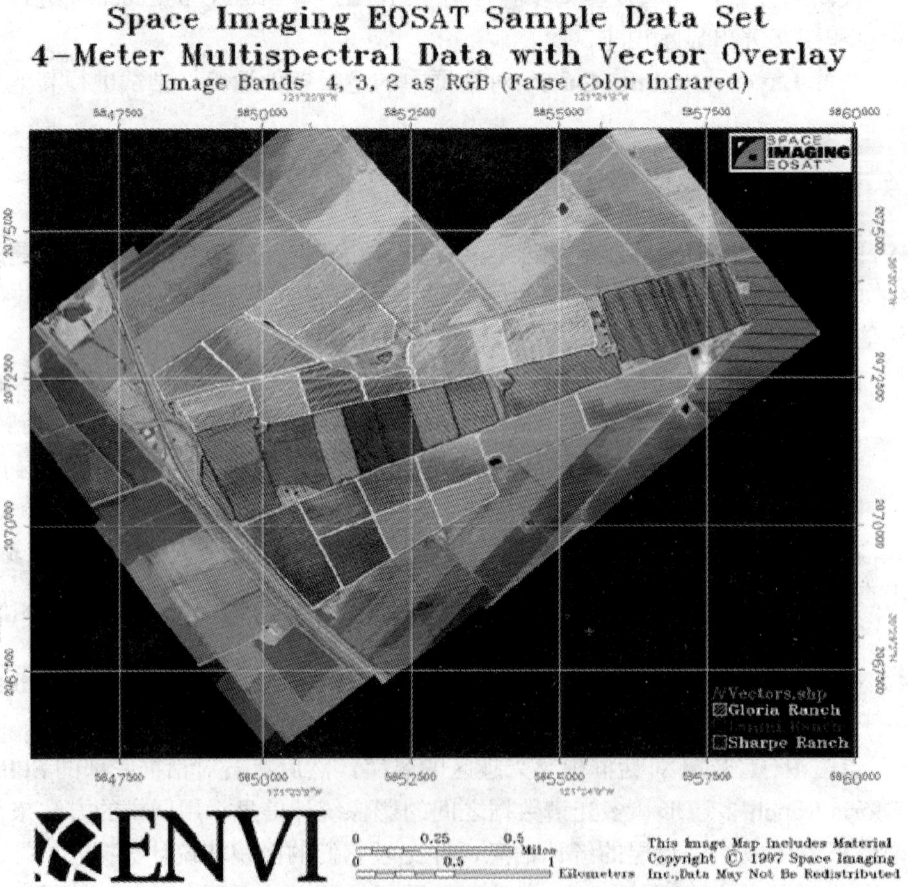
Space Imaging EOSAT Sample Data Set
4-Meter Multispectral Data with Vector Overlay
Image Bands 4, 3, 2 as RGB (False Color Infrared)
Vectors.shp
Gloria Ranch
Sharpe Ranch
ENVI
Miles
Kilometers
This Image Map Includes Material
Copyright © 1997 Space Imaging
Inc.,Data May Not Be Redistributed

图 12-6 GIS 矢量在栅格影像上叠合的结果

关闭所有窗口和文件

（1）在可用矢量列表中，点击 **Select All Layers**，然后点击 **Remove Selected**，选择 **File → Cancel**，关闭可用矢量列表。

（2）在 ENVI 主菜单中选择 **File → Close All Files**，关闭影像窗口及所有的相关对话框和表格。

◆ **栅格到矢量的转换**

ENVI 能够很容易地将栅格影像处理的结果转换到 ENVI 矢量处理和分析中进行操作，或是导出到外部的 GIS 平台中，例如 ArcView 和 ArcInfo。本专题的最后部分将阐释把栅格信息导出到 GIS 矢量的方法。

将感兴趣区（ROI）导出到矢量层

使用 ENVI 标准方法定义的感兴趣区能够导出成一个或多个矢量层。

加载影像数据到显示窗口

打开一个影像文件作为已被定义的感兴趣区的背景，并将该感兴趣区导出成矢量。

（1）从 ENVI 主菜单中，选择 **File → Open Image File**。

（2）在出现的 **Enter Data Filenames** 选择对话框中，选择进入《ENVI 遥感影像处理实践与演练》附带光盘 #2 `envidata` 目录（其他操作中也将选择这个目录）中的 `can_tm` 子目录，选择 `can_tmr.img` 文件。

（3）在可用波段列表中，选择波段 4，点击 **Gray Scale** 按钮，然后点击 **Load Band** 将一个 TM 波段的灰阶影像，加载显示到一个新的影像显示窗口。

加载预定义的感兴趣区

一些感兴趣区已经预先使用了 ENVI 交互式感兴趣区的定义工具定义了。

（1）在主影像显示窗口中，选择 **Overlay → Region of Interest**，打开 **ROI Tool** 对话框。在 **ROI Tool** 对话框中，选择 **File → Restore ROIs**，并选取感兴趣区文件 `can_tm1.roi`。ENVI 的一个消息对话框将描述什么样的区域被恢复了，点击 **OK**。预先定义的感兴趣区将加载到 **ROI Tool** 对话框中，并在影像显示窗口中绘出。

（2）重复上面的步骤，打开 `can_tm2.roi` 文件。

此时，这些感兴趣区都将叠合在 TM 的数据影像上。

◆ **将感兴趣区转换成矢量**

（1）要将感兴趣区转换成矢量多边形，在 **ROI Tool** 对话框中选择 **File → Export ROIs to EVF**，打开 **Export Region to EVF** 对话框。

（2）高亮显示区域的名字来选择其中某个区域。选择 **All points as one record** 单选按钮选项，在 **Layer Name** 文本框中输入层的名字，点击 **Memory**，然后点击 **OK** 转换第一个感兴趣区。

重复上面的步骤，转换第二个感兴趣区。矢量层的名字都会在可用矢量列表中列出。

（3）在可用矢量列表中，点击 **Select All Layers**，然后点击 **Load Selected** 按钮。

（4）在 **Load Vector** 对话框中，选择 **New Vector Window** 打开一个新的矢量显示窗口，这些矢量将以多边形的方式加载到 **Vector Window #1** 对话框中。

（5）在 **Vector Window #1** 对话框中，选择 **Edit → Add Attributes** 给多边形添加属性信息。

（6）按照本专题辅导所描述的内容来添加属性信息，这样就可以同其他矢量数据一同使用查询和 GIS 分析功能了。通过在 **Vector Window Parameters** 对话框中，选择 **File → Export Active Layer to Shapefile**，将这些矢量导出成 shape 文件。

关闭所有窗口和文件

（1）在可用矢量列表中，点击 **Select All Layers**，然后点击 **Remove Selected**，选择 **File → Cancel** 关闭可用矢量列表。

（2）选择 **File → Cancel**，关闭 **Vector Window #1** 对话框。

（3）从 ENVI 主菜单中选择 **File → Close All Files**，关闭影像窗口及所有的相关对话框和表格。

◆ **将分类影像导出成矢量多边形**

使用 ENVI 标准分类方法之一产生的分类结果能够导出成一个或多个矢量层。ENVI 也允许选择单个影像，并根据其亮度级导出成矢量层。

加载并显示一个分类影像

打开一个影像文件作为定义感兴趣区的背景，并把它导出成矢量。

（1）从 ENVI 主菜单中，选择 **File → Open Image File**。

【注意】在某些操作系统平台中，必须按住鼠标左键才能显示主菜单中的子菜单项。

（2）在出现的 **Enter Data Filenames** 文件选择对话框中，选择进入《ENVI 遥感影像处理专题与实践》附带光盘 #2 envidata 目录中的 can_tm 子目录，选择 can_pcls.img 文件。这个影像文件是采用平行六面体法对 Canon 市 TM 数据进行分类后的影像，共分了三个类。

（3）用鼠标左键双击可用波段列表中的波段名，将这个分类结果加载到一个灰阶影像显示中。

对分类影像进行预处理

要成功地进行栅格到矢量的转换，通常需要对分类影像进行综合性处理。如果不进行这样的处理，那么处理完的结果中会有很多矢量多边形由单一像素或小团像素构成。

为了比较综合性处理后的分类影像，可以在显示窗口中分别加载显示。按下面所描述的，先是显示 5 个像素筛选（sieve）处理后的结果，然后显示 5×5 聚合（clump）处理后的结果。

（1）首先打开并在 Display #1 中显示 can_sv.img 影像，筛选处理后的结果。

（2）然后还是在 Display #1 中显示 can_clmp.img 影像，聚合处理后的结果。

【提示】这两个文件都位于《ENVI 遥感影像处理专题与实践》附带光盘 #2 envidata 目录下的 can_tm 子目录中。

将综合性处理后的分类影像转换成矢量多边形

（1）从 ENVI 主菜单中，选择 **Classification → Post Classification → Classification**

to Vector。

（2）在 **Raster to Vector Input Band** 对话框中，点击选择 can_clmp.img 分类影像进行处理，再点击 OK 按钮，打开 **Raster to Vector Parameters** 对话框。

（3）在 **Raster to Vector Parameters** 对话框中，按住 **Shift** 键点击 Region #1 和 Region #2，高亮显示这两类感兴趣区。

（4）点击 **Output** 后面的箭头切换按钮，选择 **One Layer per Class**，选择 **Memory** 输出结果，点击 **OK**。当进行矢量化转换时会出现一个状态对话框，转换结束后新的矢量层会出现在可用矢量列表中。

（5）通过按住 **Shift** 键点击矢量的名称来选择这两个矢量层，再点击 **Load Selected**，选择 **Display Window #1**。同样，也可以在 **Load Vector** 对话框中选择 **New Vector Window**，将矢量显示在一个 ENVI 矢量窗口中。

（6）点击矢量层的名字，然后选择 **Edit → Edit Layer Properties** 改变矢量层的显示特性。

- 对于第一个矢量层，将颜色设置为白色，将 **Polygon Fill** 设为 **Line**。
- 对于第二个矢量层，将颜色设置为黄色，将 **Polygon Fill** 设为 **Line**，点击 **OK**。

检查矢量层以及栅格分类影像矢量化的结果。如果需要，也可以把矢量都叠合到 can_tmr 波段 3 的灰阶影像上。叠合的结果见图 12-7。

图 12-7　分类影像栅格到矢量转换结果与栅格影像的叠合

◆ 结束 ENVI 程序

在 ENVI 主菜单中选择 **File → Exit**（在 UNIX 操作系统下是 **Quit**），在弹出的 **Terminate this ENVI Session** 对话框中选择 **Yes**，并点击 **OK**，退出 ENVI 程序。如果使用的是 **ENVI RT**，退出 ENVI 会返回操作系统。

专题十三　地图制图

1.1 专题概述

本专题旨在向用户介绍 ENVI 地图制图的处理流程。ENVI 新增的快速制图功能能够生成基本的地图制图模板，再使用 ENVI 的注记功能来添加额外的信息。要获取更多的详细描述请参见《ENVI 遥感影像处理教程》（ENVI User's Guide）。

◆ **本专题中使用的文件**

光盘：《ENVI 遥感影像处理专题与实践》附带光盘 #1

路径：envidata/ys_tmsub

文件	描述
ysratio.img	美国黄石公园 TM 比率影像（Subset）
ysratio.hdr	ENVI 相应的头文件
ysratio.ann	保存的注记文件
ysratio.grd	保存的公里网参数文件
ys_loc.tif	比率影像的具体位置

1.2 在 ENVI 中进行地图制图

ENVI 的地图制图功能使得用户能够方便快捷地、交互式地添加图例等要素将一幅影像绘制成地图。制图过程一般由以下几步组成：先使用 ENVI 快速制图（QuickMap）功能生成基本模板（或恢复原保存的模板），然后使用 ENVI 的注记功能或其他影像叠合功能按需要进行交互式地制图。快速制图允许用户设定地图比例、输出页的大小以及方位，能够选择影像的空间子集进行制图，还可以方便地添加基本地图要素，如地图公里网、比例尺、地图标题、标识、地图投影信息和其他基本地图注记。此外，ENVI 快速制图输出中的自定义注记功能允许插入图例、三北方向图表（Declination Diagrams）、箭头、影像或绘制图、附加的文本等要素。使用 ENVI 注记或公里网叠合功能的交互式地图制图功能允许用户修改快速制图的默认叠合设置，合理布置所有的地图要素。

开始本专题（Getting Started）

使用 ENVI 的快速制图功使得在 ENVI 中制图同显示一幅影像一样简单，所需要做的就是生成或恢复一个基本地图模板，如果需要，再交互式地添加或修改个别的地图要素，如注记、比例尺、公里网等。地图制图的结果可以保存为一个 ENVI 的显示组，需要时再进行恢复，然后修改或打印出来。此外，ENVI 的注记功能允许用户为共有的地图要素对象，分别建立或保存模板。

- 首先，选择要制图的影像，打开影像文件，作为一个灰阶或 RGB 彩色影像加载到 ENVI 的显示窗口，将影像对比度调整到合适的程度。（下一部分将做简要的说明）

♦ 启动 ENVI

启动前，请确认已正确安装 ENVI。

- 要在 UNIX 或 Macintosh OS X 中启动 ENVI，请在 UNIX 命令行中输入 `envi`。
- 要在 Windows 系统中启动 ENVI，请双击 ENVI 的图标。

♦ 打开显示 Landsat TM 影像

要打开一个影像文件：

（1）在 ENVI 主菜单中，选择 **File → Open Image File**。

（2）在出现的 **Enter Input Data File** 文件选择对话框中，选择进入《ENVI 遥感影像处理专题与实践》附带光盘 #1 `envidata` 目录中的 `ys_tmsub` 子目录。从列表中选择 `ysratio.img` 文件，点击 **Open**，相应的文件和波段会列出在可用波段列表中。根据默认设置，5/7、3/1、3/4 的比率波段会自动地加载到“R”、“G”、“B”字段，且同时选择了 **RGB Color** 按钮。

（3）点击对话框底部的 **Load RGB** 按钮，把该影像加载到一个新的显示窗口中，一旦影像在显示窗口中显示出来，就可以按照下列步骤创建快速制图（QuickMap）模板，并添加单独的地图要素。

♦ 生成快速制图模板

（1）从主影像显示窗口菜单中，选择 **File → QuickMap → New QuickMap**，打开 **QuickMap Default Layout** 对话框，这个对话框可以用来修改输出页的大小，页的方位以及地图的比例。

（2）我们保留除了地图比例尺之外的所有默认设置，将 **Map Scale** 改为 `200，000`，点击 **OK**，选定影像子集。

（3）我们将使用整个影像，使用鼠标左键点击红色方框的左下角并拖动方框，选中整个影像。

【提示】要选择影像的子集输出成地图，使用鼠标左键放置并调整红色矩形框。

（4）点击 **OK**，随后 **QuickMap Parameters** 对话框将出现在屏幕上（图 13-1）。

（5）在对话框中用鼠标左键点击 Main Title 文本框，键入文本 `Yellowstone National Park Image-Map`。

（6）在对话框中使用鼠标右键点击 **Lower Left Text** 文本框，在弹出的菜单中选择 **Load Projection Info**，从 ENVI 头文件中加载影像的投影信息。

（7）在对话框中使用鼠标右键点击 **Lower Right Text** 文本框，键入文本 Map Generated

Using，然后回车（按下 **Enter** 键），再依次键入 ENVI QuickMap、Copyright 2001、Research Systems，Inc，每次键入时都要按回车键。

（8）根据本专题的目的，我们建议将 **Scale Bars**、**Grid Lines** 和 **North Arrow** 前面的复选框（check box）选中。要更改设置，仍然可以使用 **QuickMap Parameters** 对话框右边的复选框及其选项进行。

（9）点击 **Declination Diagram** 复选框，并选中。

（10）在对话框底部选择 **Save Template**，输入 **Output Filename** 文件名 `ysratio.qm`，点击 **OK**，将快速制图的结果保存为快速制图模板文件。这个模板可以在处理相同像素大小的影像时进行调用，只需显示所需影像，并选择 **File → QuickMap → from Previous Template**，恢复已经保存了的快速制图模板。

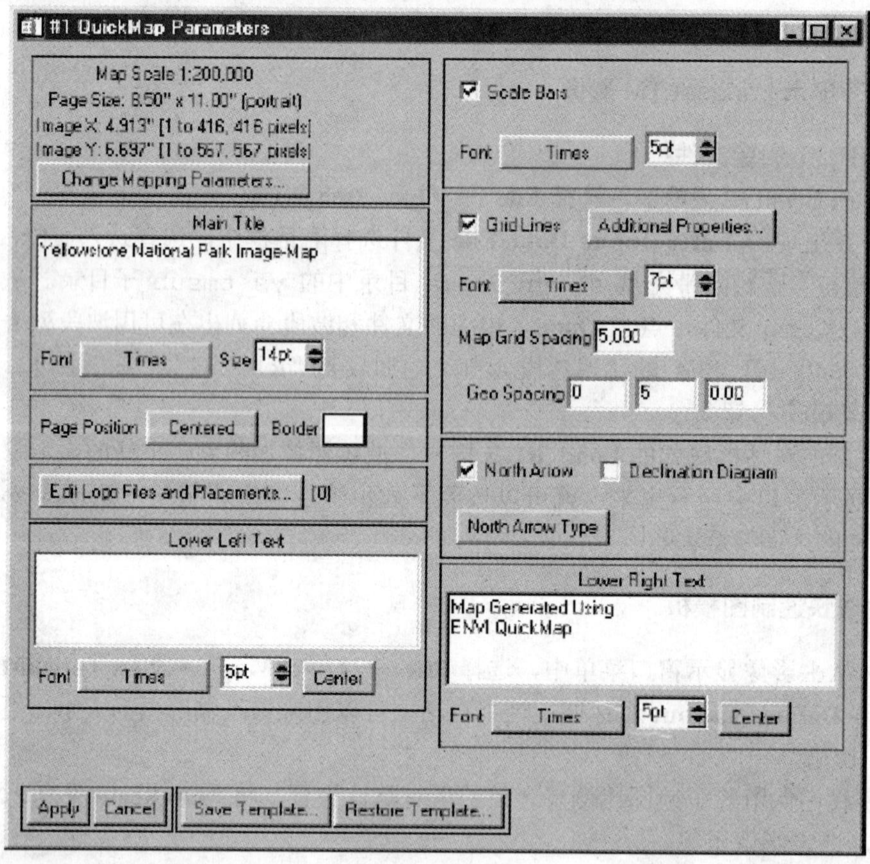

图 13-1 ENVI 的 QuickMap Parameters 对话框，显示了默认设置和地图制图专题中添加的文本

（11）在 **QuickMap Parameter** 对话框的左下角点击 **Apply**，在标准 ENVI 显示窗口组中显示快速制图的结果。如果需要，可以修改 **QuickMap Parameter** 对话框中的设置，然后点击 **Apply** 更新显示结果。

（12）可以将快速制图的结果输出到打印机或 Postscript 文件。见 155 页的“保存结果”（Save the Results）以及 156 页的“打印结果”（Printing the Results）来获取更多的信息。如果需要，保存或打印一个副本，否则，继续下一步。

（13）在 ENVI 显示窗口组中重新查看结果，观察地图公里网、比例尺、指北针以及默认文本的位置（图 13-2）。

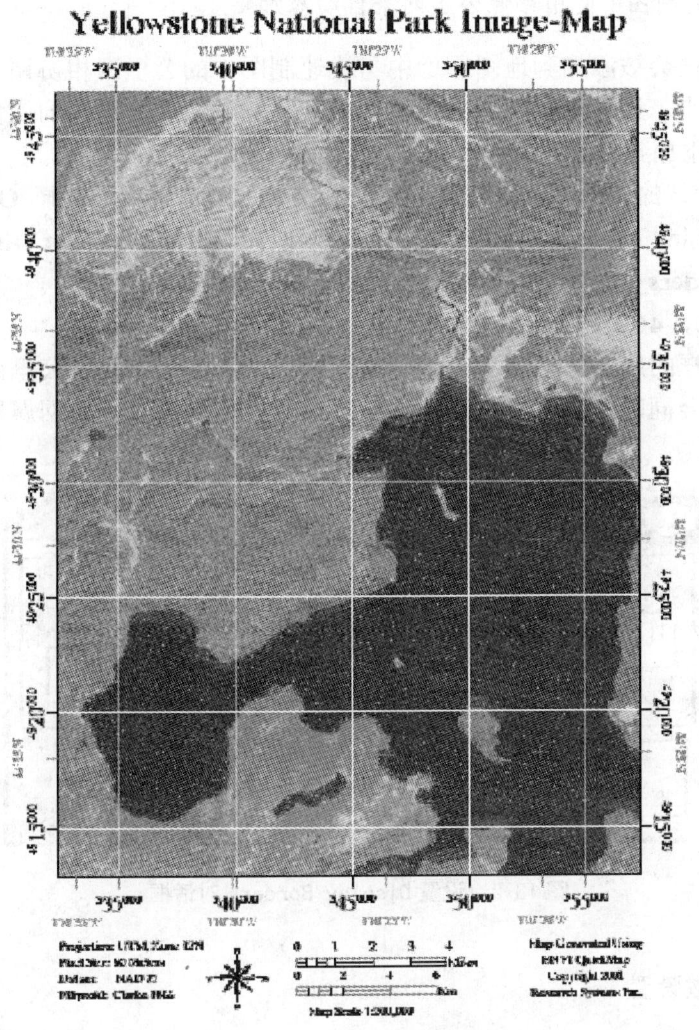

图 13-2　ENVI 快速制图的默认输出

◆ **自定义地图版面设计中的元素**

ENVI 提供了多种定制地图制图的选项，包括添加虚边框（virtual borders）、文本注记、公里网、等值线、绘图插入、矢量叠合，以及分类叠合。可以使用 ENVI 的主影像窗口、滚动窗口或者缩放窗口来进行其他定制的制图操作（如果使用滚动窗口，可以拖住其一角来调整显示的大小）。

（1）添加虚拟边框

默认的 ENVI 显示中只包含了影像，周围没有空白的空间。地图制图一般需要将某些地图要素放置在影像之外。ENVI 提供了一个“虚拟边框”的功能来将注记放置在影像的周围而不用创建新的影像。虚拟边框可以采用几种方法添加在影像上，以下部分将依次介绍。

在 ENVI 快速制图中使用影像公里网来自动添加

一个虚拟边框会被添加到地图影像中与快速制图中的公里网相协调，并且默认的公里网也将显示出来。请参见以下的具体说明来了解如何修改公里网的属性参数。必要的边框将会自动地添加到影像的两边。

1）要改变默认的边框，可以从快速制图的主显示窗口菜单中选择 **Overlay → Grid Lines**。当 **Grid Line Parameters** 对话框出现后，选择 **Options → Set Display Borders**，打开 **Display Borders** 对话框。

2）输入 100，400，150 和 100，如图 13-3 所示。点击 **OK**。

新的虚拟边框的属性马上就会应用到地图影像中。如果保存了公里网的参数文件，边框属性信息也会同时保存，而且当从公里网参数文件中恢复公里网属性时，边框属性信息也会被恢复。

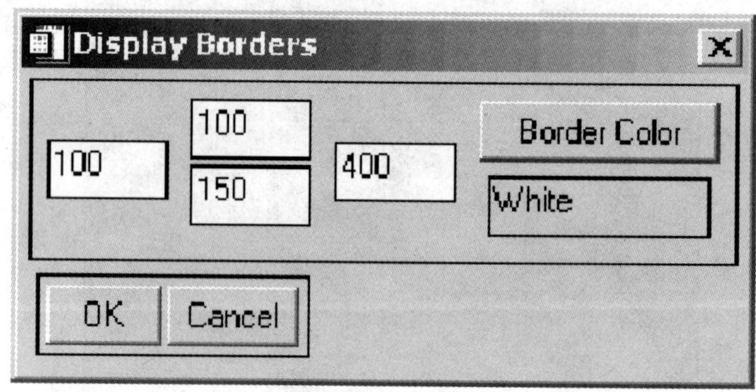

图 13-3 设置 Display Borders 对话框

使用显示参数设置

使用 **Display Preferences** 对话框，也可以改变虚拟边框的属性和其他的显示设置。

1）从快速制图的主显示窗口菜单栏中选择 **File → Preferences**，接着 **Display Parameters** 对话框就会出现，在对话框的顶部包含了与刚才介绍相类似的文本框。

2）输入所需的数值，并为边框选择一个所需的颜色。

3）点击 **OK**。

新的边框的属性马上就会应用到地图影像中。

使用注记功能

使用 ENVI 的注记功能也可以调整虚拟边框的属性。

1）从快速制图的主显示窗口菜单栏中选择 **Overlay → Annotation**。

2）当 **Annotation** 对话框出现后，选择 **Options → Set Display Borders**，打开 **Display Borders** 对话框。

3）输入所需的边框属性参数，点击 **OK**。

新的边框的属性参数马上就会应用到地图影像中。如果保存了注记文件，边框属性信息也会同时保存，而且当从注记文件中恢复注记时，边框属性信息也会被恢复。

（2）添加公里网

ENVI 支持同时显示像素公里网、地图坐标公里网以及地理坐标（纬度/经度）网。当公里网被应用到地图影像中时，一个 100 像素宽的虚拟边框（它也有可能被调整过，见 145 页的“添加虚拟边框”）会被自动地添加到地图影像中，来协调公里网标签（labels）。要添加或修改地图影像公里网，请参见以下步骤：

1）从快速制图的主显示窗口菜单栏中选择 **Overlay → Grid Lines**。

在出现的 **Grid Line Parameters** 对话框中，默认的公里网将按默认的公里网间距显示出来。

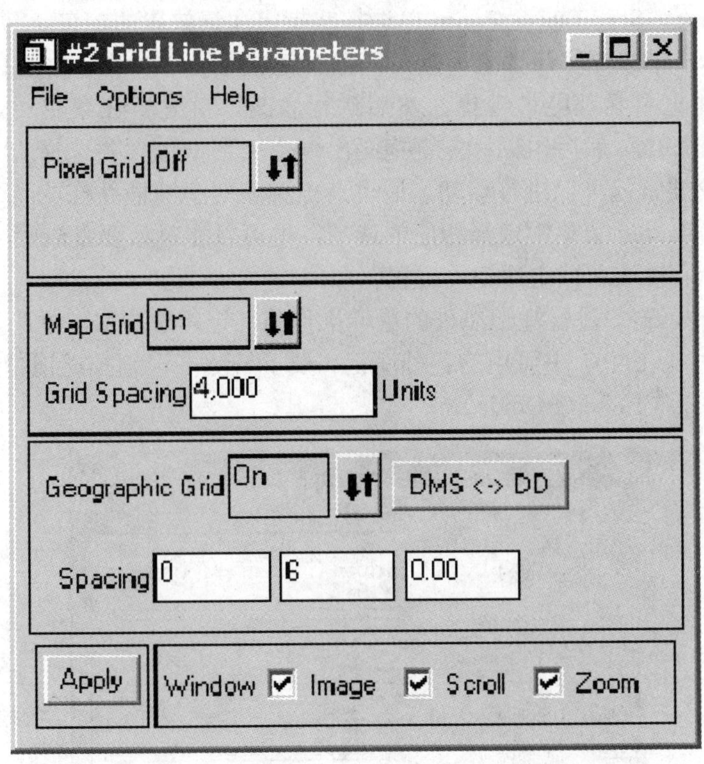

图 13-4　Grid Line Parameters 对话框

2）在 **Grid Spacing** 文本框中输入 4,000 把公里网间距修改为 4 000 m。

- 要改变公里网和标签的属性参数，选择 Options → Edit Map Grid Attributes 或者 Edit Geographic Grid Attributes 来修改所选公里网的属性。同样，也可以从 QuickMap Parameters 对话框中点击 Additional Properties 按钮来修改公里网的属性参数。

3）点击 **OK**，确定所选的属性。

4）在 **Grid Line Parameters** 对话框（图 13-4）中，点击 **Apply** 将新的公里网应用到地图影像显示中。

- 要保存公里网属性参数以便后续使用，从 **Grid Parameters** 菜单栏中选择 **File → Save Setup**，再选择一个输出文件。这样就保存了公里网属性参数的一个模板，可以从 **Grid Parameters** 对话框的菜单栏中选择 **File → Restore Setup** 加载这个模板，并使用到别的地图制图中。

（3）操作处理注记

注记是用来在 ENVI 显示或地图制图中插入（或放置）地图要素的一种常规手段。使用 ENVI 的基本注记处理功能可以使用多种地图要素并放置它们的位置。

1）从快速制图的主显示窗口菜单栏中选择 **Overlay → Annotation**，打开 **Annotation** 对话框（图 13-5）。

2）从 **Annotation** 对话框菜单栏的 **Object** 下拉菜单中选择所需的注记要素。

3）选择 **Image**、**Scroll** 或者 **Zoom** 单选按钮指定注记放置的窗口。

4）使用鼠标左键放置注记要素，点击鼠标右键进行确定，锁定注记的位置。

- 所有的注记要素都能被选择，然后进行修改。首先要在菜单中选择 **Object → Selection/Edit**，然后用鼠标左键拖画出一个矩形框包含要选择的对象，接着被选择的对象要素就可以进行移动，通过点击相应的小圆柄并拖放到一个新的位置。通过在 **Selected** 菜单中选择相应的选项，也可以将对象要素删除或复制。
- 点击鼠标右键重新锁定注记的位置。

【提示】在显示窗口进行注记以外的鼠标操作前，记得选定 Off 单选按钮。

下一部分将讨论 ENVI 中可用的各种注记。要了解更多详细描述请参见《ENVI 遥感影像处理教程》(ENVI User’s Guide)。

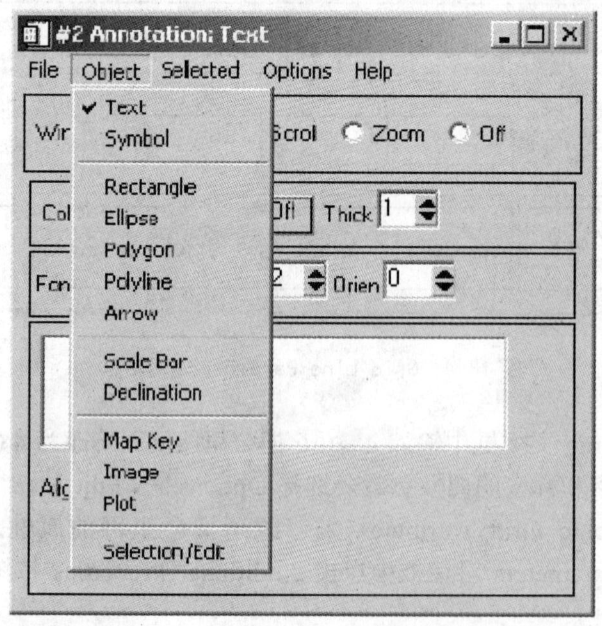

图 13-5 注记（Annotation）对话框

文字和符号注记

ENVI 提供了大量的文字字体和多种不同的标准符号集。除此之外，ENVI 还能使用安装在系统中的 TrueType 字体。这样就提供了对大量不同字体和符号访问的能力。所有的这些字体和符号都能够交互式地缩放大小和进行旋转，并能设置不同的颜色和字体的线条宽度。

【注意】 ENVI 除了提供了定制的 TrueType 字体外，也提供了一些有用的符号（包括专用的指北针）。在进行文字或符号注记时，可以从 Annotation 对话框 Font 按钮的下拉菜单中选择 ENVI Symbols。

（1）从 **Annotation** 对话框菜单栏中选择 **Object → Text** 或者 **Object → Symbol**。

- 对于文字注记（图 13-6），可以在对话框中部偏左的 **Font** 按钮菜单中选择字体，并在对话框中部相应按钮和文本框中选择字体大小，颜色以及方位参数。

Landsat TM Data
Ratios 5/7, 3/1, 3/4 (RGB)

图 13-6 文字注记

TrueType 字体提供了更强的适应性和灵活性。要选择使用安装在系统中的可用 TrueType 字体，从 **Font** 按钮菜单中选择 **TrueType**，然后再选择所需的字体。输入要键入的文本，并使用 148 页“操作处理注记”中所介绍的方法放置注记。

对于符号注记（图 13-7），当选定对象要素后，就可以从 **Annotation** 对话框的符号表中选择所需的符号。

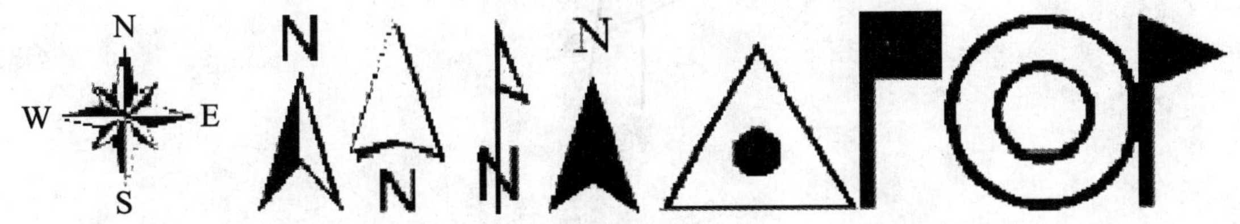

图 13-7 某些 TrueType 字体的符号

（2）要放置注记可以使用 148 页“操作处理注记”中所介绍的方法。使用鼠标左键移动注记，使用鼠标右键锁定注记的位置。

（3）按照需要选择、修改、移动注记。

形状注记

ENVI 允许绘制长方形、正方形、椭圆形，以及各种样式的多边形注记。这些形状注记（图 13-8）可以仅仅是轮廓线，也可以是颜色或某种花纹填充而成的图形。同时还可以交互式地放置形状注记，并进行简单地旋转或缩放。

（1）在 **Annotation** 对话框中，选择 **Object → Rectangle**、**Object → Ellipse** 或者

Object → Polygon。

（2）使用 148 页“操作处理注记”中所介绍的方法来拖动并放置注记。

- 对于多边形注记而言，使用鼠标左键来定义多边形的节点，使用鼠标右键来闭合该多边形。

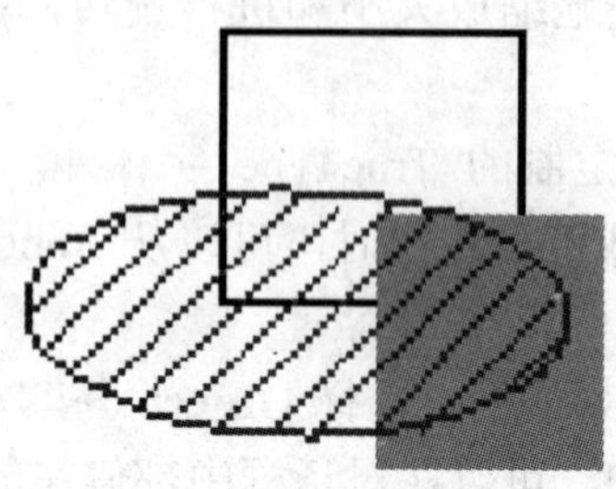

图 13-8 形状注记

线段和箭头注记

ENVI 的注记功能允许在地图影像中放置折线（线段）和箭头。用户可以完全控制线段的颜色，线宽以及线形，修改箭头的形状和填充特性。

（1）在 **Annotation** 对话框中，选择 **Object → Polyline** 或者 **Object → Arrow**。

（2）点击鼠标左键定义箭头或者线段注记（见图 13-9）。

（3）使用鼠标右键确定当前的箭头或线段。

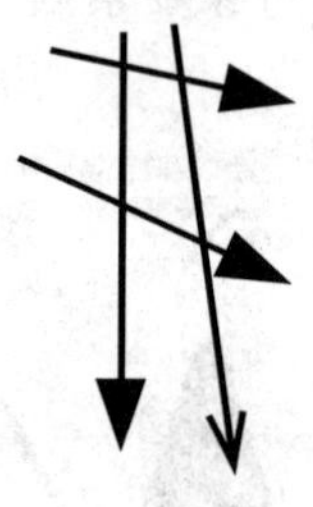

图 13-9 线段和箭头注记

地图比例尺注记

ENVI 能够根据地图制图中影像的像元大小自动地生成地图比例尺。比例尺的单位选项可以为英尺、英里、米以及公里。比例尺可以单一放置，或是以组的方式放置。可以设定比例尺中分隔的数目以及最小分隔大小，修改比例尺中文字的字体和大小。

（1）在 **Annotation** 对话框中，选择 **Object → Scale Bar**。

（2）输入所需的属性参数，然后用鼠标左键放置地图比例尺（图 13-10）。

（3）用鼠标右键锁定注记的位置。

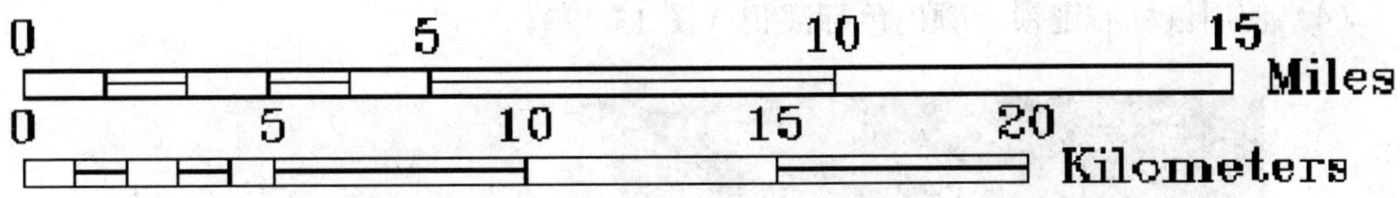

图 13-10　地图比例尺注记

三北方向图表（Declination Diagrams）

ENVI 能够根据用户提供的属性特征自动地生成三北方向图表（Declination Diagrams）。图表的大小以及真北、格北（方格北）、磁北的方位角都要以十进制的数据形式输入。使用 ENVI 注记程序放置三北方向图表。

（1）在 **Annotation** 对话框中，选择 **Object → Declination**。

（2）使用鼠标左键放置三北方向注记。

（3）使用鼠标右键锁定注记的位置。

图例注记

使用 ENVI 的图例编辑功能创建的图例，如图 13-11 所示，图例周围的矩形方框以及方框上方图例的描述文字都是作为一个独立的注记放置的。

（1）在 **Annotation** 对话框中选择 **Object → Map Key**。

（2）选择 **Edit Map Key Items** 来添加、删除或者修改单个的图例项。

（3）使用鼠标左键放置图例，使用鼠标右键锁定图例的位置。

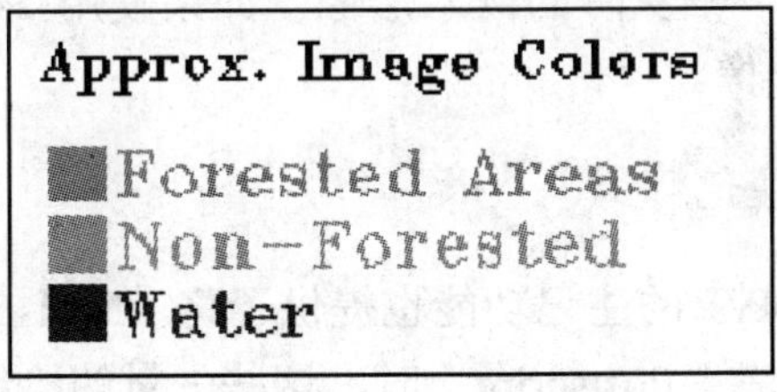

图 13-11　ENVI 图例

对于分类影像和矢量层会自动生成图例。

颜色色标（Color Ramp）注记

可以分别为灰阶或者以色彩编码的影像创建灰度色标（Grayscale Ramp）或者彩色色标（Color Ramp）。

【注意】该选项只适用于灰度影像，对 RGB 彩色合成影像不可用。

（1）从 **Annotation** 对话框中选择 **Object → Color Ramp**。

（2）输入色标范围的最小值和最大值，以及所需的分阶间隔，设置垂直或水平的放置方位。

（3）使用鼠标左键放置颜色色标。

（4）使用鼠标右键锁定颜色色标注记（图 13-12）。

图 13-12 ENVI 带标签的颜色色标注记

嵌入式影像注记

使用 ENVI 的影像拼接镶嵌（mosaicking）功能可以将影像插入到另一幅影像中，而 ENVI 的注记功能同样提供了这种能力，可以在地图制图或注记处理过程中将影像插入到其他的影像中。

（1）确保要被插入的影像已经在可用波段列表中列出。

（2）在 **Annotation** 对话框中选择 **Object → Image**。

（3）点击 **Select New Image** 选择要被插入的影像。

（4）从可用波段列表中选取要被插入的影像。如果需要，可以在处理中选取空间子集、调整影像大小。

（5）使用鼠标左键放置要嵌入的影像。

（6）使用鼠标右键锁定嵌入影像的位置。

【注意】由于 8 位的显示方式不能很方便地为插入的影像重新分配颜色表，因而 ENVI 只在显示窗口中显示一幅灰阶的嵌入影像。如果使用 24 位颜色显示方式，那么将可以显示一幅彩色的嵌入影像。

绘制图（Plot）嵌入式注记

在地图制图过程中，ENVI 的注记功能也提供了将 ENVI 的绘制图插入到其他影像中的能力。在输出到打印机或者“Postscript”时，这些矢量的绘制图将保留其矢量特性（不会转换为栅格形式）。

【注意】在输出到影像时它们不会被显示。

（1）在 **Annotation** 对话框菜单中，选择 **Object → Plot**。

（2）点击 **Select New Plot** 来选择要插入的绘制图（绘制图必须已经被显示出来）。所支持的各种类型的绘制图包括 *X*-、*Y*-、*Z*-（spectral-），以及自定义的剖面廓线（arbitrary profiles）。

（3）在 **Select Plot Window** 对话框中选择绘制图（plot），输入所需的尺寸设置绘制图的大小，点击 **OK**。

（4）使用鼠标左键放置绘制图。

（5）使用鼠标右键锁定绘制图的位置。

因为 8 位显示方式不能很方便地为插入的绘制图重新分配颜色表，所以 ENVI 在显示窗口中只是用代表物来表示绘制图。当地图影像直接输出到打印机或 Postscript 文件时，就会真实地放置绘制图，使绘制图注记留在地图影像上。然而，当输出到影像（Image）时，这个选项不会生成一个矢量的绘制图。

叠合分类影像

在地图制图过程中，ENVI 的分类影像能够作为覆盖图叠合。第一步要使用 ENVI 标准的分类程序对影像进行分类或者是打开一幅已存在的 ENVI 分类影像。一旦分类影像列在可用波段列表中，就可以被用来进行叠合操作。请参见《ENVI 遥感影像处理教程》（ENVI User's Guide）。

（1）从进行地图制图的影像的显示窗口菜单中，选择 **Overlay → Classification**，然后在 **Interactive Class Tool Input File** 对话框中，选择 ENVI 的分类影像，点击 **OK**，打开 **Interactive Class Tool** 对话框。

（2）在对话框中相应的 **On** 复选框中点击，打开并显示地图制图中要叠合的特定类。可以选择多个类进行叠合，所选择的类会以恰当的颜色作为叠合图显示在影像上。

（3）类的颜色和名字都可以进行修改，选择 **Interactive Class Tool** 对话框中的 **Options → Edit class colors/names**，然后更改所需的设置。

叠合等值线

ENVI 提供了勾画影像“Z”值的等值线的能力，并能将等值线作为矢量叠合到影像背景中。数字高程模型（DEMs）最适合于进行这样的操作。等值线能够很容易地按照下列步骤添加到地图制图中：

（1）从进行快速制图的影像的主显示窗口菜单栏中，选择 **Overlay → Contour Lines**。

（2）在 **Contour Band Choice** 对话框中选择要生成等值线图的影像，点击 **OK**。

（3）在 **Contour Plot** 对话框中，点击 **Apply** 使用默认的等值线设置。

（4）使用 **Contour Plot** 对话框可以添加新的等值线，修改等值线的数值，颜色以及线形等参数。参见《ENVI 遥感影像处理教程》（ENVI User's Guide）。

合并叠合感兴趣区（ROI）

使用各种方法生成的感兴趣区都能够合并叠合到 ENVI 的地图制图中。感兴趣区可以通过手动绘制，特定影像波段的阈值范围选取，利用二维（2-D）或 *n* 维（n-D）的散点图，或者矢量到栅格的转换来生成。要在地图制图中显示感兴趣区：

（1）从进行快速制图的影像的主显示窗口菜单栏中，选择 **Overlay → Region of Interest**。所有同显示的影像有相同尺寸（dimensions）的感兴趣区会被列出在 **ROI Tool** 对话框中，并同时显示在影像中。

（2）使用 ENVI 标准的方法按照需要添加或者修改感兴趣区。参见《ENVI 遥感影像处理教程》（ENVI User's Guide）。

叠合矢量层

ENVI 能导入 ArcShape、Arc/Info 交换文件、DXF、MapInfo、Microstation DGN、USGS

DLG，以及 USGS SDTS 形式的矢量格式。从这些文件中获取的矢量以及 ENVI 内部的矢量文件（.evf）都能够在 ENVI 地图制图中使用。

（1）从 ENVI 主菜单中选择 **File → Open Vector File**，并选择相应的文件类型打开矢量文件。

（2）点击 **Apply** 将矢量加载到地图制图显示中。调整矢量的属性参数获取所需的颜色、线宽以及线形。

参见矢量叠合和 GIS 分析（Vector Overlay and GIS Analysis）专题或者《ENVI 遥感影像处理教程》（ENVI User's Guide）。

◆ 自定义地图版面布局

在这一部分，将使用前面部分所描述的地图要素展示 ENVI 自定义地图制图的能力。前面使用 ENVI 快速制图生成的结果将作为这个专题练习部分的基础。

如果专题最初部分所产生的 ENVI 快速制图的结果还没有显示出来，使用下面的步骤来显示影像。

（1）在 ENVI 主菜单中选择 **File → Open Image File**。

（2）在出现的 **Enter Data Filenames** 文件选择对话框中，选择进入《ENVI 遥感影像处理专题与实践》附带光盘 #1 envidata 目录中的 ys_tmsub 子目录。从所列的文件中，选择 ysratio.img 文件，点击 **Open**，接着可用波段列表对话框就会出现在屏幕上。这个列表允许选择光谱波段进行显示和处理。

【注意】可以选择加载灰阶或 RGB 彩色影像。但是 5/7，3/1，3/4 的比率波段将作为默认的选择加载到“R”，“G”，“B”选项区域中。

（3）点击 **Load RGB**，把影像加载到一个新的显示窗口中。

加载快速制图模板

一旦影像被显示后，就可以按照以下的步骤来加载已保存的快速制图模板，并添加一些单独的地图要素：

（1）要恢复已保存的快速制图模板，可以先显示所需的影像，然后选择 **File → QuickMap → from Previous Template**，并在出现的 **Enter QuickMapTemplate Filename** 对话框中，点击已保存的快速制图模板文件 ysratio.qm，最后点击 **Open**。

（2）在 **QuickMap Parameters** 对话框中点击 **Apply** 生成快速制图影像，默认状态下 **QuickMap Parameters** 对话框中 **Load To:** 选项会选择 **Current Display** 单选按钮。因而快速制图的参数都会应用到快速制图所生成的那个影像显示窗口中。

（3）要恢复已保存的公里网参数信息，可以从快速制图的影像的主显示窗口菜单栏中选择 **Overlay → Grid Lines**，然后在 **Grid Line Parameters** 对话框中选择 **File → Restore Setup**，并选取已保存的公里网参数文件 ysratio.grd，点击 **Open**，最后点击 **Apply**。尝试修改某些参数，并点击 **Apply** 在影像中进行显示。

【注意】要保存所做的任意修改，请选择 **File → Save Setup**。

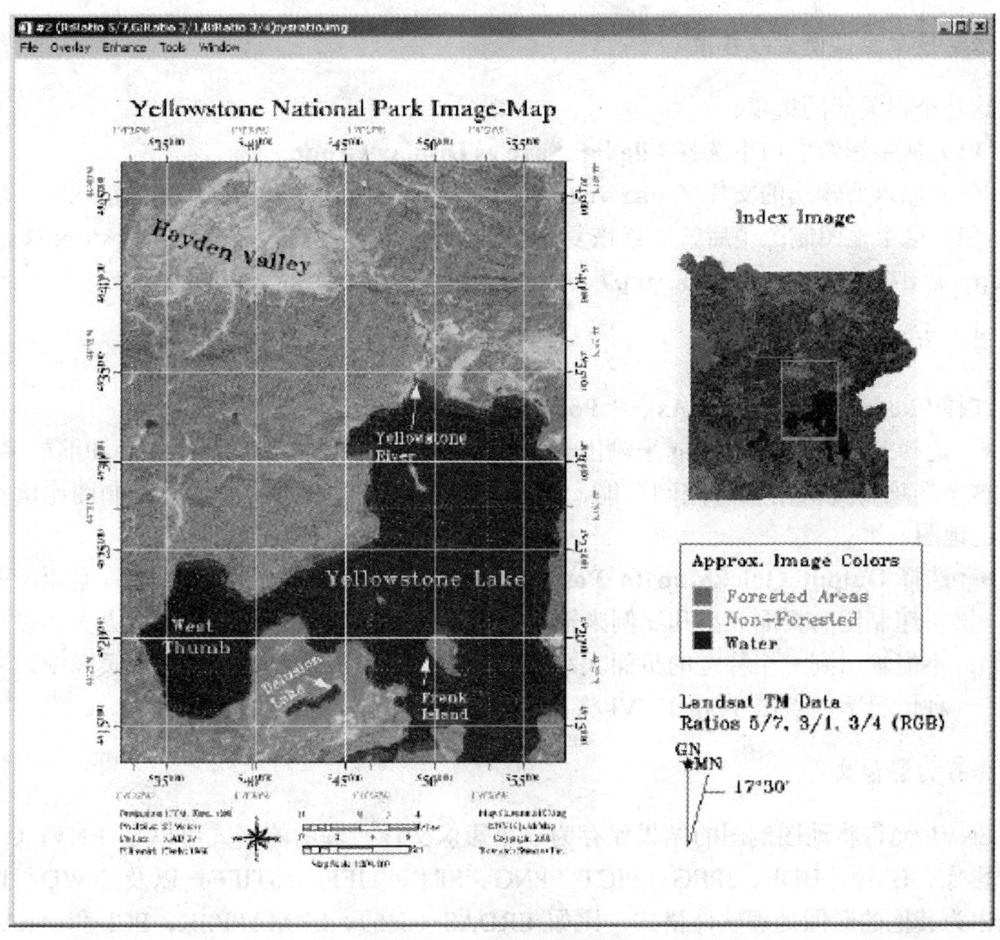

图 13-13　使用 ENVI 注记功能来自定义地图制图

（4）要恢复已保存的注记，可以从快速制图的影像的主显示窗口菜单栏中选择 **Overlay → Annotation**，然后在 **Annotation** 对话框中选择 **File → Restore Annotation**，并选取已保存的注记文件 ysratio.ann，点击 **Open**。

（5）在 **Annotation** 对话框中，点击 **Image** 单选按钮，选择 **Object → Selection/Edit**，在快速制图影像窗口（图 13-13）中，用鼠标点击并拖曳出一个矩形框来包含要修改的注记对象，在所选注记对象上就会出现一个红色的小圆柄。

（6）使用鼠标左键按住红色小圆柄，移动所选择的对象，拖曳到一个新的位置。尝试修改所选对象的某些参数，在影像中点击鼠标右键将所选的对象锁定在新的位置上。

【注意】要保存所做的任意修改，选择 **File → Save Annotation**。请参见《ENVI 遥感影像处理教程》（ENVI User's Guide）。

◆ 保存结果

地图制图的结果可以从地图影像主显示窗口进行保存。它既可以作为 ENVI 的显示组进行保存，以便后续的修改，又可以保存为永久的地图制图影像（“Burned-in” Image）。

保存显示组以便后续修改

这是个很灵活的选项。

（1）从主影像窗口中选择 **File → Save as Display Group**。

（2）输入要输出的文件名 `ysratio.grp`，点击 **OK**。

（3）这个地图制图稍后就能够恢复。在 ENVI 主菜单中选择 **File → Restore Display Group**，点击文件名 `ysratio.grp`，再点击 **Open** 即可。

保存为“Burned-in”影像

选择 **File → Save Image As → Postscript File**。

- 选择 **Standard Printing** 来输出一个 postscript 文件，并指定页面大小和缩放参数。

这个选项将提供附加的控制功能，但是可能会生成与原始的所选地图制图比例不相符合的地图。

- 选择 **Output QuickMap to Postscript** 来输出到一个 postscript 文件，且以所需的快速制图的页面大小和比例来输出。如果添加的注记造成地图影像太大，以至于不能输出到一个特定的页面大小时，ENVI 会提示是否输出到多个页面中。在这种情况下，点击 Yes，ENVI 将自动地创建多个 postscript 文件。

保存为影像文件

ENVI 允许将地图制图的结果保存为一个影像文件。输出的格式可以是 ENVI（二进制）影像、BMP、HDF、JPEG、PICT、PNG、SRF、TIFF/GeoTIFF，以及 XWD，也可以输出为其他的影像处理软件格式，比如 ERDAS（.lan）、ERMAPPER、PCI 和 ArcView 的栅格图。

（1）选择 **File → Save Image As → Image File**。

（2）按照《ENVI 遥感影像处理教程》（ENVI User's Guide），设定颜色分辨率（resolution）、输出文件类型以及其他参数。输入一个输出文件名，点击 **OK**。

◆ **打印结果**

可以选择直接打印 ENVI 的地图制图，在这种情况下，地图制图将借助系统驱动程序，直接使用打印机进行打印。

（1）选择 **File → Print**，然后选择先前 **Postscript** 选项中所介绍的 **Standard Printing** 或者 **Output QuickMap to Printer** 选项。

（2）选择打印机，点击 **OK**。

输入所描述的所有输出选项后，图形和地图制图对象都将完全输出。图 13-14 展示了由本专题所描述的快速制图和自定义地图制图方法，最终产生的输出地图。

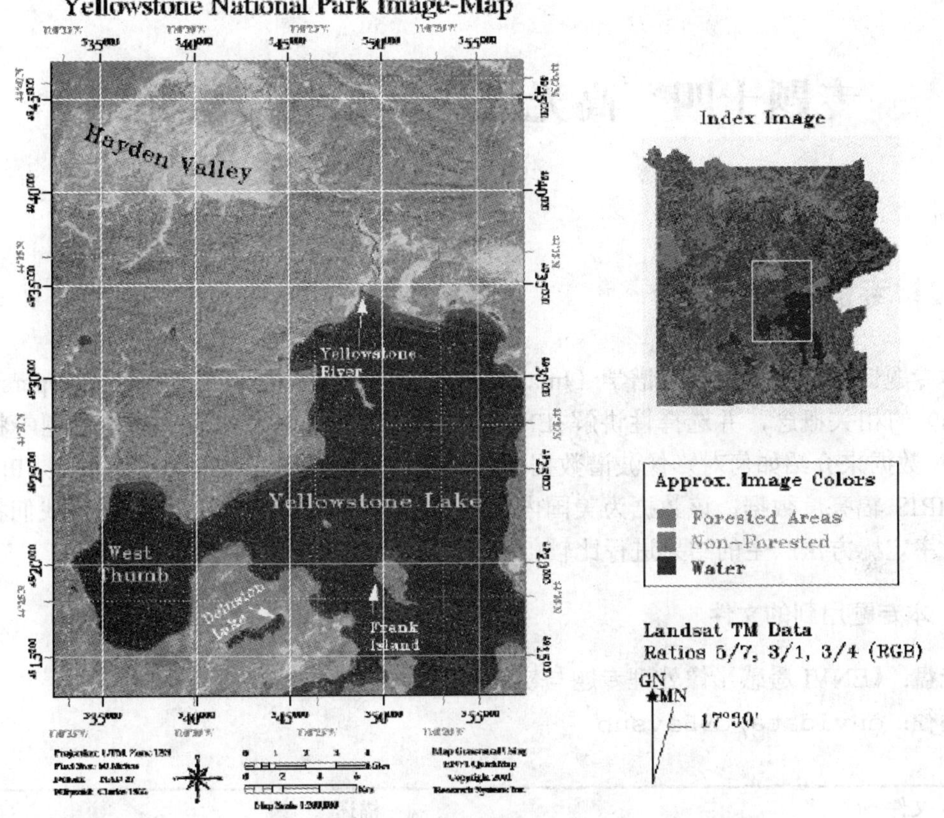

图 13-14　使用 ENVI 地图制图功能创建的最终输出地图

◆ 结束 ENVI 程序

在 ENVI 主菜单中选择 **File → Exit**（在 UNIX 操作系统下是 **Quit**），在弹出的 **Terminate this ENVI Session** 对话框中选择 **Yes**，并点击 **OK**，退出 ENVI 程序。如果使用的是 **ENVI RT**，退出 ENVI 会返回操作系统。

专题十四　高光谱数据及其分析介绍

1.1 专题概述

本专题旨在向用户介绍测谱学（Imaging Spectrometry）及高光谱影像（Hyperspectral Images）的相关概念，并选择性讲解 ENVI 波谱处理中的基本原理。在本专题中将使用 AVIRIS 数据来介绍如何对影像波谱数据进行空间和波谱浏览。我们所使用的是 JPL 提供的 AVIRIS 辐亮度数据，该数据为美国内华达州的 Cuprite 地区的影像数据，我们将对几种反射率定标方法产生的结果进行比较。

◆ **本专题用到的文件**

光盘：《ENVI 遥感影像处理专题与实践》附带光盘 #2

路径：envidata/c95avsub

文件	描述
	所需的文件
cup95_rd.int	Cuprite AVIRIS 辐亮度数据，400 列×350 行×50 波段（整型数据）
cup95_rd.hdr	ENVI 相应的头文件
cup95_at.int	Cuprite ATREM 校正后的表观反射率数据，50 波段（整型）
cup95_at.hdr	ENVI 相应的头文件
cup95cal.sli	所选矿物质对应的校正后的波谱库（整型）
cup95cal.hdr	ENVI 相应的头文件
jpl1.sli	ENVI 格式的波谱库
jpl1.hdr	ENVI 相应的头文件
usgs_min.sli	ENVI 格式的 USGS 波谱库
usgs_min.hdr	ENVI 相应的头文件
	可选择的文件
cup95_ff.int	Cuprite 平场域纠正法所得的表观反射率数据，50 波段（整型）
cup95_ff.hdr	ENVI 相应的头文件
cup95_ia.int	Cuprite 内部平均相对反射率法（IARR）所求表观反射率数据，50 波段（整型）
cup95_ia.hdr	ENVI 相应的头文件
cup95_el.int	Cuprite 经验线性拟合法求得的表观反射率数据，50 波段（整型）
cup95_el.hdr	ENVI 相应的头文件

【注意】如果需要进行更详细的定标校正比较，那么也有可能使用列出的可选择文件。出于对磁盘空间的考虑，所有的影像数据文件反射率的值都乘以 1 000，转换成了整

型。在这里数值 1 000 就代表了反射率 1.0。

◆ **背景知识：测谱学（Imaging Spectrometry）**

成像光谱仪（Imaging Spectrometers）或高光谱传感器（Hyperspectral Sensors）都是遥感仪器，其将影像传感器的空间表述同光谱仪的分析能力结合在了一起。它们有多达几百个的狭窄波谱通道，波谱分辨率通常小于 10nm（Goetz et al.，1985）。成像光谱仪将为影像中每一个像元提供完整的波谱曲线（图 14-1）。

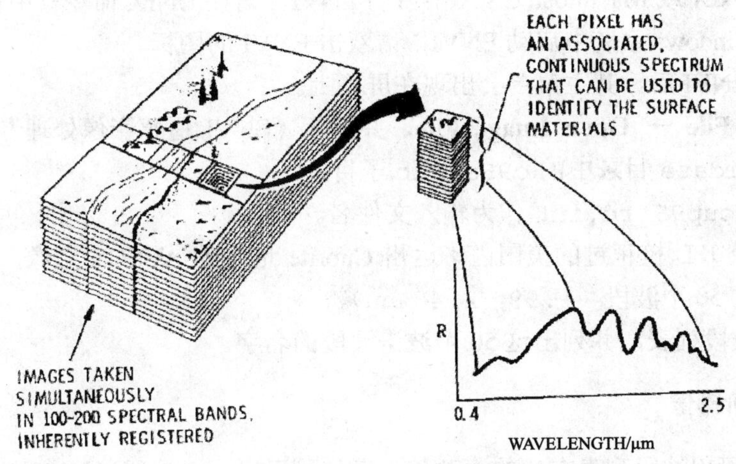

图 14-1　成像光谱仪原理；数百幅波谱影像，数以千计的单一波谱曲线（来自 Vane，1985）

将这些同宽波段（broad-band）多光谱扫描仪同 TM 进行比较（图 14-2）：TM 只有 6 个波段，其波谱分辨率大于 100 nm。使用成像光谱仪产生的高光谱分辨率影像，其最终结果可以帮助我们鉴别物质，而使用宽波段传感器只能区分物质。

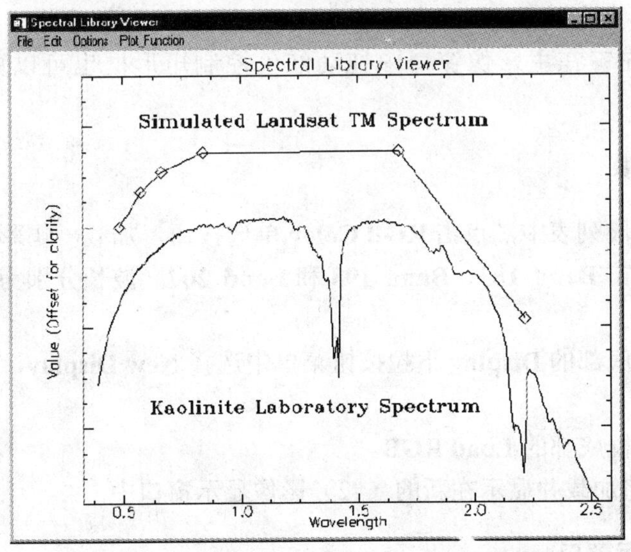

图 14-2　模拟的 TM 波谱同相应的实验测定波谱的比较

1.2 基本 ENVI 波谱操作介绍

本节介绍 ENVI 对成像光谱仪数据进行波谱处理的特点。

◆ 启动 ENVI

启动前，请确认已正确安装 ENVI。

- 要在 UNIX 或 Macintosh OS X 中启动 ENVI，请在 UNIX 命令行中输入 `envi`。
- 要在 Windows 系统中启动 ENVI，请双击 ENVI 的图标。

成功打开 ENVI 后，其主菜单会出现在屏幕上。

（1）选择 **File → Open Image File**，并进入《ENVI 遥感影像处理专题与实践》附带光盘 #2 `envidata` 目录中的 `c95avsub` 子目录。

（2）选择 `cup95_rd.int` 作为输入文件名。

这是一幅经 JPL 校正过的美国内华达州 Cuprite 地区的 AVIRIS 影像，像元值代表辐亮度，共包含了 50 个波段（1.99～2.48 μm）。

弹出可用波段列表，并列出这 50 个波谱波段的名字。

◆ 显示灰阶影像

（1）拖动可用波段列表右边的滚动条，直到显示出 193 波段（2.200 8 μm）。

（2）在 193 波段上双击鼠标。一幅灰阶影像就会加载并显示在 ENVI 的显示窗口组中。

（3）在主影像窗口中用鼠标左键将表现缩放窗口（Zoom window）的红色矩形框移动到所需的位置。缩放窗口将会自动地更新。

（4）改变缩放的比例。用鼠标左键点击缩放窗口左下角的“+”影像控件来放大影像，或点击“-”影像控件来缩小影像。

- 在缩放窗口点击鼠标左键，将会以所选像素为中心显示影像。
- 使用鼠标左键在主影像窗口中拖动红色控制矩形框也可以更新缩放窗口中的影像。

◆ 显示彩色影像

（1）在可用波段列表中，点击 **RGB Color** 单选按钮，加载一幅彩色合成影像。

（2）按顺序点击 **Band 183**、**Band 193** 和 **Band 207**（波长分别为 2.10 μm、2.20 μm 和 2.35 μm）。

（3）从对话框底部的 **Display** 下拉按钮菜单中选择 **New Display**，打开一个新的显示窗口。

（4）点击对话框底部的 **Load RGB**。

这样彩色影像将加载并显示在新的（#2）影像显示窗口中。

◆ 链接两个显示窗口

影像显示窗口都可被链接在一起，允许用户在多幅影像上同时进行相同的操作。一旦链接成功后，移动缩放矩形框、滚动框，改变缩放的比例或者调整任一影像窗口的大小，都同时会在被链接的窗口中反映出来。

（1）将鼠标光标放在 **Display #1** 主影像窗口中，选择 **Tools → Link → Link Displays**。

Link Displays 对话框就会出现在屏幕上（图 14-3）。

（2）使用默认设置，点击 **OK** 来建立链接。

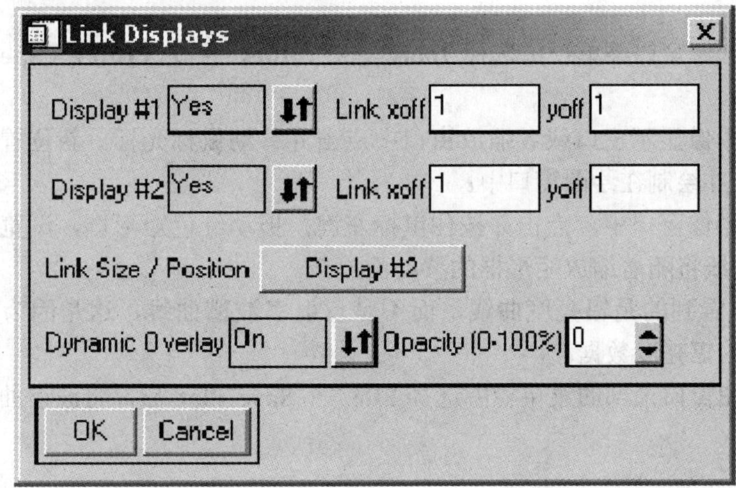

图 14-3　Link Displays 对话框

（3）确定 **Display #1** 中缩放窗口的位置。在#1 主影像显示窗口中用鼠标左键点击红色的矩形框，并将其拖曳到一个新的位置。

【注意】**Display #2** 缩放窗口是怎样更新并同第一个显示窗口保持一致的。

当两个或两个以上影像被链接在一起时，就可以使用 **Multiple Dynamic Overlays** 工具进行实时的叠加，动态切换多幅灰阶或彩色影像。当两个或两个以上影像第一次被链接时，可以自动进行动态叠加显示。

（4）在任一个被链接的影像窗口中点击鼠标左键，都会使被链接影像（叠加）显示在第一个影像（基影像）的显示窗口中。

（5）连续地点击并松开鼠标左键，使得叠加区域动态切换，进而快速比较这些影像。

（6）按住鼠标中键，拖动叠加区域的一角，使其到所需的合适位置，可改变叠加区域的大小。

（7）尝试进行不同的操作，然后在彩色影像显示窗口中选择 **Tools → Link → Unlink Display**，关闭动态链接。

◆ **提取波谱剖面廓线**

ENVI 中提取 Z 剖面廓线的功能可以对波谱进行综合分析。这一功能从任意多波谱数据集中提取波谱曲线，这些数据集包括 MSS、TM 以及其他高光谱的数据，例如，GEOSCAN（24 个波段）、GERIS（63 个波段）和 AVIRIS（224 个波段）。对于显示的彩色影像，可以在主影像显示窗口菜单栏中选择 **Tools → Profiles → Z Profile（Spectrum）**，打开并显示波谱曲线。

当前位置的波谱曲线

绘图窗口（plot window）中可以显示当前鼠标光标处的地物波谱曲线。在绘图窗口中的垂直线标明当前显示波段的波长位置。如果显示了一幅彩色合成影像，那么会有三条彩色的垂直线，每一条都代表了所显示的波段，并且以波段各自的颜色显示出来（红、绿、蓝）。

（1）在主影像窗口菜单栏中选择 **Tools → Profiles → Z Profile（Spectrum）**，打开并显示波谱曲线。

（2）在主影像显示窗口或者缩放窗口中点击并移动鼠标光标。新位置的波谱曲线就会被提取出来，并绘制在绘图窗口中。

（3）在主影像窗口中，点击并按住鼠标左键，拖动红色矩形框，浏览整个影像的波谱曲线。波谱曲线将随着缩放矩形框的移动而更新。

【注意】所看到的是辐亮度曲线，而不是反射率波谱曲线，这是因为当前所处理的是 Cuprite 地区的辐亮度数据。

（4）从绘图窗口顶部的菜单栏中选择 **File → Save Plot As**，将波谱曲线保存下来进行比较。

采集波谱曲线

（1）在 **Spectral Profile** 窗口中，选择 **Options → Collect Spectra**，采集绘图窗口中的波谱曲线（图 14-4）。相应地要将波谱曲线采集到另一个绘图窗口中，先打开一个新的绘图窗口，然后将 **Spectral Profile** 窗口中的波谱曲线保存到新的绘图窗口中。

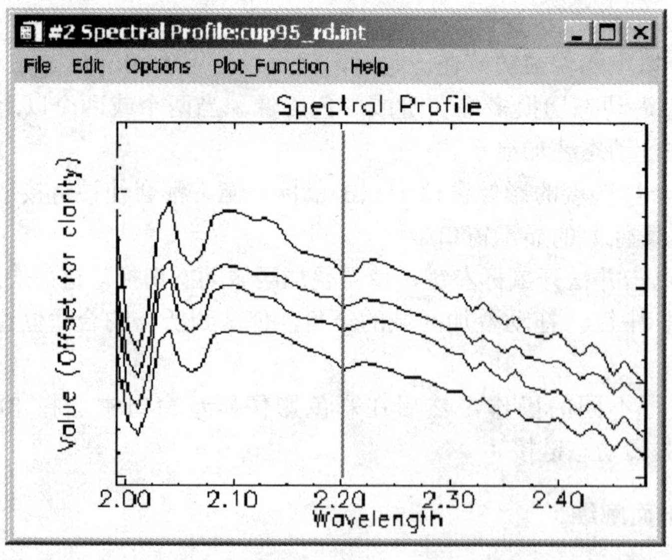

图 14-4 ENVI 采集波谱曲线后的 Spectral Profile 窗口

（2）从绘图窗口的菜单中选择 **Options → New Window: Blank**，打开一个新的绘图窗口，这个绘图窗口将包含要保存的波谱曲线。

（3）在先前的绘制窗口中点击鼠标右键，选择 **Plot Key**，将波谱曲线的名字显示在绘图窗口的右边。

（4）在第一条波谱曲线的名称上点击并按住鼠标左键，将波谱曲线的名字拖动到新的绘制窗口中，然后松开。

（5）在主影像窗口或缩放窗口中移动当前光标像素定位器（pixel location），从影像中选择一条新的波谱曲线。重复上面点击拖曳的过程，在新绘图窗口中建立一系列的波谱曲线。

（6）一旦在绘图窗口中采集了几条波谱曲线，就可以在新的绘图窗口中选择 **Options → Stack Data**。波谱曲线将被垂直偏移显示，方便判读分析。

（7）要改变不同波谱曲线的颜色和线形，选择新绘图窗口中的 **Edit → Data Parameters**。

每一条波谱曲线的名字/位置都将在 **Data Parameters** 对话框中列出。

（8）选择波谱曲线，按照需要改变其属性。

（9）当完成所需修改后，点击 **Cancel** 关闭对话框。

（10）选择 **File → Cancel** 关闭绘图窗口。

◆ **动画显示数据（Animate the Data）**

ENVI 具有动态循环显示灰阶影像的功能，使得空间上的波谱差异更加明显。

（1）在先前的灰阶影像显示（**Display #1**）的主影像窗口中，选择 **Tools → Animation**，生成 Cuprite 地区的 AVIRIS 数据的动画显示。弹出的 **Animation Input Parameters** 对话框中列出了可用波段列表中的所有波段（图 14-5）。

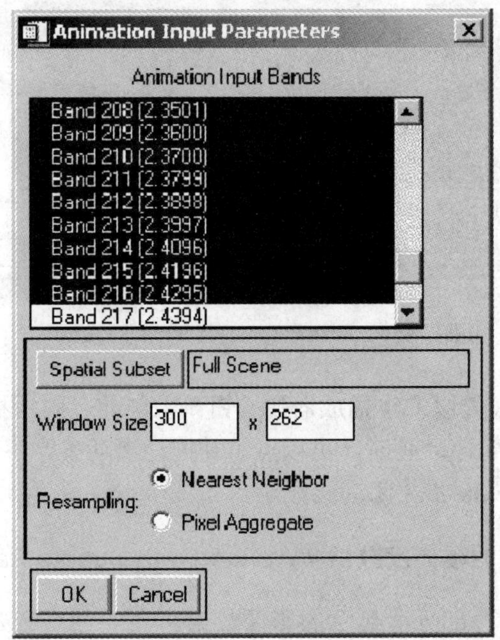

图 14-5 Animation Input Parameters 对话框

（2）从所有波段中选择一个子集来生成动画。点击并拖动鼠标选择所需的连续范围的波段，按住 **Ctrl** 键点击鼠标选择特定的波段。根据本专题辅导的目的，我们选择了波段 197～216（20 个波段）。

（3）将 **Window Size** 文本框中的值改为 200×175 像素，减小动画显示的影像大小（这样将加快动画显示的速度）。

（4）点击 **OK**，启动动画加载进程（animation loading process）。

随即弹出 **Animation Window** 窗口以及 **Animation Controls** 对话框（图 14-6）。所选择的波段将分别加载进 **Animation Window** 中。当处理每个波段的影像时，一个状态栏也会出现。可以在任意时刻点击状态窗口中的 **Cancel**，取消动画处理进程。

一旦所选波段影像全部都加载完毕，动画显示将自动开始。所选波段将按顺序显示出来。

Animation Controls 对话框用来控制动画的显示。使用 **Speed** 标签旁的箭头增量按钮，可以调节动画显示的速度，速度值为 1～100。

图 14-6 Animation Controls 对话框

（5）使用控制按钮（类似 CD 播放器的按钮）来向前、向后播放动画，或者暂停某个特定波段的动画显示。当暂停动画时，可以点击并拖动滑动条，手动选择要显示的波段。

（6）选择 **File** → **Cancel** 关闭动画显示。

◆ 处理 Cuprite 地区的辐亮度数据（Working with Cuprite Radiance Data）

本部分将继续使用前一部分所显示的影像数据。

（1）如果已经退出了 ENVI 和 IDL，那么重新启动 ENVI，并选择 **File** → **Open Image File**。

（2）选择进入《ENVI 遥感影像处理专题与实践》附带光盘 #2 `envidata` 目录的

c95avsub 子目录，选择 cup95_rd.int 作为输入文件。

加载 AVIRIS 辐亮度数据

（1）如果还没有显示这幅影像，那么在可用波段列表中，点击 **RGB Color** 单选按钮来加载一幅彩色合成影像。

（2）按顺序点击波段 183、波段 193 和波段 207，然后点击对话框底部的 **Load RGB**，将彩色影像加载显示在当前影像显示窗口中。

提取辐亮度波谱曲线

按以下的步骤，来提取所选 AVIRIS 影像中特定地物的辐亮度波谱曲线：

（1）从主影像显示窗口菜单栏中，选择 **Tools → Pixel Locator**。

（2）在 **Pixel Locator** 对话框中输入像素的坐标，列（sample）590、行（line）570，点击 **Apply**。缩放窗口将移动到以这个像素为中心的影像地区，即 Stonewall Playa 地区。

（3）选择 **Tools → Profiles → Z-Profile（Spectrum）**，来提取这个位置的辐亮度波谱曲线。

（4）选择 **Options → Collect Spectra**，采集以下位置的辐亮度波谱曲线。为了进行比较，将波谱曲线都加载到同一个绘图窗口中（图 14-7）。

位置点名称	列（带偏移）	行（带偏移）
Stonewall Playa	590	570
Varnished Tuff	435	555
Silica Cap	494	514
Opalite Zone with Alunite	531	541
Strongly Argillized Zone with Kaolinite	502	589
Buddingtonite Zone	448	505
Calcite	260	613

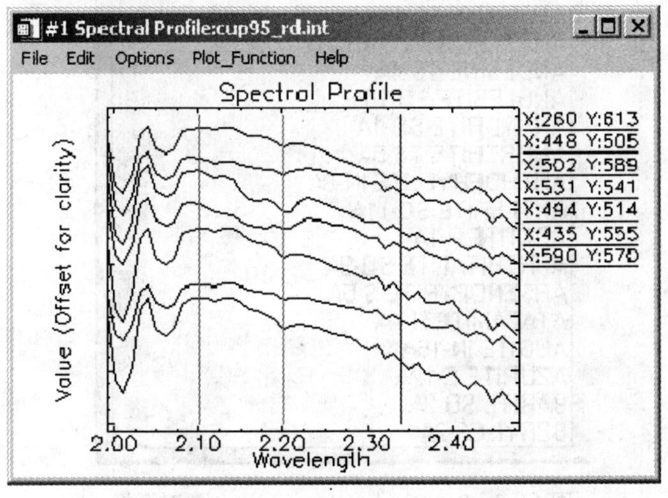

图 14-7 AVIRIS 辐亮度波谱曲线

（5）使用 **Pixel Locator** 对话框，提取其他位置的波谱曲线。

（6）选择 **Options → Stack Plots**，分别查看每一条波谱曲线。在绘图窗口中点击右键，并在弹出的快捷菜单中选择 **Plot Key** 来显示波谱曲线的图例。

（7）如果需要，选择 **Edit → Data Parameters**，并在随后出现的对话框中修改相应的属性参数，改变单一波谱曲线的颜色。

比较辐亮度波谱曲线

可以注意到这些辐亮度波谱曲线都很相似，所有的波谱曲线形状都是太阳辐射和大气辐射共同作用的结果。可以注意到，2.2 μm 附近，小的吸收特性体现了不同地表矿物质。

加载波谱库中的反射率波谱曲线

将影像中获取的表观反射率波谱曲线同所选的波谱库反射率波谱曲线进行比较。

（1）从 ENVI 主菜单中选择 **Spectral → Spectral Libraries → Spectral Library Viewer**。

（2）当 **Spectral Library Input File** 对话框出现后，点击 **Open Spec Lib**，并从 `spec_lib/jpl_lib` 子目录中选择 `jpl1.sli` 文件。

（3）点击 **OK**，`jpl1.sli` 文件将会出现在对话框的 **Select Input File** 区域。

（4）点击该文件名，再点击 **OK**，打开 **Spectral Library Viewer** 对话框（图 14-8）。

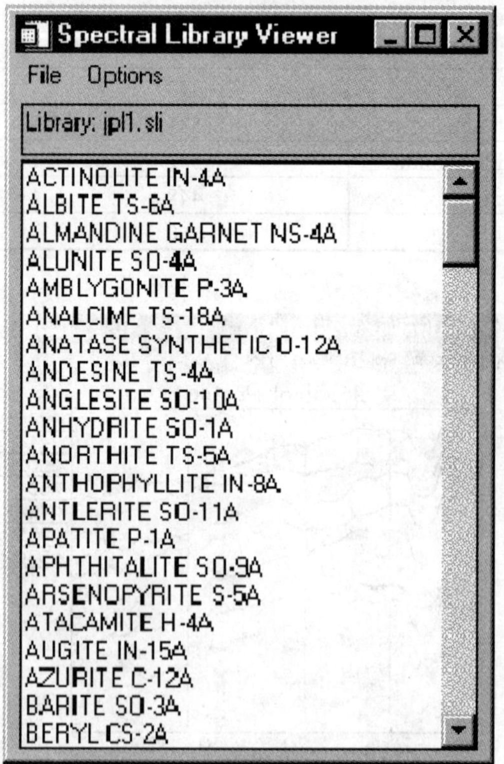

图 14-8 Spectral Library Viewer 对话框

（5）在 **Spectral Library Viewer** 对话框所列出的波谱曲线中，点击相应的矿物质名称，绘制下列矿物质的波谱曲线：

- ALUNITE SO-4A
- BUDDINGTONITE FELDS TS-11A
- CALCITE C-3D
- KAOLINITE WELL ORDERED PS-1A
- 如果需要，从 **Edit** 菜单中选择 **Plot Parameters**，在 **range** 对应文本框中输入 2.0 和 2.5，改变 X 轴的范围。

虽然 Y 轴没有相同的比例刻度，但是我们依然可以直接目视地比较辐亮度曲线（图 14-7）和反射率曲线（图 14-9）。

（6）点击 **Cancel**，关闭 **Plot Parameters** 对话框。

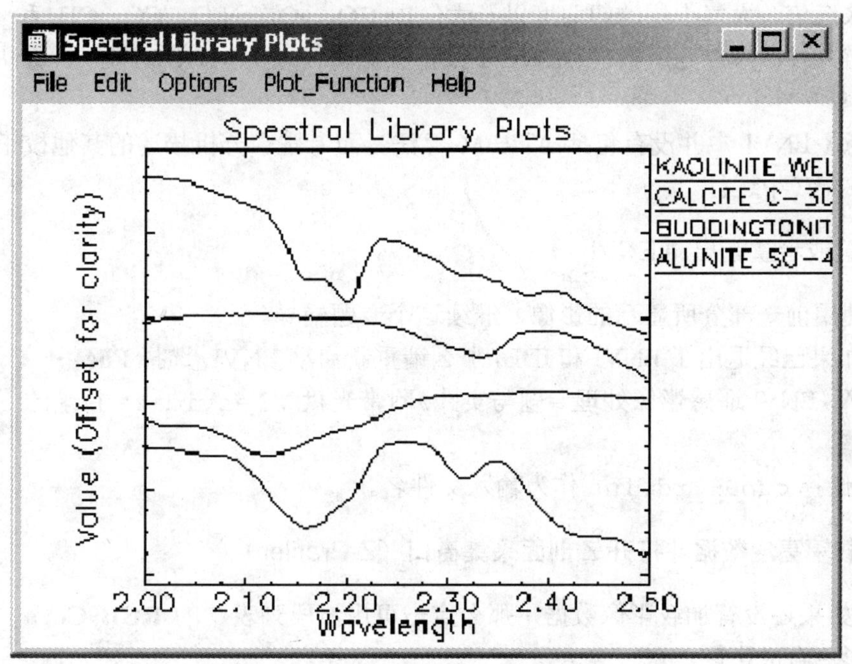

图 14-9　波谱库反射率波谱曲线

比较影像和波谱库中的波谱曲线

当对 alunite、buddingtonite、calcite 和 kaolinite 四种矿物质进行实验室所测的波谱曲线同相应的 AVIRIS 辐亮度波谱曲线目视比较时，会发现通过这种比较目视鉴定矿物质成分是很困难的。目视判读过程中还可以注意到太阳辐射和大气辐射对辐射亮度波普曲线造成的阶层状的向上凸起的曲线特征。

关闭窗口

完成操作后，可从 ENVI 主菜单中选择 Windows → Close All Plot Windows 关闭所有的绘图窗口（plot window）。

1.3 比较辐亮度和 ATREM 表观反射率

本部分内容包括：提取所选影像的辐亮度波谱曲线，然后再将 AVIRIS 辐亮度数据中特定地物的辐亮度波谱曲线同 ATREM 表观反射率波谱曲线（apparent reflectance spectra）进行比较。

◆ 背景知识：ATREM 定标校正

ATmospheric REMoval（ATREM）算法是一种基于辐射传输模型的技术，它用来在没有地表特性先验知识的情况下，从 AVIRIS 数据中获取地表反射率（Gao and Goetz，1990，CSES，1992）。它利用了 0.94 μm 和 1.1 μm 的水汽波段，逐个像元分别计算 AVIRIS 数据中的水汽值、大气上层的辐照度以及大气中 CO_2、O_3、N_2O、CO、CH_4 和 O_2 气体的透射率波谱曲线。本专题所需的 ATREM-校正数据将仅采用 ATREM 1.3.1 算法求得的表观反射率。

【注意】ENVI 中并没有包括 ATREM 算法，而专题中分析描述的其他校正定标算法都可以在 ENVI 中运行。

◆ 继续或者重新启动 ENVI

仍然使用前一部分所显示的影像，继续这个专题辅导。

（1）如果已经退出了 ENVI 和 IDL，那么请重新启动 ENVI，选择 **File → Open Image File**，并进入《ENVI 遥感影像处理专题与实践》附带光盘 #2 `envidata` 目录的 `c95avsub` 子目录。

（2）选择 `cup95_rd.int` 作为输入文件名。

◆ 加载辐亮度数据并打开 Z 剖面采集窗口（Z-Profiler）

（1）如果还没有加载影像数据，那么点击可用波段列表中的 **RGB Color** 单选按钮，加载一幅彩色合成影像。

（2）按顺序点击 Band 183、Band 193 和 Band 207。

（3）点击对话框底部的 **Load RGB** 按钮。将彩色影像加载显示到当前的影像显示窗口中。

（4）从主影像窗口菜单栏中，选择 **Tools → Profiles → Z-Profile（Spectrum）**，提取辐亮度波谱曲线。

（5）为了存取方便，将 Z-Profile 窗口移动到屏幕的底部。

◆ 加载 ATREM 表观反射率数据并打开 Z 剖面采集窗口（Z-Profiler）

现在打开第二幅 AVIRIS 影像：

（1）选择 **File → Open Image File**，选择 `cup95_at.int` 作为第二个输入文件名。这个文件共有 50 个波段（1.99～2.48 μm），为校正过的 AVIRIS 表观反射率数据。校正中采用了大气模型 ATREM 来处理 AVIRIS 辐亮度数据。这 50 个波段的名字将添加到可用波段列表中。

（2）拖动可用波段列表右边的滚动条，直到显示出 `cup95_at.int` 文件的 Band 193 数据。

（3）点击 **Gray Scale** 单选按钮，选择 band 193。

（4）从对话框底部的 Display 下拉按钮菜单中选择 **New Display**，然后点击 **Load RGB**，打开第二个 ENVI 影像显示窗口加载显示所选的波段。

（5）在第二个主影像显示窗口中，选择 **Tools → Profiles → Z-Profile（Spectrum）**，提取波谱曲线。

（6）将 Z-Profile 窗口也移动到屏幕的底部，紧靠着辐亮度数据中提取的 Z-Profile，这样可以方便地进行比较。

◆ **链接影像并比较波谱曲线**

（1）从第一个主影像显示窗口中，选择 **Tools → Link → Link Displays**，并在随后出现的 **Link Display** 对话框中点击 **OK**，将两幅 AVIRIS 影像链接显示。

（2）关闭第一个主影像窗口中的动态叠加显示，可以选择 **Tools → Link → Dynamic Overlay Off**。

（3）一旦链接了两幅影像并且关闭了叠加显示，移动一幅影像中的光标另一个影像中的光标也会进行相应的移动（可以通过在影像中点击鼠标左键，用鼠标左键拖曳缩放矩形框，或者使用像素定位器 **Pixel Locator** 来移动光标）。两幅影像的 Z 波谱剖面曲线（Z-profile）都会相应的改变，分别显示出当前光标点所在位置的辐亮度和表观反射率波谱曲线。

（4）将缩放窗口移动到 Stonewall Playa 地区，即以列（sample）590、行（line）570 所对应的像素为中心的影像地区（可以使用主影像窗口 **Tools** 菜单中的 **Pixel Locator** 对话框对该像素进行定位）。

使用波谱剖面曲线（Z-profile）对该位置的辐亮度和表观反射率波谱曲线进行比较。如果要保存这些波谱曲线，可以将辐亮度波谱曲线保存到一个新的绘图窗口中，将反射率波谱曲线保存到另一个新的绘图窗口中。

（5）现在提取下列位置的辐亮度和表观反射率波谱曲线，并进行目视比较。

位置点名称	列（带偏移）	行（带偏移）
Stonewall Playa	590	570
Varnished Tuff	435	555
Silica Cap	494	514
Opalite Zone with Alunite	531	541
Strongly Argillized Zone with Kaolinite	502	589
Buddingtonite Zone	448	505
Calcite	260	613

【注意】从两幅或两幅以上的影像中同步获取被链接影像的波谱剖面曲线也可采用另一种方法：选择 **Tools → Profiles → Additional Z-Profile**，然后再选择另一个要用来

提取剖面曲线的数据集。

（6）选择 **Options → Stack Data**，将绘制出波谱曲线垂直偏移，以进行判读分析。

（7）将波谱库中相应的波谱曲线加载到表观反射率波谱曲线绘图窗口中（图 14-10），进行两者的直接比较。

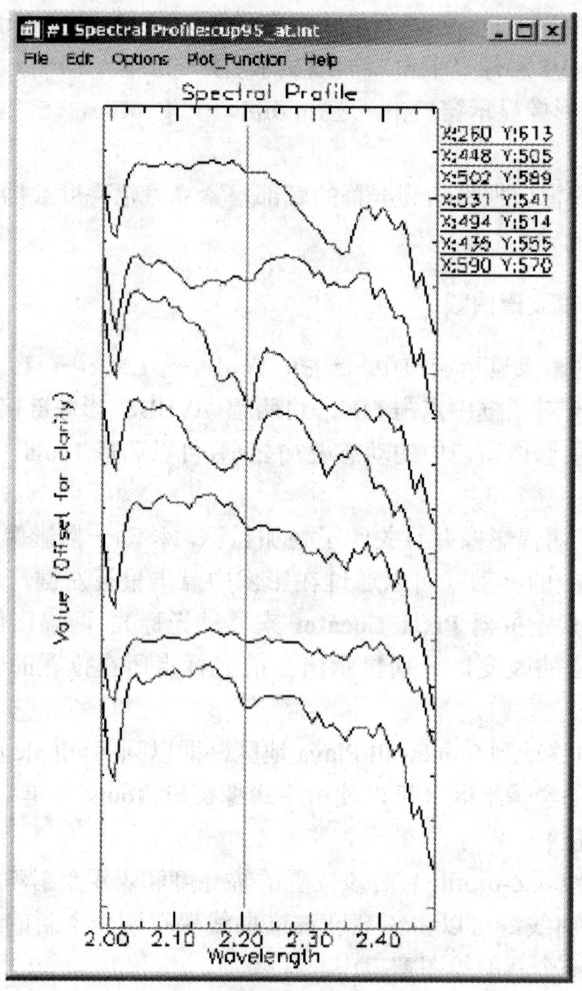

图 14-10 ATREM 表观反射率波谱曲线

♦ 关闭所有窗口

完成操作后，可以选择 **Windows → Close All Plot Windows** 关闭所有的绘图窗口（plot window）。然后再选择 **Windows → Close all Displays**，关闭所有的影像显示窗口。

1.4 比较大气纠正后的波谱曲线

♦ 背景知识：大气纠正

本部分内容包括，比较几种方式求得的影像表观反射率波谱曲线，利用波谱库中通过不同方法生成的表观反射率波谱曲线比较不同校正方法的特性差异。这些波谱曲线是由 ENVI 中平场域纠正法（Flat Field Correction）、内部平均相对反射率法[Internal Average Relative Reflectance（IARR）Correction]，以及经验线性拟合法（Empirical Line Correction）校正求得的。这些所使用的校正定标方法的简要描述如下：

◆ **平场域纠正法（Flat Field Correction）**

平场域纠正法是利用一块已知反射率的均匀平滑区域对整个影像进行标准化处理（Goetz and Srivastava，1985；Roberts et al.，1986）。这个方法需要在 AVIRIS 数据中查找到一块面积较大，波谱曲线变化平缓，波谱较均一的区域，通常就把这块区域定义为感兴趣区（ROI）。这块区域的辐亮度波谱曲线假设是由大气效应和太阳辐射共同影响的结果。从感兴趣区中获取的均值 AVIRIS 辐亮度波谱曲线将被作为参考波谱曲线，然后用影像中每一个像素的波谱曲线值除以该参考波谱曲线值。最后的结果就是表观反射率数据，然后就可以同波谱库中的波谱曲线进行比较了。

内部平均相对反射率法（Internal Average Relative Reflectance，IARR）

IARR 校正定标方法利用整个影像的平均波谱曲线来对影像进行标准化处理。当没有地面测量值，而且对整个影像区域也不太了解时，这种校正方法能很有效地将成像光谱仪数据转换为该地区的相对反射率（Kruse et al.，1985；Kruse，1988）。这种方法在没有植被覆盖的干旱区域能得到非常好的结果。IARR 校正处理计算整个 AVIRIS 影像场景的平均波谱曲线，并将其作为参考波谱曲线。然后用影像中每一个像素的波谱曲线值除以该参考波谱曲线值，计算得出表观反射率。

经验线性拟合法（Empirical Line Correction）

经验线性拟合法是用影像数据去匹配所选区域的反射率波谱曲线（Roberts et al.，1985；Conel et al.，1987；Kruse et al.，1990）。这个方法需要预先知道地面测量值，或者先验知识。在区域中，鉴定两个或更多的地面目标，并测量其反射率，通常至少要各选取一个亮的和暗的地面目标。在 AVIRIS 影像中，找到相同的地物目标，从感兴趣区中提取出平均波谱曲线。然后在所测地物反射率波谱曲线和影像辐亮度波谱曲线之间建立线性回归关系，并确定 AVIRIS 数据集每一个波段中两者线性转换的公式。最后利用回归过程中计算出的系数（Gains）和偏移值（offsets），逐个像素地将辐亮度波谱值转换为表观反射率波谱值。

继续或重新启动 ENVI 并选择波谱库中校正后的波谱曲线

（1）如果已经退出了 ENVI 和 IDL，那么重新启动 ENVI，选择 **Spectral → Spectral Libraries → Spectral Library Viewer**，弹出 **Spectral Library Input File** 对话框，并允许对波谱库进行选择。

（2）点击对话框底部中央的 **Open File** 按钮，打开标准文件选择对话框。

（3）选择进入《ENVI 遥感影像处理专题与实践》附带光盘 #2 `envidata` 目录的 `c95avsub` 子目录，然后选择 `cup95cal.sli` 文件，这个文件为波谱库文件，它包含了使用各种校正定标方法计算所得的波谱曲线。

(4)在 **Spectral Library Input File** 对话框中，选中要打开的波谱库文件名，点击 **OK**。然后 **Spectral Library Viewer** 对话框就会出现在屏幕上，它列出了所有可用的波谱曲线（图 14-11）。

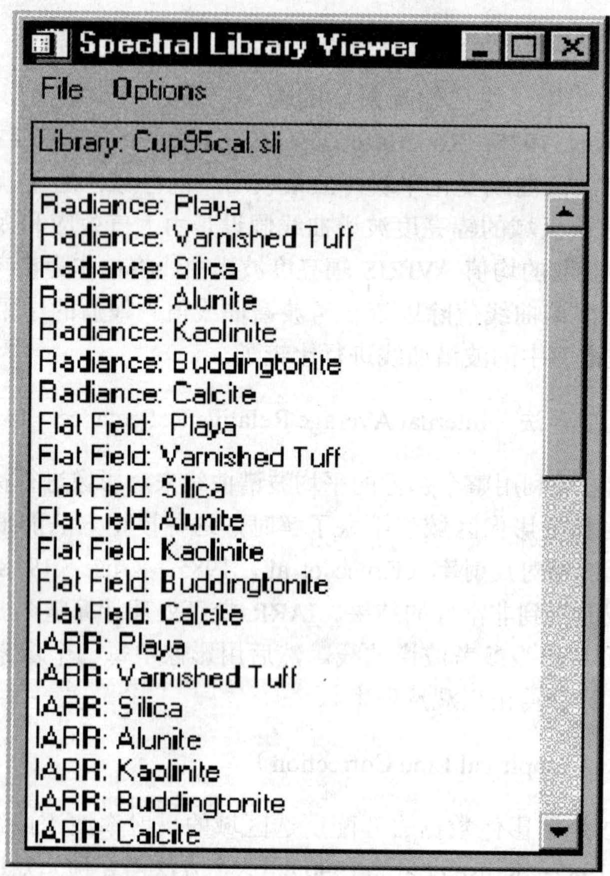

图 14-11 包含不同校正法所得波谱曲线的 Spectral Library Viewer 对话框

◆ **从波谱库中选择大气纠正过的波谱曲线**

（1）选择用 ATREM、Flat Field、IARR 以及 Empirical Line 校正后的矿物质 Alunite（明矾）的波谱曲线相应的。波谱曲线将在 **Spectral Library Plot** 窗口中绘出（图 14-12）。目视比较这些不同校正方法得出的波谱曲线，并注意它们的典型特征。

（2）尝试根据使用的纠正方法，解释曲线上的某些不同差异（请参见上面对各种不同校正方法的简要描述）。

（3）当完成操作处理后，从 **Spectral Library Viewer** 对话框顶部的菜单栏中，选择 **Options → Clear Plots**，擦除所绘制的波谱曲线。

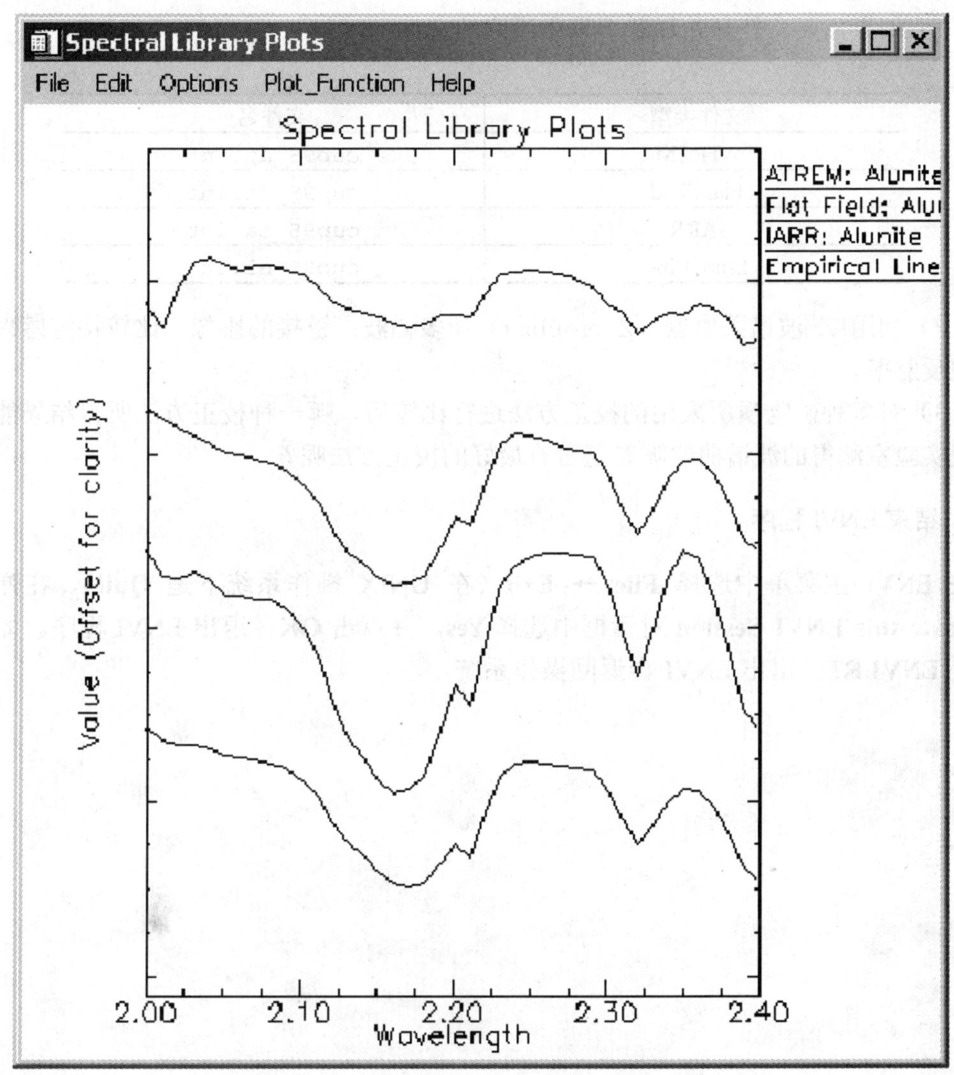

图 14-12　表观反射率波谱曲线的比较

◆ **比较纠正后的波谱曲线**

重复上面的过程，并分别加载矿物 kaolinite、buddingtonite、calcite 和 silica 的波谱曲线。从不同校正方法中，你能得到什么一般性的结论呢？

也可以将实验室中这些矿物质的波谱同 AVIRIS 波谱相比较。打开 `jpl1.sli` 或者 `usgs_min.sli` 波谱库文件，并绘制相应的波谱曲线，再将其拖入到 **Spectral Library Plots** 窗口，进行直接的比较。

◆ **可选择的操作：浏览纠正后的数据文件**

如果需要的话可以对使用不同校正方法纠正后的数据文件进行波谱浏览。出于对磁盘空间的考虑，所有的影像数据文件都将反射率的值乘以了 1 000，转换成了整型。在数值上，1 000 就表明表观反射率为 1.0。

（1）如果需要，打开并加载下表中所列的文件。

文件类型	文件名
ATREM	cup95_at.int
Flat Field	cup95_ff.int
IARR	cup95_ia.int
Emp. Line	cup95_el.int

（2）利用 Z 波谱采集器（Z profiling）和多幅波；链接的影像，比较特定感兴趣区的表观反射率。

（3）对多种矿物质所采用的校正方法进行比较后，哪一种校正方法所得结果能最好地重现实验室测得的波谱曲线呢？是否有最好的校正方法呢？

◆ **结束 ENVI 程序**

在 ENVI 主菜单中选择 **File → Exit**（在 UNIX 操作系统下是 **Quit**），在弹出的 **Terminate this ENVI Session** 对话框中选择 **Yes**，并点击 **OK**，退出 ENVI 程序。如果使用的是 **ENVI RT**，退出 ENVI 会返回操作系统。

专题十五　基础高光谱分析

1.1 专题概述

本专题旨在向用户介绍波谱库的概念，并描述如何从感兴趣区中提取波谱信息，然后还将进行彩色合成，并使用二维散点图进行简单的分类。我们将使用 1995 年的航空可见光/红外成像光谱仪（Airborne Visible/Infrared Imaging Spectrometer，AVIRIS）所采集的表观反射率数据，该数据是美国内华达州（Nevada）Cuprite 地区的表观反射率数据，它使用 ATREM 大气纠正建模软件进行了校正。这个数据子集共包含 50 个波段，波谱分辨率近似为 10 nm 宽，其波长范围为 1.99～2.48 μm。本专题将从特定矿物质的感兴趣区中提取其波谱曲线，并与波谱库中的波谱曲线进行比较，找出显示波谱信息的最佳 RGB 彩色组合。我们也将使用二维散点图定位独特的像元，探究其数据的分布特点，然后进行简单的分类。

◆ 本专题中使用的文件

光盘:《ENVI 遥感影像处理专题与实践》附带光盘 #2
路径: envidata/c95avsub

文件	描述
cup95_at.int	Cuprite 地区 ATREM 校正后的反射率数据，50 个波段（整型）
cup95_at.hdr	ENVI 相应的头文件
jpl1.sli	ENVI 格式的 JPL 波谱库
jpl1.hdr	ENVI 相应的头文件
usgs_min.sli	ENVI 格式的 USGS 波谱库
usgs_min.hdr	ENVI 相应的头文件
cup95_av.roi	保存的感兴趣区文件

1.2 波谱库/反射率波谱曲线

本部分将介绍以下内容：波谱库操作、浏览和提取影像反射率波谱、ENVI 中感兴趣区（ROI）的定义及进行彩色合成影像的选取，其目的是为了鉴别波谱类型。

◆ 启动 ENVI 并加载 AVIRIS 影像数据

启动前，请确认已正确安装 ENVI。

- 要在 UNIX 或 Macintosh OS X 中启动 ENVI，请在 UNIX 命令行中输入 envi。
- 要在 Windows 系统中启动 ENVI，请双击 ENVI 的图标。

当程序成功地加载并执行后，ENVI 的主菜单将会出现在屏幕上。

（1）在 ENVI 主菜单中，选择 **File → Open Image File**，然后选择进入《ENVI 遥感影像处理专题与实践》附带光盘 #2 的 envidata/c95avsub 目录。

（2）选择 cup95_at.int 文件作为输入文件名，点击 **Open** 弹出可用波段列表，它将列出 50 个波段的名字。

◆ **显示灰阶影像**

（1）在可用波段列表对话框中，选择 Band 193（2.200 8 μm）

（2）点击 **Gray Scale** 单选按钮，然后点击 **Load Band**。将灰度影像加载到显示窗口中。

（3）从主影像窗口菜单中选择 **Tools → Profiles → Z-Profile（Spectrum）**，提取表观反射率波谱曲线。

◆ **浏览影像波谱并同波谱库进行比较**

（1）在影像上移动缩放指示矩形框，同时查看 **#1 Spectral Profile** 窗口中的波谱曲线，浏览整个影像的表观反射率波谱曲线。

（2）在主影像窗口中，使用鼠标左键点击并拖动缩放指示矩形框或者直接点击鼠标左键，将缩放指示矩形框移动到以所选像素点为中心的区域中。

（3）将从影像中获取的表观反射率波谱曲线同所选波谱库中的波谱曲线进行比较。

ENVI 提供了几个不同的波谱库，根据本专题的目的，我们将会使用 JPL 波谱库（Groves 等，1992）以及 USGS 波谱库（Clarke 等，1993）。

（4）从 ENVI 主菜单中选择 **Spectral → Spectral Libraries → Spectral Library Viewer**。

（5）在 **Spectral Library Input File** 对话框中，点击 **Open File** 按钮，从 spec_lib/jpl_lib 子目录中，选择 jpl1.sli 波谱库文件，点击 **OK**。

（6）选择 **Select Input File** 区域中的 jpl1.sli，点击 **OK**。

（7）在 **Spectral Library Viewer** 对话框中，选择 **Options → Edit(x, y)Scale Factors**，并在 **Y Data Multiplier** 文本框中，输入值 1.000，以匹配影像表观反射率范围（1～1 000），点击 **OK**。

（8）在 **Spectral Library Viewer** 对话框中，选择下列波谱名称，绘制它们的波谱曲线：

- ALUNITE SO-4A
- BUDDINGTONITE FELDS TS-11A
- CALCITE C-3D
- KAOLINITE WELL ORDERED PS-1A

如图 15-1 所示，得到如下波谱曲线绘制图：

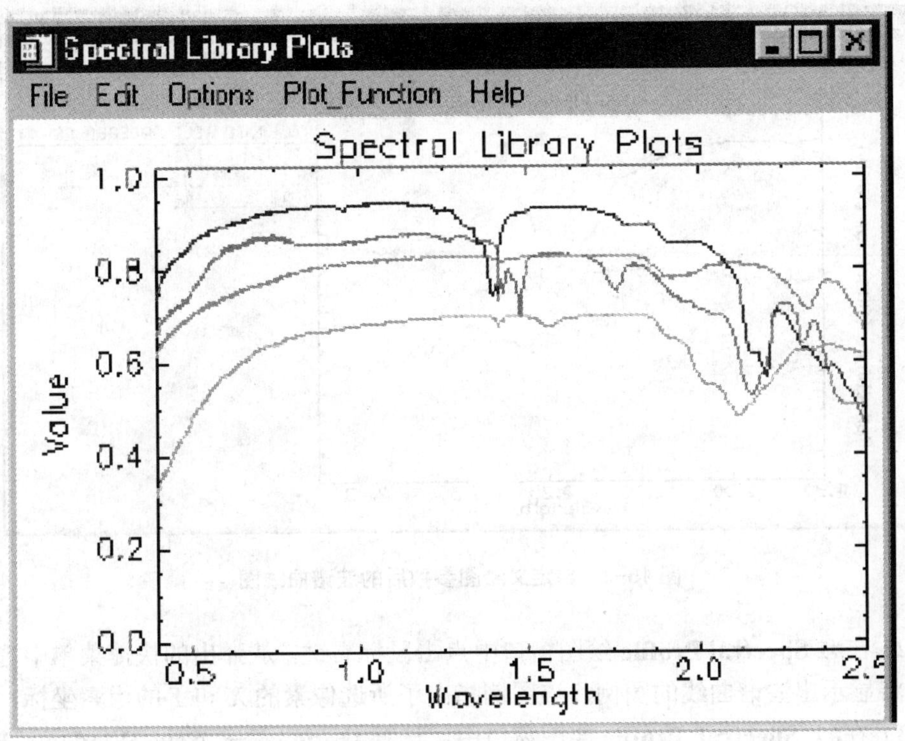

图 15-1　波谱库的波谱曲线

（9）从绘制（plot）窗口菜单中，选择 **Edit → Plot Parameters**，自定义波谱曲线的绘制图。在 **Plot Parameters** 对话框中，按下面的步骤进行：

- 将 **Charsize** 减少为 0.50。
- 选择 ***X*-Axis** 单选按钮，然后将 **Range** 调整为 `1.90～2.45`。
- 还是选中 ***X*-Axis** 单选按钮，点击 **Left/Right Margins** 的箭头增量按钮，直到达到所需 *X* 方向的页边距。
- 选择 ***Y*-Axis** 单选按钮，将 **Axis Title** 改为“Reflectance”。
- 还是选中 ***Y*-Axis** 单选按钮，点击 **Top/Bottom Margins** 的箭头增量按钮，直到满足所需的 *Y* 方向的页边距。
- 点击 **Apply**，然后再点击 **Cancel**。

（10）要显示波谱名称的图例，可以在绘制窗口中点击鼠标右键，从弹出的快捷菜单中选择 **Plot Key**。将绘制窗口拖动到所需的大小，以容纳下波谱名称。

（11）在绘制窗口中，选择 **Options → Stack Plots**，分别查看绘制的波谱曲线。

绘制的波谱曲线如图 15-2 所示：

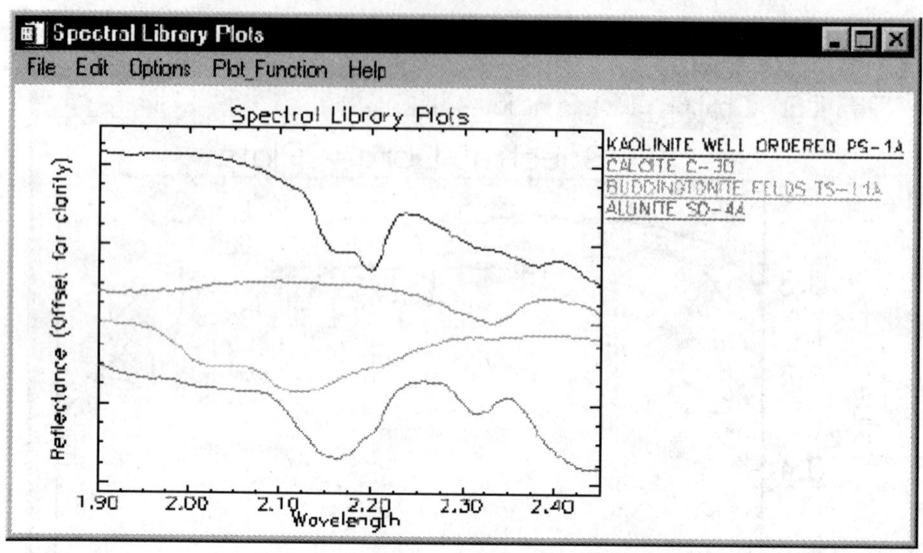

图 15-2　自定义绘图参数后的波谱曲线图

（12）在#1 **Spectral Profile** 绘图窗口中点击鼠标右键，从弹出的快捷菜单中选择 **Plot Key**，这将显示出波谱曲线的图例，该图例指出了所选像素的 *X* 和 *Y* 的像素坐标。

（13）在#1 **Spectral Profile** 绘图窗口中，选择 **Options → New Window：Blank**，打开一个新的绘图窗口。然后重新放置#1 **Spectral Profile** 绘图窗口和新绘图窗口的位置，使能够同时看到这两个绘图窗口。

（14）从主影像窗口菜单中，选择 **Tools → Pixel Locator**。使用 **Pixel Locator** 对话框，定位到下列各点精确的像素位置上。

位置点名称	列（带偏移）	行（带偏移）
Stonewall Playa	590	570
Varnished Tuff	435	555
Silica Cap	494	514
Opalite Zone with Alunite	531	541
Strongly Argillized Zone with Kaolinite	502	589
Buddingtonite Zone	448	505
Calcite	260	613

（15）在 **Pixel Locator** 对话框中，输入像素的坐标，列（**sample**）590、行（**line**）570，使缩放指示矩形框移动到以这个像素为中心的影像地区，即 Stonewall Playa 地区，然后点击 **Apply**，将矩形框移动到这个位置上。同时#1 **Spectral Profile** 绘图窗口将更新显示所选点的波谱曲线，其所对应的图例为：“*X*：590，*Y*：570”。

（16）在新的绘图窗口中，点击鼠标右键，在弹出的快捷菜单中，选择 **Plot Key**，打开显示了 *X* 和 *Y* 坐标位置的图例。

（17）在#1 **Spectral Profile** 绘图窗口中，使用鼠标左键，点击并按住图例“*X*：590，*Y*：570”，将这个波谱曲线图例拖到新的绘图窗口中。

（18）对上表所列的每一个像素点重复上面的步骤，直到新的绘图窗口包含了所有的 7 种波谱曲线。

（19）在新的绘图窗口中，选择 **Options → Stack Plots**。新的绘图窗口如图 15-3 所示：

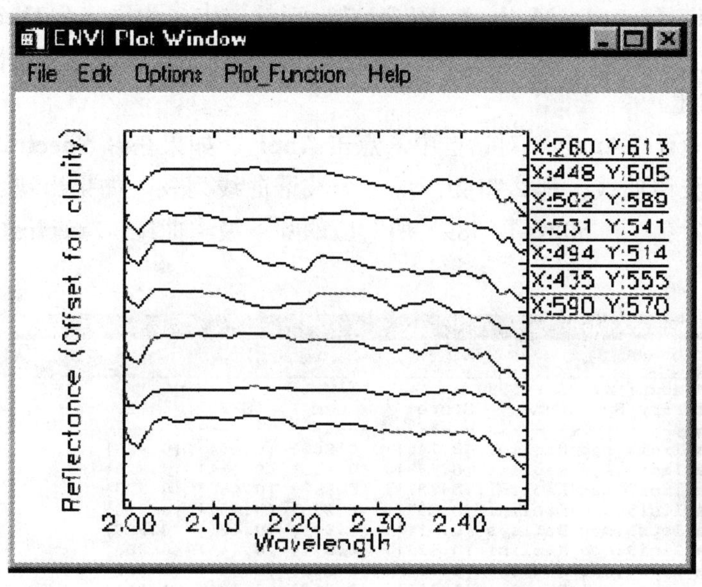

图 15-3　某些 ATREM 影像表观反射率波谱曲线

（20）将这些波谱曲线同已经提取的波谱库中的波谱曲线进行目视比较。注意到，实验室所测的波谱曲线同某些影像表观反射率波谱曲线之间存在着相似的形状及吸收特性。

基于这些相似的特性，我们可以得到这样的结论：与 alunite、buddingtonite、calcite 和 kaolinite 实验室所测波谱曲线相似的影像波谱曲线是由上面相应的矿物质所构成的。

（21）从波谱库波谱曲线的绘图窗口中，将波谱曲线拖动到 **#1 Spectral Profile** 绘图窗口中，进行直接比较。

◆ 鉴别波谱曲线

使用 **Spectral Analyst™** 来鉴别波谱曲线：ENVI 提供了一个波谱匹配工具，它根据波谱库中的波谱曲线对影像中的波谱曲线进行评分。波谱分析使用多种方法产生一个在 0～1 之间的分数值，其中分数值 1 相当于完全匹配。

（1）从 ENVI 主菜单中，选择 **Spectral → Spectral Analyst**。

（2）点击 **Spectral Analyst Input Spectral Library** 对话框底部的 **Open Spec Lib** 按钮。

（3）选择进入 `usgs_min` 波谱库目录，选择 `usgs_min.sli` 波谱库文件，点击 **Open**。

（4）`usgs_min.sli` 波谱库文件出现在 **Spectral Analyst Input Spectral Library** 对话框中，选中该文件，点击 **OK**。

（5）在 **Edit Identify Methods Weighting** 对话框中，点击 **OK**。

（6）从主影像窗口菜单中，选择 **Tools → Profiles → Z-Profile（Spectrum）**。然后在 **#1 Spectral Profile** 绘图窗口中，点击鼠标右键，从弹出的快捷菜单中，选择 **Plot Key**，显示波谱曲线名称的图例。

（7）从主影像窗口菜单中，选择 **Tools → Pixel Locator**。

（8）在 **Pixel Locator** 对话框中，输入像素点的坐标列 502，行 589，点击 **Apply**。

（9）在 **Spectral Analyst** 对话框中，选择 **Options → Edit Method Weights**。

（10）在 **Edit Identify Methods Weighting** 对话框中，为每一个 **Weight** 文本框输入值 `0.33`，然后点击 **OK**。不同的匹配方法在《ENVI 遥感影像处理教程》（ENVI User's Guide）中进行描述。

（11）在 **Spectral Analyst** 对话框中，点击 **Apply**。如果在**#1 Spectral Profile** 绘图窗口中显示了多条波谱曲线，那么将会出现一个波谱曲线列表。如果出现了该波谱曲线列表，那么就选择像素（列 502，行 589）所对应的那条波谱曲线。**Spectral Analyst** 对话框将如下图所示：

```
Spectral Analyst
File  Options

Unknown: X:502 Y:589
Library Spectrum       Score       SAM      SFF       BE
----------------     -------   -------  -------  -------
kaolini2.spc Kaolini [0.740]: {0.869} {0.454} {0.920}
kaolini6.spc Kaolini [0.738]: {0.863} {0.454} {0.920}
kaolini7.spc Kaolini [0.737]: {0.858} {0.456} {0.920}
kaolini5.spc Kaolini [0.737]: {0.856} {0.457} {0.920}
halloys3.spc Halloys [0.734]: {0.885} {0.421} {0.920}
kaolini3.spc Kaolini [0.732]: {0.874} {0.445} {0.900}
kaolini8.spc Kaolini [0.731]: {0.853} {0.443} {0.920}
pyrophy3.spc Pyrophy [0.729]: {0.866} {0.383} {0.960}
dickite2.spc Dickite [0.725]: {0.860} {0.418} {0.920}
nacrite.spc Nacrite  [0.721]: {0.858} {0.406} {0.920}
kaosmec2.spc Kaolin/ [0.720]: {0.901} {0.402} {0.880}
kaolini1.spc Kaolini [0.719]: {0.820} {0.458} {0.900}

Apply  Cancel  Help
```

图 15-4 Spectral Analyst 对话框，显示出了矿物质 kaolinite 的波谱曲线与像素（列 502，行 589）的波谱曲线最匹配

Spectral Analyst 将根据波谱库中的波谱曲线对未知地物的波谱曲线进行评分。上图显示了对像素（列 502，行 589）的波谱曲线进行鉴别的结果。注意到列表的第一行显示 kaolinite 的波谱曲线评分最高。这个相对较高的分数值表明了该像素对应的地物与 kaolinite 最相似。

（12）用鼠标双击列表中的第一条波谱曲线。在同一绘图窗口中，绘制出未知地物的波谱曲线以及波谱库中的波谱曲线，以进行比较。该绘制图如下图所示：

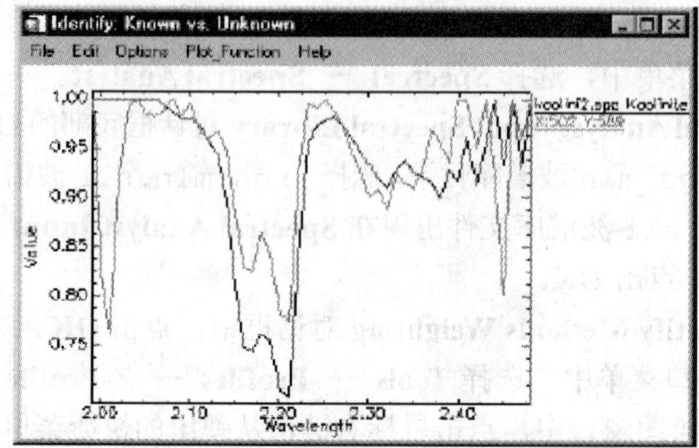

图 15-5 未知地物与波谱库中最匹配的 kaolinite 的波谱曲线的比较图，表明两者高度匹配

（13）使用波谱分析（Spectral Analyst），比较波谱曲线图，对刚才提取的影像波谱曲线进行鉴别，查看其为哪一种矿物质。当已经鉴别了几种矿物质后，就可以进入下一部分了。

（14）也可以选择将 USGS 波谱库中的波谱曲线同影像波谱曲线以及 JPL 波谱库中的波谱曲线进行比较。USGS 波谱库所对应的波谱数据文件为 usgs_min.sli。

◆ **关闭所有窗口和图表**

（1）关闭 **Spectral Library Viewer** 以及 **Pixel Locator** 对话框。

（2）选择 **Windows → Close All Plot Windows**，关闭所有已打开的绘图窗口（plot window）。

◆ **定义感兴趣区**

感兴趣区（ROIs）用来提取像素集合的统计信息及其平均波谱曲线。可以在任意显示的影像上定义足够多的感兴趣区。从主影像窗口菜单中，选择 **Overlay → Region of Interest**，打开 **ROI Tool** 对话框。

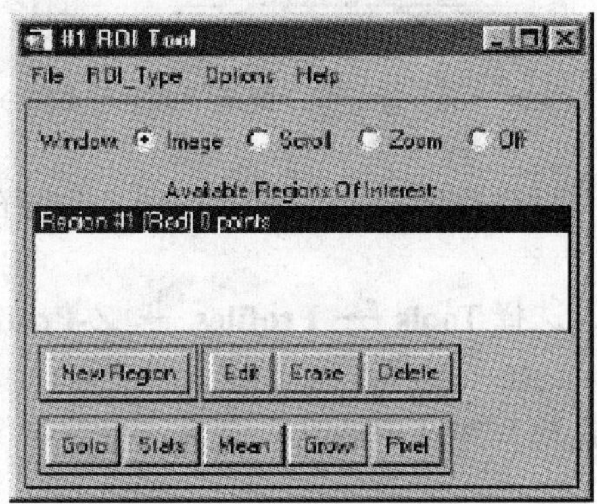

图 15-6　ROI Tool 对话框

创建新的感兴趣区

（1）在影像中，点击鼠标左键。

（2）在多边形顶点处，点击鼠标左键，绘制感兴趣区，或者点击并按住鼠标左键，移动鼠标，连续绘制感兴趣区。

（3）点击鼠标右键，封闭该多边形，完成感兴趣区的定义。再次点击鼠标右键锁定感兴趣区的位置。

（4）点击 **Stats** 按钮，计算感兴趣区的统计信息，绘制均值波谱曲线（白色），均值波谱上下各有一条标准差曲线（绿色），以及最小值和最大值的包络波谱曲线（红色），其包含了感兴趣区所有的波谱。

（5）在 **File Statistics Report** 对话框中，选择 **File → Cancel**，然后在 **Avg Spectrum** 绘图窗口中，也选择 **File → Cancel**。

（6）点击 **ROI Tool** 对话框中的 **Delete** 按钮，删除所选的感兴趣区。

加载预先保存的感兴趣区文件

（1）在 **ROI Tool** 对话框的菜单中，选择 **File → Restore ROIs**。

（2）在 **Enter ROI Filename** 对话框中，选择进入 envidata/c95avsub 目录，选择文件 cup95_av.roi，点击 **Open**。为已知特定矿物质预先定义的感兴趣区就会列在 ENVI 的 **message** 对话框中，然后还将加载到 **ROI Tool** 对话框，如图 15-7 所示：

图 15-7 ROI Tool 对话框，展示了恢复出的感兴趣区

（3）选择 **ROI Tool** 对话框顶部的 **Off** 单选按钮，允许在主影像显示窗口中选取像素的位置。

（4）从主影像窗口中，选择 **Tools → Profiles → Z-Profile**（**Spectrum**），打开 *Z* 剖面廓线窗口（Z-Profile）。

（5）使用鼠标右键点击感兴趣区中的某个像素，将当前像素的位置或者光标的位置移动到每一个感兴趣区上。

（6）点击感兴趣区中的不同像素，移动光标的位置，在 **Spectral Profile** 窗口中，显示新的波谱剖面廓线。

【注意】对于每个新的感兴趣区，*Y* 轴的绘制范围都会自动地调整大小，以保证与波谱剖面廓线相匹配。通过以上操作可以查看每个感兴趣区中波谱曲线的差异。

从感兴趣区中提取均值波谱曲线

（1）在 **ROI Tool** 对话框中，选择某个感兴趣区，点击 **Stats** 按钮，提取所需的统计信息，并且绘制所选感兴趣区的波谱曲线。

（2）将感兴趣区的均值波谱同相应的标准差波谱曲线（绿色，在均值波谱的上面或者下面各有一条）以及包络波谱曲线（红色，也在均值波谱的上面或者下面各有一条）进行比较，查看感兴趣区波谱的变化。

（3）对每个感兴趣区重复上面的步骤。

（4）如果想要从 jpl1.sli 波谱库中加载相应的波谱曲线到绘图窗口，进行直接地比较或者鉴别，那么在加载波谱库的波谱数据时不要忘记将 ***Y*** 的缩放系数改为 1 000。

（5）完成这些操作后，关闭所有的 **File Statistics Report** 对话框以及所有的绘图窗口。

（6）在 **ROT Tool** 对话框中，选择 **Options → Mean for All Regions**，在同一个绘图窗口中，绘制每个感兴趣区的均值波谱曲线。

（7）在绘图窗口（plot window）中，选择 **Options → Stack Plots**，将每条波谱带分别显示出来，以进行比较，如图 15-8 所示：

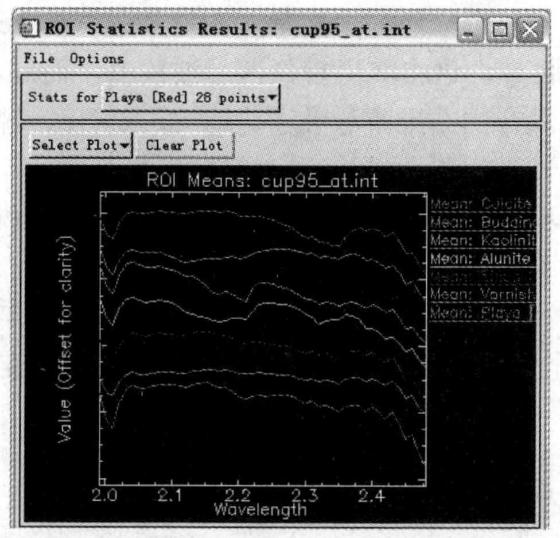

图 15-8 ATREM 影像感兴趣区所对应的均值表观反射率波谱曲线

（8）比较每条波谱曲线的波谱特征，注意被用于鉴别的地物唯一的波谱特征。

（9）如果需要，从 `jpl1.sli` 波谱库中加载相应的波谱曲线到绘图窗口，将影像表观反射率波谱曲线同实验室测得的波谱曲线进行比较。当加载波谱库的波谱数据时，不要忘记将 ***Y*** 的缩放系数改为 1 000。

（10）也可以选择将 USGS 波谱库中的波谱曲线同影像波谱曲线以及 JPL 波谱库中的波谱曲线进行比较。USGS 波谱库所对应的波谱数据文件为 `usgs_min.sli`。

◆ **鉴别矿物质**

设计选择合适的彩色合成来鉴别矿物质：

（1）在可用波段列表对话框中，选择 **RGB** 单选按钮，并顺次点击 Band 183、Band 193 和 Band 207。

（2）点击 **Load RGB**，将彩色合成影像加载到当前影像显示窗口中。

（3）在主影像窗口中，点击 **Tools → Profiles → Z-Profile（Spectrum）**。注意到在 Z 剖面廓线（Z-Profile）窗口中，被用来合成彩色影像的三波段的位置上，分别用红、绿、蓝三条垂直线标出。

（4）在 **ROI Tool** 对话框中，选择 **Off** 单选按钮，使用 Z 剖面廓线窗口，在主影像窗口中的感兴趣区上或其附近浏览相应的波谱曲线。

【注意】根据先前显示的均值波谱的波谱特征，所选的 RGB 波段应该选择在什么位置？波谱特征是如何影响影像中观察到的颜色的？

（5）通过使用鼠标左键，点击并拖动波谱剖面廓线窗口中的颜色条（plot bars），将其拖动到所需的波段位置上。

【注意】突出影像上特定地物的一种方法是将某个彩色条放置在某个特征吸收中心，

而把另两个彩色条放置在相对的波谱峰值上。

（6）在 Z 剖面廓线（Z-Profile）窗口内，双击鼠标左键，将新选择的波段加载到显示窗口中。

查看了几个地物点后，就会明白彩色合成后的颜色是如何同波谱特征相一致的。例如，alunitic 区域在 RGB 彩色合成影像上将显示出红紫色（magenta），这是因为绿色对应的波段位于 alunitic 的吸收带，这将产生较低的绿波段值，而红色和蓝色对应的波段反射率几乎相等。红色和蓝色混合的结果就导致了含有 aluite 的像素颜色为红紫色。

基于上面的结果，尝试进行下面的练习：

（1）假定在 RGB 影像上已知特定像素的颜色，预测一下它所对应的波谱曲线是什么样子的。

（2）根据训练样区的波谱特征，解释它们的颜色。

（3）设计并测试特定的 RGB 波段选择，尽可能地识别出某种矿物质，比如 kaolinite 和 calcite。

关闭绘图窗口和感兴趣区工具对话框

（1）选择 **Window → Close All Plot Windows**，关闭所用打开的绘制窗口（plot windows）。

（2）从 **ROI Tool** 对话框的菜单中，选择 **File → Cancel**，关闭该对话框。

◆ 二维散点图

查看二维散点图

（1）在主影像窗口中，选择 **Tools → 2-D Scatter Plots**，打开二维的 **scatter plot** 对话框，绘制表观反射率影像的散点图。

（2）在 **Choose Band *X*** 列表中，选择波段 193（band 193），在 **Choose Band *Y*** 列表中，选择波段 207。

（3）点击 **OK**。图 15-9 就显示了 *X*、*Y* 表观反射率值的关系。

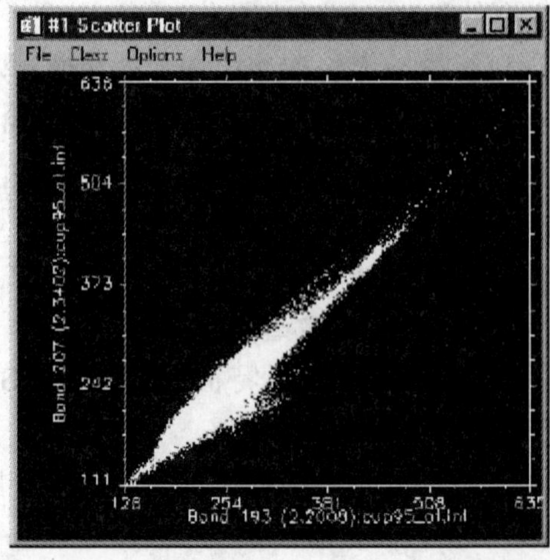

图 15-9 波段 193 和波段 207 的散点图（ATREM 表观反射率影像）

散点图的密度分割

（1）从散点图窗口菜单中，选择 **Options → Density On**，自动对散点图进行密度分割处理。散点的颜色表明了用来绘制散点图的两个波段特定表观反射率组合出现的频率（图 15-9）。紫色（Purple）代表了出现的频率最低。随着颜色从蓝色、绿色、黄色，变化到红色，频率也依次变大。红色代表了出现的频率最高。

（2）从散点图菜单中，选择 **Options → Density Off**，关闭密度分割功能。

散点图中的跳跃像素（Scatter Plot Dancing Pixels）

（1）从主影像窗口中点击鼠标左键并拖动鼠标，触发散点图中的“跳跃像素”（Dancing Pixels）。散点图中的红色点就对应于主影像窗口光标周围 10×10 区域内的像素点。

（2）预测一下某些影像颜色在散点图中的位置，然后进行核实。注意散点图中红色跳跃像素构成的子散点图的形状。

（3）选择 **Options → Set Patch Size**，改变散点图中红色矩形光标的大小，并观察改变后的差异。

影像中的跳跃像素（Image Dancing Pixels）

（1）在散点图上点击鼠标中键并拖动鼠标，触发主影像窗口中的“跳跃像素”（Dancing Pixels）。影像中的红色像素点就对应于散点窗口光标周围 10×10 区域内的散点。注意所选像素的空间分布及其[illegible]间一致性。

（2）选择 **Options → Set Patch Size**，改变散点图中矩形光标的大小，并观察改变后的差异。

将散点图连接到波谱剖面廓线（Scatter Plots Linked to a Spectral Profile）

（1）从散点图窗口菜单中，选择 **Options → Z-Profile**，选择一个输入文件用于提取波谱剖面廓线，然后点击 **OK**。打开一个连接到该散点图的空白的波谱剖面廓线绘制窗口。

（2）将鼠标光标放置到二维散点图中，点击鼠标右键，提取具有该散点位置特性的相应空间像素点的波谱曲线。

（3）比较散点图上的其他点，观察散点图上相对中心位置的点，记录这些点所属的类别。

散点图中的感兴趣区（Scatter Plot ROIs）

散点工具也可以用来作为一个快速的分类器。

（1）在散点图中点击鼠标左键，选择感兴趣区（ROI）的第一个顶点。

（2）使用鼠标左键，选择所需的线段顶点，在散点图中，绘制感兴趣区多边形。

（3）点击鼠标右键封闭该多边形。与该多边形包含的散点相对应的影像像素，在主影像窗口中会以彩色编码后的颜色（如红色）显示出来。

（4）从散点图窗口的 **Class** 下拉式菜单中，选择其他的颜色。

（5）绘制其他的感兴趣区多边形，影像中对应的像素就会以所选颜色高亮突出显示出来。

（6）要移除某个类，可以选择 **Options → Clear Class**。此外，通过在绘图坐标轴以外（下面）点击鼠标中键，也可以移除当前所选的类（Class）。

（7）使用二维散点图工具，由散点图中的类追溯到影像上，查看某些对应像素出现在影像上的位置。

（8）在散点图窗口菜单栏中，选择 **Options → Export Class or Export All**，将类（Classes）转换成感兴趣区，然后再作为训练样区，使用所有的影像波段，参与影像分类。以这种方式导入的感兴趣区将会列出在 **ROI Tool** 对话框中，它对后续的监督分类都有效。从 ENVI 主菜单中，选择 **Classification → Create Class Image from ROIs**，也可以将感兴趣区转换为分类影像。

（9）在散点图窗口中，选择 **Options → Clear All**，移除散点图中所选的类以及影像中相对应的像素点的颜色。

影像中的感兴趣区（Image ROIs）

散点图工具也可以从影像上获取感兴趣区，以作为简单的分类器。

（1）在散点图窗口菜单中，选择 **Options → Image ROI**。

（2）使用鼠标左键来绘制线条，在主影像窗口中绘制出感兴趣区多边形。使用鼠标右键封闭多边形或者锁定多边形的位置。然后影像感兴趣区多边形内的像素点就会映射到散点图中相对应的位置上，并用当前所选颜色高亮显示出来。相应地，影像中所有与散点图高亮显示点相匹配的像素点，也将反向映射到主影像窗口中，即用相同的颜色高亮显示出来，这就仿佛是绘制了散点图感兴趣区。这是一个用来形成两波段的分类最简单的方法，此外它也是一个强大的工具。

（3）绘制一些影像感兴趣区，注意影像颜色与散点图特性之间的一致性。

散点图和波谱混合（Scatter Plots and Spectral Mixing）

能根据波谱混合特征解释散点图中所有点云的形状吗？影像中所有的纯净像元会落在散点图的什么位置上？散点图中有次级的“映射”或“点云”吗？

在散点图窗口菜单中，选择 **Options → Change Bands**，修改散点图绘制中所需的两个波段组合。尝试选择至少一对邻近的波段组合以及其他相距较远的波谱波段组合。

采用不同的波段组合，散点图的形状是如何变化的？能描述一下 N 维云状数据集的“形状”吗？

◆ 结束 ENVI 程序

在 ENVI 主菜单中选择 **File → Exit**（在 UNIX 操作系统下是 **Quit**），在弹出的 **Terminate this ENVI Session** 对话框中选择 **Yes**，并点击 **OK**，退出 ENVI 程序。如果使用的是 **ENVI RT**，退出 ENVI 会返回操作系统。

专题十六　高光谱数据选用的制图方法

1.1 专题概述

本专题旨在向用户介绍对成像光谱仪数据或者高光谱影像进行分析的前沿思想和动态。我们将使用美国内华达州 Cuprite 地区 1995 年的航空可见光/红外成像光谱仪（Airborne Visible/Infrared Imaging Spectrometer，AVIRIS）所采集的影像数据，研究高光谱数据的特性，并探讨什么样的波谱信息可用来鉴别矿物质。然后，我们将参照 ATREM 校正过的数据，对 EFFORT“精炼”后的波谱数据进行评估。我们将对表观反射率波谱曲线和包络线去除（continuum removed）后的波谱曲线进行比较。同时，我们也会对表观反射率影像和包络线去除（continuum removed）后的影像进行比较，并评估波谱特征拟合（Spectral Feature Fitting™）处理后的影像结果。

◆ 本专题中使用的文件

光盘：《ENVI 遥感影像处理专题与实践》附带光盘 #2

路径：envidata/c95avsub

文件	描述
cup95_at.int	Cuprite ATREM 校正后的表观反射率数据，50 个波段（整型）
cup95_at.hdr	ENVI 相应的头文件
cup95eff.int	Cuprite EFFORT 纠正后的 ATREM 表观反射率数据，50 个波段（整型）
cup95eff.hdr	ENVI 相应的头文件
jpl1.sli	ENVI 格式的 JPL 光谱库
jpl1.hdr	ENVI 相应的头文件
usgs_min.sli	ENVI 格式的 USGS 光谱库
usgs_min.hdr	ENVI 相应的头文件
cup95_av.roi	保存的感兴趣区文件
cupsamem.asc	可选择的感兴趣区均值波谱文件
cupsam1.img	使用感兴趣区影像波谱端元进行 SAM 分类后的影像
cupsam1.hdr	ENVI 相应的头文件
cuprul1.img	使用感兴趣区影像波谱端元进行 SAM 分类后生成的规则影像
cuprul1.hdr	ENVI 相应的头文件
cupsam2.img	使用波谱库中的波谱端元进行 SAM 分类后的影像
cupsam2.hdr	ENVI 相应的头文件
cuprul2.img	使用波谱库中的波谱端元进行 SAM 分类后生成的规则影像
cuprul2.hdr	ENVI 相应的头文件

文件	描述
cup95_cr.dat	包络线去除（Continuum-removed）后的数据（浮点型）
cup95_cr.hdr	ENVI 相应的头文件
cup95sff.dat	波谱特征拟合（Spectral Feature Fitting）结果
cup95sff.hdr	ENVI 相应的头文件
cup95sfr.dat	波谱特征拟合波段运算结果
cup95sfr.hdr	ENVI 相应的头文件

【注意】列出的所有文件都会在专题辅导中使用。列在下面的文件是可选择处理的，如果需要进行更为详尽的校正比较，那么它们也可能会在专题中被使用。出于对磁盘空间的考虑，所有的影像数据文件都将反射率的值乘以了 1 000，转换成了整型。在数据中，数值 1 000 就表明表观反射率为 1.0。

1.2 移除校正残差

我们将使用 EFFORT 纠正法（经验平场域最优化反射率转换，Empirical Flat Field Optimized Reflectance Transformation）来移除校正后的残差。EFFORT 是一种修正方法，它被用来从 ATREM 校正后的 AVIRIS 影像数据中，移除设备带来的“锯齿”状残留噪声（或者是校正过程中产生的）以及大气的影响。它是一种自定义的纠正方法，目的是用来改善所有波谱特征的质量。它可以从 AVIRIS 影像数据中获取最可行的反射率波谱曲线，因此在本指南的后续专题中，我们都将使用 EFFORT 纠正后的影像数据。EFFORT 纠正法在平场域纠正法（Flat-Field Calibration method）基础上，进行了相对自动化的改进（Boardman and Huntington，1996）。EFFORT 纠正法将选择 AVIRIS 影像中与用最小二乘估计出的低次多项式相匹配且无明显波谱特征的那一类光谱。这些波谱都进行了均衡化处理，确定一个微小的增益系数（gain factor）来移除系统的相干噪声，该噪声存在于每一条光谱中，包括 2.0 μm 处由二氧化碳造成的轻微大气残留影响。在 ENVI 中，我们可以选择 **Spectral → Effort Polishing**，运行 EFFORT 纠正程序。在本专题中，我们不会运行这个程序，但是我们将把预先计算的 EFFORT 纠正后的影像数据同 1995 AVIRIS 影像数据进行比较，该 AVIRIS 影像数据已经纠正为反射率值，但是其仅仅采用了 ATREM 校正法，并没有进行相应的 EFFORT 纠正。

◆ **打开并加载 1995 EFFORT 纠正后的影像数据**

（1）从 ENVI 主菜单中，选择 **File → Open Image File**，选择进入《ENVI 遥感影像处理专题与实践》附带光盘 #2 的 `envidata/c95avsub` 目录，选择文件 `cup95eff.int`，点击 **Open**。该文件为 1995 AVIRIS 影像，经 ATREM 校正后的表观反射率数据，且进行了 EFFORT 纠正。

（2）从#1 的主影像窗口菜单中，选择 **Tools → Profiles → Z Profile（Spectrum）**。

（3）从可用波段列表对话框底部的 **Display** 下拉式菜单按钮中，选择 **New Display**，打开一个新的 #2 显示窗口。

（4）从 ENVI 主菜单中，选择 **File → Open Image File**，然后选择文件

cup95_at.int，点击 **Open**。该文件为 1995 ATREM 校正后的表观反射率影像数据。

（5）在可用波段列表对话框中，选择波段 193（band 193，2.20 μm），然后选择 **Gray Scale** 单选按钮，点击 **Load Band**。

（6）从#2 的主影像窗口菜单中，选择 **Tools** → **Profiles** → **Z Profile**（**Spectrum**）。

（7）比较这两条波谱剖面廓线。

◆ **比较 ATREM 和 EFFORT 处理后的波谱曲线**

（1）从#1 的主影像窗口菜单中选择 **Tools** → **Link** → **Link Displays**。

（2）在 **Link Displays** 对话框中，点击 **OK**，激活影像的链接功能。

（3）从#1 的主影像窗口菜单中，选择 **Tools** → **Link** → **Dynamic Overlay Off**，使鼠标能够进行正常的交互作用。

移动影像中的缩放指示矩形框，对#2 影像窗口中相应的光标位置进行更新。同时两个波谱剖面廓线绘制窗口（spectral profiles）都将显示出当前像素点的波谱曲线。

（4）在影像上移动缩放指示矩形框，比较相应的 ATREM 和 EFFORT 处理过的波谱曲线。注意，两条波谱曲线主要差异出现在什么位置上。

（5）在#1 主影像窗口中，选择 **Tools** → **Pixel Locator**，然后把光标定位到列 503，行 581 的位置上。

（6）在#1 主影像窗口中，点击鼠标右键，从弹出的快捷菜单中，选择 **Plot Key**，显示波谱曲线的图例名称。

（7）在#1 绘制窗口（plot window）中，点击并按住图例名称的第一个字母，然后拖放到#2（仅进行了 ATREM 校正后的波谱曲线）绘图窗口。

（8）在#2 绘图窗口菜单中，选择 **Edit** → **Data Parameters**。

（9）在 **Data Parameters** 对话框中，改变 EFFORT 波谱曲线的颜色，且在其名称前加上文字“(EFFORT)”。同样的，在 ATREM 波谱曲线名称前加上文字“(ATREM-Only)”。

（10）选择 **Options** → **Stack Plots**，将波谱曲线堆叠在一起显示出来。绘图窗口将如图 16-1 所示：

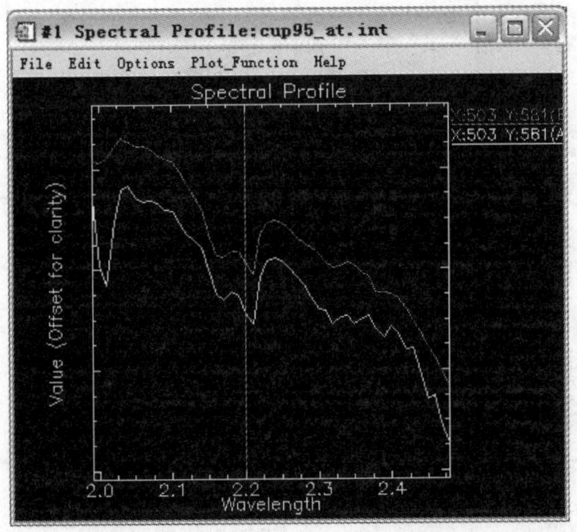

图 16-1　EFFORT 表观反射率波谱曲线（上面）和 ATREM-only（下面）波谱曲线比较图

（11）将 EFFORT 纠正后的波谱曲线同仅采用 ATREM 校正后的波谱曲线进行比较。注意到这两条波谱曲线非常相似，但是在 EFFORT 波谱曲线上微小的相干“抖动”（wiggles）已经被移除掉了。同时，也可以注意到在 2.01 μm 附近，对二氧化碳的残差也进行了纠正。

（12）在#2（ATREM）波谱剖面廓线窗口中，使用鼠标右键，点击 EFFORT 波谱名称图例的第一个字母，将导入的波谱曲线删除。

（13）在#1 主影像窗口中，使用 **Pixel Locator** 将鼠标光标移动到列 542，行 533 的位置上，然后将#1 波谱剖面廓线窗口中的波谱曲线拖放到#2 波谱剖面廓线窗口中。注意 EFFORT 是如何纠正波谱曲线的。

（14）尝试使用 **Pixel Locator** 在两幅影像中选择一些其他的像素点，并比较它们的波谱曲线。请问主要的差异是什么呢？

◆ **关闭所有的文件、显示窗口以及绘图窗口**

从 ENVI 主菜单中，选择 **File → Close All Files**，然后点击 **Yes**，关闭先前部分使用的所有文件。同时，相关联的绘图窗口也将会被关闭。

1.3 波谱角填图分类

下面，我们将使用“波谱角填图”（Spectral Angle Mapper，SAM）（图 16-2）分类法，利用影像和波谱库中的波谱曲线，对 AVIRIS 影像数据进行分类。我们会讲述一下波谱角填图分类中端元采集（endmember selection）的步骤，但是实际上我们不会运行该算法程序。我们将查看先前计算生成的分类影像结果，并回答关于波谱角填图（SAM）分类优缺点的具体问题。

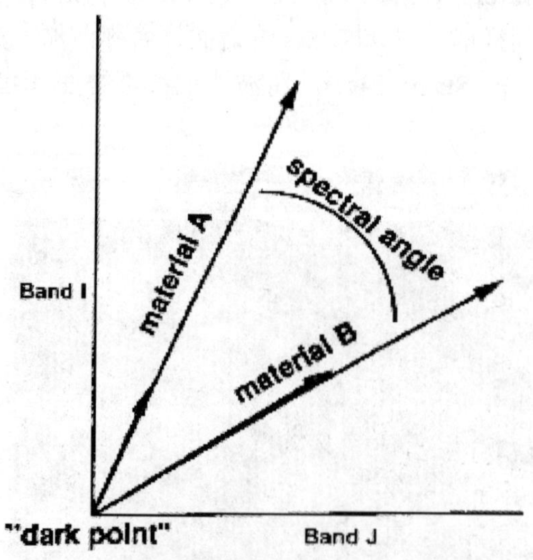

图 16-2 波谱角填图分类的二维例子

波谱角填图（SAM）算法是一个自动化的分类方法，它将影像波谱同个别的波谱或者波谱库中的波谱进行比较（Boardman，unpublished data；CSES，1992；Kruse 等，1993a）。

波谱角填图分类假定影像数据已经转换为表观反射率（真实反射率同一些未知的由地形或者阴影造成的增益系数的乘积）。波谱角填图分类算法将两个波谱当做是矢量空间的两个矢量，其维度等于波段数（nb），通过计算两者间的“波谱角”，确定它们的相似程度。我们可以给出一个简单的解释，在这里假定参考波谱和未知波谱均来自于两个波段的影像数据。在二维散点图中，两种不同的物质将分别表示成给定亮度相对应的点，或者对于所有可能的亮度值来说，就是一条线（矢量）。

因为波谱角填图分类中，仅使用了波谱的“方向”，而没有使用其“长度”，所以该方法对未知的增益系数并不敏感，对于同一地物所有可能的亮度值都同等对待。亮度较低的像素将与原点很接近。某一物质的“颜色”是由其单位矢量的方向所决定的。注意到矢量间的夹角同样与矢量长度无关。矢量的长度仅与该像元被照亮的程度有关。

将波谱角填图分类算法的几何阐释推广到 nb（波段数）维的向量空间中。波谱角算法将通过下列公式（CSES，1992），确定未知波谱 t 同参考波谱 r 之间的相似程度。

$$\alpha = \cos^{-1}\left(\frac{\mathbf{t} \cdot \mathbf{r}}{\|\mathbf{t}\| \cdot \|\mathbf{r}\|}\right)$$

该公式也可以写成：

$$\alpha = \cos^{-1}\left(\frac{\sum_{i=1}^{nb} t_i r_i}{\left(\sum_{i=1}^{nb} t_i^2\right)^{1/2}\left(\sum_{i=1}^{nb} r_i^2\right)^{1/2}}\right)$$

其中 nb 等于影像中的波段数。

高光谱影像分析中，会根据所选的参考波谱曲线，为每条影像波谱（像素）确定一个波谱角 α。这个值将以弧度为单位，用来向波谱角填图分类输出影像的相应像元赋值，每条参考波谱曲线都将产生一个输出影像。因此，波谱角填图分类将形成一个新的数据体，其波段数等于分类中所用的参考波谱数目。通常会使用灰阶阈值，根据经验确定所需的区域，该区域将与参考波谱最优地匹配在一起，同时保持空间上的一致性。

在 ENVI 中运行的波谱角填图分类算法，将把 ASCII 文件、感兴趣区（ROIs）或者波谱库作为许多输入的“训练类”或者参考波谱。它将计算影像中每条波谱与参考波谱或者 N 维“端元”波谱之间的角度距离。波谱角填图分类的结果是一幅分类影像以及相应的“规则”影像，分类影像展示了每个像素与参考波谱之间，波谱角最匹配的那类；而“规则”影像对应于每一个端元波谱，它以弧度为单位，展示了影像中每条波谱与参考波谱之间的真实角度。在规则影像中，颜色偏暗的像素表明了较小的波谱角，从而表明该像素的波谱与参考波谱更相似一些。规则影像也可以被用来进行后续的分类，通过使用不同的阈值，确定哪些像素包含在波谱角填图分类影像中。

◆ 选择影像端元

（1）打开 1995 AVIRIS 的 ATREM 校正后的表观反射率数据文件，`cup95eff.int`。将该彩色合成影像加载到一个新的显示窗口中。

（2）在可用波段列表对话框中选择波段 193（band 193，2.20 μm），然后选择 **Gray Scale** 单选按钮，点击 **Load Band**，把这幅灰阶影像加载到一个显示窗口中。

（3）从 ENVI 主菜单中选择 **Classification → Supervised → Spectral Angle Mapper**（或者选择 **Spectral → Mapping Methods → Spectral Angle Mapper**），打开 SAM 端元选择程序。

（4）在 **Classification Input File** 对话框中选择文件 `cup95eff.int`，作为输入文件，点击 **OK**。

（5）在 **Endmember Collection：SAM** 对话框中选择 **Import → from ASCII file**。

（6）选择文件 `cup95_em.asc`，点击 **Open**。

（7）在 **Input ASCII File** 对话框中，按住 **Ctrl** 键，在 **Select Y Axis Columns** 列表中，取消选定波谱 Dark/black，Bright/playa，Silica（Dark），以及 Alunite（2.18）。这将保留均值波谱 Zeolite，Calcite，Alunite（2.16），Kaolinite，Illite/Muscovite，Silica（Bright），以及 Buddingtonite。

（8）点击 **OK**，将所有选中的端元波谱加载到 **Endmember Collection：SAM** 对话框中。

（9）从 **Endmember Collection：SAM** 对话框的菜单中选择 **Options → Plot Endmembers**，绘制端元的波谱曲线。

（10）从端元波谱曲线绘制窗口（plot window）中选择 **Options → Stack Plots**，比较波谱特征，然后在绘图窗口中点击鼠标右键，并从弹出的快捷菜单中选择 **Plot Key**，显示波谱曲线的图例。结果如图 16-3 所示：

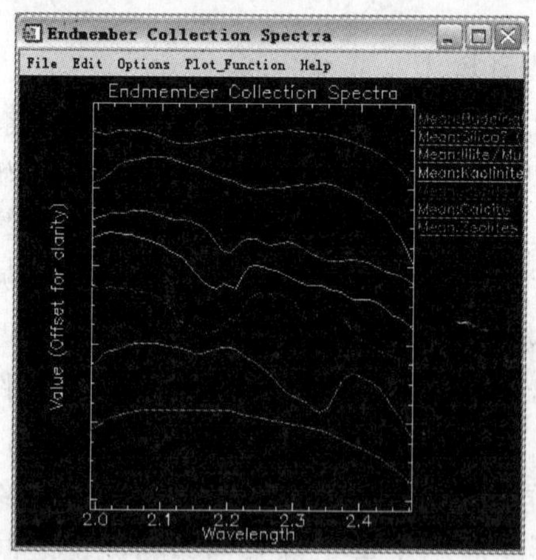

图 16-3 SAM 中所使用的波谱端元

通常接下来要点击 **Endmember Collection：SAM** 对话框中的 **Apply** 按钮进行波谱角填图分类，但是由于分类将占用一定的时间，因此本专题提供了处理后的分类结果。

（11）如果时间和资源都充足，便可以点击 **Endmember Collection：SAM** 对话框中的 **Apply** 按钮，再在 **Spectral Angle Mapper Parameters** 对话框中输入要输出的文件名，点击 **OK**。

或者在 **Endmember Collection：SAM** 对话框中点击 **Cancel** 按钮，按下面所描述的

步骤，查看预先计算生成的 SAM 分类结果。

◆ 查看 SAM 分类结果

（1）选择 **File → Open Image File**，再选择 cupsam1.img 作为输入文件名，打开 SAM（波谱角）分类影像。分类影像为单波段影像，并为每个类进行了编码（比如，alunite 被编码为“1”）。当该分类影像打开后，其同时在可用波段列表对话框中列出来。

（2）在可用波段列表对话框中，确保选取了 **Gray Scale** 单选按钮。

（3）点击 **Diplay** 下拉式菜单，选择 **New display**。选中 SAM（波谱角）分类后的影像，点击 **Load Band**。将该影像加载到#2 显示窗口中。各类将自动地按下列颜色进行编码。

矿物	颜色
沸石（Zeolites）	白色（White）
方解石（Calcite）	绿色（Green）
明矾石（Alunite）	黄色（Yellow）
高岭石（Kaolinite）	红色（Red）
伊利石（Illite/Muscovite）	暗绿色（Dark Green）
硅石（Silica）	蓝色（Blue）
Buddingtonite	栗色（Maroon）

【注意】以具体类的形式所显示出的像素都是由生成分类影像时的阈值确定的。因为给定像素将被作为具体的物质进行分类，但并不是把它指定为该物质，所以 SAM（波谱角）分类是一个相似度度量工具，而不是一个鉴别器。

（4）在可用波段列表对话框中，点击 **Display**，并从下拉菜单中选择 **New display**，打开#3 影像显示窗口。

（5）选择 **RGB** 单选按钮，然后按顺序选择 EFFORT 影像数据的波段 183、波段 193 和波段 207，点击 **Load RGB**。

（6）在#3 影像显示窗口中，选择 **Tools → Profiles → Z-Profile**，打开波谱剖面廓线绘制窗口。

（7）将 SAM（波谱角）分类结果同显示的彩色合成影像进行比较。

（8）选择 **File → Open Image File**，然后选择 cuprul1.img 作为输入文件名，打开 SAM（波谱角）规则影像。

规则影像中每一个波段都对应于每一个分类的端元，其像元值代表了以弧度为单位的波谱角的大小。小的波谱角（暗像元）代表了与端元波谱匹配较好。当规则影像打开后，对应于每个端元的波段，都将会列出在可用波段列表对话框中。

（9）在可用波段列表对话框中，确保选中了 **Gray Scale** 单选按钮。从 **Display** 下拉式菜单中选择 **New Display**，点击 **Load Band**，打开#4 影像显示窗口。

（10）根据彩色合成影像、SAM 波谱角填图分类影像，感兴趣区工具以及使用 Z 波谱剖面廓线提取器所提取的单一波谱曲线，对规则影像进行评估。

（11）在#4 主影像窗口菜单中，选择 **Tools → Color Mapping → ENVI Color**

Tables。

（12）使用 **Stretch Bottom** 和 **Stretch Top** 滚动条，调整 SAM 波谱角填图分类影像的显示阈值，高亮显示与所选端元最相似的那一类像元。

（13）将 **Stretch Bottom** 滚动条拉动到最右边，**Stretch Top** 滚动条拉动到最左边，用白色高亮显示最相似的像元。

（14）逐渐向左移动 **Stretch Bottom** 滚动条，减少高亮显示的像元，使用白色仅显示出与 SAM 波谱角最匹配的那些像元。如果需要，可以使用规则影像的彩色合成，或者影像动画（image animation）来比较单个的规则影像。

（15）对每一个 SAM 规则影像重复上面的步骤，当操作完成后，选择 **File → Cancel**，关闭 ENVI 的 **Color Tables** 对话框。

（16）选择 **Window → Close All Display Windows**，关闭所有打开的显示窗口。

◆ **选择波谱库端元**

在本专题中，我们会再次运行端元采集程序，但是实际上我们不会执行 SAM 波谱角填图分类。我们将使用先前保存过的 SAM 波谱角填图分类结果来进行比较分析。如果有时间，也可以利用波谱库中的端元，进行 SAM 波谱角填图分类。

（1）从 ENVI 主菜单中，选择 **Spectral → Spectral Libraries → Spectral Library Viewer**。

（2）点击 **Open File**，选择文件 `envidata/spec_lib/jpl_lib/jpl1.sli`，点击 **Open**。

（3）在 **Spectral Library Input File** 对话框中，选中 `jpl1.sli` 文件，点击 **OK**。

（4）在 **Spectral Library Viewer** 对话框中，点击 ALUNITE SO-4A，把该波谱绘制在波谱曲线绘图窗口（spectral plot window）中。

（5）在 **Spectral Library Plots** 窗口中，点击鼠标右键，选择 **Plot Key**，查看波谱库的名称。

（6）在 **Spectral Library Viewer** 对话框中，点击下列各条波谱曲线，并将它们绘制在 **Spectral Library Plots** 窗口中：

- BUDDINGTONITE FELDS TS-11A
- CALCITE C-3D
- CHABAZITE TS-15A（a zeolite mineral）
- ILLITE PS-11A
- KAOLINITE WELL ORDERED PS-1A

（7）从 ENVI 主菜单中，选择 **Classification → Supervised → Spectral Angle Mapper**，打开 SAM 波谱角端元采集程序。也可以从 ENVI 的 **Spectral** 下拉式菜单中访问到该程序：

- 如果 `cup95eff.int` 文件没有出现在 **Classification Input File** 对话框的输入文件列表中，点击 **Open File**，选择 `envidata/c95avsub/cup95eff.int` 文件，然后点击 **Open**。

（8）在 **Classification Input File** 对话框中，选择文件 `cup95eff.int`，作为输入文

件，点击 **OK**。

（9）在 **Endmember Collection：SAM** 对话框中，选择 **Import → from Spectral Library**。

（10）在 **Spectral Input Library File** 对话框中，选择文件 `jpl1.sli`，点击 **OK**。

（11）在 **Input Spectral Library** 对话框中，按住 **Ctrl** 键，选择下列波谱曲线，然后点击 **OK**：

- ALUNITE SO-4A
- BUDDINGTONITE FELDS TS-11A
- CALCITE C-3D
- CHABAZITE TS-15A（a zeolite mineral）
- ILLITE PS-11A
- KAOLINITE WELL ORDERED PS-1A

这些波谱曲线就会列出在 **Endmember Collection：SAM** 对话框中。

（12）在 **Endmember Collection：SAM** 对话框中，选择 **Import → from Spectral Library**。

（13）在 **Spectral Library Input File** 对话框中，点击 **Open File**。

（14）在 **Please Select a File** 对话框中，选择文件 `envidata/spec_lib/usgs_min/usgs_min.sli`，然后点击 **Open**。

（15）在 **Spectral Library Input File** 对话框中，选中文件 `usgs_min.sli`，点击 **OK**。

（16）在 **Input Spectral Library** 对话框中，从波谱列表中，点击端元波谱 opal2.spc Opal TM8896（Hyalite），然后点击 **OK**。

该波谱就会添加到 **Endmember Collection：SAM** 对话框的波谱列表中。

（17）在 **Endmember Collection：SAM** 对话框中，选择 **Options → Plot Endmembers**，绘制 AVIRIS 影像数据所需的端元波谱。

（18）在绘图窗口（plot window）中，选择 **Options → Stack Plots**，垂直偏移的显示这些波谱曲线，以进行比较。

（19）将这些波谱曲线同先前 SAM 专题练习中所绘制的影像波谱曲线进行比较。

（20）由于时间限制，我们并没有进行实际的 SAM 波谱角填图分类，点击 **Endmember Collection：SAM** 对话框中的 **Cancel** 按钮，继续本专题。如果有足够时间，可以点击 **Apply** 按钮，生成 SAM 分类结果。

◆ 重新查看 SAM 分类结果

（1）选择 **File → Open Image File**，打开预先使用波谱库端元计算生成的 SAM 分类影像。

（2）选择文件 `envidata/c95avsub/cupsam2.img`，作为输入文件名，然后点击 **Open**。

该分类影像含有一个波段，并为每个类进行了编码（比如，alunite 被编码为“1”）。当该分类影像被打开后，它就会在可用波段列表对话框中列出来。

（3）确保选中了 **Gray Scale** 单选按钮。

（4）点击分类后的影像名，再点击 **Display** 下拉式按钮菜单，并选择 **New Display**，然后点击 **Load Band**，将 SAM 波谱角填图分类影像加载到一个新的 ENVI 显示窗口中。各类将自动地按下列颜色进行编码。

矿物	颜色
沸石（Zeolites）	白色（White）
方解石（Calcite）	绿色（Green）
明矾石（Alunite）	黄色（Yellow）
高岭石（Kaolinite）	红色（Red）
伊利石（Illite/Muscovite）	暗绿色（Dark Green）
硅石（Silica）	蓝色（Blue）
Buddingtonite	栗色（Maroon）

【注意】以具体类的形式所显示出的像素都是由生成分类影像时的阈值确定的。因为给定像素将被作为具体的物质进行分类，但并不是把它指定为该物质，所以 SAM（波谱角）分类是一个相似度的度量工具，而不是一个鉴别器。

（5）将分类结果同彩色合成影像以及先前的分类影像进行比较，先前的分类影像则是根据影像波谱或者波谱库中的波谱生成的。如果需要，使用影像链接，进行直接比较。

（6）选择 **File → Open Image File**，选取 `envidata/c95avsub/cuprul2.img` 文件，作为输入的文件名，然后点击 **Open**，加载 SAM 波谱角填图分类的规则影像。

同样，规则影像中每一个波段都对应于每一个分类的端元，其像元值代表了以弧度为单位的波谱角的大小。小的波谱角（暗像元）代表了与端元波谱匹配较好。当规则影像打开后，对应于每个端元的波段，都将会列出在可用波段列表对话框中。

（7）确认选中了 **Gray Scale** 单选按钮。

（8）点击分类后的规则影像名，再点击 **Display** 下拉式按钮菜单，并选择 **New Display**，点击 **Load Band**，将 SAM 波谱角填图分类产生的规则影像加载到一个新的 ENVI 显示窗口中。

（9）根据彩色合成影像、SAM 波谱角填图分类影像，感兴趣区工具以及使用 Z 波谱剖面廓线提取器所提取的单一波谱曲线，使用 ENVI 颜色表（**ENVI Color Tables**）对规则影像进行评估。同样，如果需要，可以使用规则影像的彩色合成，或者影像动画（**image animation**）来比较单个规则影像。

（10）对每一个 SAM 规则影像重复上面的步骤，基于两幅 SAM 分类影像结果，回答下列的问题：

- 基于影像和波谱库中采集的端元，生成的 SAM 分类影像有什么不确定性？
- 为什么这两幅分类影像存在这么多不同之处？什么因素影响了 SAM 波谱角填图分类中同端元波谱之间的匹配？
- 如何确定代表正确所选端元波谱图的阈值？
- 在 SAM 分类影像图上，能看到地形的阴影吗？为什么？
- 在一张纸上绘制 Cuprite 表面各类矿物质的草图。某些类会共同出现在同一地方吗？

- 按照 SAM 波谱角填图分类中的某些不确定性，是如何选取最佳的端元波谱的呢？

◆ **可选项：使用规则分类器生成新的 SAM 分类影像**

如果感兴趣的话，尝试在规则影像上采用不同的阈值，生成新的分类影像。

（1）显示先前计算生成的规则影像中的某一个波段，所选的规则影像可以是 `cuprul1.img` 也可以是 `cuprul2.img`。使用 **Cursor Location/Value** 对话框浏览整个规则影像，为分类选取合适的阈值。也可以在主影像窗口中选择 **Tools → Color Mapping → Density Slice**，使用 ENVI 交互式的密度分割（density slice）工具，定义所需的阈值。

（2）现在，选择 **Classification → Post Classification → Rule Classifier**，然后选择分类中所需的规则影像，该规则影像已经在上面查看过了。

（3）在 **Rule Image Classifier** 对话框中，选择规则影像文件，然后点击 **OK**。

（4）在 **Rule Image Classifier Tool** 对话框的 **Classify by** 区域中，选择“**Minimum Value**”，再输入先前定义的 SAM 阈值。所有像素值低于所选最小值的那一些像素，都将参与分类。较小的阈值将会导致参与分类的像素很少。

（5）点击 **Quick Apply** 或者 **Save to File** 开始进行分类处理。等待一段时间后，新的分类影像就会出现在可用波段列表对话框中。

（6）将其同先前生成的分类影像进行比较。对它们的不同之处进行评论，并且给出解释。

◆ **关闭所有文件和绘图窗口**

- 要关闭本专题中所使用的所有文件，可以在可用波段列表对话框中，选择 **File → Close All Files**，然后点击 **Yes**。
- 要关闭所有的波谱曲线绘图窗口，可以选择 **Window → Close All Plot Windows**。

1.4 波谱特征拟合与分析

波谱特征拟合 ™（**Spectral Feature Fitting™，SFF™**）是一种基于吸收特征的方法，它将影像波谱同参考端元波谱进行匹配。该方法同 U. S. Geological Survey，Denver 所设计的方法比较相似（Clark 等人，1990，1991，1992；Clark 和 Swayze，1995）。

大多数对高光谱数据进行分析的方法至今仍不是直接鉴别物质。它们只是指出该物质与未知物质相似的程度或者根据其他物质指出其波谱独特之处。直接鉴别物质的方法将根据从实地和实验室所提取的反射率波谱来进行鉴别，该方法已经使用多年了（Green 和 Craig，1985；Kruse 等人，1985；Yamaguchi 和 Lyon，1986；Clark 等人，1987）。最近，这些方法被应用到了成像波谱仪的数据中，主要进行地质方面的应用（Kruse 等人，1988；Kruse，1988；Kruse，1990；Clark 等人，1990，1991，1992；Clark 和 Crowley，1992；Kruse 等人，1993b，1993c；Kruse 和 Lefkoff，1993，Swayze 等人，1995）。

所有的这些方法都需要将影像数据转换为反射率，然后在分析之前，对反射率数据进行包络线去除处理（continuum-removed）。包络线（continuum）处理是一个数学上的处理过程，它用来孤立特殊的吸收特征，然后对其进行分析（Clark 和 Roush，1984；Kruse

等人，1985；Green 和 Craig，1985）。包络线相当于背景信号，与感兴趣的特定波谱吸收没有关系。波谱曲线将被归一化处理，以达到普遍的参考标准。在这里使用包络线处理方法定义一个波谱曲线上的高值点（局部最大），使用直线在这些高值点间进行拟合。最后将包络线值除以原始波谱值，进行包络线去除（图 16-4）。

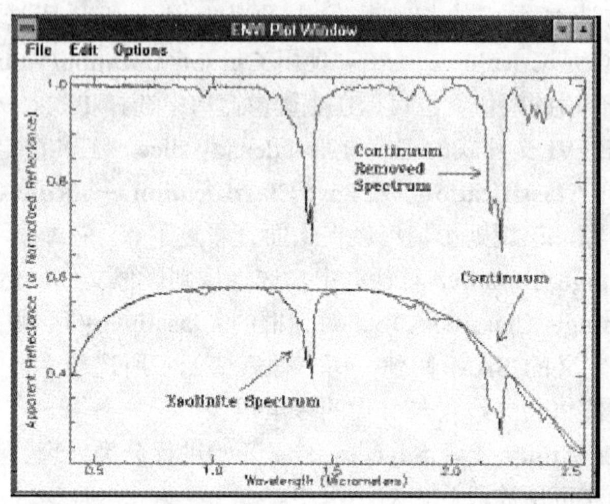

图 16-4　对矿物质 kaolinite 的波谱曲线进行包络线拟合以及包络线去除的示意图

波谱特征拟合需要从影像或者波谱库中选取参考端元波谱，然后将参考波谱同未知波谱都进行包络线去除，接着每条端元波谱都要按比例进行缩放处理以匹配未知波谱。在这个过程中，首先会从数字 1 中减去包络线去除后的波谱曲线值，然后求其倒数，再把包络线置 0，为每条选作分析的端元波谱产生一幅“比例”影像（Scale image）。至此，一个单一的乘积比例系数就被确定了，它用来使参考波谱匹配未知波谱。假定，我们已经选定了合适的波谱范围，那么一个较大的比例系数就相对于明显的波谱特性，而一个较小的比例系数就表明了微弱的波谱特性。

接着逐波段地对每条参考端元波谱和未知波谱使用最小二乘拟合。均方根误差（Root Mean Square，RMS）被用来对每条端元波谱，形成一个 RMS 误差影像。一个可选择的比率影像（ratio image），即 Scale/RMS 将提供一幅“匹配度”（Fit）影像，它可以逐像素地度量未知波谱与参考波谱之间匹配的程度。

◆ **打开并加载包络线去除后（Continuum-Removed）的影像数据**

根据本专题的目的，如果不想生成自己的包络线去除（Continuum-Removed）后的影像数据，那么可以使用预先计算生成的影像数据。如果想要直接使用预先计算生成的影像数据，那么可以跳到“使用预先计算生成的影像数据”那一部分。

创建生成自己的影像数据

（1）打开影像文件 `cup95eff.int`，然后选择 **Spectral → Mapping Methods → Continuum Removal**。

（2）在 **Continuum Removal Input File** 对话框中，选中文件 `cup95eff.int`，如

果需要，可以选择波谱子集，限制需要包络线去除的波谱范围，然后点击 **OK**。

（3）在 **Continuum Removal Parameters** 对话框中输入包络线去除后的输出文件名（比如：`cup95cr.dat`），点击 **OK**，创建包络线去除影像。

如果没有选取波谱子集，那么该生成影像将同输入影像所含的波谱波段数相同。

使用预先计算生成的影像数据

（1）打开文件 `cup95_cr.dat`。

该文件为包络线去除（continuum-removed）后的影像数据（数据值为浮点型，范围为 0.0～1.0），它是对上面描述的 1995 AVIRIS 的 EFFORT 校正纠正过的表观反射率波谱数据进行处理后所生成的包络线去除影像。

（2）在可用波段列表对话框中，选择波段 193（band 193，2.20 μm），接着选择 **Gray Scale** 按钮，点击 **Load Band**。

（3）在主影像窗口菜单中，选择 **Tools→Profiles→Z-profile**（**Spectrum**），打开 Z 波谱剖面廓线绘制窗口。

（4）在波谱剖面廓线绘制窗口中，选择 **Edit → Plot Parameters**，然后选择 **Y-Axis** 单选按钮，在 **Range** 文本框中输入 `0.5`，在 **To** 文本框中输入 `1.0`，点击 **Apply**，应用该新的 **Y** 轴范围。

（5）点击 **Cancel** 按钮，关闭 **Plot Parameters** 对话框。

（6）将波谱剖面廓线绘制窗口移动到屏幕的底部，以方便与 EFFORT 影像数据进行比较。

◆ 打开并加载 1995 EFFORT 纠正后的影像数据

（1）打开文件 `cup95eff.int`。

该影像文件为对 1995 AVIRIS 的 ATREM 校正过的表观反射率影像数据进行 EFFORT 纠正后所生成的影像数据。

（2）在可用波段列表对话框中，点击 **Display** 下拉式菜单按钮，并选择 **New Display**，打开一个新的显示窗口。

（3）选中波段 193（band 193，`2.20` μm），选择 **Gray Scale** 单选按钮，点击 **Load Band**。

（4）在主影像窗口菜单中，选择 **Tools→Profiles→Z-profile**（**Spectrum**），打开 Z 波谱剖面廓线绘制窗口。

（5）在波谱剖面廓线绘制窗口中，选择 **Edit → Plot Parameters**，然后选择 **Y-Axis** 单选按钮，在 **Range** 文本框中输入 0，在 **To** 文本框中输入 500，点击 **Apply**，应用该新的 Y 轴范围。

（6）点击 **Cancel** 按钮，关闭 **Plot Parameters** 对话框。

（7）将波谱剖面廓线绘制窗口移动到屏幕的底部，以方便与包络线去除（continuum-removed）后的影像数据进行比较。

◆ 将包络线去除后的波谱同 EFFORT 纠正后的波谱进行比较

（1）在包络线去除（continuum-removed）后的影像窗口中，选择 **Tools → Link →**

Link Displays，链接这两个显示窗口。

（2）在 **Link Displays** 对话框中，点击 **OK**，激活影像链接功能。

（3）在包络线去除后的影像窗口中，选择 **Tools → Link** 菜单中的 **Dynamic Overlay Off**，使鼠标能够进行正常的交互作用（同样，也可以选择 **Tools → Profiles → Additional Z-Profile**，然后选择 EFFORT 影像数据，将第二个 Z 波谱剖面廓线绘制窗口同包络线去除影像窗口的空间位置链接起来。）。

在影像中移动缩放指示矩形框，它将导致 EFFORT 主影像窗口中的光标位置相对应地自动更新。现在，两个波谱剖面廓线绘制窗口都显示出当前像元的波谱曲线。

（4）在影像周围移动缩放指示矩形框，比较相应的包络线去除后的波谱曲线和 EFFORT 的波谱曲线。

【注意】包络线去除后的波谱曲线是如何归一化的，以及它是如何增强波谱特征的。

（5）现在，在主影像显示窗口菜单中，选择 **Tools → Pixel Locator**，将光标定位到（列 503，行 581）的位置上，然后点击 **Apply**。将包络线去除后的波谱曲线和 EFFORT 的波谱曲线进行比较（图 16-5）。

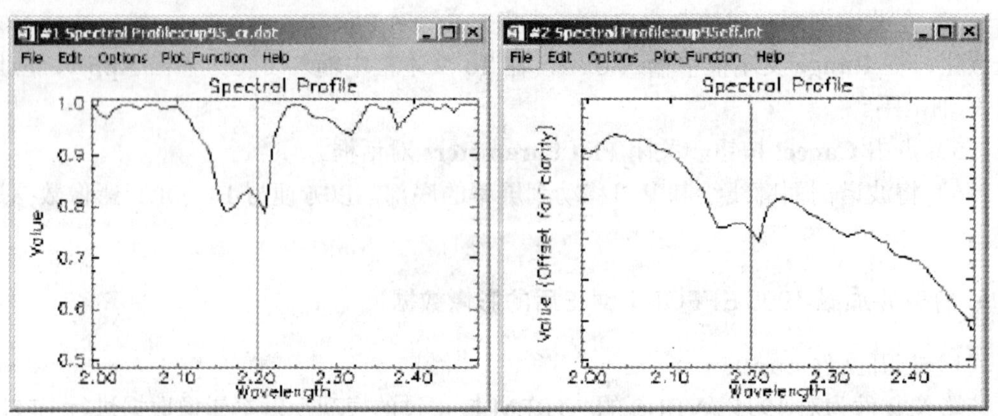

图 16-5　包络线去除后的波谱曲线（左图）和 EFFORT 表观反射率波谱曲线（右图）之间的比较

（6）同样使用 **Pixel Locator** 对话框，将鼠标光标移动到（列 542，行 533）的位置上，重复上面的比较过程。注意包络线去除是怎么样影响波谱曲线的。

（7）使用 **Pixel Locator** 对话框，尝试在影像上选择一些其他的像素点，比较它们的波谱曲线。它们主要的区别是什么？包络线去除算法为目视判读分析带来了怎样的改进？

◆ **将包络线去除后的影像同 EFFORT 纠正后的影像进行比较**

（1）将彩色合成影像加载到一个 RGB 显示窗口中，该彩色合成影像由 EFFORT 纠正影像的波段 183、波段 193 和波段 207 所组成（波长分别对应为 2.10 μm、2.20 μm 和 2.34 μm）。

（2）在 EFFORT 纠正影像的显示窗口中点击鼠标左键，激活动态叠加功能。

（3）将包络线去除影像的波段 193（band 193，2.20 μm）同该彩色合成影像进行比较。

【注意】包络线去除影像上的暗色区域及其相对应的彩色合成影像上的红色到紫色

（red-to-purple）的区域。暗色区域对应于 2.2 μm 附近的吸收波段。

（4）使用鼠标左键点击并拖动缩放指示矩形框到某些暗色的区域上，或者直接在主影像窗口需要查看的地区上点击鼠标左键来移动缩放指示矩形框。

（5）比较包络线去除影像和 EFFORT 纠正影像相对应的波谱剖面廓线，注意影像的颜色。

（6）将包络线去除影像的波段 207（band 207，2.34 μm）加载到合适的显示窗口中。将缩放窗口移动到影像中暗色的区域上，注意在包络线去除影像和 EFFORT 纠正影像中查看 2.34 μm 附近吸收特征所对应的波谱曲线。

◆ **关闭 EFFORT 纠正影像的显示窗口和波谱剖面廓线窗口**

在可用波段列表对话框中，右键点击 EFFORT 影像的其中一个波段，选择 **File → Close Selected File**。相应的显示窗口和波谱曲线绘制窗口都将被关闭。ENVI 会提示它将关闭显示窗口，可以点击 **Yes** 按钮进行确定。

◆ **打开并加载波谱特征拟合后的 Scale 影像和 RMS 影像**

根据本专题的目的，如果不想生成自己的波谱特征拟合（Spectral Feature Fitting，SFF）后的比例（Scale）影像和均方差（RMS）误差影像，那么可以使用预先计算生成的影像数据。如果不想创建自己的影像数据，那么可以跳到“使用预先计算生成的影像数据”那一部分。

创建生成自己的影像数据

（1）打开影像文件 cup95_cr.dat，然后选择 **Spectral → Mapping Methods → Spectral Feature Fitting**。

（2）选中文件 cup95_cr.dat，如果需要，可以选择波谱子集，限制需要拟合的波谱范围，然后点击 **OK**。

（3）使用 ENVI 标准的端元采集（**Endmember Collection**）对话框，导入影像或者波谱库中的波谱数据，以作为波谱特征拟合（SFF）中所用的端元波谱，然后点击 **Endmember Collection** 对话框中的 **Apply** 按钮。

（4）在 **Spectral Feature Fitting Parameters** 对话框中，选择“**Output separate Scale and RMS Images**”，输入一个要输出的文件名，点击 **OK**，生成 Scale（比例）影像和 RMS（均方根误差）影像。输出的影像中每个端元波谱对应两幅影像，一幅 Scale（比例）影像和一幅 RMS（均方根）误差影像。

使用预先计算生成的影像数据

（1）打开文件 cup95sff.dat。

该影像文件包含了比例（Scale）影像和均方根（RMS）误差影像，它们是利用影像端元波谱，对 1995 AVIRIS EFFORT 校正后的表观反射率数据，进行波谱特征拟合（SFF）后所生成的影像数据。也可以使用波谱库中的端元波谱，但是我们使用影像波谱，以方便同其他使用影像波谱的方法进行直接比较。

（2）在可用波段列表对话框中，从 **Display** 下拉式菜单按钮中，选择 **New Display**，然后选中波段 *Scale*（*Mean：Kaolinite...*）。选择 **Gray Scale** 单选按钮，点击 **Load Band**。

（3）在可用波段列表对话框中，还是从 **Display** 下拉式菜单按钮中，选择 **New Display**，然后选中波段 *Scale*（*Mean：Alunite 2.16...*）。选择 **Gray Scale** 单选按钮，点击 **Load Band**。

（4）选择 **Tools → Link → Link Displays**，链接这两幅包络线去除后的比例（Scale）影像。

（5）在 **Link Displays** 对话框中，点击 **OK**。

（6）使用动态叠加功能，比较这两幅影像。

（7）选择 **Tools → Cursor Location/Value**，在其中一幅影像上移动鼠标光标，比较这两幅比例影像的实际数据值。

【注意】虽然拉伸后的影像看起来很相似，但是这两幅影像的数据值差异很大。

（8）将 *RMS*（*Mean：Kaolinite...*）影像作为一幅灰阶影像，加载到原来包含 Kaolinite 比例影像的那个显示窗口中。

（9）将 *RMS*（*Mean：Alunite 2.16...*）影像作为一幅灰阶影像，加载到原来包含 Alunite 比例影像的那个显示窗口中。

（10）再次使用动态叠加功能对这两幅影像进行比较，使用 **Cursor Location/Value** 功能比较这两幅均方根（RMS）误差影像的真实数据值。较低的 RMS 数据值表明波谱匹配较好。

◆ SFF 影像结果的二维散点图

（1）在 *RMS*（*Mean：Kaolinite...*）的主影像窗口菜单中，选择 **Tools → 2-D Scatter plots**，打开二维散点图绘制窗口。

（2）在 **Scatter Plot Band Choice** 对话框中，选择 **Kaolinite Scale** 作为 ***X*** 波段，Kaolinite RMS 作为 ***Y*** 波段，然后点击 **OK**。

（3）在散点图（Scatter Plot）上，为 RMS 值低的所有 Scale 值绘制感兴趣区（ROI）。点击鼠标左键绘制线段，该线段连接了感兴趣区多边形的顶点，点击鼠标右键封闭该多边形。

【注意】在 RMS Kaolinite 影像显示窗口中被高亮显示的像素点。

（4）在散点图窗口中，选择 **Options → Change Bands**。

（5）加载其他端元波谱所对应的比例（Scale）影像和均方根（RMS）误差影像的组合。

（6）在散点图窗口中，选择 **File → Cancel**，关闭该二维散点图窗口。

（7）选择 **Window → Close All Plot Windows**。

◆ 波谱特征拟合比率影像——“匹配度”影像

根据本专题的目的，如果不想生成自己的波谱特征拟合（Spectral Feature Fitting，SFF）后的匹配度（Fit）影像，那么可以使用预先计算生成的影像数据。如果不想创建自己的影像数据，那么可以跳到“使用预先计算生成的影像数据”那一部分。

创建生成自己的影像数据

（1）打开文件 cup95_cr.dat，选择 **Spectral → Mapping Methods → Spectral Feature Fitting**。

（2）选中 cup95_cr.dat 文件，如果需要，可以选择波谱子集，限制需要拟合的波谱范围，然后点击 **OK**。

（3）使用 ENVI 标准的 **Endmember Collection** 对话框，导入影像或者波谱库中的波谱数据，以作为波谱特征拟合（SFF）中所用的端元波谱。然后点击 **Apply** 按钮。

（4）在 **Spectral Feature Fitting Parameters** 对话框中，使用箭头切换按钮，选择 **Output combined（Scale/RMS）images**，输入一个要输出的文件名，点击 **OK**，生成所需的匹配度（fit）影像。输出的影像中每个端元波谱对应一幅匹配度影像。

使用预先计算生成的影像数据

（1）打开文件 cup95sfr.dat，该影像文件包含的为比率影像，即对应于每个端元波谱的 *Scale/RMS* 影像。

（2）在可用波段列表对话框中，选择 *Fit*（*Mean*：*Kaolinite...*）波段，然后选择 **Gray Scale** 按钮，点击 **Load Band**，将该影像波段加载到原先包含包络线去除影像的那个显示窗口中。颜色较亮的像素表明了它与 Kaolinite 的参考端元波谱符合得最好。

（3）如果还没有加载影像 *Scale*（*Mean*：*Kaolinite...*）和 *RMS*（*Mean*：*Kaolinite...*），那么把它们加载到另外的两个影像显示窗口中。

（4）链接这些影像显示窗口，比较 Fit、Scale 和 RMS 影像。

【注意】Scale 影像和 RMS 影像是如何相互配合生成 Fit 影像的。

（5）再次加载 EFFORT 纠正过的影像数据，提取 Fit 影像中颜色较亮像素所对应的波谱剖面廓线。

（6）将 Fit、Scale 和 RMS 影像以及其他端元的波谱剖面廓线进行比较。

（7）将不同端元所对应的匹配度（Fit）影像作为 RGB 波段，并采用不同的组合形式，加载显示成彩色合成影像。就波谱特征拟合鉴别特定端元的效果而言，可以得到怎样的结论？

1.5 改进式波谱特征拟合（多波段 SFF）

矿物质波谱特征通常由复杂的多重吸收特征所决定。ENVI 多波段的波谱特征拟合（Multi-Range SFF）技术利用这些吸收特征，对定义后的特定（多重的）波长范围进行 SFF 比较分析。本部分将通过一个例子来展示使用 ENVI 多波段 SFF 方法。

◆ **选择 SFF 范围的第一个数据集**

（1）打开文件 cup95eff.int。

该文件是对 ATREM 校正后的 1995 AVIRIS 影像数据进行 EFFORT 纠正后的表观反射率数据。我们将选用波段 183、193 和 207 作为 RGB 通道进行彩色组合显示。

（2）选择 **Spectral → Mapping Methods → Multi-Range SFF → Use New Ranges**，然后选中 cup95eff.int 文件，点击 **OK**。

（3）选择 usgs_min.sli 波谱库，点击 **OK**。随即弹出 **Input Spectral Library** 对话框。

（4）在对话框中点击矿物质的名称，选择矿物质波谱，进行 SFF 分析。根据本专题的目的，选择 *dickite1.spc Dickite NMNH106242* 和 *kaolin2.spc Kaolinite KGa-1*（*wxyl*），然后点击 **OK**。

【提示】要选择多条波谱曲线，可以使用鼠标左键，同时按住键盘上的 **Ctrl** 键，点击波谱曲线的名称。

接着 **Edit Multi-Range SFF Endmember Ranges** 对话框（图 16-6）出现在屏幕上。

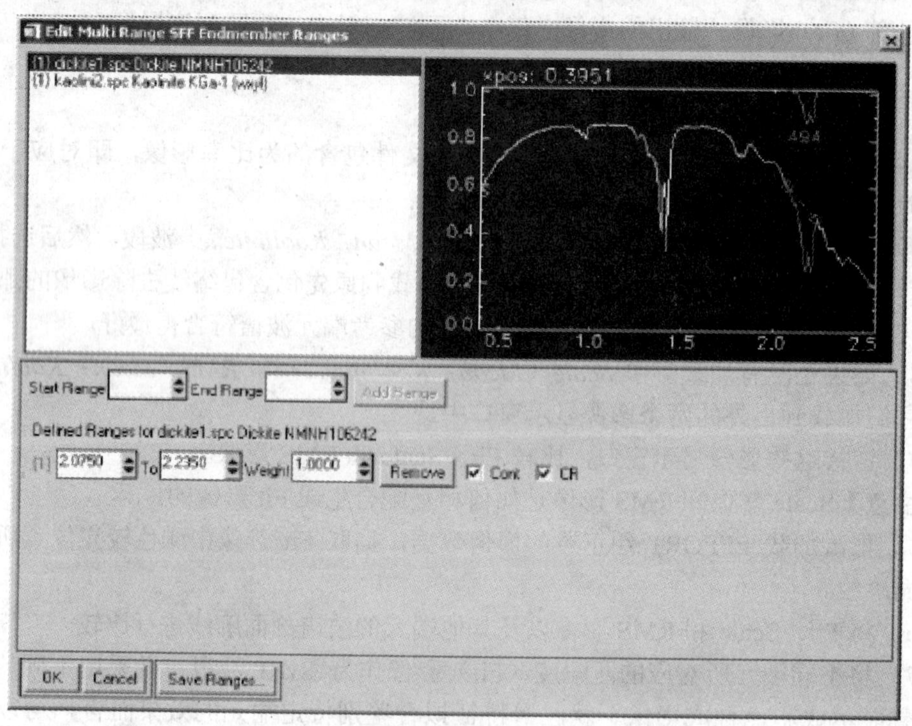

图 16-6　对 Dickite 的 SFF 波长范围进行选择

（5）在对话框右部的波谱曲线上，使用鼠标左键点击并拖动标志小方框到大致 2.075 μm 附近。然后在绘图窗口中点击鼠标右键，并从弹出的快捷菜单中，选择 **Set as Start Range**，标记第一条包络线（continuum）的开始点。

- 也可以在 **Start Range** 文本框中，输入 2.075，完成同样的操作。

（6）使用鼠标左键点击波谱曲线绘制窗口，并拖动标志小方框到大致 2.235 μm 附近。然后在绘图窗口中点击鼠标右键，并从弹出的快捷菜单中，选择 **Set as End Range**，标记第一条包络线（continuum）的结束点。

- 也可以在 **End Range** 文本框中，输入 2.235，完成同样的操作。

【提示】标志小方框的位置也能以增量的方式进行调整。点击定义范围文本框中的相对应的向上和向下按钮图标，每点击一次将相应地移动一个波谱库波谱波长位置。

（7）按下面的选项进行选择：

- 要放大到指定的范围，可以点击鼠标中键，绘制出一个缩放矩形框包含住所需的区域。
- 要返回到原先的缩放范围，可以再次点击鼠标中键。
- 要重新设定波谱范围，可以在缩放后的绘制窗口中点击鼠标右键，并从弹出的快捷菜单中选择 **Previous Range** 或者 **Reset Range**。

（8）点击 **Add Range** 按钮，为 *dickite1.spc dickite1.spc Dickite NMNH106242* 波谱，将所选的波谱范围添加到定义范围中。

默认状态下，拟合的包络线将同包络线去除后的波谱绘制在同一绘图窗口中。

- 要移除包络线（continuum）绘制，点击 **Cont** 复选框，取消其选定。
- 要移除包络去除后的波谱曲线，点击 **CR** 复选框，取消其选定。

（9）在 **Edit Multi-Range SSF Endmember Ranges** 对话框（图 16-7）中，使用鼠标左键点击列表中的波谱名称，转换到对矿物质 *kaolin2.spc Kaolinite KGa-1*（*wxyl*）进行分析。

（10）重复先前的步骤，使用相同的波谱范围高亮显示该矿物质的特征。

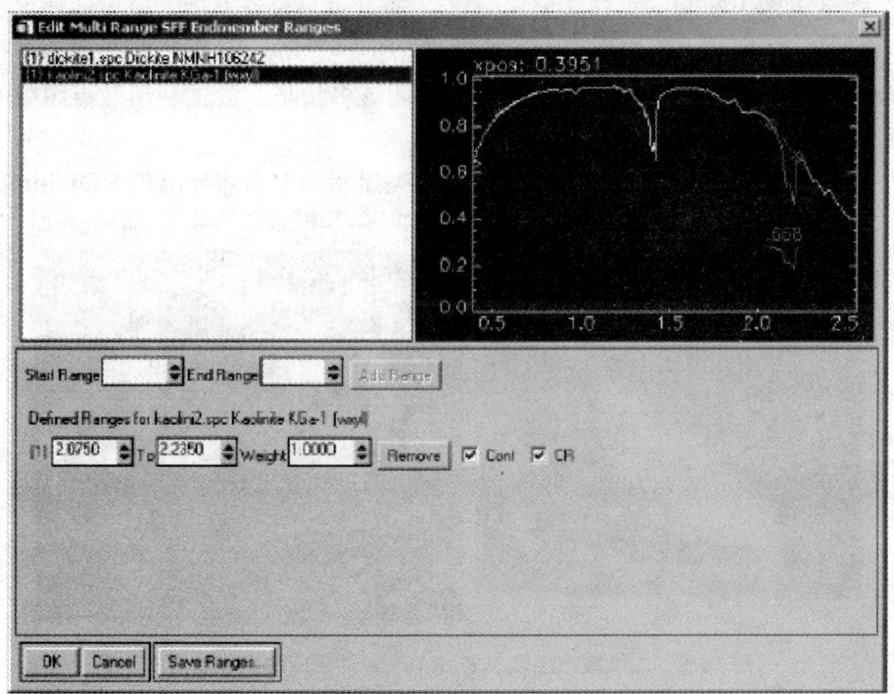

图 16-7　对 Kaolinite 的 SFF 波长范围进行选择

（11）当波长范围选定之后，点击对话框底部的 **Save Ranges** 按钮。

（12）当 **Output Multi-Range SFF Ranges** 对话框出现在屏幕上时，输入文件名 `cup95_sff_range1.sff`，然后点击 **OK**。

（13）在 **Multi-Range SFF Endmember Ranges** 对话框中，点击 **OK**，启动处理程序。

（14）在 **Multi-Range SFF Parameters** 对话框中，选择 **Output separate Scale and RMS Images**，输入要输出的文件名，然后点击 **OK**，生成比例（Scale）和均方差（RMS）影像。

- 也可以选择 **Output Combined**（**Scale / RMS**）**Images**，输入要输出的文件名，然后点击 **OK**，生成要输出的“拟合”（Fit）影像。

◆ **使用单个范围分析 SFF 比例和均方差影像**

可用波段列表包含了从改进式波谱特征拟合（使用单一波谱范围）得到的比例和均方差影像。

（1）在可用波段列表中，点击对话框底部的 **Display #N** 菜单按钮，选择 **New Display**。选中波段名 *Scale*（*Kaolinite...*），点击 **Gray Scale** 单选按钮，然后点击 **Load Band**。

（2）在主影像显示窗口菜单中，选择 **Tools→2-D Scatter Plots**，打开二维散点图绘制对话框。

（3）在 **Scatter Plot Band Choice** 对话框中，选择 *Scale*（*Kaolinite...*）作为 ***X*** 轴，*RMS*（*Kaolinite...*）为 ***Y*** 轴，然后点击 **OK**。

（4）为了对连续的散点图进行比较，重新设置散点图坐标轴的范围。选择 **Options→Set X/Y Axis Ranges**，为 ***X*** 轴输入值：0～1.1，为 ***Y*** 轴输入值：0～0.1。

（5）在散点图上绘制感兴趣区域（ROI）。通过点击鼠标左键，绘制连接多边形顶点的线段，在代表 ***X*** 轴的比例影像上大致地选择 0.2～1.0，代表 ***Y*** 轴的均方差影像上大致地选择小于 0.04 的区域。点击鼠标右键封闭该多边形。尝试利用散点图中的自然拐点。注意影像中高亮显示的像素点。

（6）选择 **Options → Export Class**，将高亮显示的像素点导出到 **ROI Tool** 对话框。

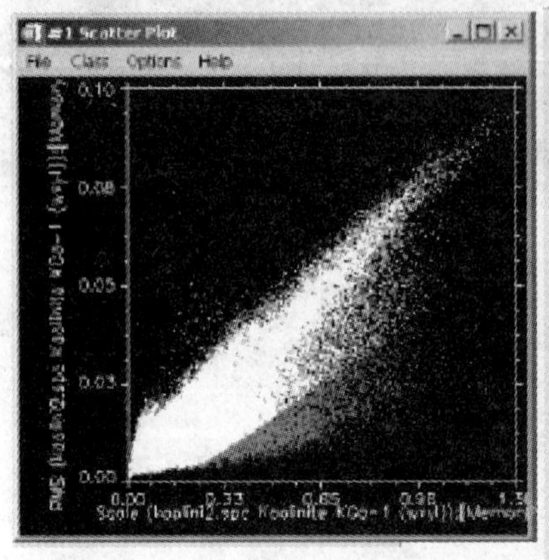

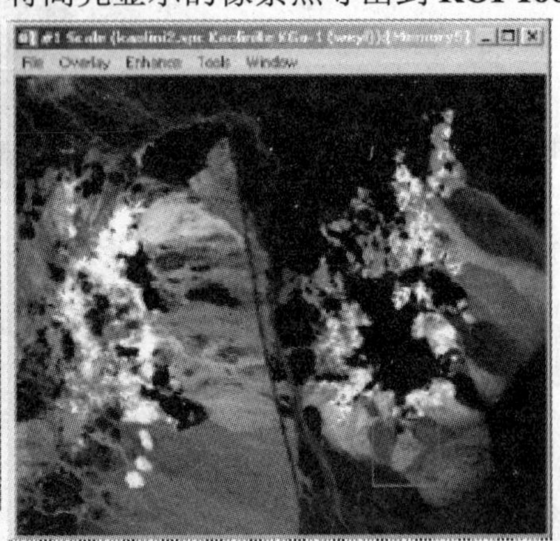

图 16-8 二维散点图以及 Kaolinite 的相应的矿物映射图

（7）在散点图中，选择 **Options → Change Bands**。

（8）在 **Scatter Plot Band Choice** 对话框中，选择 *Scale*（*Dickite...*）作为 ***X*** 轴，*RMS*（*Dickite...*）为 ***Y*** 轴，然后点击 **OK**。

（9）再次，为了对连续的散点图进行比较，重新设置散点图坐标轴的范围。选择 **Options→Set *X*/*Y* Axis Ranges**，为 ***X*** 轴输入值：0～1.1，为 ***Y*** 轴输入值：0～0.1。

（10）在散点图中，选择 **Class → Items 1：20 → Green**，改变类的颜色。

（11）再次，在散点图上绘制感兴趣区域（ROI）。通过点击鼠标左键，绘制连接多边形顶点的线段，在代表 *X* 轴的比例影像上大致地选择 0.2～1.0，代表 *Y* 轴的均方差影像上大致地选择小于 0.04 的区域。点击鼠标右键封闭该多边形。尝试利用散点图中的自然拐点。注意影像中高亮显示的像素点。

（12）在散点图中，选择 **Options → Export Class**，将高亮显示的像素点导出到 **ROI Tool** 对话框。

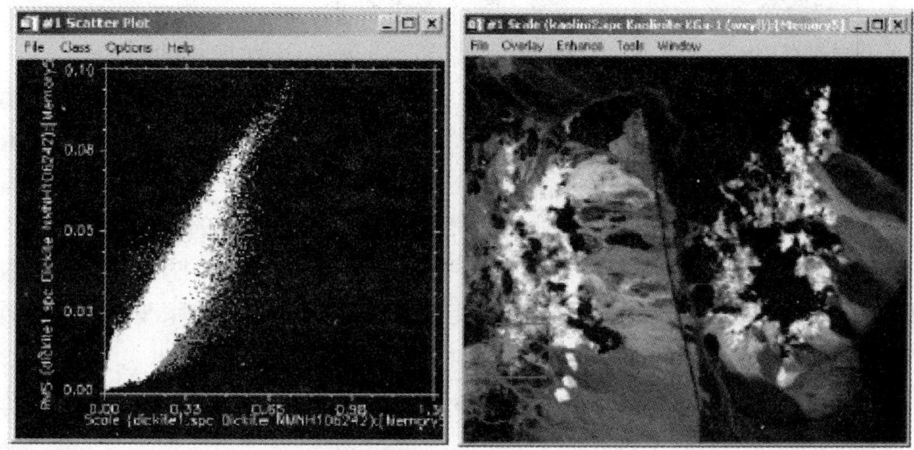

图 16-9　二维散点图以及 Dickite 的相应的矿物映射图

（13）对 Dickite 和 Kaolinite 的波谱特征拟合（SFF）处理后的映射结果进行比较（图 16-8，图 16-9）。注意两个矿物影像映射图间的显著的重叠区。

（14）在主影像显示窗口菜单中，选择 **Tools → Profile → Additional Z Profile**，然后选择 cup95eff.int 文件，作为波谱曲线源。

（15）将 kaolinite 和 dickite 矿物的影像波谱曲线同波谱库中的波谱曲线进行比较。注意，波谱表明了只有少量的 Dickite 矿物质出现在影像的左边。

（16）关闭二维散点图、显示的影像以及波谱曲线绘制图。

◆ 选择 SFF 范围的第二个数据集

虽然通常情况下，一个包含复杂特征的拟合包络线会得到好的处理结果。但是有时候为了分离不同的物质，进一步地分解复杂特征也是必要的。在这种情况下，我们将会在 Kaolinite 和 Dickite 特征分析中选择两个分离的范围来证明这个观点。

【注意】通常，拟合包络线是向上突起的，但是根据演示的目的，我们将选择落入 Kaolinite 和 Dickite 较大的吸收特征中的包络线。

（1）选择 **Spectral → Mapping Methods → Multi-Range SFF → Use New Ranges**，然后选择先前步骤中打开的 EFFORT 文件。点击 **OK**，进行波谱库的选择处理。

（2）选择 usgs_min.sli 波谱库，点击 **OK**。

接着 **Input Spectral Library** 对话框出现在屏幕上。

（3）在对话框中点击矿物质的名称，选择矿物质波谱，进行 SFF 分析（图 16-10）。根据本专题的目的，选择 *dickite1.spc Dickite NMNH106242* 和 *kaolin2.spc Kaolinite KGa-1*（*wxyl*），然后点击 **OK**。

【提示】要选择多条波谱曲线，可以使用鼠标左键，同时按住键盘上的 Ctrl 键，点击波谱曲线的名称。

接着 **Edit Multi-Range SFF Endmember Ranges** 对话框出现在屏幕上。

（4）在对话框右部的波谱曲线上，使用鼠标左键点击并拖动标志小方框到大致 2.125 μm 附近。然后在绘图窗口中点击鼠标右键，并从弹出的快捷菜单中，选择 **Set as Start Range**，标记第一条包络线（continuum）的开始点。

（5）也可以在 **Start Range** 文本框中，输入 2.125，完成同样的操作。

（6）使用鼠标左键点击波谱曲线绘制窗口，并拖动标志小方框到大致 2.195 μm 附近。然后在绘图窗口中点击鼠标右键，并从弹出的快捷菜单中，选择 **Set as End Range**，标记第一条包络线（continuum）的结束点。

- 也可以在 **End Range** 文本框中，输入 2.195，完成同样的操作。

【提示】标志小方框的位置也能以增量的方式进行调整。点击定义范围文本框中的相对应的向上和向下按钮图标，每点击一次将相应地移动一个波谱库波谱波长位置。

（7）按下面的选项进行选择：

- 要放大到指定的范围，可以点击鼠标中键，绘制出一个缩放矩形框包含住所需的区域。
- 要返回到原先的缩放范围，可以再次点击鼠标中键。
- 要重新设定波谱范围，可以在缩放后的绘制窗口中点击鼠标右键，并从弹出的快捷菜单中选择 **Previous Range** 或者 **Reset Range**。

（8）点击 **Add Range** 按钮，为 *dickite1.spc dickite1.spc Dickite NMNH106242* 波谱，将所选的波谱范围添加到定义范围中。

默认状态下，拟合的包络线将同包络线去除后的波谱绘制在同一绘图窗口中。

- 要移除包络线（continuum）绘制，点击 **Cont** 复选框，取消其选定。
- 要移除包络去除后的波谱曲线，点击 **CR** 复选框，取消其选定。

（9）对 Dickite 的第二个波谱特征重复上述步骤，输入波谱范围 2.195～2.235 μm（图 16-10）。

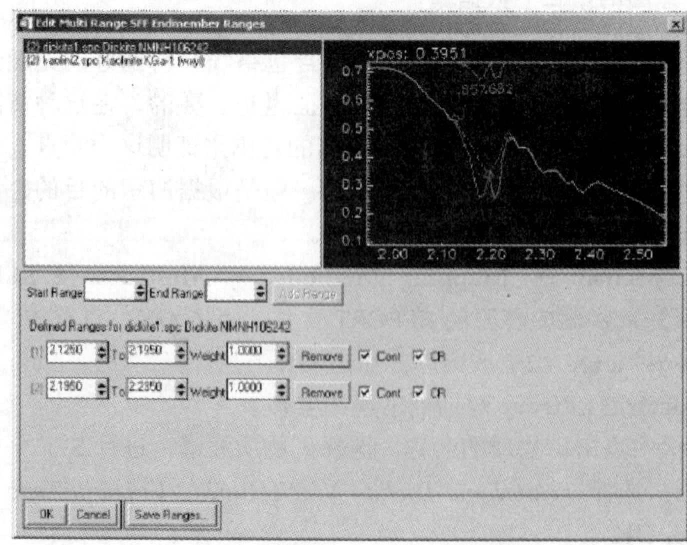

图 16-10 对 Dickite 的第二个 SFF 波长范围进行选择

（10）在 **Edit Multi-Range SSF Endmember Ranges** 对话框中，使用鼠标左键点击列表中的波谱名称，转换到对矿物质 *kaolin2.spc Kaolinite KGa-1*（*wxyl*）进行分析（图 16-11）。

（11）重复先前的步骤，使用下列波谱范围高亮显示该矿物质的特征：

a. 开始点：2.135，结束点：2.175

b. 开始点：2.185，结束点：2.225

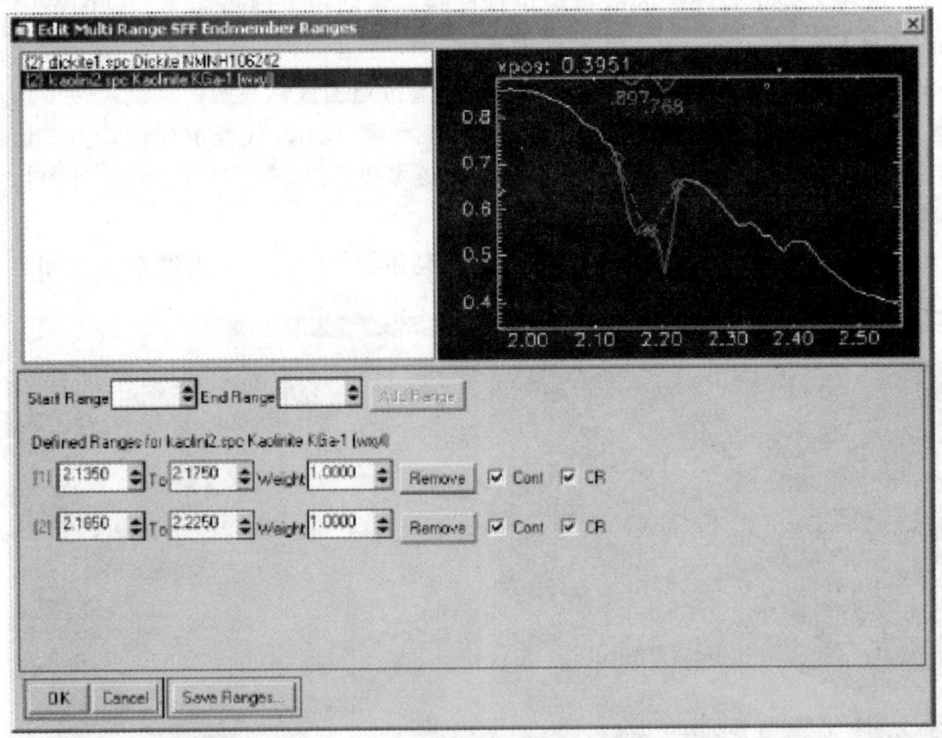

图 16-11　对 Kaolinite 的第二个 SFF 波长范围进行选择

（12）当波长范围选定之后，点击对话框底部的 **Save Ranges** 按钮。

（13）当 **Output Multi-Range SFF Ranges** 对话框出现在屏幕上时，输入文件名 cup95_sff_range2.sff，然后点击 **OK**。

（14）在 **Multi-Range SFF Endmember Ranges** 对话框中，点击 **OK**，启动处理程序。

（15）在 **Multi-Range SFF Parameters** 对话框中，选择 **Output separate Scale and RMS Images**，输入要输出的文件名，然后点击 **OK**，生成比例（Scale）和均方差（RMS）影像。

- 也可以选择 **Output Combined**（**Scale / RMS**）**Images**，输入要输出的文件名，点击 **OK**，生成要输出的“拟合”（Fit）影像。

◆ **使用两个范围分析 SFF 比例和均方差影像**

可用波段列表包含了从改进式波谱特征拟合（使用多个波谱范围）得到的比例和均方差影像。

（1）在可用波段列表中，点击对话框底部的 **Display #N** 菜单按钮，选择 **New Display**。选中波段名 *Scale*（*Kaolinite...*），点击 **Gray Scale** 单选按钮，然后点击 **Load Band**。

（2）在主影像显示窗口菜单中，选择 **Tools→2-D Scatter Plots**，打开二维散点图绘制对话框。

（3）在 **Scatter Plot Band Choice** 对话框中，选择 *Scale*（*Kaolinite*…）作为 ***X*** 轴，*RMS*（*Kaolinite*…）为 ***Y*** 轴，然后点击 **OK**。

（4）再次，为了对连续的散点图进行比较，重新设置散点图坐标轴的范围。选择 **Options→Set *X*/*Y* Axis Ranges**，为 ***X*** 轴输入值：0～1.1，为 ***Y*** 轴输入值：0～0.1。

（5）在散点图上绘制感兴趣区域（ROI）。通过点击鼠标左键，绘制连接多边形顶点的线段，在代表 ***X*** 轴的比例影像上大致地选择 0.2 到 1.0，代表 ***Y*** 轴的均方差影像上大致地选择小于 0.04 的区域。点击鼠标右键封闭该多边形。尝试利用散点图中的自然拐点。注意影像中高亮显示的像素点。

（6）选择 **Options → Export Class**，将高亮显示的像素点导出到 **ROI Tool** 对话框。

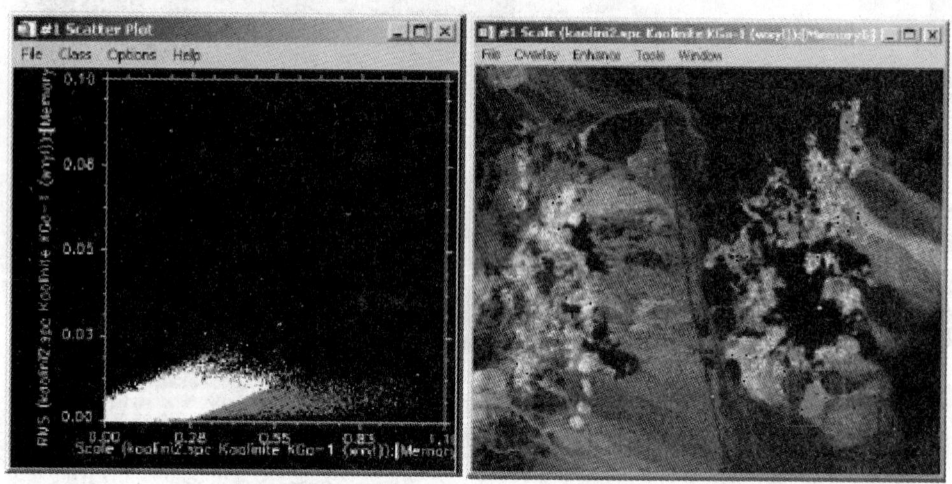

图 16-12 二维散点图以及 Kaolinite 的相应的矿物映射图

（7）在散点图中，选择 **Options → Change Bands**。

（8）在 **Scatter Plot Band Choice** 对话框中，选择 *Scale*（*Dickite...*）作为 ***X*** 轴，*RMS*（*Dickite...*）为 ***Y*** 轴，然后点击 **OK**。

（9）再次，为了对连续的散点图进行比较，重新设置散点图坐标轴的范围。选择 **Options→Set X/Y Axis Ranges**，为 ***X*** 轴输入值：0～1.1，为 ***Y*** 轴输入值：0～0.1。

（10）在散点图中，选择 **Class → Items 1：20 → Green**，改变类的颜色。

（11）再次，在散点图上绘制感兴趣区域（ROI）。通过点击鼠标左键，绘制连接多边形顶点的线段，在代表 ***X*** 轴的比例影像上大致地选择 0.2 到 1.0，代表 ***Y*** 轴的均方差影像上大致地选择小于 0.04 的区域。点击鼠标右键封闭该多边形。尝试利用散点图中的自然拐点。注意影像中高亮显示的像素点。

（12）在散点图中，选择 **Options → Export Class**，将高亮显示的像素点导出到 **ROI Tool** 对话框。

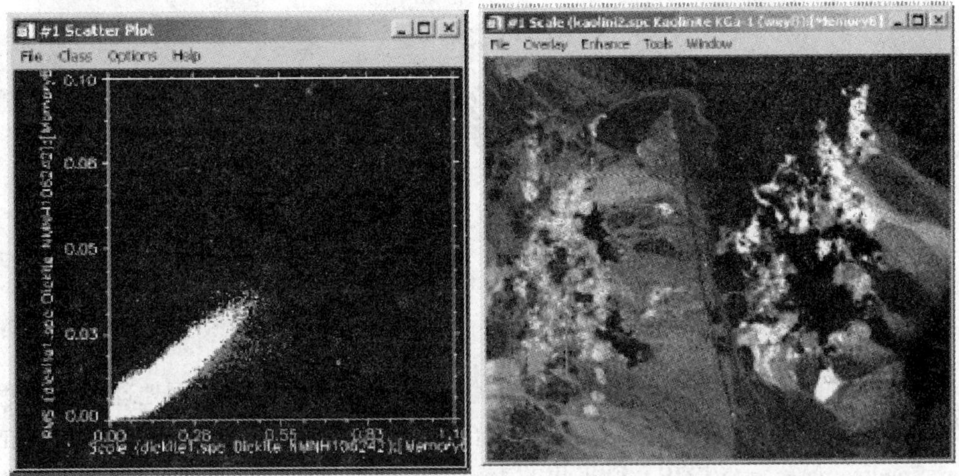

图 16-13　二维散点图以及 Dickite 的相应的矿物映射图

（13）对 Dickite 和 Kaolinite 的波谱特征拟合（SFF）处理后的映射结果进行比较（图 16-12，图 16-13）。注意，现在两个矿物影像映射图间的混淆较少，且 Kaolinite 和 Dickite 的映射图具有明显不同的空间分布。

（14）在主影像显示窗口菜单中，选择 **Tools → Profile → Additional Z Profile**，然后选择 `cup95eff.int` 文件，作为波谱曲线源。

（15）将 Kaolinite 和 Dickite 矿物的影像波谱曲线同波谱库中的波谱曲线进行比较。

◆ 结束 ENVI 程序

在 ENVI 主菜单中选择 **File → Exit**（在 UNIX 操作系统下是 **Quit**），在弹出的 **Terminate this ENVI Session** 对话框中选择 **Yes**，并点击 **OK**，退出 ENVI 程序。如果使用的是 **ENVI RT**，退出 ENVI 会返回操作系统。

专题十七　高级高光谱分析

1.1 专题概述

本专题的目的是向用户介绍对成像光谱仪数据或高光谱影像进行处理的前沿思想和处理技术。我们将使用 1995 年的航空可见光/红外成像光谱仪（Airborne Visible/Infrared Imaging Spectrometer，AVIRIS）所采集的美国内华达州（Nevada）Cuprite 地区的影像数据，对高光谱数据的子像元属性以及鉴别和定量分析矿物质的先进技术进行研究。我们将使用 EFFORT 纠正的 ATREM 校正数据，并重新查看匹配滤波和波谱分离后的结果。该专题预计需要两到四个小时来完成。

◆ **本专题中使用的文件**

光盘：《ENVI 遥感影像处理专题与实践》附带光盘 #2

路径：envidata/c95avsub

文件	描述
所需的文件（Required Files）	
cup95eff.int	ATREM 校正 EFFORT 纠正后的表观反射率数据，50 个波段，1.96～2.51mm
cup95eff.hdr	ENVI 相应的头文件
cup95mnf.dat	前 25MNF 波段
cup95mnf.hdr	ENVI 相应的头文件
cup95mnf.asc	MNF 特征值波谱
cup95mnf.sta	MNF 统计数据
cup95ns.sta	移位差（Shift Difference）的噪声统计数据
cup95ppi.dat	像元纯净指数（PPI）影像
cup95ppi.hdr	ENVI 相应的头文件
cup95ppi.roi	像元纯净指数值（PPI）大于 1 750 的感兴趣区
cup95ppi.ndv	N 维可视化器保存后的状态文件
cup95ndv.roi	感兴趣区端元所对应的 N 维可视化器保存后的状态文件
cup95_em.asc	使用 PPI 阈值，MNF 影像，N 维匹配滤波及分离所产生的含有 11 个波谱端元的 EFFORT ASCII 文件
cup95_mnfem.asc	使用 PPI 阈值，MNF 影像，N 维可视化匹配滤波及分离所产生的含有 11 个波谱端元的 MNF ASCII 文件
cup95unm.dat	分离结果——分离后的丰度影像（Abundance images）

文件	描述
可选择的文件（Optional Files）	
jpl1sli.dat	ENVI 格式中的 JPL 波谱库
jpl1sli.hdr	ENVI 相应的头文件
usgs_sli.dat	ENVI 格式中的 USGS 波谱库
usgs_sli.hdr	ENVI 相应的头文件

【注意】列出的所有文件都会在专题辅导中使用。下面的文件是可选择处理的，如果需要进行更为详尽的校正比较，那么也可能会在专题中用到这些文件。出于对磁盘空间的考虑，所有的影像数据文件都将反射率的值乘以了 1 000，转换成了整型。在数据中，数值 1 000 就表明表观反射率为 1.0。

1.2 打开 1995 EFFORT 纠正后的影像数据

（1）打开文件 cup95eff.int。该文件是对经过了 ATREM 校正后的 1995 AVIRIS 影像数据进一步进行 EFFORT 纠正后的表观反射率数据。

（2）点击 **Gray Scale** 单选按钮，然后选中波段名，并点击 **Load Band**，将波段 193 作为灰阶影像加载到一个新的影像显示窗口中。该影像数据用来同 MNF 波段进行比较，提取 PPI 分析中所需的波谱端元。

1.3 MNF 变换数据，端元以及波谱分离

♦ **背景知识：最小噪声分离（Minimum Noise Fraction，MNF）**

最小噪声分离（MNF）变换用于确定影像数据内在的维数，隔离数据中的噪声，减少随后处理计算的需求（Boardman and Kruse，1994）。Green 等人（1988 年）对 MNF 进行了修改，然后在 ENVI 中得到了应用。MNF 本质上含有两次叠置处理的主成分变换。第一次变换基于对噪声协方差矩阵的估计，用于分离和重新调节数据中的噪声。第一步产生的变换数据中噪声具有单位方差，且波段间不相关。第二步将对白化的噪声数据进行标准主成分变换。为了进行进一步的波谱处理，通过分析最终特征值和其相关影像来判定数据内在的维数。数据空间可以分为两部分：一部分与大的特征值和相对应的特征影像相关，其余部分与接近一致的特征值以及主要含有噪声的影像联系在一起。仅仅用相关部分，就可以将噪声从数据中分离。由此可以提高波谱处理的效果。

图 17-1 总结了 ENVI 中 MNF 处理的过程。估计出的噪声有三个来源：一是影像数据（如 AVIRIS）中获取的当前模糊影像；二是影像数据中计算出的噪声统计；三是从先前变换中积累的统计误差。特征值和 MNF 影像（特征影像）都用来估计数据的维数。从包含信息的波段中获取的特征值将比仅包含噪声的波段中获取的特征值的数量级大。相应的影像将具有空间一致性，而噪声影像则不包含任意空间信息。

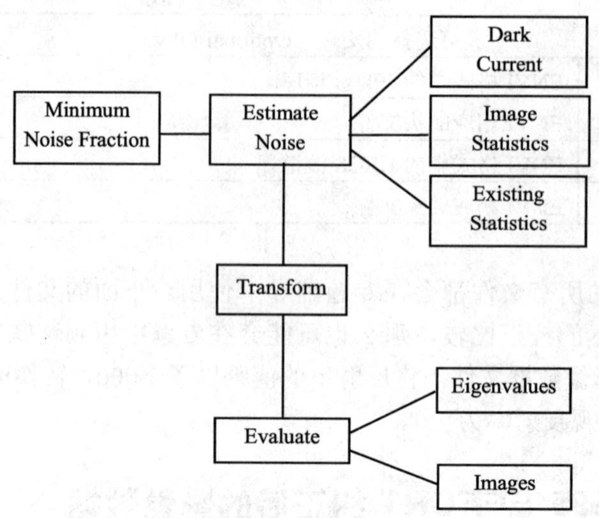

图 17-1 ENVI 中 MNF 处理的过程

◆ 打开并加载 MNF 影像

（1）打开文件 cup95mnf.dat。

该数据集包含了 1995 年 Cuprite 地区 EFFORT 数据的前 25 个 MNF 波段（浮点型）。

（2）点击 **Gray Scale** 单选按钮，然后在可用波段列表中点击 **Load Band**，将 MNF 的第一个波段作为灰阶影像加载到新的影像显示窗口中。

◆ 比较 MNF 影像

（1）加载 MNF 的其他几个波段，可以每次选一个单独波段或者 RGB 彩色合成进行比较。

（2）使用 Z 轴剖面廓线绘制图、影像链接以及动态叠加技术，将 MNF 波谱与 EFFORT 影像的表观反射率波谱曲线进行比较。

（3）尝试确定 MNF 影像同表观反射率影像之间的关系。将 MNF 波段数与 MNF 影像的质量联系起来。

◆ 查看 MNF 散点图

（1）在主影像窗口中使用 **Tools → 2-D Scatter Plots**，进行正变换和反变换填图模式（mapping modes），来了解 MNF 影像。

（2）查看方差大的 MNF 波段（较小的波段数）。同时也要查看至少一个方差小的 MNF 波段（较大的波段数）的散点图（可以选择散点图绘制窗口中的 **Options → Change Bands**，改变散点图的波段）。

注意某些 MNF 散点图中的拐角（尖角的边缘），如图 17-2 所示。

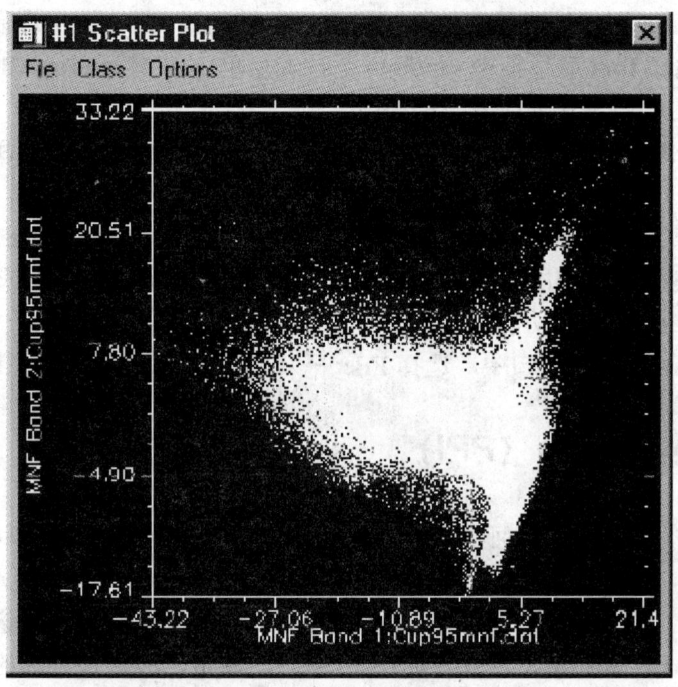

图 17-2 MNF 二维散点图

（3）使用影像链接、动态叠加以及 Z 剖面廓线绘制功能，分析 MNF 拐角像素的反射率波谱曲线。

查看 MNF 数据中由“尖锐”过渡到“模糊”的区域。同时也注意散点图中像素位置和波谱混合之间的关系，该混合波谱是由影像颜色和单一反射率波谱曲线造成的。

怎样解释这种现象，又怎么利用它们？

◆ 使用散点图来选择端元

现在，我们将使用 MNF 影像和二维散点图绘制工具，研究从影像数据中获取分离端元的可能性。

（1）将 MNF 影像的波段 1 和波段 2 加载到散点图中。

（2）在散点图绘制窗口，使用感兴趣区（ROIs）绘制工具，在数据分布集群的一个或者多个拐角上，圈出一些像素点。这些像素点将作为带颜色的像素，映射到影像相应的位置上。

（3）在散点图绘制窗口中，从 **Class** 下拉式菜单中选择所需的颜色，对几种不同的类，分别使用不同的颜色。

（4）使用影像和散点图中的跳跃像素（dancing pixels）功能（双击并拖曳鼠标中键），来帮助鉴别独特的区域。

（5）从散点图绘制窗口的下拉式菜单中，选择 **Options → Export All in the Options**，将这些像素列表将被导出作为 ENVI 的感兴趣区（ROIs）。

（6）在主影像显示窗口菜单栏中，选择 **Overlay → Region of Interest**，将感兴趣区加载到显示表观反射率的那个显示窗口中。

（7）使用 MNF 影像波段的其他不同组合，继续选择 MNF 拐角的感兴趣区。

（8）使用 **ROI Tool** 对话框中 **Options** 下拉式菜单中的 **Mean for All Regions** 菜单项，提取感兴趣区中的均值表观反射率波谱曲线。

（9）使用影像窗口链接和 Z 波谱剖面廓线，查看 MNF 影像波谱和表观反射率波谱之间的关系。

【注意】散点图中的拐角像素点通常能较好地估计端元。然而，也可以注意到重叠区域的发生以及感兴趣区的重复绘制所带来的不足。这就限制了使用成对的方式（二维散点图）来查看影像数据的功能。

（10）在 **Scatter Plot** 窗口中，选择 **File → Cancel**，关闭二维散点图绘制窗口。

1.4 像元纯净指数（PPI）

本部分我们将研究利用几何学的性质确定相对纯净的像元。从更多混合像元中分离出纯净像元，减少在确定端元时所需分析的像元数，使得分离和鉴别端元更加容易。

纯净像元指数 TM（**PPI**TM）是一种在多波谱和高光谱影像中寻找波谱最纯净的像元的方法。请参见 Boardman 等人所做的研究（1995）。通常，波谱最纯净的像元与混合的端元相对应。像元纯净指数通过迭代将 N 维散点图映射为一个随机单位向量来计算。每次映射的纯净像元被记录下来，并且每个像元被标记为纯净像元的总次数也将被记录下来。这将生成一幅像元纯净影像（PPI），在该影像上，每个像元的 DN 值与像元被标记为纯净像元的次数相对应。图 17-3 总结了 ENVI 中的像元纯净指数（PPI）的处理过程。

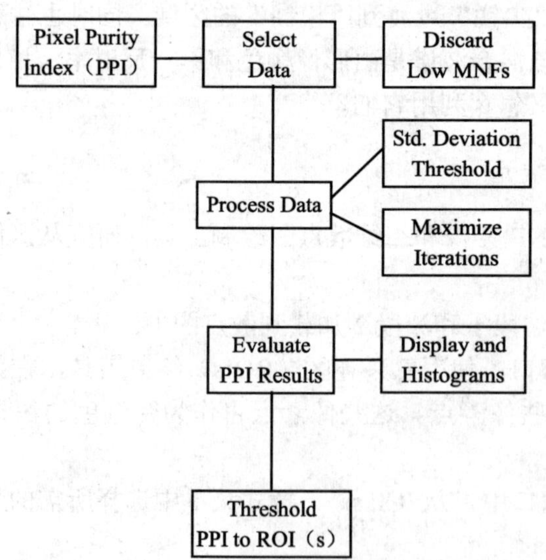

图 17-3 ENVI 中的像元纯净指数（PPI）的处理过程

♦ 显示并分析像元纯净指数

（1）打开文件 cup95ppi.dat，并以灰阶影像显示出来。

较亮的像素代表了波谱更纯净的像素，而较暗的像素表明波谱不是很纯净的像素。

（2）尝试在主影像窗口菜单栏的 **Enhance** 下拉菜单中，选择各种交互式的拉伸，了解 PPI 影像的直方图和数据分布的特点。

为什么直方图都向像素值较低的方向倾斜？从观察到的混合像素点中，我们能得到什么样的结论？

（3）如果还没有打开和显示 MNF 影像（`cup95mnf.dat`）以及 EFFORT 表观反射率影像（`cup95eff.dat`），那么打开并将它们分别加载到新的显示窗口中。

PPI 影像是经过上千次的 PPI 运算（该算法在 MNF 数据中讨论过）迭代处理后的结果。影像中的像素值表明在某些映射下像素被认为是纯净像元的次数。这些次数同时也显示出了接近每个像素的数据集的局部凸率以及每个像素与数据凸面的接近程度。简而言之，像素 DN 值较高的像素接近 N 维数据集群凸出的拐角，因而它要比像素 DN 值较低的像素相对更纯净一些。相应的，像素值为零的像素就不是纯净的像元。

（4）使用 **Tools → Link → Link Displays** 链接三个显示窗口，并在 MNF 和反射率影像显示窗口中创建 Z 轴剖面曲线图。

在这里，可以查看在 PPI 显示窗口中所选定的某些像素的波谱剖面廓线。

（5）为了确定影像中所给出像素值的范围，可以使用 **Cursor Location/Value** 对话框（在主影像窗口菜单栏中选择 **Tools → Cursor Location/Value**）。

（6）使用 Z 轴剖面廓线和动态叠加工具，查看影像中最纯净像元的空间和波谱信息。

是否有 PPI 值高的像素落入到先前练习中所选的与二维散点图的拐角相对应的影像区域中？为什么？

◆ **PPI 阈值的感兴趣区**

（1）在主影像显示窗口中选择 **Tools → Region of Interest → ROI Tool**，然后在 **ROI Tool** 对话框中选择 **File → Restore ROIs**，恢复保存过的感兴趣区文件 `cup95ppi.roi`。

这是一个 PPI 值大于 1000 的像素的集合。该集合中有多少个 PPI 值高的像素呢？

现在，尝试确定自己的 PPI 阈值的感兴趣区。

（2）在 PPI 影像中选择 **Enhance → Interactive Stretching**。

（3）使用鼠标左键，在直方图中读出所需的像素值，确定提取最纯净像元的阈值。

（4）在直方图中点击鼠标中键，放大分布图中的低值区域。

（5）在直方图的峰值部分选择一个值，作为最小的阈值（如果在这个操作中感到困难，那么尝试选择值 2 000 作为起始点）。

（6）从主影像菜单栏中选择 **Overlay → Region of Interest**，打开 **ROI Tool** 对话框。在 **ROI Tool** 对话框中，选择 **Options → Band Threshold to ROI**，创建一个感兴趣区，该感兴趣区仅包含 PPI 值高的像素区域。

（7）选择进行阈值处理的 PPI 文件，然后点击 **OK**。

（8）将上面所选的最小阈值输入到 **Band Threshold to ROI Parameters** 对话框，然后点击 **OK**。

ENVI 将计算满足所选规则的像素个数，并弹出一个消息对话框。

【注意】根据本专题的目的，如果选择的阈值所产生的感兴趣区包含了超过 2 000 个的像素，那么就应该选择更大一些的最小阈值。

（9）在 **ENVI Question** 对话框中点击 **OK**，接着生成一个标准的 ENVI 感兴趣区（ROI），并且它将列出在 **ROI Tool** 对话框中。

只有像素值大于所选的最小阈值的那些像素才会包含在从 PPI 影像中所生成的感兴趣区中。

（10）在 **ROI Tool** 对话框中，点击感兴趣区的名字，选择并显示感兴趣区。这些感兴趣区包含了最纯净像元在影像中的位置，但是它们没有考虑到纯净像元所对应的端元。在专题的下一部分，我们将使用 N 维可视化器，分离具体的纯净端元。

1.5 *N*维散度分析

波谱可以看成是 *N* 维散点图中的点，其中 *N* 是波段数，请参见 Boardman 等人所做的研究。*N* 维空间中点的坐标是由 *N* 个值所组成的，它们只是某个给定像素点的相应每个波段中波谱辐射值或反射率值。这些点在 *N* 维空间中的分布可以用来估计波谱的端元数以及它们的纯净波谱信号。

N 维可视化器 ™（**n-Dimensional Visualizer™**）提供了一个交互式工具，用以在 *N* 维空间中选择所需的端元。本部分中，我们将查看 *N* 维数据集。因为计算方法需要进行深入计算，所以只有在不超过几千像素且只有几个波段的情况下，运算操作效果才比较好。从理论上来讲，查看所有的混合像元并没有什么实际意义。*N* 维可视化器中，最重要的像素为先前使用 PPI 阈值所选定的那些最纯净的像素，它们能够最佳地代表出端元波谱。图 17-4 总结出了使用 *N* 维可视化器来选择端元波谱的步骤。

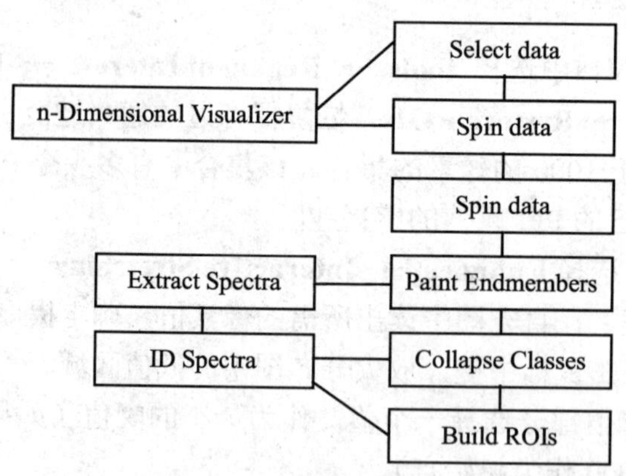

图 17-4　*N*维可视化器操作处理的步骤

◆ 将 *N* 维散点图同二维散点图进行比较

（1）从 ENVI 主菜单中选择 **Spectral → n-Dimensional Visualizer → Visualize with New Data**。

（2）在 ***n*-D Visualizer Input File** 对话框中，点击 MNF 文件 `cup95mnf.dat`，然后点击 **Spectral Subset** 按钮。

（3）在 **File Spectral Subset** 对话框中，点击 MNF 波段 1，同时按住 **Shift** 键并点击

MNF 波段 10，最后点击 **OK**。

（4）在 ***n*-D Visualizer Input File** 对话框中，点击 **OK**。

首先，可以确定的是，这些波段包含了几乎所有的信号变化，而且限制波段的数目将会改善交互式目视选取端元的性能。其次，波段号较高的 MNF 波段已经作为主要的噪声被丢弃掉。

如果只有一个有效的感兴趣区列于 **ROI Tools** 对话框中，那么该感兴趣区的数据将会自动地加载到 ***n*-Dimensional Visualizer** 窗口中。如果有多个感兴趣区，ENVI 就会询问你选择哪个感兴趣区进行 *N* 维观察。

稍等片刻后，*N* 维散点图窗口和控制对话框就会出现在屏幕上。***n*-D Controls** 对话框中的数字 1～10 表示了所选择的 10 个波谱波段。

（5）点击 ***n*-D Controls** 对话框中的数字 1 和 2，生成一幅波段 1 和波段 2 的最纯净像元的二维散点图（图 17-5）。

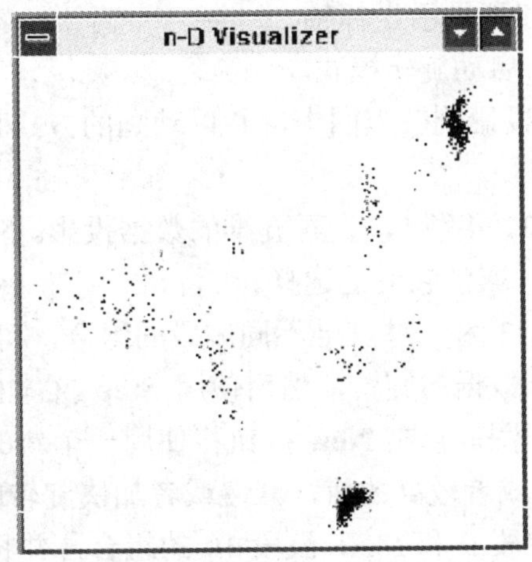

图 17-5　使用 PPI 确定的 MNF“稀疏”二维散点图

（6）同时，在主影像窗口中，选择 **Tools → 2-D Scatter Plot**，打开 MNF 波段 1 和波段 2 的标准二维散点图（图 17-6），与 N 维可视化器中的散点图进行比较。

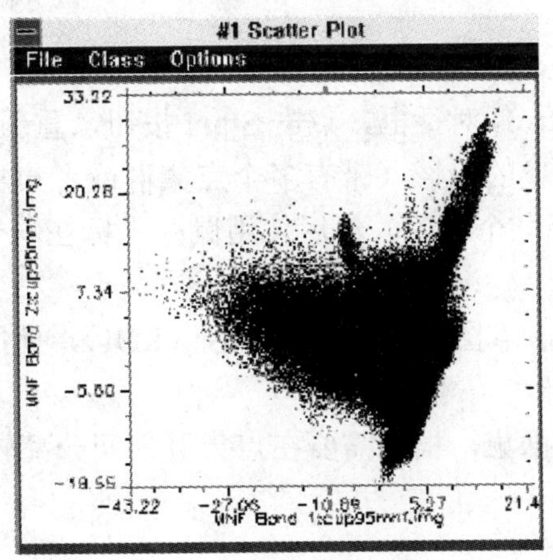

图 17-6　MNF 二维散点图

（7）比较这两幅散点图。能明白基于像元纯度的像素是如何排除到 *N* 维散点图之外的吗，为什么这个很重要？

◆ **使用 *N* 维可视化器**

（1）关闭二维散点图绘制窗口，尝试在 ***n*-D Visualizer** 窗口中使用几种不同的两个波段的组合。

【注意】数据集群的形状。确保查看了 MNF 影像中波段号较高的波段。

（2）现在，点击三个波段的序号，尝试使用三个波段的组合。

（3）当仅选择了三个波段时，可以在 ***n*-D Controls** 对话框中，选择 **Options → 3D: Drive Axes**，改变投影的视角。

（4）接着在 ***n*-D Visualizer** 窗口中，点击鼠标左键，并拖曳鼠标，选择投影视角。

再一次注意数据集群的形状。确保查看 MNF 影像中波段号较高的波段。选择 **Options → Show Axes**，打开显示坐标轴。

（5）点击 **Start** 按钮，启动旋转模式。

它将把 *N* 维空间随机投影到散点图中，并以动画的方式直接显示出来。在这种模式下可以同时查看任意波段号

（6）点击波段 1、2、3、4 和 5，查看五维的数据投影。

（7）再次点击波段号，取消它们的选择。

（8）尝试使用波段 2、3 和一些其他不同波段的组合，可以找到 *N* 维数据的感觉。点击 **Stop** 按钮，暂停 *N* 维数据的旋转，然后使用 **Step** 文本标签旁的箭头按钮，向前或者向后查看 *N* 维数据的投影图。点击 **New** 按钮将使用一个新的随机投影。在 **Speed** 箭头增量矩形框中输入一个较低或者较高的值，减慢或者加快旋转的速度。

（9）尝试使用 MNF 波段 9 和 MNF 波段 10 的组合，并将其同波段 1 和波段 2 的组合进行比较。

【注意】当选择超过了三个波段后，旋转将看起来有所不同。这是由于维数超过三后，波段将会折叠进投影中。它可以说明其数据的确为高维数据，因此可以更进一步说明为什么二维散点图不适合处理高光谱数据。

◆ **绘制自己的端元**

（1）返回到 ***n*-D Controls** 对话框，点击 **Start** 按钮，重新启动 *N* 维数据的旋转。

（2）当看到某个感兴趣的投影（带有多个点集群或者集群拐角）时，暂停旋转，并在 **Class** 下拉式菜单中选择一个颜色，然后使用鼠标光标在一个或者多个拐角上圈出这些像素点（图 17-7）。

（3）使用鼠标左键在散点图中定义感兴趣区（ROI），使用鼠标右键封闭完成感兴趣区的定义。

（4）继续旋转 *N* 维数据集，根据需要在点集群之间分离较远时选取新的类。

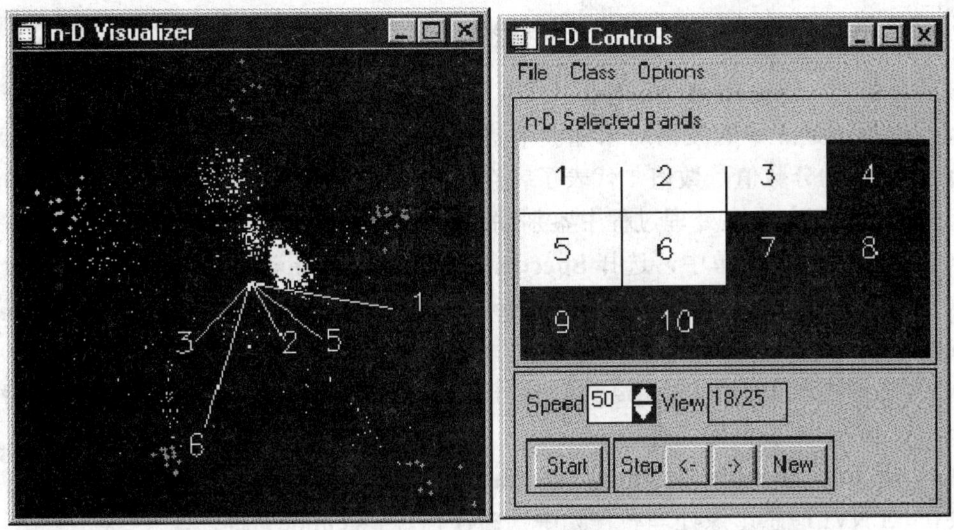

图 17-7　高亮显示所选像素点的 N 维可视化器及其控制对话框

◆ 使用 *N* 维类控制对话框

（1）选择 **Options → Class Controls**，打开 ***n*-D Class Controls** 对话框。该对话框用来改变类的颜色，打开或关闭类显示，以及控制类值。

（2）点击其中某个颜色类的矩形框，激活该类。

（3）在激活类像素的下拉列表中，点击 **Symbol**，选择显示在 ***n*-D Visualizer** 窗口中的符号类型。

（4）在 ***n*-D Class Controls** 对话框中，选择相应的按钮，可以计算出统计信息（**Stats**）、均值波谱（**Mean**）、类的波谱绘制图（**Plot**）、清除（**Clear**）或者输出（**Export**）。

（5）点击类别名称旁边的复选框，尝试关闭或者打开类的显示。

◆ 将 *N* 维散度分析同波谱剖面廓线连接起来

当选定端元并旋转散点图时，可以查看特定端元的反射率波谱曲线。该过程允许在最终确定波谱端元之前查看其波谱曲线。

（1）在 ***n*-D Controls** 对话框中选择 **Options → Z-Profile**。从列表中选择反射率数据文件 `cup95eff.int` 后点击 **OK**。接着一个空白的波谱曲线绘制窗口就会出现在屏幕上。

（2）在 ***n*-D Visualizer** 对话框中点击鼠标中键，然后当前像素对应的波谱曲线就绘制在 ***n*-D Profile** 窗口中。点击鼠标中键并在对话框中拖曳光标，实时浏览波谱曲线。当光标位于已定义的 *N* 维数据类中时，绘制的波谱曲线将以该类的颜色显示出来。

（3）在 ***n*-D Visualizer** 对话框中，点击鼠标右键并拖曳鼠标，打开波谱曲线采集。随后每一条波谱曲线都会绘制在同一个绘制窗口中，并且不会擦除先前绘制的波谱曲线。在 ***n*-D Visualizer** 对话框点击鼠标中键，擦除绘制的波谱曲线，返回到单一的波谱曲线绘制模式。

◆ 将波谱分析同 *N* 维散度分析连接起来

波谱分析 ™（**Spectral Analyst™**）可以将未知波谱曲线同波谱库中的波谱曲线进行匹配，并根据波谱库中的波谱对未知波谱进行评分。波谱分析使用了几种方法来评出一个在 0～1 之间的分数值，数值 1 代表了完全匹配。将 **Spectral Analyst** 同 **n-D Visualizer** 连接起来，提供了一个在处理过程中鉴别端元波谱的手段。

（1）在 ENVI 主菜单中，选择 **Spectral → Spectral Analyst**。

（2）点击 **Spectral Analyst Input Spectral Library** 对话框底部的 **Open Spectral Library** 按钮。

（3）选择进入 ENVI 的 `spec_lib` 子目录下的 `usgs_min` 波谱库目录，选择并打开 `usgs_min.sli` 波谱库文件。

（4）当 **Edit Identify Methods Weighting** 对话框出现后，点击 **OK**。不同的匹配方法将会在《ENVI 遥感影像处理教程》中（ENVI User's Guide）描述。

（5）在 **Spectral Analyst** 对话框中，选择 **Options → Auto Input via-Z Profile**，然后在可用波谱剖面廓线窗口列表中点击 ***n*-D Profile**。在 ***n*-D visualizer** 对话框中使用鼠标中键点击某个带有颜色的类，**Spectral Analyst** 将根据未知波谱与波谱库中的波谱的匹配情况对其进行评分。分数越高表明匹配的相似度越高。

（6）双击列表顶部的波谱名称，在同一绘制窗口中绘出未知波谱曲线和波谱库中波谱曲线，以进行比较。使用 **Spectral Analyst** 和波谱曲线绘制图的比较，确定所提取的 **n-D Visualizer** 波谱曲线的矿物质类型。当鉴别出几个矿物质后，继续下面的操作。

◆ 加载单一波谱曲线到 *N* 维可视化器中

（1）确定已经关闭了显示窗口中的感兴趣区绘制对话框（在 **ROI Tool** 对话框中，选择 **Off** 单选按钮）。

（2）选择 **Tools → Profiles → Z Profile**，显示从 Cuprite 数据中获取的 EFFORT 波谱曲线。

（3）选择 **Tools → Profiles → Additional Z Profile**，并选取第二个与波谱剖面廓线相关的 MNF 数据。

由于 ***n*-D Visualizer** 的数据在 MNF 空间中，所以必须导入代表感兴趣矿物的 MNF 波谱曲线。

（4）在 ***n*-D Controls** 对话框中，选择 **Options → Import Library Spectra**。接着 ***n*-D Visualizer Import Spectra** 对话框就会出现在屏幕上（一个 ENVI 标准的 **Endmember Collection** 对话框）。

（5）要从 **Additional Z Profile** 窗口中导入单个波谱曲线，首先在影像中移动鼠标光标，直到所需的反射率波谱曲线出现在波谱剖面廓线绘制窗口中。连接的附加波谱剖面廓线窗口会显示出相应的 MNF 波谱曲线。

（6）在波谱剖面廓线绘制窗口中，点击鼠标右键，从弹出的快捷菜单中选择 **Plot Key**，显示波谱曲线的名称。使用鼠标左键点击波谱曲线名，然后将其拖放到 **Endmember Collection** 对话框顶部的空白绘制窗口中。

（7）接着该波谱就会绘制在 ***n*-Dimensional Visualizer** 窗口中，并用一个标记表示出其位置。重复上面的步骤直到选择足够多的所需波谱曲线。

（8）这些波谱可以连同 PPI 阈值中获取的波谱数据一道，在 ***n*-D Visualizer** 窗口中进行旋转。

◆ 在 N 维可视化器中坍塌处理所选的端元类

一旦已经鉴别处理了一些端元，那么即使旋转或者使用许多不同的二维投影来寻找多维数据中的额外的端元，这个过程也将会变得比较困难。

ENVI 中类坍塌（Class Collapsing）技术是一个简单的确定端元的手段。它允许我们将已经选取的端元聚集成一个代表背景的集群。这样就会把先前被遮蔽的混合波谱特征变得更加明显些。接着我们就可以使用 ENVI 感兴趣区工具，在 ***n*-D Visualizer** 窗口中选取新的端元波谱。

我们可以从 ***n*-D Controls** 菜单栏中，选择 **Options → Collapse Classes by Means**，根据所选类的均值来计算新的几何投影。我们也可以选择 **Options → Collapse Classes by Variance** 来进行类的坍塌（Collaps）处理。在这里，Z 波谱剖面廓线能够用来检验你是否选择了同类的波谱端元。

注意到处理完毕后，选择的波段将以红色列出，且当前只选取了两个波段。此外，一个 MNF 绘制图也将出现在屏幕上，它将估计数据的维数，以及残留的将要被发现的端元数。重复端元的选择类坍塌（Class Collapsing）处理步骤，直到再没有新的端元发现为止。

◆ 导出自己的感兴趣区

也可以将选择的端元导出为均值波谱。

（1）在 **ROI Tool** 对话框中，选择 **Options → Delete All Regions**，删除所有预先定义的感兴趣区（ROIs）。

（2）在 ***n*-D Control** 对话框中，选择 **Options → Export All**，将选取的最佳类的集合导出为感兴趣区。也可以从 ***n*-D Class Controls** 对话框中导出单一的类（选取 **Options → Class Controls** 进行操作）。查看感兴趣区的空间位置。

（3）使用 ***n*-D Control** 对话框中的 **Stats** 或者 **Mean** 按钮，提取不同感兴趣区的均值波谱。将这些端元同使用二维散点图所提取的端元以及先前练习中所使用的端元进行比较。

（4）使用 ***n*-D Controls** 对话框中的 **Options → Z - Profile** 菜单项，将单一波谱同均值波谱进行比较。

◆ 保存 N 维可视化器的状态

在 ***n*-D Controls** 对话框中，选择 **File → Save State**，输入要输出的文件名 `cup95.ndv`，然后点击 **OK**。该保存的状态文件可以在后续的使用中重新调用。

◆ 恢复保存过的 N 维可视化器的状态

（1）选择 **Spectral → *n*-D Visualizer → Visualize with Previously Saved Data**，使

用先前保存的参数以及绘制的端元，启动另一个 ***n*-D Visualizer** 程序。然后选择文件 `cup95ppi.ndv`。

（2）点击 **Start** 按钮，开始旋转 *N* 维数据。

（3）查看可视化器中的不同投影以及显示的波段数。

（4）点击 **Stop** 按钮，停止 *N* 维数据的旋转。

（5）在 **ROI Tool** 对话框中，选择 **Options → Delete All Regions**，移除所有先前定义的感兴趣区。

（6）现在，选择 ***n*-D Controls** 对话框中的 **Options → Export All** 菜单项。

（7）在 **ROI Tool** 对话框中，确保当前正在显示 EFFORT 表观反射率影像，然后选择 **Options → Mean for All Regions**，提取所有端元的均值反射率波谱（图 17-8）。

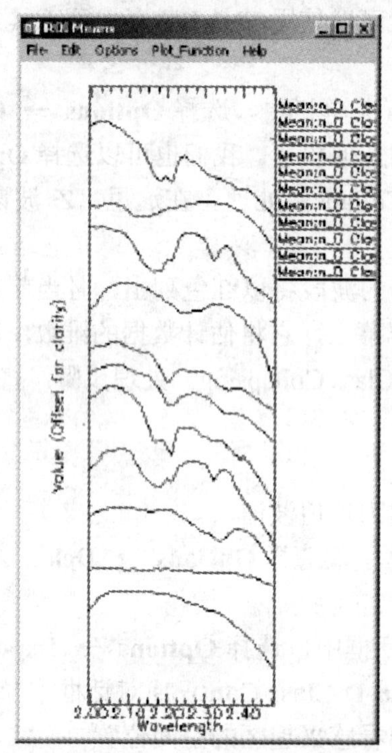

图 17-8　使用 *N* 维可视化器提取的端元波谱

（8）查看反射率波谱同 ***n*-D Visualizer** 对话框中所绘制的像素波谱之间的关系。

（9）特别留意一下相似波谱以及绘制的集群簇的位置。

◆ **关闭所有的显示窗口和其他窗口**

（1）从可用波段列表对话框中，选择 **File → Close All Files**，关闭所有打开的文件，以及同它们相关联的显示窗口。

（2）在 ***n*-D Controls** 对话框中，选择 **File → Cancel**，关闭这些窗口，以及 ***n*-D Visualizers** 窗口。

1.6 波谱填图

ENVI 为我们提供了各种各样的填图方法，但是它们能否成功使用取决于数据的类型、数据的质量和我们所期望的结果。这些填图方法包括：波谱角填图（Spectral Angle Mapper，SAM）分类，波谱分离（Spectral Unmixing），匹配滤波（Matched Filtering），以及混合调制匹配滤波（Mixture-Tuned Matched Filtering）。

波谱角填图（SAM）是一种自动分类的方法，它将影像波谱同单一波谱进行比较，并把波谱看做是向量空间中的向量（向量维度等于波段数），通过计算两个波谱之间的“波谱角”，确定两者之间的相似性。它提供了一种很好的处理占主导地位的物质波谱填图的捷径，该物质波谱通常表现在一个像元内。但是，地球自然表面几乎不是由均一物质所组成的。当具有不同波谱属性的物质出现在同一个像素内时，就会出现波谱混合现象。有些研究员已经研究过了混合像元的尺度效应和线性关系。Singer 和 McCord（1979）发现如果混合像元的尺度很大（宏观），那么混合像元将存在线性关系（图 17-9）。对于微观或者本质的混合，混合像元通常表现为非线性关系（Nash and Conel，1974；Singer，1981）。

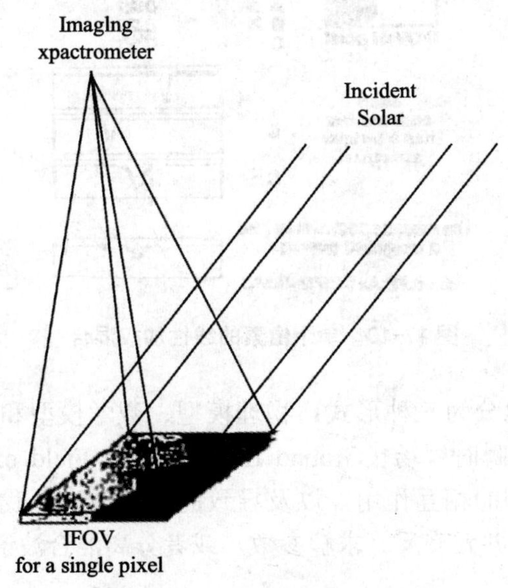

图 17-9 宏观（线性）混合

线性模型假设在不同物质间不存在相互作用。如果每一个光子仅对应一个物质，那么这些信号就会叠加起来（线性处理过程）。在几种不同物质之间的多次散射将被认为是倍增叠加（非线性处理过程）。混合像元的空间尺度和物质的实际分布决定了非线性的次数。大比例尺航空影像的混合像元呈线性关系。小比例的内在混合就表现为非线性。在大多数情况下，非线性混合表现为二次关系特性。许多地表物质都以非线性关系混合，虽然在许多状况下，用较好的近似会产生更好的结果（Boardman and Kruse，1994），但是仍然以线性分离技术来进行处理。尽管使用线性技术带来的精度没有非线性技术产生的精度高，但是使用一次线性关系已足够描述地表的物质分布状况。

◆ **造成波谱混合的原因**

各种各样的因素相互作用产生了成像光谱仪所接收到的信号：

- 一个非常小范围内的物质将同入射太阳光相互作用。该区域内的所有物质产生的信号都表现为反射信号。
- 由单个像素所表示的物质空间混合区域将导致波谱反射信号的混合。
- 由地形变换（阴影）和实际阴影所造成的亮度变化（像素值表示）将进一步影响反射信号，其中最主要的原因就是与黑色端元波谱的混合。
- 成像光谱仪将综合每个像素的反射波谱能量。

◆ **混合波谱建模**

混合波谱最简单的模型就是线性模型，在线性建模中，位于同一像元区域的波谱是纯净物质波谱的线性组合，并根据它们的组成比例进行加权（图 17-10）。

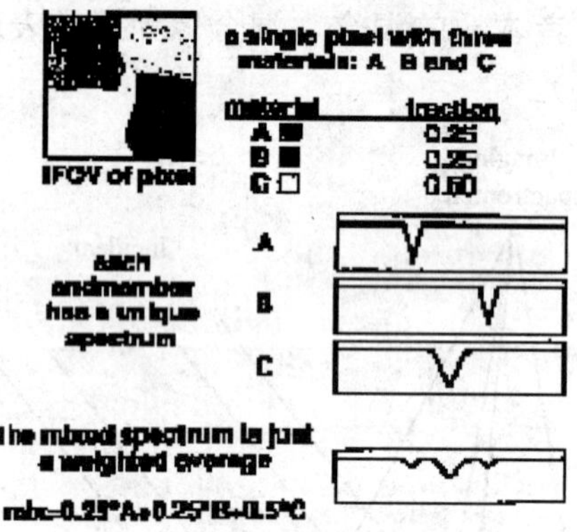

图 17-10　单个像素的线性加权混合

这个简单的模型可以分为三种形式：物理模型、数学模型和几何模型。上面讨论的物理模型包括像素的地面瞬时视场（Ground Instantaneous Field of View，GIFOV）、引入的辐照度、光子与地物间的相互作用，以及导致的混合波谱。我们需要一个更为抽象的数学模型来简化该问题，并允许反算求解参数，或者分离混合波谱（图 17-11）。

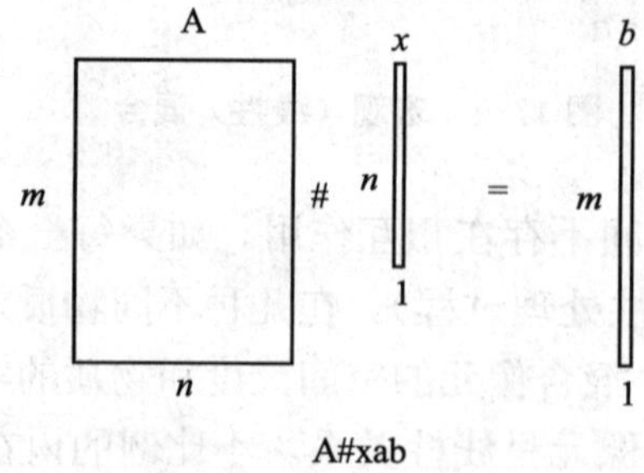

图 17-11　波谱混合的线性代数模型

A（$m\times n$）表示端元波谱，x（$n\times 1$）是未知丰度的矢量，b（$m\times 1$）是观测波谱

其中，m 是波段数，n 是端元数，所有的 x 矢量值都是正数并且总和为 1

一个波谱库形成了分析中所需的初始数据矩阵。一个理想的波谱库包含了特定的端元波谱，当该端元波谱线性组合时能形成所有的其他波谱。数学模型是个简单的模型。观测波谱（矢量）被认为是纯净端元混合波谱库（矩阵）与端元丰度（矢量）乘积的结果。反算求解的原始波谱库矩阵是由正交矩阵的转置和对角矩阵的倒数值的乘积所得到的（Boardman，1989）。反算求解的波谱库矩阵和观测到的混合波谱之间的简单矢量-矩阵乘积能够给出未知波谱的波谱库端元丰度估计值。

几何混合模型提供了另一种直接理解波谱混合的方法。混合像素被看做是 N 维散点空间（波谱空间）中的离散点，其中 N 为波段数。在二维的情况下，如果只有两个端元混合，那么混合像元将落入一条线中（图 17-12A）。纯净像元将会落入到混合线的两端。如果有三个像元混合，那么混合像元将落入一个三角形中（图 17-12B）。总之，混合端元将会落入到端元之间。

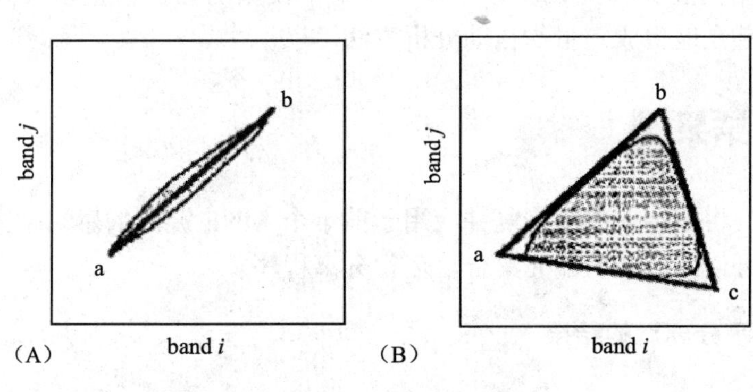

图 17-12　几何混合模型

（A）二维混合（两个端元）　（B）三维混合（三个端元）

更多的维数混合将会被更多的几何维数图形所描述出

（例如：四维端元波谱混合将会出现在一个四面体中，等等）

由于所有的丰度都为正值，且总和为 1，所以所有混合的波谱都位于纯净端元波谱的内部，即由端元顶点所形成的单形体（simplex）的内部。混合像素向外凸起的集合可以被用来确定使用了多少端元波谱，并估计出它们的波谱曲线。几何模型能够向外推广到更高维的数据处理中，其中混合端元数将超过混合数据内在的维数。

◆ **实用分离技术**

通常我们会使用两种不同类型的分离技术：使用已知端元或者使用派生端元。

使用已知端元：通过已知的或者假定的波谱端元集，在每个像素中获取每个端元的相对丰度百分比。这些已知端元可以从数据（使用先验知识获取的均一区域）中提取，或者从纯净物质的数据库中提取。我们可以通过交互式地浏览成像光谱仪数据，确定影像中存在哪些纯净物质，或者使用上面描述的专家系统或其他方法鉴别物质，来获取纯净物质的数据库。

混合端元波谱矩阵是由影像或参考波谱库中的波谱所组成。这里的问题就是由严格线性最小二乘算法所带来的。混合矩阵求逆并与观测波谱求积，获取未知端元丰度百分比的最小二乘估计。解决的方法就是将正小数之和限制为 1。阴影将隐式（分数和小于或者等于 1）或者显式（分数和为 1）地作为端元。

第二种分离技术将使用成像光谱仪数据来“获取”混合端元（Boardman and Kruse，1994）。我们会使用与主成分相关的特定正交处理方法，来确定数据内在的维数：

- 获取跨越数据全部信号的线性子空间（平面）。
- 数据将映射到这个子空间中，混合的维数会被降低，大多数的噪声能够被去除。
- 这些数据投影的凸起部分将会被发现。
- 数据将收缩到一个 *N* 维的单形体中，给出了纯净端元的估计值。
- 这些获取的端元必须给出可行的丰度估计（正小数总和为 1）。

波谱分离技术是一个最有前途的高光谱研究领域。凸起几何特性的分析处理方法已经应用到 AVIRIS 影像数据中，它可以为各种不同物质（地质、植被、海洋）定量地生成填图的结果，而不需要先验知识。分离技术和基于模型的数据校正以及同专家系统鉴别能力的组合能够潜在地生成定量的自动分析方法。

1.7 分离结果

本部分，我们将使用前面所恢复并应用于前十个 MNF 波段的感兴趣区，来查看分离后的结果。然后再使用所选的端元集合，运行分离程序。

◆ **打开并显示分离后的结果**

（1）打开文件 `cup95unm.dat`。

（2）在可用波段列表对话框中，点击 Kaolinite 波段名，然后点击 **Load Band**，加载 Kaolinite 丰度影像。较亮的区域对应于丰度较高的像元。如果有必要的话，可以使用对比度拉伸，仅仅将较高的丰度值显示出来（较高的表观丰度值）。

（3）将其他的丰度影像加载到一个或更多的显示窗口中，进而比较端元的分布状况。

◆ **确定丰度值**

（1）选择 **Tools → Cursor Location/Value**，研究指定像元的丰度值。

（2）打开 EFFORT 影像数据 `cup95eff.int`，生成反射率数据的 Z 波谱剖面廓线，将各种端元的表观丰度值同波段吸收率统一起来。

◆ **显示彩色合成影像**

（1）选择三个较好的分离结果影像，组合成一幅 RGB 彩色影像。

（2）使用空间和波谱信息，估计分离后的结果。

（3）根据混合波谱，解释少数端元 RGB 组合影像的颜色。

【注意】非纯色（红色、绿色和蓝色以外的颜色）出现的次数。

所有的分数值部分都是合理的吗？

注意获取不合理结果的区域（例如，分数值大于 1 或者小于 0 的部分）。

（4）查看均方根（RMS）误差影像，找寻误差值大的区域（影像中明亮的区域）。

是否有其他的端元可以用于交互式分离？如果均方根（RMS）误差影像没有很大的误差，而其丰度值是负值或是大于 1.0 的，那么我们又该如何统一这些结果呢？

1.8 混合调制匹配滤波

匹配滤波（Matched Filtering）通过最大化已知端元波谱的响应信号，压制未知复合背景的响应信号，来满足必须知晓所有端元波谱的要求，然后匹配已知的波谱信号（Chen 和 Reed，1987；Stocker 等人，1990；Yu 等人，1993；Harsanyi 和 Chang，1994）。该技术基于对特定波谱库或者影像端元波谱的匹配，提供了快速探测物质的手段。它能生成类似于分离波谱的影像，但是它的计算程度将显著减少，且不需要已知所有的端元波谱。但是同时，它也会产生较多的虚假信号点（false alarm），其中如果要鉴别的物质并不是出现在同一个像元中，那么它们就将被随机地进行匹配（这样将不会影响到背景的协方差）。

混合调制匹配滤波™（**Mixture-Tuned Matched Filtering™，MTMF™**）技术是几种方法的综合，它基于一流的信号处理方法论同线性混合理论的组合（Boardman，1998）。该方法将上面描述的匹配滤波（Matched Filter）的优点（并不需要已知所有端元的信息）同混合理论中的物理条件限制（给定像素的信号是包含在该像素中的单一物质成分的线性组合）结合起来。混合调制技术使用了线性波谱混合理论，来限制可行性混合的结果，并减小虚假信号出现的概率（Boardman，1998）。混合调制匹配滤波（Mixture-Tuned Matched filter）的结果为两幅影像，一幅是 MF 分值影像（匹配滤波影像），它是一幅灰阶影像，像素值的范围为 0～1.0，它提供了对参考波谱曲线的相对匹配度进行估计的方法（其中，1.0 代表了完全匹配）；另一幅是不可行性（Infeasibility）影像，其中较高的不可行性数值表明了复合背景同目标地物之间的混合是不可靠的（feasible）。当匹配滤波分数值较高（接近 1）和不可行性分数值较低（接近 0）时，我们就能获取最佳的目标匹配。

◆ 执行自己的混合调制匹配滤波

显示并比较 EFFORT 和 MNF 数据

（1）显示 MNF 转换后的影像数据（MTMF 所需要的）。选择 **File → Open Image File**，并选择 `cup95mnf.dat` 作为输出的影像文件。在可用波段列表中，点击 **RGB** 单选按钮，按顺序选择 MNF 的波段 1、2 和 3，然后点击 **Load RGB**。

（2）显示 EFFORT 彩色合成后的影像数据。选择 **File → Open Image File**，并选择 `cup95eff.int`。在可用波段列表中，点击 **RGB** 单选按钮，按顺序选择波段 183、193 和 207，然后从 **Display** 下拉式菜单中选择 **New Display**，点击 **Load RGB**。

（3）使用 **Tools → Link → Link Displays** 链接这两幅影像。在 EFFORT 彩色影像显示窗口中，选择 **Tools → Link → Dynamic Overlay off**，关闭影像的动态叠加。

（4）使用 **Tools → Profiles → Z Profile（Spectrum）**，为每个数据集打开对应的波谱剖面廓线图。在 EFFORT 影像上移动鼠标光标，查看两个数据集的波谱剖面廓线。可以注意到，MNF 波谱曲线不太容易鉴别出物质。

收集 MTMF 中使用的 MNF 端元波谱

（1）在主影像显示窗口中，选择 **Window → Start New Plot Window**。然后在绘图窗口中，选择 **File → Input Data → ASCII**，选中文件 `cup95_em.asc`。点击 **Input ASCII File** 对话框中的 **OK** 按钮，绘制 EFFORT 影像的波谱曲线。

（2）选择 **Window → Start New Plot Window**，同样也在绘图窗口中，选择 **File → Input Data → ASCII**，选中文件 `cup95_mnfem.asc`。点击 **Input ASCII File** 对话框中的 **OK** 按钮，绘制 MNF 影像的波谱曲线。

（3）将 EFFORT 和 MNF 的波谱曲线进行比较。MNF 波谱将被用来同 MNF 数据一起进行 MTMF 操作处理。

计算生成 MTMF 影像

（1）选择 **Spectral → Mapping Methods → Mixture Tuned Matched Filtering**。点击文件名 `cup95mnf.dat`，然后点击 **OK**。

（2）在 **Endmember Collection** 对话框中，选择 **Import → From ASCII File**，然后选中 `cup95_mnfem.asc` 文件作为输入的文件（该文件为 MNF 转换后的端元波谱）。

（3）在 **Input ASCII File** 对话框中，点击 **OK**，加载端元波谱。

（4）点击 **Endmember Collection** 对话框底部的 **Apply** 按钮。在 **MTMF Parameters** 对话框中输入 MTMF 影像的统计信息的输出文件名，然后点击 **OK**（为了方便进行比较，这些结果都预先计算生成，并保存在《ENVI 遥感影像处理实践与演练》附带光盘 #2 的 `cup95_mtmf.img` 文件中）。

这些新的文件和所有波段都将列出在可用波段列表中。

显示 MTMF 结果

（1）在可用波段列表对话框中，将 **Matched Filter** 评分后的波段作为灰阶影像加载到显示窗口中。

（2）使用交互式拉伸，在 `0～0.25` 的丰度之间拉伸影像的对比度，查看各个不同端元对应的像素分布。尝试使用其他的拉伸方法来最小化虚假信号点（false alarms）的显示（离散像素点）。

（3）点击可用波段列表对话框中的 **RGB** 单选按钮，然后按顺序点击 Kaolinite，Alunite 以及 Buddingtonite 的匹配滤波（MF）影像，再点击 **Load RGB** 按钮，显示匹配滤波（MF）的彩色合成影像（图 17-13）。

图 17-13　Kaolinite，Alunite 以及 Buddingtonite 的 MTMF 结果影像
（仅含 MF 评分值，RGB 彩色合成影像）

在这幅彩色合成影像中，仅仅使用了匹配滤波（MF），Kaolinite 表现为红色，Alunite 为绿色，Buddingtonite 为蓝色。这显示了一个很好的结果，但是显然还是存在着虚假信号点（false alarms，每个像素都有相应的彩色值）。

显示 MF 分数影像与不可行性（Infeasibility）影像的散点图

（1）选择 **Gray Scale** 单选按钮，选中 EFFORT 影像的波段 193，然后点击 **Load Band**，显示该灰阶影像。

（2）从主影像显示窗口菜单栏中，选择 **Tools → 2-D Scatter Plots**，绘制 Buddingtonite 的匹配滤波分数值（MF Score）影像与不可行性（Infeasibility）影像的散点图。圈出 MF 分数值高，不可行性（infeasibilities）低的所有像素（图 17-14）。

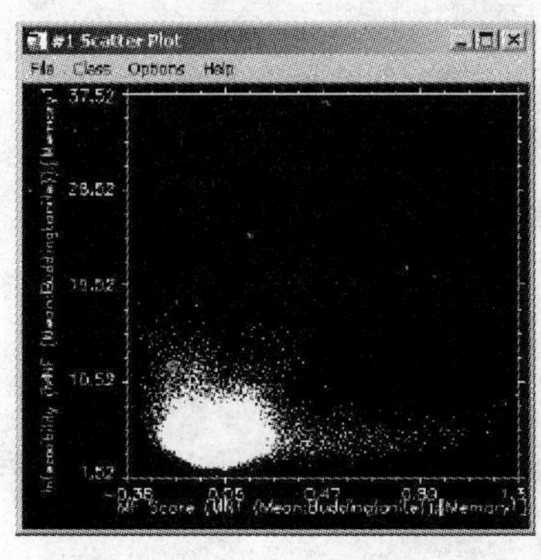

图 17-14　Buddingtonite 端元的 MF 分数影像与不可行性影像的二维散点图

注意所选出的 MTMF 的本质属性。选择所需的端元具有很大的选择性，使用该方法时，几乎不会产生虚假信号点（false alarms）。

（3）从已有的散点图窗口中选择 **File → New Scatter Plot**，打开一个新的散点图绘制窗口。在每个散点图中选择 **Options → Export Class**，生成表示单一物质的感兴趣区（图 17-15）。

图 17-15 Kaolinite、Alunite 和 Buddingtonite 的 MTMF 填图叠加到 AVIRIS 波段 193 的影像结果

（4）将 MTMF 影像结果同 MF 彩色合成影像、MNF 影像数据以及 EFFORT 影像数据进行比较。然后再同线性波谱分离结果进行比较。

（5）将 MTMF 影像结果显示窗口同 EFFORT 影像显示窗口链接起来，浏览它们的波谱曲线，并将它们同端元波谱、MTMF 影像、感兴趣区以及散点图进行比较。从 EFFORT 影像数据中提取波谱，并检验 MTMF 填图的敏感度。

♦ 结束 ENVI 程序

在 ENVI 主菜单中选择 **File → Exit**（在 UNIX 操作系统下是 Quit），在弹出的 **Terminate this ENVI Session** 对话框中选择 **Yes**，并点击 **OK**，退出 ENVI 程序。如果使用的是 **ENVI RT**，退出 ENVI 会返回操作系统。

专题十八 SAM 与 BandMax 结合进行目标探测

1.1 专题概述

本专题主要介绍基于 BandMax 向导的 SAM 目标探测方法。在本专题中，利用这个向导能够识别加州圣地牙哥机场的飞机。

◆ **本专题用到的数据**

光盘:《ENVI 遥感影像处理专题与实践》附带光盘 #3
路径：envidata/aviris

文件	描述
sandiego_reflectance.img	圣地亚哥高光谱数据
sandiego_reflectance.hdr	圣地亚哥高光谱数据的 envi 头文件

这个高光谱影像是 AVIRIS 传感器获取的美国加州圣地亚哥市海军飞机场。这个影像已应用 ENVI 的 FLAASH 模块进行过大气校正，并生成了反射率影像。

◆ **基于 BandMax 向导的 SAM 目标探测器介绍**

基于 BandMax 向导的 SAM 目标探测器引导你完成高光谱影像的目标探测。向导的 BandMax 部分能帮你找到最佳的波谱子集以区分背景和目标，并节省处理的时间。

向导主要有以下几个步骤：

（1）选择输入/输出文件——选择输入文件和输出文件的根目录名；

（2）选择目标——选择目标波谱；

（3）选择背景——选择需要抑制的背景信息；

（4）利用 BandMax 计算有效波段——识别对 SAM 分析中有效的波段；

（5）选择最大角阈值——定义 SAM 最大角；

（6）检验制图成果——SAM 分析以及成果检验。

如处理结果理想，那么可以退出向导。如果检验结果显示波段子集不充分，向导会返回到第二步，并在再次运行 BandMax 和 SAM 前重新定义你的目标和背景。继续重复目标定义、背景选择、利用 BandMax 选择最合适的波段子集以及利用 SAM 对输入数据重新分类。处理分析完成后，向导中将显示分析报告。如果需要，你可以保存这个文件以备后用。向导特定步骤中得出的影像结果会显示在 ENVI 的 **Available Bands List** 中。和其他图像处理工具一样，如果输入数据的质量不好或者设置了不合适的参数，那么有可能得出不很理想的结果。

向导的第一个面板主要介绍该向导的工作流程。向导中其他的面板主要介绍完成这个过程的 6 个步骤。这些处理步骤有时会因为你的分析方法的不同而反复出现。向导的整个工作流程如图 18-1 所示。

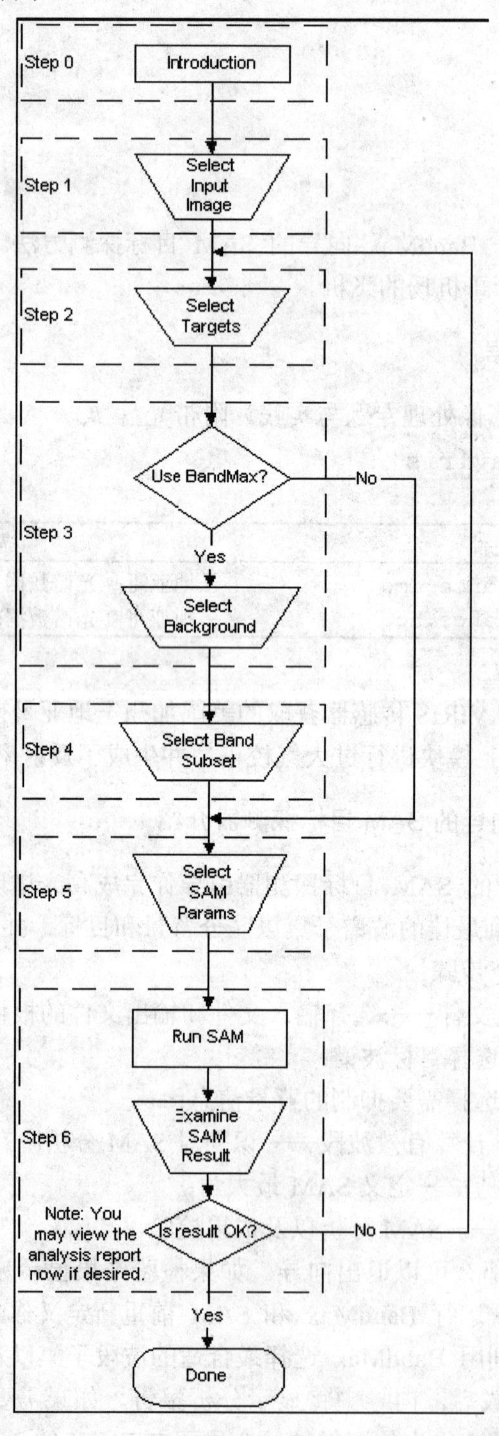

图 18-1 基于 BandMax 向导的 SAM 目标识别工作流程

◆ BandMax 过程

BandMax 过程包括工作流程中的第 3 步和第 4 步。第 3 步用来选择输入背景波谱。第 4 步显示 BandMax 结果，并可在此修改某些参数以确定最理想的解决办法。第 4 步中的显示结果会随着参数的修改不断更新。

BandMax 通过确定对区分目标波谱和背景波谱有用的波谱子集来去除背景数据。这些 BandMax 有效计算方法为每个波段确定一个波段有效值。这个值没有单位，值域是从 0.1～1。波段有效值与阈值对比之后会产生一系列波段。在选择的目标和背景之间对比选出最佳的结果波段子集。这个子集作为 SAM 分析的输入数据可以减少处理时间并帮助去除目标和背景混淆从而提高处理精度。

用 BandMax 进行目标探测是一个迭代过程。在有效波段子集上 SAM 分析仍然可能产生误报结果（包括在结果类别中但不能代表真正的目标）。也许需要修改目标数据、背景数据或者两者都修改以在分类中得到更精确的结果。此外，可能还需要在 BandMax 中多次调整有效阈值以得到最佳的用来对比目标和背景的波谱子集。

1.2 识别机场的飞机

◆ 启动 ENVI

启动前，请确认已正确安装 ENVI。

- 在 UNIX 或 Macintosh OS X 中启动 ENVI，请在 UNIX 命令行中输入 `envi`。
- 在 Windows 系统中启动 ENVI，请双击 ENVI 的图标。

当程序成功加载并执行后，ENVI 的主菜单将会显示在屏幕上。

◆ 打开并显示输入数据

（1）在 ENVI 主菜单选择 **File → Open Image File**，打开一个影像。

（2）出现 **Enter Input Data File** 对话框。

（3）在#3 找到 **envidata/aviris** 目录，选择 **sandiego_reflectance.img** 文件，点击 **Open**，**Available Bands List** 中将显示文件列表和数据. 该数据将在主图像窗口和缩放窗口以真彩色合成显示。

（4）在主图像窗口双击能看到 **Cursor Location/Value** 对话框。

（5）利用主图像窗口和缩放窗口分析真彩色影像以选择潜在的目标和背景（图 18-2）。

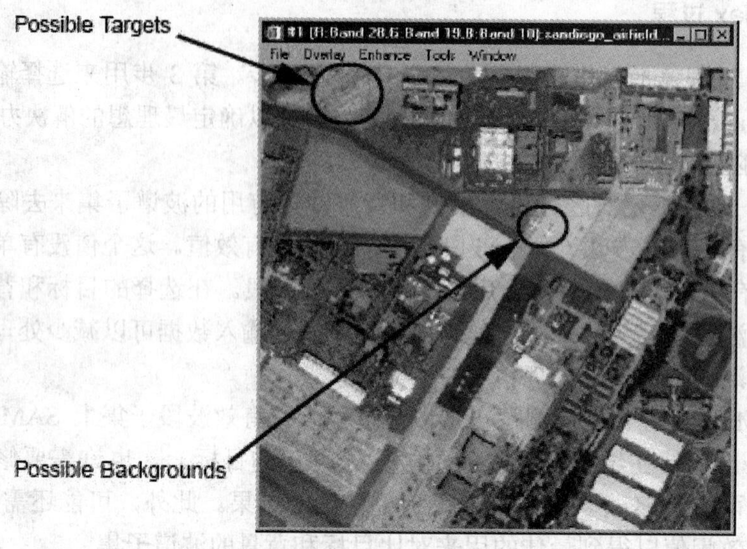

图 18-2　圣地牙哥机场影像的潜在目标（possible targets）和潜在背景（possible backgrounds）

图像中包括几种飞机。在行列数为（232，136）和（244，144）处的最引人注目。然而，在（89，11）和（143，338）附近，显示也有其他飞机。在本专题中，应用基于 BandMax 向导的 SAM 目标探测器来寻找（89，11）附近的飞机，并把他们和（232，136）以及（244，144）两处的飞机区分开来。

◆ 启动 SAM Target Finder with BandMax Wizard

（1）在主图像窗口的显示菜单条选择 **Tools → Pixel Locator...** 找到 **Pixel Locator** 工具。

（2）选择 **Tools → Profiles → Z Profile（Spectrum）...** 来显示图像中像元的波谱剖面。出现 **Spectral Profile** 工具。

（3）在 **Spectral Profile** 工具上选择 **Options → Plot Key** 来显示波谱曲线对应的图像坐标。

（4）利用 **Pixel Locator** 工具将光标定位在（89，11），并点击 **Apply**。

（5）在 **Spectral Profile** 工具选择 **Options → Collect Spectra**，这个波谱用来定义目标。

（6）利用 **Pixel Locator** 工具将光标定位到（244，144），这个波谱用来定义潜在的背景。

（7）重新选择 **Options → Collect Spectra**，并点击 **Apply**。

（8）选择 **Spectral → SAM Target Finder with BandMax** 进入向导。出现向导，介绍面板随之一起显示。

◆ 与向导交互

（1）阅读面板左面的文本信息。面板的左面都为每一步骤提供了重要的信息和有用的分析。面板右边是提供并显示了与处理步骤有关的信息的界面。

（2）点击 **Hide Text** 按钮可以隐藏面板左面部分。你可以只显示面板右面（交互）部分的内容。

（3）点击 **Show Text** 可以重新显示面板左边部分。

（4）点击 **Next** 按钮，继续下移面板，然后点击 **Prev** 按钮返回 Introduction 面板。

（5）和 ENVI 中的其他向导不同，这个向导不是线性的。该向导具有条件路径，输入可能会在流程中形成截然不同的导向。可用 **Next** 和按钮 **Prev** 循环返回向导，以重复一系列步骤。**Prev** 按钮包含一系列已执行过的步骤。已执行步骤列表能确保在向导中执行一个条件步骤或者一系列循环步骤时，**Prev** 按钮正常运行。

【注意】**Cancel** 按钮可随时退出向导。

◆ 选择输入文件

（1）点击 **Next** 继续运行 **Select Input/Output Files** 面板。这个面板对应工作流程（图 18-1）的第一步。用来指定输入文件和向导输出文件的根目录。

（2）阅读面板左边的信息。

（3）点击 **Select Input File…**，在出现的 **BandMax Wizard Input File** 对话框中指定 **sandiego_reflectance.img** 文件。输入文件选定后，输出根目录名会自动指定。如果希望指定一个不同的根目录名，点击 **Select Output Root Name** 按钮。

【注意】如果指定根目录名字的文件已经存在，它会提醒你让向导删除这些文件并继续。如果你不想删除这些文件，点击 **NO**，并在 Select Output Files Root Name 对话框中指定一个不同的根目录名。

◆ 选择目标

（1）点击 **Next** 运行 Target Selection panel（图 18-3）。

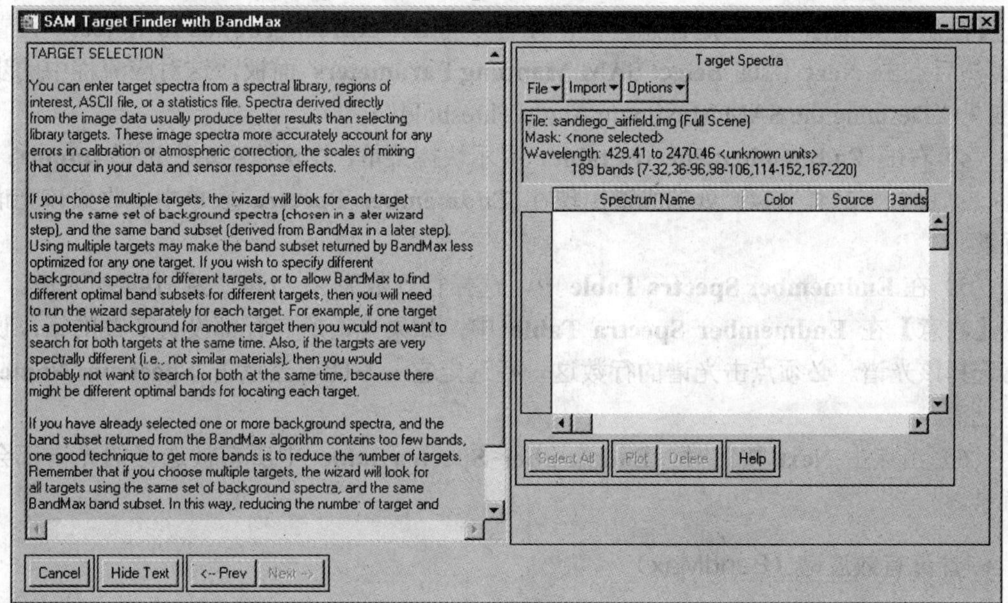

图 18-3 SAM Target Finder with BandMax Wizard 目标选择面板

该面板对应工作流程（图 18-1）步骤 2 中，它能确保你收集到的光谱用作目标。面板的右面包含一个嵌入的 Endmember Collection 对话框版本信息（见《ENVI 遥感影像处理教程》第 6 章“Collecting Endmember Spectra”，以获得更多关于 Collection Endmember dialog 的信息）

（2）阅读面板左边的文本信息。

（3）在 Endmember Spectra 表格上点击鼠标右键，显示一个快捷菜单，该菜单包含了 Spectral Profile 工具中的光谱。

（4）在快捷菜单中选择 **Import：*X*：89，*Y*：11**。（89，11）处的光谱就会出现在 Endmember Spectra 表单中。收集该光谱代表目标。

（5）在 Endmember Spectra Table 中，选择行数为 *X*：89，*Y*：11 的光谱。

【注意】在 Endmember Spectra Table 中，如果光谱所有行都没有变亮的话，说明没有选择该光谱。必须点击光谱的行数这一栏选定它。不能通过点击 Spectrum Name 列选定光谱。

当你点击 Next 按钮时，在 Endmember Spectra Table 中所有选定的光谱都会用作目标。

【注意】向导通过 BandMax 确定最佳的波谱子集，它包括所有指定目标和背景。如果为每个向导都选择同一个目标，就会得到最好的结果。在这种情况下，BandMax 可选出对单个目标最优的波谱子集。

◆ **指定背景**

（1）点击 **Next**，继续 **Background Selection and Rejection** 面板。该面板对应流程中的步骤 3（图 18-1）。可以指定在 SAM 分析中被抑制（拒绝）的背景信息。如果在 SAM 分析中出现误报结果（包括在结果类别中但不能代表真正的目标），应该提供背景数据。

（2）阅读面板左边的文本信息。

（3）在 **Select Backgrounds to Reject**？项选 **Yes**，出现另一个嵌入的 **Endmember Collection** 对话框。

【注意】如果你不想指定任意背景，你可以将 **Select Backgrounds to Reject**？设置为 **NO**。然后点击 **Next** 跳过 **Select SAM Mapping Parameters** 面板，这对应流程中的步骤 5（参见“Defining the SAM Maximum Angle Threshold”）。

（4）右击 **Endmember Spectra table**，显示快捷菜单，在快捷菜单中选择 **Import：*X*：244，*Y*：144**。（244，144）处的光谱出现在 **Endmember Spectra** 表单中。收集该光谱代表背景。

（5）在 **Endmember Spectra Table** 中，选择行列数为 *X*：244，*Y*：144 的光谱。

【注意】在 **Endmember Spectra Table** 中，如果光谱所有行都没有变亮的话，说明没有选择该光谱。必须点击光谱的行数这一栏选定它。不能通过点击 **Spectrum Name** 列选定光谱。

（6）当点击 **Next** 按钮时，**Endmember Spectra table** 中所有被选择的光谱都会用作背景。

◆ **计算有效波谱（BandMax）**

（1）点击 **Next** 进入 **Select Optional Bands** 面板（图 18-4）。

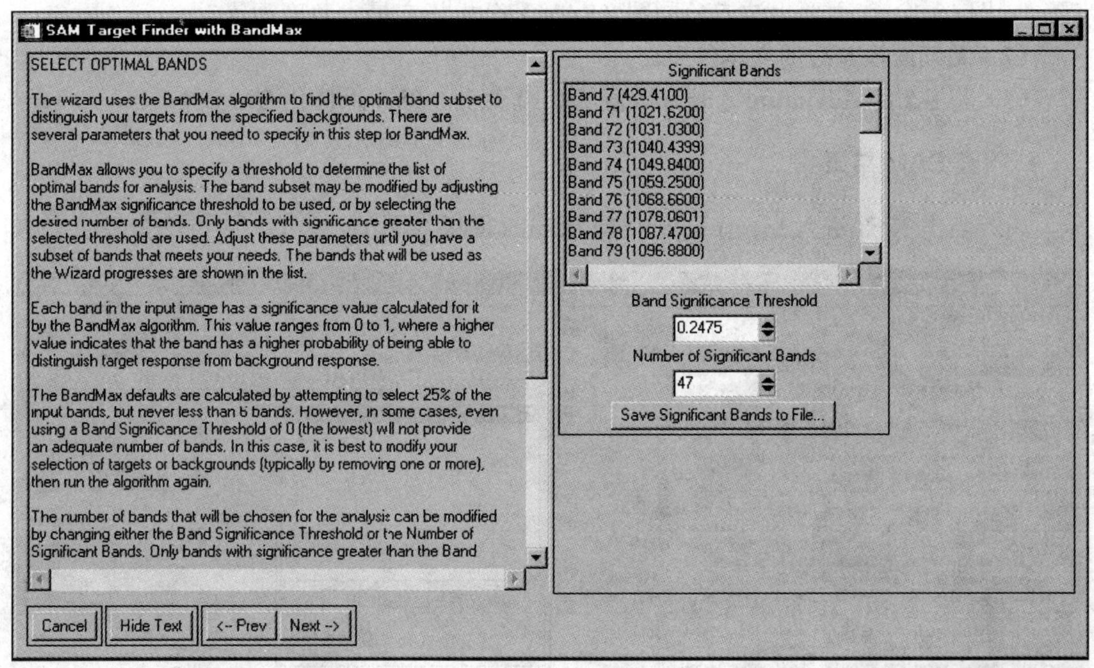

图 18-4　SAM Target Finder with BandMax Wizard 中 Optimal Bands 面板

该面板对应流程中的步骤 4（图 18-1）。该面板能用 BandMax 方法定制用来抑制背景信息的波谱子集。BandMax 方法计算出一个用在接下来的 SAM 分析中的有效波谱子集。当点击上级菜单中的 Next 按钮时，这些有效的计算会自动显示。计算结果会为每个波谱确定一个有效波谱值。这个值会作为一个有效阈值，生成基于目前目标和背景列而形成的一系列波谱。

（2）阅读面板左边的文本信息。

（3）将 **Band Significance Threshold** 的数值从 0.247 5 变为 0.277 5。

初始阈值用来产生一个子集，该子集包含了整个文件 25%的波段数。sandiego_reflectance.img 有 224 个波段，那么根据初始阈值产生了 47 个有效的波段。这个有效波段数对于精确区分目标和背景来说可能太大了。增加阈值可以产生更小的波段数（32）。或者改变 **Band Significance Threshold** 数值，或者改变 **Number of Significant Bands** 数值，都可确定出区分目标和背景的最佳波谱子集。一个较高的阈值可能产生较少的波段。

【注意】Save Significant Bands to File 按钮可以将显示在 Significant Bands 列表的波谱子集输出为 ASCII 码文件。如果你已经生成能够有效检测目标的波谱子集，你可能会用同一波谱子集对来自同一传感器的一系列图像进行一系列分类。在对一个文件取波谱子集时，这个输出的 ASCII 码文件能够用于输入数据。

点击 **Next** 按钮时，所有有效波段显示在 **Significant Bands** 列表中，并作为下一步（SAM 分析）的输入数据。

◆ 定义 SAM 最大角阈值

（1）点击 **Next** 进入 Select SAM Maximum Angle Threshold 面板。该面板对应流程中

步骤 5（图 18-1）。主要为波谱角制图（SAM）分析指定最大角度阈值。

（2）阅读面板左边的文本信息。

（3）将 **SAM Maximum Angle** 数值从 0.10 变到 0.08，以优化 SAM 分析。

◆ 检查 SAM 结果

（1）点击 Next 进入 Investigate SAM Results 面板（图 18-5）。

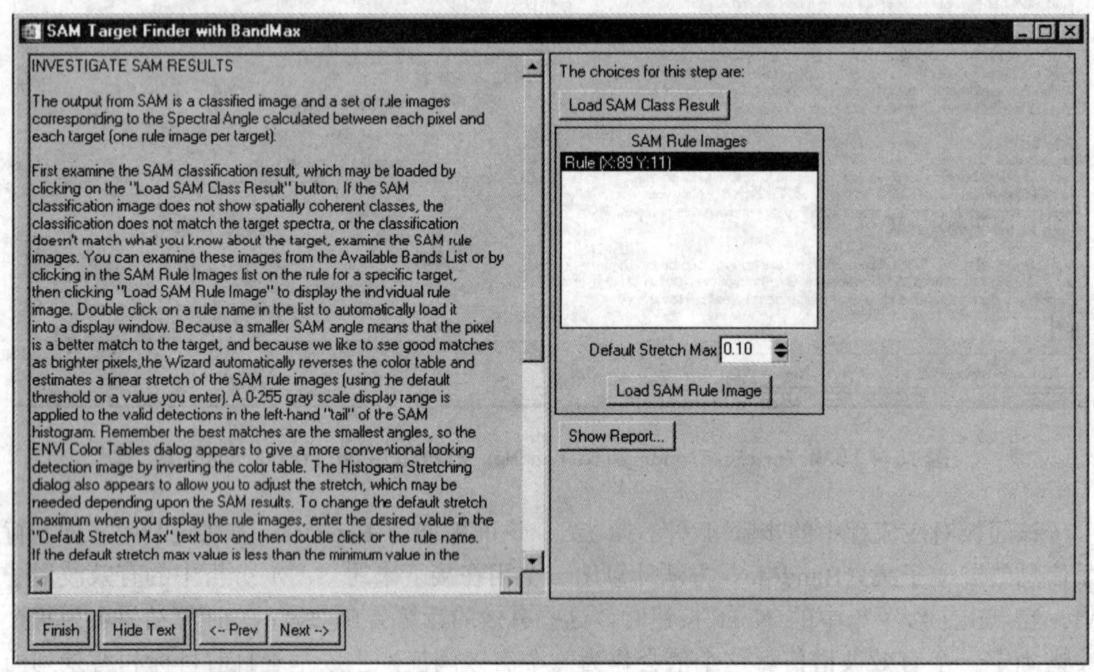

图 18-5　SAM Target Finder with BandMax Wizard 中的 INVESTIGATE SAM RESULTS 面板

该面板对应流程的步骤 6（图 18-1）。它能显示并检查波谱角制图（SAM）分析结果。SAM 分析在 Select Mapping Parameters 和 Investigate SAM Results 面板之间执行。

（2）阅读面板左边的文本信息。

（3）点击 **Load SAM Class Result**，SAM 分析的分类图会显示在一个新的图像窗口中。

（4）双击分类图中的 **Main Image** 窗口，进入 **Cursor Location/Value** 对话框。正如 Investigate SAM Results 面板文本信息中提到的那样，目标应为空间上条理分明的类别。分类图中最条理分明的目标出现在类图左上角接近（52，33），（70，22），and（8 9，11）处。其他目标虽然也出现在分类图上，但是不如左上角的目标条理分明地分布。

（5）在 **SAM Rule Image** 选项点击 **Rule（*X*：89，*Y*：11）**，然后点击 **Load SAM Rule Image**。在 **SAM Rule Image** 选项下选择的与目标有关的规则图像会替换主图像窗口的分类图。接着会出现一个柱状图工具和一个颜色表对话框。工具中 Input Histogram 选项下的图表为规则图像的柱状图。0.000～0.095 的平面线对包含目标信息的结果进行了检验。例如，目标（小光谱角）与图像中的其他地物有很大的区别。而且，目标在规则图像以最高亮度显示。

【注意】如果目标还没有被区分开，你可以点击 Next 按钮返回到步骤 2 精选目标、背景或者 BandMax 过程。向导能让你重复操作直至达到最佳结果。例如，本书中 Band Significance Threshold 以及 SAM Maximum Angle 值实际上是通过点击 **Prev** 和 **Next** 按钮，在向导中多次反复实验最终得到的值。

◆ 生成结果报告

（1）点击 Investigate SAM Results 面板中的 Show Report...，显示 SAM Target Finder with BandMax 总结报告文本窗口。文本报告包括 SAM Target Finder with BandMax wizard 的以下结果：

- 输入向导文件（以及任意空间子集）
- 已指定目标
- 已指定背景
- 已指定波段有效阈值
- 生成的有效波段子集
- SAM 分析输出文件
- 为 SAM 分析指定的最大角参数

（2）检查窗口中文本信息。

（3）在 BandMax 总结报告 SAM Target Finder 窗口中选择 **File → Save Text to ASCII...**选项，保存向导结果为 ASCII 码文件，以便将来参考。然后会显示 **Output Report Filename** 对话框。

（4）在 **Enter Output Filename** 文本框中键入 `sd_reflectance_results.txt`，然后点击 OK，窗口中的文本信息便保存为指定文件。

（5）选择 **File → Cancel**，退出 **SAM Target Finder with Band Max Summary Report** 窗口。

（6）在 **SAM Target Finder with BandMax wizard** 上点击 **Finish** 按钮。

◆ 结束 ENVI 程序

在 ENVI 主菜单中选择 **File → Exit**（在 UNIX 操作系统下是 **Quit**），在弹出的 **Terminate this ENVI Session** 对话框中选择 **Yes**，并点击 **OK**，退出 ENVI 程序。如果使用的是 **ENVI RT**，退出 ENVI 会返回操作系统。

专题十九 高光谱信号和波谱分辨率

1.1 专题概述

本专题将对几种不同传感器的波谱分辨率，以及该分辨率在利用独特的波谱信号来区别和鉴别物质方面的作用进行比较。我们将使用美国内华达州（Nevada）的 Cuprite 地区的 TM、GEOSCAN、GER63、AVIRIS 和 HyMap 的影像数据，然后对它们进行内在比较，同时还要将它们同 USGS 波谱库中物质的波谱进行比较。

◆ **本专题中使用的文件**

光盘:《ENVI 遥感影像处理专题与实践》附带光盘 #2

路径: envidata/cup_comp

envidata/cup99hym

envidata/c95avsub

文件	描述
所需的文件（envidata/cup_comp）	
usgs_em.sli	USGS 波谱库数据子集
usgs_em.hdr	ENVI 相应的头文件
cuptm_rf.img	Cuprite 地区的 TM 反射率数据子集
cuptm_rf.hdr	ENVI 相应的头文件
cuptm_em.txt	Kaolinite 和 Alunite 相应的均值波谱
cupgs_sb.img	Cuprite 地区的 Geoscan 反射率数据子集
cupgs_sb.hdr	ENVI 相应的头文件
cupgs_em.txt	Kaolinite 和 Alunite 相应的均值波谱
cupgersb.img	Cuprite 地区的 GER64 反射率数据子集
cupgersb.hdr	ENVI 相应的头文件
cupgerem.txt	Kaolinite 和 Alunite 相应的均值波谱
所需的文件（envidata/cup99hym）	
cup99hy.eff	Cuprite 地区的 1999 HyMap 的 EFFORT 纠正影像数据
cup99hy.hdr	ENVI 相应的头文件
cup99hy_em.txt	Kaolinite 和 Alunite 相应的均值波谱
所需的文件（envidata/c95avsub）	
cup95eff.int	Cuprite 地区的 1995 AVIRIS 反射率数据子集（在 c95avsub 子目录中）
cup95eff.hdr	ENVI 相应的头文件（在 c95avsub 子目录中）
cup95eff.txt	Kaolinite 和 Alunite 相应的均值波谱（在 c95avsub 子目录中）
可选择的文件（envidata/c95avsub）	
usgs_sli.dat	USGS 波谱库文件
usgs_sli.hdr	ENVI 相应的头文件

【注意】文件及其相应的.hdr 头文件都列在上表中，在本专题中我们需要使用到这些文件。如果我们需要进行更为详尽的比较处理，那么也有可能使用到列在下面的可供选择的文件。出于对磁盘空间的考虑，所选的影像数据文件都将反射率的值乘以了 1 000，转换成了整型。在数据中，数值 1 000 就表明表观反射率为 1.0。

◆ **背景知识**

波谱分辨率确定了我们使用成像光谱仪来查看所测物质单一波谱特征的方式。许多人混淆了波谱分辨率和波谱采样间隔这两个术语。其实，它们是两个完全不同的概念。波谱分辨率是设备响应（带通，band-pass）在半波长位置的宽度（Full Width Half Max [FWHM]）。波谱采样间隔通常是指波段间隔——将波谱波段量化成的离散间隔，它与波谱分辨率的概念是完全不同的。成像光谱仪通常被设计成波谱采样间隔同半波长的宽度（FWHM）相等。这是两个不同的概念，在使用这些术语时我们仍然要小心。

本专题利用物质波谱信号，对不同传感器的波谱分辨率进行比较。

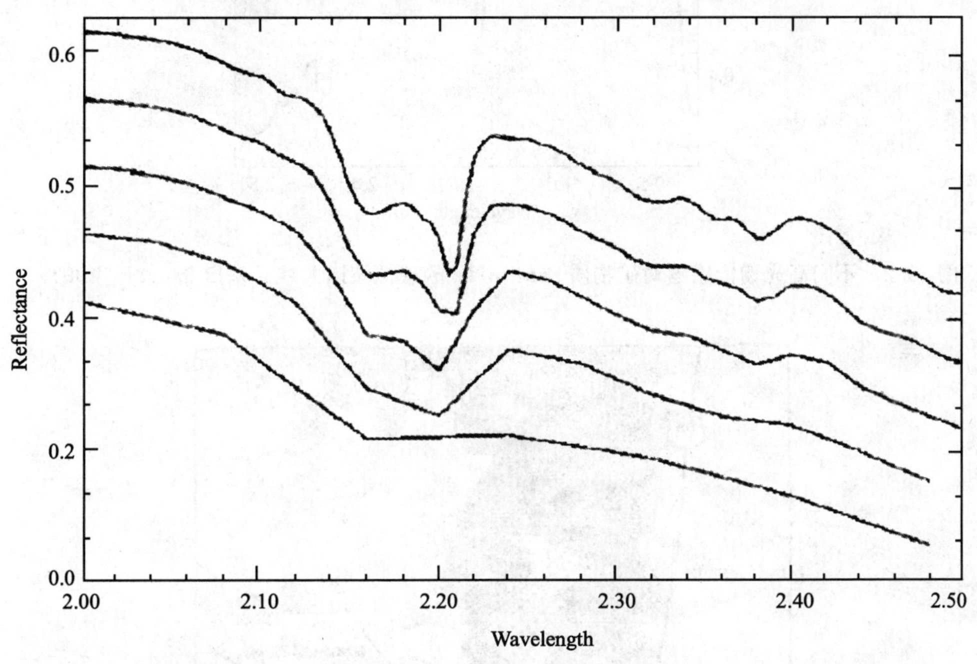

图 19-1　kaolinite 的表观波谱特征的波谱分辨率模拟，波谱分辨率由上到下依次为：5 nm、10 nm、20 nm、40 nm 和 80 nm

◆ **波谱模拟和波谱分辨率**

波谱模拟展现了成像光谱仪所需的波谱分辨率，它依赖于所测物质的特性。例如，对于矿物质 Kaolinite，所描述的波谱绘制图如图 19-1 所示，我们依旧可以在 20 nm 的波谱分辨率中区别出在 2.2 μm 附近的波谱双重线（doublet）属性。甚至在 40 nm 的波谱分辨率中，即使还没有完全解析波谱的特性波段，形状的不对称性也足够被用来鉴别物质了。

成像光谱仪所需的波谱分辨率是我们尝试鉴别的物质以及该物质与背景物质之间对

比度的直接函数。图 19-2 展示了对 Kaolinite 的几种不同传感器的模拟波谱曲线。

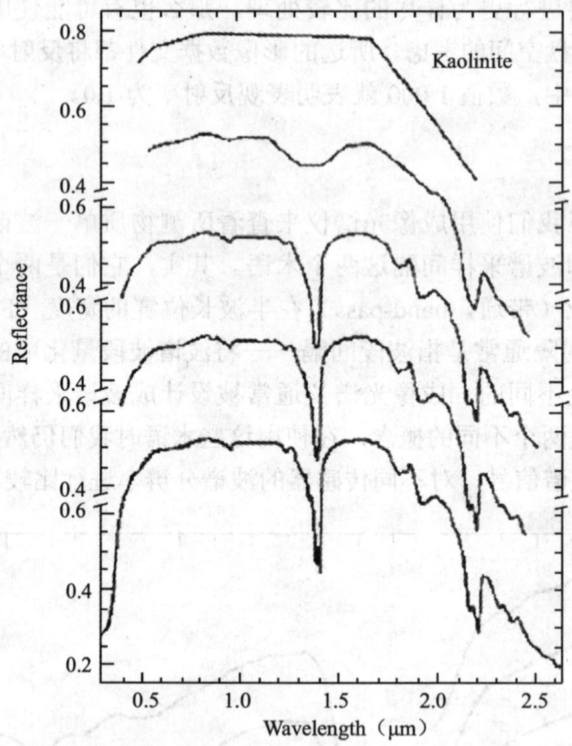

图 19-2 不同高光谱传感器对矿物质 kaolinite 的模拟波谱曲线（来自 Swayze，1997）

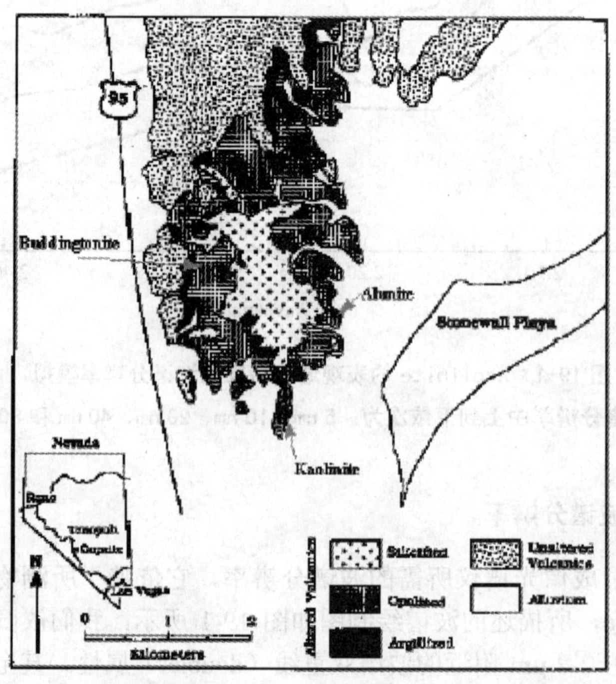

图 19-3 Nevada 州 Cuprite 地区的地物类型变更图

1.2 典型例证：美国内华达州 Cuprite 地区

提供的这个例子将阐明从多光谱或者高光谱影像数据中提取的空间和波谱分辨率信息的作用。我们会将几幅不同波谱分辨率和空间分辨率的美国内华达州 Cuprite 地区的影像作为基础（图 19-3），讨论这些参数在使用遥感技术进行矿物学填图处理中的作用。这些影像都不带地理坐标，但是使用的影像子集都覆盖了近似相同的空间区域。Cuprite 地区被广泛用来作为遥感仪器校正的测试场所（Abrams 等人，1978；Kahle 和 Goetz，1983；Kruse 等人，1990；Hook 等人，1991）。我们将提供一个一般化的地物类型变更图，同对应的影像进行比较。在本专题中，我们会使用 Landsat TM、GEOSCAN MkII、GER63、HyMap 和 AVIRIS 的影像例子，来阐明空间分辨率和波谱分辨率对影像处理过程的影响。

所有的这些影像数据子集都已经校正成为反射率值。在 Cuprite 地区我们仅仅会使用众多物质中的三个，来进行比较。这三个出现在 Cuprite 地区的物质分别为 kaolinite、alunite 和 buddingtonite，我们会选取它们的均值影像波谱。同时，我们也会提供所选三个物质的实验室波谱，来同影像波谱进行比较，这些实验室波谱是从 USGS 波谱库（Clark 等人，1990）中获取的。下面我们会介绍所选传感器的属性，讨论每个传感器获取的影像和波谱信息。

◆ 启动 ENVI

启动前，请确保已正确安装 ENVI。

- 要在 UNIX 或 Macintosh OS X 中启动 ENVI，请在 UNIX 命令行中输入 envi。
- 要在 Windows 系统中启动 ENVI，请双击 ENVI 的图标。

当程序成功加载并执行后，ENVI 的主菜单将会出现在屏幕上。

◆ 打开波谱库文件

要打开波谱库文件：

（1）选择 **Spectral → Spectral Libraries → Spectral Library Viewer**。点击 **Open Spec Lib** 按钮，打开文件选择对话框。

（2）选择进入《ENVI 遥感影像处理专题与实践》附带光盘 #2 `envidata` 目录下的 `cup_comp` 子目录，从列表中选择文件 `usgs_em.sli`，然后点击 Windows 和 Macintosh 系统下的 **Open** 按钮，或者 UNIX 系统下的 **OK** 按钮。

（3）在 **Spectral Library Input File** 对话框中，双击 **Select Input File** 中的 `usgs_em.sli` 文件。接着 **Spectral Library Viewer** 对话框就会出现在屏幕上，它将列出 Cuprite 对应的四个实验室所测波谱数据。

◆ 查看波谱库波谱

这一步我们使用 USGS 波谱库中的波谱数据（其波谱分辨率大约为 10 nm）。

（1）通过点击 **Spectral Library Viewer** 窗口中的波谱名，在 ENVI 波谱绘图窗口中绘制出波谱库中四个波谱的波谱曲线。

（2）查看波谱库波谱绘图窗口中可用的详细信息，特别注意波长在 2.2～2.4 μm 处的吸收特征的位置、深度和形状。选择 **Edit → Plot Parameters**，然后将 X 轴的范围改为 2.0～2.5 μm，以此来进行比较。或者也可以使用鼠标中键点击并拖动出合适大小的矩阵框，包含所需的数据子集。

（3）将该绘图窗口放置于屏幕的一边，以方便同高光谱传感器的数据进行比较。

◆ 查看 Landsat TM 影像及其波谱

该数据集是 Landsat Thematic Mapper 的影像数据，它的空间分辨率为 30 m，波谱分辨率可达 100 nm。Cuprite 地区的 TM 数据是 1984 年 10 月 4 日获取的，它不受版权（或专利权）的限制。

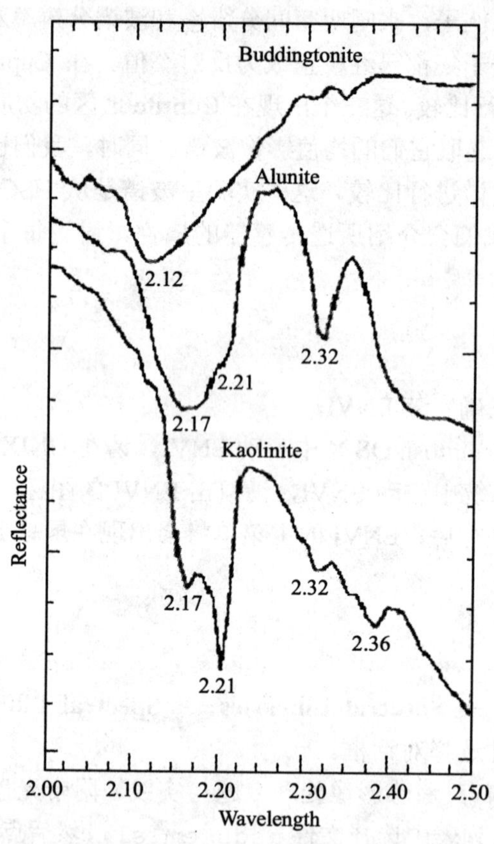

图 19-4　用 USGS Denver Beckman 光谱仪测得的 kaolinite、alunite 和 buddingtonite 矿物质的实验室波谱曲线

图 19-5 是感兴趣区的均值波谱曲线绘制图，它对应于图 19-4 实验室所测得的三种物质的波谱数据。图中的小方块指出了 TM 波段 7（2.21 μm）中心点的位置。图中的线表明了到 TM 波段 5（1.65 μm）直线的斜率。注意所有“波谱”的相似性，因此区别三个端元波谱不太可能。

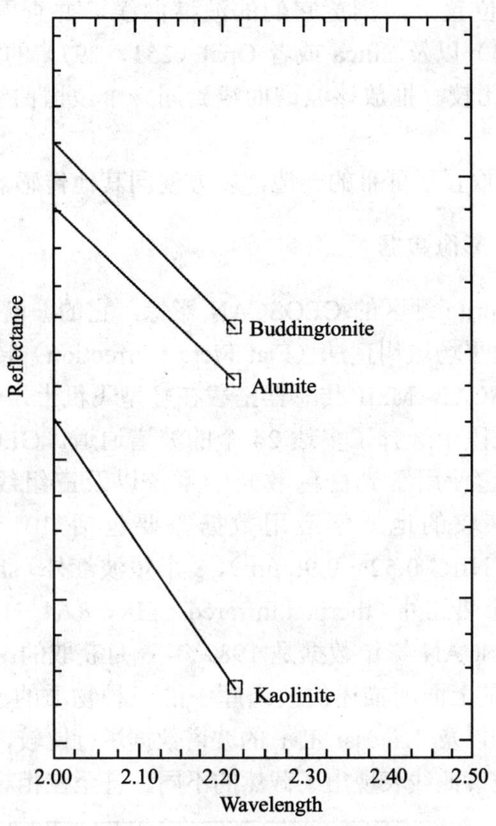

图 19-5　Landsat TM 波段 7 的波谱测量曲线

（1）从 ENVI 主菜单中，选择 **File → Open Image File**，选择进入 `cup_comp` 子目录，打开文件 `cuptm_rf.img`。

这是内华达州 Cuprite 地区的 Landsat TM 反射率影像数据，它是使用 ENVI 的 Landsat TM 校正工具生成的。

（2）选择可用波段列表对话框中的 **Gray Scale** 单选按钮，选中波段 3，再从 **Display** 下拉式菜单中点击 **New Display**，然后点击 **Load Band** 按钮，将 TM 的波段 3 作为一幅灰阶影像加载到一个新的影像显示窗口中。

（3）在主影像显示窗口中选择 **Tools → Profiles → Z-Profile**，打开 Z 波谱剖面廓线绘制窗口，查看表观反射率波谱曲线。

（4）在 ENVI 主菜单中，选择 **Window → Start New Plot Window** 菜单项，打开一个新的绘图窗口，加载 ASCII 文件 `cuptm_em.txt`。将这两条波谱曲线同 **Spectral Library Viewer** 窗口波谱库中的波谱曲线进行比较。在 **Spectral Library Viewer** 窗口对应的波谱曲线绘制窗口中，点击鼠标右键，并从弹出的快捷菜单中选择 **Plot Key**，显示出对应的波谱名。然后使用鼠标左键点击并拖动波谱名到第二个绘制窗口中，当波谱名出现在该绘图窗口中时松开鼠标左键，将 **Spectral Library Viewer** 中的波谱曲线拖动到这个新的绘图窗口中。

（5）选择 **Tools → Pixel Locator**，使用像素定位器定位到 Kaolinite（248，351）和

Alunite（260，330）的位置上，浏览它们的波谱曲线，并查看其波谱变化。然后查看Buddingtonite（202，295）以及 Silica 或者 Opal（251，297）的波谱曲线，并将它们同波谱库中的波谱曲线进行比较。拖放该波谱曲线到同一个波谱曲线绘制窗口以更好地进行比较。

（6）将该绘图窗口放置于屏幕的一边，以方便同其他传感器的数据进行比较。

◆ 查看 GEOSCAN 影像数据

该影像数据集是 Cuprite 地区的 GEOSCAN 影像，它的波谱分辨率近似为 60 nm，采样间隔为 44 nm，并使用平场域纠正法（Flat Field Correction）转换成为了表观反射率值。20 世纪 90 年代，GEOSCAN MkII 传感器搭载在轻型飞机上，作为商业的飞行系统进行运作，它从 46 个可用波段中选择了多达 24 个的波谱通道。GEOSCAN 覆盖了从 0.45～12.0 μm 的波谱范围，它使用了光栅色散光学系统以及三组线性探测阵列（Lyon and Honey，1989）。通常获取的地质学应用数据需要包括 10 个可见光和近红外波段（visible/near infrared，VNIR，0.52～0.96 μm）、8 个短波红外（shortwave infrared，SWIR，2.04～2.35 μm）以及一个热红外（thermal infrared，TIR，8.64～11.28 μm）波段（Lyon and Honey，1990）。该 GEOSCAN 影像数据是 1989 年 6 月获取的。图 19-6 是感兴趣区的均值波谱曲线绘制图，它是上面所描述的波谱库中的三种物质的波谱数据。将这些波谱数据同波谱库中的波谱数据以及 Landsat TM 的波谱数据进行比较，注意在 GEOSCAN 影像数据中，这三种物质的波谱曲线表现出了截然的不同，甚至在相对较宽的波谱波段间隔处。

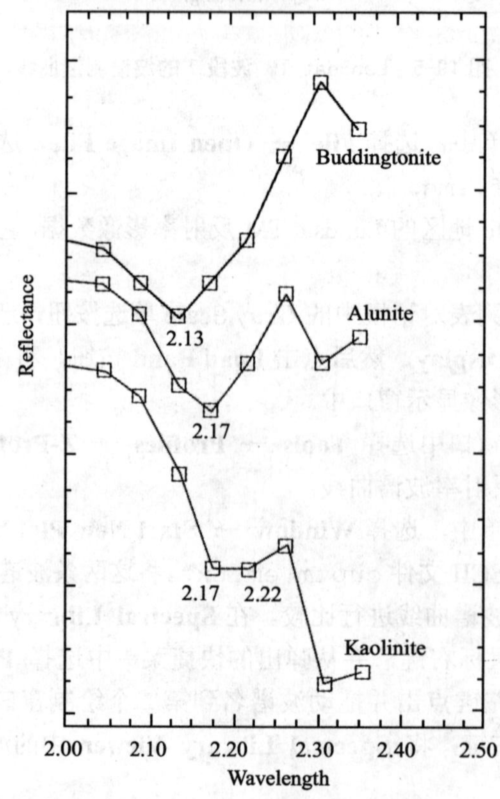

图 19-6 Geoscan 的短波红外波谱

GEOSCAN 影像具有较高的空间分辨率，它适合于精细的地质学填图（Hook 等人，1991）。相对较少的波谱波段以及较低的波谱分辨率会在缺乏地面信息的情况下限制一些矿物学填图的处理能力。但是合理地选取短波红外（SWIR）波段，可以提供更多的矿物学填图信息，这些信息是在波谱分辨率存在局限性的基础上获取的。

（1）从ENVI主菜单中，选择 **File → Open Image File**，打开 Cuprite 地区的 GEOSCAN 影像数据文件 `cupgs_sb.img`。

（2）点击可用波段列表对话框中的 **Gray Scale** 单选按钮，在列表中选中波段 15，然后点击 **Load Band** 来显示该影像。

（3）在主影像显示窗口中，选择 **Tools → Profiles → Z-Profile**，打开 Z 波谱剖面廓线绘制窗口，查看表观反射率波谱曲线。

（4）加载波段 13、波段 15 和波段 18（RGB）的彩色合成影像，以突出矿物质之间的颜色差别。

（5）选择 **Window → Start New Plot Window** 菜单，打开一个新的曲线绘制窗口，并加载 ASCII 文件 `cupgs_em.txt`。将这两条波谱曲线同 **Spectral Library Viewer** 窗口波谱库中的波谱曲线以及其他传感器获取的波谱曲线进行比较。按上面所描述的方法，拖放这些波谱曲线到同一个波谱曲线绘制窗口以进行直接的比较。

（6）选择 **Tools → Pixel Locator**，使用像素定位器（Pixel Locator）定位到 Kaolinite（275，761）和 Alunite（435，551）的位置上，浏览它们的波谱曲线，并查看其波谱变化。然后查看 Buddingtonite（168，475）以及 Silica 或者 Opal（371，592）的波谱曲线，并将它们同波谱库中的波谱曲线以及其他传感器获取的波谱曲线进行比较。回答 254 页“所得结论”中与 GEOSCAN 影像数据相关的问题。

（7）将该绘图窗口放置于屏幕的一边，以方便同其他传感器的数据进行比较。

◆ 查看 GER63 影像数据

该数据集为 Cuprite 地区的影像数据，它是由 Geophysical and Environmental Research 公司的带有 63 个波段的扫描仪（GER63）所采集的。该数据宣称拥有 17.5 nm 的波谱分辨率，但是同其他传感器的数据以及实验室所测的波谱数据进行比较，称该数据的波谱分辨率为 35 nm，采样间隔为 17.5 nm 更为合适。丢弃掉 4 个无用的波段，所以仅仅只有 59 个波谱波段可以使用。这里使用的 GER63 影像数据是 1987 年 8 月获取的。所选择分析的结果已经由 Kruse 等人（1990）公开发表。图 19-7 是感兴趣区的均值波谱曲线绘制图，它对应于上面所描述过的实验室所测得的三种物质的波谱数据。注意到 GER63 的影像数据已经可以充分地区别出矿物质 alunite 和 buddingtonite，但是它并没有完全解决矿物质 kaolinite 实验室所测数据 2.2 μm 附近的“波谱双重线（doublet）”特征问题。

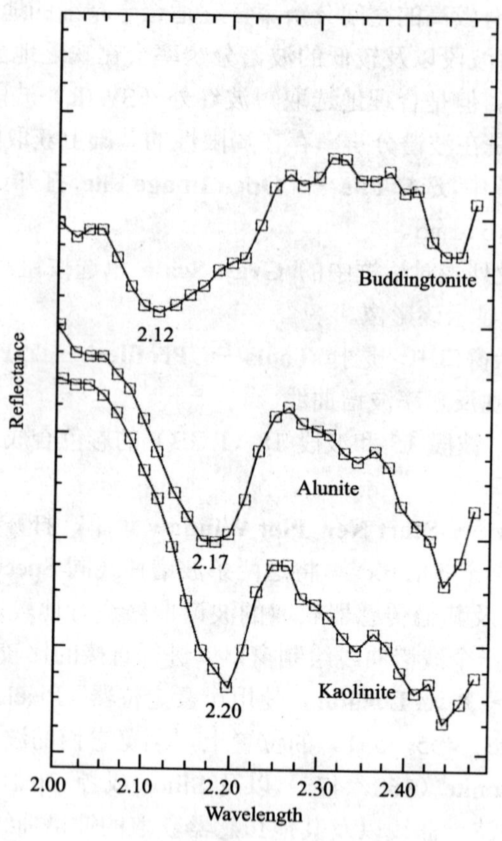

图 19-7　GER-63 的短波红外波谱

（1）从 ENVI 主菜单中，选择 **File → Open Image File**，打开 Cuprite 地区的 GER64 影像数据文件 cupgersb.img。

（2）点击可用波段列表对话框中的 **Gray Scale** 单选按钮，在列表中选中波段 42，然后点击 **Load Band** 来显示该影像。

（3）在主影像显示窗口中，选择 **Tools → Profiles → Z-Profile**，打开 Z 波谱剖面廓线绘制窗口，查看表观反射率波谱曲线。

（4）加载波段 36、波段 42 和波段 50（RGB）的彩色合成影像，以突出矿物质之间的颜色差别。

（5）选择 **Window → Start New Plot Window** 菜单，打开一个新的曲线绘制窗口，并加载 ASCII 文件 cupgerem.txt。将这两条波谱曲线同 **Spectral Library Viewer** 窗口波谱库中的波谱曲线以及其他传感器获取的波谱曲线进行比较。按上面所描述的方法，拖放这些波谱曲线到同一个波谱曲线绘制窗口以进行直接的比较。

（6）选择 **Tools → Pixel Locator**，使用像素定位器（**Pixel Locator**）定位到 Kaolinite（235，322）和 Alunite（303，240）的位置上，浏览它们的波谱曲线，并查看其波谱变化。然后查看 Buddingtonite（185，233）以及 Silica 或者 Opal（289，253）的波谱曲线，并将它们同波谱库中的波谱曲线以及其他传感器获取的波谱曲线进行比较。回答 254 页“所得结论”中与 GER63 影像数据相关的问题。

（7）将该绘图窗口放置于屏幕的一边，以方便同其他传感器的数据进行比较。

◆ 查看 HyMap 影像数据

HyMap 是搭载在航空飞机上的商用高光谱传感器，它是由澳大利亚悉尼的 Integrated Spectronics 公司所研制，由 HyVista 公司操作运营的。HyMap 提供了空前卓越的空间、波谱和辐射能力（Cocks 等人，1998）。该系统采用了推扫式的扫描仪，利用光栅衍射技术以及四个 32 维的探测阵列（一个 Si 探测阵列，三个液态氮冷却的 InSb 探测阵列），提供了 126 个波谱通道，覆盖了 0.44～2.5 μm 的波谱范围，刈幅为 512 像素。其波谱分辨率在 10～20 nm 之间，空间分辨率在 3～10 m 之间，信噪比（SNR）超过了 1000∶1。这里所描述的 HyMap 影像数据是 1999 年 9 月 11 号获取的。所选择分析的结果已经由 Kruse 等人（1990）公开发表。图 19-8 是感兴趣区的均值波谱曲线绘制图，它对应于上面所描述过的实验室所测得的三种物质的波谱数据（图 19-4）。

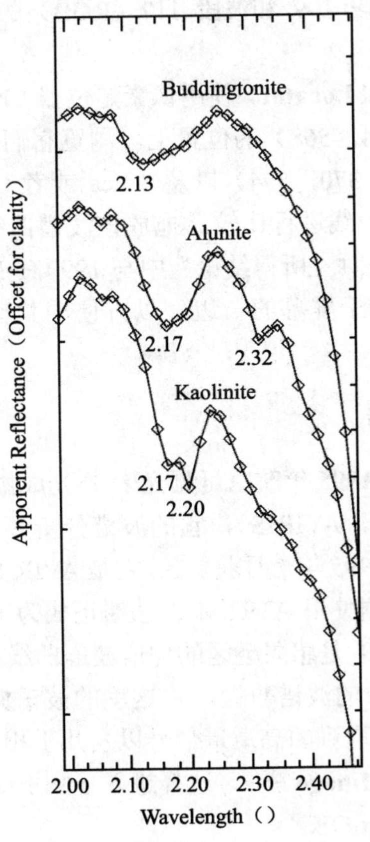

图 19-8　HyMap 的短波红外波谱

（1）从 ENVI 主菜单中，选择 **File → Open Image File**，选择进入 `cup99hym` 子目录，打开影像文件 `cup99hy.eff`。

该文件是内华达州 Cuprite 地区的 HyMap 反射率数据，它是对 ATREM 大气纠正的辐亮度进行 EFFORT 纠正后所产生的影像数据（Kruse 等人，1999）。该数据旋转了 180 度（影像的底部为北方）。

（2）选择可用波段列表对话框中的 **Gray Scale** 单选按钮，点击波段名，再从 **Display** 下拉式菜单中选择 **New Display**，然后点击 **Load Band** 按钮，将 HyMap 的波段 109 作为一幅灰阶影像加载到一个新的影像显示窗口中。

（3）在主影像显示窗口中，选择 **Tools → Profiles → Z-Profile**，打开 Z 波谱剖面廓线绘制窗口，查看表观反射率波谱曲线。

（4）选择 **Window → Start New Plot Window** 菜单，打开一个新的曲线绘制窗口，并加载 ASCII 文件 `cup99hy_em.txt`。将这两条波谱曲线同 **Spectral Library Viewer** 窗口波谱库中的波谱曲线进行比较。在 **Spectral Library Viewer** 窗口对应的波谱曲线绘制窗口中，点击鼠标右键，并从弹出的快捷菜单中选择 **Plot Key**，显示出对应的波谱名。然后使用鼠标左键点击并拖动波谱名到第二个绘制窗口中，当波谱名出现在该绘图窗口中时松开鼠标左键，将 **Spectral Library Viewer** 中的波谱曲线拖动到这个新的绘图窗口中。

（5）加载波段 104、波段 109 和波段 117（RGB）的彩色合成影像，以突出矿物质之间的颜色差别。

（6）选择 **Tools → Pixel Locator**，使用像素定位器（**Pixel Locator**）定位到 Kaolinite（248，401）和 Alunite（184，568）的位置上，浏览它们的波谱曲线，并查看其波谱变化。然后查看 Buddingtonite（370，594）以及 Silica 或者 Opal（172，629）的波谱曲线，并将它们同波谱库中的波谱曲线进行比较。拖放该波谱曲线到同一个波谱曲线绘制窗口以更好地进行比较。回答 254 页“所得结论”中与 1999 HyMap 影像数据相关的问题。

（7）将该绘图窗口放置于屏幕的一边，以方便同其他传感器的数据进行比较（图 19-8）。

♦ 查看 AVIRIS 影像数据

这些数据是 Cuprite 地区 1995 年航空可见光/红外光成像光谱仪数据（Airborne Visible Infrared Imaging Spectrometer，AVIRIS），它的波谱分辨率大约为 10 nm，空间分辨率为 20 m。这里的 AVIRIS 数据是 1995 年 7 月获取的，它是 AVIRIS Group Shoot 的一部分（Kruse 和 Huntington，1996）。该数据使用 ATREM 方法纠正成为了反射率，并通过 EFFORT 程序去除了残留的噪声。图 19-9 是感兴趣区的均值波谱曲线绘制图，它对应于上面所描述过的实验室所测得的三种物质的波谱数据。将这里的波谱曲线与上面所描述的实验室所测波谱曲线进行比较，注意获取到的高质量信号以及几乎相同的信号波形。

（1）选择 **File → Open Image File**，选择进入 `c95avsub` 子目录，从列表中选择文件 `cup95eff.int`，然后点击 **OK**。

（2）显示某幅灰阶影像，然后在主影像显示窗口中，选择 **Tools → Profiles → Z-Profile**，打开 Z 波谱剖面廓线绘制窗口，查看表观反射率波谱曲线。

（3）加载波段 183、波段 193 和波段 207（RGB）的彩色合成影像，以突出矿物质之间的颜色差别。

（4）选择 **Window → Start New Plot Window** 菜单，打开一个新的曲线绘制窗口，并加载 ASCII 文件 `cup95eff.txt`。将这两条波谱曲线同 **Spectral Library Viewer** 窗口波谱库中的波谱曲线以及其他传感器获取的波谱曲线进行比较。按上面所描述的方法，拖放这些波谱曲线到同一个波谱曲线绘制窗口以进行直接的比较。

（5）选择 **Tools → Pixel Locator**，使用像素定位器（**Pixel Locator**）定位到 Kaolinite（500，581）和 Alunite（538，536）的位置上，浏览它们的波谱曲线，并查看其波谱变化。然后查看 Buddingtonite（447，484）以及 Silica 或者 Opal（525，505）的波谱曲线，并将它们同波谱库中的波谱曲线以及其他传感器获取的波谱曲线进行比较。拖放该波谱曲线到同一个波谱曲线绘制窗口以更好地进行比较。回答 254 页“所得结论”中与 1995 AVIRIS 影像数据相关的问题。

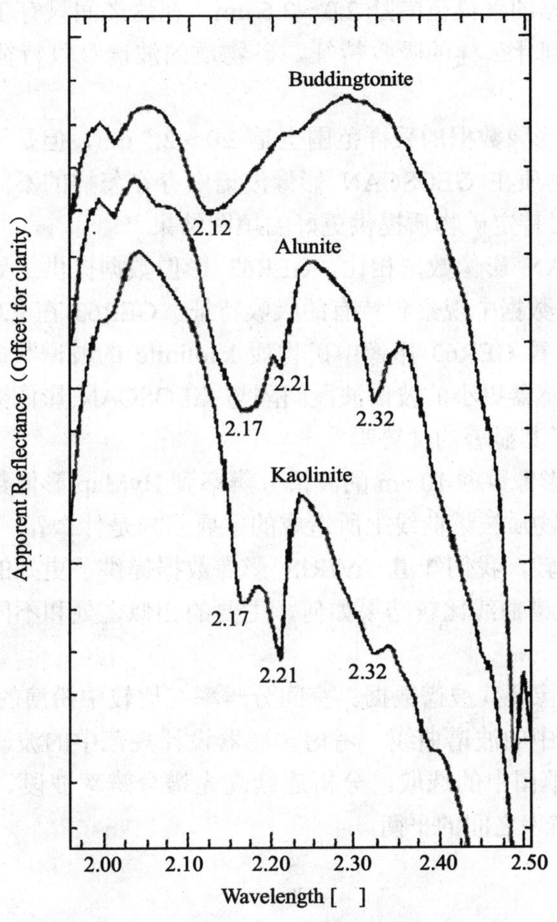

图 19-9　AVIRIS 的短波红外波谱

◆ 评价传感器的性能

这四种传感器以及波谱库的波谱描绘出了一个宽范围的波谱分辨率。

将波谱库波谱数据作为地面真实的基准数据，评价每个传感器描述地面真实信息的能力。考虑区分物质和鉴别物质这两者之间的实际意义。

◆ 结束 ENVI 程序

在 ENVI 主菜单中选择 **File → Exit**（在 UNIX 操作系统下是 **Quit**），在弹出的

Terminate this ENVI Session 对话框中选择 **Yes**，并点击 **OK**，退出 ENVI 程序。如果使用的是 **ENVI RT**，退出 ENVI 会返回操作系统。

1.3 所得结论

（1）假设使用所选波谱库中的波谱曲线，那么在 2.0～2.5 μm 的波谱范围内，表现吸收特征的最小间隔是多少？

（2）TM 影像数据的采样范围是 2.0～2.5 μm，在这之间只有 TM 的波段 7 可用吗，在该范围内可以观测到什么样的吸收特征，矿物质的波谱吸收特征在该范围内表现出了怎样的不同？

（3）GEOSCAN 影像数据的采样范围也是 2.0～2.5 μm，但是波谱波段进行了有选择地选取。这些不同矿物质在 GEOSCAN 影像波谱中存在怎样的不同，是否能够选取其他不同的波段组合，以对特定矿物质提供更好的填图结果？

（4）与 GEOSCAN 影像数据相比，GER63 影像数据提供了更好的波谱分辨率。我们可以从 GER63 影像数据中观察到特有的吸收特征。GER63 在 2.0～2.5 μm 之间的波谱分辨率为 17.5 nm。查看 GER63 影像中矿物质 kaolinite 的波谱数据，分析该分辨率规格的优缺点。GER63 传感器更小的波谱波段间隔与 GEOSCAN 影像数据相比，在填图和鉴别参考物质方面体现了其显著的优势吗？

（5）从 AVIRIS 影像数据 10 nm 的波谱分辨率到 HyMap 影像数据 17 nm 的波谱分辨率，在 Cuprite 地区矿物质波谱曲线上所造成的主要差异是什么？

（6）通过分析比较，我们知道 AVIRIS 影像数据提供了更好的传感器波谱分辨率。AVIRIS 同波谱库的波谱曲线比较结果如何，主要的相似之处和不同点是什么，主要是由什么因素造成的？

（7）查看所有影像及其波谱数据。空间分辨率在比较中扮演的是什么角色？

（8）参考波谱库中的波谱曲线，考虑传感器设计规范中的波谱和空间分辨率以及推荐波谱波段在矿物质填图中的选取。分析连续高光谱分辨率波段、波谱波段位置的选取策略以及较低空间分辨率之间的平衡。

专题二十　高光谱遥感在地质学研究中的应用

1.1 专题概述

本专题旨在介绍高光谱技术在地质学研究中的应用，其中将使用美国内华达州（Nevada）Cuprite 地区的 1999 HyMap 影像数据。我们将本专题设计成为自指导的模式，然后使用 ENVI 的完整高光谱处理工具，生成从影像获取的端元波谱以及影像地图。这个处理过程，我们会使用标准的 ENVI 程序（**EFFORT → MNF → PPI → *n*-D Visualization → Spectral Mapping → GLT Geocorrection**）来完成。要获取关于高光谱分析的详细的信息以及逐步的处理步骤，请在开始本专题之前，先阅读本专题从开始的入门部分到后面的高级 ENVI 高光谱介绍部分的内容。本专题使用的内华达州（Nevada）Cuprite 地区的影像数据。

◆ 目的

（1）应用 ENVI 一整套高光谱的处理方法进行地质分析研究。

（2）对用户进行手把手的辅导，实际地运行该处理程序，而不是重新查看预先计算生成的结果（提供的预处理结果主要用于比较）。

（3）为用户提供指导，并在一个宽松的结构框架中探究该处理方法。

（4）要将分析结果同已知的地面信息进行比较。

◆ 任务

（1）评价经过大气纠正（ATREM）的 EFFORT 纠正数据。

（2）使用空间或者波谱浏览来评价数据，测定波谱变化的存在性及其内在属性，进一步地分析选择所需的波长范围。

（3）使用 MNF 转换对数据进行降维处理。

（4）使用 PPI 选择候选的波谱端元。

（5）使用 N 维可视化器评价并选择端元波谱。

（6）使用 ENVI 填图方法绘制端元分布及其丰度图，并比较它们的结果。

（7）将影像信息和实验室波谱或者地面基准信息统一协调起来。

（8）选择性地对数据进行地理纠正。

◆ 本专题中使用的文件

光盘：《ENVI 遥感影像处理专题与实践》附带光盘 #2

路径：`envidata/cup99hym`

envidata/c95avsub

文件	描绘
所需的文件（envidata/cup99hym）	
cup99hy.eff	EFFORT 纠正过的 HyMap 影像数据
cup99hy.hdr	ENVI 相应的头文件
cup99hy_geo_glt	ENVI 几何信息查找表文件
cup99hy_geo_glt.hdr	ENVI 相应的头文件
cup99hy_geo_igm	ENVI 输入的几何信息文件
cup99hy_geo_igm.hdr	ENVI 相应的头文件
cup99hy_mnf	32 个短波波段的 MNF 结果影像，估计噪声的协方差
cup99hy_mnf.hdr	ENVI 相应的头文件
cup99hy_mnf.sta	MNF 的统计信息文件
cup99hy_mnfevs.txt	MNF 特征值的 ASCII 文件
cup99hy_mtmf	根据感兴趣区 mtmf.roi 获取的均值端元波谱，所生成的 MTMF 影像结果
cup99hy_mtmf.hdr	ENVI 相应的头文件
cup99hy_mtmf.roi	N 维可视化器中获取的地物类的感兴趣区文件
cup99hy_mtmfems.txt	MTMF 端元波谱的 ASCII 文件
cup99hy_noi.sta	MNF 影像中对噪声的统计文件
cup99hy_ppi	PPI 影像
cup99hy_ppi.hdr	ENVI 相应的头文件
cup99hy_ppi.cnt	PPI 计数文件（count file）
cup99hy_true.img	真彩色影像
cup99hy_true.hdr	ENVI 相应的头文件
可选择的文件（envidata/c95avsub）	
usgs_sli.dat	USGS 波谱库文件
usgs_sli.hdr	ENVI 相应的头文件

【注意】列出的文件都是该专题处理过程中所需要的。上面所列的各种文件都将提供有用的附加信息。出于对磁盘空间的考虑，所选的影像数据文件都将反射率的值乘以了 1 000，转换成了整型。在数据中，数值 1 000 就表明表观反射率为 1.0。

◆ Cuprite 背景知识

从 20 世纪 80 年代初期开始，Cuprite 地区就已经被 JPL 和其他一些机构选作为遥感应用的测试点。在本指南的“高光谱信号和波谱分辨率”部分中，我们提供了一个一般化的地物类型变更图，用以同分析处理获取的结果进行比较。

1.2 HyMap 影像处理流程图

图 20-1 阐明了使用 ENVI 对高光谱影像数据进行分析的手段。

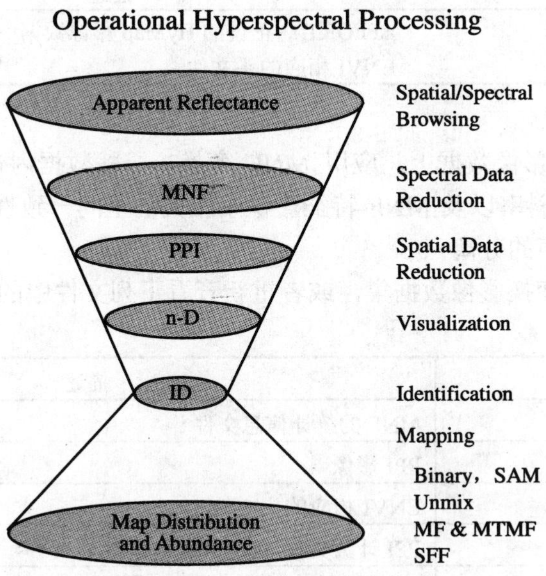

Operational Hyperspectral Processing

Apparent Reflectance — Spatial/Spectral Browsing
MNF — Spectral Data Reduction
PPI — Spatial Data Reduction
n-D — Visualization
ID — Identification
Map Distribution and Abundance — Mapping: Binary，SAM; Unmix; MF & MTMF; SFF

图 20-1　ENVI 中整个高光谱处理过程

下面的操作处理步骤描绘出了高光谱数据处理中的方法。用户将按下面的步骤进行操作，如果需要，请参见前面的专题介绍以及《ENVI 遥感影像处理教程》（ENVI User's Guide）来指导特定的操作处理。本专题的目的不是向用户传授如何使用 ENVI 工具，而是教用户如何应用各种方法和工具来解决一般的高光谱遥感应用方面的问题。

1.3 地质学中的高光谱分析

（1）查看 HyMap 影像的 EFFORT 表观反射率数据，加载一幅灰阶或者彩色合成影像。打开波谱剖面廓线绘制窗口，查看残留的大气吸收特征波谱曲线（2.0 μm 附近的二氧化碳波段）。

文件	描述
cup99hy.eff	EFFORT 纠正过的 HyMap 影像数据
cup99hy.hdr	ENVI 相应的头文件

（2）进行空间或者波谱的浏览。显示一幅灰阶影像。然后提取反射率信号，查看矿物质的波谱特征。动画显示影像数据，提取变化区域的波谱曲线。确定坏的波谱波段的位置。加载彩色合成影像，以突出不同地物之间的对比度。确定被用来进行矿物质填图的波谱子集。提取植被以及矿物的反射率波谱信息，并将它们同波谱库中的波谱数据进行比较。

文件	描述
cup99hy.eff	EFFORT 纠正过的 HyMap 影像数据
cup99hy.hdr	ENVI 相应的头文件

（3）在 EFFORT 影像数据上，应用 MNF 变换，寻找数据内在的维数。查看 MNF 特征值绘制图，确定其斜率以及 MNF 特征影像中相关的空间一致性。为进一步的分析，确定 MNF 中信号与噪声的分离点。

生成自己的 MNF 变换影像数据集，或者重新查看下列文件中的结果：

文件	描述
cup99hy_mnf.sta	MNF 的统计信息文件
cup99hy_ppi	PPI 影像
cup99hy_ppi.hdr	ENVI 相应的头文件
cup99hy_ppi.cnt	PPI 计数文件（count file）
cup99hy_mtmf.roi	N 维可视化器中获取的地物类的感兴趣区文件
cup99hy_mtmfems.txt	MTMF 端元波谱的 ASCII 文件

（4）对 MNF 输出影像结果进行 PPI 分析，根据相对纯度和波谱极端值，对像素划分等级。使用快速 PPI（FAST PPI）选项在系统内存中进行快速运算，生成 PPI 影像。接着显示 PPI 影像，查看其直方图，并根据阈值创建最纯净像素列表，在空间域对数据进行压缩。

生成自己的 PPI 结果以及所需的感兴趣区，或者重新查看下列文件中的结果：

文件	描述
cup99hy_ppi	PPI 影像
cup99hy_ppi.hdr	ENVI 相应的头文件
cup99hy_ppi.cnt	PPI 计数文件（count file）

（5）将 PPI 值高的像素导入到 *N* 维可视化器中，使用 MNF 信号强的影像波段把最纯净的像素集群到影像端元中。交互式地在三维或者更高维的数据空间中旋转 MNF 影像数据，圈出散点图拐角处的那些像素。使用连接在 EFFORT 表观反射率影像数据上的 Z 波谱剖面廓线绘制窗口（Z-Profiles）以及 *N* 维可视化器（*n*-D Visualizer）估计波谱曲线所属类别。使用类坍塌（Class Collapsing）技术迭代寻找所有的端元波谱。然后对混合端元波谱进行分析评估。将所生成的 *N* 维结果保存到状态文件（.ndv）。将类别导出到感兴趣区，提取感兴趣区的均值波谱曲线。将均值波谱曲线同波谱库中的波谱曲线进行比较。使用波谱或者空间浏览功能，比较影像波谱和感兴趣区的均值波谱。

提取端元波谱，然后生成自己的感兴趣区（ROIs），或者直接查看下面的结果：

文件	描述
cup99hy_mnf	32 个短波波段的 MNF 结果影像，估计噪声的协方差
cup99hy_mnf.hdr	ENVI 相应的头文件
cup99hy_mnf.sta	MNF 的统计信息文件
cup99hy_ppi	PPI 影像
cup99hy_ppi.hdr	ENVI 相应的头文件
cup99hy_ppi.cnt	PPI 计数文件（count file）
cup99hy_mtmf.roi	N 维可视化器中获取的地物类的感兴趣区文件
cup99hy_mtmfems.txt	MTMF 端元波谱的 ASCII 文件

（6）使用 ENVI 各种填图方法，绘制 Cuprite 地区的矿物质的分布和丰度图。作为最低要求，试着使用波谱角填图分类法（Spectral Angle Mapper，SAM）和 MTMF 进行操作处理。使用 SAM 确定影像波谱同端元波谱之间的相似性。如果时间和空间条件允许，利用某个波谱库进行 SAM 分类处理。必须分析生成的规则影像（Rule Images）。然后使用 MTMF 填图方法确定物质的丰度（abundance）。需要使用匹配滤波（MF）和不可行性（Infeasibility）影像的二维散点图，选择最佳的匹配结果（MF 值高，Infeasibility 值低）。使用空间和波谱浏览功能，将丰度影像结果同端元波谱以及波谱库中的波谱进行比较（图 20-2）。

文件	描述
cup99hy_mnf	32 个短波波段的 MNF 结果影像，估计噪声的协方差
cup99hy_mnf.hdr	ENVI 相应的头文件
cup99hy_mnf.sta	MNF 的统计信息文件
cup99hy_mtmf	根据感兴趣区 mtmf.roi 获取的均值端元波谱，所生成的 MTMF 影像结果
cup99hy_mtmf.hdr	ENVI 相应的头文件
cup99hy_mtmf.roi	N 维可视化器中获取的地物类的感兴趣区文件
cup99hy_mtmfems.txt	MTMF 端元波谱的 ASCII 文件

使用提供的 GLT 和 IGM 文件，生成带地理坐标的 MTMF 输出影像。按照本指南的专题“使用输入的几何信息来给影像添加地理坐标”中所描述的方法，给矿物质分布图添加地理坐标，并添加公里网和注记，生成最终的影像地图。

◆ 结束 ENVI 程序

在 ENVI 主菜单中选择 **File → Exit**（在 UNIX 操作系统下是 **Quit**），在弹出的 **Terminate this ENVI Session** 对话框中选择 **Yes**，并点击 **OK**，退出 ENVI 程序。如果使用的是 **ENVI RT**，退出 ENVI 会返回操作系统。

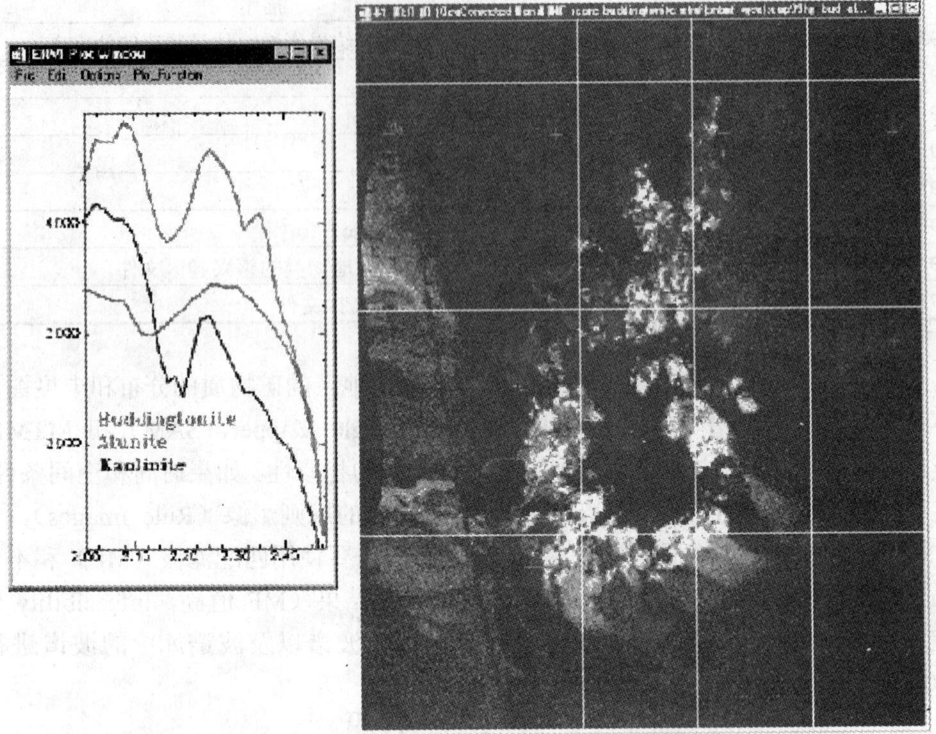

图 20-2　所选的端元波谱和 Nevada 州 Cuprite 地区已添加地理坐标的影像地图的一部分

专题二十一　高光谱遥感在考古学中的应用

1.1 专题概述

本专题旨在介绍高光谱技术在考古学中的应用，我们将使用意大利 Sicily 岛 Selinunte 地区的 MIVIS 影像数据。我们将本专题设计成为自指导的模式，然后使用 ENVI 的完整高光谱处理工具，生成从影像获取的端元波谱以及影像地图。在这个处理过程中，我们会使用标准的 ENVI 程序（**EFFORT → MNF → PPI → n-D Visualization → Spectral Mapping**）来完成。要获取关于高光谱分析的详细的信息以及逐步的处理步骤，请在开始本专题之前，先阅读本专题从开始的入门部分到后面的高级 ENVI 高光谱介绍部分的内容。

◆ 目的

（1）应用 ENVI 一整套高光谱的处理方法进行考古学分析研究。

（2）对用户进行手把手的辅导，实际运行该处理程序，而不是重新查看预先计算生成的结果（提供的处理结果主要用于比较）。

（3）为用户提供指导，并在一个宽松的结构框架中探究该处理方法。

（4）要将分析结果同已知的地面信息进行比较。

◆ 任务

（1）评价辐亮度数据。

（2）进行经验（平场域法）大气纠正。

（3）评价大气纠正后的影像数据。

（4）使用空间或者波谱浏览来评价数据，测定波谱变化的存在性及其内在属性，为进一步分析选择所需的波长范围。

（5）使用 MNF 转换对数据进行降维处理。

（6）使用 PPI 选择候选的波谱端元。

（7）使用 N 维可视化器评价并选择端元波谱。

（8）使用 ENVI 填图方法绘制端元分布及其丰度图，并比较它们的结果。

（9）将影像信息和实验室波谱或者地面基准信息统一协调起来。

◆ 本专题中使用的文件

光盘：《ENVI 遥感影像处理专题与实践》附带光盘 #1

路径：`envidata/selmivis`

文件	描述
所需的文件	
Selinunte_rad.bil	MIVIS 92 个波段的辐亮度数据集
Selinunte_rad.hdr	ENVI 相应的头文件
Selinunte.ann	ENVI 相应的注记文件
Mivis_waves.txt	MIVIS 波长描述文本文件
selinunte_ff.roi	平场域（Flat Field）纠正中所用的感兴趣区
生成的文件	
selinunte_ff.bil	MIVIS 平场域纠正的表观反射率影像数据
selinunte_ff.hdr	ENVI 相应的头文件
selinunte_mnf.bil	91 个 MIVIS 波段的 MNF 影像文件
selinunte_mnf.hdr	ENVI 相应的头文件
selinunte_mnf.txt	MNF 特征值的 ASCII 码文件
selinunte_mnf.sta	MNF 统计信息文件
selinunte_ns.sta	噪声统计信息文件
selinunte_ppi.img	纯净像元指数（Pixel Purity Index）影像
selinunte_ppi.hdr	ENVI 相应的头文件
selinunte_ppi.cnt	PPI 计数文件
selinunte_ppi.roi	使用阈值所得的 PPI 感兴趣区
selinunte_ppi.ndv	保存过的 N 维可视化器状态文件
selinunte_ndv.roi	N 维可视化器的感兴趣区
selinunte_ndvems.txt	N 维可视化器的端元波谱
selinunte_sam.img	波谱角填图分类结果
selinunte_sam.hdr	ENVI 相应的头文件
selinunte_mtmf.img	MTMF 结果影像
selinunte_mtmf.hdr	ENVI 相应的头文件

♦ Selinunte/MIVIS 背景知识

Selinunte 是古希腊一个被遗弃的城市，它由一座卫城（acropolis）和大量殿堂的废墟所组成（图 21-1），它位于意大利 Trapani 省 Sicily 岛的西南海岸。该城是公元前 650～630 年之间建立的，于公元前 409 年被迦太基人（Carthaginians）完全毁灭。

Selinunte 城和卫城都位于一个高地，能够俯瞰整个地中海。Selinunte 城被一个公园（Parco Archeologico di Selinunte）所包围，从东到西延伸了大概 1 300 m。在卫城内总共有五个殿堂，其中有一些已经被发掘过，其他的主要由杂乱堆置的石头组成。整个卫城还没有完全发掘，但是考古学家在 1927 年重建了其主要的环绕城墙。

Selinunte 城的 Daedalus AA5000 MIVIS 影像数据是在 1996 年采集的，它的空间分辨率近似为 3 米。MIVIS（Multispectral Infrared and Visible Imaging Spectrometer）属于 Italian National Research Council（CNR），并由其操作运营。它的扫描仪有 102 个通道，其中 92 个波段大致覆盖了 0.4～2.5 μm 的波谱范围（可见光近红外-短波红外，VNIR-SWIR），10 个波段覆盖了 8～14 μm 的波谱范围（长波红外，LWIR）。根据本专题的目的，我们会使用

92 个可见光近红外-短波红外波段中的 90 个波谱波段（除了波段 63 和波段 87，将它们看做是不好的波谱波段）。MIVIS 影像数据已征得 RSI Italy 和 CNR 公司的使用许可。

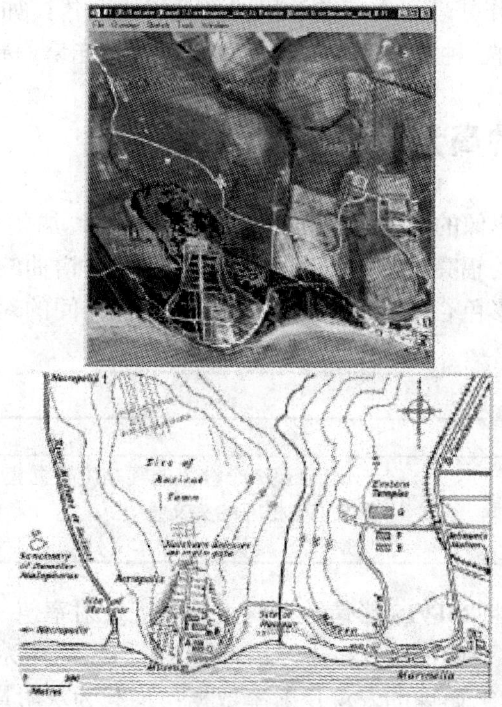

图 21-1　参考地图和 MIVIS 真彩色影像（添加了考古学特征注记）

1.2 MIVIS 影像处理流程图

图 21-2 阐明了使用 ENVI 对高光谱影像数据进行分析的手段。

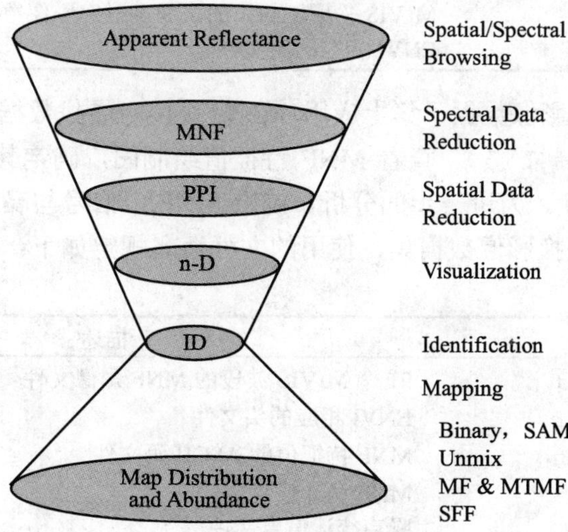

图 21-2　ENVI 中整个高光谱处理过程

下面的操作处理步骤描绘出了高光谱数据处理中的方法。用户将按下面的步骤进行操作，如果需要，请参见先前的专题介绍以及《ENVI 遥感影像处理实用教程》（ENVI User's Guide）来指导特定的操作处理。本专题的目的不是向用户传授如何使用 ENVI 工具的知识，而是教用户如何应用各种方法和工具来解决一般的高光谱遥感应用方面的问题。

1.3 考古学中的高光谱分析技术

（1）查看 MIVIS 影像的辐亮度数据：作为灰阶影像，加载 MIVIS 影像，并进行动画显示。提取变化区域的辐亮度波谱信号。查看辐亮度波谱曲线的吸收特征。确定坏的波谱波段的位置。加载彩色合成影像，以突出不同地物之间的对比度。确定被用来进行矿物质填图的波谱子集。

文件	描述
selinunte_rad.bil	MIVIS 92 个波段的辐亮度数据集
selinunte_rad.hdr	ENVI 相应的头文件
mivis_waves.txt	MIVIS 波长描述文本文件

（2）使用平场域法将 MIVIS 影像数据纠正为表观反射率值（生成纠正后的输出文件 selinunte_ff.bil）。使用文件 selinunte_ff.roi，作为平场域纠正中所需的感兴趣区文件。查看 MIVIS 影像的表观反射率数据：加载为灰阶影像。进行动画显示。提取变化区域的反射率波谱信号。查看反射率波谱曲线的吸收特征。确定坏的波谱波段的位置。加载彩色合成影像，以突出不同地物之间的对比度。确定被用来进行矿物质填图的波谱子集。提取植被以及矿物的反射率波谱信息，并将它们同波谱库中的波谱数据进行比较。

文件	描述
selinunte_ff.roi	平场域（Flat Field）纠正中所用的感兴趣区
selinunte_ff.bil	MIVIS 平场域纠正的表观反射率影像数据
selinunte_ff.hdr	ENVI 相应的头文件

（3）在表观反射率影像数据子集上应用 MNF 变换，寻找数据内在的维数（生成输出文件 selinunte_mnf.bil）。查看 MNF 特征值绘制图，确定其斜率以及 MNF 特征影像中相关的空间一致性。为进一步的分析，确定 MNF 中信号与噪声的分离点。

生成自己的 MNF 变换影像数据集，使用的文件命名规定如下：

文件	描述
selinunte_mnf.bil	91 个 MIVIS 波段的 MNF 影像文件
selinunte_mnf.hdr	ENVI 相应的头文件
selinunte_mnf.txt	MNF 特征值的 ASCII 码文件
selinunte_mnf.sta	MNF 统计信息文件
selinunte_ns.sta	噪声统计信息文件

（4）对 MNF 输出影像结果进行 PPI 分析，根据相对纯度和波谱极端值，对像素划分等级。使用快速 PPI（FAST PPI）选项在系统内存中进行快速运算，生成 PPI 影像。接着显示 PPI 影像，查看其直方图，并根据阈值创建最纯净像素列表，在空间域对数据进行压缩。

生成自己的 PPI 影像结果，使用的文件命名规定如下：

文件	描述
selinunte_ppi.img	纯净像元指数（Pixel Purity Index）影像
selinunte_ppi.hdr	ENVI 相应的头文件
selinunte_ppi.cnt	PPI 计数文件
selinunte_ppi.roi	使用阈值所得的 PPI 感兴趣区

（5）将 PPI 值高的像素导入到 *N* 维可视化器中，使用 MNF 信号强的影像波段来把最纯净的像素集群到影像端元中。交互式地在三维或者更高维的数据空间中旋转 MNF 影像数据，圈出散点图拐角处的那些像素。使用连接在表观反射率影像数据上的 Z 波谱剖面廓线绘制窗口（Z-Profiles）以及 *N* 维可视化器（*n*-D Visualizer）估计波谱曲线所属类别。使用类坍塌（Class Collapsing）技术迭代寻找所有的端元波谱。然后对混合端元波谱进行分析评估。将所生成的 *N* 维结果保存到状态文件（.ndv）。将类别导出到感兴趣区，提取感兴趣区的均值波谱曲线。将均值波谱曲线同波谱库中的波谱曲线进行比较。使用波谱或者空间浏览功能，比较影像波谱和感兴趣区的均值波谱。

提取端元波谱，然后生成自己的感兴趣区（ROIs），使用的文件命名规定如下：

文件	描述
selinunte_ppi.ndv	保存过的 N 维可视化器状态文件
selinunte_ndv.roi	N 维可视化器的感兴趣区
selinunte_ndvems.txt	N 维可视化器的端元波谱

（6）使用 ENVI 各种填图方法绘制 Selinunte 地区的物质的分布和丰度图。线索：殿堂和卫城的一部分都建造在灰屑岩（Calcarenite）或者石灰岩（Limestone）上，它们具有明显的波谱特征（图 21-3）。

作为最低要求，尝试使用波谱角填图分类（Spectral Angle Mapper，SAM）和 MTMF 进行操作处理。使用 SAM 确定影像波谱同端元波谱之间的相似性。如果时间和空间条件允许，利用某个波谱库进行 SAM 分类处理。必须分析生成的规则影像（Rule Images）。然后使用 MTMF 填图方法确定物质的丰度（abundance）。需要使用匹配滤波（MF）和不可行性（Infeasibility）影像的二维散点图，选择最佳的匹配结果（MF 值高，Infeasibility 值低）。使用空间和波谱浏览功能，将丰度影像结果同端元波谱以及波谱库中的波谱进行比较。

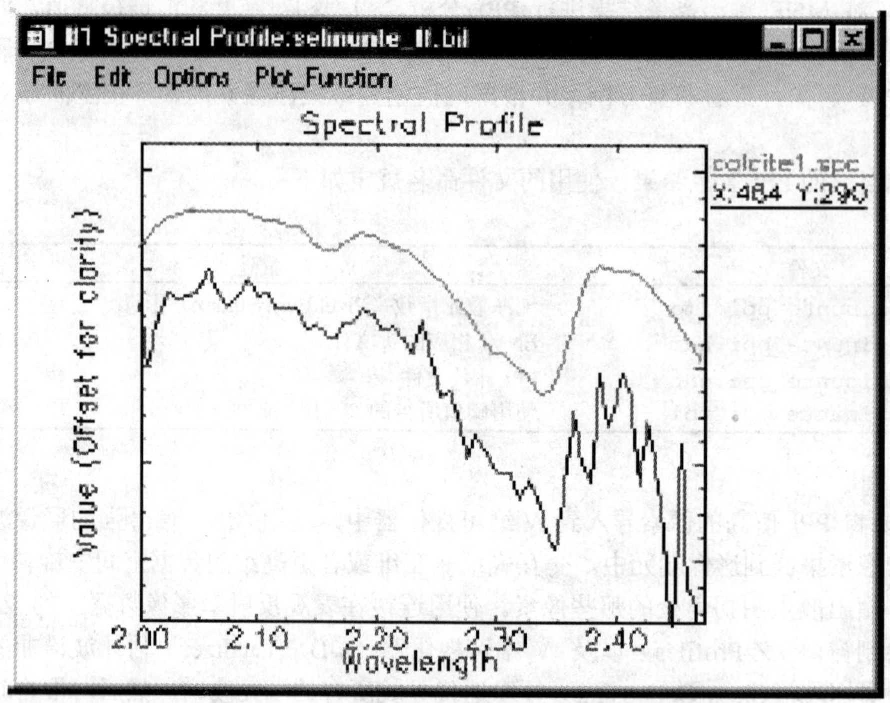

图 21-3　“殿堂 E”的 MIVIS 平场域表观反射率波谱曲线，
并同波谱库中方解石（石灰石）的波谱曲线进行比较

生成自己的填图结果，使用的文件命名规定如下：

文件	描述
selinunte_sam.img	波谱角填图分类结果
selinunte_sam.hdr	ENVI 相应的头文件
selinunte_mtmf.img	MTMF 结果影像
selinunte_mtmf.hdr	ENVI 相应的头文件

♦ 结束 ENVI 程序

在 ENVI 主菜单中选择 **File → Exit**（在 UNIX 操作系统下是 **Quit**），在弹出的 **Terminate this ENVI Session** 对话框中选择 **Yes**，并点击 **OK**，退出 ENVI 程序。如果使用的是 **ENVI RT**，退出 ENVI 会返回操作系统。

专题二十二 高光谱遥感在植被研究中的应用

1.1 专题概述

本专题介绍了高光谱技术在植被研究中的应用，其中将使用美国 California 州 Jasper Ridge 地区的 1999 HyMap 影像数据。我们将本专题设计成为自指导的模式，然后使用 ENVI 的完整高光谱处理工具，生成从影像获取的端元波谱以及影像地图。要获取关于高光谱分析的详细的信息以及逐步的处理步骤，请在开始本专题之前，先阅读本专题中有关 ENVI 高光谱处理部分的内容。本专题使用的 California 州 Jasper Ridge 地区的影像数据。

◆ 目的

（1）应用 ENVI 一整套高光谱的处理方法进行植被分析研究。

（2）对用户进行手把手的辅导，实际地运行该处理程序，而不是重新查看预先计算生成的结果（提供的处理结果主要用于比较）。

（3）为用户提供指导，并在一个宽松的结构框架探究该处理方法。

（4）要将分析结果同已知的地面信息进行比较。

◆ 任务

（1）查看 HyMap 辐亮度影像数据，评价数据特性及其质量。

（2）评价大气纠正（ATREM），EFFORT 纠正后的 HyMap 影像数据，并将它们同辐亮度影像数据进行比较。

（3）使用空间或者波谱浏览来评价数据，测定波谱变化的存在性及其内在属性，进一步地分析选择所需的波长范围。

（4）使用 MNF 转换对数据进行降维处理。

（5）使用 PPI 选择候选的波谱端元。

（6）使用 N 维可视化器评价并选择端元波谱。

（7）使用 ENVI 填图方法绘制端元分布及其丰度图，并比较它们的结果。

（8）将影像信息和实验室波谱或者地面基准信息统一协调起来。

◆ 本专题中使用的文件

光盘：《ENVI 遥感影像处理专题与实践》附带光盘 #2

路径：`envidata/spec_lib/veg_lib`

`envidata/spec_lib/usgs_min`

`envidata/jsp99hym`

文件	描述
所需的文件（envidata/spec_lib/veg_lib）	
usgs_veg.sli	USGS 植被波谱库
usgs_veg.hdr	ENVI 相应的头文件
veg_2grn.sli	Jasper Ridge 的波谱库文件
veg_2grn.hdr	ENVI 相应的头文件
所需的文件（envidata/spec_lib/usgs_min）	
usgs_min.sli	USGS 矿物波谱库
usgs_min.hdr	ENVI 相应的头文件
所需的文件（envidata/jsp99hym）	
jsp99hym_rad.bil	HyMap 可见光近红外的辐亮度影像数据（60 个波段）
jsp99hym_rad.hdr	ENVI 相应的头文件
jsp99hym.eff	ATREM 和 EFFORT 纠正过的 HyMap 影像
jsp99hym.hdr	ENVI 相应的头文件
jsp99hym_mnf.bil	可见光近红外 MNF 变换后的影像数据（60 个波段）
jsp99hym_mnf.hdr	ENVI 相应的头文件
jsp99hym_mnf_ns.sta	可见光近红外的 MNF 噪声统计文件
jsp99hym_mnf.txt	MNF 特征值的 ASCII 码文件
jsp99hym_ppi.img	可见光近红外的 PPI 影像
jsp99hym_ppi.hdr	ENVI 相应的头文件
jsp99hym_ppi.cnt	PPI 计数文件
jsp99hym_ppi.roi	N 维可视化器中使用的 PPI 感兴趣区文件
jsp99hym_ppi.ndv	PPI 影像对应的 N 维可视化器所保存的状态文件
jsp99hym_ndv_em.roi	N 维可视化器端元位置的 VNIR 感兴趣区文件
jsp99hym_ndv_em.txt	端元波谱的可见光近红外 ASCII 码文件
jsp99hym_sam.img	可见光近红外的波谱角填图分类影像
jsp99hym_sam.hdr	ENVI 相应的头文件
jsp99hym_rul.img	可见光近红外的波谱角填图分类后的规则影像
jsp99hym_rul.hdr	ENVI 相应的头文件
jsp99hym_glt.img	HyMap 影像几何纠正的几何信息查找表文件
jsp99hym_glt.hdr	ENVI 相应的头文件
copyright.txt	HyMap 版权声明文件

【注意】列出的所有文件都会在专题辅导中被使用。上面所列的各种文件都将提供有用的附加信息。出于对磁盘空间的考虑，所有的影像数据文件都将反射率的值乘以了 10 000，转换成了整型。

◆ Jasper Ridge 背景知识

Jasper Ridge Biological Preserve 是一个 1 200 英亩的天然区域（图 22-1），它的所有者为斯坦福大学（Stanford University）。

图 22-1 Jasper Ridge 主页的画面

（版权 2000，Jasper Ridge Biological 保留，使用得到了许可）

从 20 世纪 80 年代初期开始，Jasper Ridge 地区就已经被 JPL 和其他一些机构选作为遥感应用的测试点。我们可以使用 JPL 提供的 1992—1998 年的 AVIRIS 标准数据集。详尽的地图以及地面波谱数据已经由斯坦福大学发行出版了，我们可使用这些数据信息（图 22-2～图 22-4）。

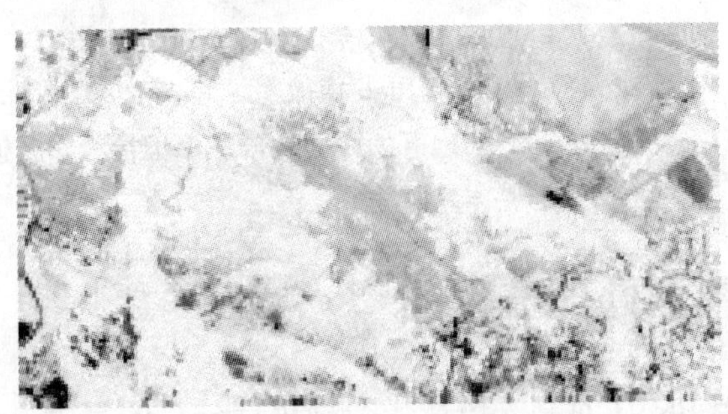

图 22-2 Jasper Ridge，USGS 数字正射影像的一部分。版权 1997，

Jasper Ridge Biological Preserve 地区的中心地带，斯坦福大学（使用得到了许可）

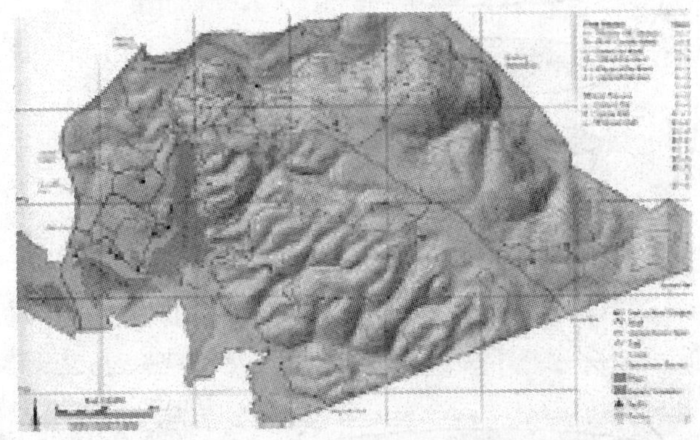

图 22-3 Jasper Ridge Trail 地图以及阴影消除后的地图，版权 1996，

Jasper Ridge Biological Preserve 地区的中心地带，斯坦福大学（使用得到了许可）

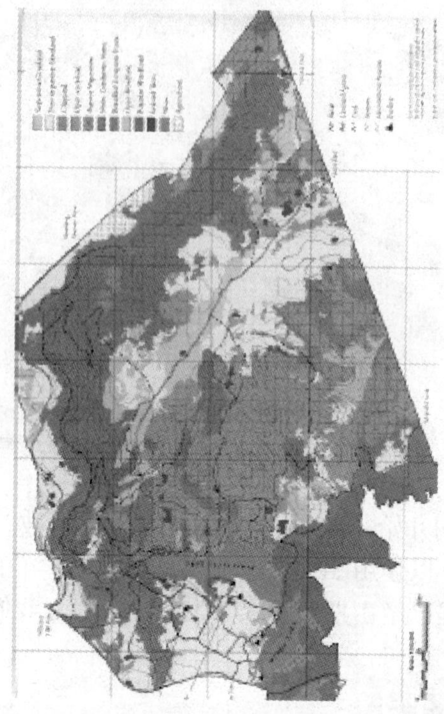

图 22-4 Jasper Ridge 植被图，版权 1996，
Jasper Ridge Biological Preserve 地区的中心地带，斯坦福大学（使用得到了许可）

1.2 HyMap 影像处理流程图

图 22-5 阐明了使用 ENVI 对高光谱影像数据进行分析的手段。

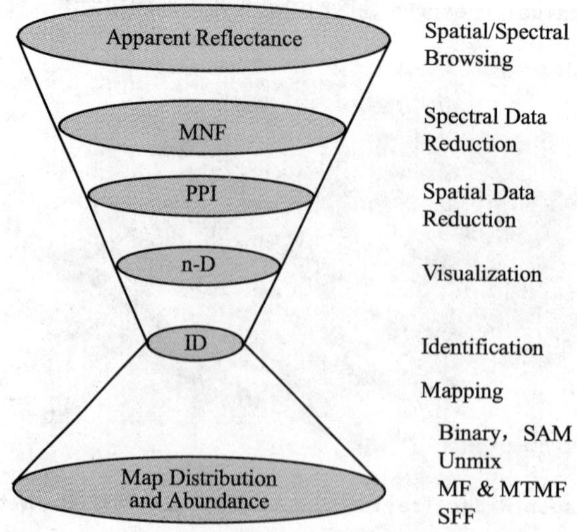

图 22-5 ENVI 中整个高光谱处理过程

下面的操作处理步骤描绘出了高光谱数据处理中的方法。用户将按下面的步骤进行操作，如果需要，请参见先前的专题介绍以及《ENVI 遥感影像处理教程》（ENVI User's Guide）来指导特定的操作处理。本专题的目的不是向用户传授如何使用 ENVI 工具的知识，而是教用户如何应用各种方法和工具来解决一般的高光谱遥感应用方面的问题。

1.3 植被的高光谱分析技术

（1）查看 Jasper Ridge 地区 HyMap 影像的辐亮度数据：以灰阶形式加载该 HyMap 影像，并进行动画显示（图 22-6）。提取变化区域的辐亮度波谱信号。查看辐亮度波谱曲线的吸收特征。确定坏的波谱波段的位置。加载彩色合成影像，以突出不同地物之间的对比度。确定被用来进行矿物质填图的波谱子集。

文件	描述
jsp99hym_rad.bil	HyMap 可见光近红外的辐亮度影像数据（60 个波段）

图 22-6　Jasper Ridge 地区 HyMap 假彩色红外合成影像

（2）评价 ATREM 纠正（再经 EFFORT 纠正）后的 HyMap 波谱辐亮度影像数据，移除太阳和大气的影响，将辐亮度值转换为表观地表反射率值。使用波谱或者空间浏览功能，查看影像数据、彩色合成影像，描绘波谱变化，确定残差（residual errors）。提取植被和矿物的反射率波谱信号，并将它们同波谱库中的波谱信号进行比较。

文件	描述
jsp99hym.eff	ATREM 和 EFFORT 纠正过的 HyMap 影像
jsp99hym.hdr	ENVI 相应的头文件
usgs_min.sli	USGS 矿物波谱库
usgs_veg.sli	USGS 植被波谱库
veg_2grn.sli	Jasper Ridge 的波谱库文件
veg_2grn.hdr	ENVI 相应的头文件

（3）在 EFFORT 影像数据上，应用 MNF 变换，寻找数据内在的维数。查看 MNF 特征值绘制图，确定其斜率以及 MNF 特征影像中相关的空间一致性。为了进一步的分析，确定 MNF 中信号与噪声的分离点。

生成自己的 MNF 变换影像数据集，或者重新查看下列文件中的结果：

文件	描述
jsp99hym_mnf.bil	可见光近红外 MNF 变换后的影像数据（60 个波段）
jsp99hym_mnf.hdr	ENVI 相应的头文件
jsp99hym_mnf.txt	MNF 特征值的 ASCII 码文件
jsp99hym_mnf_ns.sta	可见光近红外的 MNF 噪声统计文件

（4）对 MNF 输出影像结果进行 PPI 分析，根据相对纯度和波谱极端值，对像素划分等级。使用快速 PPI（FAST PPI）选项在系统内存中进行快速运算，生成 PPI 影像（图 22-7）。接着显示 PPI 影像，查看其直方图，并根据阈值创建最纯净像素列表，在空间域对数据进行压缩。

生成自己的 PPI 结果以及所需的感兴趣区，或者重新查看下列文件中的结果：

文件	描述
jsp99hym_ppi.img	可见光近红外的 PPI 影像
jsp99hym_ppi.hdr	ENVI 相应的头文件
jsp99hym_ppi.cnt	PPI 计数文件
jsp99hym_ppi.roi	N 维可视化器中使用的 PPI 感兴趣区文件

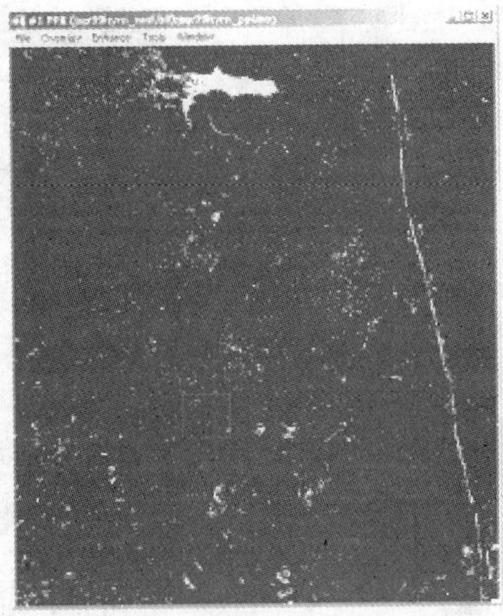

图 22-7　Jasper Ridge 地区 HyMap 的彩色合成影像
（左图，波段 1、2、3 作为 RGB 通道），Jasper Ridge 对应的 PPI 影像（右图）

（5）将 PPI 值高的像素导入到 *N* 维可视化器中，使用 MNF 信号强的影像波段把最纯净的像素集群到影像端元中。交互式地在三维或者更高维的数据空间中旋转 MNF 影像数据，圈出散点图拐角处的那些像素。使用连接在表观反射率影像数据上的 Z 波谱剖面廓线绘制窗口（Z-Profiles）以及 *N* 维可视化器（*n*-D Visualizer）估计波谱曲线所属类别。使用类坍塌（class collapsing）技术迭代寻找所有的端元波谱。然后对植被混合和端元波谱进行分析评估。将所生成的 *N* 维结果（图 22-8）保存到状态文件（.ndv）。将类别导出到感兴趣区，提取感兴趣区的均值波谱曲线。将均值波谱曲线同波谱库中的波谱曲线进行比较。使用波谱或者空间浏览功能，比较影像波谱和感兴趣区的均值波谱。

提取端元波谱，然后生成自己的感兴趣区（ROIs），或者直接查看下面的结果：

文件	描述
jsp99hym.eff	ATREM 和 EFFORT 纠正过的 HyMap 影像
jsp99hym.hdr	ENVI 相应的头文件
jsp99hym_mnf.bil	可见光近红外 MNF 变换后的影像数据（60 个波段）
jsp99hym_mnf.hdr	ENVI 相应的头文件
jsp99hym_ppi.ndv	PPI 影像对应的 *N* 维可视化器所保存的状态文件
jsp99hym_ndv_em.roi	*N* 维可视化器端元位置的 VNIR 感兴趣区文件
jsp99hym_ndv_em.txt	端元波谱的可见光近红外 ASCII 码文件
usgs_min.sli	USGS 矿物波谱库
usgs_veg.sli	USGS 植被波谱库
veg_2grn.sli	Jasper Ridge 的波谱库文件
veg_2grn.hdr	ENVI 相应的头文件

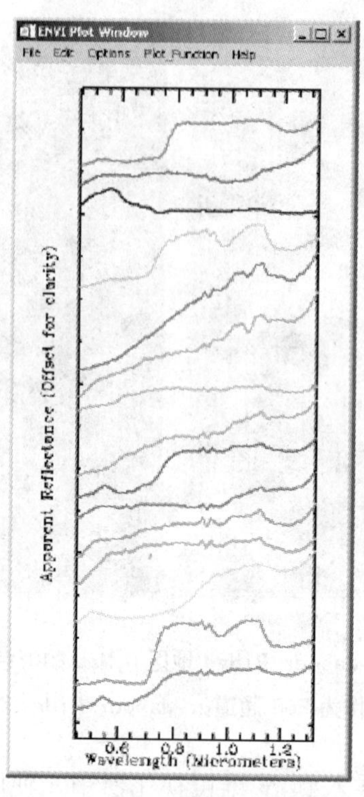

图 22-8 Jasper Ridge 地区从 *N* 维可视化器中获取的 HyMap 波谱端元

（6）使用 ENVI 各种填图方法，绘制 Jasper Ridge 地区的物质分布和丰度图。作为最低要求，尝试使用波谱角填图分类（Spectral Angle Mapper，SAM）和无约束线性分离（Unconstrained Linear Unmixing）进行操作处理。使用 SAM 确定影像波谱同端元波谱之间的相似性。生成自己的 SAM 分类影像结果或者查看下面的结果。如果时间和空间条件允许，利用某个波谱库进行 SAM 分类处理。必须分析生成的规则影像（Rule Images）。然后使用无约束线性分离（Unconstrained Linear Unmixing）技术，确定物质的丰度（abundances）。需要查看均方根（RMS）误差影像，判断非负和总和小于等于 1 的物理限制是否满足。如果时间和空间条件允许，迭代进行计算。使用空间和波谱浏览功能，将丰度影像结果同端元波谱以及波谱库中的波谱进行比较。此外，如果时间和空间条件允许，还可以尝试进行混合调制匹配滤波（Mixture-Tuned Matched filtering）处理。

文件	描述
jsp99hym.eff	ATREM 和 EFFORT 纠正过的 HyMap 影像
jsp99hym.hdr	ENVI 相应的头文件
jsp99hym_mnf.bil	可见光近红外 MNF 变换后的影像数据（60 个波段）
jsp99hym_mnf.hdr	ENVI 相应的头文件
jsp99hym_ndv_em.txt	端元波谱的可见光近红外 ASCII 码文件
jsp99hym_sam.img	可见光近红外的波谱角填图分类影像
jsp99hym_sam.hdr	ENVI 相应的头文件
jsp99hym_rul.img	可见光近红外的波谱角填图分类后的规则影像
jsp99hym_rul.hdr	ENVI 相应的头文件

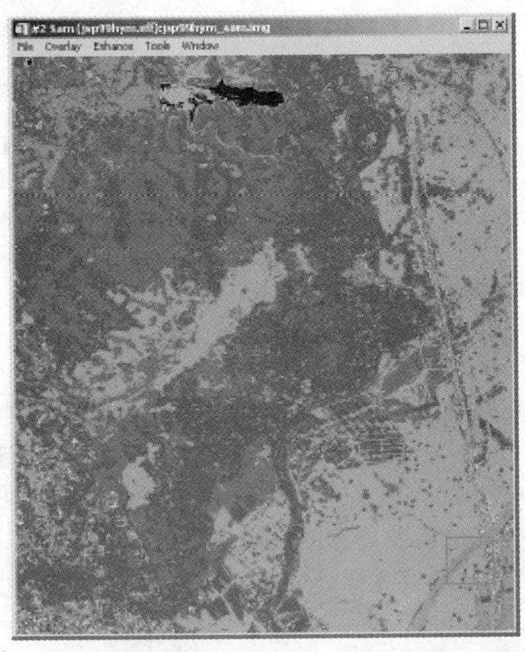

图 22-9　Jasper Ridge 地区利用 *N* 维可视化器中的端元波谱生成的 SAM 分类影像结果

（7）使用 ENVI 添加地理坐标的功能，利用输入的几何信息，给 Jasper Ridge 地区处理过的影像结果添加上地理坐标。将带有地理坐标的影像同 Jasper Ridge 地区的植被图进行比较。

文件	描述
jsp99hym.eff	ATREM 和 EFFORT 纠正过的 HyMap 影像
jsp99hym.hdr	ENVI 相应的头文件
jsp99hym_glt.img	HyMap 影像几何纠正的几何信息查找表文件
jsp99hym_glt.hdr	ENVI 相应的头文件

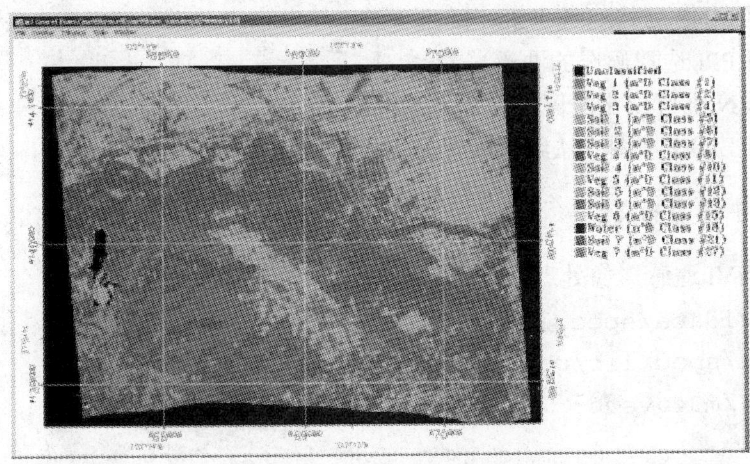

图 22-10　Jasper Ridge 地区 HyMap 带地理坐标的 SAM 分类影像结果

专题二十三　高光谱遥感在近海岸研究中的应用

1.1 专题概述

本专题旨在介绍使用高光谱技术对近海岸进行分析的典型例证，其中我们会使用美国 California 州 Moffett Field 地区的 1994 AVIRIS 影像数据。我们将本专题设计成为自指导的模式，然后使用 ENVI 的完整高光谱处理工具，生成从影像获取的端元波谱以及影像地图。要获取关于高光谱分析的详细的信息以及逐步的处理步骤，请在开始本专题之前，先阅读本辅导中有关 ENVI 高光谱处理部分的内容。

◆ **目的**

（1）应用 ENVI 一整套高光谱的处理方法进行近海岸植被分析研究。

（2）为用户提供手把手的辅导，实际地运行该处理程序，而不是重新查看预先计算生成的结果（提供的处理结果主要用于比较）。

（3）为用户提供指导，并在一个宽松的结构框架中，探究该处理方法。

（4）要将分析结果同已知的地面信息进行比较。

◆ **任务**

（1）查看 ATREM 纠正后的表观反射率影像数据，评价数据特性及其质量。

（2）使用空间或者波谱浏览来评价数据，测定波谱变化的存在性及其内在属性，确定线性混合关系，为进一步分析选择所需的波长范围。

（3）使用 MNF 转换对数据进行降维处理。

（4）使用 PPI 选择候选的波谱端元。

（5）使用 N 维可视化器评价并选择端元波谱。

（6）使用 ENVI 填图方法绘制端元分布及其丰度图。

◆ **本专题中使用的文件**

光盘：《ENVI 遥感影像处理专题与实践》附带光盘 #2

路径：envidata/spec_lib/veg_lib

envidata/spec_lib/usgs_min

envidata/m94avsub

文件	描述
所需的文件（envidata/spec_lib/veg_lib）	
usgs_veg.sli	USGS 植被波谱库
usgs_veg.hdr	ENVI 相应的头文件
所需的文件（envidata/spec_lib/usgs_min）	
usgs_min.sli	USGS 矿物波谱库
usgs_min.hdr	ENVI 相应的头文件
所需的文件（envidata/m94avsub）	
mof94av.bil	ATREM 纠正后的 AVIRIS 影像，500×350×56 波段
mof94av.hdr	ENVI 相应的头文件
m94mnf.img	可见光近红外 MNF 变换后的影像数据
m94mnf.hdr	ENVI 相应的头文件
m94mnf.asc	可见光近红外 MNF 变换后特征值绘制图
m94ppi.img	可见光近红外的 PPI 影像
m94ppi.hdr	ENVI 相应的头文件
m94ppi.roi	可见光近红外根据 PPI 阈值获取的感兴趣区
m94_em.asc	可见光近红外所有 EM 端元波谱的 ASCII 码文件
m94_em.roi	可见光近红外所有端元波谱的感兴趣区文件
m94_ema.asc	可见光近红外所选 EM 端元波谱位置的 ASCII 码文件
m94_sam1.img	使用 M94EM1A.ASC，对可见光近红外影像进行波谱角填图（SAM）分类的结果
m94_sam1.hdr	ENVI 相应的头文件
m94_rul1.img	可见光近红外波谱角填图（SAM）分类产生的规则影像
m94_rul1.hdr	ENVI 相应的头文件
m94_unm1.img	使用 M94EM1A.ASC，产生的可见光近红外分离影像
m94_unm1.hdr	ENVI 相应的头文件

【注意】列出的文件都是该专题处理过程中所需要的。出于对磁盘空间的考虑，所选的影像数据文件都将反射率的值乘以了 1 000，转换成了整型。在数据中，数值 1 000 就表明表观反射率为 1.0。

◆ Moffett Field 地区的背景知识

- AVIRIS 的发射场位于 Moffett Field。
- 1987 年 AVIRIS 发射后，JPL 和其他一些机构选作的遥感应用测试点。
- 1992—1997 年 AVIRIS 标准数据集。
- 水域变化（藻类含盐的蒸发池）、城市和植被研究区。

咸水池通常颜色较深，包含了高密的藻类生物或者促进光合作用的细菌（Richardson 等人，1994）。细菌的辅色素会造成区域性的波谱信息，我们可以在 AVIRIS 影像数据上发现这些波谱信息（图 23-1）。这些辅色素包括类胡萝卜素、蓝色藻青素以及叶绿素 a 和 b。下面所描述的标准 AVIRIS 分析方法的应用可以在影像数据中提取端元波谱，绘制它们的空间分布和丰度图。在数据中存在明显的非线性混合，我们必须仔细区别它们。

图 23-1 1994 年 Moffett Field 地区的 AVIRIS 影像数据

1.2 AVIRIS 影像处理流程图

图 23-2 阐明了使用 ENVI 对高光谱影像数据进行分析的手段。

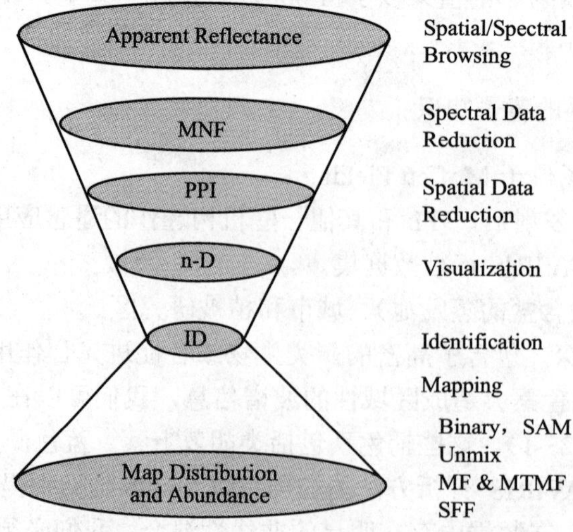

图 23-2 ENVI 中整个高光谱处理过程

下面的操作处理步骤描绘出了高光谱数据处理中的方法。用户将按下面的步骤进行操作，如果需要，请参见先前的专题介绍以及《ENVI 遥感影像处理教程》（ENVI User's Guide），来指导特定的操作处理。本专题的目的不是向用户传授如何使用 ENVI 工具的知识，而是教用户如何应用各种方法和工具来解决一般的高光谱遥感应用方面的问题。

1.3 植被的高光谱分析技术

（1）评价 ATREM 纠正后的 AVIRIS 波谱辐亮度影像数据，它是 JPL 提供的，其已移除了太阳和大气的影响，并将辐亮度值转换为表观地表反射率值。使用波谱或者空间浏览功能，查看影像数据、彩色合成影像，描绘波谱变化，确定残差（residual errors）。提取水体、植被、城市区以及矿物的反射率波谱信号，并将它们同波谱库中的波谱信号进行比较。

文件	描述
mof94av.bil	ATREM 纠正后的表观反射率影像
usgs_veg.sli	USGS 植被波谱库
usgs_min.sli	USGS 矿物波谱库

（2）在 ATREM 纠正后的影像数据上，应用 MNF 变换，寻找数据内在的维数。查看 MNF 特征值绘制图（图 23-3），确定其斜率以及 MNF 特征影像中相关的空间一致性。为进一步的分析，确定 MNF 中信号与噪声的分离点。

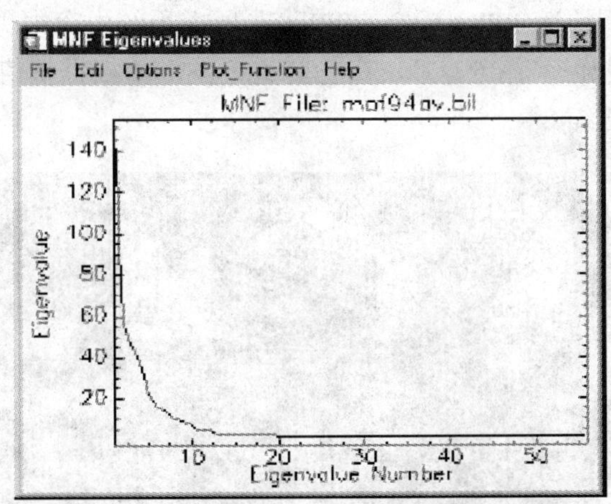

图 23-3　MNF 特征值绘制图

生成自己的 MNF 变换影像数据集，或者重新查看下列文件中的结果：

文件	描述
mof94av.bil	ATREM 纠正后的表观反射率影像
m94mnf.asc	可见光近红外 MNF 变换后特征值绘制图
m94mnf.img	可见光近红外 MNF 特征影像

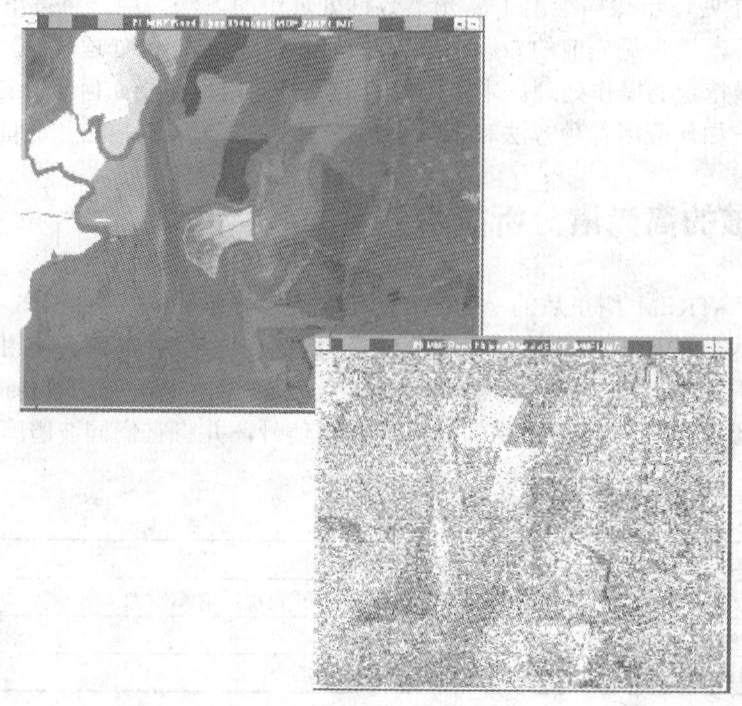

图 23-4 MNF 影像的波段 1（左上角）和波段 20（右下角）

（3）对 MNF 输出影像（图 23-4）结果进行 PPI 分析，根据相对纯度和波谱极端值，对像素划分等级。使用快速 PPI（FAST PPI）选项在系统内存中进行快速运算，生成 PPI 影像。接着显示 PPI 影像（图 23-5），查看其直方图，并根据阈值创建最纯净像素列表，在空间域对数据进行压缩。

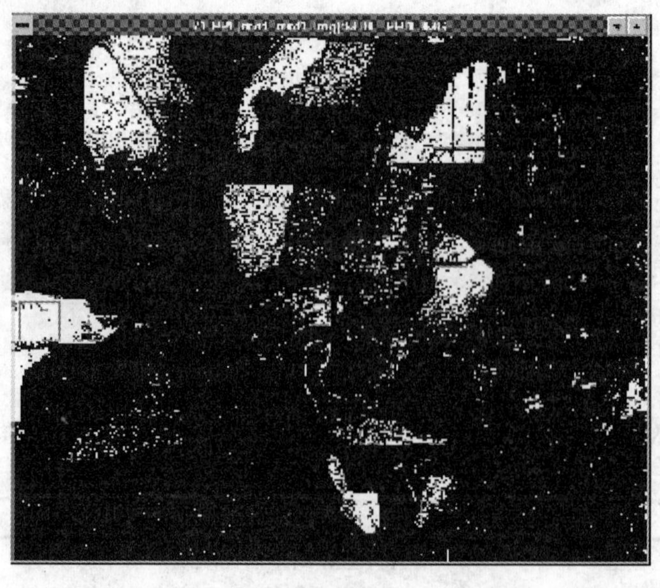

图 23-5 像元纯净指数（PPI）影像

生成自己的 PPI 结果以及所需的感兴趣区，或者重新查看下列文件中的结果：

文件	描述
m94mnf.img	可见光近红外 MNF 特征影像
m94ppi.img	可见光近红外的 PPI 影像
m94ppi.roi	可见光近红外根据 PPI 阈值获取的感兴趣区

（4）将 PPI 值高的像素导入到 N 维可视化器中，使用 MNF 信号强的影像波段把最纯净的像素集群到影像端元中。交互式地在三维或者更高维的数据空间中旋转 MNF 影像数据，圈出散点图拐角处的那些像素。使用连接在 ATREM 表观反射率影像数据上的 Z 波谱剖面廓线绘制窗口（Z-Profiles）以及 *N* 维可视化器（*n*-D Visualizer）估计波谱曲线所属类别。使用类坍塌（class collapsing）技术迭代寻找所有的端元波谱。特别注意一下线性的水体混合区、变化区和端元。将所生成的 *N* 维结果保存到状态文件（.ndv）。将类别导出到感兴趣区，提取感兴趣区的均值波谱曲线。将均值波谱曲线同波谱库中的波谱曲线进行比较。使用波谱或者空间浏览功能，比较影像波谱和感兴趣区的均值波谱。

提取端元波谱，生成自己的感兴趣区（ROIs），或者直接查看下面的结果：

文件	描述
m94mnf.img	可见光近红外 MNF 特征影像
m94ppi.roi	可见光近红外根据 PPI 阈值获取的感兴趣区
mof94av.bil	ATREM 纠正后的表观反射率影像
m94_em.asc	可见光近红外所有 EM 端元波谱的 ASCII 码文件
m94_ema.asc	可见光近红外所选 EM 端元波谱位置的 ASCII 码文件
usgs_veg.sli	USGS 植被波谱库
usgs_min.sli	USGS 矿物波谱库

（5）使用 ENVI 各种填图方法绘制 Moffett Field 地区的物质空间分布和丰度图。作为最低要求，尝试使用波谱角填图分类（Spectral Angle Mapper，SAM）和无约束线性分离（Unconstrained Linear Unmixing）进行操作处理（图 23-6）。使用 SAM 确定影像波谱同端元波谱之间的相似性。生成自己的 SAM 分类影像结果或者查看下面的结果。如果时间和空间条件允许，利用某个波谱库进行 SAM 分类处理。必须分析生成的规则影像（Rule Images）。然后使用无约束线性分离（Unconstrained Linear Unmixing）技术，确定物质的丰度（abundances）或者查看下面的结果。需要查看均方根（RMS）误差影像，判断非负和总和小于等于 1 的物理限制是否满足。如果时间和空间条件允许，迭代进行计算。使用空间和波谱浏览功能，将丰度影像结果同端元波谱以及波谱库中的波谱进行比较。此外，如果时间和空间条件允许，还可以尝试进行混合调制匹配滤波（Mixture-Tuned Matched filtering）或者波谱特征拟合（Spectral Feature Fitting）处理。

文件	描述
m94_em.asc	可见光近红外所有 EM 端元波谱的 ASCII 码文件
m94_ema.asc	可见光近红外所选 EM 端元波谱位置的 ASCII 码文件
mof94av.bil	ATREM 纠正后的表观反射率影像
m94_sam1.img	可见光近红外影像的波谱角填图（SAM）分类结果
m94_rul1.img	可见光近红外波谱角填图（SAM）分类产生的规则影像
m94_unm1.img	可见光近红外线性分离结果
usgs_veg.sli	USGS 植被波谱库
usgs_min.sli	USGS 矿物波谱库

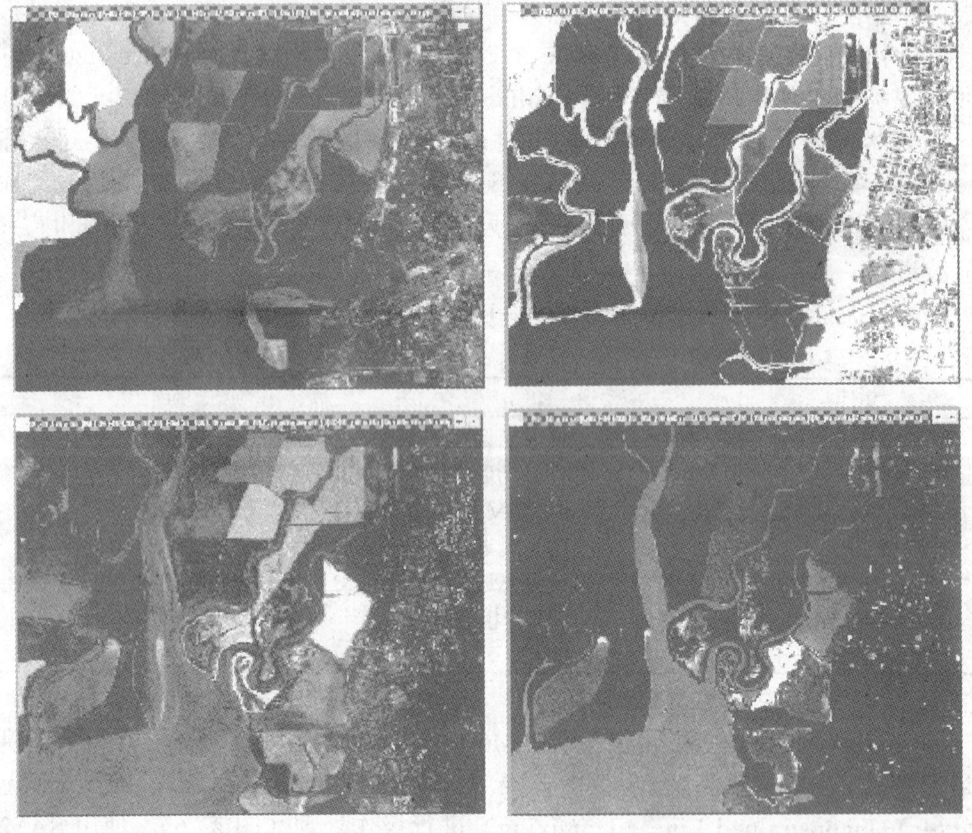

图 23-6 波谱分离结果：红色素（左上），绿色素（左下），植被 1（右上），植被 2（右下）

专题二十四　使用 ENVI 的高光谱工具处理多光谱数据

1.1 专题概述

本专题的目的是向用户展示如何使用 ENVI 先进的高光谱工具对多光谱数据进行分析。要更好地理解高光谱处理的概念及其工具，请参见 ENVI 高光谱辅导指南。要获取额外的详细信息，请参见《ENVI 遥感影像处理教程》（ENVI User's Guide）或者 ENVI 的在线帮助。

◆ 本专题中使用的文件

光盘：《ENVI 遥感影像处理专题与实践》附带光盘 #1

路径：envidata/bh_tmsub

envidata/spec_lib/usgs_min

文件	描述
	所需的文件（envidata/bh_tmsub）
bhtmref.img	Wyoming 州 Bighorn Basin 地区的 Landsat TM 反射率数据
bhtmref.hdr	ENVI 相应的头文件
bh_rats.img	波段比率影像（Band Ratio Image）5/7，3/1，3/4（RGB）
bh_rats.hdr	ENVI 相应的头文件
bhtmiso.img	IsoData 分类影像
bhtmiso.hdr	ENVI 相应的头文件
bhisiev.img	筛选处理后的 IsoData 分类影像
bhisiev.hdr	ENVI 相应的头文件
bhiclmp.img	聚合处理后的 IsoData 分类影像
bhiclmp.hdr	ENVI 相应的头文件
bhtm.grd	保存过的 Bighorn 地区 TM 数据的公里网
bhtmiso.ann	Bighorn 地区 TM 数据的地图图例
bhtm_mnf.asc	MNF 变换的 ASCII 码特征值数据
bhtm_mnf.img	MNF 变换后的影像数据
bhtm_mnf.hdr	ENVI 相应的头文件
bhtm_mnf.sta	ENVI 相应的统计数据文件
bhtm_ns.sta	ENVI 相应的噪声统计数据文件
bhtm_ppi.img	纯净像元指数（Pixel Purity Index）影像
bhtm_ppi.hdr	ENVI 相应的头文件

文件	描述
bhtm_ppi.cnt	PPI 分析的计数文件
bhtm_ppi.roi	使用阈值所得的 PPI 感兴趣区
bhtmppi.ndv	保存过的 N 维可视化器状态文件
bhtm_nd.roi	N 维可视化器分析的感兴趣区文件
bhtm_em.asc	N 维可视化器 ASCII 码格式的端元波谱
bhtm_sam.img	SAM 分类影像
bhtm_sam.hdr	ENVI 相应的头文件
bhtm_sam.ann	SAM 分类影像的地图注记
bhtm_rul.img	ENVI 的 SAM 分类后的规则影像
bhtm_rul.hdr	ENVI 相应的头文件
bhtm_unm.img	线性波谱分离（Linear Spectral Unmixing）结果
bhtm_unm.hdr	ENVI 相应的头文件
bhunm_em.asc	波谱分离中使用的端元波谱
所需的文件（envidata/spec_lib/usgs_min）	
usgs_min.sli	ENVI 格式的 USGS 波谱库文件
usgs_min.hdr	ENVI 相应的头文件

◆ **背景知识**

ENVI 并非仅设计成高光谱影像处理系统。在 1992 年，ENVI 的开发者就决定开发出一个通用的影像处理软件，它包含一整套的基本处理工具，弥补了商业软件缺乏强大灵活处理功能的不足，使得它能够处理各种科学格式的影像数据。它对全色、多光谱、高光谱以及基本和改进雷达影像数据都提供了支持。当前，ENVI 包含了与其他主要影像处理系统（例如，ERDAS，ERMapper 和 PCI）相同的基本处理功能。其中，ENVI 在前沿遥感研究中采用了许多不同的先进算法。虽然这些算法都是在处理成像光谱仪数据或者多达上百个波谱波段的高光谱数据基础之上发展而来，但是它们也可以应用到多光谱数据和其他标准数据类型的处理上。本专题将对某些分析 Landsat Thematic Mapper（TM）数据的方法进行介绍。

本专题分为两个独立的部分：①使用标准或者经典多光谱分析技术，对 TM 影像数据进行典型的多光谱分析；②使用 ENVI 高光谱工具对相同的数据集进行分析。

1.2 标准多光谱影像处理

标准的或者经典的 Landsat TM 分析过程由下列步骤组成（虽然在 ENVI 中还可以使用许多其他的方法。请参见 Sabins，1987）：

◆ 启动 ENVI

启动前，请确保已正确安装 ENVI。

- 要在 UNIX 或 Macintosh OS X 中启动 ENVI，请在 UNIX 命令行中输入 envi。
- 要在 Windows 系统中启动 ENVI，请双击 ENVI 的图标。

当程序成功地加载并执行后，ENVI 的主菜单将会出现在屏幕上。

◆ 从磁带或者 CD 光盘中读取 TM 影像数据

ENVI 提供了从磁带或者 CD 光盘中，读取标准 Landsat Thematic Mapper（TM）影像数据的工具。

- 要从磁带中读取数据，在 ENVI 主菜单中选择 **File → Tape Utilities → Read Known Tape Formats → Landsat TM**（或者对于新的 EDC-格式的磁带选择 NLAPS）。
- 要从光盘中读取数据，选择 **File → Open External File → Landsat → Fast**，或者选择 **File → Open External File → Landsat → NLAPS**（对于 NLAPS 数据）。
- 考虑到本专题的目的，这些数据已经从磁带中读出并存入到数据子集中，以提供相应的文件进行分析。使用 **Basic Tools → Preprocessing → Data Specific Utilities → Landsat TM → Landsat TM Calibration**，启动 ENVI 的 TM 校正工具，该 TM 影像已经被纠正为反射率影像。

◆ 打开并显示 Landsat TM 影像数据

要打开一幅影像文件：

（1）在 ENVI 主菜单中选择 **File → Open Image File**。

在某些操作系统平台中，必须按住鼠标左键才能显示主菜单中的子菜单项。

接着 **Enter Data Filenames** 文件选择对话框出现在屏幕上。

（2）选择进入《ENVI 遥感影像处理专题与实践》附带光盘 #1 `envidata` 目录中的 `bh_tmsub` 子目录。同在其他应用操作中的处理一样，从列表中选择 `bhtmref.img` 文件。然后点击 OK。接着可用波段列表对话框就会出现在屏幕上。该列表允许选择要显示和处理的波谱波段。

【注意】你可以选择加载一幅灰阶影像或者一幅 RGB 彩色合成影像。

（3）在可用波段列表中首先选择 **RGB Color** 单选按钮，然后按顺序依次用鼠标左键点击对话框顶部列出的波段 4、波段 3 和波段 2。

◆ 显示并检查一幅彩色合成影像

（1）要加载该影像，点击 **Load RGB**。

（2）一旦影像显示出来，就可以在主影像显示窗口菜单栏中，选择并执行一些可用的函数。

（3）使用鼠标左键按住并拖动显示窗口的一角，以此来调整影像显示窗口的大小。在滚动和缩放窗口中按住并拖动红色指示框，以此来滚动和浏览影像。使用鼠标左键，点击缩放窗口左下角的＋（加）或－（减）图形控件，来缩放影像。点击鼠标左键，以被点击像素为中心显示影像。

（4）从主影像显示窗口菜单栏中，选择 **Tools → Cursor Location/Value**，使用交互式的光标控制功能，确定像素的位置和相应的像素值。

（5）选择 **Enhance → [Image] Stretch Type**，对影像进行对比拉伸。其中 **Stretch Type** 包括 **Linear**，**Linear 0～255**，**Linear 2%**，**Gaussian**，**Equalization**，**Square Root**。在本

例中，我们选择**[Image] Equalization** 拉伸方法。

图 24-1　Landsat TM 波段 4，3，2（RGB）的彩色合成影像

◆ 比率影像分析

这里我们将使用标准 TM 波段比率影像来创建彩色比率合成影像（Color-Ratio-Composite，CRC）（图 24-1）。该方法试图突破 Landsat TM 数据相对较宽的波谱波段的限制，它将使用波段比率，确定波段间相对波谱斜率，进而确定每个像素波谱信号的大致波形。通常使用的波段比率包括：针对黏土、碳酸盐、植被的波段比率 5/7；针对氧化铁的波段比率 3/1；针对植被的波段比率 2/4 或者 3/4 或者 5/4（图 24-2）。

要创建一幅波段比率影像：

（1）在 ENVI 主菜单中，选择 **Transform → Band Ratios**。

（2）在 **Band Ratio Input Bands** 对话框的 **Available Bands list** 中，选择 **Numerator** 和 **Denominator** 的波段组合对（5/7，3/1，2/4）。当每一个 Numerator/Denominator 设置好后，点击 **Enter Pair**，重复上述过程直至达到所需要的波段比率数为止。

（3）在 **Band Ratio Input Bands** 对话框中，点击 **OK**，计算波段比率影像。

（4）在 **Band Ratios Parameters** 对话框中，选择 **Memory** 单选按钮，将波段比率保存到内存中，然后点击 **OK**。

（5）当处理完成之后，波段比率影像就会出现在可用波段列表对话框中。

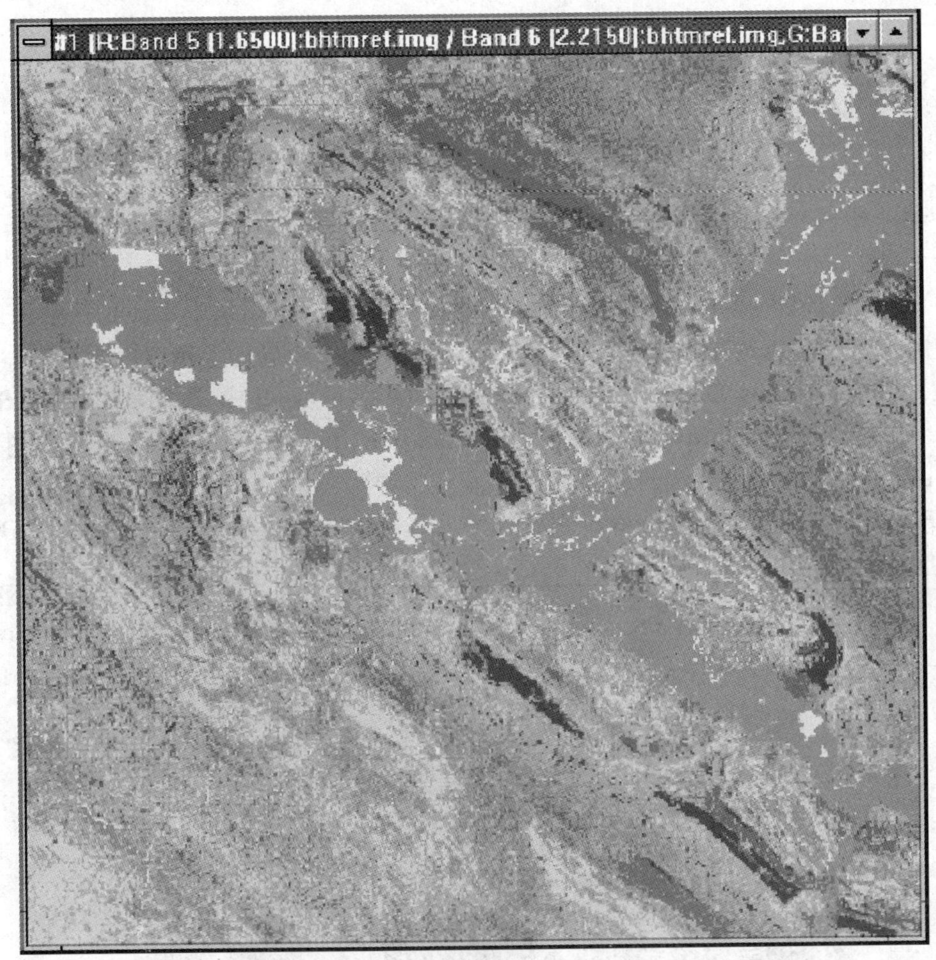

图 24-2　波段比率为 5/7，3/1，2/4（RGB）的彩色比率合成影像

在 5/7，3/1，2/4（RGB）组合的彩色影像中，黏土/碳酸盐呈洋红色，氧化铁呈绿色，植被呈红色。采用其他的波段比率组合，可将特定的物质突出显示出来。

（6）在可用波段列表对话框中，选取波段比率 5/7 为 **R**，波段比率 3/1 为 **G**，以及波段比率 2/4 为 **B**。然后在 **Display #1** 菜单按钮中选择 **New Display**，加载并显示彩色比率合成（CRC）影像。

（7）也可以从 ENVI 主菜单中选择 **File → Open Image File**，在文件选择对话框中选择彩色比率合成影像 `bh_rats.img`。然后点击可用波段列表对话框的 **New Display** 按钮，在一个新的显示窗口中显示影像结果。

（8）在 **Display #2** 显示窗口中，选择 **Enhance → [Image] Equalization**，进行直方图均衡化拉伸。

（9）使用影像动态链接功能，选择 **Tools → Link → Link Displays**，然后在某幅影像上点击并拖动鼠标左键，动态显示出叠加区域，将 **Display #3** 显示窗口中的彩色比率合成影像与 **Display #2** 显示窗口中的假彩色红外（false CIR）影像进行比较。通过在影像中，点击并拖动鼠标中键，可以调整动态叠加区域的大小。

◆ 进行非监督法分类（IsoData）

非监督法分类利用数据的统计信息，提供了一种对多光谱数据进行简单分类的方法。IsoData 非监督分类法将计算数据空间中均匀分布的类均值，然后用最小距离规则将剩余的像元进行迭代聚合。每次迭代都重新计算均值，且根据所得的新均值，对像元进行再分类。这一处理过程持续到每一类的像元数变化少于所选的像元变化阈值或者达到了迭代的最大次数。

（1）在 ENVI 主菜单中，选择 **File → Open Image File**，选中文件 bhtmiso.img，然后使用可用波段列表将其加载为一幅灰阶影像，并在一个新的显示窗口中打开。

（2）要进行 IsoData 非监督分类，从主影像菜单中选择 **Classification → Unsupervised → IsoData**。然后在 **Classification Input File** 对话框中选择影像 bhtmiso.img，并使用默认的设置。

（3）在 **ISODATA Parameters** 对话框中，选择 **Memory** 单选按钮，并点击 **OK**，创建 IsoData 分类影像（图 24-3）。

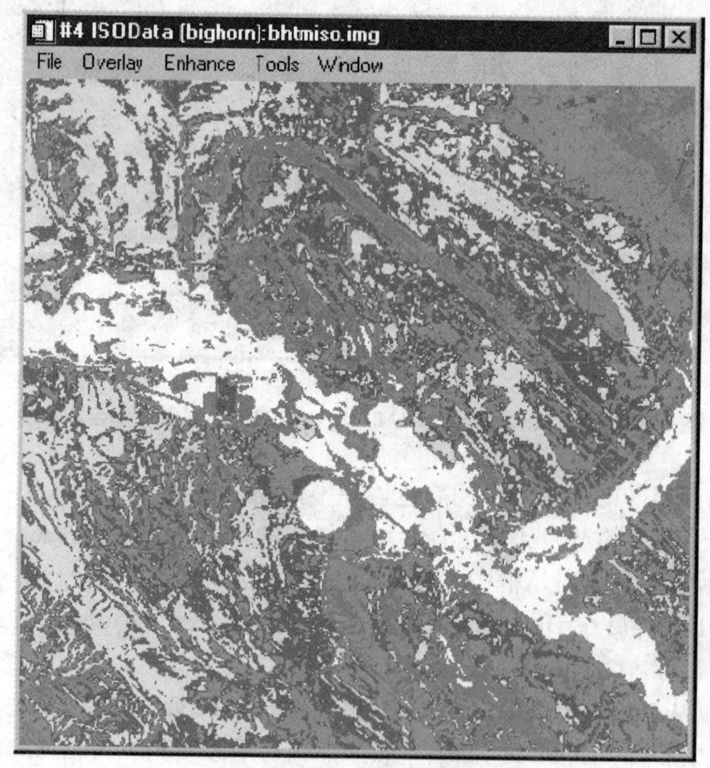

图 24-3 IsoData 分类影像

（4）在可用波段列表对话框中，将 ISODATA 影像加载到一个新的显示窗口中。

（5）使用影像动态链接功能，选择 **Tools → Link → Link Displays**，然后在某幅影像中点击并拖动鼠标左键，动态显示出叠加区域，将 IsoData 分类影像（图 24-3）和彩色比例合成（CRC）影像以及假彩色红外（false CIR）影像进行比较。

◆ 聚合、筛选和并类处理

一旦分类处理完成后，由于分类影像缺乏空间一致性（分类影像中的斑点和孔洞），所以分类影像需要进行综合类处理，以生成操作使用中的分类影像结果。我们可以使用低通滤波平滑这些影像，但是类属性可能会受到毗邻的其他类的影响。我们设计了筛选（sieve）和聚合（clump）操作，使用形态学操作算法，分别移除孤立的像元或者将临近相似的分类区域进行聚合处理。

- 要对类进行筛选处理，从 ENVI 主菜单中选择 **Classification → Post Classification → Sieve Classes**。
- 要对类进行聚合处理，从 ENVI 主菜单中选择 **Classification → Post Classification → Clump Classes**。

（1）选择 **File → Open Image File**，然后分别选中 bhisiev.img 和 bhiclmp.img 影像，加载并查看筛选和聚合处理后的分类影像（图 24-4）。

（2）在可用波段列表对话框中，将筛选和聚合处理后的分类影像加载到一个新的显示窗口中。

（3）使用影像动态链接功能，选择 **Tools → Link → Link Displays**，然后在某幅影像中点击并拖动鼠标左键，动态显示出叠加区域，将综合处理后的分类影像和 IsoData 分类影像进行比较。

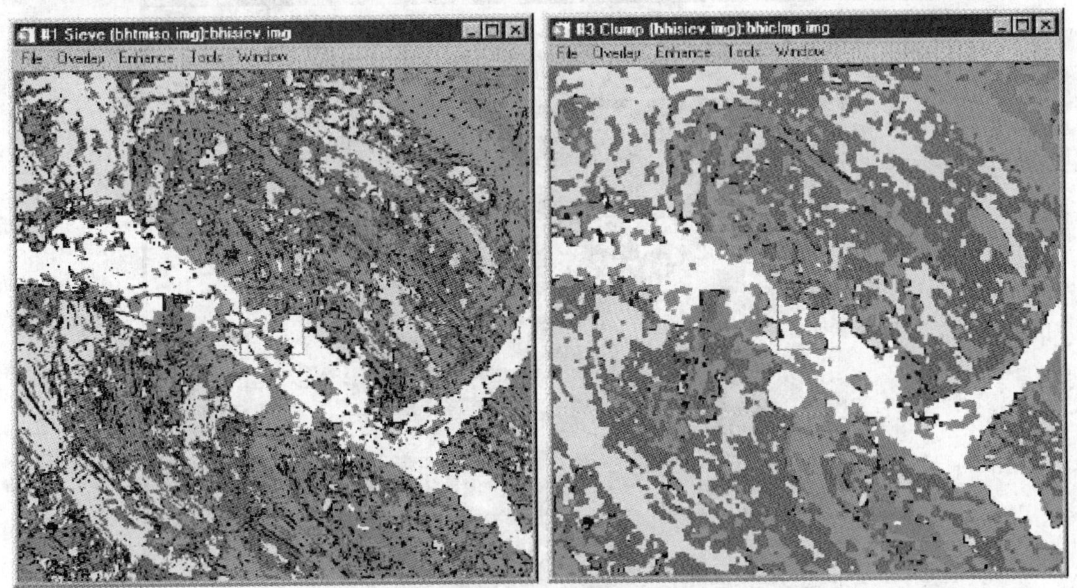

图 24-4　筛选和聚合处理后的分类影像。左图进行了筛选处理，右图进行了聚合处理

◆ 添加注记并输出影像地图

ENVI 中任意影像处理的最终输出通常是基于地图的，它将生成缩放的影像地图，以方便表译、目视分析或者解释。在本专题中，TM 影像数据已经带有地理坐标了。请参见配准专题辅导或者《ENVI 遥感影像处理教程》（ENVI User's Guide）以及在线帮助，获

取所需要的额外信息。

ENVI 也提供了创建可出版带注记的地图的所有工具。这些注记包括像素（pixel）、地图和地理（经纬度）的公里网；比例尺；三北方图表（declination diagrams）；指北针；文字和符号注记；多边形、折线和几何形状（圆、矩形）注记；图例注记以及嵌入式影像注记。要获取关于地图制图的额外信息，请参见地图制图专题辅导，《ENVI 遥感影像处理教程》（ENVI User's Guide）。

（1）要为显示的 IsoData 分类影像添加公里网，可以从主影像显示窗口菜单栏中选择 **Overlay → Grid Lines**。

（2）在 **Grid Lines Parameters** 对话框中，选择 **File → Restore Setup**。

（3）在 **Enter Grid Parameters Filename** 对话框中，选中文件 `bhtm.grd`，并打开该文件。

（4）在 **Grid Lines Parameters** 对话框中，点击 **Apply**，将公里网加载到影像中。

（5）要为显示的 IsoData 分类影像地图（图 24-5）添加注记，可以从主影像窗口中选择 **Overlay → Annotation**。

（6）在 **Annotation：Text** 对话框中，选择 **File → Restore Annotation**。

（7）在 **Enter Annotation Filename** 对话框中，选中文件 `bhtmiso.ann`，并点击 **Open** 按钮。将地图注记加载到影像中。

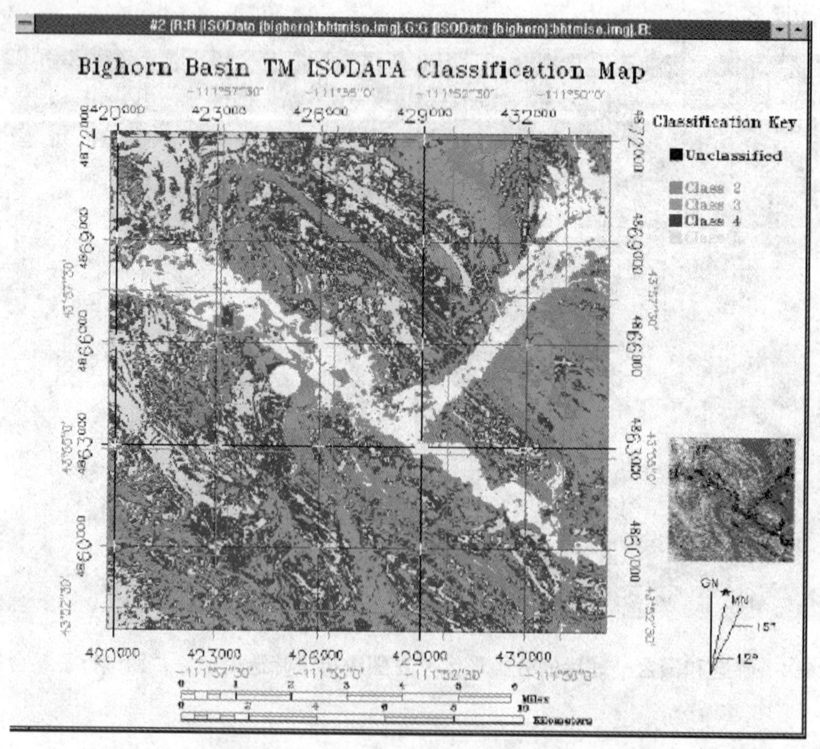

图 24-5　IsoData 分类注记影像地图

（8）现在，从 ENVI 主菜单中，选择 **Window → Close All Display Windows**，关闭所有窗口，清理工作空间。

1.3 使用 ENVI 的高光谱工具分析多光谱数据

◆ 从磁带或者 CD 光盘中读取 TM 影像数据

如前所述，ENVI 提供了从磁带或者 CD 光盘中读取标准 Landsat Thematic Mapper（TM）影像数据的工具。

- 要从磁带中读取数据，可以在 ENVI 主菜单中选择 **File → Tape Utilities → Read Known Tape Formats → Landsat TM**（或者对于新的 EDC-格式的磁带选择 NLAPS）。
- 要从光盘中读取数据，可以选择 **File → Open External File → Landsat → Fast**，或者选择 **File → Open External File → Landsat → NLAPS**（对于 NLAPS 数据）。
- 考虑到本专题的目的，这些数据已经从磁带中读出并存入到数据子集中，以提供相应的文件进行分析。使用 **Basic Tools → Preprocessing → Data Specific Utilities → Landsat TM → Landsat TM Calibration**，启动 ENVI 的 TM 校正工具，该 TM 影像已经被纠正为反射率影像。（若需更多的信息，请参见《ENVI 遥感影像处理教程》）。

◆ 显示一幅彩色合成影像并提取波谱曲线

（1）在可用波段列表对话框中，点击 **RGB Color** 单选按钮。然后，选择 `bh_tmref.img` 影像的波段 3，2，1（RGB-真彩色）或者波段 4，3，2（RGB-彩色红外）。点击 **New Display**，再点击 **Load RGB**，显示这些影像文件。

（2）一旦影像显示出来后，就可以在主影像显示窗口菜单栏中，选择并执行一些可用的函数。

（3）滚动或者缩放影像。

（4）使用交互式光标控制功能，确定像素的位置和相应的像素值。

（5）对影像进行对比度拉伸或者密度分割处理。

（6）在主影像窗口中选择 **Tools → Profiles → Z Profile**，提取 Z 轴剖面廓线绘制图（反射率波谱），使用鼠标左键，在影像上点击并拖动红色缩放指示矩形框，浏览该波谱曲线（图 24-6）。

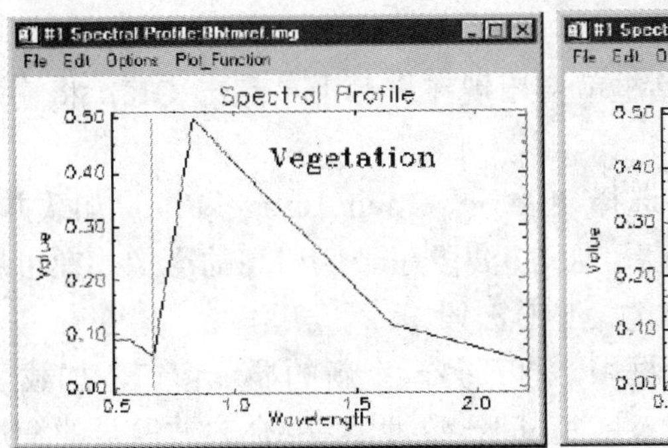

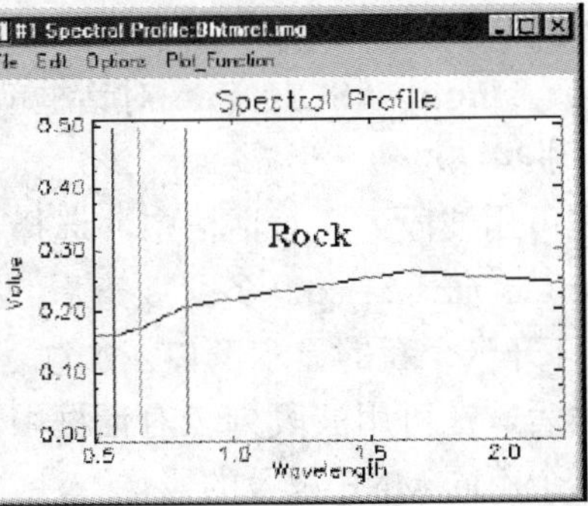

图 24-6　Landsat TM 的反射率波谱曲线

（7）现在，从 ENVI 主菜单中，选择 **Window → Close All Display Windows**，关闭所有窗口，清理工作空间。

◆ **进行最小噪声分离变换**

最小噪声分离（Minimum Noise Fraction，MNF）变换是同主分量变换相似的一种方法，它被用来分离数据中的噪声，确定数据内在的维数，减少随后处理的计算量（Green 等人，1988；Boardman 和 Kruse，1994）。对于高光谱影像数据（至少为多光谱影像数据），MNF 变换将把数据空间分为两部分：一部分为大的特征值和相干特征影像；另一部分为近似为 1 的特征值和噪声占主导地位的影像。它被用作一个预处理变换，将感兴趣的信息放在前几个波谱波段中，并按最感兴趣到最不感兴趣的顺序排列这些波段。

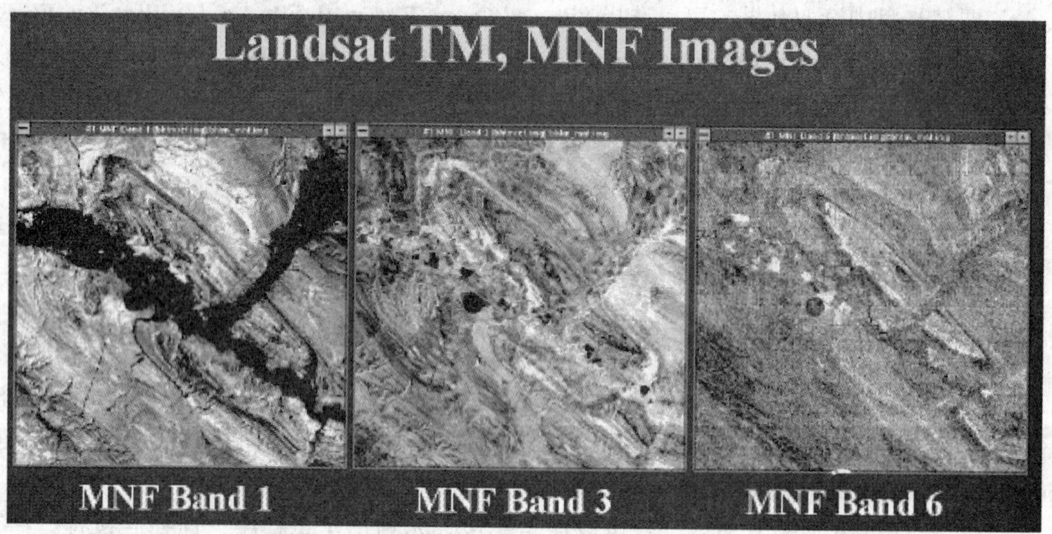

图 24-7　MNF 变换结果图

请参见高光谱专题辅导，以获取额外的背景知识和使用的例子。

要从 TM 影像的反射率数据中计算 MNF 变换：

（1）从 ENVI 主菜单栏中，选择 **Window → Start New Plot Window**，检查预先计算生成的 MNF 特征值绘制图 `bhtm_mnf.asc`。

（2）在绘图窗口菜单栏中，选择 **File → Input Data → ASCII**，加载 `bhtm_mnf.asc` ASCII 码文件。

（3）接着 **Input ASCII File** 对话框就会出现在屏幕上。点击 **OK**，将输入文件数据绘制成图（图 24-7）。

（4）在可用波段列表对话框中，选择 **File → Open Image File**，加载并检查 MNF 影像文件 `bhtm_mnf.img`。务必要查看 MNF 波段序号低和高的影像。在可用波段列表对话框中，打开一个新的显示窗口，加载 MNF 波段 1。

（5）然后，在可用波段列表对话框中，打开另一个新的显示窗口，加载 MNF 波段 6。查看这两个不同 MNF 波段的影像，注意空间一致性随着 MNF 波段号的增加而减小。

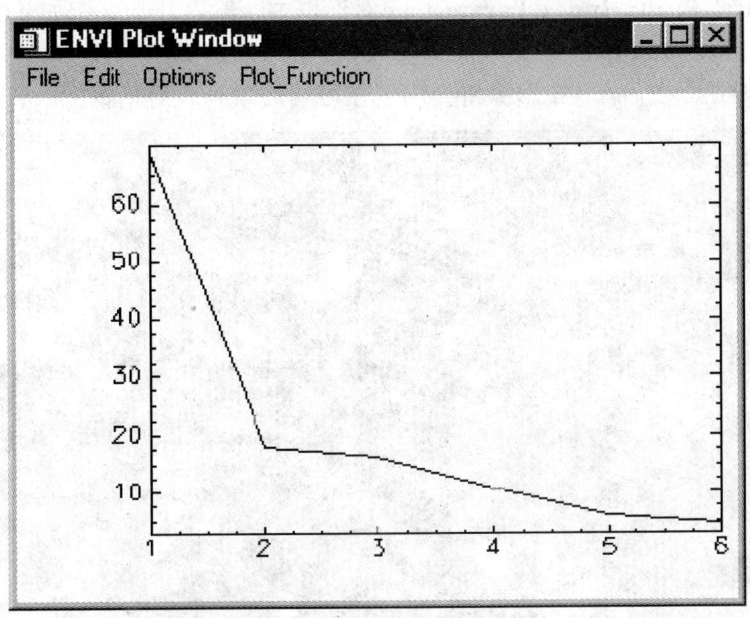

图 24-8　MNF 特征值绘制图

上面的特征值绘制图（图 24-8）反映出了随着 MNF 波段号的增加特征值减小的特点，这显示出了在波段序号大的 MNF 波段中噪声是如何分离出来的。

◆ 进行 PPI 处理查找端元

纯净像素指数（Pixel Purity Index™，PPI™）方法能够在多光谱和高光谱影像数据中查找波谱最纯净的像元（Boardman 和 Kruse，1994）。这些与物质对应的波谱可以线性组合出影像中的所有波谱。我们将 *N* 维散点图投影到二维空间中，并在每个投影中标出纯净像元，计算出纯净像元指数。这个处理过程会输出一幅影像（PPI 影像）（图 24-9），影像汇总每个像素的数字值（DN）都与像素被标化出纯净的次数相一致。因此，影像中的亮像素就表示出了波谱端元的空间位置。我们将使用影像阈值选取后续分析中所需的几千个像素，这样就可以显著地减少要查看的像素个数。请参见高光谱专题辅导，获取额外的 PPI 背景知识和使用的例子。

（1）要进行 PPI 分析，可以在 ENVI 主菜单中，选择 **Spectral → Pixel Purity Index → [FAST] New Output Band**。

这将在内存中计算 PPI 影像。

【注意】如果计算机硬件没有足够大的 RAM，那么可能需要选择 **Spectral → Pixel Purity Index → New Output Band** 菜单，这将会使得执行的速度变慢几个数量级。

（2）在可用波段列表对话框中，选择 **File → Open Image File**。在 **Enter Data Filenames** 对话框中，选择预先计算生成的 PPI 影像 `bhtm_ppi.img`。

（3）选择 PPI 文件并将其加载到一个新的显示窗口中。

或者，可以将 `bhtm_mnf.img` 数据作为输出文件，提取仅包含那些较好的 MNF 波段（如前面确定的波段序号低的影像）的波谱子集。

在 **Fast Pixel Purity Index Parameters** 对话框中，输入几千（例如 4 000）作为迭代的次数，并在 **Threshold Factor** 文本框中输入 3，然后点击 **OK**。

当这些处理完成之后，PPI 影像将会出现在可用波段列表对话框中。

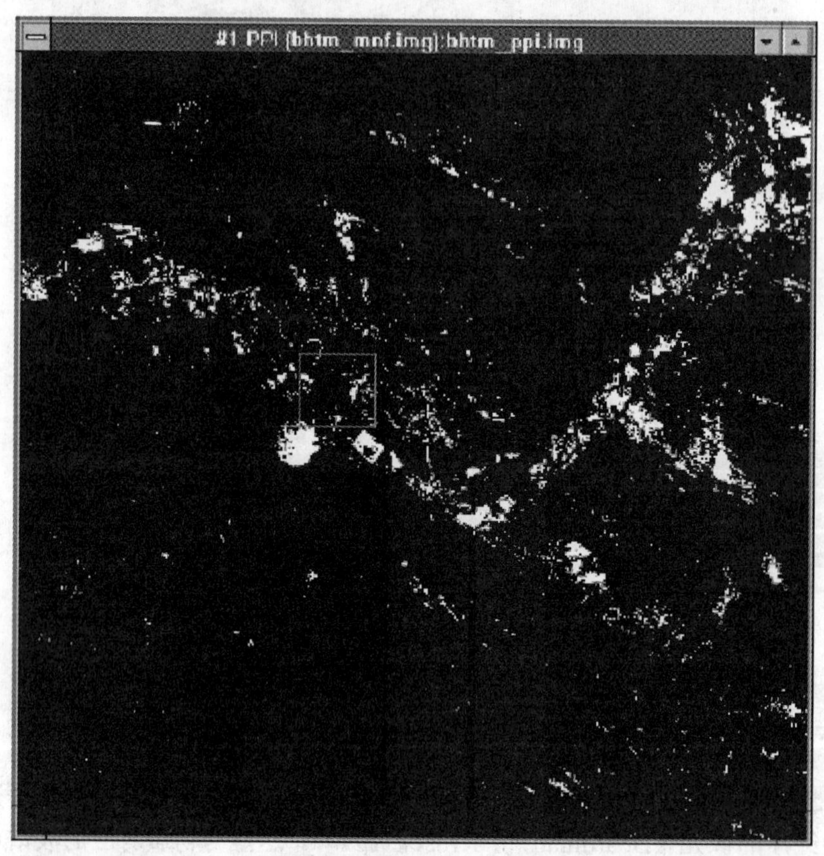

图 24-9 PPI 影像

（4）从主影像窗口菜单中，选择 **Tools → Region of Interest → ROI Tool**，将 ROI 文件 `bhtm_ppi.roi` 加载到 **ROI Tool** 对话框中。

或者，在主影像窗口中显示 PPI 影像，然后选择 **Tools → Region of Interest → Band Threshold to ROI**，通过影像的阈值提取感兴趣区。

选择 PPI 影像为输入文件，然后输入最小阈值为 5，点击 **OK**。

接着所选择的像素将会被输入到 ENVI 的 **ROI Tools** 对话框中。

◆ ***N*** **维可散度分析和端元提取**

虽然上面介绍的 MNF 和 PPI 操作都能有效地减小分析迭代中的数据大小，但是高级的高光谱数据则需要先进的可视化技术。ENVI 的 *N* 维可视化器（图 24-10）是一个交互式的 *N* 维散点绘制工具，它能在 *N* 维空间中实时地旋转散点图（Boardman 等人，1995）。*N* 维可视化器通过将 *N* 维散点图投影到二维平面空间中来简化分析。因此，动画显示的散点图就能够提供同时使用所有波段进行交互式分析的功能。科学家的目视判断技巧和散点图的几何特性被用来寻找波谱端元。请参见高光谱主题辅导和《ENVI 遥感影像处理教程》（ENVI User's Guide），来获取额外的背景知识和使用的例子。

(1)在 ENVI 主菜单中，选择 **Spectral → n-Dimensional Visualizer → VisualizeWith Previously Saved Data**。在 **Enter *n*-D State Filename** 对话框中，选择可视化器使用的文件 `bhtmppi.ndv`。

或者，选择 **Spectral → *n*-Dimensional Visualizer → Visualize With New Data**，使用创建的感兴趣区，该感兴趣区是根据前面描述的 PPI 影像以及作为输入的 MNF 影像所创建生成的。

当 ***n*-D Visualizer** 窗口和 ***n*-D Controls** 对话框出现在屏幕上时，在对话框中点击波段号（1，2，3），选择 MNF 的前三个波段。

通过点击 **Start/Stop** 按钮，开始或停止动画旋转显示。

（2）寻找散点图中的拐角，然后使用 ENVI 的 ROI 定义工具，将包含拐角的像素绘制到感兴趣区中。

（3）从 ***n*-D Controls** 对话框顶部的菜单栏中，选择 **Options → Z Profile**，将 TM 反射率影像作为获取反射率波谱曲线的文件。

（4）在 ***n*-D Visualizer** 窗口中点击鼠标中键，提取特定散点图位置上的波谱曲线。

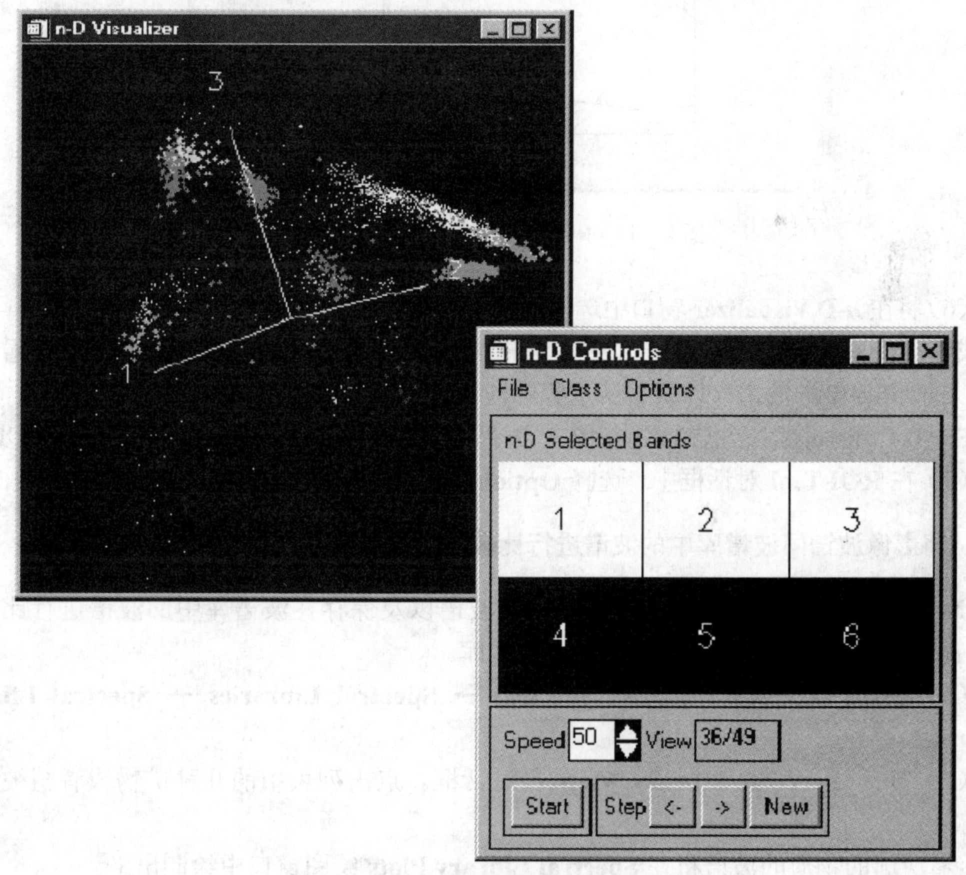

图 24-10　*N*维可视化器

（5）在 ***n*-D Visualizer** 窗口中点击鼠标右键，提取多个波谱的影像。

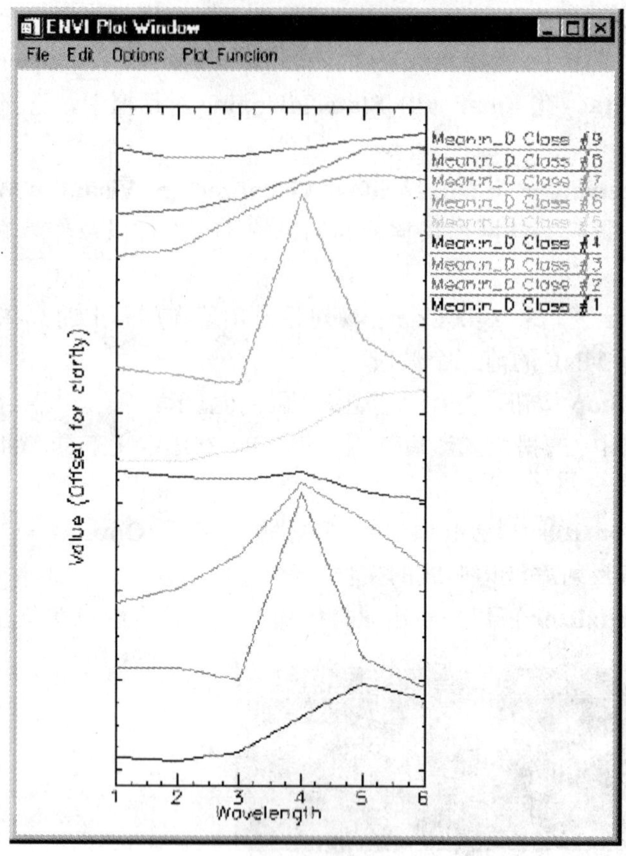

图 24-11 N维可视化器提取的端元波谱

(6)将在 ***n*-D Visualizer** 窗口中选取的波谱端元导出到 **ROI Tool** 对话框中(图 24-11)。

或者，在 ***n*-D Profile** 绘图窗口中，选择 **File→Input Data→ASCII**，加载并查看文件 `bhtm_em.asc` 中的波谱，以代替所选择的波谱。

在 ***n*-D Controls** 对话框的菜单栏中，选择 **Options → Export All**，完成该处理步骤。

(7)在 **ROI Tool** 对话框中，选择 **Options → Mean for All Regions**，绘制波谱曲线。

♦ **将影像波谱同波谱库中的波谱进行比较**

ENVI 允许将影像波谱同实验室所测的波谱以及保存在波谱库中的波谱进行比较。ENVI 提供了几种波谱分辨率相对较高的波谱库。

(1)在 ENVI 主菜单中，选择 **Spectral → Spectral Libraries → Spectral Library Viewer**。

(2)打开 **Spectral Library Viewer** 对话框。点击列表中的几种矿物或者植被的波谱名称。

接着所选的物质的波谱将在 **Spectral Library Plots** 绘图窗口中绘制出来。

(3)在 **Spectral Library Input File** 对话框中，点击 **Open Spec Lib** 按钮，从《ENVI 遥感影像处理专题与实践》附带光盘 #1 的 `envidata\spec_lib\usgs_min` 目录下，选择 ENVI 的波谱库文件 `usgs_min.sli`，点击 **OK**。

（4）将这些高分辨率的波谱与 TM 的波谱端元进行比较。

（5）使用 ENVI 的波谱工具，对整个波谱库重采样成 Landsat 的波长和分辨率。

（6）在 ENVI 主菜单中，选择 **Spectral → Spectral Libraries → Spectral Library Resampling**。

（7）选中 `usgs_min.sli` 波谱库，以 Landsat TM5 为基准进行重采样。

（8）点击 **OK**，接着将会重采样这些波谱，并把它们放置在可用波段列表对话框中。

（9）在 ENVI 主菜单中，选择 **Spectral → Spectral Libraries → Spectral Library Viewer**。

（10）选择刚刚创建的波谱库文件，并点击几种矿物和植被的波谱，显示它们的重采样后的波谱曲线。

（11）将这些波谱与 Landsat TM 影像的波谱进行比较（图 24-12）。

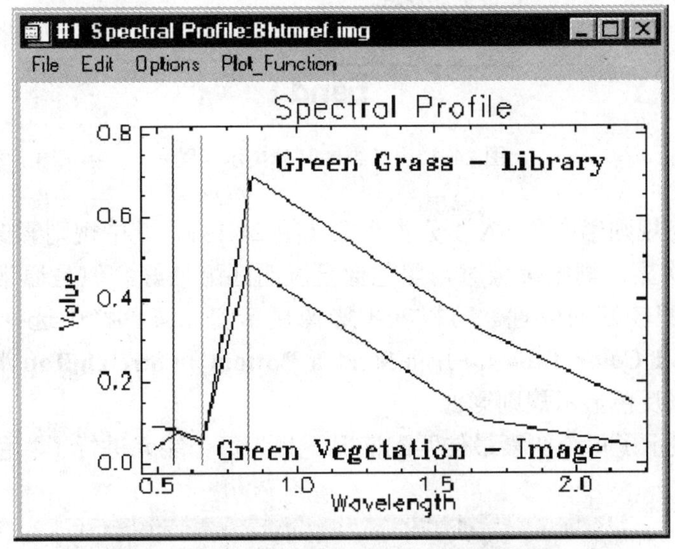

图 24-12　影像波谱与波谱库中波谱的比较

◆ 波谱角填图分类

波谱角填图（SAM）将测量 N 维空间的未知波谱和参考波谱之间的相似性。被看做 N 维空间矢量的波谱之间的角度称为波谱角。下图 24-13 展示了二维情况下的波谱角。该方法假定数据已经被简化为表观反射率数据，且只使用了波谱的方向，而不使用其长度。因此 SAM 分类对亮度影响不是很敏感。请参见高光谱专题辅导和《ENVI 遥感影像处理教程》(ENVI User's Guide)，来获取额外的背景知识和使用的例子。

要进行波谱角填图分类：

（1）在主影像窗口中，选择 **Tools → Region of Interest → ROI Tool**。使用 **File→ Restore ROIs**，加载文件 `bhtm_em.asc` 中的感兴趣区。

或者，选择 **Classification → Supervised → Spectral Angle Mapper**。将 Landsat TM 的反射率数据 `bhtmref.img` 作为输入文件输入。当 **Endmember Collection：SAM** 对话框出现在屏幕上时，选择 **Import → from ROI from Input File**，然后在 **n-D Visualizer**

窗口中选择创建的感兴趣区。

（2）在 **Endmember Collection：SAM** 对话框中，点击 **Apply**，输入要输出的文件名，开始进行波谱角填图分类。

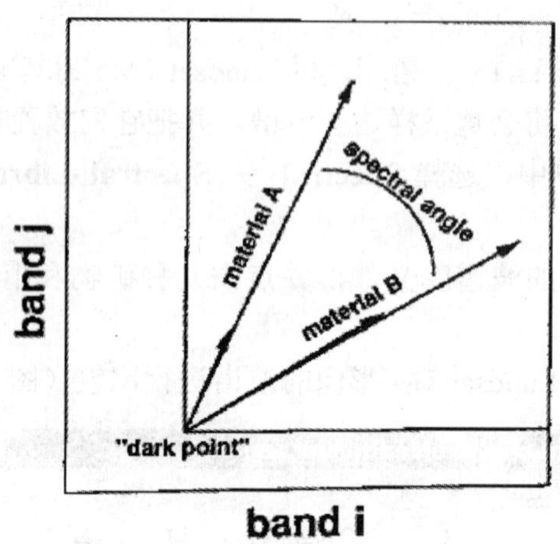

图 24-13　二维 SAM 分类示意图

分类的结果为规则影像和 SAM 分类影像（图 24-13），其中规则影像同选择的端元个数相对应。当首次显示规则影像时，黑色像素表明匹配最好。但是通常最好用亮像素表示规则影像中匹配较好的位置。可以在主影像显示窗口菜单栏中选择 **Tools → Color Mapping → ENVI Color Tables**，并将 **Stretch Bottom** 和 **Stretch Top** 滑动条拉动到相反的位置上，以此来反色显示规则影像。

如图 24-14 显示了每个像素最佳匹配情况，且为每个端元进行了彩色编码（采用默认的阈值 0.10 弧度）。

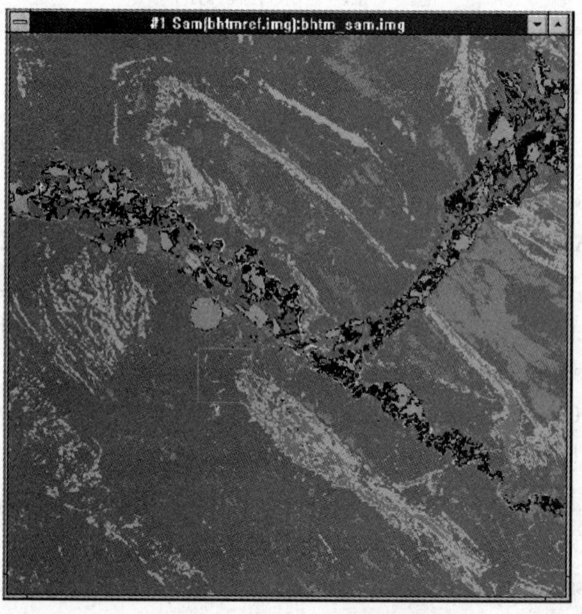

图 24-14　SAM 分类结果图

♦ 线性波谱分离

影像像素通常表示 1 到几平方米的区域。在这些像素中，地球表面由混合物质所组成，纯净像素非常少（Boardman）。大多数的影像系统所接收到的混合波谱都是纯净或者端元波谱的线性组合，并根据该区域的百分比含量加权合成（图 24-15）。我们可以使用数学模型来分析混合像素，其中观测到的波谱是混合纯净端元波谱与端元丰度相乘的结果。混合的结果仍然可以使用几何模型来可视化分析，它的基础就是 N 维散点图的二维平面投影。请参见 ENVI 的高光谱专题辅导和《ENVI 遥感影像处理教程》（ENVI User's Guide），来获取额外的背景知识和使用的例子。

要使用 ENVI 进行线性波谱分离：

（1）显示预先计算生成的影像结果 `bhtm_unm.img`。

或者，使用上面 ***n*-D Visualizer** 提取的端元波谱。选择 **Spectral → Mapping Methods → Linear Spectral Unmixing**，选择校正后的 TM 反射率数据作为输入文件。

在 **Endmember Collection：Unmixing** 对话框顶部的菜单栏中，选择 **Import → from ROI from Input File**，在 ***n*-D Visualizer** 窗口中选择所创建的感兴趣区，然后点击 **Apply**。

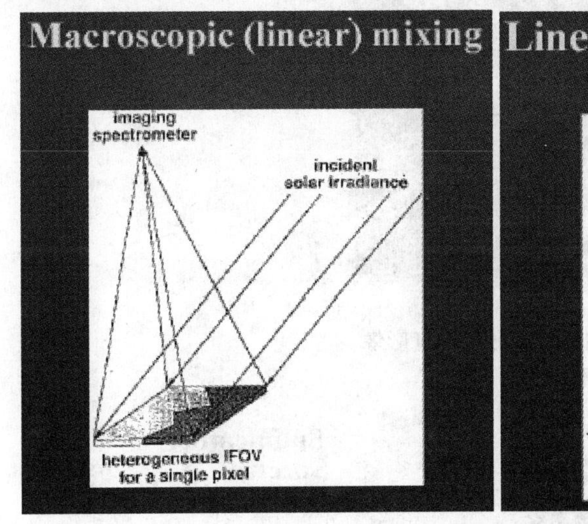

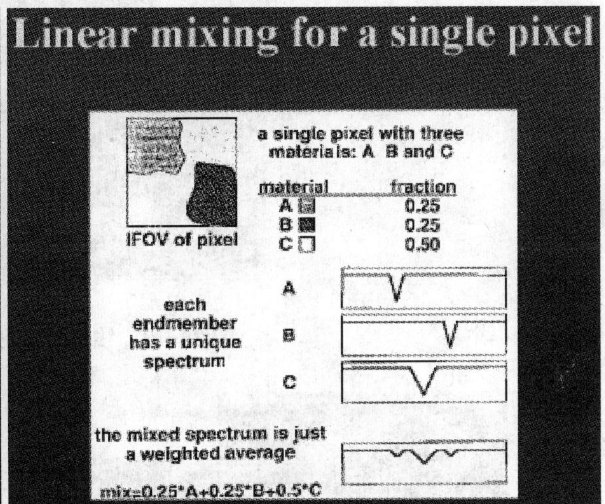

图 24-15　航空混合＝线性混合（左）＋线性波谱混合（右）

当这些处理完成后，波谱分离端元影像将会出现在可用波段列表对话框中。

（2）在可用波段列表对话框中显示这些影像。此外，在分析过程中将会产生均方根（RMS）误差影像。

丰度影像中的亮值代表了高的丰度；光标值/位置功能（Cursor Value/Location）可以用于查看实际的像素值。

- 在默认状态下，ENVI 使用的是无约束的分离算法。这意味着如果没有选择正确的端元，那么在数量上结果将是错误的。如果任意一个端元出现了负的丰度值，或者相同像素所有端元丰度值的数量和大于 1，那么分离将没有任意实际意义。最好的改进方法是反复地运行 ENVI 的线性波谱分离算法，并查看丰度影像（图 24-16）和 RMS 误差影像。

- 在 RMS 影像中寻找误差大的区域，并提取该区域的波谱，然后设置新的端元，再重新进行线性波谱分离处理（图 24-17）。

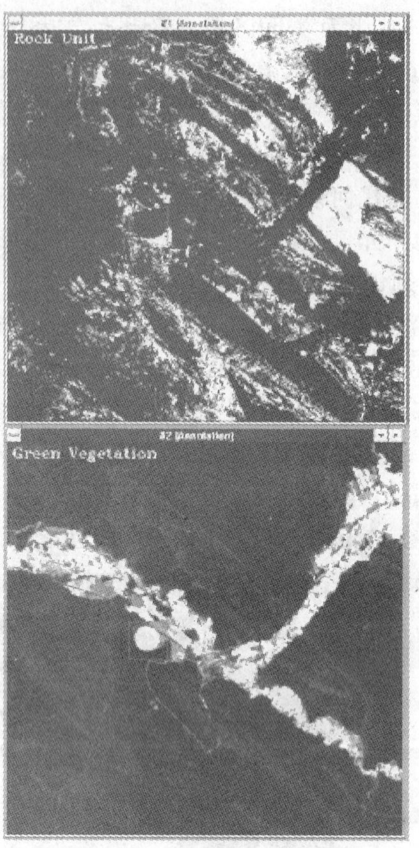

图 24-16　线性波谱分离丰度影像

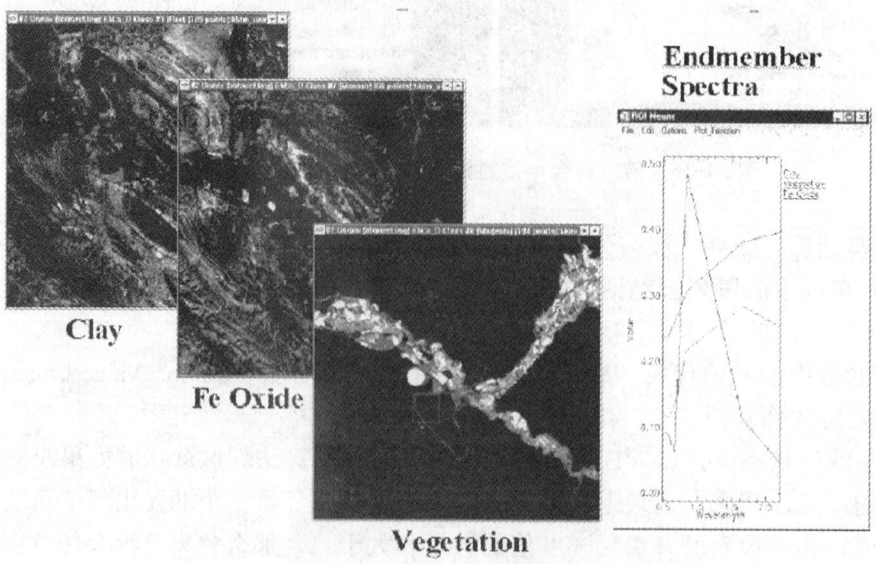

图 24-17　线性波谱分离结果图

当均方根（RMS）误差影像中没有任意较高的误差，且所有的丰度影像像素值非负，总和小于等于 1 时，就完成了线性波谱分离处理操作。该迭代方法比试图人工约束的混合方法更精确，在多次迭代计算之后，它同约束方法相比能很有效地减少几个数量级的计算时间。

- 如果确信能够使用所有的端元，那么点击 **Apply a unit sum constraint** 按钮，再次运行线性波谱分离算法。

◆ 添加注记并输出影像地图

正如先前所描述的，ENVI 中任意影像处理的最终输出通常是基于地图的，它将生成缩放的影像地图，以方便表译、目视分析或者解释。在本专题中，TM 影像数据已经带有地理坐标了。请参见配准专题辅导或者《ENVI 遥感影像处理教程》（ENVI User's Guide）以及在线帮助，获取所需要的额外信息。ENVI 也提供了创建可出版带注记的地图的所有工具。这些注记包括像素（pixel）、地图和地理（经纬度）的公里网、比例尺、三北方向图表（declination diagrams）、指北针、文字和符号注记、多边形、折线和几何形状（圆、矩形）注记、图例注记以及影像嵌入式注记。要获取关于地图制图的额外信息，请参见地图制图专题辅导，《ENVI 遥感影像处理教程》（ENVI User's Guide）或者在线帮助。

◆ 结束 ENVI 程序

在ENVI主菜单中选择 **File → Exit**（在UNIX操作系统下是Quit），在弹出的 **Terminate this ENVI Session** 对话框中选择 **Yes**，并点击 **OK**，退出 ENVI 程序。如果使用的是 **ENVI RT**，退出 ENVI 会返回操作系统。

1.4 总结

我们已经发展了许多各种先进的工具来分析处理成像光谱仪数据（高光谱数据）。这些工具都很完善成熟，且被有选择地使用到 AVIRIS 以及其他的数据集中。在许多我们想要分析研究的领域中，我们可以使用某些高光谱工具分析处理各种可用的多光谱数据。ENVI 允许用户使用为高光谱数据所设计的工具来发展使用和分析多光谱数据集的新方法。

专题二十五　HDF 格式介绍和 MASTER 影像数据处理

1.1 专题概述

本专题的目的是向用户介绍 HDF 数据格式以及多光谱影像数据的分析方法，该多光谱影像数据是从 MODIS/ASTER 航空模拟（MASTER）传感器上获取的。本专题辅导的内容包括：打开读取 HDF 格式文件；提取空间和波谱子集和所需的波谱；将影像波谱同波谱库中的波谱进行比较；以及经典的多光谱处理方法。要获取特定函数的额外详细信息，请参见《ENVI 遥感影像处理教程》（ENVI User's Guide）。

◆ 本专题中使用的文件

光盘：《ENVI 遥感影像处理专题与实践》附带光盘 #2
路径：`envidata/cup99mas`

文件	描述
`9900511f.hdf`	内华达州 Cuprite 地区 MASTER 数据
`header.txt`	数据信息的文本头文件

◆ 背景知识

MASTER 被设计用来采集 ASTER 和 MODIS 传感器所支持的模拟数据，它将改进算法、校正、有效验证领域有机地联系在一起。MASTER 由 NASA 操作运营，它是带有 50 个波段的扫描仪，覆盖的波谱范围近似为 0.4～14 μm。该传感器搭载在 NASA Beachcraft B200、DC-8 或者 ER-2 航空器上，产生的空间分辨率为 5～50 m。波谱波段的位置被设计用来同时模拟 ASTER 和 MODIS。

MASTER 数据是通过 EROS 数据中心获取的，它采用了 HDF（Hierarchical Data Format）格式。HDF 是多目标文件格式，能在机器设备之间传输图形和数字形式的数据，允许用户在表格中创建、访问或者共享科学数据。该表格具有自描述和网络透明的特性。“自描述”意味着文件包含数据的定义信息。“网络透明”意味着表格所表示的文件能够被采用不同存储方式的计算机所访问。ENVI 支持的 HDF 数据包括栅格影像，保存为二维或三维科学数据格式的影像，以及保存为一维科学数据格式的绘制图。

1.2 HDF 格式和 MASTER 影像数据处理

◆ 启动 ENVI

启动前，请确保已正确地安装 ENVI。

- 要在 UNIX 或 Macintosh OS X 中启动 ENVI，请在 UNIX 命令行中输入 `envi`。
- 要在 Windows 系统中启动 ENVI，请双击 ENVI 的图标。

当程序成功地加载并执行后，ENVI 的主菜单将会出现在屏幕上。

◆ 打开 HDF 文件并查看数据项

（1）选择 **File → Open External File → Generic Formats → HDF**。选中文件 `990051f.hdf`，然后点击 **Open**。接着 **HDF Dataset Selection** 对话框出现在屏幕上，并且列出了文件中所包含的可用 HDF 格式数据。

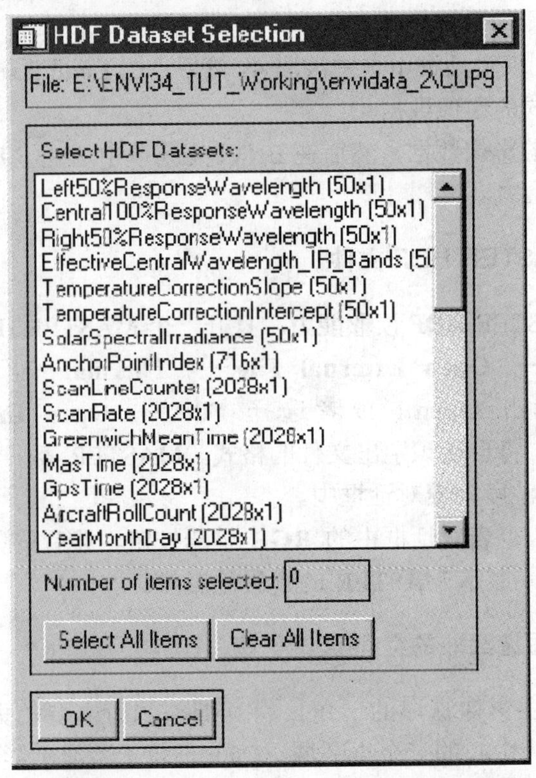

图 25-1　HDF Dataset Selection 对话框

（2）在 **Select HDF Datasets:** 中，点击标有（50×1）：`Left50%ResponseWavelength` 的 HDF 数据集，然后点击 **OK** 按钮，绘制该数据。该数据集包含了 MASTER 的 HDF 数据的中心波长。

（3）在绘图窗口中选择 **Edit → Data Parameters**，在 **Data Parameters** 对话框的 **Symbol** 下拉菜单中选择符号名称，为绘制图添加符号。拖曳绘制图的一角将其放大到原始大小的 2 倍或 3 倍，以便看清个别波段中心的标志。

（4）在绘制图上点击并拖动鼠标左键，使用交互式的绘图光标读取波长值。当移动光标的时候，波段中心的波长会被列在绘制图窗口的底部。最右边的数值表示了以 μm 为单位的所选波段的波段中心。注意 MASTER 数据所覆盖的波长范围近似为 0.4～14 μm。

◆ 打开一个 HDF 文件并加载影像

（1）选择 **File → Open External File → Generic Formats → HDF**。选中文件 `990051f.hdf`，然后点击 **Open**。接着 **HDF Dataset Selection** 对话框将会出现在屏幕上，并且列出了文件中所包含的可用 HDF 格式数据。

（2）在 **HDF Dataset Selection** 对话框中，将滚动条滚动到 **Select HDF Datasets:** 列表的底部，选中标有（716×50×2 028）：`CalibratedData` 的 HDF 数据集，然后点击 **OK**。在 **HDF Data Set Storage Order** 对话框中，再点击 **BIL** 单选按钮，然后点击 **OK**，将影像数据加载到可用波段列表对话框中。该数据集为美国 Nevada 州 Cuprite 地区的 MASTER HDF 格式的影像数据。

（3）在可用波段列表对话框中选中波段 4，然后点击 **Load Band** 加载显示影像。ENVI 可以直接读取 HDF 格式的影像数据。

（4）查看所显示的影像数据，然后在 ENVI 主菜单中选择 **File → Close All Files**，关闭显示的影像及数据。

◆ 打开并显示 MASTER HDF 文件

使用 ENVI 的 MASTER HDF 读取能力，打开一个 MASTER HDF 文件。

（1）选择 **File → Open External File → Thermal → MASTER**，选中文件 `990051f.hdf`，再点击 **Open**。或者选择 **File → Open Image**，然后双击文件 `990051f.hdf`，ENVI 将自动识别出文件的格式。MASTER 数据的 50 个波段以及相应的波长将会列出在可用波段列表对话框中。

（2）点击可用波段列表对话框中的 **RGB** 单选按钮，然后按顺序点击波段 5，3，1，最后再点击 **Load RGB**，显示 MASTER 的真彩色影像。

◆ 可见光近红外/短波红外的空间/波谱子集

（1）点击并拖动主影像窗口的一角，将其调整到所需要的大小，使其覆盖以美国 Nevada 州 Cuprite 地区为中心的一个小区域。Cuprite 位于所显示影像的右下角。

（2）在 ENVI 主菜单中选择 **Basic Tools → Resize Data（Spatial/Spectral）**，然后在 **Resize Data Input File** 对话框中，选中 `9900511f.hdr` 文件。同时提取空间和波谱子集。

（3）在 **Resize Data Input File** 对话框中，点击 **Spatial Subset**，然后在 **Select Spatial Subset** 对话框中选择 **Subset by Image**。使用鼠标左键在 **Subset Function** 对话框中移动红色矩形框，直到得到一个合适的子集为止，然后点击 **OK**，最后在 **Select Spatial Subset** 对话框中点击 **OK**。

（4）在 **Resize Data Input File** 对话框中，点击 **Spectral Subset** 按钮，然后在 **File**

Spectral Subset 对话框中，点击 **Clear**。在波段名上点击并拖动鼠标左键选择波段 1～25，或者在对话框底部输入波段 1～25 的范围，然后点击 **Add Range**。点击 **OK** 返回到 **Resize Data Input File** 对话框中，再次点击 **OK**。

（5）在 **Resize Data Parameters** 对话框中，输入要输出的文件名（例如 resizedimage），然后点击 **OK**，这时将会同时在空间和波谱上调整数据的大小。

◆ **经验反射率校正法**

（1）在可用波段列表对话框中，点击 **RGB** 单选按钮，然后按顺序点击波段 5，3，1，最后再点击 **Load RGB**，显示一幅 MASTER 真彩色影像（图 25-3）。

（2）在主影像显示窗口菜单栏中，选择 **Tools → Profiles → Z Profile（Spectrum）**，显示 MASTER 波段 1～25 的波谱（0.46～2.396 μm）曲线（图 25-2）。注意波谱的形状，以及大气吸收作用对太阳波谱形状造成的影响。

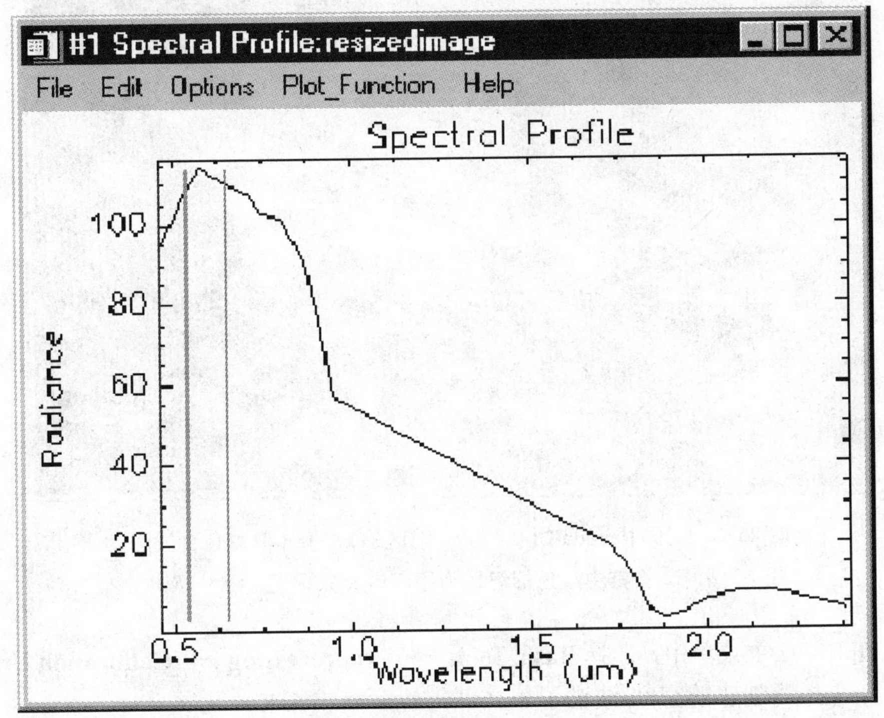

图 25-2　MASTER 辐射波谱

选择感兴趣的波谱平场域，使用经验平场域纠正进行快速（粗略）的大气纠正，然后将该场域的平均波谱划分为影像中每个像素的波谱。

（3）在主影像窗口中，双击鼠标左键，打开 **Cursor Location/Value** 对话框，在影像上将鼠标光标移动到 565 和 1 622 附近的 Stonewall Playa（影像右下角明亮的区域）的位置。

（4）选择 **Overlay → Region of Interest**，打开 **ROI Tool** 对话框，然后在 Playa 附近点击鼠标左键，绘出一个感兴趣区，点击鼠标右键封闭该感兴趣区，再次点击右键锁定该感兴趣区的位置。当处理完成后，关闭 ROI 鼠标控制，务必在 **ROI Tool** 中点击 **Off**

按钮。

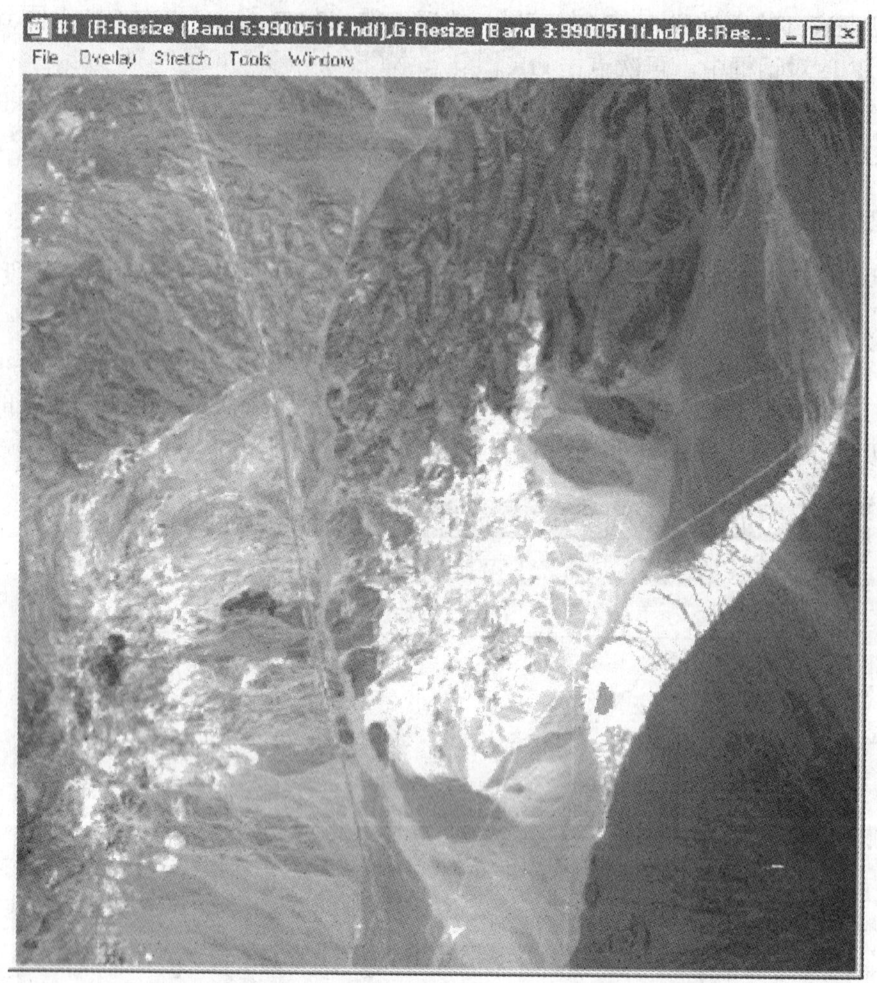

图 25-3 美国 Nevada 州 Cuprite 地区的 MASTER 真彩色合成图，
其中红色标记的为平场域感兴趣区

（5）在 ENVI 主菜单中，选择 **Basic Tools → Preprocessing → Calibration Utilities → Flat Field**，选择所创建的空间/波谱子集文件，然后点击 **OK**。

（6）在 **Flat field Calibration Parameters** 对话框的 **Select ROI for Calibration**：区域中选中 *Region #1*，输入要输出的文件名（例如 calibration），然后点击 **OK**，开始进行平场域纠正。

显示一幅彩色合成影像并提取波谱曲线

（1）如上面步骤所述，从可用波段列表对话框中，选择波段 5，3，1（RGB-真彩色），然后点击 **Load RGB**。

（2）一旦影像显示在屏幕上后，就可以从主影像显示窗口菜单栏中，选择 **Tools → Profiles → Z Profile（Spectrum）**，打开波谱剖面廓线绘制图窗口，显示 MASTER 波段 1～25（0.46～2.396 μm）的波谱曲线。注意到纠正波谱同表观反射率或相对反射率（与平场域波谱有关）相对应。

（3）使用交互式鼠标光标，对整幅影像像素的波谱进行查看。观察真彩色影像中由于对 Fe^{+3} 的吸收而呈红色的区域，因为 Fe^{+3} 的吸收特征接近 0.87 μm（波段 9）。使用鼠标中键，在绘制图中放大 2.0～2.4 μm 范围的波谱，然后再观察 2.2 μm 和 2.3 μm 附近，分别由黏土和碳酸盐产生的吸收特征。

◆ 比较影像的波谱

将影像波谱与波谱库中的波谱进行比较：

（1）在 ENVI 主菜单中，选择 **Spectral → Spectral Libraries → Spectral Library Viewer**，然后点击 **Spectral Library Input File** 对话框底部的 **Open Spectral Library** 按钮。接着在 **Spectral Library Input File** 对话框中，选中文件 `usgs_min.sli`，并点击 **OK**。在 **Spectral Library Viewer** 对话框的主列表中，点击波谱名 `alunite1.spc`，显示矿物明矾石（`alunite`）的波谱。点击 `budding1.spc`，显示 buddingtonite 的波谱；点击 `calcite1.spc`，显示 calcite 的波谱；点击 `kaolini1.spc`，显示 kaolinite 的波谱。最后，在 **Spectral Library Plots** 窗口中，选择 **Options → Stack Plots**，将波谱曲线堆叠在一起。

（2）使用影像波谱曲线图，来选择相同矿物的 MASTER 波谱曲线。浏览影像数据，查看 2.2 μm 和 2.3 μm 附近的波谱特征。提取 521∶1 587（alunite），424∶1 578（buddingtonite），239∶1 775（calcite），以及 483∶1 674（kaolinite）处的波谱曲线（图 25-4）。

（3）在绘图窗口中，选择 **Options → New Window: Blank**，打开一个新的绘制窗口，使用 ENVI 的波谱拖放功能，将波谱拖放到窗口中，以进行比较。在波谱曲线绘制窗口中，点击鼠标右键，在弹出的快捷菜单中，选择 **Plot Key**，显示波谱名。接着点击波谱名，并将其拖放到新打开的窗口中。将影像波谱与波谱库波谱进行比较（图 25-5），并比较影像波谱之间的差别。

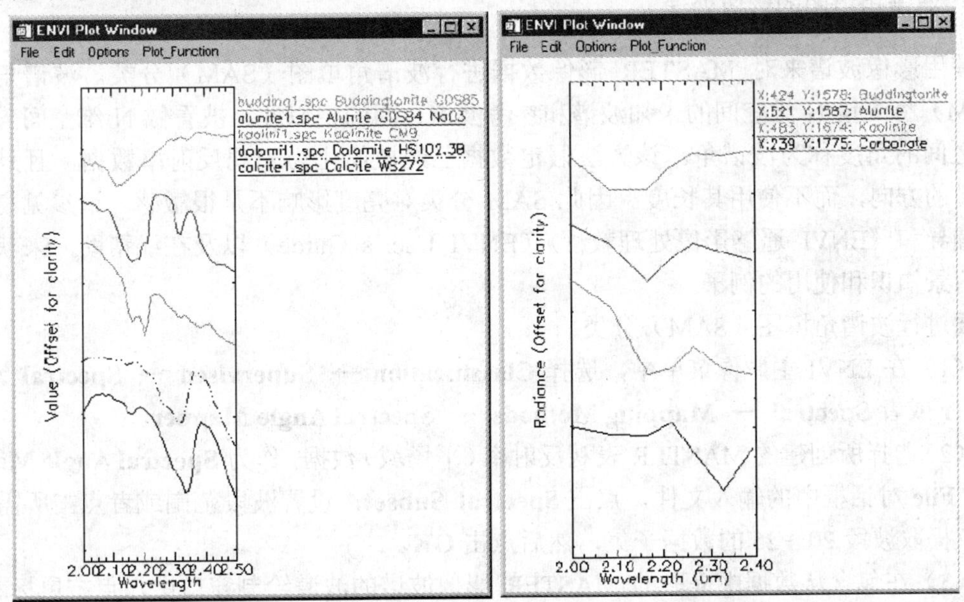

图 25-4　所选矿物的波谱库反射率波谱（左）以及在影像中被认为是相同物质的 MASTER 反射率波谱

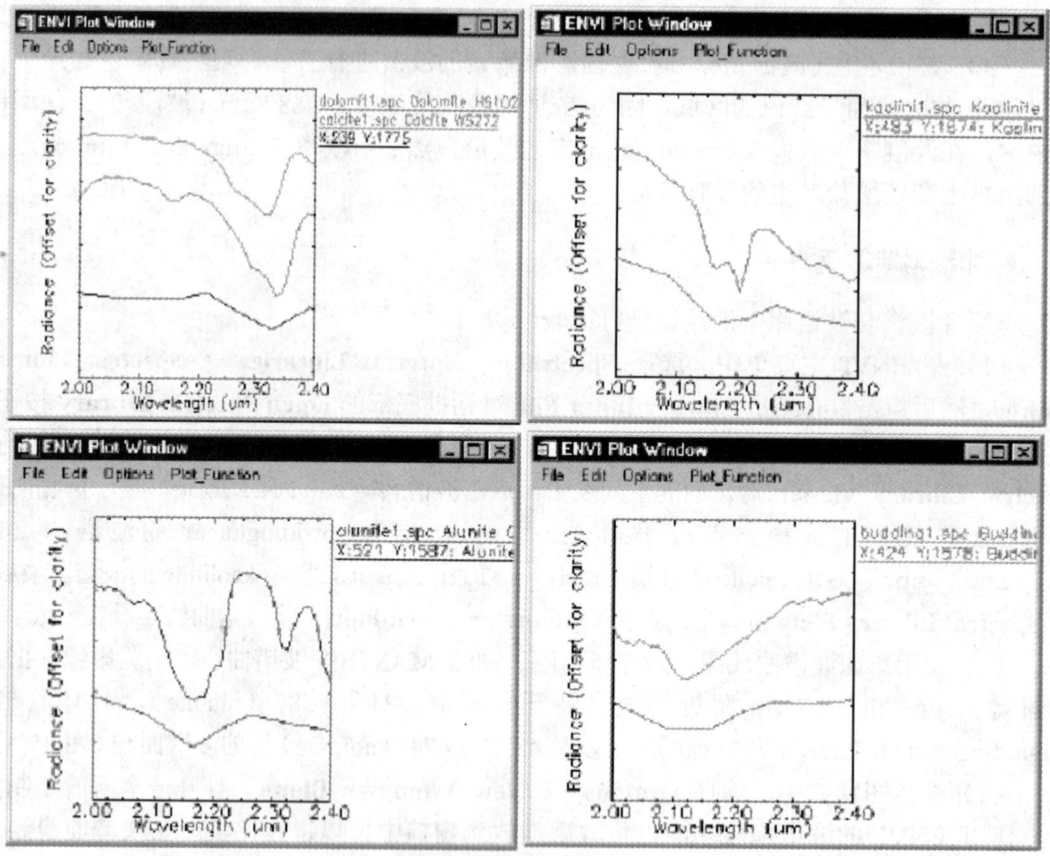

图 25-5　所选矿物的波谱库反射率波谱与它们相应的 MASTER 表观反射率波谱的比较

◆ 波谱角填图的影像处理

使用影像波谱来对 MASTER 影像数据进行波谱角填图（SAM）分类。波谱角填图（SAM）将测量 N 维空间的未知波谱和参考波谱之间的相似性。被看做 N 维空间矢量的波谱之间的角度称为波谱角。该方法假定数据已经被简化为表观反射率数据，且只使用了波谱的方向，而不使用其长度。因此 SAM 分类对亮度影响不是很敏感。请参见高光谱专题辅导和《ENVI 遥感影像处理教程》（ENVI User's Guide）以及在线帮助，来获取额外的背景知识和使用的例子。

要进行波谱角填图（SAM）分类：

（1）在 ENVI 主影像菜单中，选择 **Classification → Supervised → Spectral Angle Mapper** 或者 **Spectral → Mapping Methods → Spectral Angle Mapper**。

（2）选择所创建的 MASTER 表观反射率（平场域）数据，作为 **Spectral Angle Mapper Input File** 对话框中的输入文件，点击 **Spectral Subset**，设置波段范围或者点击所需的波段，仅提取波段 20～25 的数据子集，然后点击 **OK**。

（3）在包含从数据中提取的 MASTER 影像波谱的波谱绘制窗口中，点击鼠标右键，从弹出的快捷菜单，选择 **Plot Key**，显示出相应的波谱名。然后使用鼠标左键，点击每一个波谱名，并将它们拖放到 **Endmember Collection：SAM** 对话框顶部的黑色绘图窗口中。这样，波谱名将会显示该对话框中。选择 **Options → Plot Endmembers**，确定选择了正确的端元波谱。

（4）在 **Endmember Collection：Sam** 对话框中，点击 **Apply**，输入要输出的文件名（例如 `spectralmapping`），然后点击 **OK**，开始进行 SAM 分类。分类的结果为规则影像和 SAM 分类影像，其中规则影像同选择的端元个数相对应（图 25-6）。

图 25-6　对美国 Nevada 州 Cuprite 地区的 MASTER 波谱角填图分类图。分类图中的颜色与先前影像中端元波谱的颜色相对应

（5）在可用波段列表对话框中，选择影像名，点击 **Gray Scale** 单选按钮，然后点击 **Load Band**，显示 SAM 影像。将 SAM 影像与彩色合成影像进行比较。选择 **Tools → Link Displays → Link**，使用动态叠加功能，查看特定填图矿物的空间位置。使用波谱剖面工具，检验波谱是否匹配。

（6）也可以使用规则影像对波谱匹配进行评价。当首次显示规则影像时，黑色像素表明匹配最好。但是通常最好用亮像素表示规则影像中匹配较好的位置。可以在主影像显示窗口菜单栏中选择 **Tools → Color Mapping → ENVI Color Tables**，并将 **Stretch Bottom** 和 **Stretch Top** 滑动条拉动到相反的位置上，以此来反色显示规则影像。选择 **Tools → Link Displays → Link**，使用动态叠加功能，查看特定填图矿物的空间位置。使用波谱剖面工具，检验波谱是否匹配。

专题二十六　MASTER 长波红外 MSI 影像数据介绍

1.1 专题概述

本专题的目的是向用户介绍长波红外（LWIR）的多光谱影像数据的分析方法，该多光谱影像数据是从 MODIS/ASTER 航天模拟（MASTER）传感器上获取的。本专题辅导的内容包括：打开、读取 HDF 格式文件；提取空间和波谱子集；查看 LWIR 波谱并确定主要的波谱波段；对彩色合成影像进行去相关拉伸处理，以突出 LWIR 波谱间的差异；以及将短波红外（SWIR）和长波红外（LWIR）的制图结果进行比较。要获取特定函数的更多详细信息，请参见《ENVI 遥感影像处理教程》(ENVI User's Guide）或者 ENVI 的在线帮助。我们所用的 MASTER 数据集和其他 MASTER 影像数据都是从 NASA，通过 EROS Data Center，Sioux Falls，SD 公司购买的。

◆ **本专题中使用的文件**

光盘：《ENVI 遥感影像处理专题与实践》附带光盘 #2

路径：envidata/cup99mas

文件	描述
9900511f.hdf	Cuprite 地区 HDF 格式的 MASTER 数据
header.txt	MASTER 的 ASCII 头文件

◆ **背景知识**

MASTER 被设计用来采集 ASTER 和 MODIS 传感器所支持的模拟数据，它将改进算法、校正、有效验证领域有机地联系在一起。它是带有 50 个波段的扫描仪，覆盖的波谱范围近似为 0.4～14 μm。该传感器搭载在 NASA Beachcraft B200、DC-8 或者 ER-2 航天器上，空间分辨率为 5～50 m。波段的范围设置是模拟的 ASTER 和 MODIS。

MASTER 数据是通过 EROS 数据中心获取的，它采用了 HDF（Hierarchical Data Format）格式。HDF 是一种超文本文件格式，能在机器设备之间传输图形和数字形式的数据，允许用户在列表中创建、访问或者共享科学数据。该列表具有自描述和网络透明的特点。“自描述”意味着文件包含数据的定义信息。“网络透明”意味着列表所表示的文件能够被采用不同存储方式的计算机所访问。ENVI 支持的 HDF 数据包括栅格影像，二维或三维影像，以及文本等。

在长波红外（LWIR，8～14 μm）中，典型岩石的发射率波谱表明该区域非常适合确定岩石的类型。该方法是基于波长 8.5 μm 附近最小发射率的偏移来确定硅酸盐物质的（石英和长石)，而更长的波长被用来确定片状和链状的硅酸盐（除了 SiO_4）。MASTER 传感器的独特性在于，它提供了完整覆盖 0.4～14 μm 波谱范围的 50 个波谱波段。

1.2 使用 MASTER 长波红外 MSI 影像数据

◆ 打开并显示 HDF 格式的 MASTER 文件

使用 ENVI 的 MASTER HDF 功能，打开 HDF 格式的 MASTER 文件。

（1）选择 **File → Open External File → Thermal → MASTER**。选择 `cup99mas` 子目录中的 `9900511f.hdf` 文件。或者，选择 **File → Open Image File**，双击 `9900511f.hdf` 文件，ENVI 将会自动地识别该文件的格式。接着 50 个 MASTER 波段以及它们相应的波长出现在可用波段列表对话框中。

（2）在可用波段列表对话框中，点击 **RGB** 单选按钮，然后按顺序选择波段 46，44，41。然后点击 **Load RGB**，加载显示一幅 MASTER 长波红外（LWIR）彩色合成影像。

◆ 长波红外数据的空间/波谱子集

（1）点击并拖动主影像窗口的一角，将其调整到所需要的大小，使其覆盖以美国 Nevada 州 Cuprite 地区为中心的一个小区域。Cuprite 位于所显示影像的右下角。

【注意】如果打算在本章的最后部分，对短波红外（SWIR）和长波红外（LWIR）结果进行最终的比较，那么首先应该进行 MASTER HDF/SWIR 分析（见前一个专题），并在本专题中提取相同的波谱子集。

（2）在 ENVI 主菜单中，选择 **Basic Tools → Resize Data（Spatial/Spectral）**，然后在 **Resize Data Input File** 对话框中，选中 `9900511f.hdr` 文件。同时提取空间和波谱子集。

（3）在 **Resize Data Input File** 对话框中，点击 **Spatial Subset**，然后在 **Select Spatial Subset** 对话框中选择 **Subset by Image**。使用鼠标左键在 **Subset Function** 对话框中移动红色矩形框，直到得到一个合适的子集为止，然后点击 **OK**，最后在 **Select Spatial Subset** 对话框中点击 **OK**。

（4）在 **Resize Data Input File** 对话框中点击 **Spectral Subset** 按钮，然后在 **File Spectral Subset** 对话框中点击 **Clear**。在波段名上点击并拖动鼠标左键选择波段 41～50（7.8～12.8 μm），或者在对话框底部输入 41 和 50 确定波段的范围，然后点击 **Add Range**。点击 **OK** 返回到 **Resize Data Input File** 对话框中，再次点击 **OK**。

（5）在 **Resize Data Parameters** 对话框中，输入要输出的文件名，点击 **OK**，这时将会同时在空间和波谱上调整数据的大小。

◆ 显示各个不同的波段

（1）在可用波段列表对话框中，选择波段 41，点击 **Gray Scale** 单选按钮，然后点击 **Load Band**，显示一幅灰阶影像。

（2）在主影像显示窗口菜单栏中，选择 **Tools → Animation**，在出现的 **Animation Image Parameters** 对话框中点击 **OK**，动画显示调整大小后的长波红外（LWIR）波段，查看影像的波谱变化。ENVI 将加载 10 个 MASTER 的长波红外波段，并把它们动画循环显示出来。注意大多数显示出的波谱变化是由热量差异引起的，而不是波段间的波谱差异造成的。理想情况下，这些数据应当经过大气校正，然后转换为发射率数据，以增强波谱差异。但是，为了简化本专题，我们将使用长波红外波段来替换主要影像波段，使用去相关拉伸处理对影像进行增强。

（3）改变动画显示的速度，查看单独的动画帧，对影像进行比较。当操作处理完成后，选择 **File → Cancel**。如果需要，使用可用波段列表显示个别感兴趣的波段，并使用影像动态链接功能，在不同的显示窗口进行比较。

◆ **重新查看长波红外波谱及其波谱特征**

ENVI 包含了约翰·霍普金森大学测得的光谱库，该光谱库包括了所选物质 0.4～14 μm 的光谱。该区域岩石和土壤外观上无缝的反射率波谱是从两种不同仪器上获取的，两者都综合考虑了半球影响，以测量方向性半球的反射率。在大多数情况下，利用基尔霍夫定律（E＝1－R），这些红外数据可以被用来计算发射率。

根据本专题的目的，在 JHU 波谱库中，较高的反射率波谱被认为同较低的期望发射率波谱相等。

（1）在 ENVI 主菜单栏中，选择 **Spectral → Spectral Libraries → Spectral Library Viewer**。点击 **Open Spec Lib...** 按钮，选择进入 `jhu_lib` 目录，选中波谱库文件 `minerals.sli`。点击 **OK**。

（2）在 **Spectral Library Viewer** 对话框中，首先点击石英（SiO_2），然后点击方解石（$CaCO_3$），分别显示石英和方解石的发射率波谱。接着，选择 **Edit → Plot Parameters**，将波长轴线范围改为 8～13 μm 之间。注意石英（硅石）的光谱最大值出现在波长 9 μm 附近（图 26-1 中用虚线指示的位置），而方解石则不具有这个波谱特征。我们可以利用该信息，帮助我们在 MASTER 影像中，寻找所有硅石资源丰富的区域。

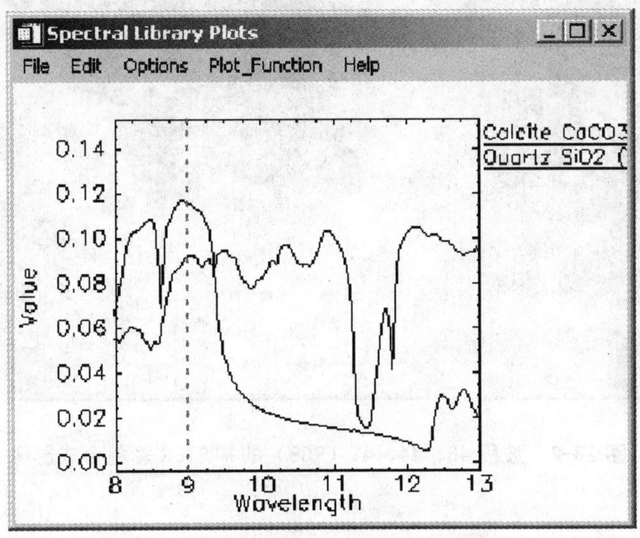

图 26-1 长波红外（LWIR）反射率波谱

◆ 设计并显示彩色合成影像

基于波谱特征，使用下列步骤，设计并显示彩色合成影像。

（1）在 **Spectral Library Plots** 窗口中，使用鼠标左键查看两个波谱的属性。寻找两个波谱在 8～14 μm 波谱范围内的差异，并将波长位置与 MASTER 长波红外波谱波段位置等同起来。

（2）波段 46、44 和 41（10.085 μm、9.054 μm、7.793 μm）的彩色合成影像（图 26-2）可以突出显示出 9.0 μm 附近的硅石特征。在可用波段列表对话框中，点击 **RGB Color** 单选按钮，然后按顺序选择要显示的这三个波段。

（3）观察影像的颜色，基于 LWIR 波谱库波谱数据，将它们同相对期望值联系起来。注意与期望颜色匹配的不是很好的那些颜色。这是由于温度的影响大于波谱差异而造成的。由于岩石和土壤的热量差异，使得其波段高度相关。

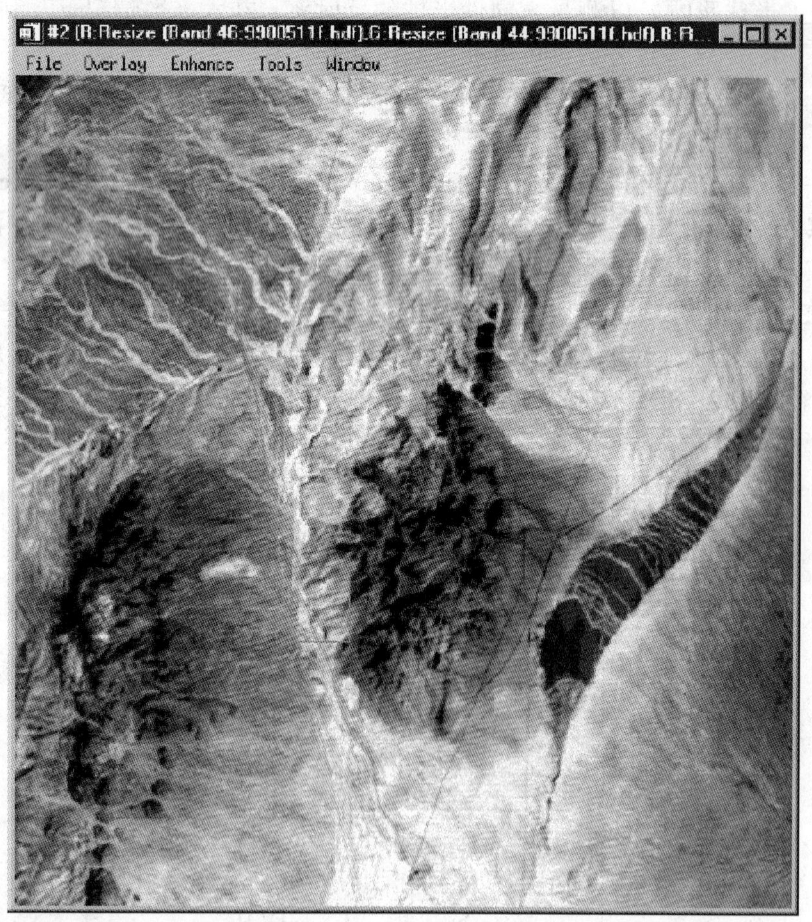

图 26-2 波段 46、44、41（RGB）的 MASTER 彩色合成影像

◆ 进行去相关拉伸

使用去相关拉伸来增强颜色的差异。去相关拉伸提供了一种移除数据之间高度相关

的手段，这些高度相关常常存在于长波红外多光谱数据中。

【注意】虽然 ENVI 提供了一个具体的去相关程序，但是我们依次使用 PCA 正变换、对比度拉伸以及 PCA 反变换，也可以获得相似的结果。

去相关拉伸处理需要输入三个波段（经过拉伸处理的彩色合成影像）。

（1）如果还没有显示彩色合成影像，那么按先前所描述的步骤，将波段 46、44、41 作为 RGB 波段，加载显示出来。

（2）在 ENVI 主菜单中，选择 **Transform → Decorrelation Stretch**，然后在 **Decorrelation Stretch Input File** 对话框中，点击彩色合成影像显示窗口的 Display #。

（3）输入要输出的文件名，点击 **OK**，生成一幅去相关影像。

（4）在可用波段列表对话框中，点击 **RGB Color** 单选按钮，按顺序选择 RDS、GDS 和 BDS 波段，然后点击 **Load RGB**，显示去相关影像如图 26-3 所示。尝试对其他组合的彩色合成影像进行处理。

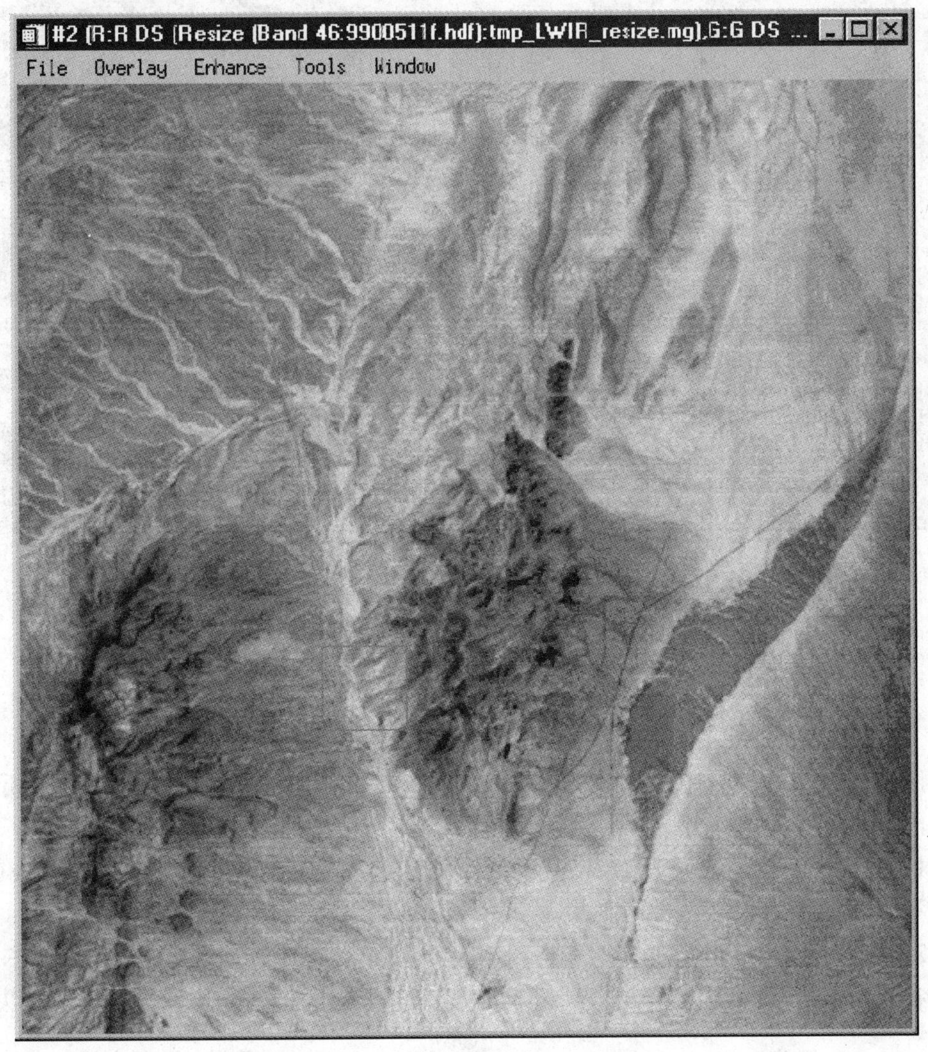

图 26-3 波段 46、44、41（RGB）的 MASTER 去相关彩色合成影像

◆ 比较长波红外（LWIR）和短波红外（SWIR）的结果

将先前 MASTER 练习中获取的波谱角制图（SAM）影像与去相关处理后的长波红外影像进行比较。

（1）将 SAM 分类影像加载在某个显示窗口中，并在另一个显示窗口中加载去相关影像。

（2）选择 **Tools → Link Displays → Link**，使用动态链接功能，将 SWIR 影像数据获取的矿物分布制图结果同去相关影像中硅石的分布图（红色区域）进行比较。

如图 26-4 是 MASTER 去相关彩色合成影像（左图）和 SAM 分类影像（右图）。下图的影像，使用了 SAM 彩色编码，黑色代表高岭土，深灰色代表半水合硅酸铝铵，灰色代表明矾，浅灰色代表碳酸盐。

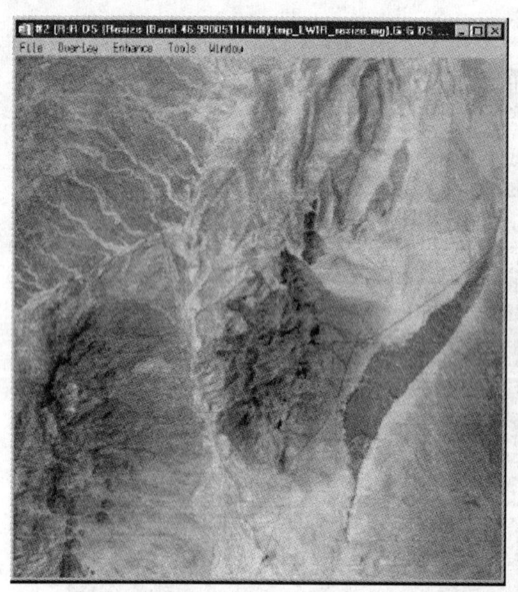

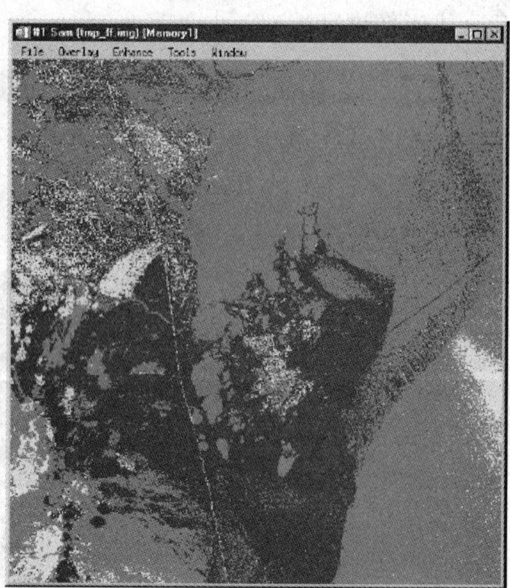

图 26-4 左图：波段 46、44、41（RGB）的 MASTER 去相关彩色合成影像
右图：MASTER 短波红外数据的 SAM 分类影像

进行短波和长波红外组合分析

按照高光谱专题辅导中所描述的方法，利用 MASTER 影像数据进行组合分析。尝试仅用波段 1～25 和波段 41～50 一同组合进行高光谱分析。使用下面的步骤作为指导。

（1）打开 Cuprite 地区 HDF 格式的 MASTER 影像文件，提取 SWIR 和 LWIR 波段的波谱和空间子集，建立组合数据集。

（2）选择 **Transform → MNF Rotation → Forward MNF**，创建一个 MNF 输出文件，查看波谱波段和特征值，进行 MNF 分析，然后减少选取的 MNF 波段数，以作进一步的分析。

（3）选择 **Spectral → Pixel Purity Index → [FAST New Output Band]**，进行约 10 000 次的迭代运算，寻找主要的终端波谱，从而减少波谱维数。将 PPI 影像阈值处理生

成的感兴趣区的大小限制为约 5 000 个像素。

（4）选择 **Spectral → N-Dimensional Visualizer → Visualize with New data**，将 PPI 影像生成的感兴趣区作为输入文件。在高维数据空间中旋转 N 维散点图，然后通过在 N 维可视化器中绘制感兴趣区，将它们导出成影像的感兴趣区，选择像素集群拐角。

（5）使用 ENVI 的波谱制图法（**Spectral → Mapping Methods → *Desired Method***），利用组合数据集，制作影像地图。将这些结果与上面的 SWIR 和 LWIR 结果进行比较。

专题二十七　SAR 数据处理和分析

1.1 专题概述

本专题的目的是向用户介绍 ENVI 关于单波段 SAR 数据处理（例如 RadarSat、ERS-1、JERS-1）的基本操作工具的知识。

◆ 本专题中使用的文件

光盘：《ENVI 遥感影像处理专题与实践》附带光盘 #1
路径：envidata/rsat_sub

文件	描述
lea_01.001	Radarsat 的导航文件
bonnrsat.img	Radarsat 影像数据
bonnrsat.hdr	相应的头文件
rsi_f1.img	Frost 滤波处理后的结果
rsi_f1.hdr	相应的头文件
dslice.dsr	保存的密度分割级数文件
rsi_f2.img	拉普拉斯滤波处理后的结果
rsi_f2.hdr	相应的头文件
rsi_f3.img	拉普拉斯滤波且添加 0.9 像素值的影像结果
rsi_f3.hdr	相应的头文件
rsi_fus.img	TM 和 Radarsat 模拟融合结果
rsi_fus.hdr	相应的头文件
Rsi_map.jpg	Radarsat 地图制图结果

◆ 背景知识

ENVI 中 SAR 处理的概念

大多数的 ENVI 标准处理功能都包含内在的雷达处理功能，它们包括所有的显示功能、拉伸、颜色操作、分类、配准、滤波以及几何纠正，等等。Radar 菜单下包含了特定的雷达处理菜单项，这些特定的 ENVI 处理程序在雷达处理方面非常实用。许多这些功能也可以在 ENVI 主菜单相应的模块访问到。ENVI 提供了标准和高级的工具，以对探测式雷达进行分析，此外 ENVI 也包括了高级的 SAR 处理系统，例如喷气式实验室（JPL）的全极化 AIRSAR 和 SIR-C 系统。ENVI 能处理 ERS-1/ERS-2、JERS-1、RADARSAT、SIR-C、X-SAR 和 AIRSAR 的数据以及其他的探测式 SAR 数据。此外，由于 ENVI 能够处理 CEOS

格式的雷达数据，因此它可以处理采用该格式发布的其他雷达系统的数据。

RADARSAT 数据

ENVI 软件在 1995 年 2 月完成了 RADARSAT 背书考核。ENVI 的 RADARSAT 处理能力在安装了 Microsoft Windows NT 3.51 的奔腾 133 上进行了演示。所有 ENVI 的 SAR 功能都能够轻易地跨平台操作，它们将以相同的方式，运行在所支持的 UNIX、Inter PC 和 Macintosh/Power Macintosh 系统下。演示的部分由下列内容所组成：

- CEOS 头文件浏览
- 读取确认
- 从光盘获取的路径影像（Path Image，SGF）
- 从波谱获取的 SAR 扫描路径影像（Path Image - ScanSAR，SCN）
- 从 8 mm 磁带中获取的采样点目标格网（51 条光束，SGF）
- ENVI 特征演示——直方图、对比度拉伸、波段运算、滤波、显示以及打印输出等
- 辐射度增强
- 噪声去除
- 纹理分析
- 边缘增强
- 影像到影像、矢量和地图的配准处理操作
- IHS 数据融合
- RADARSAT 数据的查看能力表明 ENVI 已经拥有如下的 RADARSAT 一级和二级处理能力

一级（Level 1）能力：

- 现有的所有雷达功能
- 无须额外开销，自 ENVI 2.0 就已经可以使用的特定所需功能
- 噪声去除滤波——Lee 滤波、Local Sigma 滤波和比特误差
- 纹理分析——数据范围、一阶力矩、二阶力矩和均方根
- 边缘增强——高通滤波、拉普拉斯算子和方向算子
- 辐射度增强——线性、分段线性、高斯、自定义和查找表（LUTs）
- 处理 16 比特的数据文件

二级（Level 2）能力：

- 影像到影像的配准
- 影像到矢量的配准
- 影像到地图的配准
- 镶嵌拼接
- RGB 到 HIS 的转换和数据融合

自 ENVI 2.5 开始添加的特定 RADARSAT 处理程序

ENVI 2.5 添加的特定 RADARSAT 处理程序和其他修改工具包括：

- RADARSAT 的 CEOS 格式读取器，它可以从光盘、磁盘和磁带中获取 16 bit 或者 8 bit 的数据

- 操作过程中的压缩处理
- CEOS 格式的 RADARSAT 数据头和尾文件的浏览器
- 支持下列操作平台：UNIX（SUN、SGI、HP、IBM、DEC）、Intel PC（Windows 3.1、Windows NT、Windows 95）、Macintosh 以及 Power Macintosh

ENVI 2.5 于 1995 年 2 月被鉴定为 Radarsat 兼容软件，并且随着 ENVI 版本的升级，对 SAR 的支持也随之被加以改进。

1.2 单波段 SAR 处理过程

本专题的这一部分将描述一个典型的单波段 SAR 的处理过程，其内容包括从数据输入处理和分析到可出版的影像地图的输出。本专题使用的数据是德国 Bonn 1995 年 12 月的 Radarsat 1 Path Image、2 Fine Beam 的数据。

◆ 读取 CEOS 数据、显示数据并评价质量

ENVI 提供了从磁带或者光盘上读取通用 CEOS 数据磁带和 Radarsat 数据的工具。

- 要读取磁带，可以选择 **File → Tape Utilities → Read Known Tape Formats → Radarsat CEOS**。
- 要从磁盘或者光盘上，读取原始的 RadarSat 数据，可以选择 **Radar → Open/Prepare Radar File → Radarsat**

（1）根据本专题的目的，我们已经提取了一幅 Radarsat 影像数据。从 ENVI 主影像菜单中，选择 **File → Open Image File**，然后从 `rsat_sub` 目录中选中文件 `bonnrsat.img`。

（2）在可用波段列表对话框中选中该影像的波段名，然后点击对话框底部的 **Load Band**，将该影像加载到一个 ENVI 显示窗口中。

图 27-1 显示了德国 Bonn 的 Radarsat 影像，并进行了 2%的线性拉伸。这些数据是在 Radarsat 试运转期间获取的，它们不会使用到科学分析和解释中。

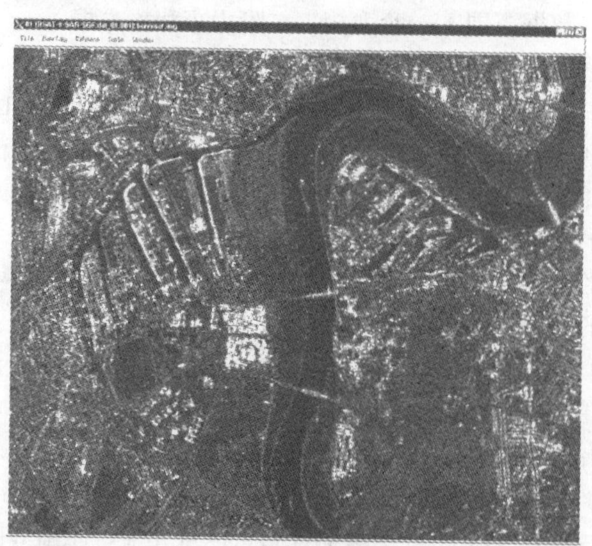

图 27-1 德国 Bonn 的 Radarsat 影像数据，并进行了 2%的线性拉伸

◆ 查看 CEOS 的头文件

许多 SAR 数据都是以 CEOS 格式发布的。ENVI 提供了通用的工具，来读取 CEOS 头文件，并把该文件内容显示在屏幕上。ENVI 也提供了专门读取 Radarsat CEOS 头文件的工具，该文件可以包含一些额外的信息。

（1）选择 **Radar → Open/Prepare Radar File → View RADARSAT Header**。

（2）选择 RadarSat 导航（leader）文件 `lea_01.001` 或者某个其他文件，提取 CEOS 的头文件，并把其内容显示在屏幕上。

对比度拉伸处理（平方根法）

雷达数据通常会包含一个较大的数据值范围。正如图 27-2 所示，默认的线性拉伸并没有很有效地增强大多数雷达影像的对比度。较其他对比度拉伸方法而言，ENVI 的平方根（Square Root）拉伸法提供了较好的对比度拉伸处理方法，它可以将雷达数据较好地分布在给定灰度区间内，这样就可以改善雷达影像的显示。图 27-3 显示了德国 Bonn 的 Radarsat 平方根拉伸后的影像图，将其同上面线性对比度拉伸的影像图进行比较。

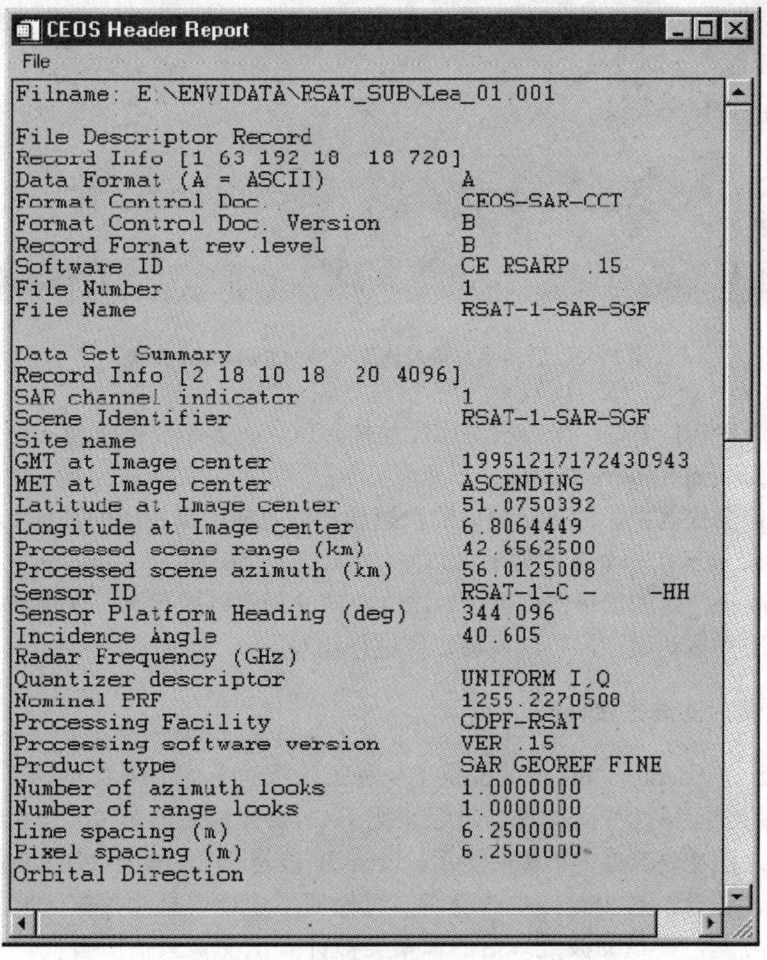

图 27-2　从导航文件中获取的 Radarsat 的 CEOS 文件头信息

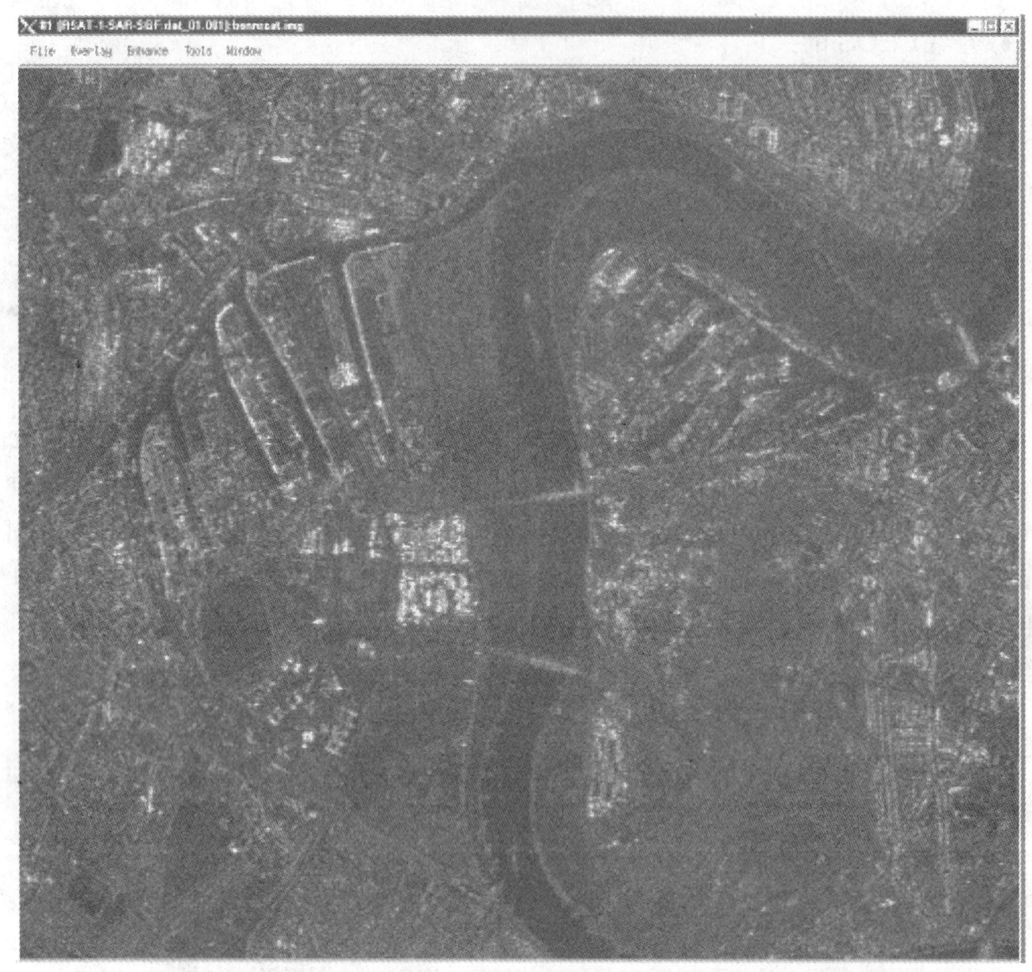

图 27-3 应用平方根对比度拉伸的 Radarsat 影像

（1）要在 ENVI 中进行平方根对比度拉伸，可以先显示要被拉伸的影像，然后选择 **Enhance → [Image] Square-Root**。

平方根拉伸会根据主影像显示窗口的数据统计信息应用到相应的数据上。

（2）将影像显示在一个新的显示窗口中，然后选择 **Tools → Link → Link Displays**，将平方根对比度拉伸后的影像同先前 2%线性拉伸的影像链接起来。使用动态链接功能，用鼠标左键点击并拖动鼠标，将这两幅影像进行比较。

◆ **使用自适应滤波去除噪声**

自适应滤波（Adaptive Filters）提供了一种去除雷达影像中斑点噪声的手段，它不会严重影响数据的空间属性特征。图 27-4 是采用了 Frost 滤波后的影像，与未经滤波处理的影像相比，很大程度地改善了影像的显示。Frost 滤波是一个经验性的抑制循环对称滤波，它使用局部统计信息，减少数据中的噪声同时保留了边缘信息。根据滤波的中心、抑制指数以及局部方差，经过滤波处理后的像素会被计算出的像素值所替代。将上面处理的影像同滤波后的影像动态链接进行比较。要在 Radarsat 数据上运行 Frost 滤波，可以：

（1）选择 **Radar → Adaptive Filters → Frost**。

图 27-4 Frost 滤波处理后的雷达影像结果

（2）选择 bonnrsat.img 影像作为输入影像，使用默认的滤波尺寸（3×3）和抑制指数（Damping factor，1.0）。输入要输出的文件名，点击 OK，或者加载预先保存的影像文件 rsi_f1.img 到第二个显示窗口中，并使用平方根对比度拉伸法。

（3）选择 **Tools → Link → Link Displays**，将 Frost 滤波后的影像同先前 2%线性拉伸的影像链接起来。使用动态链接功能，用鼠标左键点击并拖动鼠标，将这两幅影像进行比较。

◆ 密度分割

密度分割提供了一种根据影像亮度目视增强雷达影像差异的方法。图 27-5 的密度分割影像使用了 4 级分割，较大的雷达后向散射值用较暖的颜色表示出来。

（1）在 Frost 滤波处理后的影像显示窗口中，选择 **Tools → Color Mapping → Density Slice**。

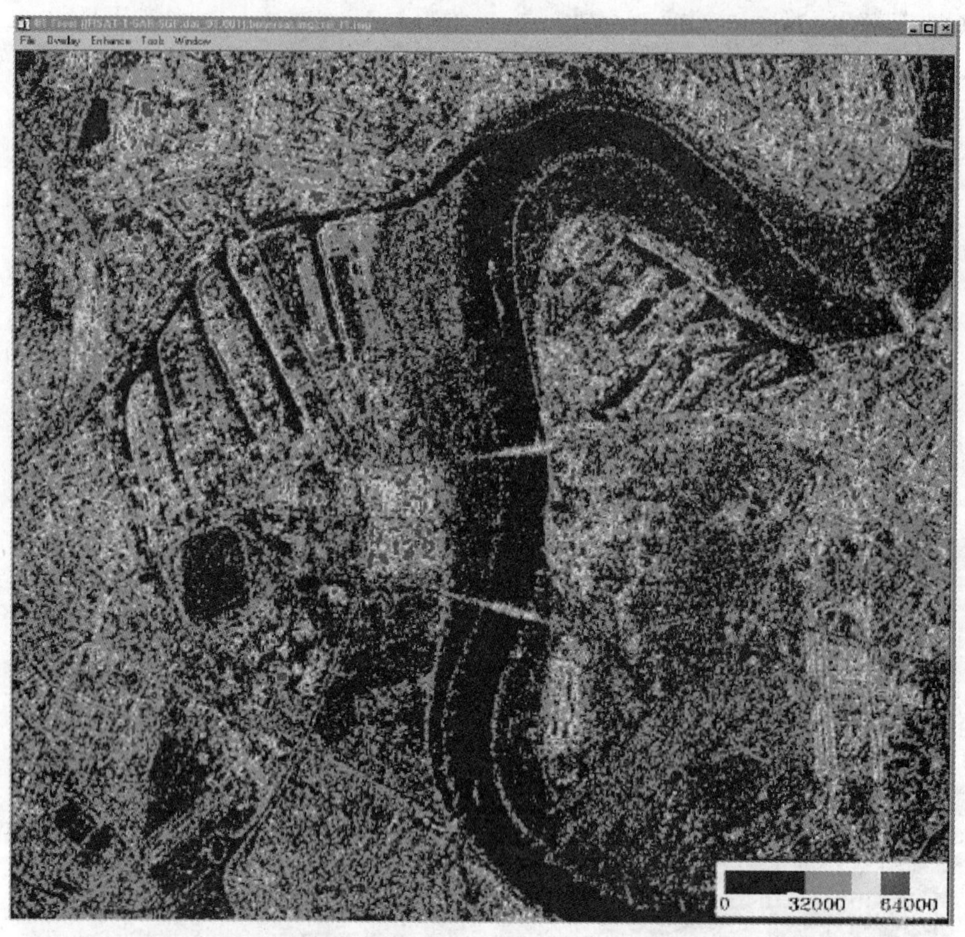

图 27-5　密度分割处理后的 Radarsat 影像结果

（2）在 **Density Slice** 对话框中，选择 **File → Restore Ranges**，并选中文件 `dslice.dsr`，输入所需的分割范围和颜色。然后点击 **Density Slice** 对话框中的 **Apply** 按钮，对影像进行密度分割处理。

（3）使用动态链接功能，将该图同上面显示的灰阶影像进行比较。

边缘增强

拉普拉斯算子（Laplacian）滤波被用来增强 SAR 数据和其他数据类型影像的边缘信息。它是一个卷积滤波，它的滤波核（对于 5×5 的卷积滤波而言）为（如下表所示）：

0	0	-1	0	0
0	-1	-2	-1	0
-1	-2	16	-2	-1
0	-1	-2	-1	0
0	0	-1	0	0

（1）从 ENVI 主菜单中，选择 **Filter → Convolutions and Morphology**，打开 **Convolutions and Morphology Tool** 对话框，点击 **Convolutions → Laplacian**。

（2）从 ENVI 主菜单中，选择 **Filter → Convolutions and Morphology**，打开 **Convolutions and Morphology Tool** 对话框，点击 **Convolutions → Laplacian**。

（3）从 ENVI 主菜单中，选择 **Filter → Convolutions and Morphology**，打开 **Convolutions and Morphology Tool** 对话框，点击 **Convolutions → Laplacian**。

（4）设置滤波核大小（Kernel Size）为 5×5，点击 **Quick Apply**，选择文件 `bonnrsat.img`，点击 **OK**。此外，也可以查看预先保存的影像文件 `rsi_f2.dat`。

以该方式运用这个卷积滤波核，可以很好地增强边缘信息，但是它也会造成大多数的辐射信息丢失。

（5）选择上面这个滤波，但是将 **Image Add Back** 值输入为 90。使用 `bonnrsat.img` 影像文件和默认的参数设置，生成一个新的输出文件，或者查看预先保存的影像文件 `rsi_f3.dat`（见图 27-6）。

（6）使用动态链接功能，将所得结果同滤波后的影像和先前使用的影像数据进行比较。

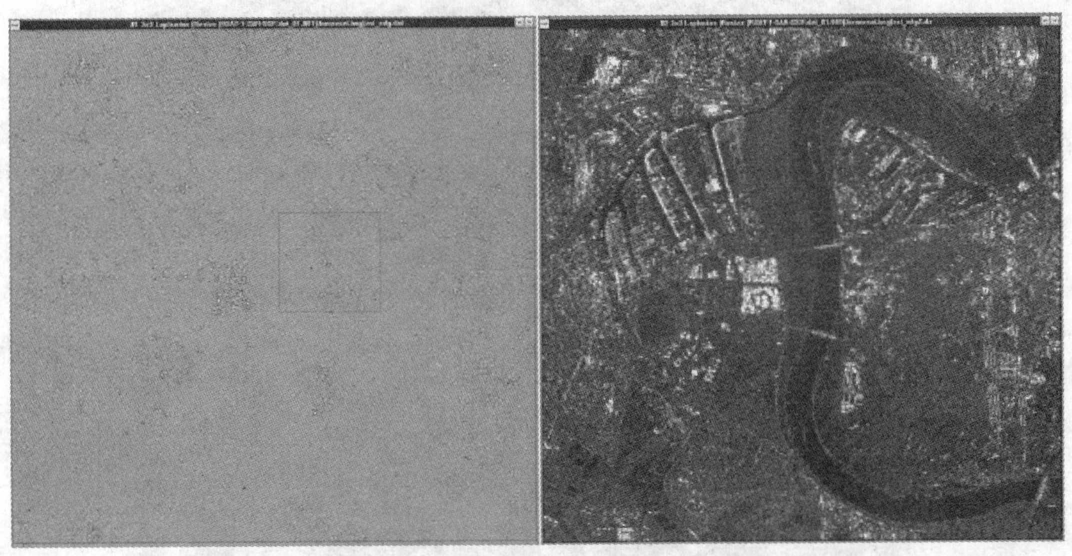

图 27-6　边缘增强结果：左图为拉普拉斯滤波处理后的影像图；
右图为添加 90%原始像素值后的影像图

◆ 数据融合

相对其他数据而言，SAR 数据的某个优点是它具有高度的互补特性。虽然雷达数据提供了大量的其他影像数据所不具有的空间信息，但是，相应的 SAR 数据却没有太多的组分信息，通常多光谱的光学影像数据都包含有组分信息。这就很自然地导致了 SAR 和光学数据的合成使用。

通常使用合成数据的方法是应用亮度、色度和饱和度（IHS）变换，将多光谱彩色合成影像同单频的 SAR 波段融合在一起。ENVI 提供了简单的工具，来指导数据 IHS 变换融合。

我们没有与 Bonn 地区 Radarsat 数据相对应的光学数据，所以我们不会使用这些数据来进行融合操作。下面描述的例子和图 27-7，展示了同一个不相关的 Landsat TM 影像数据进行 IHS 变换融合后的模拟影像。该图被用来向用户描述一下 SAR 和光学影像数据融合后的结果图的样子。ENVI 也可以提供彩色标准化（Brovey）变换，来进行数据融合操作。

（1）给定三波段彩色合成的影像，可以选择 **Transform → Image Sharpening → HSV**，然后在 **Select Input RGB Input Bands** 对话框中，输入彩色合成所需的三个影像波段。

（2）选择单个 SAR 影像波段。

如果两幅影像具有相同的空间尺寸，那么 ENVI 会自动地运行融合程序。如果两个数据都带有地理坐标，但是却具有不同的像元大小，那么 ENVI 会重采样低空间分辨率的影像，以同高分辨率的影像相匹配，然后再对这两个数据进行融合处理。

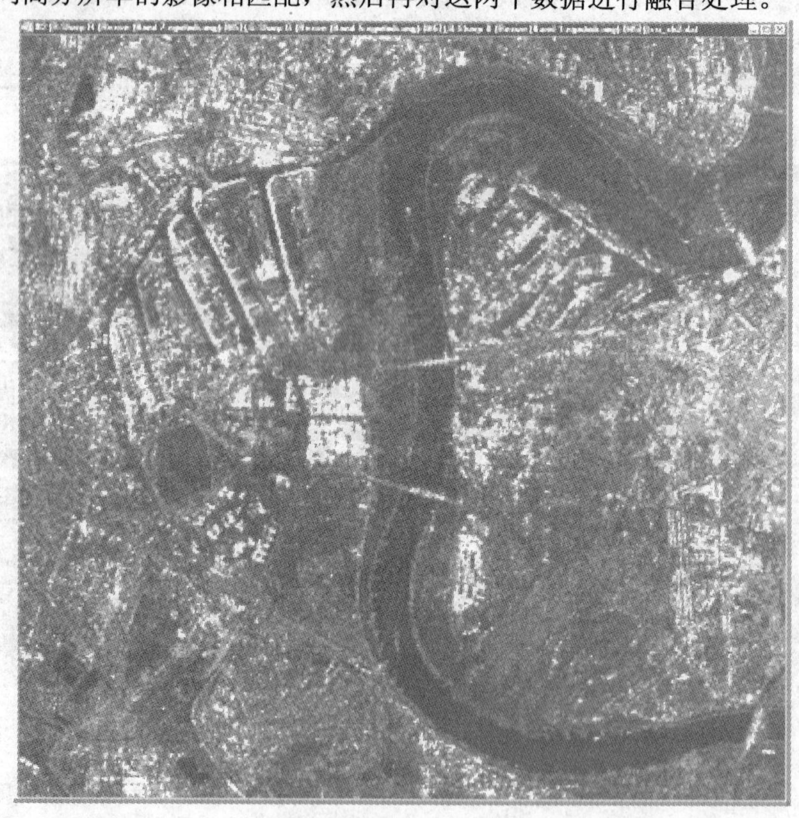

图 27-7　模拟 TM-Radarsat 数据融合结果

◆ **影像地图输出**

ENVI 中任意影像处理的最终输出通常是基于地图的，它将生成缩放的影像地图，以方便表译、目视分析或者解释。雷达数据也可以同其他数据一样，使用到地图制图中。如果需要进行地图配准，那么 ENVI 提供了全面的影像到影像和影像到地图的配准功能。请参见地图配准专题辅导或者《ENVI 遥感影像处理教程》（ENVI User's Guide）以及在线帮助，获取更多所需要的更多信息。

ENVI 也提供了创建可出版的带注记的地图的所有工具。这些注记包括像素（pixel）、地图和地理（经纬度）的公里网、比例尺、磁偏角、指北针、文字和符号注记、多边形、折线和几何形状（圆、矩形）注记、图例注记，以及嵌入式影像注记。要获取关于地图制图的更多信息，请参见地图制图专题辅导，《ENVI 遥感影像处理教程》（ENVI User's Guide）或者在线帮助。

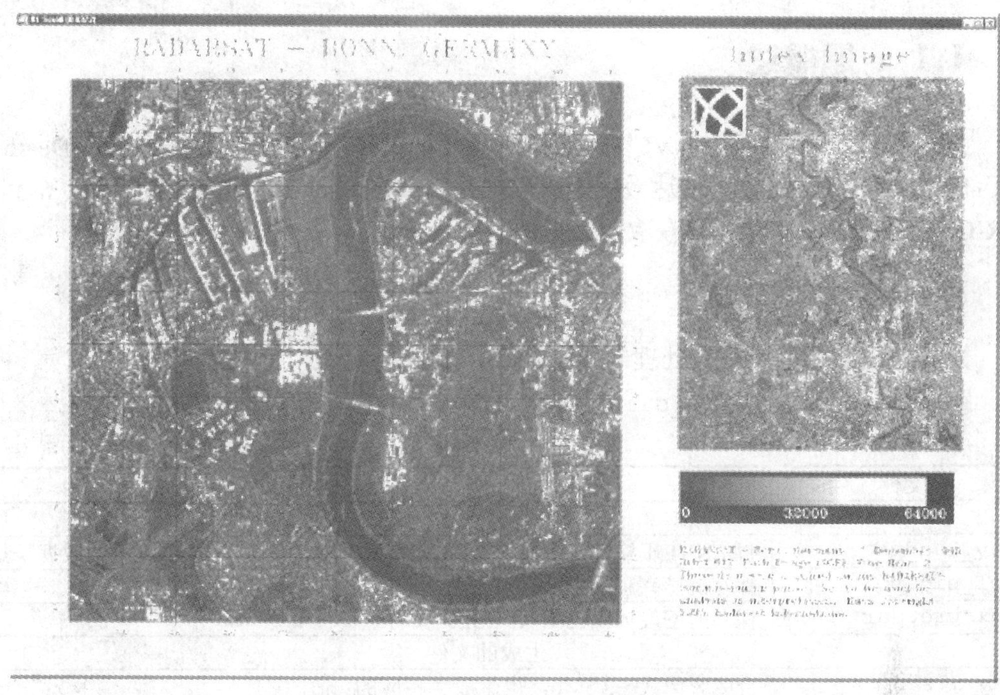

图 27-8 Radarsat 影像地图制图

◆ 结束 ENVI 程序

在 ENVI 主菜单中选择 **File → Exit**（在 UNIX 操作系统下是 **Quit**），在弹出的 **Terminate this ENVI Session** 对话框中选择 **Yes**，并点击 **OK**，退出 ENVI 程序。如果使用的是 **ENVI RT**，退出 ENVI 会返回操作系统。

1.3 总结

ENVI 拥有完整的雷达数据处理功能（鉴定为 Radarsat 二级处理能力）；大多数 ENVI 的程序都可以使用到 SAR 数据上。ENVI 也提供了一系列特定的工具，对单波段和极化多频的雷达数据进行分析处理。典型的处理步骤由下列内容所组成：CEOS 头文件的查看、读取 CEOS 数据、显示数据并进行对比度拉伸、使用自适应滤波去除噪声、密度分割、边缘增强、数据融合以及地图制图。这些工具提供了完整的 SAR 处理能力，它使得单个软件系统可以完成磁带或者光盘输入、处理、分析以及出版输出各项任务。

专题二十八　极化 SAR 处理和分析

1.1 专题概述

接下来的专题将展示 ENVI 雷达数据分析功能的使用。使用的数据是加州 Death Valley 地区的 Radar-C（SIR-C）雷达数据。该数据是搭载在 Space Shuttle Endeavor 飞行器上的 SIR-C 传感器于 1994 年 4 月获取的。

◆ **本专题中使用的文件**

光盘：《ENVI 遥感影像处理专题与实践》附带光盘 #1

路径：`envidata/ndv_sirc`

文件	描述
	所需的文件
`ndv_l.cdp`	以 ENVI 压缩数据产品（`.cdp`）格式存储的 SIR-C 的 L-波段的数据子集
`pol_sig.roi`	保存的感兴趣区文件
`texture.dsr`	保存的密度分割范围（`.dsr`）文件
	生成的文件
`ndv_l.syn`	合成影像（～2.5Mb，也生成了相应的`.hdr` 文件）
`ndv_l2.syn`	以分贝为单位的合成影像（～5Mb，也生成了相应的`.hdr` 文件）
`ndv_gam.img`	Gamma 滤波处理后的结果（～0.6Mb，也生成了相应的`.hdr` 文件）
`ndv_gr.img`	斜距校正后的结果（～0.9Mb，也生成了相应的`.hdr` 文件）
`ndv_hh.tex`	纹理滤波处理后的结果（～2.5Mb，也生成了相应的`.hdr` 文件）
`envi.ps`	输出的 ENVI postscript 文件（～3.8Mb）

◆ **背景知识：SIR-C 和 SAR**

SIR-C 是一个极化的合成孔径雷达（polarimetric synthetic aperture radar），它使用两个微波波长：L-波段（24 cm）和 C-波段（6 cm）。SIR-C 雷达系统是作为科学试验，搭载在 Space Shuttle Endeavor 飞行器上，分别在 1994 年 4 月（SRL-1）和 8 月（SRL-2）采集了全球许多地区高质量的 SAR 影像数据（第二个雷达系统“X-SAR”也搭载在该飞行器上，但是在这里我们不会讨论或者处理这些数据）。

分析 SIR-C 数据

本专题使用的数据是 SIR-C 数据 L-波段“Single Look Complex”（SLC）的子集，它覆盖了 Death Valley 地区的北部，包括 Stovepipe Wells、一个活跃的沙丘地带，以及山脉向外延伸的冲积扇（alluvial fans）。这些数据都经过了预先处理，从磁带上读取并提取子集，再多视（multilooking）处理成 13m（平均而言）的矩形像元。这些提供的数据都采用了 ENVI 特定的“压缩数据产品（.cdp）”格式，该格式是非成像格式，同磁带格式有些相似，它们不能够直接被查看，除非“合成”为具体的极化影像。

本专题描述的第一部分（读取数据磁带和多视化处理）已经预先应用到了 SIR-C 数据上。我们包含该部分的目的是为了完整地描述 SIR-C 数据处理的过程。如果用户对读取数据和准备工作不感兴趣，可以跳转到“合成影像”（Synthesize Image）这一部分，开始进行真正的操作处理。

读取 SIR-C 的 CEOS 磁带数据

【注意】本专题使用的文件都已经从磁带中读取出来，并保存在了文件中。为了使 SIR-C 数据处理过程完整，这里将包含读取 SIR-C 磁带的指导说明。

（1）选择 **File → Tape Utilities → Read Known Tape Formats → SIR-C CEOS**，读取 SIR-C 的 CEOS 磁带数据到 ENVI 中。

接着 **SIRC Format - Load Tape** 对话框出现在屏幕上。请参见《ENVI 遥感影像处理教程》（ENVI User's Guide）中关于磁带读取的章节，以获取详细的 SIR-C 磁带读取的信息。要读取一个磁带。

（2）输入磁带设备名，保留记录大小（record size）的默认设置 65 536。

（3）点击 **OK**。然后磁带将会被扫描，以确定 SIR-C 文件所包含的内容。接着一个对话框就会出现在屏幕上，允许选择所需的数据。默认状态下，ENVI 会读取磁带上所有的数据文件。

（4）如果不想读取所有的数据文件，请点击 **Clear** 按钮，然后点击每个所需文件后临近的矩形框。当选定了所需的文件后，点击 **OK**。

（5）当所选的数据文件从磁带中读取时，可以对它们进行独立的子集提取和多视化处理。虽然在磁带上进行多视（multilooking）处理过程相当慢，但是我们仍然建议对磁盘文件进行这样的操作处理。

（6）点击文件名，然后点击 **Spatial Subset** 或者 **Multi-Look**，输入数据文件所需的参数，再输入要输出的文件名。

每一个输入文件都必须有一个对应的输出文件名。根据约定，输出的文件名对于 C-和 L-波段会分别采用 `filename_c.cdp` 和 `filename_l.cdp` 的形式。

接着就将从磁带中读取 SIR-C 数据，并为每个所选的数据集创建压缩散射矩阵（compressed scattering matrix）输出文件。

多视 SIR-C 数据

多视（Multilooking）是一种减少 SAR 数据中斑点噪声，改变 SAR 文件大小的方法。SIR-C 数据可以在指定的视数、行列数或者方位和距离分辨率下进行查看。

【注意】本专题使用的 SIR-C 文件是单视角的数据集，它的距离分辨率（range resolution）为 13 m，方位分辨率（azimuth resolution）为 5 m。我们已经进行了多视处理，使得航向方向的像元大小为 13 m。为了使 SIR-C 数据处理过程完整，这里将包含多视处理的指导说明。要对数据进行多视化处理：

（1）选择 **Radar → Polarimetric Tools → Multilook Compressed Data → SIR-C Multilook**。

（2）当 **Input Data Product Files** 对话框出现在屏幕上后，点击 **Open File**，选择要输入的文件。

ENVI 会探测该文件是否包含 L-或者 C-波段的数据，并在对话框相应的区域中显示出文件名。

（3）点击 **OK**。

（4）通过选择紧靠文件名的矩形框，选取要进行多视处理的文件。可以选择多个文件进行处理。

（5）输入下面三个值之一：视数、像元数或者像素大小，然后其他的两个就会被自动地计算出来。这个过程既支持整型也支持浮点型的视数。

（6）在 **Samples**（**range**）和 **Lines**（**azimuth**）对应的文本框中输入所需的数值。

（7）在合适的文本框中输入基准文件名（base filename），然后点击 **OK**。

1.2 合成影像

本专题提供的 SIR-C 的四重极化数据以及喷气式实验室（JPL）磁带上可用的数据都是非成像压缩格式的数据。因此，SIR-C 数据的影像必须通过压缩散射矩阵数据算术的合成计算出来。可以根据需要合成任意发送和接收到的极化组合。

（1）选择 **Radar → Polarimetric Tools → Synthesize SIR-C Data**。

（2）当 **Input Product Data Files** 对话框出现在屏幕上后，点击 **Open File** 按钮，打开一个标准的文件选择对话框，选择进入 `envidata/ndv_sirc` 子目录。

（3）从列表中选择文件 `ndv_l.cdp`。当文件名出现在 **Selected Files L:** 区域中后，点击 **OK**。接着 **Synthesize Parameters** 对话框出现在屏幕上（图 28-1）。

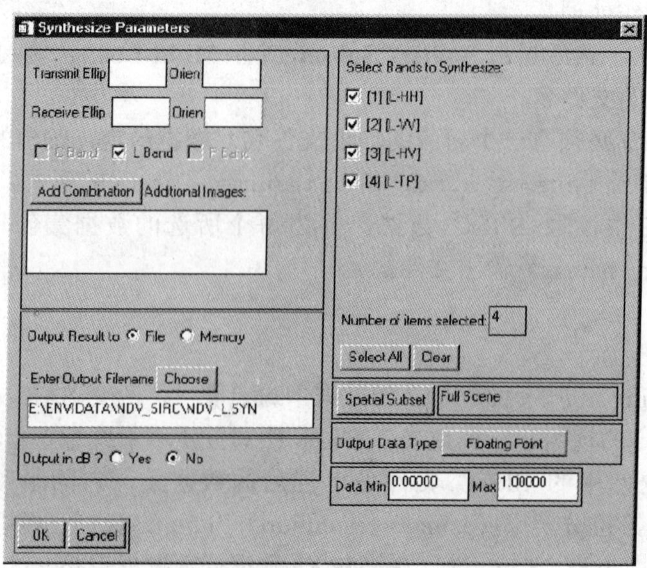

图 28-1 Synthesize Parameters 对话框

◆ 默认极化组合

四种标准的发送/接收极化组合（HH、VV、HV 以及 TP）会列出在 **Synthesize Parameters** 对话框的 **Select Bands to Synthesize** 区域中。默认状态下，这些波段都会被选取进行合成。

（1）在 **Enter Output Filename** 区域中，输入带完成路径的输出文件名 ndv_l.syn。

（2）从 **Output Data Type** 下拉式菜单中选择 **Byte**。这将把输出数据转换为字节型数据。选择合适的选项，点击 **OK**。

【注意】如果要进行定量的分析，那么输出的数据必须保留为浮点型的格式。

等待若干秒后，一个 ENVI 的状态窗口就会出现在屏幕上，接着生成文件 NDV_L.SYN，然后与 4 个极化组合相对应的四个波段就会添加列出在可用波段列表对话框中，该可用波段列表对话框会自动地出现在屏幕上。

◆ 其他极化组合

发送和接收的椭圆率和方位角确定了用于影像合成的雷达波段极化的方向。椭圆率的角度范围在−45°～45°之间，它被用来确定椭球的“扁平”（fatness）程度。方位角将以水平方向为基准进行测量，它的范围是 0°～180°。

可以按照下面的步骤输入所需的参数，合成非默认极化组合的影像。

（1）选择 **Radar → Polarimetric Tools → Synthesize SIR-C Data**。文件 ndv_l.cdp 应该仍旧出现在 **Selected Files** 区域中。

（2）点击 **OK**。

（3）分别在 **Transmit Ellip** 和 **Orien** 文本框中输入−45 和 135。同样，分别在 **Receive Ellip** 和 **Orien** 文本框中也输入−45 和 135。

（4）点击 **Add Combination** 按钮。这将生成一幅右侧式环状（right hand circular）极化影像。

（5）在 **Transmit Ellip** 和 **Receive Ellip** 文本框中都输入 0，在相应的 **Orien** 文本框中都输入 30。

（6）点击 **Add Combination** 按钮。这将生成一幅线性的极化影像，其方位角为 30°。

（7）点击标准极化组合列表下面的 **Clear** 按钮，关闭已经生成的标准极化波段的组合。

（8）为 **Output in dB?** 选择 **Yes** 单选按钮。这将生成以分贝值为单位，值在−50～0 之间的影像。

（9）输入要输出的文件名 ndv_l2.syn，点击 **OK**。

接着 ENVI 将生成文件 ndv_l2.syn，然后与两个极化组合相对应的两个波段被添加到可用波段列表对话框中（图 28-2）。

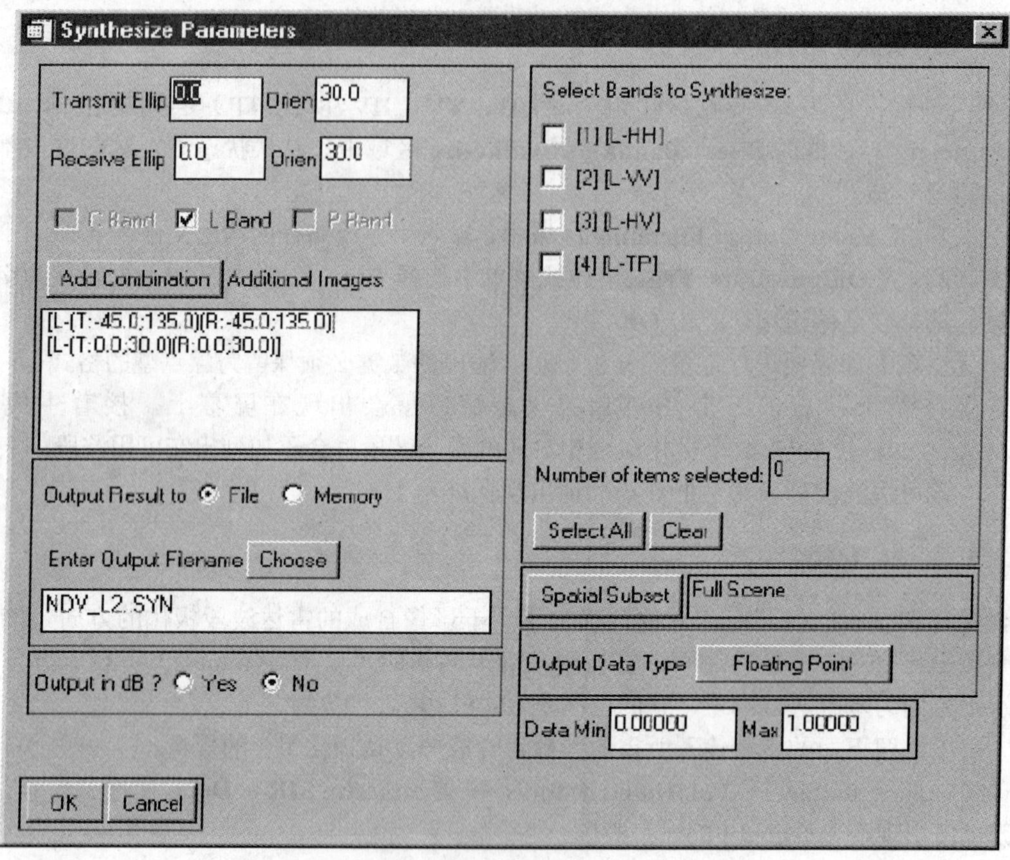

图 28-2 处理非标准椭圆率和方位角的 Synthesize Parameters 对话框

◆ 显示影像

（1）点击可用波段列表对话框中的波段名[L-TP]: ndv_l.syn，然后点击 **Load Band**。SIR-C 的 L-波段全能量影像会显示在一个新的显示窗口中。

（2）使用 **Scroll** 和 **Zoom** 窗口，查看影像。

（3）从主影像显示窗口菜单栏中选择 **Enhance → Interactive Stretching**。接着包含影像数据直方图的一个窗口会出现在屏幕上。

该直方图的显示窗口在文本框中显示出了应用到输入直方图上的当前拉伸（垂直虚线之间）以及相应的 DN 值。

（4）使用鼠标左键点击并拖动垂直虚线，或者在相应的文本框中输入所需的 DN 值，改变拉伸的范围。

（5）在对话框左边的文本框中输入 5%，在右边的文本框中输入 95%。

（6）选择 **Stretch Type → Gaussian**（初始设置是 **Linear**），这将把高斯（Gaussian）对比度拉伸自动地运用到影像中，5%的最高和最低像素值都会被忽略掉。

（7）尝试比较线性（linear）拉伸和平方根（square-root）拉伸的不同之处。

（8）要显示彩色合成影像，可以选择可用波段列表对话框中 RGB Color 单选按钮。

（9）接着点击波段名[L-HH]: ndv_l.syn，[L-VV]: ndv_l.syn 和[L-HV]:

ndv_l.syn。

（10）从可用波段列表的 **Display** 下拉式菜单中，选择 **New Display**，打开一个新的显示窗口。

（11）点击 **Load RGB** 按钮，以红色显示 HH 波段，绿色显示 VV 波段，蓝色显示 HV 波段。

（12）根据需要调整对比度拉伸（在所有的这三个波段中，高斯和平方根拉伸法显示效果都很好）。

（13）根据需要显示其他合成波段。

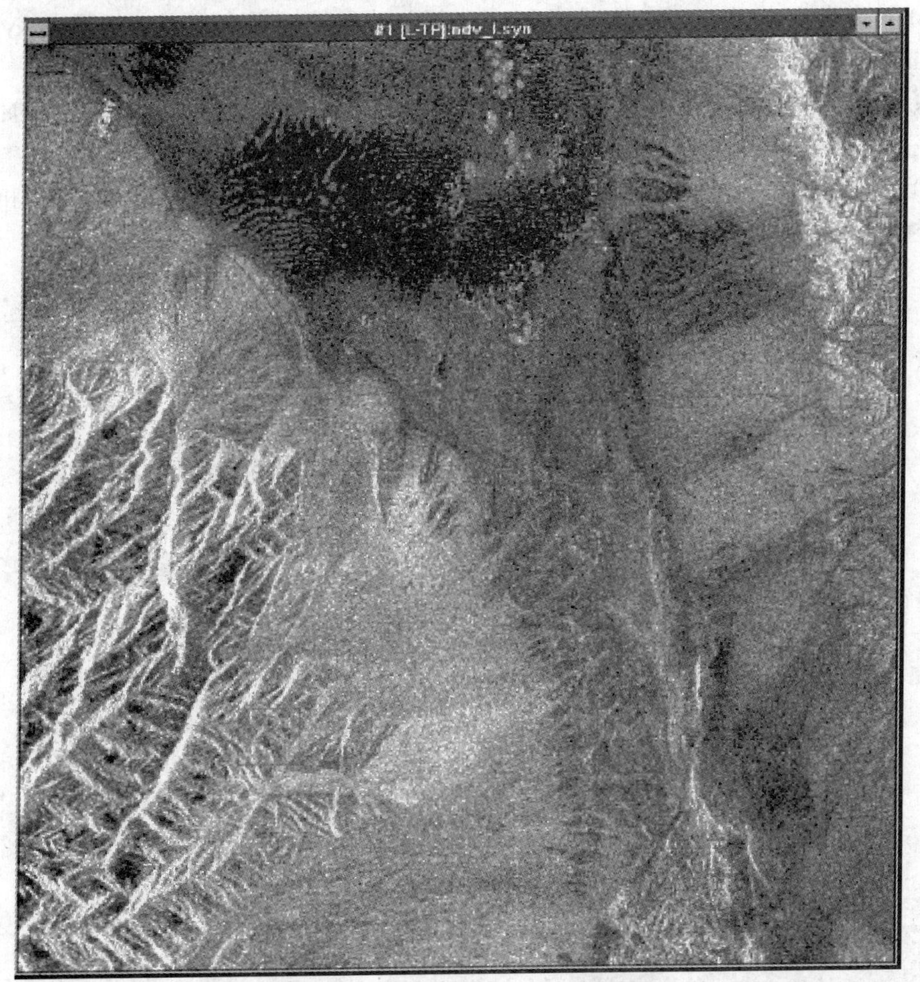

图 28-3　应用高斯对比度拉伸后的 SIR-C 的 L-波段全能量影像

如图 28-3 所示，影像中颜色的变化是由于地表雷达反射率的不同造成的。沙丘中的明亮区域是由于雷达波被植被（豆科灌木丛）散射造成的。冲积扇（alluvial fans）地表纹理的变化是由于岩石的年代和组成的不同所造成的。

◆ **定义极化信号的感兴趣区**

我们可以在 SIR-C 的压缩散射矩阵中提取极化信号，在极化雷达影像上定义感兴趣区或者单个像素。我们通过在影像中选择像素或者绘制折线和多边形，来定义所需的感兴趣区。

（1）在包含灰阶 L-TP 影像的显示窗口中，选择 **Overlay → Region of Interest**。接着 **ROI Tool** 对话框（图 28-4）出现在屏幕上。

（2）根据本专题的目的，我们会使用先前定义保存的 4 个感兴趣区，来提取极化信号。选择 **File → Restore ROIs**，然后选中文件名 `pol_sig.roi`，恢复先前保存的感兴趣区。接着一个消息对话框就会出现在屏幕上，描述被恢复的感兴趣区状态。然后点击 OK。

（3）被命名为 `veg`、`fan`、`sand` 以及 `desert pvt` 的感兴趣区就会出现在 **Available Regions of Interest** 列表框中，并且这些感兴趣区被绘制在影像窗口中。

感兴趣区可以绘制在影像窗口和缩放窗口，它们是由多边形、线段和像素的任意组合所构成。可以使用 ENVI 标准的感兴趣区工具，绘制自己的感兴趣区。

（4）点击 **ROI_Type**，然后点击 **Polygon**、**Polyline** 或者 **Point**，选择要绘制的感兴趣区的类型。

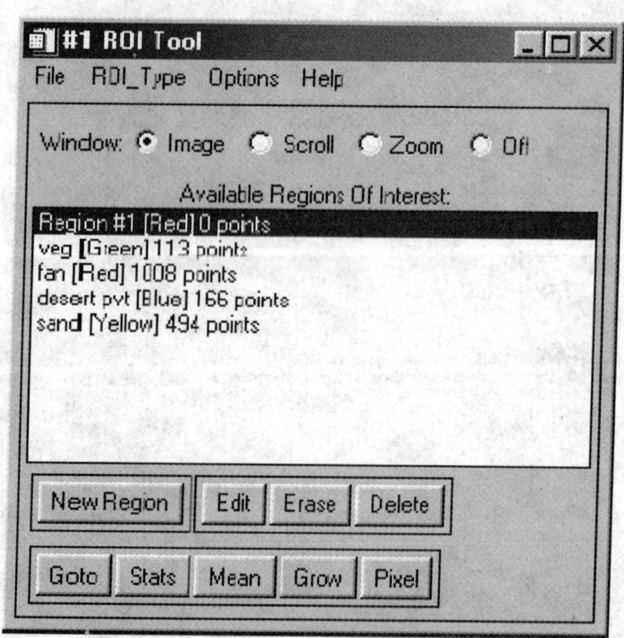

图 28-4　为提取极化信号预先定义的感兴趣区

- 通过点击鼠标左键，选择线段的端点，绘制多边形，或者按住鼠标左键，移动鼠标光标连续的绘制多边形。点击鼠标右键封闭该多边形，再次点击鼠标右键接受该多边形。
- 使用同样的方法绘制折线。点击鼠标左键定义线段端点，点击鼠标右键封闭折线，再次点击鼠标右键接受该折线。
- 点的感兴趣区模式被用来选择单一的点。点击鼠标左键，将当前鼠标光标下的像素添加到感兴趣区中。

我们可以为每个感兴趣区选择多边形、折线和像素点的多重组合。

（5）点击 **New Region**，定义其他感兴趣区，并为其输入名字，选择一种颜色。

（6）绘制第二个感兴趣区。

选择 **ROI Tool** 对话框中 **File → Save ROI**，可以将感兴趣区保存到一个文件，然后我们可以在后续的操作处理中再恢复该感兴趣区。

◆ 提取极化信号

极化信号是地表单个像元或像元平均的完整雷达散射特性的三维描述。它展现出了所有发送和接收极化的后向散射响应，它能够以同极化（co-polarized）和交叉极化（cross-polarized）的方式进行表现。同极化（co-polarized）信号具有相同的发送和接收极化，而交叉极化（cross-polarized）信号具有正交的发送和接收极化。

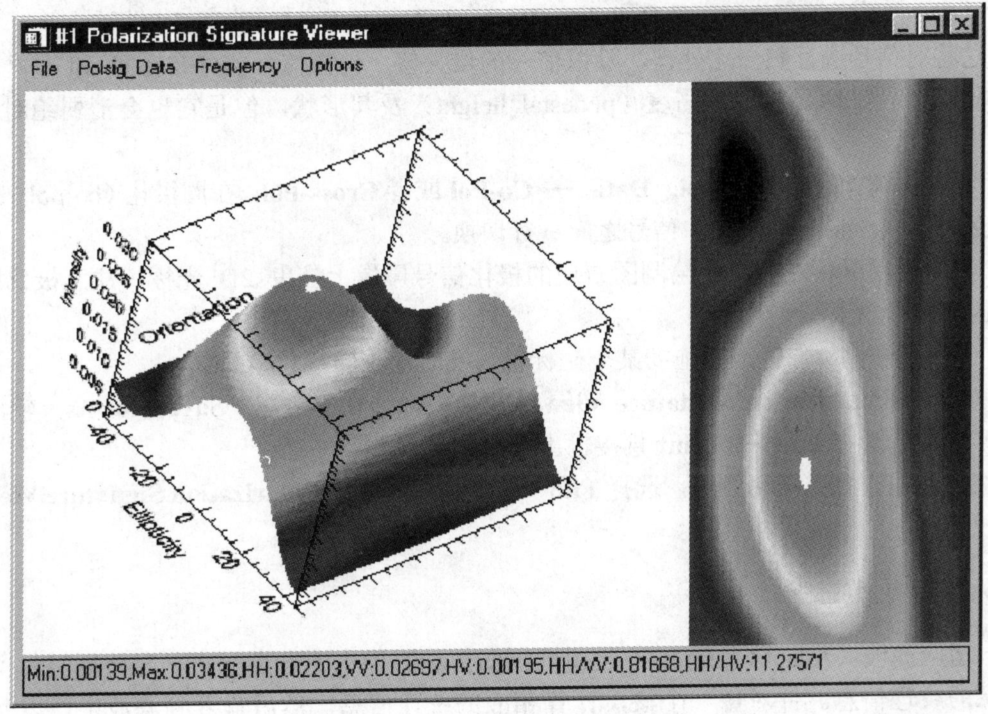

图 28-5　极化信号浏览器

极化信号可以使用感兴趣区，确定像素的位置，从压缩散射矩阵数据中提取出来。极化信号可以显示在一个极化信号浏览器中。上图展示了一个极化信号浏览器的例子。

要提取自己的极化信号：

（1）选择 **Radar → Polarimetric Tools → Extract polarization Signatures → SIR-C**。文件名 ndv_l.cdp 应该出现在 **Input Data Product Files** 对话框中，如果它没有出现，那么点击 **Open File**，并选中这个文件。

（2）点击 **OK**。接着 **Polsig Parameters** 对话框就会出现在屏幕上。

（3）通过点击 **Select All**，选择这 4 个感兴趣区（veg、fan、sand 以及 desert pvt）。

（4）选择 **Memory** 单选按钮，然后点击 **OK**。

接着 4 个极化信号浏览器对话框（图 28-5）就会出现在屏幕上，每一个对应于一个感兴趣区。极化信号可以显示为三维的格网表面绘制图或者二维的灰阶影像。

X 和 Y 轴分别表示椭圆率(ellipticity)和方位角(orientation angles),通过在 **Polsig_Data** 下拉式菜单中,选择所需的选项,可以有选择地将垂线(*Z*)轴绘制为强度(intensity)、归一化强度或者分贝(dB)。

(5)极化信号的统计信息会显示在 **Polarization Signature Viewer** 窗口的底部。

【注意】 不同表面强度(intensity)值的范围。光滑一点的表面(sand 和 desert pvt)具有较低的 Z 值。粗糙的表面(fan 和 veg)具有较高的 Z 值。最小的强度值表明了极化信号的"基座高度"(pedestal height)。粗糙一些的表面具有多次散射的特性,因此它比光滑的表面具有更高的基座高度。信号的形状也能表示出散射的特性。信号峰值中部显示出 Bragg-type 类型(共振)的散射机理。

(6)从下拉式菜单中,选择 **Polsig_Data → Normalized**,改变 Z 坐标轴。

这将对信号进行归一化处理,除以信号的最大值,使得信号值分布在 0 和 1 之间。该步骤可以较好地显示基座高度(pedestal height)及其形状,但是它也会消弱绝对强度的差异。

相应的,也可以选择 **Polsig_Data → Co-Pol** 或者 **Cross-Pol**,在同极化(co-polarized)和交叉极化(cross-polarized)信号之间进行切换。

(7)使用鼠标左键,在绘制图右边的极化信号影像上拖曳 2D 光标,注意极化图中相应的"3D"光标。

(8)点击鼠标左键,并拖动某个坐标轴,实时地旋转极化信号。

(9)在 **Polarization Signature Viewer** 窗口中,选择 **File → Save Plot As**,输出极化信号,或者选择 **File → Print** 直接输出到打印机。

(10)当查看完极化信号,选择 **File → Cancel**,关闭 **Polarization Signature Viewer** 窗口。

◆ 使用自适应滤波

自适应滤波(Adaptive filters)被用来削弱雷达影像中的斑点噪声,它将同时保留雷达影像的纹理信息。针对每一个核,计算相应的统计信息,然后输入到滤波中,以允许其适应影像中的不同纹理。

(1)选择 **Radar → Adaptive Filters → Gamma**。接着 **Gamma Filter Input File** 对话框就会出现在屏幕上,它将列出打开的文件。自适应滤波可以运用到整个文件或者某个单一波段上。

(2)点击 **Select By File** 旁边的箭头切换按钮,切换到 **Select By Band**,列出打开文件的所有波段。

(3)选择波段`[L-HH]:NDV_L.SYN`,然后点击 **OK**。接着 **Gamma Filter Parameters** 对话框就会出现在屏幕上。

(4)将 **Filter Size**(*N*×*N*)设置为 3,**Number of Looks** 设置为 1.000,并点击 **Memory** 单选按钮,将结果输出到内存中。

(5)点击 **OK**。生成的影像结果名 `Gamma([L-HH]:NDV_L.SYN)`就会出现在可用波段列表中。

显示滤波处理后的结果

（1）选择 **Gray Scale** 单选按钮，然后在可用波段列表对话框中选中其波段名。

（2）从可用波段列表对话框底部的 **Display** 下拉式菜单按钮中，选择 **New Display**，打开一个新的显示窗口，然后点击 **Load Band**。

（3）在主影像显示窗口菜单中，选择 **Enhance → [Image] Square Root**，对影像进行平方根对比度拉伸。

可以使用动态链接的功能，将 Gamma 滤波后的影像同原始影像进行比较。

（4）通过在可用波段列表对话框中选择`[L-HH]：NDV_L.SYN`，然后打开一个新的显示窗口，并点击 **Load Band**，显示原始影像波段。

（5）同样对该影像进行快速平方根对比度拉伸。

（6）选择 **Tools → Link → Link Displays**。接着 **Link Displays** 对话框就会出现在屏幕上。

（7）确保包含了 Gamma 滤波后的影像和原始影像的两个显示窗口的显示窗口名旁的箭头切换按钮选择的是 **Yes**，然后点击 **OK**。当窗口被链接在一起后，会自动激活动态链接功能。

（8）在某个影像窗口中点击鼠标左键，会在一个影像上（基准影像）显示出另一个被链接影像的一部分（叠合区域）。叠合区域可以同时显示在主影像窗口，或者显示在 **Zoom** 窗口中。

（9）通过点击并按住鼠标左键，并拖动鼠标，来移动叠合区域。

（10）通过按住鼠标中键，并拖动叠合区域的一角到所需的位置，来改变叠合区域的大小。

（11）将 Gamma 滤波后的影像同原始影像数据进行比较。

（12）在主影像窗口中，选择 **Tools → Link → Unlink Displays** 或者 **Dynamic Overlay Off**，关闭动态链接的功能。

◆ **斜距到地距的转换**

斜距成像的雷达数据会在横向上存在几何变形。真实的或者地面距离的像素大小会根据入射角的改变，而在横向上有所不同。通过重采样斜距数据，生成地面距离为固定大小的像素，我们可以校正该几何变形。斜距到地距的转换（slant-to-ground range transformation）需要关于传感器方位的信息。对于 SIR-C 数据，我们可以在 CEOS 的头文件中发现所需的必要信息。

使用 **Radar → Open/Prepare Radar File → View Generic CEOS Header**，并选择文件`ndv_l.cdp`，查看 CEOS 的头文件。滚动 CEOS 头文件报告，注意到航向间隔（航向方向）是 5.2 m，而像素间隔（斜距方向）是 13.32 m。我们将会使用斜距到地距（Slant-to-Ground-Range）的转换功能，把输出影像的像元重采样到 13.32 m 的矩形，以消除斜距的几何变形。

（1）选择 **Radar → Slant to Ground Range → SIR-C**。

（2）当 **Enter SIR-C Parameters Filename** 对话框出现在屏幕上后，选择文件

ndv_l.cdp。接着 **Slant Range Correction Input File** 对话框就会出现在屏幕上。

（3）选中文件 ndv_l.syn，然后点击 **OK**。接着 **Slant to Ground Range Correction** 对话框就会出现在屏幕上，所有从 CEOS 头文件获取的相关的信息都会添加到.cdp 文件中。

（4）在 **Output pixel size** 文本框中输入 13.32，生成地面距离成矩形的像素。

（5）选择 **Bilinear** 作为 **Resampling Method**（重采样法），然后输入 ndv_gr.img 作为要输出的文件名，点击 **OK**。接着输入影像就会被重采样成 1 152 个 13.32m 大小的矩形像素。

（6）显示该影像，并把它同斜距影像进行比较。

◆ 使用纹理分析

纹理作为尺度的函数，是以影像灰度级为基准的空间变化的度量值。纹理将在用户选定大小的窗口中计算出来。本专题展示的纹理分析值是 Occurrence Measures，它包括数据范围、平均值、方差、商，以及偏度。这些术语都在《ENVI 遥感影像处理教程》（ENVI User's Guide）或者在线帮助中进行了解释。我们很好地计算出了雷达数据的纹理信息，这些雷达数据没有进行过重采样或者滤波处理。

（1）选择 **Radar → Texture Filters → Occurrence Measures**。

（2）当 **Texture Input File** 对话框出现在屏幕上后，点击 **Select By** 箭头切换按钮，选择 **Band**，然后选择波段[*L-HH*]：*ndv_l.syn*，点击 **OK**。

（3）在 **Occurrence Texture Parameters** 对话框中，取消所有的 **Textures to Compute** 选项，除了 **Data Range**。将 **ProcessingWindow**：**Rows** 和 **Cols** 更改为 7×7，然后输入要输出的文件名 ndv_hh.tex，点击 **OK**，等待若干秒后，一个 ENVI 的状态窗口就会出现在屏幕上。新生成的波段将会列出在可用波段列表中。

生成彩色编码的纹理影像

在可用波段列表对话框中，点击波段名 Data Range：[L-HH]，然后点击 Load Band，显示生成的数据范围纹理影像。

（1）对该影像进行快速平方根对比度拉伸。

（2）在主影像显示窗口中，选择 **Tools → Color Mapping → Density Slice**。

（3）在 **Density Slice Band Choice** 对话框中，选择波段 Data Range：[L-HH]，然后点击 **OK**。

（4）在 **Density Slice** 对话框中，使用默认的分割范围，然后点击 **Apply**。使用影像动态链接功能，对照原始影像数据，查看该影像。

（5）现在，在主影像显示窗口中，选择 **Tools → Cursor Location/Value**，在浏览影像过程中，查看数据范围值。

（6）试着生成自己的密度分割影像，或者在 **Density Slice** 对话框中，选择 **File → Restore Ranges**，选取文件 texture.dsr，然后点击 **Open**，再点击 **Apply**，使用预先确定的彩色编码密度分割文件 TEXTURE.DSR。

如图 28-6 所示，该密度分割影像用不同的颜色，显示出了影像中各种不同的纹理。

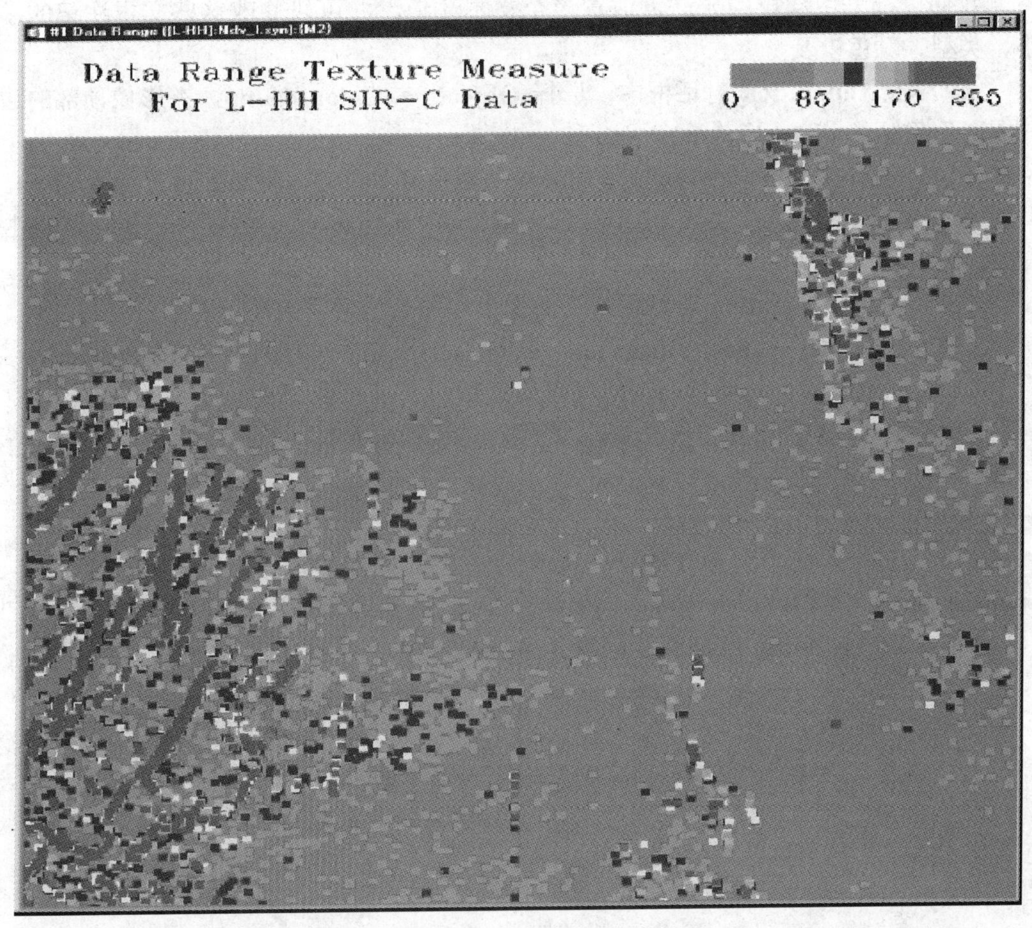

图 28-6 彩色编码的纹理影像

显示其他的纹理度量影像，并对它们进行密度分割处理。使用动态链接功能，将它们同原始影像数据进行比较。

◆ **生成要输出的影像地图**

（1）让数据范围纹理影像继续显示在显示窗口中，然后给该影像添加边框，放置图例和文本注记。

（2）在主影像显示窗口中，选择 **Overlay → Annotation**。

（3）当 **Annotation** 对话框出现在屏幕上后，选择 **Options → Set Display Borders**。

（4）在上面的文本框中输入 100，选择 **Border Color** 为 **White**，然后点击 **OK**。这将给影像的顶部添加上 100 个像素宽度的白色边框。

（5）在滚动窗口中，将主影像指示矩形框放置在影像的顶部，带有边框的显示出影像的一部分。

（6）在注记对话框中部的文本区域中输入一个标题，将标题放置在影像的顶部。

（7）在 **Size** 文本框中输入 16，改变字体大小，并将 **Color** 改为 **Black**。

（8）使用鼠标左键，将该标题放置在影像上，点击鼠标右键锁定标题注记的位置。

我们可以采用同样的方法，放置多个文本注记，并可以修改这些文本注记的字体大小、类型、颜色以及宽度。

（9）在 **Annotation** 对话框中，选择 **Object → Color Ramp**，在影像顶部的边框中放置彩色色标（color table ramp）注记。

（10）分别在 **Min** 和 **Max** 文本框中输入数值 0 和 255，将 **Inc** 设置为 4，**Font Size** 设置为 14，注记该彩色色标。使用鼠标左键，将彩色色标注记放置在影像上，点击鼠标右键锁定该注记的位置。

（11）使用 **Annotation** 对话框，在影像上添加其他所需的注记对象。

（12）选择 **File → Save Image As → Postscript File**，将影像保存为 PostScript 文件。

（13）输入要输出的文件名，或者采用默认的名字 `ndv_hh.ps`，点击 **OK**。

（14）也可以选择 **File → Print**，直接将结果输出到打印机中。

◆ 结束 ENVI 程序

在 ENVI 主菜单中选择 **File → Exit**（在 UNIX 操作系统下是 **Quit**），在弹出的 **Terminate this ENVI Session** 对话框中选择 **Yes**，并点击 **OK**，退出 ENVI 程序。如果使用的是 **ENVI RT**，退出 ENVI 会返回操作系统。

专题二十九　DEMs 和 TOPSAR 分析

1.1 专题概述

本专题使用了极化 SAR 数据和数字高程模型（Digital Elevation Model，DEM），该数字高程模型是从喷气式实验室（JPL）的 TOPSAR（干涉 SAR）数据中获取的，它对应为澳大利亚的 Tarrawarra 地区，该数据的使用得到了喷气式实验室的许可。本专题会在 ENVI 中展示使用标准工具进行输入、显示 SAR 数据以及显示、分析 DEM 的步骤。对于 DEM 而言，这些示范包括数据输入；灰阶和彩色密度分割显示；生成和叠合等高线；使用 ENVI 的 X、Y 和任意剖面（横断面）来生成地形廓线；生成坡度、坡向和阴影消除后的影像；三维景观图和影像叠合。

♦ 本专题中使用的文件

光盘：《ENVI 遥感影像处理专题与实践》附带光盘 #1

路径：envidata/topsar

文件	描述
	所需的文件
ts0218_c.vvi	C-波段的 VV-极化影像（整型，原始名：ts0218_c.vvi2）
ts0218_c.cor	C-波段的相关性影像（原始名：ts0218_c.corgr）
ts0218_c.dem	从 C-波段获取的整型 DEM 影像（原始名：ts0218_c.demi2）
ts0218_c.inc	C-波段入射角影像（原始名：ts0218_c.incgr）
ts0218_l.dat	L-波段的 stokes 矩阵数据
ts0218_p.dat	P-波段的 stokes 矩阵数据
	生成的文件
ts0218lp.syn	L-波段和 P-波段合成后的影像数据
ts0218lp.hdr	相应的头文件
ts_cgam.img	生成的 Gamma 滤波后的影像
ts_cgam.hdr	相应的头文件
ts_ped.img	生成的基座高度影像（Pedestal Height image）
ts_ped.hdr	相应的头文件
topsar.img	生成的 DEM 影像（m）、C-VV 影像（σ^0）、入射角影像以及相关性影像
topsar.hdr	相应的头文件

【注意】本数据集包括了所有典型的文件，它们都是由 JPL 提供，从 TOPSAR 发布的磁带或者光盘中获取的。有些文件名已经不再采用 JPL 标准命名规定，而是重新更改

了名字，因为这些文件在使用 DOS 8.3 命名规定时不是唯一的 ENVI 头文件，因此它们可能不会被只支持 DOS 命名规定的系统（Windows 3.1）直接使用。原始的文件名都在文件描述中进行了简要说明。

◆ 背景知识：TOPSAR 和 DEMs

TOPSAR 数据是极化合成孔径雷达（Synthetic Aperture Radar，SAR）数据，它是喷气式实验室（Jet Propulsion Laboratory，JPL）操纵的航空 SAR 系统获取的。

数据描述

该数据由全极化（四重极化）的数据所组成，它包括 P-波段、L-波段、C-波段以及 VV-极化影像。提供的数字高程模型（DEM）是 JPL 使用 SAR 的 C-波段天线利用干涉原理获取的。同样在 C-波段数据中获取了相关性影像（correlation image）和入射角影像（incidence angle image）。

1.2 显示并转换数据

在本专题的这一部分，我们会显示影像数据，并将它们转换为实际的物理参数。JPL 提供了几幅可以显示的影像，包括 C-波段 VV、C-波段相关性影像，C-波段入射角影像，我们可以使用 ENVI 的 TOPSAR 程序轻松地显示它们。JPL 也提供了 P-波段和 L-波段非成像的 Stokes 矩阵数据，这些影像必须按照下面的描述，合成后才能显示出来。

◆ 启动 ENVI

启动前，请确保已步骤正确地安装 ENVI。

- 要在 UNIX 或 Macintosh OS X 中启动 ENVI，请在 UNIX 命令行中输入 `envi`。
- 要在 Windows 系统中启动 ENVI，请双击 ENVI 的图标。

◆ 查看 TOPSAR 头信息

（1）选择 **Radar → Open/Prepare Radar File → View AIRSAR/TOPSAR Header**。接着 **AIRSAR/TOPSAR Input File** 文件选择对话框会出现在屏幕上。

（2）选择进入《ENVI 遥感影像处理专题与实践》附带光盘 #1 `envidata` 目录中的 `topsar` 子目录。同在其他应用操作中的处理一样，从列表中选择 `ts0218_c.vvi` 文件。接着出现的 **AIRSAR File Information** 对话框就会列出嵌入的 AIRSAR Integrated Processor 头信息。

（3）查看 New Header、Parameter Header 以及 Calibration Header 部分。

（4）对 DEM 文件 `ts0218_c.dem`，重复上面的步骤，查看 New Header、Parameter Header 以及 TOPSAR DEM Header 部分。

◆ 加载并显示原始 C-波段影像

（1）选择 **Radar → TOPSAR Tools → Open TOPSAR File**，然后选取文件

ts0218_c.vvi。

这会打开并显示 TOPSAR 的 C-波段影像数据，而不会将数据转换为物理单位（σ⁰，Sigma Zero），然后利用嵌入的 AIRSAR/TOPSAR 头信息，获取必要的文件信息。该操作也会将影像加载到可用波段列表对话框中。

【注意】我们也可以选择 **File → Open External File → Radar → TOPSAR**，打开这个文件。或者选择 **File → Open Image File**，使用普通的文件打开程序打开该文件，但是我们必须手动地输入文件的参数。

（2）确定选择了 **Gray Scale** 单选按钮，然后在对话框的顶部选择该影像，再点击 **Load Band**，加载该影像。

（3）查看影像的几何特性。从主影像显示窗口菜单栏中，选择 **Tools → Cursor Location/Value**，打开 **Cursor Location/Value** 对话框。

该影像为地面距离（ground-range）的 C-波段 VV 极化影像（图 29-1），它的数据已经转换成了整型。一个缩放因子必须应用到数据上，以将数据转换为 σ⁰（Sigma Zero，雷达后向散射系数）。

（4）查看影像的像素值，注意数据值的大小（整型值）。

图 29-1　TOPSAR 的 C-波段 VV 影像

◆ 加载并显示原始 DEM 影像

（1）选择 **Radar → TOPSAR Tools → Open TOPSAR File**，然后选取文件 ts0218_c.dem。

这会打开并显示 TOPSAR 的 DEM 数据，利用嵌入的 AIRSAR/TOPSAR 头文件，获取必要的信息，并把该影像加载到可用波段列表对话框中。也可以选择 **File → Open Image File**，使用普通的文件打开程序打开该文件，但是必须手动地输入文件的参数。

（2）在可用波段列表对话框中，点击波段名，选择 **New Display**，再点击 **Load Band**，显示该影像。然后选择 **Tools → Cursor Location/Value**，查看影像的像素值，注意数据值的大小（整型值）。显示的影像存储的是原始的 DN 值，正如 DEM 文件中存储的一样。

（3）选择 **Tools → Link → Link Displays**，使用 ENVI 的动态链接功能，比较这两幅影像。

♦ 将 C-波段数据转换为 σ⁰，DEM 的单位转换为米

（1）选择 **Radar → TOPSAR Tools → Convert TOPSAR Data**，然后选取文件 `ts0218_c.vvi`。这将打开 **TOPSAR Conversion Parameters** 对话框。ENVI 会根据 TOPSAR 文件命名规定，自动地识别出该数据集包含的所有 TOPSAR 数据。接着就会打开 VV 极化影像、相关性影像、入射角影像以及 DEM 影像（图 29-2）。根据 TOPSAR 头文件中的数值描述，C-VV 数据会自动地转换为 σ^0，DEM 转换为米。

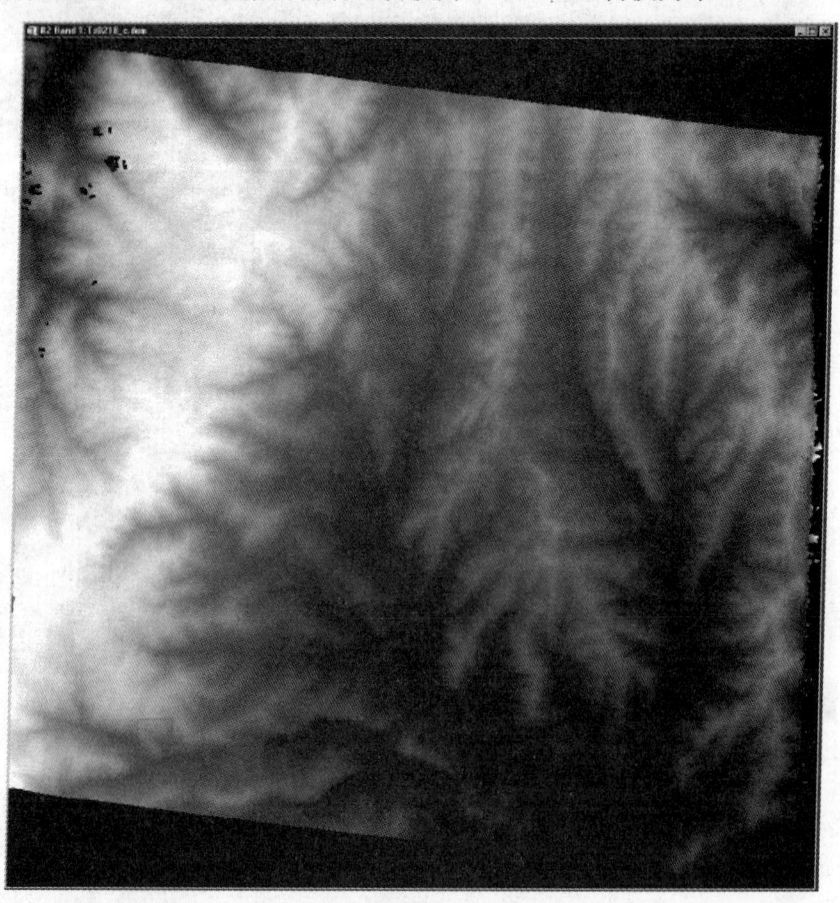

图 29-2 TOPSAR 的 DEM 影像

（2）在 **TOPSAR Conversion Parameters** 对话框中，点击 **Spatial Subset** 按钮，将 **Line** 对应的 **To** 参数从 1 140 改为 1 061，对行数（lines）提取影像的数据子集。这将把 C-波段数据和 DEM 匹配成同 P-波段和 L-波段的数据具有相同的大小，然后点击 **OK**。

（3）输入要输出的文件名 `topsar.img`，点击 **OK**，进行数据转换。接着四幅影像就会加载在可用波段列表对话框中。

（4）在可用波段列表对话框中，点击 VV 极化波段名，选择 **New Display**，然后点击 **Load Band**，显示 C-VV 的 σ^0 影像。选择 **Tools** → **Cursor Location/Value**，查看影像的像素值，注意数据值的大小（σ^0）。

（5）选择 **Tools** → **Link** → **Link Displays**，使用 ENVI 的动态链接功能，比较这两幅 C-VV 影像（原始影像和 σ^0 影像）。

（6）在可用波段列表对话框中，点击 DEM（m）波段名，选择 **New Display**，然后点击 **Load Band**，显示 DEM（m）影像。从主影像显示窗口菜单中，选择 **Tools** → **Cursor Location/Value**，查看影像的像素值，注意数据值的大小（高程以 m 为单位）。

注意到影像中存在较大的负值（接近−2 911），它们与 DEM 中的孔洞和影像边缘相对应。这些数据都是无效的高程值，我们将使用 ENVI 的掩膜（mask）功能把这些区域排除在分析之外。

（7）选择 **Tools** → **Link** → **Link Displays**，使用 ENVI 的动态链接功能，比较这两幅 DEM 影像（原始 DEM 影像和以 m 为单位的 DEM 影像）。

◆ 合成 P-波段和 L-波段的数据

L-波段和 P-波段的数据都是由喷气式实验室（JPL）以压缩的 Stokes 矩阵格式发布的。这些数据不能被大多数的处理系统直接显示出来。ENVI 提供了实用程序，可以解压缩数据并合成为影像格式。

（1）从 ENVI 主菜单中，选择 **Radar** → **Open/Prepare Radar File** → **Synthesize AIRSAR Data**。

（2）在 **Input Stokes Matrix Files** 对话框中，点击 **Open File** 按钮，在 **Enter Compressed Stokes Matrix Filename** 对话框中，选取文件 `ts0218_l.dat`。接着 L-波段和 P-波段的 Stokes 矩阵文件名都会输入到对话框中。

（3）点击 **OK**，打开 **Synthesize Parameters** 对话框（图 29-3）。接着“标准”的极化波段，L-HH、L-VV、L-HV、L-TP（总能量）、P-HH、P-VV、PHV 以及 P-TP（总能量）都会自动加载到对话框中。

（4）如果需要额外的极化波段，那么在对话框左上角合适的文本框中输入发送和接收的椭圆率和方位角，然后点击 **Add Combination** 按钮。

在 **Output Data Type** 对应的标注为 **Floating Point** 的下拉式菜单按钮中，选择 **Byte**，输入带完整路径的输出文件名 `ts0218lp.syn`，点击 **OK**，合成所需的影像。

（5）使用可用波段列表对话框，选择一个或多个合成波段，并以灰阶或者 RGB 彩色合成的方式，将影像显示在一个新的显示窗口中（图 29-3）。

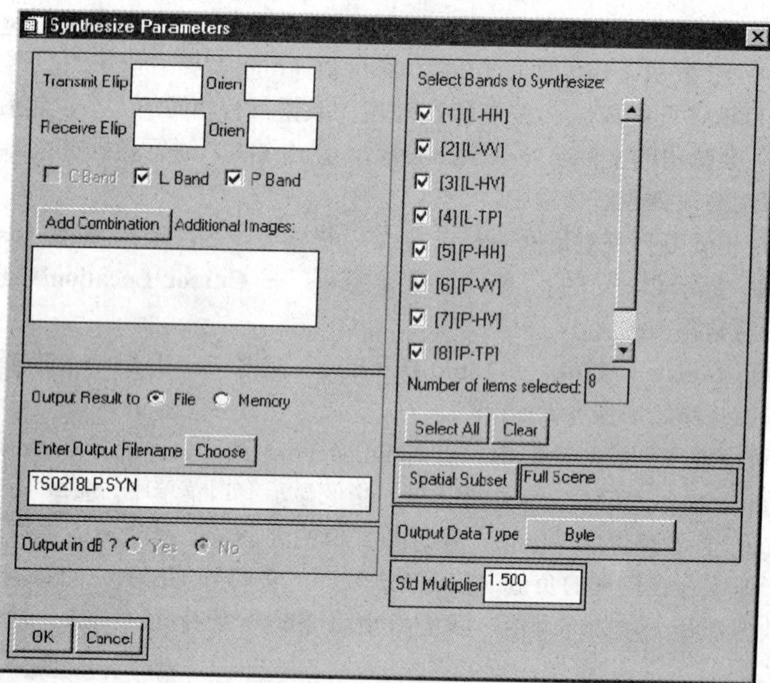

图 29-3 Synthesize Parameters 对话框

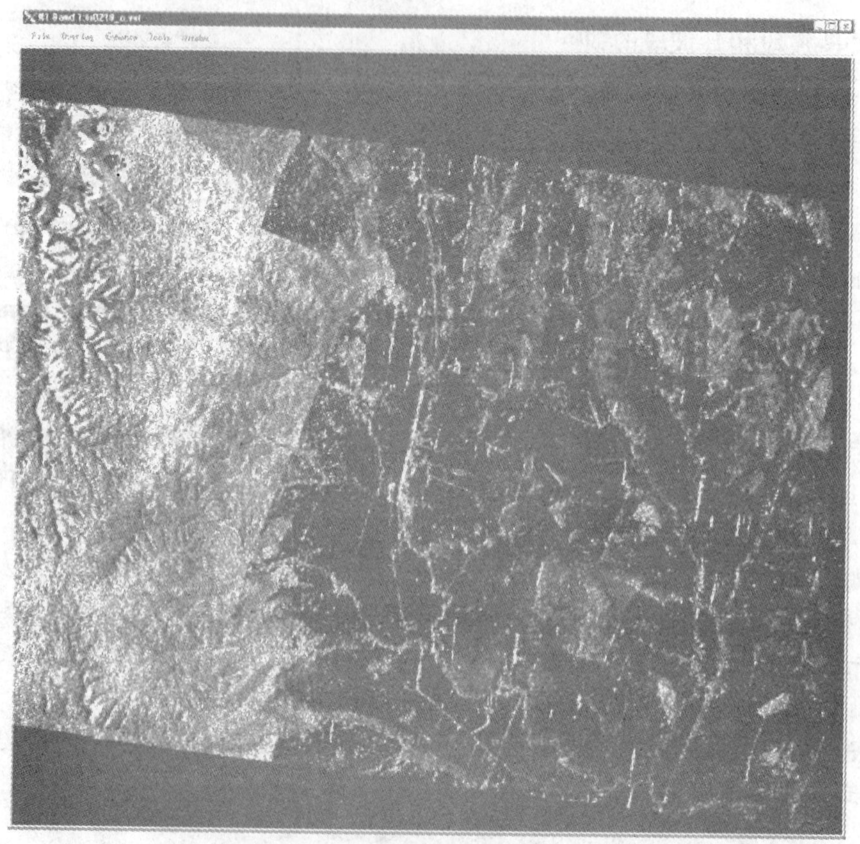

图 29-4 TOPSAR 的 P-波段 VV 影像

（6）使用影像动态链接功能，将 L-波段和 P-波段的 VV 影像数据同 C-波段的 VV 影像数据进行比较。

1.3 JPL 的极化 SAR 数据分析

本专题的这一部分将描述某些 SAR 数据一般的分析方法，此外也会有选择性地对极化分析能力进行介绍。要获取更多的 SAR 处理信息，请参见《ENVI 遥感影像处理教程》（ENVI User's Guide）。

♦ ENVI 中 SAR 处理的一般概念

大多数的 ENVI 标准处理函数都包含内在的雷达处理功能，它们包括所有的显示功能、拉伸、颜色操作、分类、配准、滤波以及几何纠正，等等。Radar 菜单下包含了特定的雷达处理菜单项，这些特定的 ENVI 处理程序在雷达处理方面非常实用。许多这些功能也可以在 ENVI 主菜单相应的模块访问到。ENVI 提供了标准和高级的工具，对探测式雷达进行分析，此外 ENVI 也包括了高级的 SAR 处理系统，例如喷气式实验室（JPL）的全极化 AIRSAR 和 SIR-C 系统。ENVI 能处理 ERS-1/ERS-2、JERS-1、RADARSAT、SIR-C、X-SAR 和 AIRSAR 的数据以及其他的探测式 SAR 数据集。此外，由于 ENVI 旨在能够处理发布为 CEOS 格式的雷达数据，因此它可以处理采用该格式发布的其他雷达系统的数据。

使用自适应滤波去除噪声

自适应滤波（Adaptive Filters）提供了一种去除雷达影像中斑点噪声的手段，它不会严重影响数据的空间属性特征。跟未经滤波处理的影像数据相比，Gamma 滤波和其他自适应滤波能够很大程度地改善影像的显示。要在 AIRSAR 数据上进行 Gamma 滤波处理：

（1）选择 **Radar → Adaptive Filters → Gamma**，选取输入影像文件 `ts0218_c.vvi`。然后点击 **OK**。这将打开 **Gamma Filter Parameters** 对话框。

（2）使用默认的 **Filter Size**（3）和 **Number of Looks**（1.000）。输入要输出的文件名 `ts_cgam.img`，点击 **OK**。

边缘增强

拉普拉斯算子（Laplacian）滤波被用来增强 SAR 数据和其他数据类型影像的边缘信息。它是一个卷积滤波，它的滤波核（对于 5×5 的卷积滤波而言）为（见下表）：

以该方式运用这个卷积滤波核，可以很好地增强边缘信息，但是它也会造成大多数的辐射信息丢失。

0	0	-1	0	0
0	-1	-2	-1	0
-1	-2	16	-2	-1
0	-1	-2	-1	0
0	0	-1	0	0

（1）从 ENVI 主菜单中，选择 **Filter → Convolutions and Morphology**，然后选择 **Convolutions → Laplacian**。设置 Kernel Size 为 5×5，为了避免丢失辐射信息，按照下面的方法选择添加原始影像的部分像素值。

（2）在 **Convolution and Morphology Tool** 对话框中，添加原始像素值到滤波影像上，在 **Image Add Back** 文本框中，输入原始影像所占的百分比例（0～100%之间）。点击 **Quick Apply**，选择 ts0218_c.vii 影像的波段 1。这将会在一个新的显示窗口中显示该影像。如果需要改变 **Image Add Back** 文本框中的值，再重新显示影像。

使用影像动态链接功能比较影像

使用 ENVI 的动态链接功能，将上面生成的影像同其他影像以及原始影像进行比较。要使用动态链接功能比较这些影像：

（1）在不同的显示窗口中显示这两幅影像，按照上面描述的方法进行对比度拉伸处理。

（2）选择 **Tools → Link → Link Displays**。

（3）选择合适的显示窗口号，然后点击 **OK**，链接这两幅影像。使用鼠标左键拖曳动态链接区域，将这些影像进行比较。

极化数据分析

ENVI 提供了一整套工具来分析极化 SAR 数据。这些工具包括生成并显示特定的极化影像、相位影像（phase image）、基座高度影像（pedestal height image）以及提取极化信号和生成散射分类影像。

显示多频极化 SAR 影像

上面生成的合成影像是极化影像数据分析的基础。

（1）在可用波段列表对话框中，选择 ts02181p.syn 影像的[*L-HH*]波段，然后点击 **Load Band**，显示其中一幅合成影像。

（2）从主影像显示窗口中，选择 **Tools → Animation**，开始进行动画显示。在 **Animation Input Parameters** 对话框中，按住 **Ctrl** 键，点击两幅全能量影像（[*L-TP*]和[*P-TP*]），取消它们的选择。然后点击 **OK**，启动动画显示。注意不同频率和极化方向的影像数据，比较各种物质的 SAR 响应，确定最能体现波谱差异的三波段组合。

（3）当完成操作处理后，选择 **File → Cancel**，关闭动画显示。

（4）使用上面选择的波段，将多频多极化的 AIRSAR 影像作为 RGB 彩色合成影像加载到显示窗口中。或者将 P-HH、L-HH 和 C-VV 影像作为 RGB 彩色合成影像加载显示出来。查看各种不同地物所对应的不同颜色。尝试对主影像窗口和缩放窗口进行不同的对比度拉伸，最大化影像中的颜色差异。

查看极化信号

极化信号根据发送和接收雷达波的方位角和椭圆率，对单个像元或感兴趣区像素进行完整散射特性的三维描述。这些信号可以被用来观测物质表面的散射特性，以确定在查看 SAR 数据时采用什么样的极化影像来最大化地体现物质间的差异。

（1）在主影像显示窗口的所需位置上，点击鼠标左键，将鼠标光标放置在动画显示中表现出明显变化的区域上。

（2）从主影像显示窗口菜单中，选择 **Tools → Polarization Signatures → AIRSAR**，然后点击 **Open File** 按钮，选取 L-波段的 Stokes 矩阵数据 `ts0218_l.dat`。接着 L-波段和 P-波段 Stokes 矩阵文件名就会出现在 **Input Stokes Matrix Files** 对话框中。点击 **OK**，打开 **Polarization Signature Viewer** 窗口。

（3）选择 **Options → Extract Current Pixel**，提取当前像素的 L-波段极化信号。选择 **Frequency → P** 显示相应的 P-波段极化信号。选择 **Polsig_Data** 菜单项，查看不同表面绘制选项。选择 **Polsig_Data → Cross-Pol**，显示并比较交叉极化（cross-polarized）信号。

（4）使用鼠标左键，在绘制图右边的影像上点击并拖曳鼠标，显示出交互式的 2D 鼠标和 3D 鼠标。在绘制图的左下角读取光标位置值。注意绘制图中最大化方位角和椭圆率的差异，有选择性地合成并显示带有上面描述参数的影像。

（5）点击并拖动其中某个 polsig 坐标轴，实时地旋转三维 polsig。

（6）选择 **File → Cancel**，退出该程序。

基座高度影像

（1）选择 **Radar → Polarimetric Tools → Pedestal Height Image → AIRSAR**，在 **Input Stokes Matrix Files** 对话框中，点击 **OK**，输入要输出的文件名 `ts_ped.img`，然后点击 **OK**。为 AIRSAR 数据生成基座高度影像（pedestal height image）。

（2）在可用波段列表对话框中，点击波段名，然后点击 **Load Band**，显示该影像。

通过求取下列四个极化组合的平均值，该影像提供了一种逐像素度量雷达波多次散射量的手段。

- 方位角 0°，椭圆率-45°
- 方位角 90°，椭圆率-45°
- 方位角 0°，椭圆率 45°
- 方位角 90°，椭圆率 45°

影像中一个较高的基座高度值表明了较大的多次散射，通常情况下是由粗糙表面产生的。

（3）在主影像显示窗口菜单栏中，选择 **Tools → Cursor Location/Value**，打开 **Cursor Location/Value** 窗口，查看该影像的基座高度值。

1.4 显示并分析 DEMs

本专题的这一部分将描述 ENVI 处理和分析数字高程模型（DEM）的工具。虽然本专题涉及的是特定的 TOPSAR 的 DEM 数据，但是描述的这些方法和工具仍旧可以完全应用到任意 DEM 数据集中。

◆ 显示转换为 m 的 DEM 数据

（1）如果还没有显示该 DEM 数据，那么打开生成的影像 `topsar.img`（由第 367

页“将 C-波段数据转换为 σ^0，DEM 的单位转换为 m”部分中的所描述的处理步骤创建生成的）的波段 DEM（m）。

（2）选择 **Tools → Cursor Location/Value**，查看 DEM 影像的像素值。

该 DEM 已经进行了缩放处理，将这些数据转换为了物理参数，其高程以 m 为单位。在这种情况下，就是由 0.1 的高程增量(Elevation Increnment)和 365.6 的高程偏移(Elevation Offset）所组成的。可以注意到 DEM 转换处理后，坏像素（DEM 数据中的边界线、雷达阴影等）的像素值将会变成-2 911.099。可以会使用 ENVI 的掩膜功能，为这些区域生成一个掩膜，将它们的值设为 0（请参见《ENVI 遥感影像处理实用教程》，以获取更多的详细信息）。

◆ X 和 Y 高程剖面廓线

ENVI 提供了沿着 X 方向或者 Y 方向，提取高程剖面廓线的工具。

（1）从 DEM（m）影像的显示窗口菜单中，选择 **Tools → Profiles → X Profile**，然后选择 **Tools → Profiles → Y Profile**，提取这两个方向的剖面廓线。

将这两个剖面廓线绘制图移动到 DEM（m）影像显示窗口的边上，这样当你在显示窗口移动鼠标光标时，仍然可以看到这两个绘制窗口（图 29-5）。

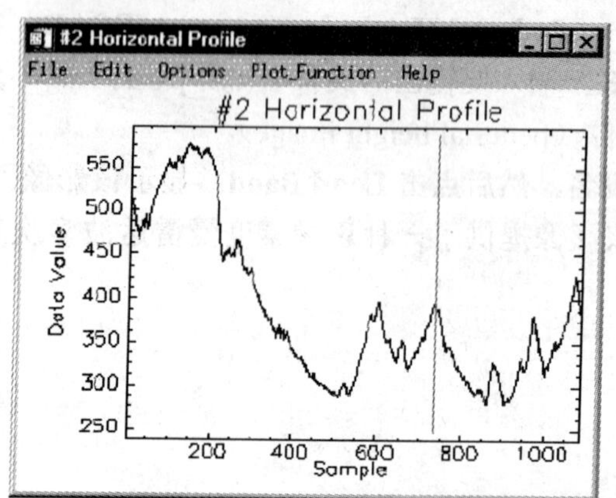

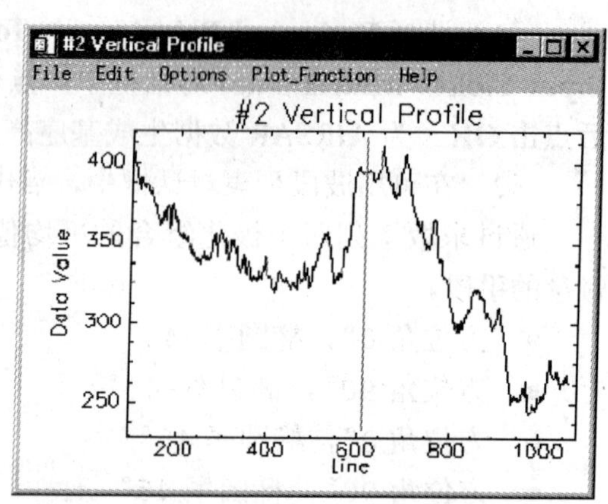

图 29-5 TOPSAR 的水平和垂直 DEM 地形剖面廓线

（2）使用鼠标左键在影像显示窗口中点击并拖动鼠标，当松开鼠标左键时，就会生成一条新的高程剖面廓线。在 X 和 Y 剖面廓线绘制窗口中，红色竖条的位置标记出了沿着剖面廓线方向缩放窗口中心所对应的位置。使用鼠标左键在缩放窗口中点击并拖曳鼠标，可以连续地更新剖面廓线。

（3）在每个绘制图窗口中，选择 **File → Cancel**，关闭这两个剖面廓线绘制窗口。

◆ 任意高程剖面廓线

ENIV 也允许沿着多条不同的任意横断面，提取高程的剖面廓线。

（1）选择 **Tools → Profiles → Arbitrary Profile（Transect）**，沿着自定义的横断面，提取高程的剖面廓线。

（2）在主影像显示窗口中，点击鼠标左键，绘制出所需断面的每一部分。如果需要，可以按住鼠标左键进行绘制。

（3）点击鼠标右键，结束断面的绘制。再次点击鼠标右键，提取所需的高程剖面廓线。使用自定义剖面廓线（Arbitrary Profile）工具，绘制一条或者多条剖面廓线。每一条增加的剖面廓线都会分配一种新的颜色和序号。

【注意】通过在 **Spatial Profile Tool** 对话框中，选择相应的绘制窗口，我们也可以在滚动（Scroll）或者缩放（Zoom）窗口中绘制任意断面。

ENVI 的标准绘制控制工具可以被用来在绘制图上读取高程信息。

（4）在绘制图窗口中，沿着剖面廓线点击鼠标左键，并拖动鼠标。缩放窗口会跟踪主影像显示窗口中绘制出的剖面（图 29-6）。

（5）使用鼠标中键，绘制出一个矩形框，可以放大绘制图的某一部分。在绘制图的坐标轴下面，点击鼠标中键可以缩放到先前大小。

（6）在 **Spatial Profile Tool** 对话框中，选择 **File → Cancel**，关闭剖面廓线绘制图窗口。

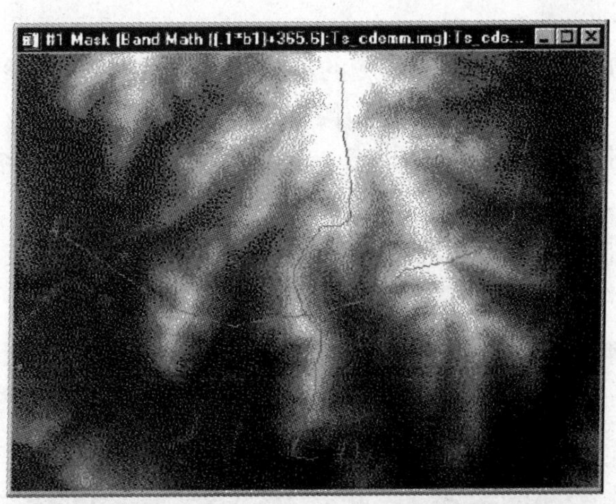

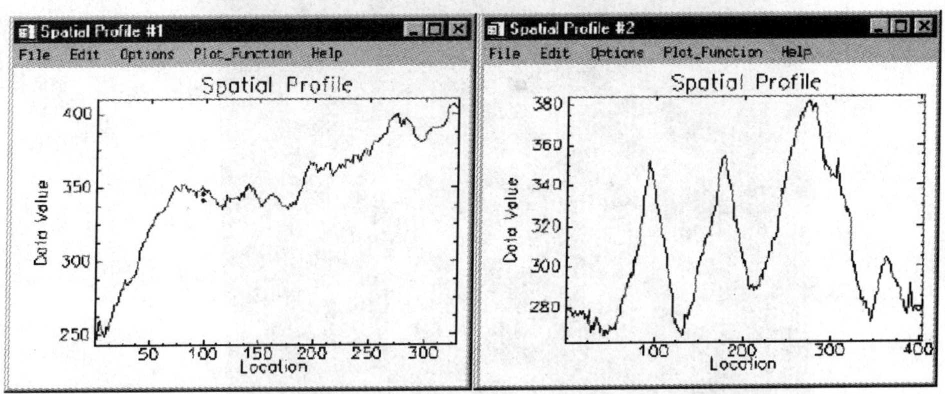

图 29-6　TOPSAR 的 DEM 自定义剖面（上图）和相应的剖面廓线（下图）

◆ 对 DEM 进行彩色密度分割处理

密度分割根据影像的亮度，提供了一种目视增强雷达影像差异的手段。

（1）在包含以 m 为单位的 DEM 主影像显示窗口中，选择 **Tools → Color Mapping → Density Slice**。然后选择 DEM 影像数据，点击 **OK**。

（2）在 **Density Slice** 对话框中，点击 **Clear Range**，清除默认的分割范围设置（由于 DEM 影像中存在孔洞和掩膜值，这个步骤是必需的）。

（3）在 **Min** 文本框中输入值 0。然后选择 **Options → Add New Ranges**，打开 **Add Density Slice Ranges** 对话框。

（4）在 **Range Start** 文本框中输入 `0.0`，**Range End** 文本框中输入 `700.00`，**# of Ranges** 文本框中输入 `10`，点击 **OK**。再在 **Density Slice** 对话框中，点击 **Apply**，对该 DEM 影像进行密度分割处理。

（5）在可用波段列表对话框中，点击波段名，选择 **New Display**，然后点击 **Load Band**，将灰阶 DEM 影像数据加载到另一个影像显示窗口中。

（6）使用动态链接功能，将灰阶 DEM 影像同密度分割处理后的 DEM 影像进行比较。

♦ 叠合等高线

ENVI 能够根据 DEM 数据，生成相应的等高线，然后把该等高线叠合到 DEM 数据本身上，或者叠合到另一幅共同配准好的影像上。

（1）如果 DEM 影像仍然显示在屏幕上，而且叠合上了彩色密度分割图，那么在 **Density Slice** 对话框中，选择 **File → Cancel**，关闭彩色密度分割叠合。如果还没有显示 DEM 影像，那么在可用波段列表对话框中，点击 DEM（m）影像的波段名，再点击 **Load Band**，将该 DEM 波段作为灰阶影像显示出来（图 29-7）。

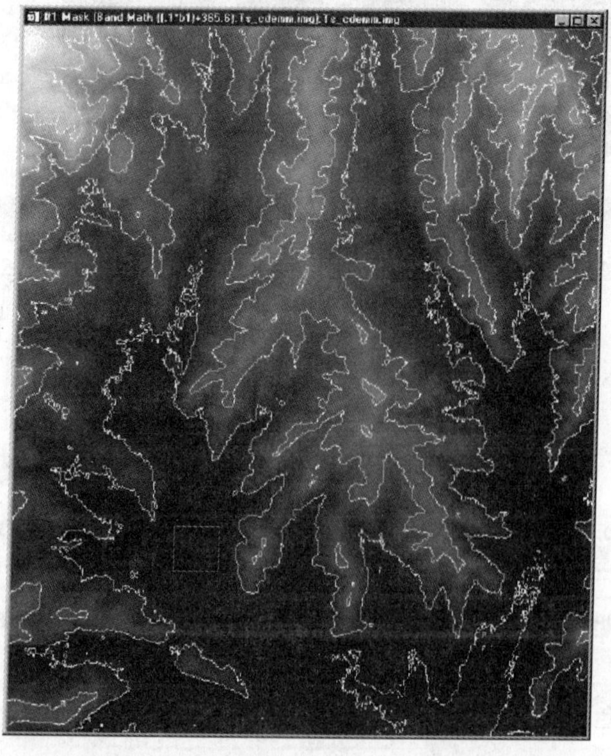

图 29-7 叠合等高线的 TOPSAR 的 DEM 影像

（2）在主影像显示窗口中，选择 **Overlay → Contour Lines**，然后选择 DEM（m）波段作为输入的等高线波段。

（3）在 **Contour Plot** 对话框中，点击 **Clear Levels**，在 **Min** 文本框中输入 0.0，然后选择 **Options → Add New Levels**。接着在 **Level Start** 文本框中输入 0，**Level Increment** 文本框中输入 50，**# of Levels** 文本框中输入 15，点击 **OK**。

（4）在 **Contour Plot** 对话框中，点击 **Apply**，将 DEM 的等高线绘制在 DEM 影像上。分析等高线和影像亮度之间的关系。

（5）现在，在可用波段列表对话框中，选择 `ts02181p.syn` 影像的[L-HH]波段，然后点击 **Load Band**，显示某幅合成影像（图 29-8）。

接着等高线将会叠合在该 SAR 波段影像上。

（6）在 **Contour Plot** 对话框中，点击 **File → Cancel**，移除叠合上的等高线。

图 29-8 叠合 DEM 等高线的 TOPSAR 的 C-波段影像

◆ 初级三维景观图浏览和影像叠合

ENVI 能从 DEM 数据中生成交互式的三维景观图，也可以把它叠合到另一幅共同配准好的影像上（注意：需要将显示器设置为至少 32K 种颜色）。TOPSAR 提供了该处理过程中所需的理想数据，因为标准数据集中包括了配准好的 DEM 和 SAR 数据。

（1）要开始这一部分，先显示 DEM 或者要叠合到三维曲面的影像。在可用波段列表对话框中，点击以 m 为单位的 DEM 影像的波段 DEM（m），然后点击 **Load Band**，重新显示该影像。在可用波段列表对话框中，点击 SAR 影像的 L-HH 波段，并选择 **New Display**，点击底部的 **Load Band** 按钮，也重新显示该影像。

（2）从 ENVI 主菜单中，选择 **Topographic → 3D SurfaceView**，开始进行三维曲面浏览。然后选择要叠合影像的显示窗口，以及包含 DEM（m）影像的显示窗口。

（3）选择 TOPSAR 的 DEM 影像，作为相应的 DEM 输入文件，点击 **OK**。

（4）在 **3D SurfaceView Input Parameters** 对话框的 **DEM min plot value** 文本框中输入数值 0，将 **vertical exaggeration** 改为 20，将 **image resolution** 选为 **Full**，然后点击 **OK**。

（5）接着叠合灰阶影像的三维景观图就会显示在屏幕上。通过在 **3D SurfaceView** 窗口中，选择 **Surface → Wire**，可以显示相应的网格线。鼠标左键控制影像旋转，鼠标中键进行浏览，而鼠标右键可以进行缩放。

请参见 3D 曲面浏览专题或者《ENVI 遥感影像处理实用教程》（*ENVI User's Guide*），以获取更多的进行该操作的详细信息。

◆ 生成坡度、坡向和阴影地貌影像（shaded relief）后的影像

ENVI 提供了处理 DEMs，提取参数信息的工具，这些可以提取的参数信息包括坡度、坡向以及生成朗伯体表面（阴影消除处理）（图 29-9）。我们会采用一个平面去拟合以每个像素为中心的 3×3 矩形框所对应的区域，然后再计算出相应的坡度和坡向。坡度以度为单位进行测量，其范围为 0°～90°。坡向将正北方向设为 0°，角度按顺时针方向增加。这个过程中也会产生一幅均方根（Root Mean Square，RMS）误差影像，它可以指出 9 像素矩形区域内拟合的精度。

（1）在 ENVI 主菜单中，选择 **Topographic → Topographic Modeling**，然后在 **Topo Model Input DEM** 对话框中，点击以 m 为单位的 DEM 波段名 DEM（m），点击 **OK**。

（2）在 **Topo Model Parameters** 对话框中，点击 **Compute Sun Elevation and Azimuth** 按钮，选择 November11，1996，12：00：00 小时作为时间，并分别在纬度和经度的文本框中输入-37°21′0"和 145°17′0"。点击 **OK**，返回到 **Topo Model Parameters** 对话框。

（3）在 *X* 和 *Y* 的像素大小文本框内输入 10 m，然后输入要输出的文件名 ts_model.img，点击 **OK**，生成坡度、坡向、阴影地貌影像（shaded relief）以及 RMS 误差影像。

（4）依次打开新的显示窗口，点击每一个新生成的波段名，然后点击 **Load Band** 按钮，将这些参数影像加载显示在不同的影像显示窗口中。使用 ENVI 的动态链接功能和 **Cursor Location/Value** 对话框，分析 DEM 影像和参数影像之间的关系。

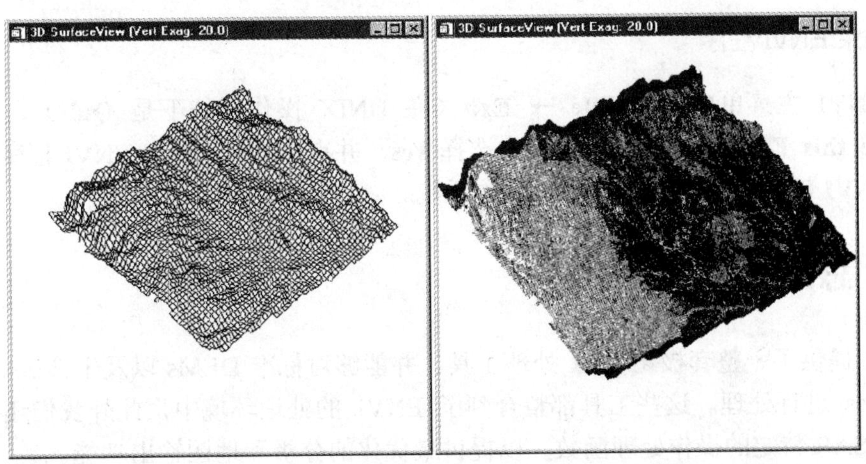

图 29-9 TOPSAR 带格网的 DEM 景观图（左图），叠合上 L-HH、LHV、PHV 数据的景观图（右图）

◆ **影像地图输出**

ENVI 中任意影像处理的最终输出通常是基于地图的，它将生成缩放的影像地图，以方便表译、目视分析或者解释。雷达数据也可以同其他数据一样，使用到地图制图中。TOPSAR 数据本来就已经跟地图配准好了，因此它可以很方便地输出成地图，添加所有标准的地图制图元素，例如像素（pixel）、地图和地理（经纬度）的公里网、比例尺、磁偏角、指北针、文字和符号注记、多边形、折线和几何形状（圆、矩形）注记、图例注记以及嵌入式影像注记。

要获取关于地图制图的更多信息，请参见地图制图专题或者《ENVI 遥感影像处理教程》（ENVI User's Guide）。TOPSAR 地图制图的例子如图 29-10 所示。

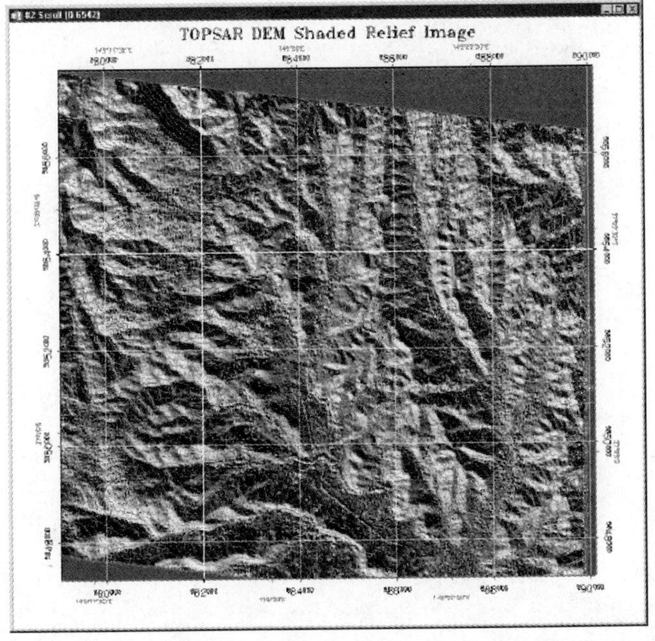

图 29-10 TOPSAR 阴影消除后的影像地图，带地图和地理坐标公里网

◆ 结束 ENVI 程序

在 ENVI 主菜单中选择 **File → Exit**（在 UNIX 操作系统下是 **Quit**），在弹出的 **Terminate this ENVI Session** 对话框中选择 **Yes**，并点击 **OK**，退出 ENVI 程序。如果使用的是 **ENVI RT**，退出 ENVI 会返回操作系统。

1.5 总结

ENVI 提供了一整套极化 SAR 处理工具，并能够对标准 DEMs 以及干涉 SAR 数据生成的 DEMs 进行处理。这些工具都整合到了 ENVI 的处理环境中，此外我们还可以利用到其他非 SAR 特定的操作处理函数，以提供最优化的分析和地图输出功能。

专题三十 ENVI 地形工具

1.1 专题概述

本专题旨在向用户介绍 ENVI 的地形分析工具。提供的数据包括奥地利 Alps 地区的 25 m 分辨率的 DEM 数据以及相关的 TM 数据。可选择的操作处理过程包括对 DEM 数据进行灰阶和彩色密度分割显示；生成并叠合等高线；使用 ENVI 的 *X*、*Y* 和任意剖面（横断面）工具生成地形剖面廓线；生成坡度，坡向以及阴影地貌影像；提取地形特征参数（山峰、山脊、平原、位面、河道和沟谷）；三维景观图浏览和影像叠合。

本专题用到的 TM 影像是于 1987 年 3 月 21 日（192-27）获取的 Landsat 5 影像。该影像以奥地利 Salzburg 南部的“Hohe Tauern”地区为中心。河流 Salzach 由西向东流淌。城镇“Zell am See”位于两个山谷的交叉地带附近。

◆ **本专题中使用的文件**

光盘：《ENVI 遥感影像处理专题与实践》附带光盘 #1

路径：`envidata/alptmdem`

文件	描述
alps_tm.img	瑞士 Alps 地区的 Landsat TM 数据
alps_tm.hdr	ENVI 相应的头文件
alps_dem25m.img	25 m 空间分辨率的数字高程模型（DEM）
alps_dem25m.hdr	ENVI 相应的头文件

【注意】列出的文件都是本专题操作处理中所需要的。也可以使用共同配准好的影像和数字高程模型（DEM）数据生成相似的结果。

1.2 ENVI 地形工具

ENVI 提供了进行地形数据分析的通用处理工具。这些工具包括影像显示；彩色密度分割；*X*、*Y* 和任意剖面廓线；以及对带地理坐标影像的光标位置和像素值查询。此外，ENVI 也提供了针对 DEM 数据进行处理的专用工具，以获取地貌特征的测量数据。这些测量值包括坡度、坡向、阴影地貌影像、轮廓曲率、平面曲率、纵向曲率、横向曲率、最小曲率、最大曲率以及均方根（RMS）误差。其他地形特征参数也可计算出来，它们包括山峰、山脊、平原、位面、河道和沟谷。最后，ENVI 提供了三维可视和分析工具（ENVI

的三维曲面浏览）。要获取关于 ENVI 地形工具更多详细的信息，请参见《ENVI 遥感影像处理教程》（ENVI User's Guide）。

◆ 启动 ENVI

启动前，请确保步骤正确安装 ENVI。

- 要在 UNIX 或 Macintosh OS X 中启动 ENVI，请在 UNIX 命令行中输入 `envi`。
- 要在 Windows 系统中启动 ENVI，请双击 ENVI 的图标。

◆ 选择并查看 DEM 数据

显示灰阶影像

（1）选择 **File → Open Image File**。

接着 **Enter Data Filenames** 文件选择对话框会出现在屏幕上。

（2）从列表中选取 DEM 文件 `alps_dem25m.img`，点击 **Open**。

（3）首先点击可用波段列表对话框中 **Gray Scale** 单选按钮，选择灰阶显示选项。

（4）使用鼠标左键，在可用波段列表对话框中点击波段名，选取 DEM 的波段。接着，选择的波段名将显示在标有 **Selected Band:** 的区域中。

（5）在可用波段列表对话框中，点击 **Load Band** 按钮，将该影像加载到一个新的显示窗口中。同样，在另一个显示窗口中，打开、加载并显示 TM 影像数据 `alps_tm.img`（图 30-1）。

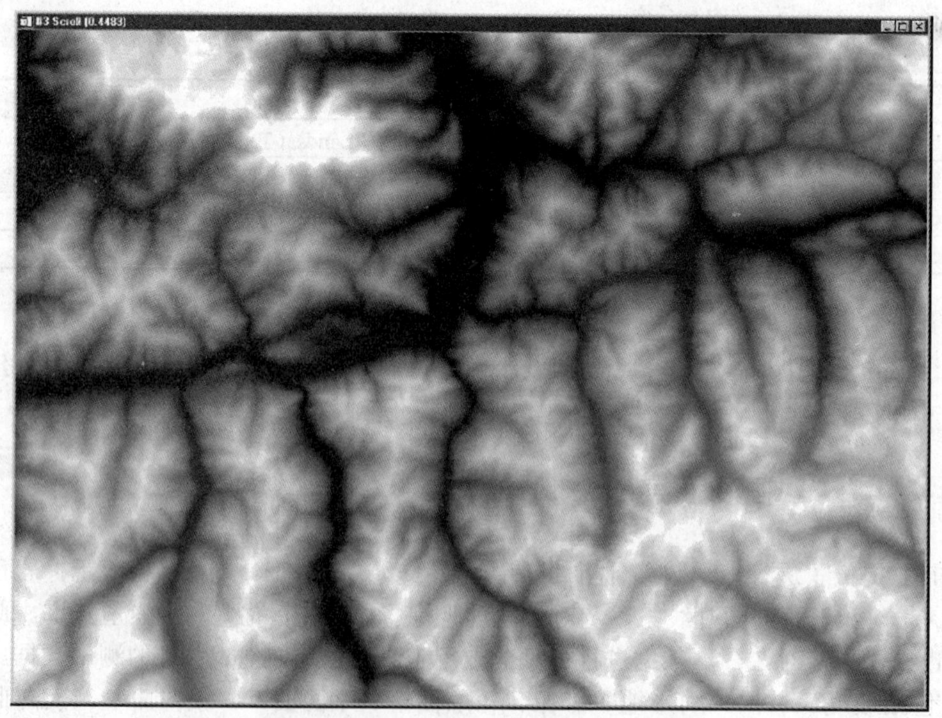

图 30-1 奥地利 Alps 地区的灰阶 DEM 影像

（6）在影像显示窗口中，双击鼠标左键，打开 ENVI 的 **Cursor Location/Value** 对话框。在影像空间中浏览，使自己熟悉和了解影像数据（高程值以 m 为单位）。

◆ DEM 数据彩色编码

- 从主影像显示窗口中，选择 **Tools → Color Mapping → ENVI Color Tables**，然后滚动到 **Color Tables:** 列表的底部，选择 **Rainbow + White**。将 DEM 数据进行彩色编码，从黑色、紫色、蓝色、绿色、黄色、红色到白色（低海拔到高海拔）。尝试运用各种不同的颜色表（color tables），并选择某个最能表现高程差异的颜色表。

◆ DEM 等高线叠合

（1）从主影像显示窗口中，选择 **Overlay → Contour Lines**，然后在 **Contour Band Choice** 对话框中点击 DEM 波段名，点击 **OK**，选取 25 m 分辨率的 DEM 作为等高线的数据源。接着点击 **Apply** 按钮，在 DEM 影像上绘制默认的等高线（图 30-2）。

（2）点击对话框中的 **Clear Levels** 按钮，然后在 **Contour Plot** 对话框中，选择 **Options → Add New Levels**，在 **Add Contour Levels** 对话框相应的文本框中，输入所需要的 **Level Start**，**Level Inc**（增量）和 **# of Levels**，尝试生成自己的等高线。

（3）使用 **Tools → Link → Link Displays**，将 Landsat 的 TM 影像同 DEM 影像进行比较。

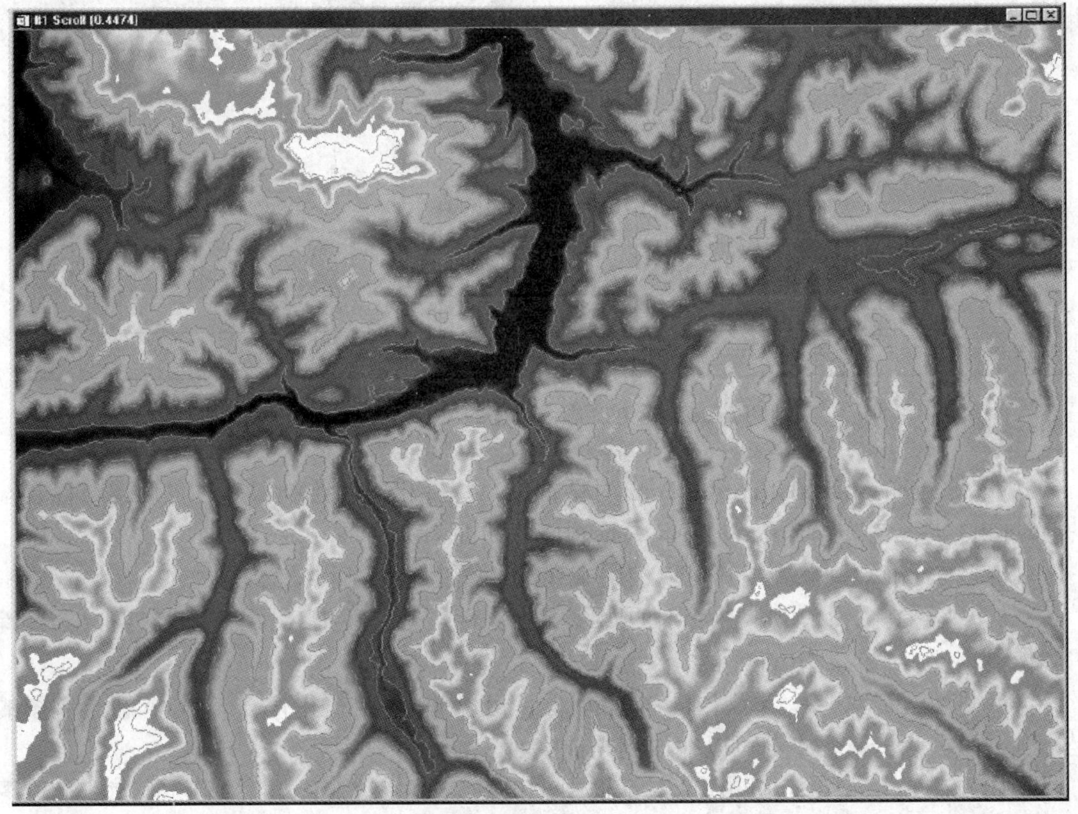

图 30-2　彩色编码，叠合等高线的 DEM 影像，奥地利 Alps 地区

◆ 地形剖面廓线

ENVI 提供了沿着 X 方向或者 Y 方向，或者沿着任意剖面，提取高程剖面廓线的工具。

（1）在主影像显示窗口中，选择 **Tools → Profiles → X Profile**，然后选择 **Tools → Profiles → Y Profile**，提取这两个方向的剖面廓线（图 30-3）。

（2）使用鼠标左键在影像显示窗口中点击并拖动鼠标，当松开鼠标左键时，就会生成一条新的高程剖面廓线。在 X 和 Y 剖面廓线绘制窗口中，红色竖条的位置标记出了沿着剖面廓线方向缩放窗口中心所对应的位置。要连续地更新剖面廓线，可以使用鼠标左键点击并拖曳鼠标。

（3）在 ENVI 主菜单中，选择 **Window → Close All Plot Windows**，关闭这两个剖面廓线绘制窗口。

（4）在主影像显示窗口中，选择 **Tools → Profiles → Arbitrary Profile（Transect）**，沿着自定义的横断面，提取高程的剖面廓线。

（5）在主影像显示窗口中，点击鼠标左键，绘制出所需剖面的每一部分。如果需要，可以按住鼠标左键进行绘制。

（6）点击鼠标右键，结束剖面的绘制。再次点击鼠标右键，提取所需的高程剖面廓线。使用 **Arbitrary Profile** 工具，绘制一条或者多条剖面廓线，每一条增加的剖面廓线都会分配一种新的颜色和序号。

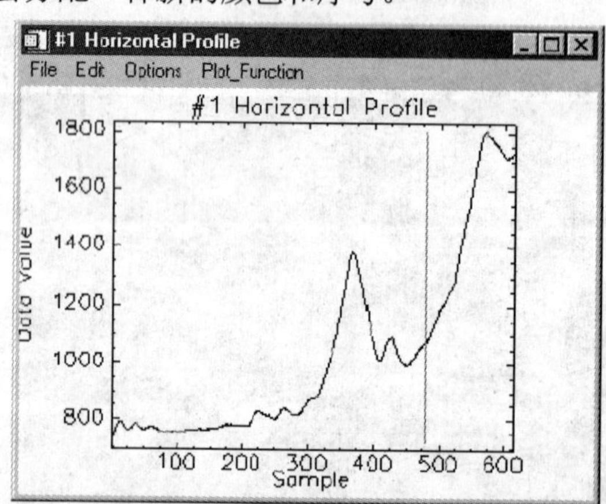

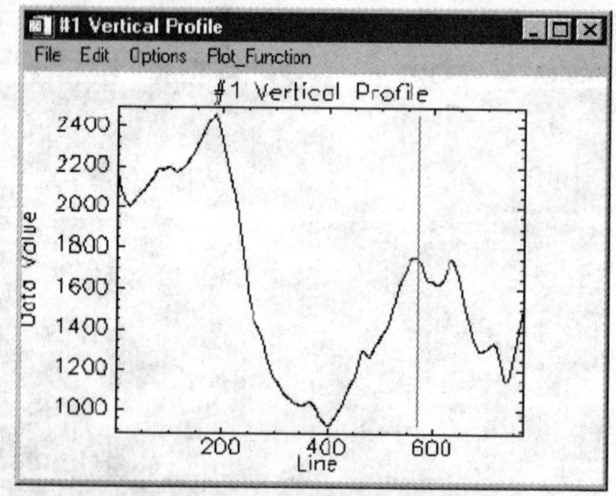

图 30-3　奥地利 Alps 地区 DEM 影像数据的 X 方向和 Y 方向的剖面廓线

（7）通过在 **Spatial Profile Tool** 对话框中，选择相应的绘制窗口，我们也可以在滚动（Scroll）或者缩放（Zoom）窗口中绘制任意断面。

ENVI 的标准绘制控制工具可以被用来在绘制图上读取高程信息。

（8）在绘制图窗口中，沿着剖面廓线点击鼠标左键，并拖动鼠标。缩放窗口会跟踪主影像显示窗口中绘制出的断面。

（9）使用鼠标中键，绘制出一个矩形框，可以放大绘制图的某一部分。在绘制图的坐标轴下面，点击鼠标中键可以缩放到先前大小。

（10）在 **Spatial Profile Tool** 对话框中，选择 **File → Cancel**，关闭剖面廓线绘制图窗口。

◆ **地形建模**

ENVI 也可以用来获取地貌的测量值。这些测量值包括坡度、坡向、阴影地貌影像、轮廓曲率、平面曲率、纵向曲率、横向曲率、最小曲率、最大曲率以及均方根（RMS）误差。

（1）在 ENVI 主菜单中，选择 **Topographic → Topographic Modeling**，在 **Topo Model Input DEM** 对话框中，点击 25m 分辨率的 DEM 文件名，然后点击 **OK**。

（2）通过在 **Topo Model Parameters** 对话框中，点击相应的参数名，选取所需的测量值（请参见《ENVI 遥感影像处理教程》，以获取关于特定测量值的详细信息）。

（3）点击 **Compute Sun Elevation and Azimuth** 按钮，输入当前时间，GMT 为 10: 00: 00，Lat（纬度）为 47°，Lon（经度）为 13°。然后点击 **OK**，ENVI 会自动地计算出太阳高度角和方位角。

（4）输入要输出的文件名（比如 `topomodel`），点击 **OK**，生成这些参数影像。

（5）查看地形模型影像。注意到在这些影像上有明显的非正常特征（特别是在阴影地貌影像中）。这不是对比度拉伸后 DEM 数据本身外观产生的，这是影像产品的问题，而且它们被增强处理了。通过选择 **Enhance → Filter → Smooth** 或者 **Enhance → Filter → Median**，观察对显示影像产生的结果，尝试最小化对影像产品的影响。如果需要，可以尝试使用其他滤波进行处理。

（6）返回到上面的步骤，平滑原始 DEM 影像，并重新计算地貌测量值。在 ENVI 主菜单中，选择 **Filter → Convolutions and Morphology**，接着选择 **Convolutions → Median**。使用箭头增量按钮，将 **Kernel Size** 改为 7，点击 **Apply to File** 按钮，选取 25 m 分辨率的 DEM 影像，然后点击 **OK**，输入要输出的文件名（比如 `medianfilter`），再点击 **Convolution Parameters** 对话框中的 **OK** 按钮，生成滤波处理后的影像。最后，选择 **File → Cancel**，关闭 **Convolutions and Morphology Tool** 对话框。

（7）在 ENVI 主菜单中，选择 **Topographic → Topographic Modeling**，在 **Topo Model Input DEM** 对话框中，选取平滑处理后的 25 m 分辨率的 DEM，将其作为输入文件，点击 **OK**，重新计算地形模型。

（8）通过在 **Topo Model Parameters** 对话框中，点击相应的参数名，选取所需的测量值。

（9）点击 **Compute Sun Elevation and Azimuth** 按钮，输入当前时间，GMT 为 10: 00: 00，Lat（纬度）为 47°，Lon（经度）为 13°。然后点击 **OK**，ENVI 会自动地计算出太阳高度角和方位角。

（10）显示从平滑处理后的 DEM 中获取的地形模型影像（图 30-4）。使用 **Tools → Link → Link Displays**，将其同原始 DEM 影像和平滑后的 DEM 影像以及从原始 DEM 中获取的地形模型影像进行比较。

图 30-4 奥地利 Alps 地区阴影地貌影像

◆ 地形特征参数

ENVI 能够用来产生额外的地形特征参数（山峰、山脊、平原、位面、河道或沟谷），这些地形特征参数可以有助于描绘地形。

（1）从 ENVI 主菜单中，选择 **Topographic → Topographic Features**，然后在 **Topographic Feature Input DEM** 对话框中，选择平滑处理后的 25 m 分辨率的 DEM 文件数据，点击 **OK**。

（2）将 **Kernel Size** 改为 7，输入要输出的文件名（比如 topofeature），点击 **OK**，开始进行处理。

（3）首先在可用波段列表对话框中，点击 **Gray Scale** 单选按钮，再点击影像波段名，然后点击 **Load Band**，将特征影像显示在一个新的显示窗口中（特征影像其实是一幅分类影像，它会根据特征自动进行彩色编码）。

（4）在主影像显示窗口菜单栏中，选择 **Overlay → Annotation**，然后在 **Annotation** 对话框的菜单栏中，选择 **Object → Map Key**。

（5）在 **Annotation** 对话框中，点击 **Color** 矩形框，直到选中 *black*，将前景颜色改为黑色。然后点击 **Background** 矩形框，直到选中 *white*，将背景颜色改为白色。作为另一种选择，也可以右键点击带颜色的矩形框，并在弹出的菜单中，选择所需的颜色。

（6）在影像上点击鼠标左键，显示出对应的地图图例，点击鼠标右键，在影像上放置图例注记。

（7）使用 **Tools → Link → Link Displays** 以及动态链接功能，将特征分类影像（图 30-5）同 DEM 影像以及地形模型影像进行比较。然后对特征分类程序的处理情况进行评价。

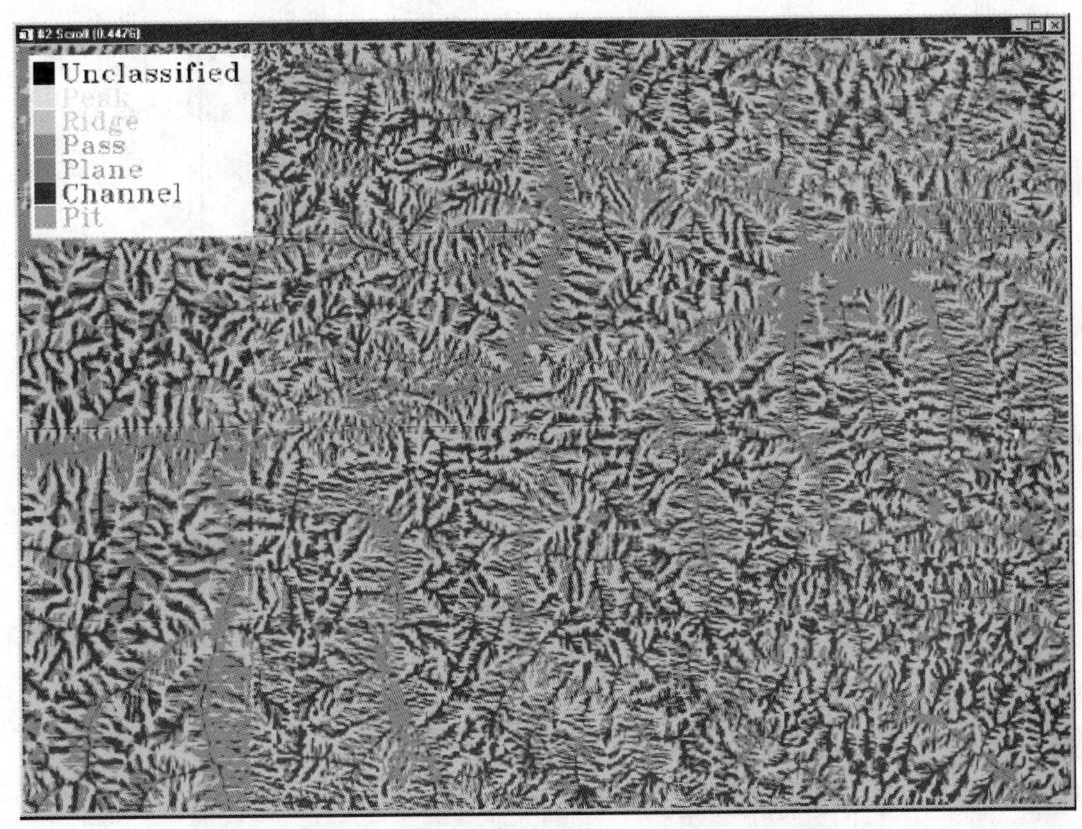

图 30-5　奥地利 Alps 地区的地形特征分类影像

♦ 三维可视化浏览

如果在 Windows 操作系统下运行 ENVI，那么必须在启动 ENVI 之前，将显示器的彩色模式设置更改为 16 bit 或者 24 bit。

启动 ENVI 三维曲面浏览功能

（1）在 ENVI 主菜单中，选择 **Topographic → 3D SurfaceView**，启动三维曲面浏览工具。

（2）如果打开了不止一个显示窗口，那么在 **3D SurfaceView：Select Input Display** 对话框中，选择包含了所需影像的那个显示窗口（选择 Landsat 的 TM 影像和彩色编码后的 DEM 影像）。

（3）在 **Associated DEM Input File** 对话框中，点击 DEM 波段名，选择要输入的数字高程模型（DEM）文件。然后点击 **OK**，打开 **3D SurfaceView Input Parameters** 对话框（图 30-6）。

（4）选择三维曲面绘制中所需的 DEM 分辨率（像素数）复选框。DEM 数据将会重采样到所选的分辨率。

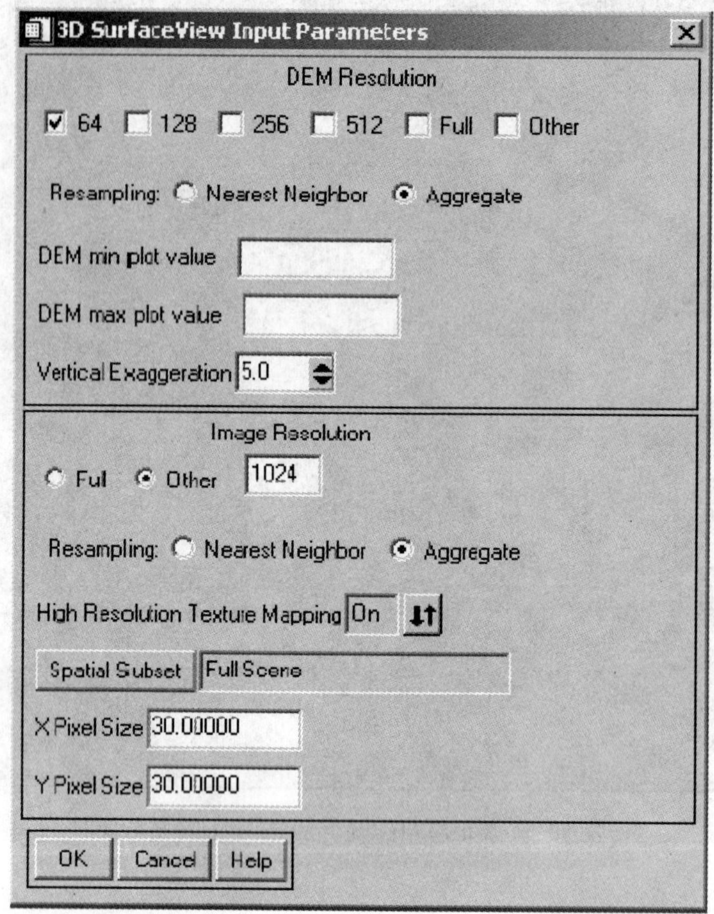

图 30-6 3D Surface View Input Parameters 对话框

【注意】使用较高 DEM 分辨率将会明显地减慢可视化的速度，只有在具备足够快的运算速度时，才可以使用该分辨率选项。我们可以选择多个不同的 DEM 分辨率。通常，当确定最佳飞行路径时，可以选择较低的 DEM 分辨率（64）。然后，在显示最终三维曲面飞行时，再选择较高的 DEM 分辨率。

（5）在 **Vertical Exaggeration** 中输入所需的数值，增大其数值可以增加垂直夸张的程度。

（6）点击 **OK**，开始三维可视化显示。

◆ 交互式三维可视化控制

鼠标光标和按钮可以被用来交互式地旋转、平移（漫游）以及缩放三维曲面。尝试按照下面的操作，对三维曲面进行浏览。

（1）在 **3D SurfaceView** 窗口中，点击鼠标左键，并沿着水平方向拖动鼠标，这将使得三维曲面绕着 Z 轴旋转。点击鼠标左键，并沿着垂直方向拖动鼠标，这将使得三维曲面绕着 X 轴旋转。

（2）在 **3D SurfaceView** 窗口中，点击鼠标中键，并拖动鼠标，可以在相应的方向平移（漫游）影像。

（3）在 **3D SurfaceView** 窗口中，点击鼠标右键，并向右拖动鼠标，可以增加缩放比例系数。点击鼠标右键，并向左拖动鼠标，可以减小缩放比例系数。

（4）在 **3D SurfaceView** 窗口中，使用鼠标左键，点击某个像素，可以使包含叠合影像的显示窗口及其缩放窗口移动到这个像素点上。通过在三维曲面上双击鼠标左键，可以将激活的所选功能连接到三维曲面上。

通过在 **3D SurfaceView** 窗口中，选择相应的下拉菜单选项，我们可以控制旋转、平移以及缩放比例的系数，也可以将三维曲面绘制重新设置到其原先的位置上（见图 30-7）。

使用三维曲线控制更多详细的信息描述在专题三十一“使用 ENVI 进行三维曲面浏览和飞行”“三维曲面浏览和飞行”中。

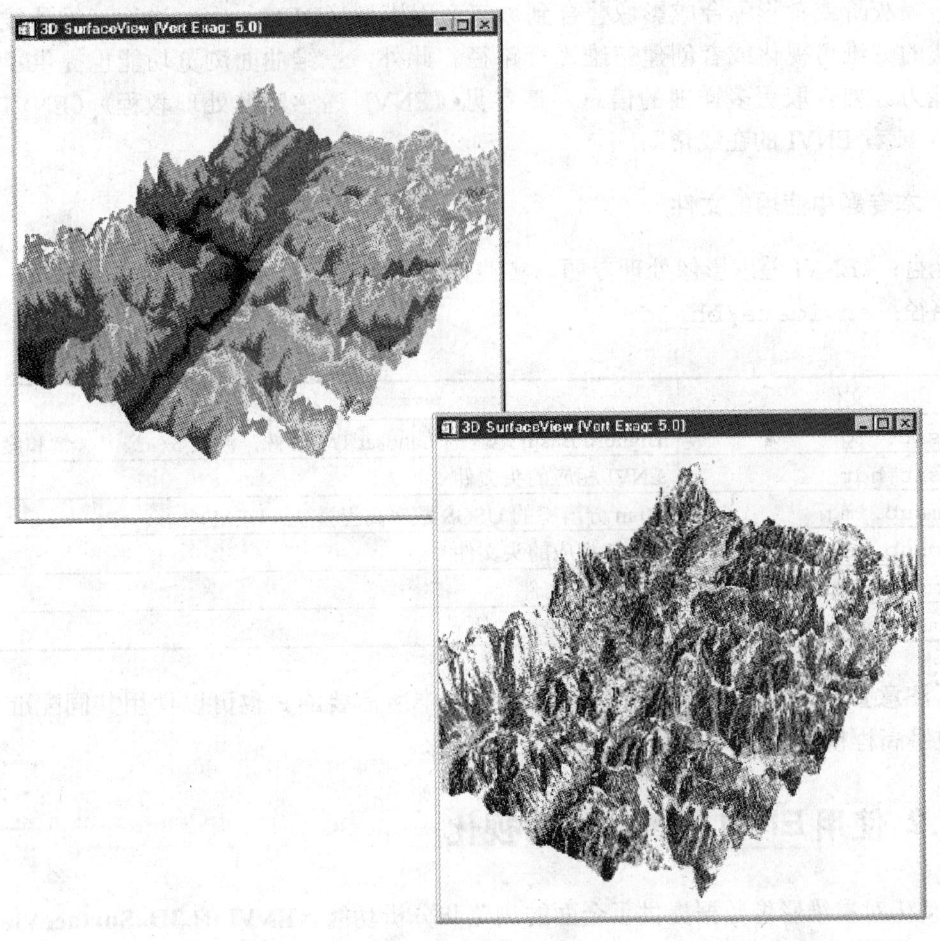

图 30-7 三维曲面浏览。上图为 DEM 影像，下图为叠合了 Landsat TM 影像的 DEM

◆ 结束 ENVI 程序

在 ENVI 主菜单中选择 **File → Exit**（在 UNIX 操作系统下是 **Quit**），在弹出的 **Terminate this ENVI Session** 对话框中选择 **Yes**，并点击 **OK**，退出 ENVI 程序。如果使用的是 **ENVI RT**，退出 ENVI 会返回操作系统。

专题三十一　使用 ENVI 进行三维曲面浏览和飞行

1.1 专题概述

本专题的目的是向用户介绍 ENVI 三维曲面浏览和飞行的处理知识。该功能允许用户将一幅灰阶或者彩色合成影像叠合到数字高程模型（DEM）上，进行三维曲线浏览、交互式的三维可视化或者创建三维飞行路径。此外，三维曲面浏览功能也提供了一定的分析能力。要获取更多详细的信息，请参见《ENVI 遥感影像处理教程》（ENVI User's Guide）或者 ENVI 的在线帮助。

◆ **本专题中使用的文件**

光盘：《ENVI 遥感影像处理专题与实践》附带光盘 #1
路径：envidata/bh_3d

文件	描述
bhtmsat.img	Bighorn Basin 地区的 Landsat TM 影像，波段 3、2、1（饱和度增强）
bhtmsat.hdr	ENVI 相应的头文件
bhdemsub.img	30 m 分辨率的 USGS 数字高程模型（DEM）
bhdemsub.hdr	ENVI 相应的头文件
bhdemsub.pat	飞行路径文件
bhdemsub.ann	飞行路径注记文件

【注意】列出的文件都是本专题操作处理中所需要的。也可以使用共同配准好的影像和数字高程模型（DEM）数据生成相似的结果。

1.2 使用 ENVI 进行三维可视化

ENVI 对二维影像数据提供了全面的浏览和分析功能。ENVI 的 **3D SurfaceView™** 工具是将这些功能扩展到三维的第一步举措。

ENVI 的三维曲面浏览功能允许将 DEM 数据以网格结构（wire frame）、规则格网（ruled grid）或点的形式显示出来，或者将一幅灰阶或彩色合成影像叠合到 DEM 数据上。我们可以使用鼠标，实时地对三维曲面进行旋转、平移或者放大缩小。每一个三维“视图”都可以添加到列表中，为后续动画显示所使用。使用保存过飞行视图，或者通过 ENVI 交互式的注记功能预先绘制飞行路径，形成飞行浏览的三维数据集。通过用户选择参数，我们可以控制垂直夸张系数，垂直和水平视角以及高度。鼠标光标也能够连接到叠合的三维影像上，利用三维投影图，可以在 *X*、*Y* 或者波谱方向（*Z*）上提取剖面廓线，或者查看光标位置和对应的像素值。

◆ 启动 ENVI

在启动 ENVI 前，请确保已正确安装 ENVI。

- 要在 UNIX 或 Macintosh OS X 中启动 ENVI，请在 UNIX 命令行中输入 `envi`。
- 要在 Windows 系统中启动 ENVI，请双击 ENVI 的图标。

◆ 进行三维曲面浏览

如果在 Windows 操作系统下运行 ENVI，那么必须在启动 ENVI 之前，将显示器的彩色模式设置更改为 16 bit 或者 24 bit。

要启动 ENVI 三维曲面浏览功能：

打开并显示 Landsat TM 影像数据

要打开影像文件：

（1）在 ENVI 主菜单中，选择 **File → Open Image File**，接着，Enter Data Filenames 文件选择对话框会出现在屏幕上。

（2）从列表中选取文件 bhtmsat.img，点击 OK，ENVI 将会把波段 1、2、3 加载到一个新的显示窗口中，同时该文件也会在可用波段列表对话框中列出。

图 31-1　Wyoming 州 Bighorn Basin 地区饱和度增强的 Landsat TM 数据

可以使用主影像显示窗口 Enhance 菜单下的对比度增强工具，对该影像进行对比度拉伸调整（图 31-1）。

作为灰阶影像打开并显示 DEM 数据

虽然在启动三维曲面浏览前必须打开 DEM 数据，但是并不需显示该 DEM 数据。为了保证影像和DEM数据是相应同一地区的，我们最好在启动三维曲面浏览时，显示该DEM数据。

要打开 DEM 影像文件：

（1）选择 **File → Open Image File**，接着 **Enter Data Filenames** 对话框会出现在屏幕上。

（2）从列表中，选取文件 `bhdemsub.img`，然点击 **Open**。

【注意】 ENVI 会自动地执行步骤 3、4、5。

（3）首先在可用波段列表对话框中，点击 **Gray Scale** 单选按钮，选择灰阶显示选项。

（4）在可用波段列表对话框中，使用鼠标左键点击波段名，选取 DEM 波段。
接着，选择的波段名就会显示在标有 **Selected Band:** 的区域中。

（5）在可用波段列表对话框中，点击 **New Display** 按钮，然后点击 **Load Band**，将该影像加载到一个新的显示窗口中。

该 DEM 会作为一幅灰阶影像显示在屏幕上（图 31-2）。

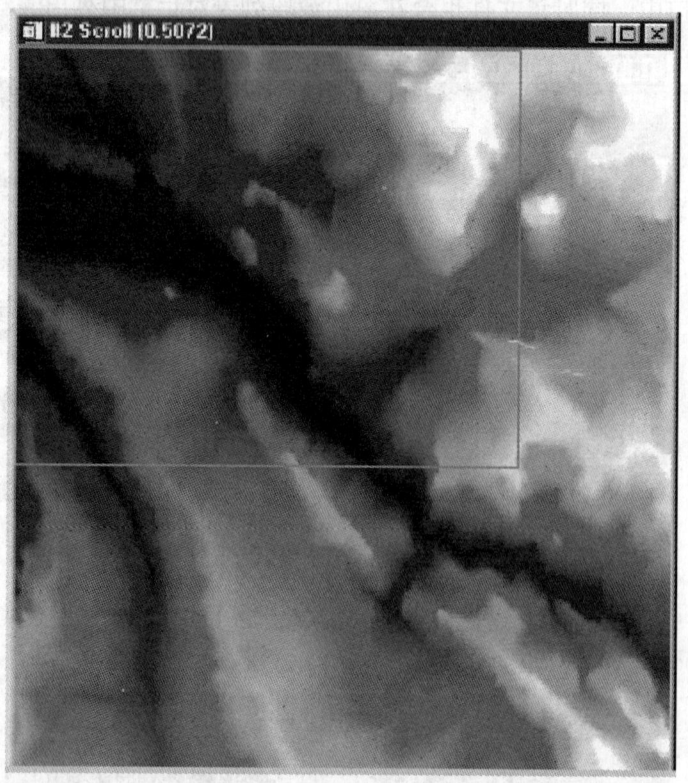

图 31-2 Wyoming 州 Bighorn Basin 地区的 DEM 影像

启动 ENVI 三维曲面浏览功能

（1）选择 **Topographic → 3D SurfaceView**，启动三维曲面浏览。

（2）如果打开了不止一个显示窗口，那么在 **3D SurfaceView: Select Input Display** 对话框中，选择对应所需影像的那个显示窗口。

（3）在 **Associated DEM Input File** 对话框中，点击 DEM 波段名，选择要输入的数字高程模型（DEM）文件（或者其他三维数据集）。根据需要进行空间子集处理，然后点击 **OK**，打开 **3D SurfaceView Input Parameters** 对话框（图 31-3）。

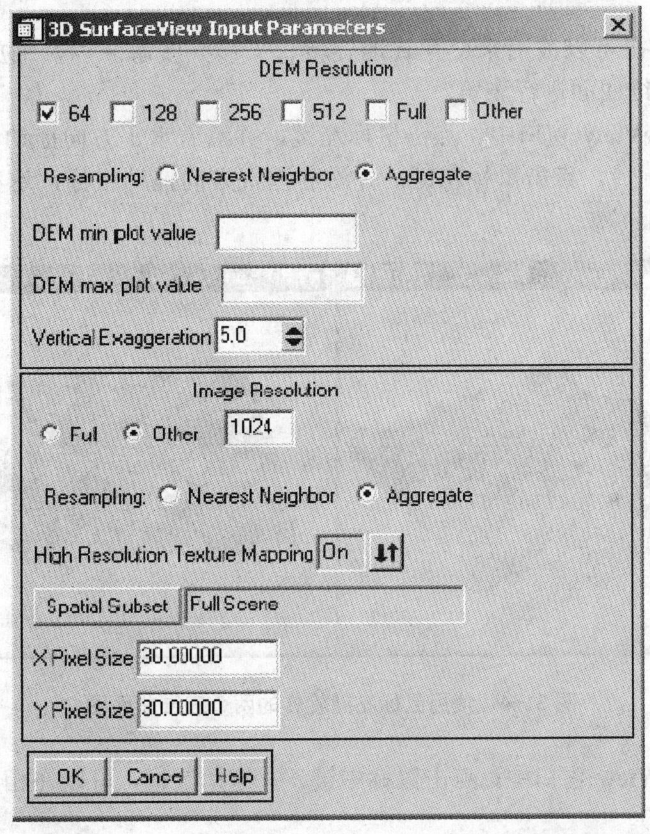

图 31-3　3D SurfaceView Input Parameters 对话框

（4）选择三维曲面绘制中所需的 DEM 分辨率（像素数）复选框。DEM 数据将会重采样到所选的分辨率。

【注意】使用较高 DEM 分辨率将会明显地减慢可视化的速度，只有在具备足够快的运算速度时，才可以使用该分辨率选项。我们可以选择多个不同的 DEM 分辨率。通常，当确定最佳飞行路径时，需要选择较低的 DEM 分辨率（64）。然后，在显示最终三维曲面飞行时，再选择较高的 DEM 分辨率。

（5）如果需要，输入 DEM 最小和最大绘制值，从显示的 DEM 数据中选取满足特定需要的数据值（这可以被用来去除背景像素值，或者限制 DEM 高程范围）。DEM 值低于最小值或者高于最大值的那些像素就不会绘制在三维曲面中。

（6）在 **Vertical Exaggeration** 中输入所需的数值，增大其数值可以增加垂直夸张的程度。

（7）选择 **Full** 或者 **Other** 分辨率选项。如果选取了 **Other**，那么影像将会被重采样成所选择的 DEM 像素数。

（8）如果需要，点击 **Spatial Subset** 按钮，选择影像的空间子集。

（9）使用 ***X* Pixel Size** 和 ***Y* Pixel Size** 文本框中的默认值，或者输入所需的像素大小。

（10）点击 **OK**，开始三维可视化显示。

◆ **交互式三维可视化控制**

鼠标光标和按钮可以被用来交互式地旋转、平移（漫游）以及缩放三维曲面。按照下面的操作，对三维曲面进行浏览。

在 **3D SurfaceView** 窗口中，点击鼠标左键，并沿着水平方向拖动鼠标，这将使得三维曲面绕着 *Z* 轴旋转。点击鼠标左键，并沿着垂直方向拖动鼠标，这将使得三维曲面绕着 *X* 轴旋转（图 31-4）。

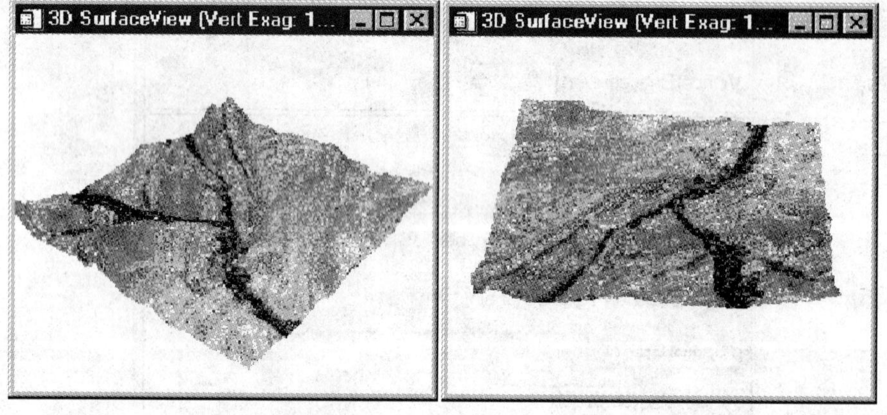

图 31-4　使用鼠标左键旋转的两个三维曲面图

在 **3D SurfaceView** 窗口中，点击鼠标中键，并拖动鼠标，可以在相应的方向平移（漫游）影像（图 31-5）。

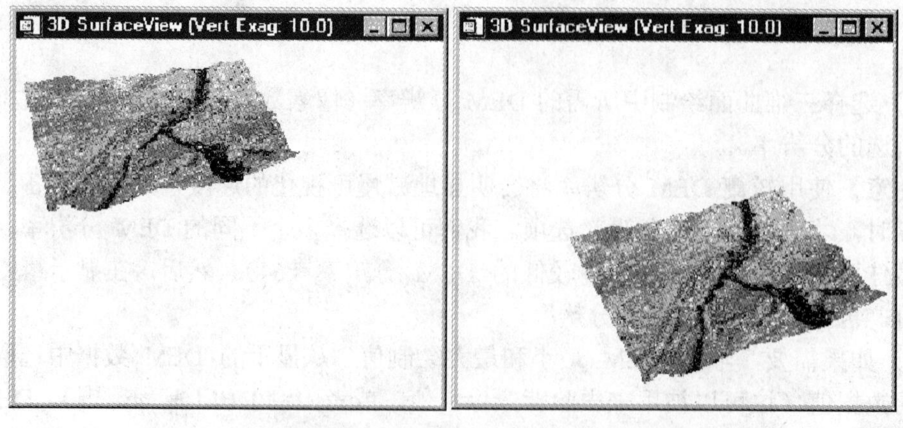

图 31-5　使用鼠标中键平移（漫游）的两个三维曲面图

在 **3D SurfaceView** 窗口中，点击鼠标右键，并向右拖动鼠标，可以增加缩放比例系数。点击鼠标右键，并向左拖动鼠标，可以减小缩放比例系数（图 31-6）。

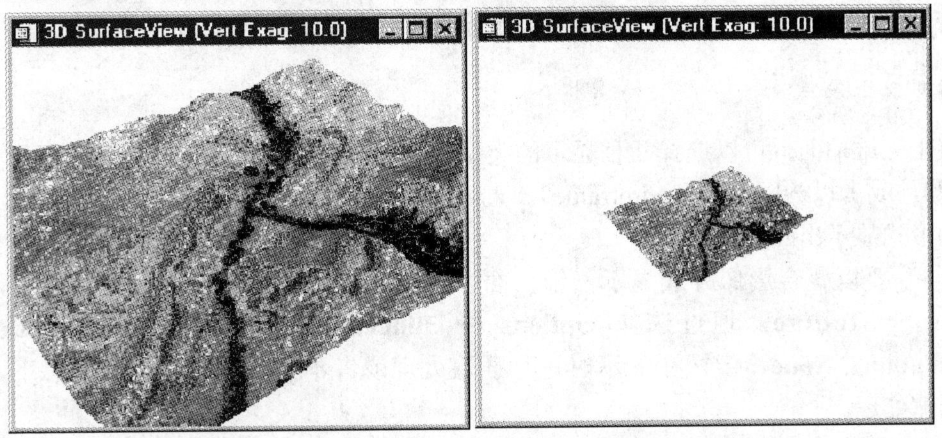

图 31-6　使用鼠标右键设置不同缩放比例的两个三维曲面图

在 **3D SurfaceView** 窗口中，使用鼠标左键，点击某个像素，可以使包含叠合影像的显示窗口及其缩放窗口移动到这个像素点上。通过在三维曲面上双击鼠标左键，可以将激活的所选功能连接到三维曲面上（请参见"作为分析工具的三维曲面浏览"部分，以获取更多的信息）。

【注意】通过在 **SurfaceView Controls** 对话框中，选择相应的下拉菜单选项，我们可以控制旋转、平移以及缩放比例的系数，也可以将三维曲面绘制重新设置到其原先的位置上（见图 31-7 和图 31-8）。

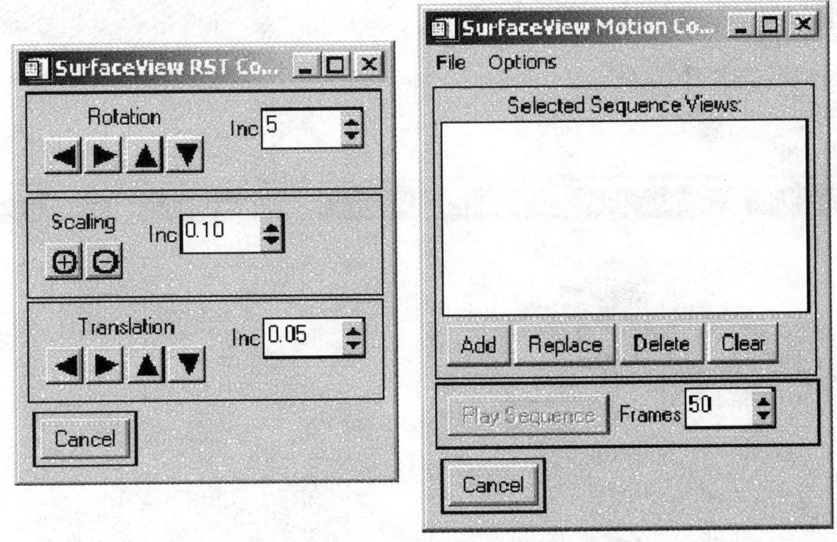

图 31-7　三维曲面浏览控制对话框

◆ 三维曲面浏览控制对话框

通过在 **3D SurfaceView** 窗口中，选择 **Options** → **[*Controls Dialog*]**，其中**[*Controls**

Dialog]为 **Rotate/Scale/Trans Controls** 或者 **Motion Controls**，可以访问到三维曲面浏览控制对话框。这些控制对话框可以确定显示什么样的三维曲面；如何显示这些三维曲面；对旋转、平移或缩放进行精细控制；动画显示曲面；影像，打印机或者 VRML 输出。

曲面显示类型

对于三维曲面，可以选择几种显示的类型。我们可以在三维曲面上叠合一幅影像（叠合影像），或者以格网结构（wireframe）、直纹 *XZ*（ruled *XZ*）、纵纹 *YZ*（ruled *YZ*）或单独点的形式显示出三维曲面。

（1）要以叠合影像方式显示三维曲面，可以在 **3D SurfaceView** 对话框中，选择 **Surface → Texture**。通过选择 **Options → Bilinear Interpolation** 或者 **Options → Interpolation：None**，尝试在显示时进行插值处理或者不插值处理。默认状态下，不会进行插值处理。

（2）通过在 **Surface** 和 **Option** 菜单下，选择所需的选项，尝试使用不同的格网显示三维曲面。例子如图 31-8 所示。

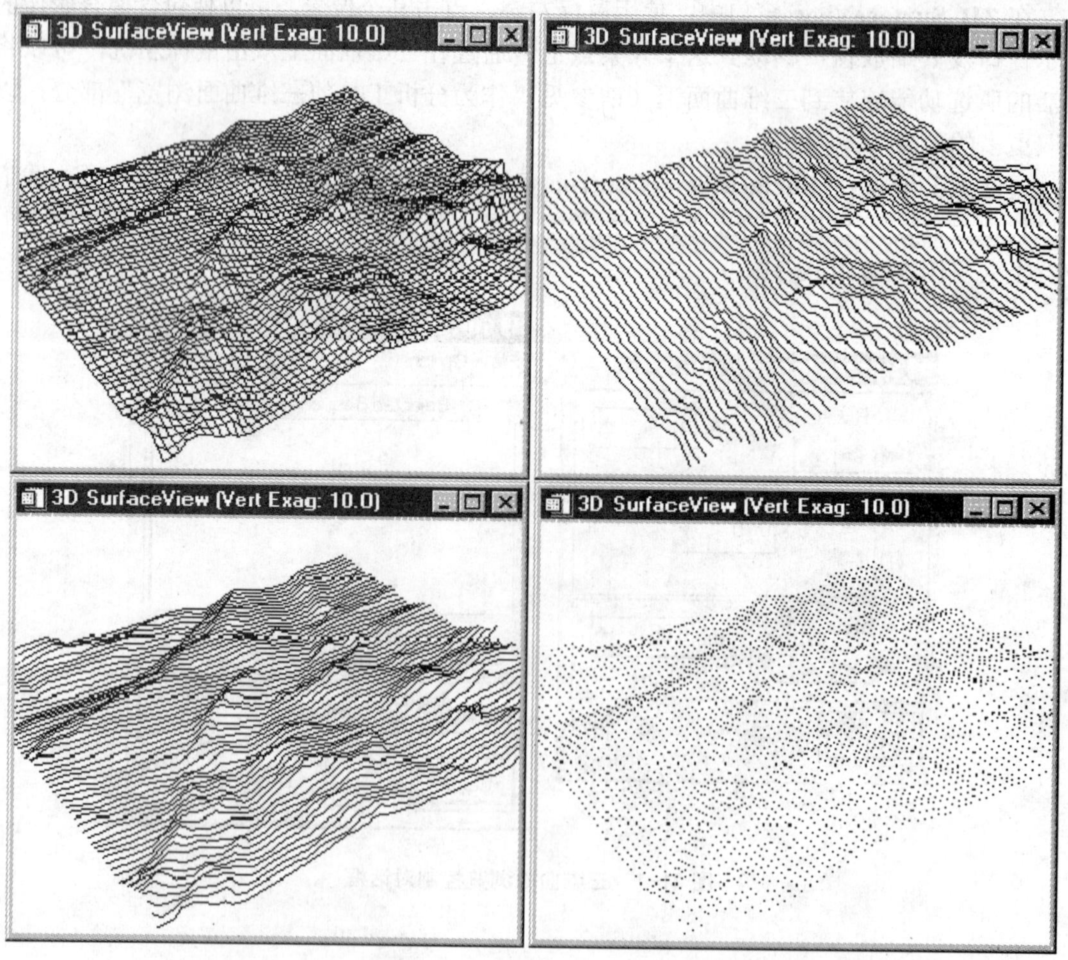

图 31-8 使用不同格网选项显示的三维曲面

左上，格网结构；右上，直纹 *XZ*；左下，纵纹 *YZ*；右下，单独点的形式

可视化姿态控制

3D SurfaceView RST Controls 对话框（选择 **Options → Rotate/Scale/Trans Controls**）提供了对三维曲面进行可视化姿态控制调整的手段。

要对三维曲面进行旋转：

（1）在 **Rotation Inc** 箭头增量矩形框中，输入以度为单位的数值，改变三维曲面的旋转程度。

（2）点击 **Rotation** 文本标签旁边的箭头，往指定的方向进行旋转。点击左箭头绕着 *Z* 轴顺时针旋转，点击右箭头绕着 *Z* 轴逆时针旋转，点击上箭头绕着 *X* 轴向屏幕内旋转，点击下箭头绕着 *X* 轴向屏幕外旋转。

要对三维曲面进行平移：

（1）在 **Translation Inc** 箭头增量矩形框中，输入相应的数值，改变三维曲面的平移量。

（2）点击 **Translation** 文本标签旁边的箭头，往箭头指示的方向进行平移。

要放大或者缩小三维曲面：

（1）在 **Scaling Inc** 箭头增量矩形框中，输入相应的数值，改变三维曲面的缩放比例。

（2）点击 **Scaling** 文本标签旁边的加号或者减号按钮，分别增加或者减小缩放比例系数。

其他可视化控制

- 要改变 **3D SurfaceView** 对话框背景颜色，可以选择 **Options → Change Background Color**。
- 要改变 **3D SurfaceView** 对话框的垂直夸张系数，可以选择 **Options → Change Vertical Exaggeration**，然后输入所需的数值。较高的系数可以增加垂直夸张的程度。
- 要将三维曲面重新设置为默认布局，可以在 **3D SurfaceView** 对话框中，选择 **Options → Reset View**。
- 要设置特定的视点、视线方位或者视角，可以选择 **Options → Position Controls**（请见下面部分的内容）。

◆ **曲面浏览定位对话框**

通过设置特定的视点、视线方位或视角，我们也可以控制三维曲面浏览。

（1）在 **3D SurfaceView** 窗口中，选择 **Options → Position Controls**，接着 **SurfaceView Position** 控制对话框会出现在屏幕上（图 31-9）。

（2）在主影像显示窗口中，选择 **Tools → Cursor Location/Value**，打开 **Cursor Location/Value** 对话框，读取所需位置的像素或者地图坐标，选择合适的视点。将这些坐标输入到 **SurfaceView Positioning** 对话框中。一个好的起始点为列（Sample）3 600，行（Line）3 000。

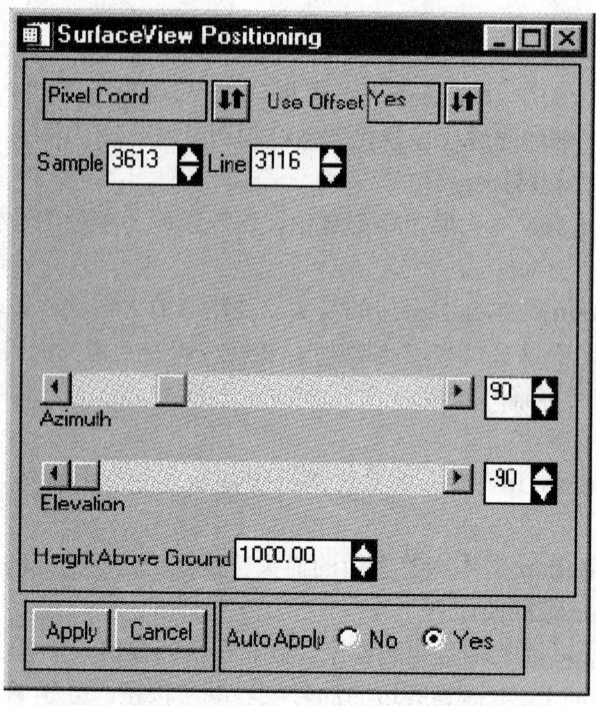

图 31-9 SurfaceView Position 控制对话框

（3）尝试改变 **Azimuth**、**Elevation** 和 **Height Above Ground** 的参数值，分析它们对三维曲面浏览的影响。开始处理时，设置 **Azimuth**（视线方位）为 90，**Elevation**（视角）为-90（竖直向下的方向），**Height Above Ground** 为 2 000 m。然后把该高度由 2 000 m 分别改为 1 000 m、500 m，观察三维曲面图的变化。

（4）使用交互式的旋转和缩放功能，从所选视点，查看三维曲面图。

◆ 创建并播放用户自定义的动画序列

ENVI 的三维曲面浏览功能也能够用来创建一个动画序列或者三维的曲面飞行浏览。尝试恢复先前保存的飞行路径，并播放动画序列。

（1）选择 **Options → Motion Controls**，打开 **SurfaceView Motion Controls** 对话框。

（2）在 **SurfaceView Motion Controls** 对话框中，选择 **File → Restore Sequence from File**，选取文件 bhdemsub.pat，作为要恢复的飞行路径。

（3）在 **Frames** 箭头增量矩形框中，输入数值 500，然后点击 **Play Sequence** 按钮，开始播放飞行路径动画。点击 **Stop Sequence**，停止飞行浏览。

现在，尝试交互式地定义自己的飞行路径，然后曲面飞行浏览这些数据：

（1）在 **SurfaceView Motion Controls** 对话框中，点击 **Clear** 按钮，清除当前的飞行路径。使用鼠标或者箭头按钮，选择三维曲面浏览的起始点。点击 **Add** 按钮，将所选投影视图作为飞行路径的起始点加入。

（2）使用鼠标或者箭头按钮，选择其他的三维视图，并点击 **Add** 按钮，将该视图添加到飞行路径序列中。重复上面的步骤，直到已经选取了满足需要（至少 2 min）足够多的视图为止。当播放视图序列时，飞行路径会在这些视图之间进行平滑内插处理。

点击飞行路径序列号，然后点击 **Replace**，可以在飞行路径列表中替换掉该投影视图。点击飞行路径序列号，然后点击 **Delete**，可以在飞行路径列表中删除掉该投影视图。点击 **Clear**，可以清除飞行路径列表。

（3）输入飞行浏览动画显示中所使用的帧数，飞行路径会进行相应的平滑内插处理。较大的帧数会产生更加平滑的效果，但是它会减慢动画播放的速度。

（4）点击 **Play Sequence** 按钮，开始播放飞行路径动画。

在 **SurfaceView Motion Controls** 对话框中，选择 **Options → Animate Sequence**，创建完整的动画显示，并对飞行浏览的速度和方向进行控制（请见下面“动画序列”中的内容）。

◆ 使用 ENVI 注记功能创建动画序列

（1）在 **SurfaceView Motion Controls** 对话框中，选择 **Options → Motion: Annotation Flight Path**，使用 ENVI 注记功能绘制的飞行路径，对数据进行飞行浏览。我们可以使用折线、多边形、矩形或者椭圆注记对象，对飞行路径进行定义。我们也可以输入保存过的注记文件。

（2）通过选择 **Input Annotation from File** 单选按钮，再选取注记文件 `bhdemsub.ann`，然后选择第一个注记对象（绿色的折线），来使用保存过的注记文件定义飞行路径。所选择的注记文件以及它包含的节点数都会显示在对话框的中部，同时飞行路径也会绘制在三维曲面上。在 **Frames** 文本框中输入 500。要沿着飞行路径动态平均像素点以平滑视图，可以在 **Flight Smooth Factor** 文本框输入 1 000。接着在 **Flight Clearance** 文本框中输入 1 000。将 **Up/Down** 视角设为-60 度。-90 度的垂直视角表示垂直于表面向下观看，0 度视角表示笔直向前观看（水平）。保留 **Right/Left** 视角 0 值的设置。-90 度的水平视角表示向左观看，0 度视角表示笔直向前观看，90 度的视角表示向右观看。点击 **Play Sequence** 按钮，开始播放飞行路径动画。尝试使用不同的参数值，并观察它们对三维曲面浏览的影响。此外，也可以使用箭头切换按钮选择 Flight Clearance，然后输入所需的超过海平面的高度，尝试在三维曲面上空某一恒定高度进行飞行浏览。

（3）接着，还是选择 **Input Annotation from File** 单选按钮，再选取注记文件 `bhdemsub.ann`，然后选择第二个注记对象（红色的椭圆），来使用保存过的注记文件定义飞行路径。在 **Frames** 文本框中输入 1 000，**Flight Smooth Factor** 文本框中输入 10 000，**Flight Clearance** 文本框中输入 1 000。然后将 **Up/Down** 视角设为-60，再保留 **Right/Left** 视角 0 值的设置。点击 **Play Sequence** 按钮，开始播放飞行路径动画。尝试使用不同的参数值，并观察它们对三维曲面浏览的影响。

（4）现在，在主影像显示窗口中选择 **Overlay → Annotation**，然后选择 **File → Input Annotation from Display**，点击 **Play Sequence**，尝试创建自己的注记对象，进行曲面飞行浏览。

◆ 动画序列选项

动画序列选项允许我们对三维曲面浏览动画显示的速度和方向进行控制。

（1)按照上面描述的步骤，利用保存过的注记文件，将飞行路径设置为椭圆。将 **Frames** 设为 100，然后在 **SurfaceView Motion Controls** 对话框中，选择 **Options → Animate Sequence**，将单独帧加载到动画显示中。接着 **3D SurfaceView** 控制对话框就会显示出一个交互式的工具，对动画显示进行控制（见图 31-10）。

（2）增加 **Speed** 箭头增量矩形框中的数值，控制浏览显示的速度。较大的数值会加快动画显示的速度。

（3）点击对话框底部相应的位图按钮，控制浏览显示的方向。按钮从左到右分别是：向后显示动画；向前显示动画；连续向前/向后显示动画；暂停动画。

（4）当动画暂停时，可以点击并拖动滚动条，每次一帧或者多帧地拖动动画显示。

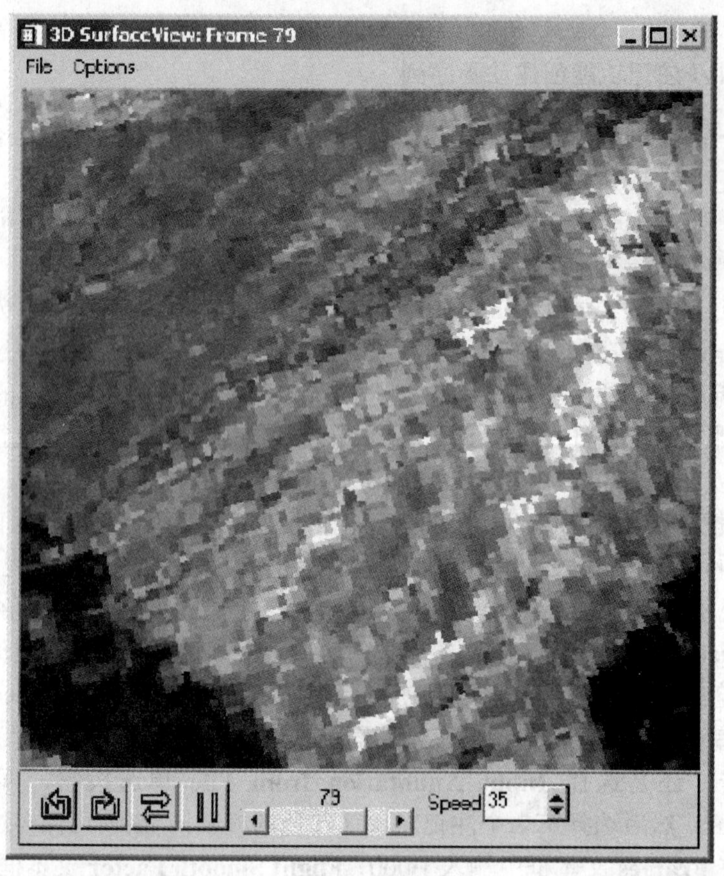

图 31-10 选择动画序列（Animate Sequence）后的 SurfaceView 控制对话框

（5）选择 **File → Cancel**，返回到 **SurfaceView Motion Controls** 对话框。

◆ 保存输出曲面浏览

ENVI 的三维曲面浏览功能也可以提供几种选项，保存曲面浏览结果或者飞行路径。

- 在 **SurfaceView Motion Controls** 对话框中，点击 **File → Save Sequence to File**，将当前飞行路径保存到 ENVI 的路径文件（.pat）中，该文件可以在三维曲面浏览处理操作中恢复出来。

- 在 **SurfaceView Motion Controls** 对话框中，点击 **File → Restore Sequence Path from File**，可以在用户自定义模式三维曲面浏览中，把保存的飞行路径恢复出来。
- 在 **SurfaceView Motion Controls** 对话框中，点击 **File → Input Annotation from Display**，可以在注记模式三维曲面浏览中，从当前显示影像中获取注记对象。
- 在 **SurfaceView Motion Controls** 对话框中，点击 **File → Input Annotation from File**，可以在注记模式三维曲面浏览中，从 ENVI 注记文件中获取注记对象。
- 在 **3D SurfaceView** 窗口中，选择 **File → Save Surface As → Image File**，将当前显示的视图输出到 ENVI 影像中。
- 在 **3D SurfaceView** 窗口中，选择 **File → Print**，将当前显示的视图直接进行打印。
- 在 **3D SurfaceView** 窗口中，选择 **File → Save Surface As → VRML**，将三维曲面浏览输出成 VRML 文件，该文件可以通过某些程序进行查看。

◆ 维曲面浏览工具的分析功能

ENVI 的三维曲面浏览工具提供了强大的可视化功能，它可以对叠合在数字高程模型上的影像进行查看。由于 ENVI 的窗口和对话框都能够动态地链接在一起，所以该功能也提供了使用三维曲面浏览连同其他 ENVI 工具一起进行分析处理的能力。当前所支持的功能包括：

- 光标跟踪和像素定位器
- 空间和波谱像素修改器
- *X* 和 *Y* 剖面廓线提取
- *Z*（波谱）剖面廓线提取和波谱分析

要利用三维曲面浏览功能进行分析：

（1）使用先前描述的方法，显示所需的三维曲面。然后在要分析的影像显示窗口中，打开上面所支持的某个 ENVI 交互式处理工具。

（2）光标位置和值：在主影像显示窗口中，选择 **Tools → Cursor Location/Value**，然后在 **3D SurfaceView** 窗口中移动鼠标光标，读取光标位置（像素和地图坐标）和相应的像素值。

（3）空间和波谱像素修改器：在主影像显示窗口中，选择 **Tools → Spatial Pixel Editor** 或者 **Tools → Spectral Pixel Editor**，然后在 **3D SurfaceView** 窗口中，使用鼠标左键，双击目标像素点，将 ENVI 显示窗口的光标移动到相应的位置上。修改目标像素点的像素值。

（4）*X* 和 *Y* 剖面廓线提取：在主影像显示窗口中，选择 **Tools → Profiles → *X* Profile** 或者 **Tools → Profiles → *Y* Profile**，然后在 **3D SurfaceView** 窗口中，使用鼠标左键，双击目标像素点，将 ENVI 显示窗口的光标移动到相应的位置上，接着 *X* 或者 *Y* 剖面廓线就会相应地更新，以匹配所选光标位置点。在所选剖面廓线绘制窗口中，光标位置会用一条红色的垂直线标出。

（5）Z（波谱）剖面廓线提取：在主影像显示窗口中，选择 **Tools → *Z* Profile** 或者 **Tools → Profiles → Additional Z Profile**，然后在 **3D SurfaceView** 窗口中，使用鼠标左

键，双击目标像素点，将 ENVI 显示窗口的光标移动到相应的位置上，接着 Z 波谱剖面廓线，就会从影像数据中提取出来，以匹配所选光标位置点。

（6）波谱分析：显示 Z 波谱剖面廓线，然后在 ENVI 主菜单中，选择 **Spectral → Spectral Analyst**。在 **Spectral Analyst Input Spectral Library** 对话框中，点击 **Open Spectral Library** 按钮，选取波谱库名，打开所需的波谱库，接着在打开的 **Edit Identify Methods Weighting** 对话框中，点击 **OK**，再在 **Spectral Analyst** 对话框中，选择 **Options → Auto Input via Z-Profile**，将波谱分析同特定的波谱剖面廓线连接起来。一旦将波谱分析的选项设置好，就可以在 **3D SurfaceView** 窗口中，使用鼠标左键，双击目标像素点，将 ENVI 显示窗口的光标移动到相应的位置上。同时从影像数据中提取匹配所选光标位置点的 Z 波谱剖面廓线，然后波谱分析就会计算出其与波谱库波谱匹配的程度。

◆ 结束 ENVI 程序

在 ENVI 主菜单中选择 **File → Exit**（在 UNIX 操作系统下是 **Quit**），在弹出的 **Terminate this ENVI Session** 对话框中选择 **Yes**，并点击 **OK**，退出 ENVI 程序。如果使用的是 **ENVI RT**，退出 ENVI 会返回操作系统。

专题三十二 ENVI 自定义功能介绍

1.1 专题概述

本专题提供了关于 ENVI 编程的基本知识。它包括了创建用户自定义的波段运算函数以及其他用户自定义功能的基本内容，包括了自定义功能菜单、创建复合组件以及对数据块(data-tiling)进行处理的操作。本专题假定用户已经了解交互式数据语言(Interactive Data Language，IDL)，掌握如何在 IDL 中编写函数和过程。ENVI Runtime（不带 IDL）用户不能够在 ENVI 中编程。

◆ **本专题中使用的文件**

光盘：《ENVI 遥感影像处理专题与实践》附带光盘 #1
路径：`envidata/user_fun`
`envidata/bldr_reg`

文件	描述
	所需的文件（envidata/user_fun）
bm_divz1.pro	简单的波段运算 ™ 函数
bm_divz2.pro	修正的波段运算 ™ 函数
tp_divz1.pro	ENVI 用户自定义的函数
tp_divz2.pro	修正的 ENVI 的用户自定义函数
	所需的文件（envidata/bldr_reg）
bldr_tm.img	Boulder 地区 TM 影像数据
bldr_tm.hdr	ENVI 相应的头文件

1.2 ENVI 编程

ENVI 提供了各种运行用户自定义函数或功能的方式，这些程序都是通过交互式数据语言（Interactive Data Language，IDL）编写的。IDL 程序可以写成为函数或者过程，并以扩展名.pro 结尾。本专题展示了关于该方法的两个例子——波段运算和用户自定义函数。要获取本专题 ENVI 编程方法的描述，请参见《ENVI 遥感影像处理教程》(ENVI User's Guide）或者在线帮助。

ENVI 能够从影像空间或者波谱两种角度来处理数据，这是由函数功能需要或者输入文件的存储格式所决定的。如果一个函数只能以空间或者波谱方式处理数据，那么这些数据只能按相应的处理方式来获取。如果处理过程既能以空间方式又能以波谱方式来处理数据，那么 ENVI 对数据的操作就取决于文件的存储格式。ENVI 使用的三种文件存储格式分别为：按波段顺序（BSQ）、波段按行交叉（BIL）或者波段按像元交叉（BIP）。请参见《ENVI 遥感影像处理教程》(ENVI User's Guide)、在线帮助或者《ENVI 遥感影像处理专题与实践》(ENVI Tutorials)。

ENVI 允许对大于可用内存的影像数据进行处理。它通过将数据分割为可用的数据片或者数据块（tiles），分别处理这些数据块，然后再把数据块重新合并成输出影像。数据块是 ENVI 在内存中处理的一段数据。空间数据块（spatial tile）的大小是由 ENVI 配置项 image tile size 确定的，用户通过对该值的设置以优化内存的使用，该值不应超过计算机的物理内存大小。空间数据块通常包括了要处理数据的所有列（samples），并尽可能地包括足够多的行（lines）。相应的，波谱数据块（Spectral tiles）则是由要处理的列数（ns）和波段数（nb）所确定的。BIL 存储方式的波谱数据块为（ns，nb），BIP 存储方式的波谱数据块为（nb，ns）。波谱数据块通常都是这么大小，它与 image tile size 的设置无关。

ENVI 中数据块基本处理流程如下：

```
初始化 ENVI 数据块
对数据块个数循环
    请求分配数据块
    处理数据块
    [将处理结果写入磁盘或内存]
结束循环
    [将数据输入可用波段列表]
```

1.3 用户自定义波段运算程序

本专题的这一部分将使用户熟悉编写并编译.pro 文件（IDL 程序）的过程。我们会使用 ENVI 的波段运算程序执行编译好的函数。波段运算利用了 ENVI 的数据块处理能力来对大影像进行处理。创建一个简单的波段运算函数，它会对两个波段进行数学运算。关键词 CHECK 将允许对除数是否为零进行检查，关键词 DIV_ZERO 会被用来把除数为零的算式结果赋为其他数值。

◆ 启动 ENVI

启动前，请确保已正确安装 ENVI。

- 要在 UNIX 或 Macintosh OS X 中启动 ENVI，请在 UNIX 命令行中输入 `envi`。
- 要在 Windows 系统中启动 ENVI，请双击 ENVI 的图标。

◆ 打开 TM 影像数据

要打开 Colorado 州 Boulder 地区的 TM 影像数据：

（1）从 ENVI 主菜单中，选择 **File → Open Image File**。

（2）选择文件 `envidata/bldr_reg/bldr_tm.img`，点击 **Open**，接着可用波段

列表对话框就会出现在屏幕上，它将列出 TM 6 个可用的波段。该列表允许选择波谱波段进行显示或者处理。

◆ **编辑波段运算函数**

通常进行 IDL 编程时，需要打开 IDL 程序编辑窗口，并将下列 IDL 函数代码敲入该编辑窗口中。可是在本专题中，不用自己键入代码，该函数已经保存到 envidata/user_fun 目录中，其文件名为 bm_divz2.pro。

如果选择自己输入这些函数，那么使用 IDL 的程序编辑器或者自己喜欢使用的编辑器，输入下列文本代码，保存为文件名 bm_divz2.pro。

```
function bm_divz2, b1, b2, check=check, div_zero=div_zero
if (keyword_set (check) ) then begin
; If div_zero is set then use it otherwise use zero
if (n_elements (div_zero) gt 0) then $
temp_value = div_zero $
else $
temp_value = 0.0
; Find all the locations where the band is zero
temp = float (b1) - b2
ptr = where (temp eq 0, count)
; Temporarly set the divide by zero cases to divide by 1
if (count gt 0) then $
temp (ptr) = 1
; Perform the ratio
result = (float (b1) + b2) / temp
; If any divide by zeros then set the output
if (count gt 0) then $
result (ptr) = temp_value
endif else begin
; Just do the ratio and ignore divide by zeros
result = (float (b1) + b2) / (float (b1) - b2)
endelse
return, result
end
```

◆ **编译波段运算函数**

要编译更新后的函数：

（1）从 ENVI 主菜单中，选择 **File → Compile IDL Module**。

（2）在 **Enter Module Filename** 对话框中，选择进入 envidata/user_fun 目录（或者手动编辑创建文件所保存的目录），选择文件 bm_divz2.pro，点击 **Open**。

（3）要确定函数是否编译成功，请查看 IDL 的输出日志窗口。

在 Windows 和 Macintosh 操作系统下，这就是输出日志窗口。在 UNIX 操作系统下，这是启动 ENVI 的命令处理窗口。如果模块编译成功，下列提示行就会出现在日志窗口中：

```
% Compiled module BM_DIVZ2
```

（4）对没有编译成功的错误代码进行编辑修改。

运行波段运算函数

该新函数现在就可以检查除数是否为零，而且还能够将除数为零的计算结果设置为一个错误值。要运行编译好的函数：

（1）选择 **Basic Tools → Band Math**。

（2）当 **Band Math** 对话框出现在屏幕上后，在 **Enter an expression:** 输入文本框中，键入下列的内容：

```
bm_divz2 (b1, b2, /check, div_zero=1.0)
```

（3）点击 **OK**。

（4）当 **Variables to Band Pairings** 对话框出现在屏幕上后，在 **Variables used in expression** 区域中选中 **B1**。

（5）在可用波段列表对话框中，选择波段 2。

（6）然后在 **Variables used in expression** 区域中选中 **B2**。

（7）在可用波段列表对话框中，选择波段 3。接着 **Variables used in expression** 文本区域应该包含下列内容：

```
B1 - Band 2 (0.5600): bldr_tm.img
B2 - Band 3 (0.6600): bldr_tm.img
```

（8）选择 **File** 单选按钮，再输入要输出的文件名，点击 **OK**。

◆ **显示结果**

（1）在可用波段列表对话框中，点击 **Display** 按钮，选择 **New Display**。

（2）选择刚才我们创建的波段运算结果，*"Band Math (bm_divz2 (b1, b2, /check, div_zero=1.0))"*，然后点击 **Load Band**。

任意计算过程中除数为零所对应的像素现在的像素值为 1.0。

◆ **创建用户自定义功能**

ENVI 创建用户自定义功能的处理过程由下列步骤组成：添加自定义菜单项、创建自定义的菜单所对应的事件处理函数，使用数据块（data tiling）处理数据、将输出波段添加到可用波段列表对话框中。创建的用户自定义功能会与上面的波段运算例子一样，进行相同的数学表达式计算。函数代码已经保存到了文件 `tp_divz1.pro` 中。

修改 ENVI 菜单文件 envi.men

用户自定义功能能够添加到 `envi.men` 文件中，并能像其他 ENVI 程序一样，从菜单中运行。

（1）将 ENVI 安装目录下的 `menu` 子目录中的 `envi.men` 文件拷贝到其他文件夹，并起名为一个新的文件。

（2）在 ENVI 主菜单中，选择 **File → Preferences**。当 **System Pereferences** 对话框出现在屏幕上后，点击 **User Defined Files** 标签。

（3）在 **ENVI Menu File** 区域中，输入刚才定义的新文件名（包括它的目录路径）。退出 ENVI，这样就可以更新 `envi.men` 文件，包含新程序。

（4）要退出 ENVI 程序，可以在 ENVI 主菜单中选择 **File → Exit** 或者 **Quit**，然后点击 **Yes**。

（5）编辑新 ENVI 菜单文件，添加下面几行内容：

0 {User Functions}

1 {User Band Ratio1} {user ratio} {tp_divz1}

1 {User Band Ratio2} {user ratio} {tp_divz2}

其中，1 指明了菜单的级数，{User Band Ratio}是菜单项的名字，{user ratio}是 uvalue 值的名字，{tp_divz1}或者{tp_divz2}分别是事件处理函数的名字。

（6）保存并关闭这个新 ENVI 菜单文件。

创建事件处理函数

本专题的这一部分将使用户熟悉创建 ENVI 用户自定义函数事件处理的过程。在这里，会使用到 ENVI 的文件选择函数以及 ENVI 的复合组件（compound widgets）。

编辑事件处理函数

使用文本编辑器，输入下面的程序代码，或者使用包含在 `user_fun` 目录中的文件 `tp_divz1.pro`。

程序运行的第一步就是提取 UVALUE 值，并将它同 ENVI 菜单文件中的 UVALUE 值进行比较。

接收 UVALUE 值后，事件处理函数将选择要输入的文件。ENVI_SELECT 函数用来进行文件选择，并提取空间和波谱子集。ENVI_SELECT 函数的返回值是输入文件的识别号（FID）、波段尺度（DIMS）和选取的波段（POS）。如果返回的 FID 值等于`-1`，那么表示选择了 **Cancel** 按钮，事件处理函数必须退出。

因为处理程序同波段运算例子一样，要进行相同的数学表达式计算，所以我们必须保证至少选择了两个波段。如果选择的波段数不正确，那么使用 ENVI_ERROR 程序，给出一个警告信息，并退出事件处理函数。

在波段运算例子中，在命令行输入的参数现在就将通过使用 ENVI 的复合组件输入。

- 使用 WIDGET_AUTO_BASE 创建 base 组件，它允许自动地管理组件事件。
- 通过行和列 base 组件来放置复合组件。WIDGET_MENU 和 WIDGET_PARAM 取代了波段运算例子中的关键词。
- WIDGET_MENU 使用了互斥的选项，创建"Check for divide by 0？"的"Yes/No"按钮。

- WIDGET_PARAM 被用来接受一个输入的数值，取代除数为零的计算结果。
- WIDGET_PARAM 接受带三位小数（FIELDS=3）的浮点数（DT=4），它的默认值是 0（DEFAULT=0.0）。
- 最后，WIDGET_OUTFM 被用来提示输出到文件或者内存的选项。
- 每一个复合组件都设置了关键词/AUTO，给出 AUTO_WID_MNG 管理复合组件的职责。
- AUTO_WID_MNG 会返回一个包含标签名的结构，该标签名是由每一个复合组件的 UVALUE 定义的。
- 此外，结构中还包括了标签 accept，如果选择了 **OK** 按钮，那么它就设为 1，如果选择了 **Cancel** 按钮，那么它就设为 0。

在本专题中，我们会打印出"Check for divide by 0？"和"Divide by zero value"的选项。下一部分，我们将使用同样的事件处理函数，但是我们会把参数传递给数据块处理程序。

```
pro tp_divz1, ev
widget_control, ev.id, get_uvalue=uvalue
if (uvalue eq 'user ratio') then begin
   envi_select, title='Ratio Input File', fid=fid, dims=dims, $
   pos=pos
   if (fid eq -1) then return
   ; We will just do a ratio of the first two band
   ; from the pos array so make sure there are at
   ; least two bands are selected
   if (n_elements(pos) lt 2) then begin
      mstr = 'You must select two bands to ratio.'
      envi_error, mstr, /warning
      return
endif
; Create a compound widget for the input parameters
base = widget_auto_base(title='Ratio Parameters')
sb = widget_base(base, /column, /frame)
sb1 = widget_base(sb, /row)
mw = widget_menu(sb1, prompt='Check for divide by 0 ? ', $
     list=['Yes', 'No'], /excl, default_ptr=0, rows=0, $
     uvalue='check', /auto)
sb1 = widget_base(sb, /row)
wp = widget_param(sb1, prompt='Divide by zero value', $
     dt=4, field=3, xs=6, uvalue='div_zero', default=0.0, /auto)
sb = widget_base(base, /column, /frame)
ofw = widget_outfm(sb, func='envi_out_check', $
```

```
      uvalue='outf', /auto)
; Automanage the widget
result = auto_wid_mng (base)
if (result.accept eq 0) then return
check = (result.check eq 0)
div_zero = result.div_zero
help, result.outf, /st
print, check
print, div_zero
endif
end
```

如果要创建自己的文件，那么将该程序保存为 tp_divz1.pro，并把它放在新 ENVI 菜单文件的那个目录下。此外也可以直接使用 user_fun 目录中的文件 tp_divz1.pro。

◆ **运行用户自定义功能**

按照下面的处理步骤，在 ENVI 中编译并运行用户自定义功能。

启动 ENVI

启动前，请确保已步骤正确安装 ENVI。

- 要在 UNIX 或 Macintosh OS X 中启动 ENVI，请在 UNIX 命令行中输入 `envi`。
- 要在 Windows 系统中启动 ENVI，请双击 ENVI 的图标。

打开 TM 影像数据

要打开 TM 影像数据：

选择 **File → Open Image File**。

在 **Enter Data Filenames** 对话框中，选择进入 `envidata/bldr_reg` 目录，选取文件 `bldr_tm.img`，并点 **OK** 或者 **Open** 按钮，这取决于操作系统。

编译事件处理函数

要编译新生成的事件处理函数：

（1）从 ENVI 主函数菜单中，选择 **File → Compile IDL Module**。

（2）当 **Enter Module Filename** 对话框出现在屏幕上后，选择进入保存事件处理函数的那个目录，选择文件 `tp_divz1.pro`。

（3）要确定函数是否编译成功，请查看 IDL 的命令窗口。

在 Windows 和 Macintosh 操作系统下，这就是输出日志窗口。在 UNIX 操作系统下，这是启动 ENVI 的命令处理窗口。如果模块编译成功，下列提示行就会出现在日志窗口中：

```
% Compiled module TP_DIVZ1
```

（4）对没有编译成功的错误代码进行编辑修改。

运行事件处理函数

（1）选择 **User Functions → User Band Ratio1**。

（2）在 **Ratio Input File** 文件选择对话框，选择文件 `bldr_tm.img`，然后点击 OK。接着 **Ratio Exercise Parameters** 对话框就会出现在屏幕上，它允许我们选择 *divide by zero* 检查、*divide by zero value* 以及要输出的文件名。

（3）对于 **Check for divide by 0** 选项，选择 **No** 按钮。

（4）在 **Divide by zero value** 文本框中输入 `1.0`。

（5）键入 `tp_divz1.img`，作为要输出的文件名。

（6）点击 **OK**。

（7）在 IDL 命令日志窗口中，查看打印在底部的数值。

◆ 编写数据块（Tiling）处理程序

按照下面的处理步骤，生成数据块处理程序，以允许 ENVI 对大影像文件进行处理。

创建数据块处理程序

本专题的这一部分将使用户熟悉创建 ENVI 数据块处理程序的过程。我们将改进波段运算的例子，把它转换成数据块处理程序，使用新生成的事件处理函数。

更改事件处理函数

处理程序的第一步是建立输入输出（IO）错误处理机制。接着，使用 ENVI_FILE_QUERY，获取文件名（FNAME）和 X、Y 的起始像素（XSTART 和 YSTART）。文件名会在状态报告中被使用，而 XSTART 和 YSTART 仅在输出影像的头文件中被使用。

数据块处理程序允许我们将结果输出到文件或者内存中。对于文件输出操作，它会打开一个要进行输出的文件；对于内存输出操作，它会分配一个浮点型的数组。接着 ENVI 数据块会使用 ENVI_INIT_TILE 进行初始化。因为处理程序要同时使用两个波段，所以我们在第二次 ENVI_INIT_TILE 时会使用 MATCH_ID，以强制使得两个波段的处理数据块具有相同的大小。

ENVI_REPORT_INIT 和 ENVI_REPORT_INC 会分别建立状态处理组件，设定状态报告增量值。

现在，所有步骤都进行了初始化。处理程序可以对数据块的个数进行循环。在每个循环处理的开始部分，会更新处理状态，检查是否选择了 **Cancel** 按钮。然后调用 ENVI_GET_TILE，TILE_IDs 将返回要处理的数据块。每个数据块都会使用数学表达式进行波段运算处理。数据处理完成后，memory 选项会将结果写入可用内存资源（mem_res）中，否则结果将写入一个文件中。

既然数据处理已经完成，那么 ENVI_ENTER_DATA 或者 ENVI_SETUP_HEAD 会将新生成的影像输入到 ENVI 中。memory 选项将使用 ENVI_ENTER_DATA，而输出到磁盘将使用 ENVI_SETUP_HEAD，打开输出文件，并生成 ENVI 的头文件（`.hdr`）。最后，使用 ENVI_TILE_DONE 和 ENVI_REPORT_INIT，清除数据块指针和报告。

在事件处理程序中，用下面调用的处理程序替换掉 print 语句。

```
tp_divz_doit, fid=fid, pos=pos, dims=dims, check=check, $
   out_name=result.outf.name, div_zero=div_zero, $
   in_memory=result.outf.in_memory
```

这是 tp_divz2.pro 文件的新代码。可以使用自己喜欢的编辑器输入这些代码，或者直接使用保存在 user_fun 目录中的 tp_divz2.pro 文件。

```
pro tp_divz_doit, fid=fid, pos=pos, dims=dims, check=check, $
   out_name=out_name, in_memory=in_memory, $
   div_zero=div_zero, r_fid=r_fid
   ; Set up the error catching and initialize optional keywords !
   error = 0
   on_ioerror, trouble
   in_memory = keyword_set (in_memory)

; Get the file xstart and ystart and calculate ns and nl
envi_file_query, fid, fname=fname, xstart=xstart, $
ystart=ystart
ns = dims (2) - dims (1) + 1
nl = dims (4) - dims (3) + 1

; Either alloate a memory array or open the output file
get_lun, unit
if (in_memory) then $
mem_res = fltarr (ns, nl) $
else $
openw, unit, out_name

; Initialize the data tiles
tile_id1 = envi_init_tile (fid, pos (0) , $
num_tiles=num_tiles, xs=dims (1) , xe=dims (2) , $
ys=dims (3) , ye=dims (4) , interleave=0)
tile_id2 = envi_init_tile (fid, pos (1) , match_id=tile_id1)

; Setup the processing status report
if (in_memory) then tstr = 'Output to Memory' $
else tstr = 'Output File: ' + out_name
envi_report_init, ['Input File: ' + fname, tstr], $
title='Ratio Processing', base=rbase, /interupt

envi_report_inc, rbase, num_tiles
```

```
; Loop over each processing tile
for i=0, num_tiles-1 do begin
envi_report_stat, rbase, i, num_tiles, cancel=cancel
if (cancel) then begin
! error = envi_cancel_val ()
goto, trouble
endif

; Retrieve the tile data
data1 = envi_get_tile (tile_id1, i, ys=ys, ye=ye)
data2 = envi_get_tile (tile_id2, i)

; Perform the ratio
if (keyword_set (check) ) then begin
; Find all the locations where the band is zero
temp = float (data1) - data2
ptr = where (temp eq 0.0, count)

; Temporarly set the divide by zero cases to divide
; by 1, do the ratio, and then set the divide by zero
; to div_zero
if (count gt 0) then $
temp (ptr) = 1
result = (float (data1) + data2) / temp
if (count gt 0) then $
result (ptr) = div_zero
endif else begin
; Just do the ratio and ignore divide by zeros
result = (float (data1) + data2) / $
 (float (data1) - data2)
endelse

if (in_memory) then $
mem_res (0, ys-dims (3)) = result $
else $
writeu, unit, result

endfor
```

```
; Process error messages
! error = 0
trouble: if (! error ne 0) then $
envi_io_error, 'Ratio Processing', unit=unit
free_lun, unit
if (! error eq 0) then begin
descrip = 'Ratio Processing'
if (in_memory) then $
envi_enter_data, mem_res, descrip=descrip, $
xstart=xstart+dims (1) , ystart=ystart+dims (3) , $
r_fid=r_fid $
else $
envi_setup_head, fname=out_name, ns=ns, nl=nl, nb=1, $
data_type=4, interleave=0, xstart=xstart+dims (1) , $
ystart=ystart+dims (3) , /write, /open, r_fid=r_fid, $
descrip=descrip
endif
; Clean up the tile pointer and the status report
envi_tile_done, tile_id1
envi_tile_done, tile_id2
envi_report_init, base=rbase, /finish
end

pro tp_divz2, ev
widget_control, ev.id, get_uvalue=uvalue
if (uvalue eq 'user ratio') then begin
envi_select, title='Ratio Input File', fid=fid, dims=dims, $
pos=pos
if (fid eq -1) then return
; We will just do a ratio of the first two band
; from the pos array so make sure there are at
; least two bands are selected
if (n_elements (pos) lt 2) then begin
mstr = 'You must select two bands to ratio.'
envi_error, mstr, /warning
return
endif
; Create a compound widget for the input parameters
```

```
base = widget_auto_base (title='Ratio Parameters')
sb = widget_base (base, /column, /frame)
sb1 = widget_base (sb, /row)
mw = widget_menu (sb1, prompt='Check for divide by 0 ? ', $
list=['Yes', 'No'], /excl, default_ptr=0, rows=0, $
uvalue='check', /auto)
sb1 = widget_base (sb, /row)
wp = widget_param (sb1, prompt='Divide by zero value', $
dt=4, field=3, xs=6, uvalue='div_zero', default=0.0, /auto)
sb = widget_base (base, /column, /frame)
ofw = widget_outfm (sb, func='envi_out_check', $
uvalue='outf', /auto)
; Automanage the widget
result = auto_wid_mng(base)
if (result.accept eq 0) then return
check = (result.check eq 0)
div_zero = result.div_zero
tp_divz_doit, fid=fid, pos=pos, dims=dims, check=check, $
out_name=result.outf.name, div_zero=div_zero, $
in_memory=result.outf.in_memory
endif
end
```

编译数据块处理程序

要编译更新后的数据块处理程序：

（1）从 ENVI 主函数菜单中，选择 **File → Compile IDL Module**。

（2）当 **Enter Module Filename** 对话框出现在屏幕上后，选择进入保存事件处理函数的那个目录，选择文件 tp_divz2.pro。

（3）要确定函数是否编译成功，请查看 IDL 的命令窗口。

在 Windows 和 Macintosh 操作系统下，这就是输出日志窗口。在 UNIX 操作系统下，这是启动 ENVI 的命令处理窗口。如果模块编译成功，下列提示行就会出现在日志窗口中：

```
% Compiled module TP_DIVZ2
```

（4）对没有编译成功的错误代码进行编辑修改。

运行数据块处理函数

（1）选择 **User Functions → User Band Ratio2**。

（2）当 **Ratio Input File** 文件选择对话框出现在屏幕上后，在 **Select Input File** 区域中，选择文件 bldr_tm.img。

（3）点击 **Spectral Subset** 按钮。

（4）在 **File Spectral Subset** 对话框中，只选择波段 2 和波段 3（当点击鼠标进行多个文件选取时，要按住 **Shift** 键），然后点击 **OK**。

（5）在 **Ratio Input File** 文件选择对话框中，点击 **OK**。接着 **Ratio Exercise Parameters** 对话框就会出现在屏幕上，它允许我们对除数为零检查、替换值以及输出到内存或者文件进行选择。

（6）对于 **Check for divide by 0** 选项，选择 Yes 按钮。

（7）在 **Divide by zero value** 文本框中输入 `1.0`。

（8）选择 **File** 单选按钮，输入要输出的文件名，然后点击 **OK**。

生成的结果影像将会添加到可用波段列表对话框中。

显示结果

在可用波段列表对话框中，选择新生成的波段，点击 **Load Band** 加载显示该影像。在同样选取了除数为零检查的情况下，该影像应该同波段运算所生成的影像相同。

关于自动编译功能的说明

本专题创建的这两个程序都能够设置为自动编译，以方便 ENVI 后续部分的处理操作。要设置成自动编译，可以将这两个`.pro`文件放置在 ENVI 安装目录的 `save_add` 子目录下，并重新启动 ENVI。以后，只要启动 ENVI，它们就会自动地被编译。

◆ 结束 ENVI 程序

在 ENVI 主菜单中选择 **File → Exit**（在 UNIX 操作系统下是 **Quit**），在弹出的 **Terminate this ENVI Session** 对话框中选择 **Yes**，并点击 **OK**，退出 ENVI 程序。如果使用的是 **ENVI RT**，退出 ENVI 会返回操作系统。

专题三十三　ENVI 绘图功能介绍

1.1 专题概述

本专题将对如何运用 ENVI 的绘图功能（Plot Function）进行介绍。这是一个用户自定义的函数，它可以由任意一个 ENVI 绘图窗口中的 Plot Function 下拉菜单来调用。本专题包含了创建用户自定义绘图函数以及建立 ENVI 的 useradd.txt 文件的基本内容，以实现在绘图菜单中自动加载这些函数。本专题假定用户已经熟悉了交互式数据语言（IDL），了解如何在 IDL 中编写函数和过程。ENVI Runtime 因为不带有底层 IDL 开发平台，将不能使用本章介绍的功能。

◆ **本专题中使用的文件**

光盘：《ENVI 遥感影像处理专题与实践》附带光盘 #2

路径：envidata/user_fun

envidata/cup95avsub

envidata/spec_lib

文件	描述
所需的文件（envidata/user_fun）	
pf_1st_derivative.pro	波谱一阶导数绘制函数
pf_2nd_derivative.pro	波谱二阶导数绘制函数
useradd.txt	修改（替换）后的 useradd.txt 文件
所需的文件（envidata/cup95avsub）	
cup95eff.int	Cuprite 地区 ATREM 校正 EFFORT 校正后的带有 50 个波段的表观反射率数据（整型）
所需的文件（envidata/spec_lib）	
usgs_min.sli	USGS 矿物波谱库
usgs_min.hdr	ENVI 相应的头文件

1.2 ENVI 绘图函数

ENVI 绘图函数可以将算法应用到任意一个显示在绘图窗口的数据上。当选择了某个绘图函数后，“标准”绘图数据（在绘图窗口中的所有光谱数据）就被传递给了用户自定义函数。接着该绘图函数就被应用到这些数据上，所生成的结果数据再返回到显示的绘图窗口中，一旦选择了绘图函数，那么它就会被应用到每一个出现在该绘图窗口的波谱上，直到选择了其他不同的绘图函数为止。

ENVI 提供了一整套标准的绘图函数集，它允许用户自定义绘图函数。通过在 useradd.txt 文件（位于 ENVI 安装目录的 menu 子目录下）中输入菜单名和函数，可以将自定义绘图函数添加到 ENVI 中。

◆ **创建一个绘图函数**

我们可以使用 IDL 编辑器或者其他任意文本编辑器来创建绘图函数。

（1）如果运行了 ENVI，那么在 IDL 的主窗口中选择 **File → Open**。如果使用的是 ENVI Runtime，那么打开自己的文本编辑器。

（2）选择进入 envidata/user_fun 目录，打开文件 pf_1st_derivative.pro。可以看到如下的程序代码：

```
function pf_1st_derivative, x, y, bbl, bbl_list, _extra=_extra
ptr= where (bbl_list eq 1, count)
result = fltarr (n_elements (y))
if (count ge 3) then $
result (ptr) = deriv (x[ptr], y[ptr])
return, result
end
```

该函数接受的参数为 X 和 Y 数据以及坏波段列表，它可以排除坏波段值，求取 Y 值的一阶导数，并把该导数值返回到绘图窗口中。要获取关于具体函数参数的更多信息，请参见《ENVI 遥感影像处理教程》（ENVI User's Guide）或者在线帮助中“绘图函数”的内容。

（3）按照相同的步骤，打开文件 pf_2nd_derivtive.pro。当明白这些函数如何执行后，关闭这些文件，继续本专题。

◆ **添加绘图函数**

编辑 useradd.txt 文件，添加绘图函数：

（1）如果运行了 ENVI，那么在 IDL 的主窗口中选择 **File → Open**。如果使用的是 ENVI Runtime，那么打开自己的文本编辑器。

（2）选择进入 USER_FUN 目录，打开文件 useradd.txt。可以看到下列的内容：

```
{plot} {Normal} {sp_normal} {type=0}
{plot} {Continuum Removed} {sp_continuum_removed} {type=1}
{plot} {Binary Encoding} {sp_binary_encoding} {type=0}
{plot} {1st Derivative} {pf_1st_derivative} {type=0}
{plot} {2nd Derivative} {pf_2nd_derivative} {type=0}
{identify} {Spectral Angle Mapper} {SAM} {envi_identify_sam} {0, .78539816}
{identify} {Spectral Feature Fitting} {SFF} {envi_identify_sff} {0, .1}
{identify} {Binary Encoding} {BE} {envi_identify_be} {0, 1.}
```

绘图函数使用{plot}标签，来将它们同其他函数区分开。绘图函数的格式为：

{plot} {Button Name} {function_name} {type=n}

其中：

{plot}标签指出了后面的定义是绘图函数

{Button Name}是下拉式绘图菜单中的菜单名

{function_name}是调用的绘图函数名

{type=n}是绘图函数更新的类型。设置 type=0，仅当使用新数据时才调用绘图函数。设置 type=1，当使用新数据或者缩放绘图时调用绘图函数。

（3）观察调用 `pf_1st_derivative` 和 `pf_2nd_derivative` 的绘图函数。当明白如何对绘图函数进行调用后，关闭编辑器，继续本专题。

◆ 启动 ENVI 运行绘图函数

ENVI 需要将 IDL 函数放置在 ENVI 的 `save_add` 目录下，`useradd.txt` 文件应该放置在 ENVI 的 `menu` 目录下。

使用相应的操作系统程序[例如，在 UNIX 下是“cp”，Microsoft Windows 下是“Windows Explorer”（资源管理器）]，将这些文件拷贝到合适的目录中。

◆ 运行绘图函数

启动 ENVI

启动前，请确保已步骤正确安装 ENVI。

- 要在 UNIX 或 Macintosh OS X 中启动 ENVI，请在 UNIX 命令行中输入 `envi`。
- 要在 Windows 系统中启动 ENVI，请双击 ENVI 的图标。

打开波谱库绘制波谱曲线

（1）在 ENVI 主菜单中，选择 **Spectral → Spectral Libraries → Spectral Library Viewer**，然后点击 **Spectral Library Input File** 对话框底部的 **Open Spectral Library** 按钮。

（2）选择进入 `usgs_min` 目录，打开波谱库文件 `usgs_min.sli`。然后点击 **Spectral Library Input File** 对话框底部的 **OK** 按钮，打开 **Spectral Library Viewer** 对话框。

（3）在 **Spectral Library Viewer** 对话框中，点击一条或者多条波谱，然后在 **Spectral Library Plots** 窗口中显示出所选的波谱库波谱曲线。

（4）在绘图窗口顶部的下拉菜单中，选择 **Plot_Function → 1st Derivative**，调用绘图函数 `pf_1st_deriv.pro`。接着就会计算出所有数据的一阶导数波谱曲线，并把它们显示在绘图窗口中（图 33-1）。

（5）在绘图窗口顶部的下拉菜单中，选择 **Plot_Function → 2nd Derivative**，调用绘图函数 `pf_2nd_deriv.pro`。接着就会计算出所有数据的二阶导数波谱曲线，并把它们显示在绘图窗口中。

（6）选择 **Plot_Function → Normal**，返回到标准反射率波谱曲线绘制状态。

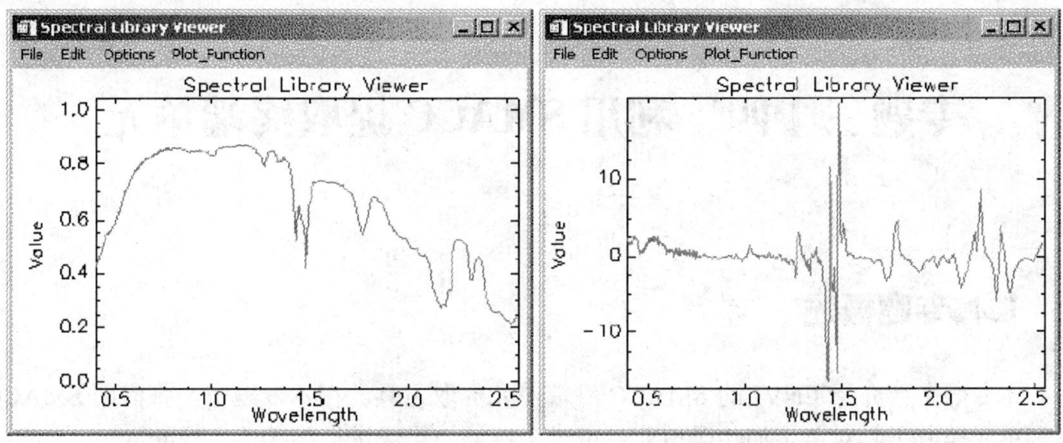

图 33-1　“正规”波谱曲线（左图）和一阶导数波谱曲线（右图）

♦ 结束 ENVI 程序

在 ENVI 主菜单中选择 **File → Exit**（在 UNIX 操作系统下是 **Quit**），在弹出的 **Terminate this ENVI Session** 对话框中选择 **Yes**，并点击 **OK**，退出 ENVI 程序。如果使用的是 **ENVI RT**，退出 ENVI 会返回操作系统。

专题三十四　利用 SMACC 提取终端单元

1.1 专题概述

本专题主要介绍 ENVI 的 SMACC 终端单元提取工具。在本专题中，将借助 SMACC 终端单元提取工具对美国加州圣地亚哥市一个机场的影像进行终端单元提取。

◆ 本专题用到的数据

光盘：《ENVI 遥感影像处理专题与实践》附带光盘 #3
路径：envidata/aviris

文件	文件描述
sandiego_reflectance.img	圣地亚哥高光谱数据
sandiego_reflectance.hdr	圣地亚哥高光谱数据的 envi 头文件
sandiego_mask.dat	去除数据中饱和像元掩模文件
sandiego_mask.hdr	上述文件的 ENVI 头文件

这个高光谱影像是 AVIRIS 传感器获取的美国加州圣地亚哥市海军飞机场。这个影像已经应用 ENVI 的 FLAASH 模块进行过大气校正，并生成了反射率影像。

1.2 SMACC 终端单元提取方法介绍

连续最大角凸锥（Sequential Maximum Angle Convex Cone ）简称 SMACC。SMACC 方法可从波谱影像中提取出波谱终端单元以及与它相关的丰富信息。这个过程要用到之前已定标好的高光谱数据。与 ENVI 的 Spectral Hourglass Wizard 相比，SMACC 过程提供了更快、更自动化的方法来获取终端单元，但是它的结果近似程度更高、精度较低。

终端单元是在波谱图像上选出的用以代表纯净表面地物的波谱。代表辐射率和反射率波谱的终端单元必须满足正约束条件（不包括小于 0 的值）。同时也可能添加一些其他基于自然法则的约束条件。如果高光谱数据定标为辐射率或者热红外发射率，应采用求和的方法统一线性波谱分类约束条件。如果数据被定标为反射率，那么应该采用正约束条件或者统一求和，或者采用较少的约束条件。

SMACC 方法基于凸锥模型（也称为残余最小化）借助这些约束条件去识别影像终端光谱。采用极点来确定凸锥，并以此定义第一个终端单元。之后，在现有锥体中应用一个具有约束条件的斜投影生成下一个终端单元。增加锥体生成新的终端单元。该方法一直重复，直至生成一个凸锥中已有的终端单元（满足一定的公差），或者直至满足了指定的终端单元类别个数。

换言之，SMACC 方法首先找到影像中最亮的像元，然后找到和最亮的像元差别最大的像元。最后再找到与前两种像素差别最大的像素。重复该方法直至 SMACC 找到一个在前面查找像素过程已经说明过的像素，或者直至终端单元数已经满足。SMACC 方法找到的像素波谱变成成果波谱库的终端单元。

和凸锥方法依赖单一分析不一样，终端单元数不受波谱通道数限制。尽管采用 SMACC 方法取得的终端单元是唯一的，但是在影像中的地物数和终端单元之间并不存在一一对应的关系。SMACC 方法由影像像元生成终端单元。每个像元可能只包括一种地物，也可能包括为混合像元。影像中识别的每一种地物都被描述为一个超出波谱变化范围的子集。SMACC 方法是以终端单元为基础来定义每一种地物的。

SMACC 方法也可以提供 abundance 影像，用来确定完整波谱的各个片断——通过每个成果终端单元得到的像素的辐射率或反射率。

从数学角度来讲，SMACC 方法采用下列凸锥公式为每一个像元波谱（终端单元）定义 H：

$$H(c,i)=\sum_{k}^{N} R(c,k)A(k,j)$$

这里：

- i 代表像素指数；
- j 和 k 代表从 1 到最大扩展值的终端单元指数；
- 矩阵 R 包括终端单元波谱；
- c 光谱通道指数；
- 矩阵 A 包括每个终端单元 k 中终端单元 j 的贡献值。

在图像矩阵（R）中，行元素代表独立像元，列代表像元的波谱。

1.3 用 SMACC 提取终端单元

◆ 启动

启动前，请确认已正确安装 ENVI。

•在 UNIX 或者 Macintosh OS X 下，在 UNIX 命令行键入 `envi`。

• 在 Windows 系统下，双击 ENVI 图标。

成功装载和执行程序后，会出现 ENVI 主菜单条。

◆ 打开并显示输入的数据

（1）打开一个影像文件，在 ENVI 主菜单中，选择 **File → Open Image File**。

【注意】在某些平台上你需要按住鼠标右键才能显示主菜单的子菜单。

出现 **Enter Data Filenames** 对话框。

（2）在#3 找到 `envidata/aviris` 目录，选择 `sandiego_reflectance.img`

文件，点击 **Open**，**Available Bands List** 中将显示文件列表和数据。该数据将自动在主图像窗口和缩放窗口以真彩色合成显示。

◆ 检查数据并启动 SMACC 工具

（1）在主图像窗口的显示菜单条选择 **Tools → Pixel Locator...** 找到 Pixel Locator 工具。

（2）选择 **Tools → Profiles → Z Profile（Spectrum）...**来显示图像中像元的波谱剖面。出现 Spectral Profile 工具。

（3）利用 Pixel Locator 工具将光标定位到（375，260），y 轴的值范围为 0 到 5000。该反射率图像的最大值为 10000。反射值为 0 表示没有反射，反射值为 10 000 表示全反射。该像元反射率至多为 50%。该信息在判定 SMACC 过程的误差容许范围时很重要。

（4）选择 **Spectral → SMACC Endmember Extraction** 启动 SMACC 工具。出现 **Select Input Image** 对话框。

◆ 选择输入文件

Select Input Image 对话框中，在 **Open** 的下拉菜单中选择 **New File** 选项，然后在 **Please Select a File** 对话框，打开#3 中 `envidata/aviris` 目录下的 `andiego_mask.dat` 文件。该文件将出现在 **Select Input Image** 对话框中的 **Select Input File** 部分。

输入影像文件包括少许饱和像元，这些饱和像元不能完全精确地代表特定区域物质的波谱特征。通过不同寻常的反射比值来识别饱和像元。掩模用来过滤出这些像元。

（1）在 **Select Input Image** 对话框 **Select Input File** 部分，点击选择 `sandiego_reflectance.img` 文件。

（2）点击 **Select Mask Band**。出现 **Select Mask Input Band** 对话框。

（3）在 **Select Mask Input Band** 对话框，选择 **Mask Band** 并点击 **OK**。

（4）在 **Select Input Image** 对话框点击 **OK**。出现 **SMACC Endmember Extraction Parameters** 对话框。

◆ 设置 SMACC 参数

（1）在 **SMACC Endmember Extraction Parameters** 对话框中将 **Number of Endmembers** 的值由 30 改为 40。终端单元是图像中不同的可区分的地物以及它们的波谱特征。SMACC 不能自动确定影像中不同地物的数量。你必须确定图像终端单元可能的最大数量。该影像包含城市地区，因此可能有大量的终端单元。

（2）将 **RMS Error Tolerance** 参数由 `0.000 000` 改为 `100`。

缺省值 0 表示只有达到 **Number of Endmembers** 参数指定的终端个数，SMACC 才会结束。如果指定一个不同的 RMS 误差，那么达到这个 RMS 误差的话，SMACC 就会结束。影像反射率决定这个参数的适宜值。对于输入影像来说，反射率为 100%的像元值为 10 000。指定误差公差为 1%，则 RMS Error Tolerance 参数设置为 100。

（3）选择 **Sum to Unity or Less unmixing constraint**。

（4）在 **Coalesce Redundant Endmembers** 点击，但是不要改变 **SAM Coalesce Value**

的值。

该选项把在指定波谱角制图阈值（在 SAM Coalesce Value 对话框中定义的值）内的所有终端单元集结为一个终端单元。如果想要区分波谱比较相似的地物，那么不要选择该选项。

（5）在 **Endmember Location ROIs** 文本框中键入 sandiego_reflectance.roi。

该输出文件将包括从终端单元波谱结果中产生的像元感兴趣区。这个输出文件是可选的。如果在文本框中不指定文件名，将不产生这个文件。

（6）在 **Abundance Image** 部分，**Enter Output Filename** 文本框中键入 sandiego_reflectance_abundance.img。

该输出文件将包括阴影图像和终端单元聚集图像。该输出影像是可选的。如选择 **File** 按钮但是不在 **Enter Output Filename** 文本框中指定文件名，不会产生该输出文件。

（7）在 **Select Output Spectral Library Enter Output Filename** 部分，**Enter Output Filename** 文本框下键入 sandiego_reflectance_spectra.sli。

该输出文件中包括提取出的终端单元的波谱库信息。如果选择了 File 按钮，就必须在 **Enter Output Filename** 文本框下指定文件名。

（8）点击 **OK** 运行 SMACC 过程。出现收集 SMACC 终端进程条，显示 SMACC 进程的状况。

该进程条之后紧随 Unmixing 进程条。当 Unmixing 完成之后，Available Bands List 中会显示成果波谱库和成果影像。SMACC 进程同时生成相对误差和已提取出的终端单元波谱。

◆ **分析已提取终端单元以及影像的丰富信息**

（1）在 SMACC Relative Error 窗口，请注意起始处聚集的 5 类终端单元的最大相对误差。实际上 SMACC 在 19 类终端单元时就已经结束。尽管指定的终端像元类数为 40，其余的终端像元被合并在相似的波谱中，最后形成了 19 类终端单元。

（2）在 sandiego_reflectance.img Endmembers 的菜单条，选择 **Options → Plot Key**。

终端单元窗口的图例和相对误差表明 SMACC 提取出了 19 类的终端单元。但每一类终端单元波谱对应的实际地物是未知的。可应用 ENVI 波谱分析工具（在 ENVI 主菜单选择 **Spectral → Spectral Analyst**）来识别这些波谱。关于这个工具在“Spectral Analyst”《ENVI 遥感影像处理教程》（ENVI User’s Guide）的第九章中有详细描述。对于这个专题来说，确定 Plot #4 为绿度指数。

（3）在 ENVI 主菜单中，选择 **Window → Start New Plot Window**，然后将 Plot #4 从终端单元窗口拖放到新的 plot 小窗口中。

（4）在 **Spectral Profile** 的 **plot** 窗口，右击显示快捷菜单并选择 Plot Key 选项。

（5）将 *X*：375、*Y*：260 plot key 从 **Spectral Profile** 窗口拖动并放置到只有 Plot #4 的 plot 窗口下。

（6）比较这些波谱。

（7）在可用波段列表（Available Bands List），将 Endmember 4 Abundance 波段在新的窗口中以灰阶显示。

（8）在 abundance 影像的主图像窗口的显示菜单条选择 **Tools → Pixel Locator...**

（9）用 Pixel Locator 将光标定位在（375，260）。abundance 影像显示该区为绿色植被区。从最初的 RGB 彩色合成影像上看到，该区为一个棒球场。

（10）在 abundance 影像的主图像窗口的显示菜单条选择 **Window → Cursor Location/Value**。在 abundance 影像，（375，260）处的值为 0.491 435。这个值表示该像元的 50%包含终端像元代表的地物。

（11）在 abundance 影像的主图像窗口的显示菜单条选择 **Overlay → Region of Interest**。出现 **ROI Tool**。

（12）在 **ROI Tool** 中，在图表中选择 Endmember 4 的最左端栏。栏中出现一个星号，并且整行变亮。

（13）在 **ROI Tool** 上点击 **Goto** 按钮，abundance 影像的主图像窗口上的光标就会移动到感兴趣区点。该点表示已提取出 Endmember #4 波谱的像元。

♦ 结束 ENVI 程序

在 ENVI 主菜单中选择 **File → Exit**（在 UNIX 操作系统下是 **Quit**），在弹出的 **Terminate this ENVI Session** 对话框中选择 **Yes**，并点击 **OK**，退出 ENVI 程序。如果使用的是 **ENVI RT**，退出 ENVI 会返回操作系统。

参考文献

[1] WOLF R，197（4）Elements of Photogrammetry（2nd ed.）.McGraw-Hill Inc.，New York.

[2] WESTIN TORBJORN. Precision rectification of SPOT imagery，Photogrammetric Engineering & Remote Sensing. Vol. 56，No. 2，1990：247-253.

[3] CONEL J E，GREEN R O，VANE G，BRUEGGE C J，ALLEY R E，CURTISS B J. Airborne imaging spectrometer-2：radiometric spectral characteristics and comparison of ways to compensate for the atmosphere：in Proceedings，SPIE，v. 834，1987：140-157.

[4] CSES （Center for the Study of Earth from Space）. Atmospheric REMoval Program （ATREM），version 1.1. University of Colorado，Boulder，1992：24 p.

[5] GAO B C，GOETZ A F H. Column atmospheric water vapor and vegetation liquid water retrievals from airborne imaging spectrometer data：Journal of Geophysical Research，v. 95，No. D4，1990：3549-3564.

[6] GOETZ A F H，VANE G，SOLOMON J E，Rock B N. Imaging spectrometry for earth remote sensing：Science，v. 211，1985：1147-1153.

[7] GOETZ A F H，SRIVASTAVA V.Mineralogical mapping in the cuprite Mining District.Nevada：in Proceedings of the Airborne Imaging Spectrometer Data Analysis Workshop，JPL Publication 85-41，Jet Propulsion Laboratory，Pasadena，CA，1985：22-29.

[8] KRUSE F A，RAINES G l，WATSON K. Analytical techniques for extracting geologic information from multichannel airborne spectroradiometer and airborne imaging spectrometer data：in Proceedings，4th. Thematic Conference on Remote Sensing for Exploration Geology. Environmental Research Institute of Michigan （ERIM），Ann Arbor，1985：309-324.

[9] KRUSE F A.Use of airborne imaging spectrometer data to map minerals associated with hydrothermally altered rocks in the northern grapevine mountains. Nevada and California：Remote Sensing of Environment，v. 24，no. 1，1988：31-51.

[10] KRUSE F A，KIEREIN-YOUNG K S，BOARDMAN J W. Mineral mapping at cuprite. nevada with a 63 channel imaging spectrometer：Photogrammetric Engineering and Remote Sensing，v. 56，no. 1，1990：83-92.

[11] ROBERTS D A，YAMAGUCHI Y，LYON R J P. Calibration of airborne imaging spectrometer data to percent reflectance using field measurements：in Proceedings，Nineteenth International Symposium on Remote Sensing of Environment，Ann Arbor，MI，October 21-25，1985.

[12] ROBERTS D A，YAMAGUCHI Y，LYON R J P. Comparison of various techniques for calibration of AIS data：in Proceedings，2nd AIS workshop，JPL Publication 86-35，Jet Propulsion Laboratory，Pasadena，CA，1986：21-30.

[13] VANE，GREGG，GOETZ. Introduction to the proceedings of the airborne imaging spectrometer（AIS）data analysis workshop：in Proceedings of the Airborne Imaging Spectrometer Data Analysis Workshop，JPL Publication 85-41，Jet Propulsion Laboratory，Pasadena，C A，1985：1-21.

[14] CLARK R N，SWAYZE G A，GALLAGHER A，KING T V V，CALVIN W M. The U. S. Geological survey digital spectral library：Version 1：0.2 to 3.0 mm：U. S.Geological Survey，Open File Report 93-592，1993：1340.

[15] CLARK R N.，GALLAGHER A J，SWAYZE G A. Material absorption band depth mapping of the imaging spectrometer data using a complete band shape leastsquares fit with library reference spectra：in Proceedings of the Second Airborne Visible/Infrared Imaging Spectrometer （AVIRIS）Workshop，JPL Publication 90-54，1990：176-186.

[16] CLARK R N，T V V KING，M KLEJWA，G SWAYZE，N VERGO. High spectral resolution reflectance spectroscopy of minerals：J. Geophys Res. 95，1990：2653-12680.

[17] GROVE C I，HOOK S J，PAYLOR E D. Laboratory reflectance spectra of 160 minerals，0.4-2.5 Micrometers：JPL Publication，1992：92-2.

[18] KRUSE F A，LEFKOFF A B，DIETZ J B. Expert system-based mineral mapping in northern death valley，California/Nevada using the airborne visible/infrared imaging spectrometer （AVIRIS）：Remote Sensing of Environment，Special issue on AVIRIS，v. 44，1993：309-336.

[19] KRUSE F A，LEFKOFF A B. Knowledge-based geologic mapping with imaging spectrometers：Remote Sensing Reviews，Special Issue on NASA Innovative Research Program （IRP）results，v. 8，1993：3-28.

[20] BOARDMAN J W，HUNTINGTON J F. Mineral mapping with 1995 AVIRIS data：in Summaries of the Sixth Annual JPL Airborne Research Science Workshop，JPL Publication 96-4，Jet Propulsion Laboratory，v.1，1996：9-11.

[21] CLARK R N，ROUSH T L. Reflectance spectroscopy：Quantitative Analysis Techniques for Remote Sensing Applications：Journal of Geophysical Research，v. 89，no. B7，1984：6329-6340.

[22] CLARK R N，KING T V V，GORELICK N S. Automatic continuum analysis of reflectance spectra：in Proceedings，Third AIS Workshop，2-4 June，JPL Publication 87-30，Jet Propulsion Laboratory，Pasadena，California，1987：138-142.

[23] CLARK R N，SWAYZE G A，GALLAGHER A，KING T V V，CALVIN W M. The U. S. geological survey digital spectral library：Version 1：0.2 to 3.0 mm：U. S. Geological Survey，Open File Report 93-592，1993：1340.

[24] CLARK R N，GALLAGHER A J，SWAYZE G A. Material absorption band depth mapping of imaging spectrometer data using the complete band shape leastsquares algorithm simultaneously fit to multiple spectral features from multiple materials：in Proceedings of the Third Airborne Visible/Infrared Imaging Spectrometer （AVIRIS）Workshop，JPL Publication 90-54，1990：176-186.

[25] CLARK R N，SWAYZE G A，GALLAGHER A，GORELICK N，KRUSE F A. Mapping with imaging spectrometer data using the complete band shape leastsquares algorithm simultaneously fit to multiple spectral features from multiple materials：in Proceedings，3rd Airborne Visible/Infrared Imaging Spectrometer （AVIRIS）Workshop，JPL Publication 91-28，1991：2-3.

[26] CLARK R N，SWAYZE G A，GALLAGHER A. Mapping the mineralogy and lithology of Cany on Lands. Utah with imaging spectrometer data and the multiple spectral feature mapping algorithm：in Summaries of the Third Annual JPL Airborne Geoscience Workshop，JPL Publication 92-14，v.1，1992：11-13.

[27] Center for the study of earth from space （CSES）. SIPS user's guide. The spectral image processing system，v. 1.1，University of Colorado，Boulder，1992：74.

[28] CROWLEY J K，CLARK R N. AVIRIS study of death valley evaporite deposits using least-squares band-fitting methods：in Summaries of the Third Annual JPL Airborne Geoscience Workshop，JPL Publication 92-14，v.1，1992：29-31.

[29] CLARK R N，SWAYZE G A. Mapping minerals，amorphous materials，environmental materials，vegetation，water，ice，and snow，and other materials：The USGS Tricorder Algorithm：in Summaries of the Fifth Annual JPL Airborne Earth Science Workshop，JPL Publication 95-1，1995：39-40.

[30] GREEN A A，CRAIG M D. Analysis of aircraft spectrometer data with logarithmic residuals：in Proceedings，AIS workshop，8-10 April，JPL Publication 85-41，Jet Propulsion Laboratory，Pasadena，California，1985：111-119.

[31] KRUSE F A，RAINES G L，WATSON K. Analytical techniques for extracting geologic information from multichannel airborne spectroradiometer and airborne imaging spectrometer data：in Proceedings，International Symposium on Remote Sensing of Environment，Thematic Conference on Remote Sensing for Exploration Geology，4th Thematic Conference，Environmental Research Institute of Michigan，Ann Arbor，1985：309-324.

[32] KRUSE F A，CALVIN W M，SEZNEC O. Automated extraction of absorption features from airborne visible/infrared imaging spectrometer（AVIRIS）and geophysical environmental research imaging spectrometer （GERIS）data：In Proceedings of the Airborne Visible/Infrared Imaging Spectrometer （AVIRIS）performance evaluation workshop，JPL Publication 88-38，1988：62-75.

[33] KRUSE F A. Use of airborne imaging spectrometer data to map minerals associated with hydrothermally altered rocks in the northern Grapevine Mountains，Nevada and California：Remote Sensing of Environment，v. 24，no. 1，1988：31-51.

[34] KRUSE F A. Artificial intelligence for analysis of imaging spectrometer data：Proceedings，ISPRS Commission VII，Working Group 2："Analysis of High Spectral Resolution Imaging Data"，Victoria，B. C.，Canada，17-21 September，1990：59-68.

[35] KRUSE F A，LEFKOFF A B，BOARDMAN J W，HEIDEBRECHT K B，SHAPIRO A T，BARLOON J P，GOETZ A F H. The spectral image processing system （SIPS）-Interactive visualization and analysis of imaging spectrometer data：Remote Sensing of Environment，v. 44，1993：145-163.

[36] KRUSE F A，LEFKOFF A B. Knowledge-based geologic mapping with imaging spectrometers：Remote Sensing Reviews，Special Issue on NASA Innovative Research Program （IRP）results，v. 8，1993：3-28.

[37] KRUSE F A，LEFKOFF A B，DIETZ J B. Expert system-based mineral mapping in northern death valley，California/Nevada using the airborne visible/infrared imaging spectrometer （AVIRIS）：Remote Sensing of Environment，Special issue on AVIRIS，v. 44，1993：309-336.

[38] SWAYZE G A，CLARK R N. Spectral identification of minerals using imaging spectrometry data：Evaluating the Effects of Signal to Noise and Spectral Resolution Using the Tricorder Algorithm：in

Summaries of the Fifth Annual JPL Airborne Earth Science Workshop，JPL Publication 95-1，1995：157-158.

[39] YAMAGUCHI，YASUSHI，LYON R J P. Identification of clay minerals by feature coding of near-infrared spectra：in Proceedings，International Symposium on Remote Sensing of Environment，Fifth Thematic Conference，“Remote Sensing for Exploration Geology”，Reno，Nevada，29 September-2 October，1986，Environmental Research Institute of Michigan，Ann Arbor，1986：627-636.

[40] BOARDMAN J W. Automated spectral unmixing of AVIRIS data using convex geometry concepts：in Summaries，Fourth JPL Airborne Geoscience Workshop，JPL Publication 93-26，v. 1，1993：11-14.

[41] BOARDMAN J W，KRUSE F A. Automated spectral analysis：A Geologic Example Using AVIRIS Data，North Grapevine Mountains，Nevada：in Proceedings，Tenth Thematic Conference on Geologic Remote Sensing，Environmental Research Institute of Michigan，Ann Arbor，MI，1994：407-418.

[42] BOARDMAN J W，KRUSE F A，GREEN R O. Mapping target signatures via partial unmixing of AVIRIS data：in Summaries，Fifth JPL Airborne Earth Science Workshop，JPL Publication 95-1，v. 1，1995：23-26.

[43] CHEN J Y，REED I S. A detection algorithm for optical targets in clutter，IEEE Trans. on Aerosp. Electron. Syst.，vol. AES-23，no. 1，1987.

[44] GREEN A A，BERMAN M，SWITZER P，CRAIG M D. A transformation for ordering multispectral data in terms of image quality with implications for noise removal：IEEE Transactions on Geoscience and Remote Sensing，v. 26，no. 1，1988：65-74.

[45] HARSANYI J C，CHANG C I. Hyperspectral image classification and dimensionality reduction：An Orthogonal Subspace Projection Approach：IEEE Trans.Geosci. and Remote Sens.，v. 32，1994：779-785.

[46] NASH E B，CONEL J E. Spectral reflectance systematics for mixtures of powdered hypersthene，labradorite，and ilmenite，Journal of Geophysical Research，1974：79，1615-1621.

[47] SINGER R B. Near-infrared spectral reflectance of mineral mixtures：Systematic Combinations of Pyroxenes，Olivine，and Iron Oxides：Journal of Geophysical Research，1981：86，7967-7982.

[48] SINGER R B，MCCORD T B. Mars：Large Scale Mixing of Bright and Dark Surface Materials and Implications for Analysis of Spectral Reflectance：in Proceedings Lunar and Planetary Science Conference，10th，1979：1835-1848.

[49] STOCKER A D，REED I. S，YU X. Mulitdimensional signal processing for electrooptical target detection，Proc，SPIE Int. Soc. Opt. Eng.，vol. 1305，1990.

[50] YU X，REED I S，STOCKER A D. Comparative performance analysis of adaptive multispectral detectors，IEEE Trans. on Signal Processing，vol. 41，no. 8，1993.

[51] ABRAMS M J，ASHLEY R P，ROWAN L C，GOETZ A F H，KAHLE A B. Mapping of hydrothermal alteration in the Cuprite Mining District，Nevada using aircraft scanner images for the spectral region 0.46-2.36 μm：Geology，v. 5，1978：173-718

[52] ABRAMS M，HOOK S J. Simulated ASTER data for geologic studies：IEEE Transactions on Geoscience and Remote Sensing，v. 33，no. 3，1995：692-699.

[53] CHRIEN T G，GREEN R O，EASTWOOD M L. Accuracy of the spectral and radiometric laboratory calibration of the airborne visible/infrared imaging spectrometer：in Proceedings The International Society for Optical Engineering（SPIE），v. 1298，1990：37-49.

[54] CLARK R N，KING T V V，KLEJWA M，SWAYZE G A. High spectral resolution spectroscopy of minerals：Journal of Geophysical Research，v. 95，no.，B8，1990：12653-12680.

[55] CLARK R N，SWAYZE G A，GALLAGHER A，KING T V V，CALVIN W M. The U. S. geological survey digital spectral library：Version 1：0.2 to 3.0 μm：U. S.Geological Survey，Open File Report 93-592，1993：1340.

[56] COCKS T，R JENSSEN，A STEWART，I WILSON，T SHIELDS. The hymap airborne hyperspectral sensor：The System，Calibration and Performance. Proc. 1st EARSeL Workshop on Imaging Spectroscopy（M. Schaepman，D. Schlopfer，and K.I. Itten，Eds.），6-8 Octobe，Zurich，EARSeL，Paris，1998：37-43.

[57] CSES. Atmosphere REMoval Program（ATREM）User's Guide，Version 1.1，Center for the Study of Earth from Space，Boulder，Colorado，1992：24 p.

[58] GOETZ A F H，KINDEL B. Understanding unmixed AVIRIS images in cuprite，NV using coincident HYDICE data：in Summaries of the Sixth Annual JPL Airborne Earth Science Workshop，March 4-8，v. 1（Preliminary），1996..

[59] GOETZ A F H，ROWAN L C. Geologic Remote Sensing：Science，v. 211，1981：781-791.

[60] GOETZ A F H，ROCK B N，ROWAN L C. Remote sensing for exploration：An Overview：Economic Geology，v. 78，no. 4，1983：573-590.

[61] GOETZ A F H，VANE G，SOLOMON J E，ROCK B N. Imaging spectrometry for earth remote sensing：Science，v. 228，1985：1147-1153.

[62] GREEN R O，CONEL J E，MARGOLIS J，CHOVIT C，FAUST J. In-flight calibration and validation of the airborne visible/infrared imaging spectrometer（AVIRIS）：in Summaries of the Sixth Annual JPL Airborne GeoscienceWorkshop，4-8 March，Jet Propulsion Laboratory，Pasadena，CA，v. 1，（Preliminary），1996.

[63] HOOK S J，ELVIDGE C D，RAST M，WATANABE H. An evaluation of short-wave-infrared（SWIR）data from the AVIRIS and GEOSCAN instruments for mineralogic mapping at Cuprite，Nevada：Geophysics，v. 56，no. 9，1991：1432-1440.

[64] KRUSE F A. Use of airborne imaging spectrometer data to map minerals associated with hydrothermally altered rocks in the northern Grapevine Mountains，Nevada and California：Remote Sensing of Environment，V. 24，No. 1，1988：31-51.

[65] KRUSE F A，HUNTINGTON J H. The 1995 geology AVIRIS group shoot：in Summaries of the Sixth Annual JPL Airborne Earth Science Workshop，March 4-8，Volume 1，AVIRIS Workshop，（Preliminary），1996.

[66] KRUSE F A，KIEREIN YOUNG K S，BOARDMAN J W. Mineral mapping at cuprite，nevada with a 63 channel imaging spectrometer：Photogrammetric Engineering and Remote Sensing，v.56，no. 1，1990：83-92.

[67] KRUSE F A，BOARDMAN J W，LEFKOFF A B，YOUNG J M，KIEREIN YOUNG K S，COCKS T D，JENSSEN R，COCKS P A. HyMap：An Australian Hyperspectral Sensor Solving Global Problems-Results from USA HyMap Data Acquisitions：in Proceedings of the 10th Australasian Remote Sensing and Photogrammetry Conference，Adelaide，Australia，21-25 August 2000（In Press），2000.

[68] LYON R J P，HONEY F R. Spectral signature extraction from airborne imagery using the Geoscan MkII advanced airborne scanner in the Leonora，Western Australia Gold District：in IGARSS-89/12th Canadian Symposium on Remote Sensing，v. 5，1989：2925-2930.

[69] LYON R J P，HONEY F R. Thermal infrared imagery from the Geoscan Mark II scanner of the Ludwig Skarn，Yerington，NV：in Proceedings of the Second Thermal Infrared Multispectral Scanner（TIMS）Workshop，1990.

[70] PAYLOR E D，ABRAMS M J，CONEL J E，KAHLE A B，LANG H R. Performance evaluation and geologic utility of landsat-4 thematic mapper data：JPL Publication 85-66，Jet Propulsion Laboratory，Pasadena，CA，1985：68.

[71] PEASE C B.Satellite imaging instruments：Principles，Technologies，and Operational Systems：Ellis Horwid，N Y，990：336 p.

[72] PORTER W M，ENMARK H E. System overview of the airborne visible/infrared imaging spectrometer（AVIRIS），in Proceedings，Society of Photo-Optical Instrumentation Engineers（SPIE），v. 834，1987：22-31.

[73] SWAYZE，GREGG. The hydrothermal and structural history of the Cuprite Mining District，Southwestern Nevada：an integrated geological and geophysical approach：Unpublished Ph. D. Dissertation，University of Colorado，Boulder，1997.

[74] RICHARDSON L L. Remote Sensing of Algal Bloom Dynamics：BioScience，V.46，No. 7，1996：492-501.

[75] RICHARDSON L L，BUISON D，LUI C J，AMBROSIA V. The detection of algal photosynthetic accessory pigments using airborne visible-infrared imaging spectrometer（AVIRIS）spectral data：Marine Technology Society Journal，V. 28，1994：10-21.

[76] BOARDMAN J W，KRUSE F A，GREEN R O. Mapping target signatures via partial unmixing of AVIRIS data：in Summaries，Fifth JPL Airborne Earth Science Workshop，JPL Publication 95-1，v. 1，1995：23-26.

[77] BOARDMAN J W. Automated spectral unmixing of AVIRIS data using convex geometry concepts：in Summaries，Fourth JPL Airborne Geoscience Workshop，JPL Publication 93-26，v. 1，1993：11-14.

[78] GREEN A A，BERMAN M，SWITZER P，CRAIG M D. A transformation for ordering multispectral data in terms of image quality with implications for noise removal：IEEE Transactions on Geoscience and Remote Sensing，v. 26，no. 1，1988：65-74.

[79] MARKHAM B L，Barker J L. Landsat MSS and TM post-calibration dynamic ranges，exoatmospheric reflectances and at-satellite temperatures：EOSAT Landsat Technical Notes，No. 1，August，1986.

[80] Research Systems Inc. ENVI User's Guide，Chapter 10，1997.

[81] SABINS F F Jr. Remote Sensing Principles and Interpretation：W H Freeman and Company，New York，1986：449.

[82] GRUNINGER J，A J Ratkowski，M L Hoke. "The Sequential Maximum Angle Convex Cone（SMACC）Endmember Model". Proceedings SPIE，Algorithms for Multispectral and Hyper-spectral and Ultraspectral Imagery，Vol. 5425-1，Orlando FL，April，2004.

教师反馈卡

尊敬的老师：您好！

谢谢您购买本书。为了进一步加强我们与老师之间的联系与沟通，请您协助填妥下表，以便定期向您寄送最新的出版信息，您还有机会获得我们免费寄送的样书及相关的教辅材料；同时我们还会为您的教学工作以及论著或译著的出版提供尽可能的帮助。欢迎您对我们的产品和服务提出宝贵意见，非常感谢您的大力支持与帮助。

姓名：________ 年龄：________ 职务：________ 职称：________

系别：________ 学院：________ 学校：________

通信地址：________ 邮编：________

电话（办）：________（家）________ E-mail ________

学历：________ 毕业学校：________

国外进修或讲学经历：________

	教授课程	学生水平	学生人数/年	开课时间
1.				
2.				
3.				

您的研究领域：________

您现在授课使用的教材名称：________

您使用的教材的出版社：________

您是否已经采用本书作为教材：□是；□没有。

采用人数：________

您使用的教材的购买渠道：□教材科；□出版社；□书店；□其他。

您需要以下教辅：□教师手册；□学生手册；□PPT；□习题集；□其他________

（我们将为选择本教材的老师提供现有教辅产品）

您对本书的意见：________

您是否有翻译意向：□有；□没有。

您的翻译方向：________

您是否计划或正在编著专著：□是；□没有。

您编著的专著的方向：________

您还希望获得的服务：________

填妥后请选择以下任何一种方式将此表返回（如方便请赐名片）：

地址：北京市崇文区广渠门内大街 16 号　中国环境科学出版社第七图书出版中心

邮编：100062　电话（传真）：（010）67113412

E-mail：shenjian1960@126.com　网址：http://www.cesp.cn